“十二五”普通高等教育本科国家级规划教材

高等学校理工类课程学习辅导丛书

化工原理课程系列教材

化工原理学习指南

（第三版）

■ 天津大学化工学院　柴诚敬　夏　清　主编

张国亮　刘明言　贾绍义　王　军　等编

配套天津大学化工学院柴诚敬主编《化工原理》（第三版）

高等教育出版社·北京

内容提要

本书是与《化工原理》（第三版）教材配套的课程学习指导书。全书分 12 章，内容包括：流体流动、流体输送机械、非均相混合物分离及固体流态化、液体搅拌、传热、蒸发、传质与分离过程概论、气体吸收、蒸馏、液-液萃取和液-固浸取、固体物料的干燥（含增湿减湿）及其他分离方法。每章设有学习指导、学习要点、示范题解析、思考题简答及自测题（填空题、选择题及计算题）。书末附有化工原理及实验（或化工传递）考试大纲、三年天津大学研究生院招收硕士研究生“化工原理（含实验或化工传递）”入学试题、自测题及研究生入学试题答案。

本书可作为高等院校化工及相关专业学生学习化工原理课程及考研复习的指导书，也可供教师讲授本课程参考使用，同时，还可作为从事化工设计、科研、管理及生产等工作的科技人员的参考用书。

图书在版编目(CIP)数据

化工原理学习指南 / 柴诚敬，夏清主编；张国亮等编. --3 版. --北京：高等教育出版社，2019.3 (2024.12 重印)
ISBN 978-7-04-051246-5

Ⅰ.①化… Ⅱ.①柴… ②夏… ③张… Ⅲ.①化工原理—高等学校—教学参考资料 Ⅳ.①TQ02

中国版本图书馆 CIP 数据核字(2019)第 011330 号

策划编辑 刘 佳　　责任编辑 刘 佳　　封面设计 张 志　　版式设计 马 云
插图绘制 于 博　　责任校对 高 歌　　责任印制 刁 毅

出版发行 高等教育出版社
社　　址 北京市西城区德外大街 4 号
邮政编码 100120
印　　刷 涿州市京南印刷厂
开　　本 787mm×1092mm 1/16
印　　张 26
字　　数 630 千字
购书热线 010－58581118
咨询电话 400－810－0598
网　　址 http://www.hep.edu.cn
　　　　 http://www.hep.com.cn
网上订购 http://www.hepmall.com.cn
　　　　 http://www.hepmall.com
　　　　 http://www.hepmall.cn
版　　次 2007 年 5 月第 1 版
　　　　 2019 年 3 月第 3 版
印　　次 2024 年 12 月第 7 次印刷
定　　价 48.00 元

物 料 号 51246－00

第三版前言

天津大学化工学院编写的“十二五”普通高等教育本科国家级规划教材《化工原理》(第三版)以其双色印刷、双栏排版的新颖版本与读者见面。《化工原理学习指南》(第三版)作为课程资源的组成部分,随着新版教材问世也进行了相应的修订。

本版主要修订的内容如下。

1. 内容、结构框架与《化工原理》(第三版)教材紧密呼应,对部分章节内容做了删减(如非牛顿流体对流传热、多组分精馏等)、更新(如流体在圆管内层流或湍流的速度分布等)。同时,对传热这一章还进行了结构顺序调整。

2. 每章都更换或调整了部分例题。目的在于强化基础理论的工程应用,提升解题技巧,启迪创新思维。

置换下来的例题以数字资源的形式,通过扫描二维码供读者查阅。

3. 部分章节更换、补充或删减部分自测题。

4. 各章中的物理量符号与《化工原理》(第三版)教材中相应章节保持一致。

本版修订工作仍由原各章执笔者合作完成,即:柴诚敬(绪论、流体输送机械、液体搅拌、蒸发、蒸馏及附录)、张国亮(流体流动、其他分离方法)、夏清(非均相混合物分离及固体流态化、固体物料的干燥)、刘明言(传热)、贾绍义(传质与分离过程概论、气体吸收)、王军(液-液萃取和液-固浸取)。柴诚敬、夏清担任主编。

本书在修订过程中,得到天津大学化工学院及天津大学仁爱学院有关老师的热情支持和帮助,特此表示衷心的感谢。

编　者

2018年6月

第二版前言

作为化工原理课程立体化教学体系组成部分的《化工原理学习指南》随着普通高等教育"十一五"国家级规划教材《化工原理》(第二版)的出版,也进行了相应的修订。

本次修订仍本着加强基础、突出能力培养、启迪创新的教学指导思想,引导学生从掌握基础知识和基本原理出发,注重创新能力培养。在保持本书第一版总体框架和特色前提下,修订内容如下:

1. 在内容与层次结构上同《化工原理》(第二版)教材相呼应,对部分内容做了删减、调整和更新。

2. 调整了部分例题和自测题。

3. 附录中除自测题答案外,其他内容都进行了更新,并且增加了2009—2011年天津大学考研题示范题解。

本次修订工作仍由本书第一版执笔者合作完成,即:柴诚敬(绪论、流体输送机械、液体搅拌、蒸发、蒸馏及附录),张国亮(流体流动、其他分离方法),夏清(非均相混合物分离及固体流态化、固体物料的干燥),刘明言(传热),贾绍义(传质与分离过程概论、气体吸收),王军(液-液萃取和液-固浸取)。主编为柴诚敬、夏清。

在本书修订过程中,得到天津大学化工学院及天津大学仁爱学院化工系有关老师的热情支持和帮助,特此表示衷心的感谢。

编　者

2011年11月

第一版前言

本书是与天津大学化工学院柴诚敬教授等编写的《化工原理》(上、下册)教材(普通高等教育“十五”国家级规划教材,高等教育出版社“高等教育百门精品课程教材建设计划”一类精品项目)相配套的课程学习指导书。旨在帮助读者掌握化工原理课程的学习方法,加深对基本概念、基础理论的理解,提高分析和解决工程实际问题的能力和解题技巧。同时,为本课程的任课教师提供教学思路和大量有工程背景的教学案例。本书涉及的化工过程与单元操作和《化工原理》教材相对应,即:流体流动、流体输送机械、非均相混合物的分离及固体流态化、液体搅拌、传热、蒸发、传质与分离过程概论、气体吸收、蒸馏、液-液萃取和液-固浸取、固体物料的干燥(含增湿减湿)及其他分离方法。为了给考研的读者提供方便,书末附有化工原理及实验考试大纲、最近三年天津大学研究生院招收硕士研究生《化工原理(含实验)》入学试题、模拟练习题及研究生入学试题答案。

本书是长期从事化工原理课程教学的老师们教学经验的总结和升华,内容精练,思路清晰,重点突出,案例充实,着重学生创新意识和工程能力的培养。每章的编写顺序为:学习指导、学习要点、示范题解析、思考题简答、模拟练习题(包括填空、选择及计算题),书末有模拟练习题答案。

本书可作为高等院校化工类及相关专业学生学习化工原理课程及考研复习的良师益友,也可作为教师讲授化工原理课程的参考教案,还可作为从事化工工作科技人员的参考书。

本书主编为柴诚敬、夏清。参加本书编写工作的有:柴诚敬(绪论、流体输送机械、液体搅拌、蒸发、蒸馏及附录),张国亮(流体流动、其他分离方法),夏清(非均相混合物分离及固体流态化、固体物料的干燥),刘明言(传热),贾绍义(传质与分离过程概论、气体吸收),王军(液-液萃取和液-固浸取)。在本书编写过程中,得到化工学院张凤宝、陈常贵、刘国维、马红钦、郭翠梨等有关老师的支持和帮助,在此表示衷心的感谢。

由于编者水平所限和时间紧迫,书中不妥之处甚至错误在所难免,热忱欢迎读者批评指正。

编　者

2006年11月

目　　录

绪　　论

化工原理是研究化学工业及其他过程工业生产中物理过程共同规律的一门工程学科，承载着工程科学与工程技术的双重教育功能，在学生综合素质、工程能力和创新意识培养中具有举足轻重的作用。知识是能力的基础，而能力只有通过实践才能提高。本课程在教学体系中设置理论教学、实验教学和课程设计三个板块。第一板块要求学生牢固掌握本课程的基本知识、基础理论和基本方法，夯实“三基”，而后两个板块则更强调实验技能和设计能力的提高。

要学好理论教学这个板块，首先应该明确学什么、怎么学两个问题。

概括地说，学习化工原理这门课程要紧紧抓住如下三个方面的内容：

1．“三传”的基础理论

深刻理解“三传”的机理（包括分子传递和涡流传递）、重要定律（如牛顿黏性定律、傅里叶导热定律和菲克扩散定律）、数学模型及求解模型的方法。

2．单元操作

掌握单元操作的原理、过程计算、设备工艺设计（选型）和操作调节。

3．处理复杂工程问题的方法

学习处理复杂工程问题的方法和技术，如研究范围的选定、简化模型的建立、复杂问题的分解-综合法、研究工程问题的方法（解析法、数学模型法及实验方法）、技术经济分析（优化、化工节能及安全环保）、过程强化、当量的概念、非定态过程的拟定态处理等。

传递过程理论与工程方法论是联系诸单元操作的两条主线。

同学们在学习本课程过程中，要根据自身的特点，探索科学的学习方法，以取得事半功倍、融会贯通的学习效果。从基本方法来说，要紧紧抓好如下要点：

1．着重学习处理工程问题的方法，增强工程观点

所有化工生产过程都是十分复杂的，在研究各个单元操作或化工过程时，要学会抓关键问题，把握过程实质，暂时忽略一些次要因素，把复杂的工程问题进行恰当的简化处理，以便于对实际过程进行数学描述。对于重要方程的推导，要搞清楚为什么要简化、如何简化，以及简化处理所引入的误差。

在建立的数学方程中，常常包括一些模型参数，往往需通过实验予以测定，这样使原先忽略的一些因素加以校正，使数学方程能够用于实际工程过程的计算。

2．理论联系实际，提高知识记忆的永久性和学习的时效性

化工单元操作是化工生产实践的总结和升华，学习化工原理过程中，要注意联系生产、科研中遇到的成功或失败的案例，加深对基本理论的理解，并灵活应用所学知识，分析和处理工程问题，避免死记硬背的学习方法。

单元操作包括“过程”和“设备”两个方面的内容，在“设备”的设计和操作中，贯穿着基本原理的应用。例如，列管式换热器的管方分程、壳程加折流挡板，以及若干个换热器串联操作可提高

换热器的传热速率，达到强化传热的目的。

另外，在我们日常生活中，存在着丰富、生动、直观的流体流动、传热及传质的实例，通过仔细观察和研究这些实例，有利于提高学习时效、增强记忆、加深理解。只有理解了知识，才会记得牢、用得上，并提高能力。

3. 逐步学会归纳、综合、对比及逻辑简化的学习方法

本教材各章节之间具有密切的内在联系和很强的规律性，通过“传递过程理论”和“工程方法论”两条主线把它们有机地联系起来，掌握归纳、综合、对比和逻辑简化的学习方法，可使所学知识融会贯通，强化对知识的理解和消化。具体做法是：

(1) 通过综合对比掌握各单元操作之间的内在联系和共性。各单元操作之间，既有各自的特殊性，从而构成了自己特定的研究内容；同时，各单元操作之间又有密切的内在联系和统一性，从而构成了共同的规律。例如，流体流动（传动）、传热和传质三种传递过程中，都研究分子传递（牛顿黏性定律、傅里叶导热定律和菲克扩散定律）和涡流传递，采用相同的工程研究方法。对于分子传递，大都采用解析方法；而涡流传递则采用实验方法（量纲分析），而且传热与传质得到相应的量纲为 1 数群和相似的关联式。

传质分离中各单元操作之间的共性更加明显。各章均以各单元操作的基本原理（或依据）为起点，依次讨论相平衡关系、物料衡算（包括总物料衡算及操作线方程）、设备主体工艺尺寸计算、过程影响因素分析、操作参数的选择与调节、过程强化等内容，显示了相同的规律和相似的研究方法。但各章之间并不是简单的重复，而是各章重点各异、特点明显，而且难点分散，使同学们学完每一章都觉得有新收获，这些显示了各章的特殊性。

(2) 每学完一章（或一个单元操作）之后，要学习运用简练的文字、醒目的格式，把本章的基本理论、实验技术、主要关系式及其工程应用清晰地表达出来，即从纵向上抓住主干线条，以线带面，把本章主要内容联系起来，使知识系统化。例如，流体流动可通过连续性方程、机械能衡算方程和阻力方程三个主要关系式把流体流动的基本原理及相关的计算公式有机地构成一个知识网络。同样的，第五章传热可通过总传热速率方程这条主线把相关内容有机地联系起来。

4. 在讨论课中，活学活用知识

在化工原理教学环节中，习题课或讨论课是训练学生计算技能和运用所学知识分析与解决实际问题能力的一种有效途径。在讨论课中，学生要注意力高度集中、思维活跃、积极和老师互动，同学之间彼此磋商、互相启发，可拓宽思路，培养综合运用知识和全面看问题的能力。

5. 要注意本学科的最新科技成果和发展趋势，启迪创新思维

随着新产品、新工艺的开发或为实现绿色化工生产过程和可持续发展战略，对物理过程提出了新的要求，又不断地发展出新的单元操作或化工技术，如膜分离、参数泵分离、超临界技术等。同时，以节约能耗、提高效率或洁净生产为特点的集成化工艺（如反应精馏、反应膜分离、多塔精馏系统的优化热集成等）将是未来的发展趋势。由此，可得到创新的启迪，激发创新意识。

第一章

流体流动

学习指导

一、学习要求

本章论述流体流动的基本原理，特别是流体在管内流动的规律，这一内容是本课程的重要基础。本课程的后续内容如流体输送机械、流体-固体非均相物系的分离、流体的分散与混合、固体流态化等都遵循流体流动的基本原理；此外，流体流动与传热、传质之间存在着非常密切的联系和类似性。因此，掌握流体流动的基本规律对于传热和传质的学习也极为重要。

通过本章学习，要求读者熟练掌握流体和流体流动有关的定义、概念，流体在管内流动的基本原理和规律，并运用这些原理和规律分析和计算流体流动过程中的有关问题。

二、应重点掌握的内容

1. 流体静力学方程及其应用。
2. 管内流动的连续性方程、机械能衡算方程及其应用。
3. 管路阻力(摩擦阻力、局部阻力和总阻力)的计算方法。
4. 简单、复杂管路的计算。
5. 流速与流量的测量。

三、学习方法

1. 鉴于本章是本课程的重要基础，而且是读者在学习本课程时首先遇到的内容，因此从一开始就注意学习方法，培养学习兴趣，打好基础，对于学好本课程具有重要作用。

2. 本章的核心内容是管内流动的连续性方程、机械能衡算方程以及阻力系数方程的工程运用，包括管路设计计算、输送机械功率的选择和能量消耗的计算等。只有通过练习大量习题，才能熟练掌握和运用有关的概念、原理和计算方法。

3. 本章内容既涉及流体力学的基本理论，又强调密切结合工程实际。因此在学习本章时，应注意掌握处理复杂工程问题的方法，增强工程观念。

学习要点

一、流体的重要性质

(一) 连续介质假定

连续介质假定是将流体视为由无数流体微团或质点组成的连续介质。根据该假定,流体是由连续分布的流体质点所组成,表征流体物理性质和运动参数的物理量在空间和时间上是连续的分布函数。

(二) 流体的密度与比体积

1. 定义

单位体积流体所具有的质量称为流体的密度,以符号 ρ 表示,kg/m^3;流体的比体积是指单位质量流体的体积,以符号 v 表示,m^3/kg;二者互为倒数 $v=1/\rho$。

2. 气体密度

(1) 气体密度的特性 随压力和温度而变,即 $\rho=f(p,T)$。

(2) 低压气体的密度 按理想气体状态方程计算

$$\rho=\frac{m}{V}=\frac{pM}{RT} \tag{1-1}$$

式中 ρ ——气体的密度,kg/m^3;

m ——气体的质量,kg;

V ——气体的体积,m^3;

M ——气体的摩尔质量,kg/mol;

p ——气体的压力,Pa;

T ——热力学温度,K;

R ——摩尔气体常数,其值为 8.314 J/(mol·K)。

如果已知某气体在 T_0、p_0 下的密度值为 ρ_0,则该气体在 T、p 条件下的密度 ρ 可按下式计算:

$$\rho=\rho_0\frac{T_0 p}{T p_0} \tag{1-2}$$

(3) 气体混合物的密度

$$\rho_m=\sum_{i=1}^{n}\rho_i x_{Vi} \tag{1-3}$$

式中 x_{Vi}——气体混合物中 i 组分的体积分数;

ρ_i ——气体混合物中 i 组分的密度,kg/m^3。

3. 液体密度

(1) 液体密度的特性 基本上不随压力变化,随温度略有改变。

(2) 纯液体的密度值可查教材附录或各种物性数据手册。

(3) 液体混合物的密度

$$\frac{1}{\rho_m}=\sum_{i=1}^{n}\frac{x_{Wi}}{\rho_i} \tag{1-4}$$

式中　ρ_i——液体混合物中 i 组分的密度，kg/m^3；

x_{Wi}——液体混合物中 i 组分的质量分数。

(三) 牛顿黏性定律与流体的黏性

1. 牛顿黏性定律

$$\tau=\mu\frac{du_x}{dy} \tag{1-5}$$

式中　τ ——剪应力或内摩擦力，N/m^2；

μ ——流体的动力黏度，简称黏度，Pa·s。

牛顿黏性定律适用于牛顿流体的一维层流流动。

2. 牛顿流体与非牛顿流体

遵循式(1-5)的流体称为牛顿流体，所有气体和大多数低相对分子质量的液体属于牛顿流体，如水、空气等；不遵循式(1-5)的流体为非牛顿流体。

3. 流体的黏度

流体黏度是流体状态(压力、温度、组成)的函数，气体的黏度随温度的升高而增大，液体的黏度随温度升高而减小。压力对黏度的影响较小。

黏度的单位换算：$1\ cP=0.01\ P=1\times10^{-3}\ Pa\cdot s$

4. 运动黏度的定义

$$\nu=\frac{\mu}{\rho} \tag{1-6}$$

ν 的单位为 m^2/s。

具有黏性的流体称为黏性流体或实际流体。完全没有黏性($\mu=0$)的流体为理想流体。

二、流体静力学

流体静力学描述在重力场作用下，静止流体内部的压力变化规律。

(一) 静压力的定义及特性

1. 静压力的定义

作用于静止流体上的法向应力称为流体的静压强，习惯上称为压力，以 p 表示。压力的方向与法向应力的方向相反。

2. p 的重要性质

流体的静压力处处与其作用面垂直，且总是指向流体的作用面；流体中任一点静压力的大小与所选择的作用面在空间的方位无关，即压力为一标量。

3. 压力的单位

N/m^2 或 Pa、atm(标准大气压)，流体柱高度如 mH_2O、mmHg 等(注意须注明流体种类)，

bar(巴)或 kgf/cm^2 等。压力单位之间的换算关系如下(一般取 4 位有效数字):

$$1\ atm=101\ 300\ N/m^2=101.3\ kPa=1.033\ kgf/cm^2=10.33\ mH_2O=760\ mmHg$$

4. 压力表示的基准

(1) 以绝对真空为基准测量的压力称为绝对压力(简称绝压);(2) 以大气压为基准测量的压力为表压力(简称表压);(3) 如测量的表压为负值称为真空度。其关系为

表压力=绝对压力-大气压力

真空度=大气压力-绝对压力

真空度=-表压力

(二) 流体静力学方程

1. 重力作用下的不可压缩流体的静力学方程式(积分形式)

$$\frac{p}{\rho}+gz=常数 \tag{1-7}$$

$$\frac{p_1}{\rho}+gz_1=\frac{p_2}{\rho}+gz_2 \tag{1-8}$$

当液面上方的压力为 p_0,距液面 $h=z_1-z_2$ 处的压力为 p,则式(1-8)可写成

$$p=p_0+\rho gh \tag{1-9}$$

2. 流体静力学方程的适用条件及意义

适用条件:连通着的同种不可压缩静止流体。对于压力变化幅度不大的气体可近似适用。

方程的物理意义:

(1) 位能和压力能守恒:式(1-7)表明,在静止的连续流体中,流体内任一点的位能或压力能可能不等,但二者可以相互转换,其总量为常数。

(2) 式(1-9)表明,当液面上方的压力 p_0 改变时,液体内部各点的压力 p 也随之发生同样大小的改变。这一性质称为静止液体内部压力变化的传递定律。

(3) 等压面的概念:等压面是指流体内部压力相等的表面。在静止的、连续的同一液体内,处于同一水平面上各点的压力相等,即该水平面为等压面。

(4) 由式(1-9)得

$$\frac{p-p_0}{\rho g}=h \tag{1-10}$$

上式表明,压力或压力差可用一定的液柱高度表示,但采用液柱高度来表示压力或压力差时,必须指明是何种液体。

(三) 流体静力学方程的应用

流体静力学方程可应用于压力和压力差的测量、液位测量、液封高度计算等。

1. U 管压差计

U 管压差计用于测量管路或设备中两点间的压力差,所用指示液的密度应大于被测流体的密度,并与被测流体不互溶。两被测点 1、2 之间的压差为

$$p_1-p_2=(\rho_A-\rho_B)gR \tag{1-11}$$

如点 2 处与大气相通，则测出的是点 1 的表压。

2. 双液 U 管微压差计

当所测量的压差较小，为提高测量精度，可采用双液 U 管微压差计。

当 U 管微压差计两端与压力分别为 p_1 和 p_2 的两个取压口相连接时，U 管两端上方扩大室的截面积比 U 管截面积大得多（100 倍以上），U 管中指示液读数变化对两扩大室中液面影响不大，于是

$$p_1-p_2=(\rho_A-\rho_C)gR \tag{1-12}$$

由于指示液 A 与 C 的密度差 $\rho_A-\rho_C$ 足够小，读数 R 可以达到较大值。

三、流体流动概述

（一）流动体系的分类

1. 定态与非定态流动

若流体流速等物理量仅随位置变化而不随时间改变，则为定态流动，否则为非定态流动。

2. 一维与多维流动

若流速等物理量只依赖于一个曲线坐标，则为一维流动；依赖于两个曲线坐标为二维流动；依赖于三个曲线坐标则为三维流动。

3. 绕流与封闭管道内的流动

绕流指流体绕过一个浸没物体的流动，故也称为外部流动。另一类流动是流体在封闭管道内的流动。

（二）流量与平均流速

1. 体积流量与质量流量

单位时间内流过任一流通截面的流体体积称为体积流量或体积流率，以 V_s 表示，m^3/s。单位时间内流过任一截面的流体质量称为质量流量或质量流率，以 w_s 表示，kg/s。二者关系为

$$V_s=\rho w_s \tag{1-13}$$

2. 平均流速与质量平均流速

平均速度指体积流量 V_s 与流通截面积 A 之比

$$u=\frac{V_s}{A} \tag{1-14}$$

或写成一般形式

$$u=\frac{1}{A}\iint_A u_z \mathrm{d}A \tag{1-15}$$

质量平均流速亦称质量通量，指质量流量与流通截面积之比，以 G 表示，$kg/(m^2\cdot s)$。G 与 u 的关系为

$$G=\frac{w_s}{A}=\frac{\rho V_s}{A}=\rho u \tag{1-16}$$

当输送管道为圆管时，平均流速为

$$u=\frac{4V_s}{\pi d^2} \tag{1-17}$$

若输送任务 V_s 给定，则管内径可按下式计算：

$$d=\sqrt{\frac{4V_s}{\pi u}} \tag{1-18}$$

注意：由于气体的体积随温度 T 和压力 p 改变，故气体的平均流速 u 随 T 和 p 变化。因此气体在管道内流动时，采用不随气体状态（T、p）变化的质量平均流速计算更为方便。

（三）流动型态与雷诺数

1. 流动型态与雷诺数

流体的流动型态分为层流和湍流，可用雷诺数 Re 来判别。Re 是由流体的性质（ρ，μ）、表征流动的特征流速 u 与特征尺寸 L 组成的量纲为 1 的数群。

流体在管内流动的雷诺数定义为 $Re=d\rho u/\mu$，根据实验有

（1）$Re<2\,000$ 为层流；

（2）$Re>4\,000$ 为湍流；

（3）Re 在 2 000～4 000 范围内，可能是层流，亦可能是湍流。外界条件变化，如管道直径或方向的改变、外来的轻微振动，易促使过渡状态下的层流变为湍流。

雷诺数的物理意义：流体流动的惯性力与黏性力之比。

2. 当量直径

非圆形管道的当量直径的定义

$$d_e=4r_H \tag{1-19}$$

$$r_H=\frac{A}{L_p} \tag{1-20}$$

式中　r_H——水力半径，m；

L_p——流道的润湿周边长度，m；

A——流道的截面积，m^2。

四、流体流动的基本方程

（一）管路系统定态流动的连续性方程

$$w_s=\rho_1 u_1 A_1=\rho_2 u_2 A_2=\cdots=\rho u A=\text{常数} \tag{1-21}$$

对于不可压缩流体，$\rho=$常数，则

$$V_s=u_1 A_1=u_2 A_2=\cdots=uA=\text{常数} \tag{1-22}$$

下标 1 和 2 分别表示截面 1 和 2。

对于圆形管道，则

$$\frac{u_1}{u_2}=\left(\frac{d_2}{d_1}\right)^2 \tag{1-23}$$

式中 d_1 与 d_2 分别为截面 1 和截面 2 处的管内径。

在应用连续性方程时，应注意如下两点：

(1) 流体在控制体内的流动必须是连续的，即流体连续不断地从上游截面 1 流入，从下游截面 2 流出。

(2) 对于定态流动系统，当流量一定，管路任一截面上流体的平均流速仅与该截面的面积及该处流体的密度有关，而与管路上是否装有管件、阀门及输送机械无关。

(二) 管路系统定态流动的机械能衡算方程

1. 定态、不可压缩黏性流体的机械能衡算方程

$$gz_1+\frac{u_1^2}{2}+\frac{p_1}{\rho}+W_e=gz_2+\frac{u_2^2}{2}+\frac{p_2}{\rho}+\sum h_f \tag{1-24}$$

式中 u_1、u_2——分别为截面 1 与截面 2 处流体的平均流速，m/s；

p_1、p_2——分别为截面 1 与截面 2 处流体的压力，Pa；

z_1、z_2——分别为截面 1 与截面 2 的中心至基准水平面的垂直距离，m；

W_e——控制体内的输送机械对单位质量(1 kg)流体所做的有效功，或 1 kg 流体从输送机械获得的机械能，J/kg；

$\sum h_f$——单位质量(1 kg)流体由截面 1 流入至截面 2 流出过程中沿程产生的机械能损失，J/kg。

式(1-24)也称工程伯努利方程。当流体静止时式(1-24)简化为流体静力学方程

$$\frac{p_1}{\rho}+gz_1=\frac{p_2}{\rho}+gz_2 \tag{1-8}$$

2. 对机械能衡算方程的分析

(1) 方程的适用条件　机械能衡算方程式(1-24)适用于不可压缩流体在任意控制体内的定态、连续的流动。

(2) 理想流体的机械能守恒方程——伯努利方程　理想流体流动时不产生内摩擦阻力，$\sum h_f=0$；若又无外功加入，$W_e=0$，则

$$gz_1+\frac{u_1^2}{2}+\frac{p_1}{\rho}=gz_2+\frac{u_2^2}{2}+\frac{p_2}{\rho} \tag{1-25}$$

式(1-25)表明，理想流体作定态流动而又无外功加入时，各种机械能之间可以相互转化，但总机械能 $E=gz+u^2/2+p/\rho=$常数。

(3) 机械能衡算方程中各项的物理意义　式(1-24)中的 gz、$u^2/2$、p/ρ 均指 1 kg 流体在流入或流出截面处之值；而 $\sum h_f$ 表示 1 kg 流体由截面 1 流至截面 2 过程中沿程产生的机械能损失，该能量转化成了流体的内能；W_e 为控制体内的输送机械对 1 kg 流体所做的有效功。

(4) 输送机械的功率 输送机械的有效功率为

$$N_e = W_e w_s \tag{1-26}$$

式中 W_e——输送机械对 1 kg 流体所做的有效功,J/kg;

w_s——流体的质量流量,kg/s;

N_e——输送机械的有效功率,W。

(5) 其他形式的机械能衡算方程 机械能衡算方程式(1-24)是以 1 kg 流体为基准表示的,若以 1N 或 1 m³ 流体为基准,则

1N 流体
$$z_1 + \frac{u_1^2}{2g} + \frac{p_1}{\rho g} + H_e = z_2 + \frac{u_2^2}{2g} + \frac{p_2}{\rho g} + H_f \tag{1-27}$$

式中各项的单位为 J/N 或 m。z、$u^2/(2g)$ 与 $p/(\rho g)$ 分别称为位压头、速度头(动压头)与压力头,H_e 是流体接受外功所增加的压头,H_f 是流体流经相应控制体的压头损失。

1 m³ 流体
$$\rho g z_1 + \frac{\rho u_1^2}{2} + p_1 + \rho W_e = \rho g z_2 + \frac{\rho u_2^2}{2} + p_2 + \rho \sum h_f \tag{1-28}$$

式中各项的单位均为 J/m³ 或 Pa。

3. 机械能衡算方程的应用

机械能衡算方程与连续性方程是计算流体输送问题不可缺少的两个重要方程,二者联立可用于计算输送设备的有效功率、管路中流体的流量和压力、设备间的相对位置等。

在应用时应注意:

(1) 控制体的上、下游截面(即控制面)应垂直于流体流动的方向;流体在两截面间应是连续的。

(2) 截面上的物理量均取截面上的平均值。

(3) 位压头的基准面应是水平面,且 z 值系指截面中心点与基准水平面之间的距离。基准面的位置(高度)对计算结果无影响。

(4) 方程中的物理量要采用一致的单位,特别强调的是压力单位的基准要一致,如全部采用表压或全部采用绝压,不可混用。

五、流体的动量传递现象

(一) 层流特性与分子动量传递

1. 层流的特点

流体质点沿流动方向作分层的流动,质点之间无宏观混合;流体分子在不同流速的流体层之间作随机热运动产生黏性应力——内摩擦力。

2. 分子动量传递的通量

将牛顿黏性定律式(1-5)写成

$$\tau = \nu \frac{\mathrm{d}(\rho u_x)}{\mathrm{d}y} \tag{1-29}$$

式中 τ——单位时间通过单位面积的动量即动量通量，N/m^2 或 $\frac{kg \cdot m/s}{m^2 \cdot s}$；

$\frac{d(\rho u_x)}{dy}$——动量浓度梯度，$\frac{kg \cdot m/s}{m^3 \cdot m}$；

ν——动量扩散系数，m^2/s。

3. 圆管内层流流动的速度分布

(1) 速度分布

$$u_z = -\frac{\Delta p}{4\mu L}(r_i^2 - r^2) \tag{1-30}$$

式中 r_i——圆管内半径，m；

L——管长，m。

(2) 管中心最大流速($r=0$)

$$u_{max} = -\frac{\Delta p}{4\mu L} r_i^2 \tag{1-31}$$

(3) 管内平均流速

$$u = \frac{u_{max}}{2} = -\frac{\Delta p r_i^2}{8\mu L} \tag{1-31a}$$

(二) 湍流特性与涡流动量传递

1. 湍流的特点

(1) 湍流流动时，质点强烈混合和随机高频脉动；

(2) 流体层之间由于质点碰撞与混合所产生的雷诺应力(湍流应力)，远远大于由于流体黏性所产生的黏性应力；

(3) 离开壁面的区域，湍流的速度分布较均匀；而在壁面附近，湍流的速度梯度较大。

2. 湍流的表征方法

(1) 时均量与脉动量 将任意一点的瞬时速度分解成两部分：一是按时间平均之值，称为时均速度；另一个是因脉动而高于或低于时均速度的部分，称为脉动速度。以 x 方向流动为例，它们之间的关系为

$$u_x = \bar{u}_x + u'_x \tag{1-32}$$

(2) 湍流强度

$$I = \frac{\sqrt{(\overline{u'^2_x} + \overline{u'^2_y} + \overline{u'^2_z})/3}}{\bar{u}_x} \tag{1-33}$$

流体在圆管中流动时，I 值范围为 0.01～0.1；对于尾流、自由射流，I 值可达 0.4。

3. 湍流动量传递与雷诺应力

湍流流动时，存在两种形式的动量传递：其一是由于分子随机运动引起的分子动量传递，服从牛顿黏性定律；其二是源于流体质点或微团的随机脉动引起的涡流动量传递。后者可表示为

$$\tau^r = \varepsilon \frac{d(\rho \bar{u}_x)}{dy} \tag{1-34}$$

式中 τ^{r}——雷诺应力或湍流动量通量，N/m^2；

ε——涡流运动黏度或涡流动量扩散系数，m^2/s。

湍流的总动量通量

$$\tau^{t}=\tau+\tau^{r}=(\nu+\varepsilon)\frac{d(\rho\overline{u}_x)}{dy} \tag{1-35}$$

4. 圆管湍流的速度分布

(1) 光滑圆管湍流的半经验公式

层流内层：

$$u_z=\frac{\tau_s}{\mu}y \tag{1-36}$$

湍流核心：

$$u_z=u^*\left(5.75\lg\frac{u^*y}{\nu}+5.5\right) \tag{1-37}$$

式中 u^*——摩擦速度，$u^*=\sqrt{\tau_s/\rho}$，m/s；

τ_s——壁面处剪应力，Pa。

管内平均流速

$$u=u^*\left(5.75\lg\frac{u^*r_i}{\nu}+1.75\right) \tag{1-38}$$

(2) 经验公式 在 $1.0\times10^5<Re<3.2\times10^6$ 范围内，光滑圆管内湍流的速度分布可以如下经验公式表示：

$$u=u_{\max}\left(1-\frac{r}{r_i}\right)^{1/7} \tag{1-39}$$

管内平均流速

$$u=0.817u_{\max} \tag{1-40}$$

(三) 边界层的概念与边界层分离现象

1. 边界层的概念

对于高雷诺数的流动，速度梯度（即剪应力）集中在壁面附近。将壁面附近这一速度梯度较大的薄层流体称为速度边界层，而远离壁面的速度变化很小，可视为理想流体。

2. 边界层分离与形体阻力

当流体流经具有较大曲率的壁面时，在逆压梯度和壁面附近的黏性摩擦的双重作用下，会出现边界层与固体壁面相脱离的现象。此时边界层内的流体会倒流并产生旋涡，导致流体的能量损失。它是黏性流体流动时能量损失的重要原因之一，称为形体曳力（局部阻力）。

边界层分离的必要条件：流体具有黏性和流动过程中存在逆压梯度。

流体流经管件、阀门、管子进出口等局部位置处，由于流向的改变和流道的突然改变，都会出现边界层分离现象，产生局部阻力。

六、流体在管内流动的阻力

(一) 机械能损失与压降

总机械能损失可写成

$$\sum h_f = h_f + h'_f \tag{1-41}$$

式中 $\sum h_f$——控制体内的总机械能损失，J/kg；

h_f——由于流体内摩擦引起的机械能损失，J/kg；

h'_f——由于局部阻力引起的机械能损失，J/kg。

由于流动阻力消耗的机械能表现为压力能的降低，称为压降，即

$$\Delta p_f = \rho \sum h_f \tag{1-42}$$

式中 Δp_f——单位体积流体的机械能损失，J/m^3 或 Pa；

$\sum h_f$——单位质量流体的机械能损失，J/kg。

（二）流体在直管中的摩擦阻力

1. 直管阻力计算通式

$$h_f = \lambda \frac{L}{d} \frac{u^2}{2} \tag{1-43}$$

2. 管壁粗糙度对摩擦系数 λ 的影响

管壁的绝对粗糙度指壁面凸出部分的平均高度，以 e 表示；相对粗糙度指绝对粗糙度与管内径的比值，即 e/d。

层流流动时，$\lambda = f(Re)$。

湍流流动时，可分为 3 种情况：① 水力光滑区，Re 较小，$e < \delta_b$（层流内层厚度），$\lambda = f(Re)$；② 完全湍流区，Re 大，$e > \delta_b$，$\lambda = f(e/d)$；③ 过渡湍流区，$\delta_b \approx e$，$\lambda = f(Re, e/d)$。

3. 管内层流的摩擦系数

管内层流压降的计算式——哈根-泊谡叶方程

$$\Delta p_f = \frac{32\mu u L}{d^2} \tag{1-44}$$

摩擦系数

$$\lambda = 64/Re \tag{1-45}$$

4. 管内湍流的摩擦系数

管内湍流的摩擦系数可采用湍流的半经验理论求解；亦可用实验结合量纲分析的方法建立经验关联式。例如，在光滑圆管内的湍流（$4000 < Re < 10^5$），布拉休斯（Blasius）给出的经验关联式为

$$\lambda = 0.3164 Re^{-0.25} \tag{1-46}$$

目前最常用的管内湍流摩擦系数的计算式是基于湍流半经验理论获得的半经验公式。

（1）湍流水力光滑区［$4000 < Re < 26.98(d/e)^{8/7}$］

$$\frac{1}{\sqrt{\lambda}} = 2.0\lg(Re\sqrt{\lambda}) - 0.80 \tag{1-47}$$

（2）完全湍流区［$Re > 2308(d/e)^{0.85}$］

$$\frac{1}{\sqrt{\lambda}}=1.74-2.0\lg\left(\frac{2e}{d}\right) \tag{1-48}$$

(3) 过渡湍流区$\left[26.98(d/e)^{8/7}<Re<2308(d/e)^{0.85}\right]$

$$\frac{1}{\sqrt{\lambda}}=1.74-2.0\lg\left(\frac{2e}{d}+\frac{18.7}{Re\sqrt{\lambda}}\right) \tag{1-49}$$

式(1-49)称为柯尔布鲁克(Colebrook)公式。对于光滑圆管或水力光滑管，式(1-49)简化为式(1-47)；当 Re 很大时，式(1-49)又简化为式(1-48)。

为方便起见，以 Re 为横坐标，λ 为纵坐标，e/d 为参数，将式(1-49)绘在双对数坐标图上，称为莫迪(Moody)摩擦系数图，如图 1-1 所示。图中有 4 个不同的区域：

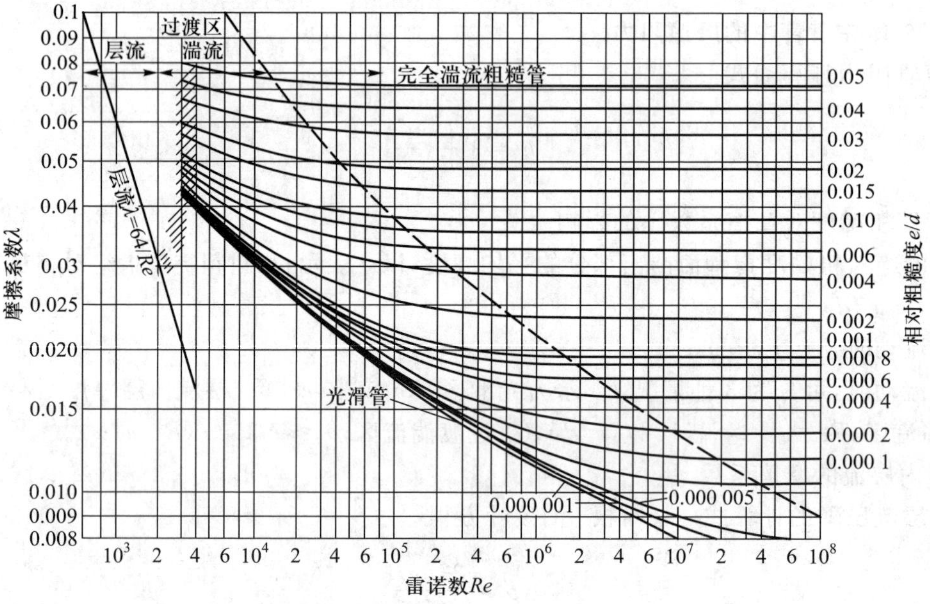

图 1-1　管流摩擦系数 λ 与雷诺数 Re 及相对粗糙度 e/d 的关系

层流区：$Re\leqslant 2\,000$。λ 与 Re 呈线性关系，即式(1-45)，且 λ 与 e/d 无关。

从层流向湍流的过渡区：$Re=2\,000\sim4\,000$。此区域内流态不稳定，可能是层流，也可能是湍流。在工程计算时，λ 值通常按湍流考虑。

湍流区：$Re\geqslant4\,000$ 及虚线以下的区域。在该区域内，λ 既与 Re 有关，又与 e/d 有关。

完全湍流区：图中虚线以上的区域。在该区域内 λ 只与 e/d 有关，而不随 Re 改变。在此区域内，当 e/d 一定时，λ 为常数。$h_f\propto u^2$，因而该区域又称阻力平方区。

5. 非圆形管的摩擦阻力

(1) 层流　流体在套管环隙内的轴向层流。

$$\Delta p_{sf}=\frac{32\mu uL}{d_2^2+d_1^2-2d_{max}^2} \tag{1-50}$$

式中　d_1、d_2——分别为内管的外径和外管的内径，$d_{max}=\frac{1}{2}\sqrt{\frac{d_2^2-d_1^2}{\ln(d_2/d_1)}}$。

矩形管道，采用当量直径代替圆管内径近似计算，即

$$\Delta p_{sf}=\frac{16\mu uL(a+b)}{ab} \tag{1-51}$$

（2）湍流　流体在非圆形管内作湍流流动时，其摩擦系数可按圆管湍流近似估算。但要用管道的当量直径 d_e 代替圆管直径 d。

（三）管路上的局部阻力

局部阻力的计算有阻力系数法和当量长度法，其计算式为

阻力系数法
$$h'_f=\zeta\frac{u^2}{2} \tag{1-52}$$

当量长度法
$$h'_f=\lambda\frac{L_e}{d}\frac{u^2}{2} \tag{1-53}$$

局部阻力系数 ζ 或当量长度 L_e 需由实验测定。常见管件、阀门、突然扩大和缩小的局部阻力系数值或当量长度值可查阅有关教材。在工程计算中，通常取管道入口的 $\zeta=0.5$，出口 $\zeta=1$。

计算局部阻力应注意的问题：

（1）若流动系统的下游截面取在管道出口，则机械能衡算方程中的动能项和出口阻力二者只能取一个。若截面选在出口内侧，取动能项；截面选在出口外侧，取出口阻力，出口阻力系数值为 1.0。

（2）用式（1－52）或式（1－53）计算突然扩大或突然缩小的局部阻力时，规定式中的 u 均应取细管中的流速值。

（四）管路系统的总能量损失

$$\sum h_f=\left(\lambda\frac{\sum L_i+\sum L_e}{d}+\sum\zeta_i\right)\frac{u^2}{2} \tag{1-54}$$

式中　$\sum h_f$——管路系统中的总机械能损失，J/kg；

$\sum L_i$——管路系统中各段直管的总长度，m；

$\sum L_e$——管路系统中全部管件与阀门等的当量长度之和，m；

$\sum \zeta_i$——管路系统中全部阻力系数之和，m。

式（1－54）仅适用于直径相同的管段或管路系统的计算。若管路系统是由若干不同直径的管段串联而成，则串联管路的总阻力应逐段计算，然后相加。

七、管路计算

管路计算分为设计型计算和操作型计算两类：

（1）设计型计算　指给定流体输送任务（一定体积流量），设计合理且经济的管路输送系统，关键是选择合适的管径。

(2) 操作型计算　指管路系统已给定，要求核算在某些条件下的输送能力或某些技术指标。

(一) 简单管路

简单管路是由等径或异径管段串联组成的管路。流体通过各管段的流量相等，总阻力等于各管段阻力相加。简单管路的计算公式

连续性方程

$$V_s = \pi d^2 u/4 = 常数$$

机械能衡算方程

$$gz_1 + \frac{u_1^2}{2} + \frac{p_1}{\rho} + W_e = gz_2 + \frac{u_2^2}{2} + \frac{p_2}{\rho} + \left(\lambda \frac{L}{d} + \sum \zeta\right)\frac{u^2}{2}$$

阻力系数方程

$$\lambda = f\left(\frac{du\rho}{\mu}, \frac{e}{d}\right)$$

当被输送的流体给定，ρ、μ 已知，上述非线性方程组中包含 13 个变量[V_s、d、u、u_1(或 u_2)、p_1、p_2、z_1、z_2、λ、L、$\sum \zeta$、e、W_e]，若给定其中的 10 个，可求出其他 3 个。

(二) 并联管路

n 个简单管路在入口端 A 和出口端 B 都汇合在一起的管路为并联管路。其特点为

(1) 主管中的流量 V_s 等于各支管流量 $V_{s,i}$ $(i=1,2,\cdots,n)$ 之和

$$V_s = V_{s,1} + V_{s,2} + \cdots + V_{s,n} \tag{1-55}$$

(2) 各支管的机械能损失相等

$$\sum h_{f,A-B} = \sum h_{f,1} = \sum h_{f,2} = \cdots = \sum h_{f,n} \tag{1-56}$$

(三) 分支管路

n 个简单管路仅于入口端汇合，这样的管路为分支管路。其特点为

(1) 主管流量 V_s 等于各支管流量 $V_{s,i}$ $(i=1,2,\cdots,n)$ 之和

$$V_s = V_{s,1} + V_{s,2} + \cdots + V_{s,n} \tag{1-57}$$

(2) 单位质量流体在各支管流动终了时的总机械能与能量损失之和相等

$$gz_1 + \frac{u_1^2}{2} + \frac{p_1}{\rho} + \sum h_{f,1} = gz_2 + \frac{u_2^2}{2} + \frac{p_2}{\rho} + \sum h_{f,2} \tag{1-58}$$

(四) 可压缩流体管路的计算

可压缩流体等温流动的机械能衡算方程

$$\frac{p_1 - p_2}{\rho_m} = \frac{G^2}{\rho_m^2}\left(\ln \frac{p_1}{p_2} + \frac{\lambda L}{2d}\right) \tag{1-59}$$

式中

$$\rho_m = \frac{\rho_1 + \rho_2}{2}$$

如果压力降较小（$\Delta p/p_1<20\%$），式(1-59)右侧表示动能变化的第一项可以忽略，则

$$\frac{p_1-p_2}{\rho_m}=\lambda\frac{L}{d}\frac{G^2}{\rho_m^2} \tag{1-60}$$

八、流量（流速）测量

1. 测速管（皮托管）

测速管的读数 R 与被测点的速度 u_r 的关系为

$$u_r=C\sqrt{2(\rho_A-\rho)gR/\rho} \tag{1-61}$$

式中 C 为校正系数，$C=0.98\sim1.00$。应注意，测速管测定的流速是管道截面上某一点的局部值（点速度）。对于圆管，可测出管中心点的速度 u_{max}，然后根据 u_{max} 与平均流速 u 的关系将 u 求出。

2. 孔板流量计

孔板流量计的读数 R 与体积流量 V_s 的关系为

$$V_s=C_0A_0\sqrt{2gR(\rho_A-\rho)/\rho} \tag{1-62}$$

式中 C_0 为流量系数，其值与 Re、面积比 A_0/A_1 及取压法有关，需由实验测定。

3. 文丘里流量计

文丘里流量计的工作原理类似于孔板流量计，流体的流量可按下式计算：

$$V_s=C_VA_0\sqrt{2g(p_1-p_0)/\rho} \tag{1-63}$$

式中 p_1-p_0 为上游截面与喉管截面之间的压力差；C_V 为文丘里流量计的流量系数，其值由实验测定，一般为 0.98～0.99。

4. 转子流量计

转子流量计的流量计算式为

$$V_s=C_RA_R\sqrt{\frac{2gV_f(\rho_f-\rho)}{A_f\rho}} \tag{1-64}$$

式中 V_f 为转子的体积；ρ_f 为转子的密度；A_f 为转子的最大截面积；ρ 为被测流体的密度；A_R 为转子与玻璃管之间环隙的截面积；C_R 为转子流量计的流量系数，其值与 Re 及转子形状有关，需由实验测定。

九、非牛顿流体的流动

（一）非牛顿流体的流动特性

描述非牛顿流体流动行为的幂律方程为

$$\tau=K\left(\frac{du_x}{dy}\right)^n \tag{1-65}$$

(1) 假塑性流体　当式(1-65)中 $n<1$ 为假塑性流体。该类流体在流动时，表观黏度随剪

切速率的增加而减小。

(2) 胀塑性流体　当式(1-65)中 $n>1$ 称为胀塑性流体。这类流体在流动时，表观黏度随剪切速率的增加而增大。

(3) 宾汉塑性流体　流动时存在着一个极限剪应力 τ_0，在剪应力值小于 τ_0 时，液体不流动；当剪应力大于 τ_0 时，液体开始流动。其流动行为可用下式描述：

$$\tau=\tau_0+K\frac{\mathrm{d}u_x}{\mathrm{d}y} \tag{1-66}$$

(二) 幂律流体在管内流动的阻力

1. 管内层流

(1) 速度分布

$$u_z=\frac{n}{n+1}\left(\frac{\Delta p_f}{2KL}\right)^{1/n}\left(r_i^{\frac{n+1}{n}}-r^{\frac{n+1}{n}}\right) \tag{1-67}$$

(2) 截面平均流速

$$\frac{u_z}{u}=\frac{3n+1}{n+1}\left[1-\left(\frac{r}{r_i}\right)^{\frac{n+1}{n}}\right]$$

(3) 摩擦系数

$$\lambda=\frac{64}{Re^*} \tag{1-68}$$

式中

$$Re^*=\frac{\rho d^n u^{2-n}}{K}\left(\frac{4n}{3n+1}\right)^n 8^{1-n} \tag{1-69}$$

2. 管内湍流

幂律流体在光滑管中作湍流流动时的摩擦系数采用如下经验方程计算：

$$\frac{1}{\sqrt{\lambda}}=\frac{2.0}{n^{0.75}}\lg\left[Re^*\left(\frac{\lambda}{4}\right)^{1-n/2}\right]-\frac{0.2}{n^{1.2}} \tag{1-70}$$

示范题解析

【例 1-1】 压力的测量

为精确测量某密闭容器内气体的压力，在容器外部接一双液 U 管微压差计，如本题附图所示。指示液 1 为密度 $\rho_1=880\ \mathrm{kg/m^3}$ 的乙醇水溶液，指示液 2 为密度 $\rho_2=830\ \mathrm{kg/m^3}$ 的煤油。已知扩大室直径为 $D=170$ mm，U 管直径 $d=6$ mm，读数 $R=0.20$ m。试求：

(1) 容器内的表压力 p。若忽略两扩大室的液面高度差，则由此引起的压力测量的相对误差为多少？

(2) 若将双液 U 管微压差计改为普通 U 管压差计，指示剂仍用 $\rho_1=880\ \mathrm{kg/m^3}$ 的乙醇水溶液，则压差计读数 R'为多少？

(3) 若读数绝对误差为±0.5 mm，则双液 U 管微压差计和 U 管压差计读数的相对误差各为多少？

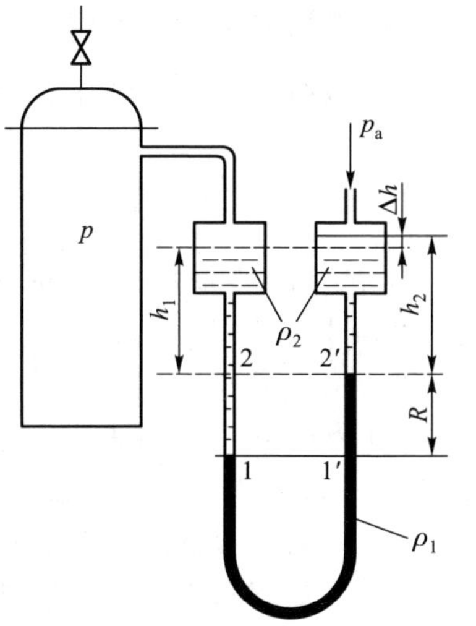

例 1-1 附图

解：(1) 容器内压力 p(表压)　取截面 1-1′为等压面，则

$$p_1 = p'_1$$

由静力学方程得

$$p_1 = p + (h_1 + R)\rho_2 g$$
$$p'_1 = h_2\rho_2 g + R\rho_1 g$$

以上三式联立，得

$$p = R(\rho_1 - \rho_2)g + (h_2 - h_1)\rho_2 g \qquad (1)$$

式中 $h_2 = h_1 + \Delta h$。由于开始时两扩大室中所充的煤油量相同，故 1-2 管段内的煤油量与 Δh 内的煤油量相等，即

$$\frac{1}{4}\pi d^2 R = \frac{1}{4}\pi D^2 \Delta h$$

于是

$$\Delta h = \frac{d^2}{D^2}R$$

故

$$h_2 = h_1 + \frac{d^2}{D^2}R \qquad (2)$$

将式(2)代入式(1)得

$$\begin{aligned} p &= R(\rho_1 - \rho_2 + \frac{d^2}{D^2}\rho_2)g \\ &= \left\{0.20 \times \left[880 - 830 + \left(\frac{6}{170}\right)^2 \times 830\right] \times 9.81\right\}\ \text{Pa} \\ &= 100.1\ \text{Pa}(\text{表压}) \end{aligned}$$

若忽略两扩大室的液面高度差，即 $h_1 \approx h_2$，则由式(1)得容器内压力为

$$\begin{aligned} p &= R(\rho_1 - \rho_2)g \\ &= [0.20 \times (880 - 830) \times 9.81]\ \text{Pa} \\ &= 98.1\ \text{Pa}(\text{表压}) \end{aligned}$$

于是，由于忽略扩大室液面高度差引起的压力测量的相对误差为

$$\frac{98.1\ \text{Pa} - 100.1\ \text{Pa}}{100.1\ \text{Pa}} \times 100\% = -2.0\%$$

(2) U 管压差计的读数 R'

忽略气体柱的质量，由流体静力学方程得

$$p = R'\rho_1 g$$

$$R' = \frac{p}{\rho_1 g} = \left(\frac{100.1}{880 \times 9.81}\right)\ \text{m} = 0.0116\ \text{m} = 11.6\ \text{mm}$$

(3) 双液 U 管微压差计与 U 管压差计读数的相对误差分别为

双液 U 管微压差计　　$\frac{\pm 0.5\ \text{mm}}{200\ \text{mm}}\times 100\% = \pm 0.25\%$

U 管压差计　　$\frac{\pm 0.5\ \text{mm}}{11.6\ \text{mm}}\times 100\% = \pm 4.3\%$

讨论：(1) 当被测压力或压力差很小时，采用 U 管压差计测量的读数很小，其相对误差则很大。为减小测量误差，可选用双液 U 管微压差计代替 U 管压差计。因此应根据不同场合选择合适的压差计。

(2) 双液 U 管微压差计的测量精度，取决于所选择的双指示液的密度差。二者的密度差越小，其获得的 R 越大，测量误差越小。

【例 1-2】　容器内液位和密度的确定

采用本题附图所示的双 U 管压差计测量某容器内的液位，指示液为水银。从 U 管压差计上读得 $h_1 = 29.5$ mm，$h_2 = 40$ mm，$a = 100$ mm。试求容器内的液位 H 及液体的密度。

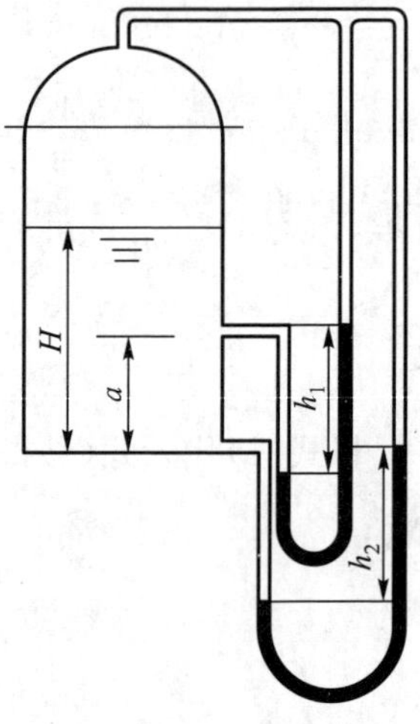

例 1-2 附图

解：设容器内液面上方压力为 p_0，以中间 U 管左侧支管的交界面为基准平面，列流体静力学方程得

$$p_0 + (H - a + h_1)\rho g = p_0 + h_1 \rho_A g$$

由此可得

$$\frac{\rho}{\rho_A} = \frac{h_1}{H - a + h_1} \tag{1}$$

再列出外 U 管左侧支管交界面上的静力学方程，得

$$p_0 + (H + h_2)\rho g = p_0 + h_2 \rho_A g$$

由此得

$$\frac{\rho}{\rho_A} = \frac{h_2}{H + h_2} \tag{2}$$

式(1)与式(2)联立可得

$$\frac{h_1}{H - a + h_1} = \frac{h_2}{H + h_2}$$

即

$$H = \frac{h_2 a}{h_2 - h_1} = \left(\frac{40\times 100}{40 - 29.5}\right)\ \text{mm} = 381\ \text{mm} = 0.381\ \text{m}$$

由式(2)得

$$\rho = \frac{h_2}{H + h_2}\rho_A = \left(\frac{0.04}{0.381 + 0.04}\times 13\,600\right)\ \text{kg/m}^3 = 1\,292\ \text{kg/m}^3$$

讨论：本题求解的关键是正确选取等压面。

【例 1-3】　油水分离器的设计

采用水蒸气蒸馏法提取某植物中的挥发油成分时，蒸馏塔顶蒸汽经冷凝后得到挥发油和水

的混合物，在油水分离器中利用相对密度差进行相分离，如本题附图所示。在操作条件下，挥发油的密度 $\rho_1=850\ \mathrm{kg/m^3}$，水的密度 $\rho=1\ 000\ \mathrm{kg/m^3}$，试求：

（1）油、水相界面到油出口 A 的最大高度 h；

（2）为什么排水的倒 U 管上部必须通大气？

（3）当油水分离器中的液面高于倒 U 管顶部 10 m 时，会产生什么现象？

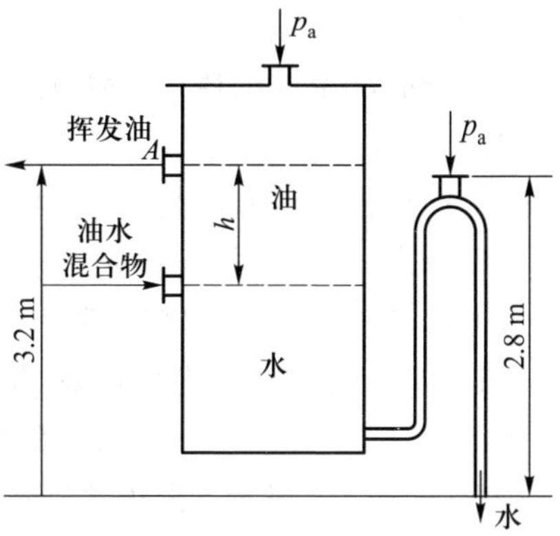

例 1-3 附图

解：（1）设油、水相界面到挥发油出口距离为 h，根据流体静力学方程有

$$h\rho_1 g+(3.2-h)\rho g=2.8\ \rho g$$

故 $$h=\frac{(3.2-2.8)\rho}{\rho-\rho_1}=\left(\frac{0.4\times 1\ 000}{1\ 000-850}\right)\ \mathrm{m}=2.67\ \mathrm{m}$$

（2）水在倒 U 管中流动排出时，管内会产生真空，出现虹吸现象，使油水分离器中的液体被倒 U 管吸空。因此在倒 U 管顶部开一个通大气的孔，可防止虹吸现象发生。

（3）当油水分离器中液面高出倒 U 管顶部 10 m 时，油水分离器内的压力大于倒 U 管出口处的压力，使得油水从大气孔和水出口处一起排出。因此倒 U 管应保持适宜高度，才能保证出口只排出水而不出油。

讨论：在设计本题所示的油水分离器时，应该注意：

（1）油水分离器的液面与倒 U 管应保持适宜高度；

（2）为防止发生虹吸现象，在倒 U 管顶部应开一个通大气的孔。

【例 1-4】 静压力与浮力的关系

将直径为 d、高为 h 的短圆柱形物体浸没于密度为 ρ 的静止液体中，如本题附图所示。已知液面上方维持大气压 p_a，液面距圆柱体顶面的垂直距离为 H。试求此圆柱体受到的总静压力 $p_{总}$。

解：根据静压力的特点，圆柱物体各表面上所受到的静压力均垂直于表面上。分别将各表面上的静压力在其相应的表面上求面积分，然后相加即可得圆柱物体所受的总静压力。

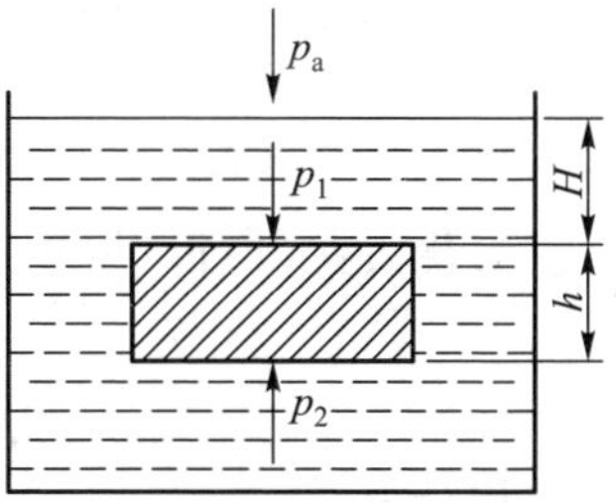

例 1-4 附图

在水平方向上，由等压面的性质及圆柱体的对称性可知，水平方向的任一高度处，作用在圆柱体侧面上的静压力相互抵消，故静压力在水平方向的面积分即总静压力为零。

在垂直方向上，设圆柱体顶面受到的静压力为 p_1，底面受到的静压力为 p_2，则根据流体静力学方程，有

$$p_1=p_a+\rho gH$$
$$p_2=p_1+\rho gh=p_a+\rho g(H+h)$$

圆柱体所受到的总静压力（方向为垂直向上）为

$$p_{总}=(p_2-p_1)\pi d^2/4=\rho gh\pi d^2/4$$

$$=\rho gV$$

式中 $V=\pi d^2h/4$ 为圆柱体的体积。

讨论：(1) 由以上计算可知，浸没于流体中的物体所受到的总静压力等于物体排开的液体的质量力，根据阿基米德定律，此即为浮力；

(2) 既然物体在流体中所受的浮力与所受的静压力是一回事，因此在分析流体中的物体受力时，考虑了总静压力就不能再考虑浮力，反之亦然。

如果浸入的物体改为直径 d 的球形物体，则其受到的总静压力应如何计算？

【例 1-5】 大气压力和密度随海拔高度的变化

大气的压力、密度及温度均随高度变化。国际标准规定取海平面为基准平面（$z=0$）。在基准面上，$T_0=288$ K（15 ℃），$p_0=101.3$ kPa，$\rho_0=1.225$ kg/m³。从海平面至 11 km 的高空为大气的对流层，在对流层内温度随高度的变化可用下式表示：

$$T=T_0-\beta z \tag{a}$$

式中 $\beta=0.0065$ K/m，$T_0=288$ K。设大气层处于静止状态，试利用静力学方程推导对流大气层中压力、密度随高度变化的关系式，并求海拔 10 000 m 高度的大气层压力。

解：气体为可压缩流体，因此在本题情况下，静止不可压缩流体的静力学方程不再适用。为此，采用如下微分形式的静力学方程求解：

$$\frac{\mathrm{d}p}{\mathrm{d}z}+\rho g=0 \tag{1}$$

式中 ρ 为气体的密度，大气可视为理想气体，则

$$\rho=\frac{pM}{RT}=\rho_0\frac{p}{p_0}\frac{T_0}{T} \tag{2}$$

将式(a)代入式(2)得

$$\rho=\rho_0\frac{p}{p_0}\frac{T_0}{T}=\frac{\rho_0}{p_0}\frac{p}{1-\beta z/T_0} \tag{3}$$

将式(3)代入式(1)得

$$g\,\mathrm{d}z+\frac{p_0}{\rho_0}\left(1-\frac{\beta}{T_0}z\right)\frac{\mathrm{d}p}{p}=0 \tag{4}$$

式(4)积分得

$$\frac{p_0}{\rho_0 g}\ln p=\frac{T_0}{\beta}\ln\left(1-\frac{\beta}{T_0}z\right)+\text{常数} \tag{5}$$

代入边界条件 $z=0$，$p=p_0$，得

$$\frac{p}{p_0}=\left(1-\frac{\beta}{T_0}z\right)^{\frac{T_0}{\beta}\frac{\rho_0 g}{p_0}} \tag{6}$$

将式(6)代入式(3)得

$$\frac{\rho}{\rho_0}=\left(1-\frac{\beta}{T_0}z\right)^{\frac{T_0}{\beta}\frac{\rho_0 g}{p_0}-1} \tag{7}$$

将 T_0、p_0、ρ_0 的数据代入式(6)和式(7),可得大气对流层的压力和密度分布为

$$\frac{p}{p_0}=(1-z/44\ 300)^{5.256}$$

$$\frac{\rho}{\rho_0}=(1-z/44\ 300)^{4.256}$$

当 $z=10\ 000$ m 时的大气层压力为

$$p=[1.013\times10^5\times(1-10\ 000/44\ 300)^{5.256}]\mathrm{Pa}=2.64\times10^4\ \mathrm{Pa}$$

讨论:计算结果表明,可压缩静止流体内部的压力分布规律与不可压缩流体截然不同。此外,从本例可以看出,在计算可压缩流体的压力变化时,必须以绝对压力为基准。

【例 1-6】 多组分物系非定态流动的质量衡算

一储槽中原盛有 5%(质量分数)的 NaCl 水溶液 1 000 kg。今以 100 kg/min 的质量流量向槽中加入纯水,同时以 100 kg/min 的质量流量由槽中排出溶液。由于搅拌良好,槽内液体任一时刻可达到充分混合。试求 10 min 后出口溶液的质量分数。

解: 设 NaCl 为组分 A,其质量分数以 a_A 表示;水为组分 B。

以储槽为控制体,对 NaCl 水溶液作总质量衡算,可得

$$w_{s2}-w_{s1}+\frac{\mathrm{d}m}{\mathrm{d}\theta}=0 \tag{1}$$

式中 $w_{s1}=w_{s2}=100$ kg/min,因此,$\mathrm{d}m/\mathrm{d}\theta=0$,即

$$m=m_0=1\ 000\ \mathrm{kg}$$

再对组分 A 作质量衡算

$$w_{s2}a_{A2}-w_{s1}a_{A1}+\frac{\mathrm{d}(ma_A)}{\mathrm{d}\theta}=0 \tag{2}$$

式中 $a_{A1}=0$(纯水),$a_{A2}=a_A$(搅拌良好),故

$$w_{s2}a_A+m\frac{\mathrm{d}a_A}{\mathrm{d}\theta}=0 \tag{3}$$

上式分离变量并代入初始条件($\theta=0$,$a_A=0.05$)积分得

$$\int_{0.05}^{a_A}\frac{\mathrm{d}a_A}{a_A}=-\frac{w_{s2}}{m}\int_0^{10}\mathrm{d}\theta$$

即
$$\ln\frac{a_A}{0.05}=-\frac{100}{1\ 000}\times10=-1$$

解得 $a_A=0.05\times\mathrm{e}^{-1}=0.018\ 4=1.84\%$

因此,10 min 后,NaCl 出口溶液的质量分数由原来的 5%降为 1.84%。

讨论：本题为总质量衡算方程应用于非定态流动计算的经典例题。对于 n 个组分构成的流动物系，可对每一个组分列出一个质量衡算方程，这样可以列出 $n-1$ 个质量衡算方程，再加上总质量衡算方程，共有 n 个方程，联立求解可获得待求的未知量。

【例 1-7】 机械能与内能间的转化分析

用泵将储槽中的水输送至吸收塔顶部。已知储槽中的水的温度为 20 ℃，储槽中水面至塔顶高度为 30 m，输送管道绝热，其内径为 7.5 cm，泵的输水流量为 0.8 m^3/min，泵的有效功率为 10 kW。试求将水输送至塔顶的过程中，由于机械能损失引起的水温升高值。

已知 20 ℃水的密度为 998.2 kg/m^3，黏度为 100.5×10^{-5} Pa·s，比定压热容 c_p 为 4183 J/(kg·℃)。

解：以储槽水面为上游界面 $1-1'$，吸收塔顶部水出口为下游界面 $2-2'$，列总能量衡算方程为

$$\frac{\Delta \alpha u^2}{2}+g\Delta z+\Delta U+\Delta(pv)=Q_e+W_e$$

或
$$\frac{\Delta \alpha u^2}{2}+g\Delta z+\Delta H=Q_e+W_e \tag{1}$$

式中 $\Delta z=30\ \text{m},Q_e=0$

$$W_e=\frac{N_e}{w_s}=\left(\frac{10\times1\,000}{998.2\times0.8/60}\right)\ \text{J/kg}=751.4\ \text{J/kg}$$

$$u_1\approx0,u_2=\left[\frac{0.8/60}{\pi/4\times(0.075)^2}\right]\ \text{m/s}=3.02\ \text{m/s}$$

$$Re=\frac{du\rho}{\mu}=\frac{0.075\times3.02\times998.2}{1.005\times10^{-3}}=2.25\times10^5，流动为湍流，故\ \alpha=1$$

$$\Delta u^2=u_2^2-u_1^2=3.02^2\ \text{m}^2/\text{s}^2=9.12\ \text{m}^2/\text{s}^2$$

将以上数据代入式(1)，得

$$\frac{1\times9.12}{2}+9.81\times30+\Delta H=751.4$$

故
$$\Delta H=452.5\ \text{J/kg}$$

根据 $\Delta H=c_p\Delta t$ 可得

$$\Delta t=\frac{\Delta H}{c_p}=\left(\frac{452.5}{4\,183}\right)℃=0.108\ ℃$$

即水输送过程中，由于机械能损失引起的水温升高仅为 0.108 ℃。

讨论：本题是采用总能量衡算方程分析说明流体输送过程中机械能损失的原因。由本例计算可知，机械能的损失转变为流体的内能，从而使得流体的温度略有升高。

【例 1-8】 确定管道中气体的流量

20 ℃的空气在本题附图所示的水平管道内流过。管道内径 $d_1=100$ mm，收缩管喉径为 $d_2=50$ mm。容器中水面与管中心线间的距离 $H=150$ mm，U 管压差计的指示液为汞，其密度 $\rho_A=13\,600\ kg/m^3$。在题给条件下，空气的平均密度 $\rho=1.2\ kg/m^3$，水的密度 $\rho_{H_2O}=998.1\ kg/m^3$，流动阻力可忽略。试求：

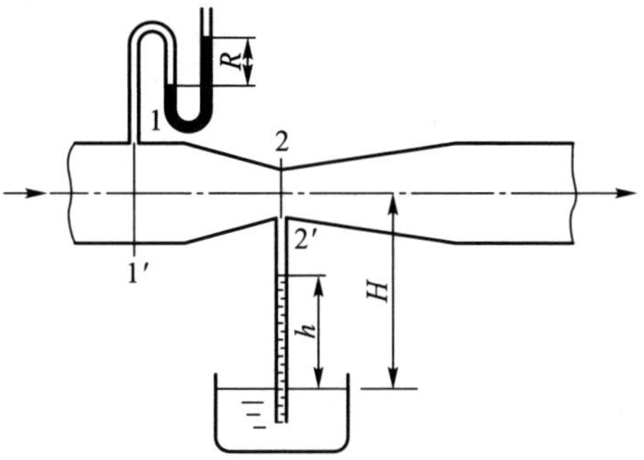

例 1-8 附图

(1) 当上游截面 1-1′的 U 管压差计读数 $R=25$ mm时，开始将水从水槽中吸入水平管内，求此时的气体流量；

(2) 当气体流量为 0.13 m^3/s 时，上游截面 1-1′的 U 管压差计读数 $R=15$ mm，求此时连接在 2-2′截面上的细管可将水自容器内吸上的高度 h。

解：(1) 空气流量

截面 1-1′的压力为

$$p_1=\rho_A gR=(13\ 600\times 9.81\times 0.025)\ \text{Pa}=3\ 335\ \text{Pa}(表压)$$

截面 2-2′处的压力为

$$p_2=-\rho_{H_2O}g(H-d_2/2)=[-998.1\times 9.81\times(0.15-0.05/2)]\ \text{Pa}$$
$$=-1\ 224\ \text{Pa}(表压)$$

空气流经截面 1-1′与 2-2′的压力变化为

$$\frac{p_1-p_2}{p_1}=\frac{(101\ 330+3\ 335)\ \text{Pa}-(101\ 330-1\ 224)\text{Pa}}{101\ 330\ \text{Pa}+3\ 335\ \text{Pa}}=0.043\ 6=4.36\%<20\%$$

故可按不可压缩流体处理。

以管道中心线为基准水平面，在截面 1-1′与 2-2′之间列机械能衡算方程。由于两截面间无外功加入，即 $W_e=0$；能量损失可忽略，$\sum h_f=0$。机械能衡算方程可简化为

$$gz_1+\frac{u_1^2}{2}+\frac{p_1}{\rho}=gz_2+\frac{u_2^2}{2}+\frac{p_2}{\rho}$$

式中 $$z_1=z_2=0$$

代入已知数据，得 $$\frac{u_1^2}{2}+\frac{3\ 335}{1.2}=\frac{u_2^2}{2}-\frac{1\ 224}{1.2}$$

简化得 $$u_2^2-u_1^2=7\ 598 \qquad (1)$$

根据连续性方程，截面 1-1′与 2-2′处的平均流速有以下关系：

$$u_1A_1=u_2A_2$$

或写成 $$u_2=u_1\frac{A_1}{A_2}=u_1\left(\frac{d_1}{d_2}\right)^2=u_1\left(\frac{100}{50}\right)^2$$

$$u_2=4.0\ u_1 \qquad (2)$$

式(1)与式(2)联立得

$$u_1=22.51\ \text{m/s}$$

空气的流量为

$$V_s=\frac{\pi}{4}d_1^2u_1=\left(\frac{\pi}{4}\times0.1^2\times22.51\right)\ \mathrm{m^3/s}=0.177\ \mathrm{m^3/s}$$

（2）容器内水吸上的高度 h

截面 $1-1'$的压力为

$$p'_1=\rho_A gR'=(13\ 600\times9.81\times0.015)\ \mathrm{Pa}$$
$$=2\ 001\ \mathrm{Pa}(表压)$$

截面 $2-2'$处的压力为

$$p'_2=-\rho_{H_2O}gh=-998.1\times9.81\times h=-9\ 791\ h(表压)$$

以管道中心线为基准水平面，在截面 $1-1'$与 $2-2'$之间列机械能衡算方程。由于两截面间无外功加入，即 $W_e=0$；能量损失可忽略，$\sum h_f=0$。机械能衡算方程可简化为

$$gz_1+\frac{u_1'^2}{2}+\frac{p'_1}{\rho}=gz_2+\frac{u_2'^2}{2}+\frac{p'_2}{\rho}$$

式中 $$z_1=z_2=0$$

$$u'_1=\frac{4V_s}{\pi d_1^2}=\frac{4\times0.13\ \mathrm{m^3/s}}{\pi\times0.1^2\ \mathrm{m^2}}=16.56\ \mathrm{m/s}$$

$$u'_2=u'_1\left(\frac{d_1}{d_2}\right)^2=\left[16.56\times\left(\frac{100}{50}\right)^2\right]\ \mathrm{m/s}=66.24\ \mathrm{m/s}$$

代入已知数据得 $$\frac{16.56^2}{2}+\frac{2\ 001}{1.2}=\frac{66.24^2}{2}-\frac{9\ 791}{1.2}h$$

解得 $h=0.047\ 7\ \mathrm{m}=47.7\ \mathrm{mm}$

因此，截面 $2-2'$处的压力为

$$p'_2=-9\ 791h=(-9\ 791\times0.047\ 7)\ \mathrm{Pa}=-467.2\ \mathrm{Pa}(表压)$$

$$\frac{p'_1-p'_2}{p'_1}=\frac{(101\ 330+2\ 001)\mathrm{Pa}-(101\ 330-467.2)\mathrm{Pa}}{101\ 330\ \mathrm{Pa}+2\ 001\ \mathrm{Pa}}=0.023\ 9=2.39\%<20\%$$

故按不可压缩流体处理是正确的。

讨论：（1）在应用机械能衡算方程计算气体管路时，必须注意方程的适用条件，即$(p_1-p_2)/p_1<20\%$，否则将造成较大的计算误差；

（2）在本题（2）中，如果其他条件不变，将气体流量改为 0.1 $\mathrm{m^3/s}$ 时，则计算结果将出现什么情况，为什么？

【例 1-9】 管路中流体机械能的相互转化

50 ℃的水（饱和蒸气压 $p_s=12\ 333$ Pa）于定态下在管径均一的虹吸管内流动。管路与贮槽的相对尺寸如附图所示。水流经管内的能量损失可忽略不计，已知 50 ℃水的密度为 988.1 $\mathrm{kg/m^3}$，当地大气压为 101 330 Pa。试求：

（1）当 $h_2=1.2$ m 时管路中流体的流速；

（2）当 $h_1=0.6\ \mathrm{m}$，$h_2=1.2\ \mathrm{m}$ 时，管内 A、C、D 各截面处的压力；

（3）当 $h_2=1.2\ \mathrm{m}$ 时，D' 点的极限高度 h'_1。

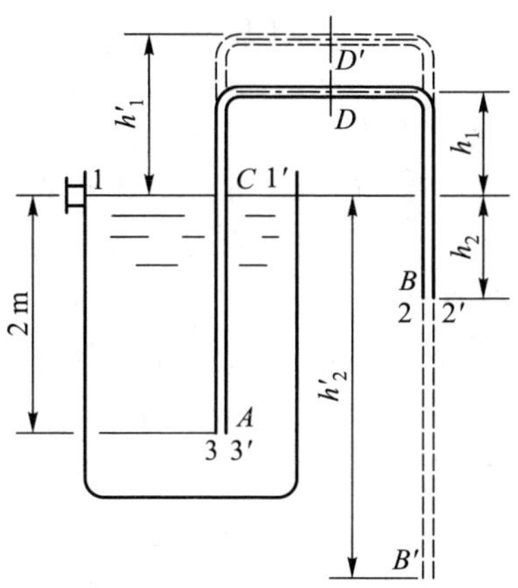

例 1-9 附图

解：（1）管路中流体的流速

以贮槽水面为 1－1′截面，以虹吸管出口内侧为 2－2′截面和基准面，在两截面间列伯努利方程，得

$$gz_1+\frac{u_1^2}{2}+\frac{p_1}{\rho}=gz_2+\frac{u_2^2}{2}+\frac{p_2}{\rho} \tag{1}$$

式中 $z_1=h_2=1.2\ \mathrm{m}$，$z_2=0$，$u_1\approx 0$，$p_1=p_2=0$（表压）

将以上数据代入式(1)得 $9.81\times 1.2=u_2^2/2$

故 $u_2=4.852\ \mathrm{m/s}$

对于管径均一的管路，各截面的流速相同，即

$$u=u_2=4.852\ \mathrm{m/s}$$

（2）A、C、D 三截面上的压力

由于流动阻力可忽略，则管路中各截面上的总机械能相等。根据题给条件，以贮槽水面 1－1′处的总机械能计算较为简便。现以截面3－3′为基准面，以大气压为压力基准，则 1－1′截面流体的总机械能为

$$E=(9.81\times 2)\ \mathrm{J/kg}=19.62\ \mathrm{J/kg}$$

管内 A 截面的压力为

$$p_A=\left(E-\frac{u^2}{2}\right)\rho=\left[\left(19.62-\frac{4.852^2}{2}\right)\times 988.1\right]\ \mathrm{Pa}=7\ 756\ \mathrm{Pa}（表压）$$

管内 C 截面的压力为

$$p_C=\left(E-\frac{u^2}{2}-gz_C\right)\rho=\left[\left(19.62-\frac{4.852^2}{2}-9.81\times 2\right)\times 988.1\right]\ \mathrm{Pa}$$
$$=-11\ 630\ \mathrm{Pa}（表压）$$

管内 D 截面的压力为

$$p_D=\left(E-\frac{u^2}{2}-gz_D\right)\rho=\left[\left(19.62-\frac{4.852^2}{2}-9.81\times 2.6\right)\times 988.1\right]\ \mathrm{Pa}=-17\ 446\ \mathrm{Pa}（表压）$$

（3）D'截面的极限高度 h'_1

为使水流经截面 D'时不汽化，该截面上的压力应略大于操作温度下水的饱和蒸气压，现取 $p_{D'}=p_s=12\ 333\ \mathrm{Pa}$（绝压）$=-88\ 997\ \mathrm{Pa}$（表压），则

$$E=gz_{D'}+\frac{u^2}{2}+\frac{p_{D'}}{\rho}$$

$$z_{D'}=\left(E-\frac{u^2}{2}-\frac{p_{D'}}{\rho}\right)/g=\left[\left(19.62-\frac{4.852^2}{2}+\frac{88\,997}{988.1}\right)/9.81\right]\ \text{m}=9.98\ \text{m}$$

D'截面的极限高度　$h_1'=z_{D'}-2=(9.98-2)\ \text{m}=7.98\ \text{m}$

讨论：(1) 相对于所选的基准，贮槽内水的总机械能(位能)为 19.62 J/kg，水从截面 1-1′流至截面 2-2′，将全部位能转化为动能；水从截面 1-1′流至截面 A，由于截面 A 为基准面，总能量除部分转化为动能(11.77 J/kg)外，其余部分转化为压力能，故 A 点产生了 7 756 Pa 的表压力；同理，对于截面 C 与截面 D 可作类似的分析。以截面 D 为例，水从截面 1-1′流至截面 D，总位能(19.62 J/kg)转化为动能的值仍为 11.77 J/kg，由于截面 D 比截面 1-1′高 0.6 m，相对于基准面其位能为(2.6×9.81) J/kg＝25.51 J/kg＞总位能(19.62 J/kg)，因此在此点压力能必须相应地减少，故 D 点产生了 17 446 Pa 的真空度(负表压)；

(2) 受管壁约束，流体在管内的流动是连续的，但在输送易汽化液体特别是高温液体时，一定要注意在低压截面上避免液体出现汽化现象。在本题条件下，虹吸管的最高点 D 是需要关注的截面。

【例 1-10】 确定输送机械的功率

用离心泵将 20 ℃的清水从敞口水池中送入气体洗涤塔中，经喷淋后于塔下部流入废水池，如本题附图所示。已知管道尺寸为 ϕ108 mm×3.5 mm，水的流量为 82 m³/h。水在进塔管路中流动的总机械能损失(从管路入口至喷头前管路的能量损失)为 15 J/kg。喷头处压力较塔内压力高 20 kPa，水从塔中流入废水池的阻力可忽略不计。求泵的有效功率(kW)。

解：水经整个输送系统流至废水池的过程中并非连续的，在截面 2-2′和 3-3′之间间断，因此在应用机械能衡算方程时要分段处理。

先计算塔前管路。取泵前水池液面为 1-1′截面和基准面，喷头内侧为 2-2′截面，在两截面间列机械能衡算方程

$$gz_1+\frac{u_1^2}{2}+\frac{p_1}{\rho}+W_e=gz_2+\frac{u_2^2}{2}+\frac{p_2}{\rho}+\sum h_f$$

式中　$u_1=0$

$$u_2=\left[\frac{82}{3\,600\times(\pi/4)\times0.101^2}\right]\ \text{m/s}=2.84\ \text{m/s}$$

$p_1=0$(表压)

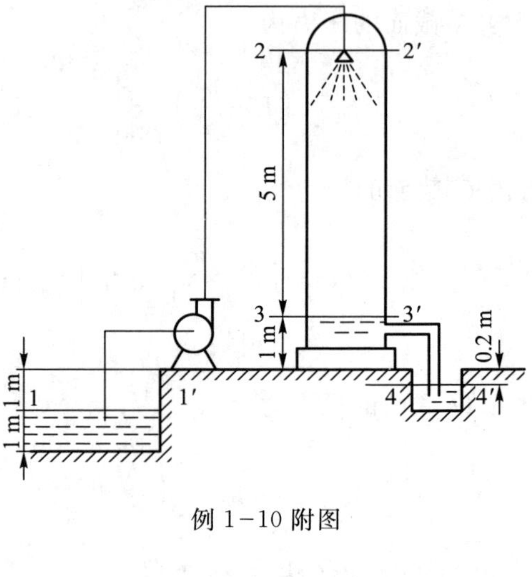

例 1-10 附图

喷头内侧压力 p_2 可如下求得：取塔内水面为 3-3′截面，废水池液面为 4-4′截面，在两截面之间列机械能衡算方程，由于塔内液面、废水池液面很大，故

$$u_3=u_4=0$$

令塔内压力为 p_0(表压)，取 4-4′截面为基准面，则

$$(1.0+0.2)g+\frac{p_0}{\rho}=0$$

20 ℃水的密度为 998 kg/m^3，因此

$$p_0=-11\ 748\ \text{Pa(表压)}$$

$$p_2=2\times10^4+p_0=[2\times10^4+(-11\ 748)]\ \text{Pa}=8\ 252\ \text{Pa(表压)}$$

将以上有关数据代入式(1)得

$$W_e=\frac{p_2}{\rho}+\frac{u_2^2}{2}+(1+1+5)g+\sum h_f$$

$$W_e=\left(\frac{8\ 252}{998}+\frac{2.84^2}{2}+7\times9.81+15\right)\ \text{J/kg}=96.0\ \text{J/kg}$$

$$N_e=W_eV_s\rho=\left(96\times\frac{82}{3\ 600}\times998\right)\ \text{W}=2\ 182\ \text{W}$$

$$=2.18\ \text{kW}$$

讨论：在应用机械能衡算方程进行管路系统的计算时，流体在所选择的控制体内必须是连续的。对于类似本题这样的非连续系统，在应用机械能衡算方程时要分段处理。

【例 1-11】 确定管道或设备中的压力

某车间用压缩空气将密闭容器(酸蛋)中 98%的浓硫酸(密度为 1 840 kg/m^3)压送至高位槽，要求输送量为 3 m^3/h，如本题附图所示。输送管道采用 ϕ37 mm×3.5 mm 的无缝钢管，酸蛋中的液面与压出管口之间的位差为 10 m，在压送过程中保持不变。总机械能损失为 $\sum h_f=15$ J/kg (包括所有局部阻力，但不包括出口)。试求所需压缩空气的压力。

解： 压缩空气的压力即酸蛋液面上方的压力，设为 p_1(表压)。

取酸蛋内液面为 1-1′截面和基准面，压出口管内侧截面为 2-2′截面，在两截面之间列机械能衡算方程得

$$gz_1+\frac{p_1}{\rho}+\frac{u_1^2}{2}=gz_2+\frac{p_2}{\rho}+\frac{u_2^2}{2}+\sum h_f \qquad (1)$$

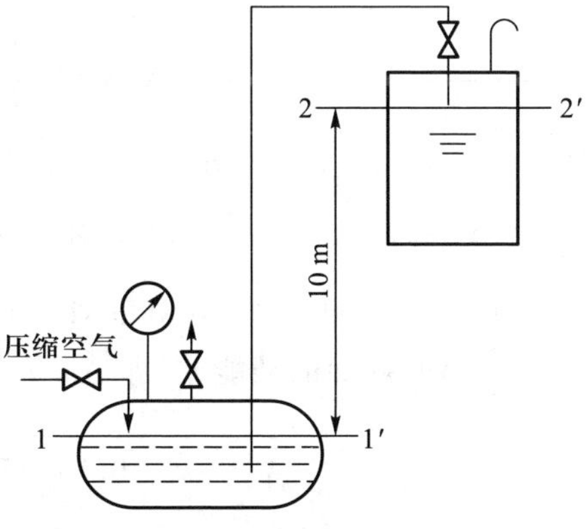

例 1-11 附图

式中 $z_1=0, z_2=10$ m

$p_2=0$(表压)，$u_1=0$

$\sum h_f=15$ J/kg(不包括出口)

$$u_2=\left[\frac{3}{(\pi/4)\times0.03^2\times3\ 600}\right]\ \text{m/s}=1.18\ \text{m/s}$$

将以上数据代入式(1)得

$$p_1=\left(gz_2+\frac{p_2}{\rho}+\frac{u_2^2}{2}+\sum h_f\right)\rho$$

$$=\left[\left(9.81\times10+\frac{1.18^2}{2}+15\right)\times1\ 840\right]\ \text{Pa}$$

$$=0.209\ \text{MPa(表压)}$$

即需要 0.209 MPa 的压缩空气，才能完成要求的输送任务。

讨论：工厂中输送强腐蚀性的液体如强酸或超强酸、剧毒液体等，常采用压缩空气压送的方法。

【例 1-12】 确定气体输送管路的直径

如本题附图所示，将平均摩尔质量为 28 kg/kmol 的气体由气柜定态输送到密闭设备内。气体的流量为 400 kg/h，输送过程中温度稳定在 20 ℃。已测得压力表 A 与 B 上的读数分别为 1 060 Pa 和 100 Pa。两测压面间的全部能量损失可用 $\sum h_{\mathrm{f},a-b}=5G^2$ 计算，式中 G 为气体在管道中的质量流速，单位为 $\mathrm{kg/(m^2\cdot s)}$。已知两测压面中心线间的垂直距离为 5 m，整个系统输送管路直径相同，当地大气压为 101.33×10^3 Pa。试求输送管路的直径。

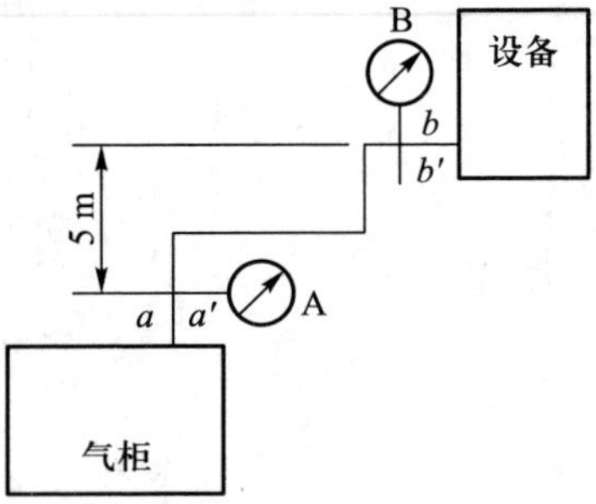

例 1-12 附图

解：以压力表 A 的中心截面 $a-a'$ 为上游截面，表 B 的中心截面 $b-b'$ 为下游截面。因所输送的是可压缩流体，故先核算两截面之间的压力变化情况，即

$$\frac{p_a-p_b}{p_a}=\frac{(1\,060+101.33\times10^3)\mathrm{Pa}-(100+101.33\times10^3)\mathrm{Pa}}{(1\,060+101.33\times10^3)\mathrm{Pa}}=0.009\,38$$
$$=0.938\%<20\%$$

故可近似按不可压缩流体处理，但气体密度应采用两截面密度的平均值，

$$p_{\mathrm{m}}=\left[\frac{1}{2}\times(1\,060+100)\right]\mathrm{Pa}=580\ \mathrm{Pa}(\text{表压})$$

$$\rho_{\mathrm{m}}=\frac{pM}{RT}=\left[\frac{(580+101.33\times10^3)\times28}{8.314\times10^3\times(273+20)}\right]\mathrm{kg/m^3}=1.171\ \mathrm{kg/m^3}$$

以 $a-a'$ 为基准面，在截面 $a-a'$ 与截面 $b-b'$ 间列机械能衡算式，即

$$g\Delta z+\frac{\Delta p}{\rho_{\mathrm{m}}}+\frac{\Delta u^2}{2}+\sum h_{\mathrm{f},a-b}=0$$

式中 $\Delta z=z_a-z_b=5$ m

$\Delta p=p_b-p_a=(100-1\,060)\mathrm{Pa}=-960$ Pa

截面 $a-a'$ 与截面 $b-b'$ 处的管道直径相同，但压力不等，从而 $u_a\neq u_b$。然而 p_a 与 p_b 相差不大，可忽略两截面的动能差，即 $\Delta u^2/2\approx0$，于是

$$9.81\times5-\frac{960}{1.171}+\sum h_{\mathrm{f},a-b}=0$$

解得
$$\sum h_{\mathrm{f},a-b}=770.8\ \mathrm{J/kg}$$

而
$$\sum h_{\mathrm{f},a-b}=5G^2=770.8\ \mathrm{J/kg}$$

解得
$$G=12.42\ \mathrm{kg/(m^2\cdot s)}$$

由质量流速的定义

$$G=\frac{w_s}{\frac{\pi}{4}d^2}$$

可得

$$d=\sqrt{\frac{w_s}{\frac{\pi}{4}G}}=\sqrt{\frac{400}{3\,600\times\frac{\pi}{4}\times 12.42}}\ \text{m}=0.107\ \text{m}$$

讨论：可压缩流体在等径管道中作定态流动时，因沿程压力有变化，使得管道各截面上流速 u 不相等，但质量流速相等，本例中给出 $\sum h_{f,a-b}=f(G^2)$ 而不给出 $\sum h_{f,a-b}=f(u^2)$ 的关系，理由即在此。但需指出，在计算中如采用 $G=\rho u$ 的关系，ρ 与 u 必须采用同一截面上的数值。

【例 1-13】 确定流体在管路中的流动方向

如图所示为一内径为 10 mm 的倾斜放置的光滑圆管，其中流过密度为 815.7 kg/m^3、动力黏度为 0.04 Pa·s 的不可压缩流体，已知在截面 1 和 2 处的表压力分别为 9.086×10^4 Pa 和 19.62×10^4 Pa。

(1) 试确定流体在管内流动的方向；

(2) 计算两截面间的机械能损失。

解：(1) 流体在管内流动的方向

为确定流动的方向，需分别计算截面 1 和 2 处单位质量流体的总机械能的大小。以截面 2 为基准面，则由于等截面的管道在截面 1 和 2 处的流速相等，即它们的动能相等，可不计及。

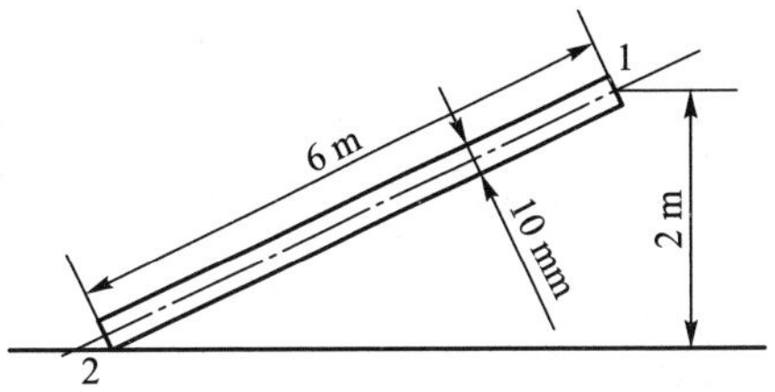

例 1-13 附图

在截面 1 处

$$E_1=\frac{p_1}{\rho}+gz_1=\left(\frac{9.806\times10^4}{815.7}+9.81\times2\right)\ \text{J/kg}=139.8\ \text{J/kg}$$

在截面 2 处

$$E_2=\frac{p_2}{\rho}+gz_2=\left(\frac{19.62\times10^4}{815.7}+0\right)\text{J/kg}=240.5\ \text{J/kg}$$

由于 $E_2>E_1$，故流体自截面 2 流向截面 1。

(2) 两截面间的机械能损失

$$\sum h_f=\frac{\Delta p}{\rho}+g\Delta z=E_2-E_1=(240.5-139.8)\text{J/kg}=100.7\ \text{J/kg}$$

讨论：流体在管内流动时因存在流动阻力，其流动方向总是沿着机械能降低的方向。因此，通过计算上、下游两截面的单位质量流体的总机械能，可以判断流动的方向。

【例 1-14】 非定态流动

如本题附图所示，A、B 两贮罐装有同一种液体。罐 A 截面积 $A_a=19.6\ \text{m}^2$，液体的初始深度

8 m;罐 B 截面积 $A_b=12.5\ m^2$,液体的初始深度 4 m。两罐之间用 $\phi57\ mm\times3.5\ mm$、总管长(包括所有局部阻力的当量长度)$L=150$ m、摩擦系数 $\lambda=0.02$ 的管线连接。在 $\theta=0$ 时刻,打开连通阀 C,试求罐 B 液面升高2 m 所需时间。

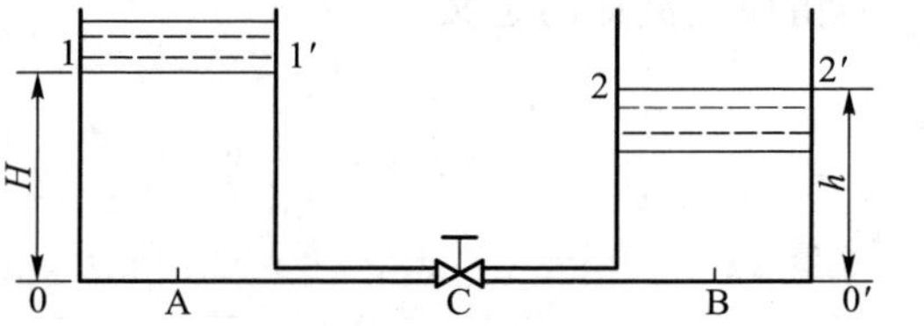

例 1-14 附图

解:本题属非定态流动问题。需联立求解非定态流动的连续性方程和机械能衡算方程。

设在任一时刻 θ,罐 A 液面高度为 H,罐 B 液面高度为 h,以罐 A 液面 1-1′为上游截面,以罐 B 液面 2-2′为下游截面,以两罐底面为基准面,在截面 1-1′与截面 2-2′之间列机械能衡算方程,得

$$gz_1+\frac{u_1^2}{2}+\frac{p_1}{\rho}=gz_2+\frac{u_2^2}{2}+\frac{p_2}{\rho}+\sum h_f \tag{1}$$

上式虽为定态流动系统的机械能衡算方程,但对于非定态流动,在任意瞬时仍成立。式中,$u_1=u_2=0$(两罐的截面积远大于管道截面积),$p_1=p_2=0$(表压),$z_1=H$,$z_2=h$。

$$\sum h_f=\lambda\frac{L+\sum L_e}{d}\frac{u^2}{2}=0.02\times\frac{150}{0.05}\times\frac{u^2}{2}=30\ u^2$$

将以上数据代入式(1)得

$$9.81\ H=9.81\ h+30\ u^2$$

整理得
$$u=0.572\sqrt{H-h} \tag{2}$$

设在 $d\theta$ 时间内,罐 A 液面下降 dH,罐 B 液面上升 dh。分别作罐 A 和罐 B 的质量衡算。对于罐 A 有

$$0-\frac{\pi}{4}d^2u\rho=A_a\rho\frac{dH}{d\theta} \tag{3}$$

对于罐 B 有

$$\frac{\pi}{4}d^2u\rho-0=A_b\rho\frac{dh}{d\theta} \tag{4}$$

式(3)与式(4)联立得

$$A_a dH=-A_b dh$$

上式积分得
$$A_a(8-H)=A_b(h-4)$$

即
$$19.6\times(8-H)=12.5\times(h-4)$$

整理得
$$H=10.55-0.638\ h \tag{5}$$

将式(5)代入式(2)得

$$u=0.572\sqrt{10.55-1.638h} \tag{6}$$

将式(6)代入式(4)中，整理得

$$\frac{11\ 135\mathrm{d}h}{\sqrt{10.55-1.638h}}=\mathrm{d}\theta$$

上式积分并代入条件 $\theta=0, h=4$ m；$\theta=\theta, h=6$ m，得

$$\int_0^{\theta}\mathrm{d}\theta=\int_4^6\frac{11\ 135\mathrm{d}h}{\sqrt{10.55-1.638h}}$$

即 $$\theta=(1.563\times10^4)\mathrm{s}=4.34\ \mathrm{h}$$

讨论：对于非定态流动，各物理量均是时间的函数。在解此类问题时，需要联立求解非定态流动的连续性方程和机械能衡算方程。虽然机械能衡算方程是由定态流动条件下导出的，但对于非定态流动，在任意瞬时成立。

【例 1-15】 由毛细管流动测量流体黏度

定态下 26 ℃的甘油在长为 0.304 8 m、内径为 25.4 mm 的水平毛细圆管中流动，实验测得当体积流量为 $1.127\times10^{-4}\ \mathrm{m^3/s}$ 时，毛细管两端的压降为 1.915 kPa。已知 26 ℃时甘油的密度为 1 261 $\mathrm{kg/m^3}$，试求甘油的黏度(Pa·s)。

解：管内流动的平均流速为

$$u=\frac{V_s}{\pi d^2/4}=\left(\frac{1.127\times10^{-4}}{\pi\times0.025\ 4^2/4}\right)\ \mathrm{m/s}=0.222\ 5\ \mathrm{m/s}$$

假定流动为层流，由哈根-泊谡叶方程可得

$$\mu=\frac{\Delta p_f d^2}{32uL}=\left(\frac{1\ 915\times0.025\ 4^2}{32\times0.222\ 5\times0.304\ 8}\right)\ \mathrm{Pa\cdot s}=0.569\ \mathrm{Pa\cdot s}$$

校核流动是否为层流，计算雷诺数：

$$Re=\frac{du\rho}{\mu}=\frac{0.025\ 4\times0.222\ 5\times1\ 261}{0.569}=12.52<2\ 000$$

因此，流动确系为层流，因此上述计算是正确的。

讨论：本例为毛细管黏度计测量液体黏度的基本原理，采用该方法测量黏度时，应注意流体的流动为层流。

【例 1-16】 确定管内流动的流速或流量

某液体在内径为 0.05 m 的光滑圆管内作稳态流动，实验测得单位管长的压降为 528 Pa/m。已知该液体的密度为 1200 $\mathrm{kg/m^3}$，黏度为 0.01 Pa · s。试求此液体在管内流动的体积流量($\mathrm{m^3/h}$)。

解：由题意可知，$\Delta p_f/L=528$ Pa/m，故

$$\tau_s=\frac{\Delta p_f}{L}\frac{d}{4}=\left(528\times\frac{0.05}{4}\right)\ \mathrm{Pa}=6.6\ \mathrm{Pa} \tag{1}$$

暂设流动为湍流($Re>4000$)，则摩擦速度为

$$u^{*}=\sqrt{\tau_s/\rho}=\sqrt{6.6/1\ 200}\ \mathrm{m/s}=0.074\ 2\ \mathrm{m/s}$$

将该值代入光滑圆管内湍流平均流速的计算式，得

$$u=u^{*}\left(5.75\lg\frac{r_i u^{*}}{\nu}+1.75\right)=\left[0.074\ 2\times\left(5.75\times\lg\frac{0.05/2\times0.074\ 2}{0.01/1\ 200}+1.75\right)\right]\mathrm{m/s}$$

$$=1.131\ \mathrm{m/s}$$

校核雷诺数

$$Re=\frac{du\rho}{\mu}=\frac{0.05\times1.131\times1\ 200}{0.01}=6\ 786$$

此流动确为湍流，计算正确。

本题也可用另一种方法计算。同样先设流动为湍流（$Re>4\ 000$），则

$$\tau_s=\lambda\frac{\rho u^2}{8}=0.316\ 4Re^{-0.25}\frac{\rho u^2}{8}=0.316\ 4\left(\frac{d\mu\rho}{\mu}\right)^{-0.25}\frac{\rho u^2}{8}$$

$$=0.316\ 4\times\left(\frac{0.05\times1\ 200}{0.01}\right)^{-0.25}\times\frac{1\ 200}{8}u^{1.75}=5.393u^{1.75} \tag{2}$$

式(1)与式(2)联立，得

$$u^{1.75}=\frac{6.6}{5.393}=1.224$$

$$u=1.122\ \mathrm{m/s}$$

校核雷诺数

$$Re=\frac{du\rho}{\mu}=\frac{0.05\times1.327\times1\ 200}{0.01}=7\ 962$$

此流动确为湍流，计算正确。

因此，流体的体积流量为

$$V_s=(0.785\times0.05^2\times1.122\times3\ 600)\mathrm{m^3/h}=7.927\ \mathrm{m^2/h}$$

讨论：在计算管内流速或流量时，由于流动型态未知，需要采用试差法，即先假定流动型态，根据相应的公式求解，然后再核算所假定的流动型态是否正确。

【例 1-17】 套管环隙内的层流

不可压缩流体在两根同心套管环隙间作轴对称的定态层流流动，内管外径为 d_1，外管内径为 d_2，试求速度分布、平均流速、压力降和摩擦系数。

解： 在套管环隙的流体中取一厚为 $\mathrm{d}r$、长为 L 的薄壳流体微元，其体积为 $\mathrm{d}V=2\pi r\mathrm{d}rL$，则作用在此微元各表面上的力（力的方向取坐标轴的正方向）分别为

左端面：$p_1\cdot2\pi r\mathrm{d}r$

右端面：$-p_2\cdot2\pi r\mathrm{d}r$（负号表示力与坐标方向相反）

内侧面：设流体速度沿 r 正方向减小，则 r 较小处（流速较大）的流体作用于微元体内侧面的

剪应力为正值，即

$$\tau \cdot 2\pi rL$$

外侧面：由于与微元体外侧面相邻的流体速度大于微元体外侧面的流体速度，则作用在该侧面的剪应力为负值，即

$$-[\tau \cdot 2\pi rL + \mathrm{d}(\tau \cdot 2\pi rL)]$$

由于流动为定态，则作用在薄壳微元上的合外力为零，即

$$p_1 \cdot 2\pi r \mathrm{d}r - p_2 \cdot 2\pi r \mathrm{d}r + \tau \cdot 2\pi rL - [\tau \cdot 2\pi rL + \mathrm{d}(\tau \cdot 2\pi rL)] = 0$$

整理得

$$\frac{\mathrm{d}}{\mathrm{d}r}(r\tau) = \frac{p_1 - p_2}{L} r \tag{1}$$

上式积分得

$$\tau = \frac{p_1 - p_2}{2L} r + \frac{C_1}{r} \tag{2}$$

式中 C_1 为积分常数。流体在套管环隙流动时，在内管外壁面 $r=r_1$ 处，$u_z=0$；在外管内壁面 $r=r_2$ 处，$u_z=0$，显然在 $r_1 \to r_2$ 的某一点 $r_{\max}$，流速达到最大为 $u_{\max}$，此时 $\tau=0$。将此条件代入式(2)得

$$C_1 = -\frac{p_1 - p_2}{2L} r_{\max}^2 \tag{3}$$

故式(2)可以写成

$$\tau = \frac{p_1 - p_2}{2L}\left(r - \frac{1}{r} r_{\max}^2\right) \tag{4}$$

将牛顿黏性定律 $\tau = -\mu \mathrm{d}u_z/\mathrm{d}r$ 代入方程(4)得

$$\frac{\mathrm{d}u_z}{\mathrm{d}r} = -\frac{p_1 - p_2}{2\mu L}\left(r - \frac{1}{r} r_{\max}^2\right) \tag{5}$$

上式积分得

$$u_z = -\frac{p_1 - p_2}{4\mu L}(r^2 - 2r_{\max}^2 \ln r + C_2) \tag{6}$$

利用下面两个边界条件求两个待定常数 $r_{\max}$ 和 C_2：

BC(1)　$r=r_1, u_z=0$；

BC(2)　$r=r_2, u_z=0$；

将这两个边界条件代入式(6)，可得

$$0=-\frac{p_1-p_2}{4\mu L}(r_1^2-2r_{\max}^2\ln r_1+C_2)$$

$$0=-\frac{p_1-p_2}{4\mu L}(r_2^2-2r_{\max}^2\ln r_2+C_2)$$

解得
$$r_{\max}=\sqrt{\frac{r_2^2-r_1^2}{2\ln(r_2/r_1)}} \tag{7}$$

$$C_2=2r_{\max}^2\ln r_1-r_1^2 \quad 或 \quad C_2=2r_{\max}^2\ln r_2-r_2^2$$

(1) 速度分布

$$u_z=-\frac{p_1-p_2}{4\mu L}\left(r^2-r_1^2-2r_{\max}^2\ln\frac{r}{r_1}\right) \tag{8}$$

或
$$u_z=-\frac{p_1-p_2}{4\mu L}\left(r^2-r_2^2-2r_{\max}^2\ln\frac{r}{r_2}\right) \tag{9}$$

(2) 平均速度

$$u=\frac{\int_{r1}^{r2}u_z\cdot 2\pi r\,\mathrm{d}r}{\pi(r_2^2-r_1^2)}=-\frac{(p_1-p_2)}{2\mu L(r_2^2-r_1^2)}\int_{r1}^{r2}\left(r^2-r_1^2-2r_{\max}^2\ln\frac{r}{r_1}\right)r\,\mathrm{d}r$$

$$=\frac{(p_1-p_2)}{8\mu L}(r_2^2+r_1^2-2r_{\max}^2) \tag{10}$$

(3) 压降

由于本题为流体在套管环隙中作水平流动，故压降 $\Delta p_f=p_1-p_2$。由式(10)可得

$$\Delta p_f=\frac{8u\mu L}{r_2^2+r_1^2-2r_{\max}^2} \tag{11}$$

(4) 摩擦系数 λ

方法 1：将式 $\Delta p_f=\lambda\frac{L}{d_e}\frac{\rho u^2}{2}$ 与式(11)比较可得

$$\lambda=\frac{16\mu d_e}{\rho u}\frac{1}{r_2^2+r_1^2-2r_{\max}^2}=\frac{64\mu}{\rho u}\frac{d_e}{d_2^2+d_1^2-2d_{\max}^2}$$

$$=\frac{64\mu}{\rho u d_e}\frac{d_e^2}{d_2^2+d_1^2-2d_{\max}^2}$$

$$=\frac{64}{Re}\frac{(d_2-d_1)^2}{d_2^2+d_1^2-2d_{\max}^2} \tag{12}$$

式中 $Re=\frac{\rho u d_e}{\mu}$ 为当量雷诺数

$d_e=d_2-d_1$ 为套管环隙的当量直径

方法 2:根据摩擦系数的定义

$$\lambda=\frac{4\tau_s}{\rho u^2/2}=\frac{8\tau_s A}{\rho u^2 A}=\frac{8F_{ds}}{\rho u^2 A} \tag{13}$$

式中

$$A=\pi L(d_1+d_2) \tag{14}$$

$$F_{ds}=\tau_s A=\tau_{s,r=r1}\pi d_1 L+\tau_{s,r=r2}\pi d_2 L \tag{15}$$

$$\tau_{s,r=r1}=\mu\left[\frac{du_z}{dr}\right]_{r=r1}=-\frac{p_1-p_2}{2L}\left(r_1-\frac{1}{r_1}r_{max}^2\right) \tag{16}$$

$$\tau_{s,r=r2}=-\mu\left[\frac{du_z}{dr}\right]_{r=r2}=\frac{p_1-p_2}{2L}\left(r_2-\frac{1}{r_2}r_{max}^2\right) \tag{17}$$

将式(16)、式(17)代入式(15),得

$$F_{ds}=(p_1-p_2)\frac{\pi}{4}(d_2^2-d_1^2)=\Delta p_f\frac{\pi}{4}(d_2^2-d_1^2) \tag{18}$$

将式(14)、式(18)代入式(13)得

$$\lambda=\frac{8\pi(d_2^2-d_1^2)/4}{\rho u^2\pi L(d_1+d_2)}\Delta p_{sf}=\frac{8\pi(d_2^2-d_1^2)/4}{\rho u^2\pi L(d_1+d_2)}\frac{8u\mu L}{r_2^2+r_1^2-2r_{max}^2}$$

$$=\frac{16\mu}{\rho u}\frac{d_2-d_1}{r_2^2+r_1^2-2r_{max}^2}=\frac{64}{Re}\frac{(d_2-d_1)^2}{d_2^2+d_1^2-2d_{max}^2}$$

讨论:(1) 流体在套管环隙作层流流动时,其最大速度不出现在套管环隙 d_1 和 d_2 的中间,而是在靠近环隙的内管壁处;

(2) 在应用牛顿黏性定律时,应注意速度梯度前的正负号。当速度梯度$\frac{du_z}{dr}>0$,即速度随 r 增加而增大时,取"+",反之取"-"。

【例 1-18】 黏度对管路输送能力的影响

采用如附图所示的敞口高位槽输送高黏度的牛顿液体,管路直径为 ϕ32 mm×2.5 mm,液体温度为 50 ℃,输送量为 4.30 m^3/h。若管路设置不变,将该液体温度升至 90 ℃,则输送量为多少?

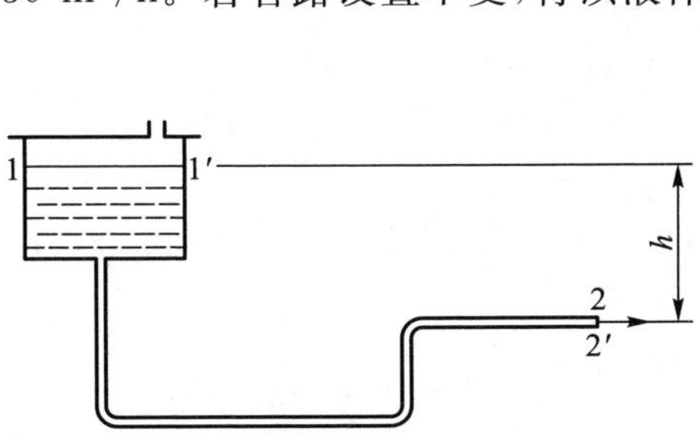

例 1-18 附图

已知液体的密度为 ρ=1 260 kg/m^3,50 ℃时黏度 μ=0.095 Pa·s,90 ℃时的黏度 μ'=0.021 Pa·s。

湍流时管内流动的摩擦系数可按下式计算：$\lambda=0.316\,4/Re^{0.25}$。

解： 50 ℃时管内流速为

$$u=\frac{4V_s}{\pi d^2}=\left(\frac{4\times4.30}{\pi\times0.027^2\times3\,600}\right)\text{m/s}=2.09\ \text{m/s}$$

$$Re=\frac{du\rho}{\mu}=\frac{0.027\times2.09\times1\,260}{0.095}=748.4<2\,000$$

故 50 ℃时为层流流动。

取高位槽液面为上游截面 1-1′，排出口外侧为下游截面 2-2′，以截面 2-2′的中心线为基准面，在两截面间列机械能衡算方程，得

$$gz_1+\frac{u_1^2}{2}+\frac{p_1}{\rho}=gz_2+\frac{u_2^2}{2}+\frac{p_2}{\rho}+\sum h_f \tag{1}$$

式中 $u_1=0$（高位槽液面远大于管路截面），$u_2=0$（2-2′截面取在管外侧）

$p_1=p_2=0$（表压）

$z_1-z_2=h$ 是高位槽液面至 2-2′截面中心线的垂直距离，由题意两种温度下的管路设置不变，故 h 为一常数

将以上条件代入式(1)，可得

$$\sum h_f=g(z_1-z_2)=gh=\text{常数} \tag{2}$$

即
$$\Delta p_f=\rho\sum h_f=\rho gh=\text{常数}$$

由此可以得出
$$\Delta p_f=\Delta p_f'$$

设温度升至 90 ℃时液体在管内流动已为湍流，则由

$$\lambda\frac{L}{d}\frac{\rho u^2}{2}=\lambda'\frac{L}{d}\frac{\rho u'^2}{2}$$

得
$$\lambda u^2=\lambda' u'^2$$

即
$$\frac{64}{Re}u^2=\frac{0.316\,4}{Re'^{0.25}}u'^2$$

$$\frac{64\mu u}{\rho d}=\frac{0.316\,4\mu'^{0.25}}{(du'\rho)^{0.25}}u'^2=\frac{0.316\,4\mu'^{0.25}}{(d\rho)^{0.25}}u'^{1.75}$$

$$\frac{64\times0.095\times2.09}{1\,260\times0.027}=0.3164\times\left(\frac{0.021}{1\,260\times0.027}\right)^{0.25}u'^{1.75}$$

解得

$$u'=3.16\ \text{m/s}$$

$$V_s'=\frac{\pi d^2}{4}u'=\left(\frac{\pi}{4}\times0.027^2\times3.16\right)\ \text{m}^3/\text{s}=1.808\times10^{-3}\,\text{m}^3/\text{s}=6.51\ \text{m}^3/\text{h}$$

校核雷诺数
$$Re'=\frac{d\rho u'}{\mu'}=\frac{0.027\times1\,260\times3.16}{0.021}=5\,119>4\,000$$

以上计算结果有效。

讨论：在层流情况下，流体黏度越小管路输送能力越大。但当流体在完全湍流区流动时，管路的输送能力将不受流体黏性的影响。读者可自己证明。

【例 1-19】 烟囱自然排烟的原理

如本题附图所示，某工业锅炉产生的烟气通过烟囱排入大气，烟囱内径为 1.2 m，烟气在烟囱内的平均温度为 200 ℃，在此温度下烟气的平均密度为 0.6 kg/m^3，烟气的流量为 45 000 m^3/h，烟气在烟囱内流动的摩擦系数为 0.025。在烟囱的高度范围内，外部空气的平均密度为 1.2 kg/m^3。试求：

(1) 当烟囱内底部的真空度为 15 mmH_2O 时，烟囱的高度为多少米？

(2) 当烟囱高度为 50 m 时，烟囱内底部的真空度为多少 mmH_2O？

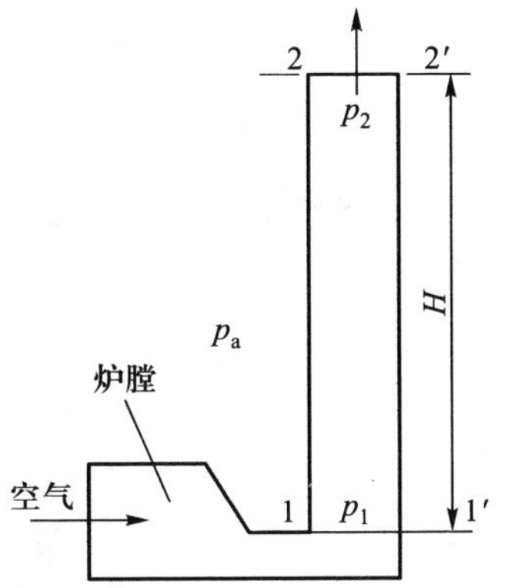

例 1-19 附图

解：(1) 当烟囱内底部的真空度为 15 mmH_2O 时，烟囱的高度

以烟囱底部的烟气入口处为 1-1′截面，烟囱的出口内侧为 2-2′截面，以 1-1′截面为基准面，在两截面之间列机械能衡算方程，得

$$p_1+\rho_m g z_1+\frac{\rho_m u_1^2}{2}=p_2+\rho_m g z_2+\frac{\rho_m u_2^2}{2}+\rho_m\sum h_{f,1-2} \quad (1)$$

由于锅炉系统是与大气相通的，故炉内的热气体受到大气浮力的影响。对烟囱外的空气在相应的两个截面列流体静力学方程，得

$$p_{a1}+\rho g z_1=p_{a2}+\rho g z_2 \quad (2)$$

二式相减得

$$(p_1-p_{a1})+(\rho_m-\rho_a)g z_1+\frac{\rho_m u_1^2}{2}=(p_2-p_{a2})+(\rho_m-\rho_a)g z_2+\frac{\rho_m u_2^2}{2}+\rho_m\sum h_{f,1-2} \quad (3)$$

上式通常称为两气体机械能衡算方程。

依题意　$p_1-p_{a1}=-15\ \text{mmH}_2\text{O}=-147.1\ \text{Pa}$(表压)

$p_2-p_{a2}=0$(表压)

$z_1=0, z_2=H$

$$u_1=u_2=u=\frac{4V_s}{\pi d^2}=\left(\frac{4\times 45\ 000}{\pi\times 1.2^2\times 3\ 600}\right)\ \text{m/s}=11.05\ \text{m/s}$$

代入式(3)得

$$H=\frac{p_{a1}-p_1}{(\rho_a-\rho_m)g-\dfrac{\lambda}{d}\dfrac{\rho_m u^2}{2}} \quad (4)$$

$$=\left[\frac{147.1}{(1.2-0.6)\times 9.81-(0.025/1.2)\times 0.6\times 11.05^2/2}\right]\text{m}=28.7\text{ m}$$

(2) 当烟囱高度为 50 m 时，烟囱内底部的真空度

由式(4)可得

$$p_{a1}-p_1=(\rho_a-\rho_m)gH-\lambda\frac{H}{d}\frac{\rho_m u^2}{2} \tag{5}$$

代入题给数据得

$$p_{a1}-p_1=\left[(1.2-0.6)\times 9.81\times 50-0.025\times\frac{50}{1.2}\times\frac{0.6\times 11.05^2}{2}\right]\text{Pa}$$

$$=256.1\text{ Pa(真空度)}$$

$$=26.1\text{ mmH}_2\text{O(真空度)}$$

讨论：由本题计算可知，式(5)右侧的第一项远大于第二项，即烟囱底部能够产生的真空度值主要取决于第一项烟囱的高度。通常将烟囱底部的真空度称为烟囱的抽力。式(5)表明，烟囱越高，烟气温度越高，空气温度越低，则烟囱的抽力越大，反之则小。

【例 1-20】 简单管路计算——求输送机械的功率

如本题附图所示，用效率为 75% 的离心泵将蓄水池中 20 ℃ 的水送到敞口高位槽中，管路为 ϕ 57 mm×3.5 mm 的光滑钢管，直管长度与所有局部阻力(包括孔板)当量长度之和为 85 m。采用孔板流量计测量水的流量，孔板直径 $d_0=20$ mm，孔流系数为 $C_0=0.60$。从水池到孔板前测压点截面 A 的管长(含所有局部阻力当量长度)为 35 m。U 管中指示液为汞。20 ℃水的密度 $\rho=998.2\ \text{kg/m}^3$，黏度 $\mu=1.0\times10^{-3}$ Pa·s。摩擦系数可近似用下式计算：

$$\lambda=0.3164/Re^{0.25}$$

当水的流量为 8.50 m³/h 时，试求：

(1) 泵的轴功率；

(2) A 截面 U 管压差计的读数 R_1；

(3) 孔板流量计的 U 管压差计读数 R_2。

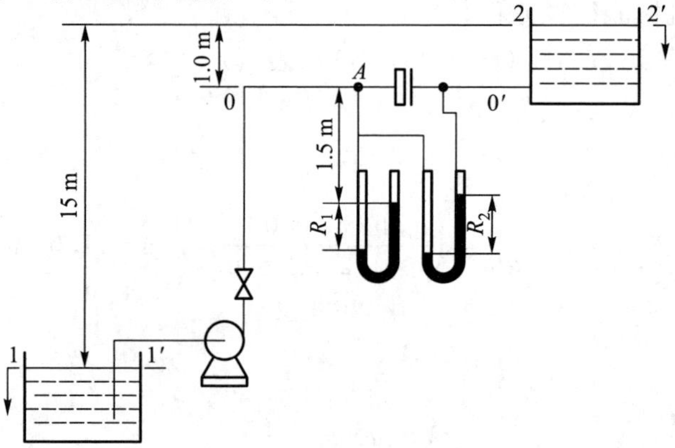

例 1-20 附图

解：(1) 泵的轴功率

以蓄水池水面为截面 1−1′和基准面，以高位槽液面为截面 2−2′，在两截面之间列机械能衡算方程，可得

$$W_e = g\Delta z + \frac{\Delta u^2}{2} + \frac{\Delta p}{\rho} + \sum h_f \tag{1}$$

式中 $u_1 = u_2 \approx 0, p_1 = p_2 = 0$(表压)$, z_1 = 0, z_2 = 15\ \text{m}$

$$u = \frac{V_s}{A} = \left[\frac{8.50}{3\,600 \times (\pi/4) \times 0.05^2}\right]\ \text{m/s} = 1.20\ \text{m/s}$$

$$Re = \frac{du\rho}{\mu} = \frac{0.05 \times 1.20 \times 998.2}{1.0 \times 10^{-3}} = 59\,892$$

$$\lambda = 0.316\,4/Re^{0.25} = 0.316\,4/59\,892^{0.25} = 0.020\,2$$

$$\sum h_f = \lambda \frac{L + \sum L_e}{d}\frac{u^2}{2} = \left(0.020\,2 \times \frac{85}{0.05} \times \frac{1.20^2}{2}\right)\ \text{J/kg} = 24.72\ \text{J/kg}$$

将以上数据代入式(1)得

$$W_e = (15 \times 9.81 + 24.72)\ \text{J/kg} = 171.9\ \text{J/kg}$$

$$N_e = \frac{W_e V_s \rho}{\eta} = [171.9 \times (8.5/3\,600) \times 998.2/0.75]\ \text{W} = 540\ \text{W} = 0.54\ \text{kW}$$

(2) A 截面 U 管压差计读数 R_1

在截面 A 与截面 2−2′之间列机械能衡算方程（以 0−0′水平面为基准面），得

$$\frac{p_A}{\rho} + \frac{u^2}{2} = z_{A-2}g + \sum h_{f,A-2}$$

式中 $u = 1.20\ \text{m/s}, z_{A-2} = 1\ \text{m}$

$$\sum h_{f,A-2} = \left(0.020\,2 \times \frac{85-35}{0.05} \times \frac{1.20^2}{2}\right)\ \text{J/kg} = 14.54\ \text{J/kg}$$

因此 $$p_A = \left[\left(14.54 + 1 \times 9.81 - \frac{1.20^2}{2}\right) \times 998.2\right]\ \text{Pa} = 2.36 \times 10^4\ \text{Pa(表压)}$$

在 U 管压差计两端列流体静力学方程得

$$p_A + (1.5 + R_1)\rho g = R_1 \rho_A g$$

故 $$R_1 = \frac{p_A + 1.5\rho g}{(\rho_A - \rho)g} = \left[\frac{2.36 \times 10^4 + 1.5 \times 998.2 \times 9.81}{(13\,600 - 998.2) \times 9.81}\right]\ \text{m} = 0.31\ \text{m}$$

(3) U 管压差计读数 R_2

$$V_s = C_0 A_0 \sqrt{2R_2(\rho_A - \rho)g/\rho}$$

将有关数据代入上式得

$$\frac{8.50}{3\,600}=0.60\times\pi/4\times0.02^2\sqrt{2\times(13\,600-998.2)\times9.81R_2/998.2}$$

$$R_2=0.634\ \mathrm{m}$$

讨论：本题是比较典型的流体力学计算题，其中包括了机械能衡算方程（求 W_e、p_A）、流体静力学基本方程（求 R_1）、能量损失方程（求 $\sum h_f$）、连续性方程（求 R_2）的综合运用。通过该题能加深对流体力学基本理论的理解。

【例 1-21】 简单管路计算——求流体的输送量

如本题附图所示，将密度为 980 kg/m³、黏度为 1.05 mPa·s 的料液从高位槽送入塔中，高位槽的液面维持恒定，并高于塔的进料口 5.0 m，塔内压力为 5.85×10^3 Pa（表压）。输送管路的直径为 ϕ45 mm×2.5 mm，长为32 m（包括管件及阀门的当量长度，但不包括进出口损失），管壁的绝对粗糙度为 0.2 mm。试求液体输送量。

解：以高位槽液面为上游截面 1-1′，输液管出口内侧为下游截面2-2′，并以截面 2-2′的管中心线为基准面，在两截面间列机械能衡算方程，即

$$gz_1+\frac{u_1^2}{2}+\frac{p_1}{\rho}=gz_2+\frac{u_2^2}{2}+\frac{p_2}{\rho}+\sum h_f \qquad (1)$$

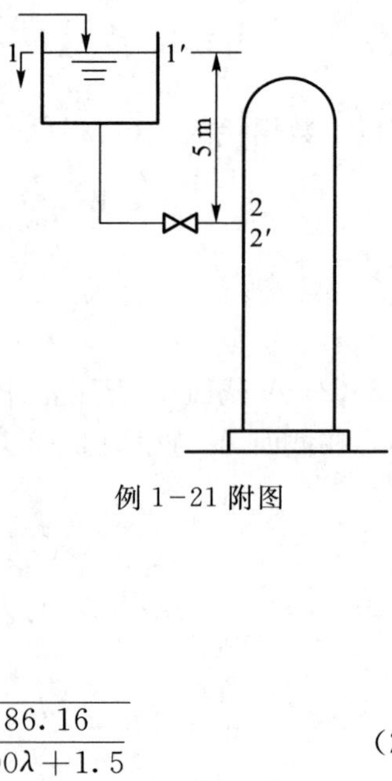

例 1-21 附图

式中 $z_1=5.0\ \mathrm{m},z_2=0$

$u_1\approx0,u_2=u$

$p_1=0$（表压），$p_2=5.85\times10^3$ Pa（表压）

$$\sum h_f=\left(\lambda\frac{L+\sum L_e}{d}+\zeta\right)\frac{u^2}{2}=\left(\lambda\frac{32}{0.04}+0.5\right)\frac{u^2}{2}$$

将以上各值代入式(1)，并整理得

$$u=\sqrt{\frac{2\times(9.81\times5.0-5.85\times10^3/980)}{800\lambda+1.5}}=\sqrt{\frac{86.16}{800\lambda+1.5}} \qquad (2)$$

$$\lambda=f(Re,e/d)=f\left(\frac{du\rho}{\mu},e/d\right) \qquad (3)$$

式(2)和式(3)为含两个未知数（u、λ）的非线性方程组，需要用试差法求解。

初设 $\lambda^{(0)}=0.03$，则由式(2)得

$$u=\sqrt{\frac{86.16}{800\times0.03+1.5}}\ \mathrm{m/s}=1.84\ \mathrm{m/s}$$

于是 $$Re=\frac{du\rho}{\mu}=\frac{0.04\times1.84\times980}{1.05\times10^{-3}}=6.87\times10^4$$

$$e/d=0.2/40=0.005$$

从摩擦系数图查得 $\lambda^{(1)}=0.033$

由于 $\lambda^{(1)}\neq\lambda^{(0)}$，故令 $\lambda^{(1)}=\lambda^{(0)}$ 重复以上计算

$$u=\sqrt{\frac{86.16}{800\times0.033+1.5}}\ \text{m/s}=1.76\ \text{m/s}$$

于是 $e/d=0.2/40=0.005$

$$Re=\frac{du\rho}{\mu}=\frac{0.04\times1.76\times980}{1.05\times10^{-3}}=6.57\times10^{4}$$

从摩擦系数图查得 $\lambda^{(1)}=0.0334\approx\lambda^{(0)}$

因此 $u=1.76\ \text{m/s}$

液体输送量为

$$V_s=\frac{\pi}{4}d^2u=(0.785\times0.04^2\times1.76)\ \text{m}^3/\text{s}=2.21\times10^{-3}\ \text{m}^3/\text{s}$$

$$=7.96\ \text{m}^3/\text{h}$$

讨论：在应用试差法进行管路计算时，通常选用摩擦系数 λ 作为迭代的变量。这是由于 λ 作为迭代的变量，其变化范围较小，特别是在阻力平方区，λ 仅随相对粗糙度变化，而与流速（或雷诺数）无关。

【例 1-22】 循环管路的计算

本题附图所示为冷冻盐水循环系统，盐水的密度为 1 100 kg/m^3，循环量为 36 m^3/h。管路的直径相同，盐水由 A 流经两个换热器而至 B 的能量损失为 98.1 J/kg，由 B 至 A 的能量损失为 49 J/kg。试求：

(1) 泵的效率为 70%时，泵的轴功率(kW)；

(2) 若 A 处的压力表读数为 245.2×10^3 kPa 时，B 处的压力表读数为多少？

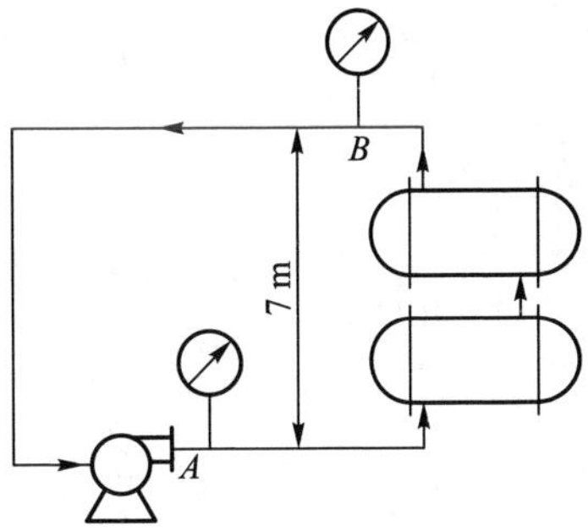

例 1-22 附图

解：(1) 泵的效率为 70%时，泵的轴功率

本题为一循环管路，在管路中取任一截面同时作为上游截面 1-1′和下游截面 2-2′，则

$$z_1=z_2,u_1=u_2,p_1=p_2$$

机械能衡算方程变为

$$W_e=\sum h_f=\sum h_{f,B-A}+\sum h_{f,A-B}$$
$$=(98.1+49)\text{J/kg}=147.1\ \text{J/kg}$$

$$N_e=\frac{W_e w_s\rho}{\eta}=\left(\frac{147.1\times36\times1\,100}{3\,600\times0.7}\right)\ \text{W}=2\,312\ \text{W}=2.312\ \text{kW}$$

(2) A 处的压力表读数为 245.2×10^3 kPa 时,B 处压力表的读数

以截面 A 为基准面,在截面 A 与截面 B 之间列机械能衡算方程,得

$$\frac{p_A}{\rho}+gz_A+\frac{u_A^2}{2}=\frac{p_B}{\rho}+gz_B+\frac{u_B^2}{2}+\sum h_{f,A-B}$$

式中 $p_A=245.2\times10^3$ Pa(表压),$z_A=0$,$z_B=7$ m,$u_A=u_B$,$\sum h_{f,A-B}=98.1$ J/kg

将以上数据代入上式,得

$$p_B=6.18\times10^4\ \text{Pa(表压)}$$

讨论:对于任何循环管路系统,输送机械所提供的机械能全部用于克服管路中流动的阻力。

【例 1-23】 并联管路的流量分配

水在如附图所示的并联管路中作定态流动。两支管均为 $\phi89$ mm×4.5 mm,直管摩擦系数均为 0.03,两支路各装有阀门 1 个、换热器 1 个,阀门全开时的局部阻力系数均等于 0.17,换热器的局部阻力系数均等于 3。支路 ADB 长为 25 m(包括管件,但不包括阀门的当量长度),支路 ACB 长 6 m(包括管件,但不包括阀门的当量长度)。当总体积流量为 50 m^3/h 时,试求:

(1) 两阀门全开时两支路的体积流量;

(2) 若其他条件不变,阀门 E 的阻力系数应为多少才能使两支路流量相等?

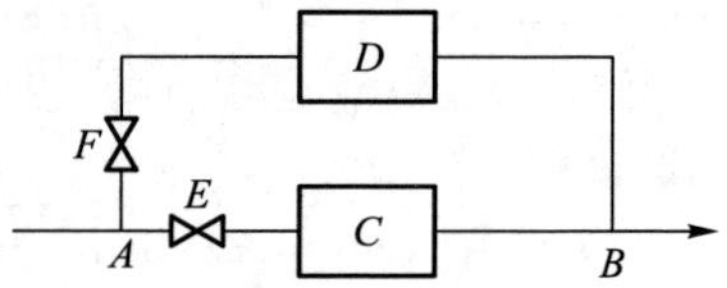

例 1-23 附图

解:(1) 两阀门全开时两支路的体积流量

以下标 1 和 2 分别代表支路 ADB 和 ACB,则

$$\sum h_{f,1}=\sum h_{f,2}$$

即
$$\left[\lambda_1\left(\frac{L_1+\sum L_{e1}}{d_1}\right)+\zeta_D+\zeta_F\right]\frac{u_1^2}{2}=\left[\lambda_2\left(\frac{L_2+\sum L_{e2}}{d_2}\right)+\zeta_C+\zeta_E\right]\frac{u_2^2}{2} \tag{1}$$

由于
$$V_s=u\,\frac{\pi d^2}{4}$$

式(1)可以写成

$$\frac{V_{s,1}}{V_{s,2}}=\sqrt{\frac{\lambda_2(L_2+\sum L_{e2})/d_2+\zeta_C+\zeta_E}{\lambda_1(L_1+\sum L_{e1})/d_1+\zeta_D+\zeta_F}\left(\frac{d_1}{d_2}\right)^4}$$

$$=\sqrt{\frac{0.03\times6/0.08+0.17+3}{0.03\times25/0.08+0.17+3}} \tag{2}$$

$$=0.657$$

对于并联管路 $V_s=V_{s,1}+V_{s,2}$

故 $50=0.657V_{s,2}+V_{s,2}$

解得　$V_{s,1}=19.83\ m^3/h$

$V_{s,2}=30.18\ m^3/h$

(2) 两支路流量相等时阀门 E 的阻力系数

由式(2)可得

$$\frac{\lambda_2(L_2+\sum L_{e2})/d_2+\zeta_C+\zeta_E}{\lambda_1(L_1+\sum L_{e1})/d_1+\zeta_D+\zeta_F}\left(\frac{d_1}{d_2}\right)^4=\frac{0.03\times6/0.08+3+\zeta_E}{0.03\times25/0.08+0.17+3}=1$$

解得　$\zeta_E=7.3$

讨论：对于并联管路，若各支管阻力不等，即使直径相同，也会导致流量分配不均，使并联管路不能发挥应有的作用。若要使两管路的流量相等，则需人为调节阀门增加局部阻力。

【例 1-24】 分支管路的计算

用离心泵将 20 ℃的水经总管分别送至容器 A、B 内，如本题附图所示。总管直径为 $\phi152\ mm\times4.5\ mm$，总管长为 $L=6\ m$(包括所有局部阻力的当量长度，但不包括进口)。分支点 O 处压力表读数为 $1.95\times10^5\ Pa$。两分支管管径均为 $\phi108\ mm\times4\ mm$，从分支点 O 至容器 A 的管长为 $L_A=35\ m$(包括所有局部阻力的当量长度，但不包括出口)；从分支点 O 至容器 B 的管长为 $L_B=45\ m$(包括所有局部阻力的当量长度，但不包括出口)。容器 A 水面上方为大气压，容器 B 水面上方表压为 $98.1\times10^3\ Pa$。设管内摩擦系数均可取 0.03。试求：

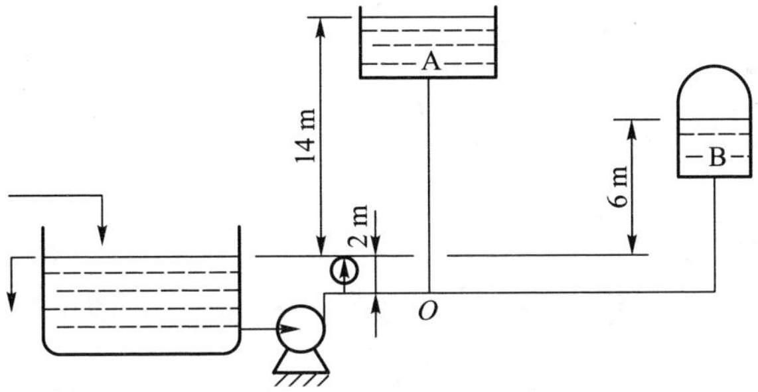

例 1-24 附图

(1) 总管体积流量及两支管的体积流量；

(2) 离心泵的有效功率。

解：(1) 总管流量及两支管的流量

以分支点 O 为上游截面和基准面，容器 A 和容器 B 中液面为下游截面，分别列机械能衡算方程得

$$z_Og+\frac{p_O}{\rho}+\frac{u_O^2}{2}=z_Ag+\frac{p_A}{\rho}+\frac{u_A^2}{2}+\sum h_{f,O-A} \tag{1}$$

$$z_Og+\frac{p_O}{\rho}+\frac{u_O^2}{2}=z_Bg+\frac{p_B}{\rho}+\frac{u_B^2}{2}+\sum h_{f,O-B} \tag{2}$$

故有

$$z_A g+\frac{p_A}{\rho}+\frac{u_A^2}{2}+\sum h_{f,O-A}=z_B g+\frac{p_B}{\rho}+\frac{u_B^2}{2}+\sum h_{f,O-B} \tag{3}$$

由式(1)得

$$\frac{1.95\times10^5}{1\ 000}+\frac{u_O^2}{2}=16\times9.81+\left(0.03\times\frac{35}{0.1}+1.0\right)\times\frac{u_A^2}{2}$$

上式整理得

$$76.08+u_O^2=11.5u_A^2 \tag{4}$$

由式(3)得

$$16\times9.81+\left(0.03\times\frac{35}{0.1}+1.0\right)\times\frac{u_A^2}{2}=8\times9.81+\frac{98.1\times10^3}{1\ 000}+\left(0.03\times\frac{45}{0.1}+1.0\right)\times\frac{u_B^2}{2}$$

上式整理得

$$u_A^2=3.412+1.261u_B^2 \tag{5}$$

对于分支管路

$$V_s=V_{s,A}+V_{s,B}$$

即

$$u_O\ \frac{\pi}{4}d_O^2=u_A\ \frac{\pi}{4}d_A^2+u_B\ \frac{\pi}{4}d_B^2$$

$$u_O=(u_A+u_B)\left(\frac{100}{143}\right)^2=0.489(u_A+u_B) \tag{6}$$

将式(4)、式(5)和式(6)联立求解得

$$u_A=2.65\ \text{m/s},u_B=1.69\ \text{m/s},u_O=2.12\ \text{m/s}$$

因此

$$V_s=\left(\frac{\pi}{4}\times0.143^2\times2.12\times3\ 600\right)\ \text{m}^3/\text{h}=122.5\ \text{m}^3/\text{h}$$

$$V_{s,A}=\left(\frac{\pi}{4}\times0.10^2\times2.65\times3\ 600\right)\ \text{m}^3/\text{h}=74.8\ \text{m}^3/\text{h}$$

$$V_{s,B}=\left(\frac{\pi}{4}\times0.10^2\times1.69\times3\ 600\right)\ \text{m}^3/\text{h}=47.7\ \text{m}^3/\text{h}$$

(2) 离心泵的有效功率

取贮槽液面为上游截面，分支点 O 为下游截面和基准面，在两截面之间列机械能衡算方程，得

$$z_1 g+\frac{p_1}{\rho}+\frac{u_1^2}{2}+W_e=z_O g+\frac{p_O}{\rho}+\frac{u_O^2}{2}+\sum h_f \tag{7}$$

即

$$W_e=\frac{p_O}{\rho}+\frac{u_O^2}{2}-z_1 g+\left(\lambda\ \frac{L+\sum L_e}{d_O}+0.5\right)\frac{u_O^2}{2}$$

$$=\left[\frac{1.95\times10^5}{1\,000}+\frac{2.12^2}{2}-2\times9.81+\left(0.03\times\frac{6}{0.143}+0.5\right)\times\frac{2.12^2}{2}\right]\ \text{J/kg}$$

$$=181.6\ \text{J/kg}$$

$$N_e=W_eV_s\rho=(181.6\times122.5\times1\,000/3\,600)\ \text{W}=6\,179\ \text{W}=6.18\ \text{kW}$$

讨论：本题是分支管路计算的典型问题。解题的基本思路是根据单位质量流体在各支管流动终了时的总机械能与能量损失之和相等的特性，列出各支管的相应的机械能衡算方程和连续性方程，然后求解。

【例 1-25】 可压缩流体的管路计算

用钢管将压力为 0.32 MPa(表压)、温度为 298 K、流量为 0.35 m^3/s(标准条件)的天然气(以 100%甲烷计)送往150 m(包括局部阻力的当量长度)外的燃烧喷嘴，要求进喷嘴前燃气的压力不低于 0.07 MPa(表压)。设流动为等温，天然气的平均摩尔质量为 16 kg/kmol，黏度为 1.0×10^{-5} Pa·s，大气压为 0.10 MPa。试求输送管道的直径。

解：忽略输送管道两端的高差，对于等温流动可用式(1-59)计算

$$p_1-p_2=\frac{G^2}{\rho_m}\left(\ln\frac{p_1}{p_2}+\frac{\lambda L}{2d}\right) \tag{1-59}$$

式中 ρ_m 为天然气的平均密度，由题给数据有

$$\rho_m=\frac{p_1+p_2}{2}\frac{M}{RT}=\left\{\frac{[(0.32+0.10)+(0.07+0.10)]\times10^3\times16}{2\times8.314\times298}\right\}\ \text{kg/m}^3$$

$$=1.91\ \text{kg/m}^3$$

质量流速为
$$G=\frac{w_s}{A}=\frac{0.35/22.4\times16}{\pi d^2/4}=\frac{0.319}{d^2}$$

将以上数据代入式(1-59)，得

$$(0.32-0.07)\times10^6=\frac{0.319^2}{1.91d^4}\left(\ln\frac{0.42}{0.17}+\frac{150\lambda}{2d}\right)$$

整理得

$$2.5\times10^5=\frac{1}{d^4}\left(0.024\,1+2.0\,\frac{\lambda}{d}\right) \tag{1}$$

取所选钢管的绝对粗糙度 $e=0.2$ mm，则

$$e/d=0.2/d$$

$$Re=\frac{Gd}{\mu}=\frac{0.319}{1.0\times10^{-5}}\frac{1}{d}=\frac{3.19\times10^4}{d} \tag{2}$$

初选 $\phi45\ \text{mm}\times2.5\ \text{mm}$ 的管道，则

$$e/d=0.2/40=0.005$$

$$Re=\frac{3.19\times10^4}{0.040}=7.98\times10^5$$

由摩擦系数图查得 $\lambda=0.031$

将 λ 值代入式(1)，得

$$右边=\frac{1}{0.04^4}\times\left(0.0241+2.0\times\frac{0.031}{0.04}\right)=6.15\times10^5>左边$$

这表明采用 $\phi45$ mm×2.5 mm 的管道时，流动阻力大于允许的压降。

重选 $\phi57$ mm×3.5 mm 的管道，则

$$e/d=0.2/50=0.004$$

$$Re=\frac{3.19\times10^4}{0.050}=6.38\times10^5$$

由摩擦系数图 1-1 查得 $\lambda=0.028$

将 λ 值代入式(1)，得

$$右边=\frac{1}{0.05^4}\times\left(0.0241+2.0\times\frac{0.028}{0.05}\right)=1.83\times10^5<左边$$

可见用 $\phi57$ mm×3.5 mm 的管道，流动阻力小于允许的压降，且略有余量。

讨论：对式(1-59)进行分析可知，可压缩流体在直管内流动的压力能下降，一部分用于流体膨胀动能增加(该式右侧括号内第一项)，另一部分用于克服摩擦阻力的能量损失(该式右侧括号内第二项)。若流体的膨胀程度不大，则式(1-59)右侧的第一项可忽略，该式即为不可压缩流体的机械能衡算方程。

在进行可压缩气体管路的计算时，应注意气体膨胀的影响，通常 $\Delta p/p_1<20\%$。在本题情况下，$\Delta p/p_1=(0.42-0.17)/0.42=59.5\%$，已不能用简化的式(1-60)来计算。

【例 1-26】 倾斜放置的文丘里流量计

本题附图所示为一倾斜放置的文丘里流量计，试推导通过该文丘里流量计的流量表达式。

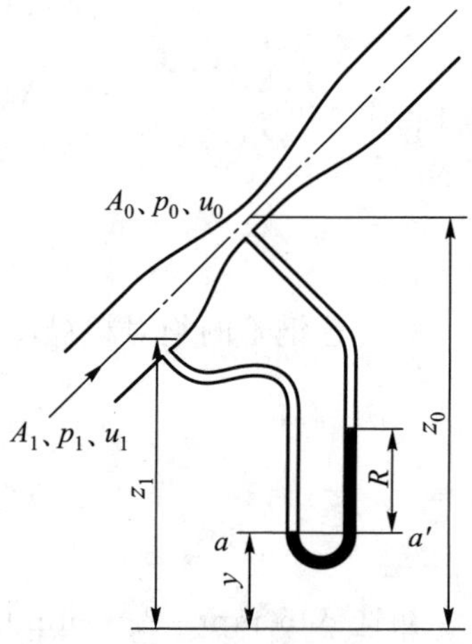

例 1-26 附图

解： 设文丘里流量计上游管段的截面积、流速、压力和相对于基准面的高度分别为 A_1、u_1、p_1 和 z_1，文丘里流量计喉径处的截面积、流速、压力和相对于基准面的高度分别为 A_0、u_0、p_0 和 z_0，暂且忽略流动阻力，则由伯努利方程得

$$gz_1+\frac{p_1}{\rho}+\frac{u_1^2}{2}=gz_0+\frac{p_0}{\rho}+\frac{u_0^2}{2} \qquad (1)$$

连续性方程为 $A_1u_1=A_0u_0$

或

$$u_1=\frac{A_0}{A_1}u_0=mu_0 \qquad (2)$$

将式(2)代入式(1)得

$$u_0=\frac{1}{\sqrt{1-m^2}}\sqrt{2\left[\frac{p_1-p_0}{\rho}+(z_1-z_0)g\right]}$$

当计及流体流经文丘里管的能量损失时，上式中应加一修正系数 C，于是

$$u_0=\frac{C}{\sqrt{1-m^2}}\sqrt{2\left[\frac{p_1-p_0}{\rho}+(z_1-z_0)g\right]}$$

令
$$\frac{C}{\sqrt{1-m^2}}=C_V\text{（文丘里流量计的流量系数）}$$

则
$$V_s=C_V A_0\sqrt{2\left[\frac{p_1-p_0}{\rho}+(z_1-z_0)g\right]} \tag{3}$$

若测压管中指示液的密度为 ρ_A，被测流体的密度为 ρ，并取 $a-a'$ 为等压面，列静力学方程得

$$p_1+(z_1-y)\rho g=p_0+(z_0-y-R)\rho g+R\rho_A g$$

即
$$\frac{p_1-p_0}{\rho}+(z_1-z_0)g=\frac{\rho_A-\rho}{\rho}R \tag{4}$$

将式(4)代入式(3)，得

$$V_s=C_V A_0\sqrt{2gR\left(\frac{\rho_A-\rho}{\rho}\right)} \tag{5}$$

讨论：由上述推导可知，文丘里流量计倾斜放置时的流量表达式与水平放置时的结果（式1-63）完全相同。同时可证明采用 U 管压差计测量压差时，当流量一定，测压 U 管的读数与文丘里管倾斜程度无关。从式(5)还可以看出，若流量一定，则不管文丘里管倾斜程度如何，U 管压差计上的读数也是一定的。

思考题简答

1. 什么是连续性假设？质点的含义是什么？

答：连续介质假定是将流体视为由无数流体微团或质点组成的连续介质。

流体质点是由大量分子组成的分子集合，在宏观上其几何尺寸很小，但包含足够多的分子，微观上其尺度远大于分子的平均自由程。

2. 不可压缩流体在半径为 r_i 的水平圆管内流动，试写出以 $\frac{du_z}{dr}$ 表示的牛顿黏性定律的表达式，其中 r 为由管中心算起的径向距离坐标，u_z 为 r 处的流体速度。

答：$\tau=-\mu\frac{du_z}{dr}$

3. 黏性流体在静止时有无剪应力？理想流体在运动时有无剪应力？若流体在静止时无剪应力，是否意味着它们没有黏性？

答：(1) 黏性流体在静止时无剪应力；(2) 理想流体无剪应力；(3) 黏性是流体的固有特性，在静止或运动时均有黏性。

4. 静压力有什么特性？

答：静压力的方向与其作用面相垂直，且在各个方向的数值相同，即静压力为标量。

5. 流体在均匀直管内作定态流动时，其平均流速 u 沿流程保持定值，并不因内摩擦而减速，这一说法是否正确？为什么？

答：不正确。根据连续性方程，流体在管内作定态流动时，其平均流速随管截面积和流体密度而变。但当流体不可压缩时，该说法是正确的。

6. 在满流的条件下，水在垂直直管中向下定态流动。则对沿管长不同位置处的平均流速而言，是否会因重力加速度而使下部的速度大于上部的速度？

答：不会。

7. 在应用机械能衡算方程解题时需要注意哪些问题？

答：(1) 所选控制面的上下游截面都应与流动方向垂直；(2) 流体在两截面间应是连续的，待求的未知量应在截面上或在两截面之间；(3) 截面上的物理量均取截面上的平均值；(4) 位压头的基准面应是水平面，且 z 值系指截面中心点与基准面之间的距离；(5) 物理量的单位要一致。

8. 雷诺数的物理意义是什么？

答：惯性力与黏性力之比。

9. 湍流与层流有何不同，湍流的主要特点是什么？

层流时，流体质点沿流线向下游作规则的流动，质点之间无宏观混合；流体分子在不同流速的流体层之间作随机热运动产生黏性应力——内摩擦力。

湍流流动时，质点强烈混合和随机高频脉动；流体层之间由于质点碰撞与混合所产生的湍流应力，远远大于由于流体黏性所产生的黏性应力；离开壁面的区域，湍流的速度分布较均匀；而在壁面附近，湍流的速度梯度较大。

10. 分别写出描述流体作层流流动时的分子动量传递的通量方程和流体作湍流时涡流动量传递的通量方程，以及流体与固体壁面之间进行对流动量传递的速率方程，说明各方程代表的物理意义。

答：(1) 层流：

$$\tau=\nu\frac{\mathrm{d}(\rho u_x)}{\mathrm{d}y}$$

式中 τ 为分子动量通量，$\mathrm{N/m^2}$ 或 $\mathrm{kg\cdot m\cdot s^{-1}/(m^2\cdot s)}$；$\mathrm{d}(\rho u_x)/\mathrm{d}y$ 为动量浓度梯度，$\mathrm{kg\cdot m\cdot s^{-1}/(m^3\cdot m)}$；$\nu$ 为动量扩散系数，$\mathrm{m^2/s}$。

(2) 湍流：

$$\tau^{\mathrm{r}}=\varepsilon\frac{\mathrm{d}(\rho\overline{u}_x)}{\mathrm{d}y}$$

式中 τ^{r} 表示涡流动量通量，$\mathrm{N/m^2}$；ε 为涡流动量扩散系数，$\mathrm{m^2/s}$。

(3) 流体-壁面之间的动量传递通量：

$$\tau_{\mathrm{s}}=\frac{\lambda u}{8}(\rho u-\rho u_{\mathrm{s}})$$

式中 τ_{s} 为流体与壁面间的动量通量；$\rho u-\rho u_{\mathrm{s}}$ 为流体的平均动量浓度与壁面上动量浓度之差；

$\lambda u/8$ 为流体－壁面间的动量传递系数。

11．试通过流体进行动量传递的机理分析流体流动产生摩擦阻力的原因。

答：流体与壁面之间传递的动量通量为壁面剪应力 τ_s，它反映了壁面拖曳流体层运动的力或流动阻力。但流动阻力产生的原因是由于流体的内摩擦消耗了机械能。

12．流体在固体壁面上产生边界层分离的必要条件是什么？试通过边界层分离现象分析形体阻力（局部阻力）产生的原因。

答：边界层分离的必要条件是流体具有黏性和流动过程中存在逆压梯度。当发生边界层分离时，流体脱离开壁面形成回流和旋涡，流体质点产生强烈碰撞与混合，大量消耗流体的机械能，即形成局部阻力。

13．本题附图所示为一循环管路。试证明对于任一循环管路，外加的机械能全部用于克服流动阻力，即

$$W_e=\sum h_f$$

答：对于本题附图所示的循环管路，在管路中的任一截面同时作为上游截面 1－1′和截面 2－2′，列机械能衡算方程，则得

$$W_e=\sum h_f$$

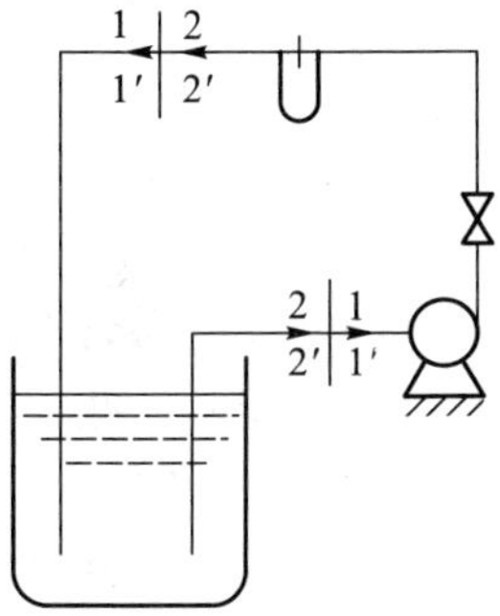

思考题 13 附图

14．某流体在圆形光滑直管内作湍流流动。试分析：

（1）若管长和管径不变，仅将流量增加到原来的 2 倍，因摩擦阻力而产生的压降为原来的几倍？

（2）若管长和流量不变，仅将管径减小为原来的 2/3，则因摩擦阻力而产生的压降又为原来的几倍？

答：（1）对于光滑圆管，摩擦系数 λ 可用下式计算：

$$\lambda=\frac{0.316}{Re^{1/4}}$$

将上式代入式（1－43）可得

$$\frac{\Delta p_f}{\rho}=\lambda\frac{L}{d}\frac{u^2}{2}=\frac{0.316}{(du\rho/\mu)^{1/4}}\frac{L}{d}\frac{u^2}{2}=\frac{0.316}{(d\rho/\mu)^{0.25}}\frac{L}{d}\frac{u^{1.75}}{2}$$

$$=\frac{0.316}{(d\rho/\mu)^{0.25}}\frac{L}{d}\frac{\left(\dfrac{V_s}{\pi d^2/4}\right)^{1.75}}{2}=\frac{0.316}{(\rho/\mu)^{0.25}}\frac{L}{d^{4.75}}\frac{V_s^{1.75}}{(\pi/4)^{1.75}} \tag{1}$$

本题中 ρ、μ、L、d 均不变，故上式可写成

$$\Delta p_f\propto V_s^{1.75}$$

$$\frac{\Delta p_f'}{\Delta p_f}=\left(\frac{V_s'}{V_s}\right)^{1.75}=2^{1.75}=3.36$$

即压降为原来的 3.36 倍。

（2）当 V_s、L 不变，式（1）可写为

$$\Delta p_f \propto \frac{1}{d^{4.75}}$$

故有

$$\frac{\Delta p_f''}{\Delta p_f'}=\left(\frac{d}{d''}\right)^{4.75}=(3/2)^{4.75}=6.86$$

即压降为原来的 6.86 倍。

15. 如本题附图所示，槽内水面维持不变，水从 B、C 两支管排出，各管段的直径、粗糙度相同，槽内水面与两支管出口的距离均相等，水在管内已达完全湍流状态。试分析：

(1) 两阀门全开时，两支管的流量是否相等？

(2) 若把 C 支管的阀门关闭，这时 B 支管内水的流量有何改变？

(3) 当 C 支管的阀门关闭时，主管路 A 处的压力比两阀全开时是增加还是降低？

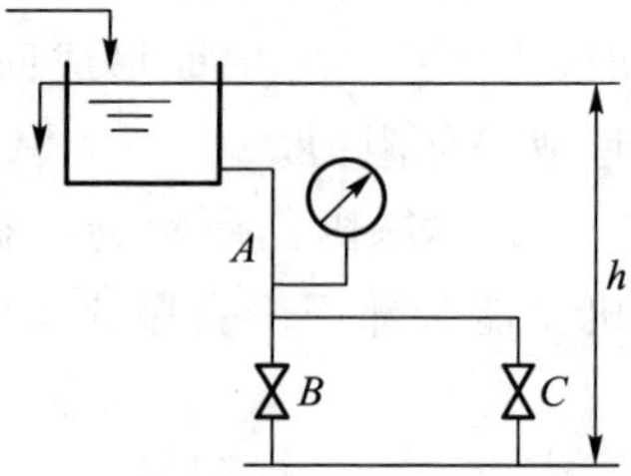

思考题 15 附图

答：(1) 当两阀门全开时，因两支管的长度不同，故直管流动阻力各不相同，因此流量不相等；(2) 当 C 支管的阀门关闭时，B 支管中流量将增加；(3) 当 C 支管阀门关闭时，A 点的压力将增加。

自 测 题

一、填空题

1. 理想流体是指____________________的流体。

2. 某设备内的表压为 100 kPa，则它的绝压应为________ kPa；另一设备内的真空度为 400 mmHg，则它的绝压应为________ kPa。已知当地大气压为 101.33kPa。

3. 不可压缩流体在水平变径管路中流动时，在管径缩小的截面处，其流速____________，压力________。

4. 贮罐内装有液体，液面至罐底的高度为 H。当在罐侧壁的________位置开小孔，才能使流体柱的射程最远。

5. 不可压缩流体在等径水平管内作定态流动时，由于内摩擦所消耗的能量是总机械能中的________。

6. 用内径为 158mm 的钢管输送运动黏度为 $9.0\times10^{-5}\ m^2/s$ 的油品。若保持油品在管内作层流流动，则最大流速不能超过________。

7. 边长为 a 的正方形截面风道，其当量直径为________。

8. 流体在管内湍流流动时，流速越高，则流动边界层中的层流内层________，流动摩擦阻力损失________。

9. 速度边界层是指___________________________。

10. 阻力平方区是指____________________；产生阻力平方区的原因是_________________。

11. 量纲分析的目的在于______________________________。

12. 从液面恒定的高位槽向常压容器中加水，若将放水管路上的阀门开度关小，则管内水量将________，管路的局部阻力将________，直管阻力将________，管路总阻力________。

13. 如果管内流体流量增大1倍后，其流动型态仍为层流，流动阻力是原来的________倍。

14. 流体在湍流的阻力平方区流动，若其他条件不变，其压降随着管子的相对粗糙度增加而________，随着流体的密度增大而________。

15. 流体在一并联管路内流动，两支路内流型均为层流。若两支路管内径之比为2∶1，管长之比为1∶2(包括所有局部阻力的当量长度)，则两支路流量之比为________。

16. 由三支管组成的并联管路，各支管的长度及摩擦系数均相等，管径比为$d_1:d_2:d_3=1:2:3$，则三支管的流量比为________。

17. 常用的流量计中，可用于测量流体的点速度的为____________；属于压差流量计的有________和________；属于截面流量计的为________。

18. 测量流体流量时，随着流体流量的增大，转子流量计两端压差值________；孔板流量计两端压差值________。

二、选择题

1. 空气在内径一定的圆管中作定态流动，若空气的质量流量保持不变，当温度升高时，Re值将(　　)。

A. 增大；　B. 减小；　C. 不变；　D. 不确定

2. 在流动阻力实验中，以水作为工质所测定的$\lambda=f(Re,e/d)$关系式不适用于(　　)在直管中的流动。

A. 空气；　B. 液体乙醇；　C. 牛顿流体；　D. 非牛顿流体

3. 请选择下列流体在管路中的常用的流速：(1)水及低黏度液体(　　)；(2)一般常压气体(　　)；3. 黏性较大的液体(　　)。

A. 1～3m/s；　B. 0.5～1m/s；　C. 10～20m/s；　D. 40m/s以上

4. 下列结论正确的是(　　)。

A. 液体的黏度随温度升高而减小；　B. 气体的黏度随温度升高而增大；

C. 液体的黏度基本不随压力变化；　D. 气体的黏度随压力增大而减小

5. 层流与湍流的主要区别是(　　)。

A. 湍流流速大于层流；

B. 层流Re小于湍流Re；

C. 湍流时流通截面积大，层流时流通截面积小；

D. 层流时流体质点无宏观混合，湍流时流体质点发生高频脉动

6. 流体在高度为2m、宽度为3m的矩形管道内流动，其当量直径为(　　)m。

A. 1.2；　B. 0.6；　C. 2.4；　D. 4.8

7. 流体在光滑圆管内作定态层流流动，已知其平均流速u_b为1.2m/s，则管中心的最大流速u_{max}为(　　)m/s。

A. 0.6；　B. 2.4；　C. 1.2；　D. 1.8

8. 在层流流动中，若流体的总流量不变，则规格相同的两根管子串联时的压降是并联时的

(　　)倍。

A. 1；　　B. 4；　　C. 6；　　D. 2

9. 在管内流动的完全湍流区，当 e/d 一定时，因流体内摩擦引起的机械能损失(　　)，摩擦系数 λ(　　)；在层流区，因内摩擦引起的机械能损失(　　)，摩擦系数 λ(　　)。

A. 与流速的一次方成正比；　　B. 与流速的平方成正比；

C. 与流速的三次方成正比；　　D. 与流速成反比；

E. 与流速无关

10. 计算局部阻力损失的公式 $h_f'=\zeta\frac{u^2}{2}$中的 u 是指(　　)。

A. 细管内流速；　　B. 粗管内流速；

C. 粗、细管流速的平均值

11. 由分支管路向 A、B 敞口高位槽中输送某液体，若两高位槽中液位恒定，当支路 1 中的阀门开大时，则两分支管路中的能量损失之差 $\sum h_{f1}-\sum h_{f2}$ 将(　　)。

A. 增大；　　B. 减小；　　C. 不变；　　D. 不确定

12. 某并联管路由 1、2 两个支管组成，该两支路的流体均作层流流动。当 $d_1=2d_2$，$L_1=2L_2$ 时，则

(1) $\Delta p_{f,1}/\Delta p_{f,2}=$(　　)

A. 1/2；　　B. 1/4；　　C. 1；　　D. 4

(2) $u_1/u_2=$(　　)

A. 2；　　B. 1/2；　　C. 4；　　D. 1/4

(3) $V_{s,1}/V_{s,2}=$(　　)

A. 8；　　B. 16；　　C. 4；　　D. 2

13. 当流体通过(　　)时，随着流量的增大，其压差不变。

A. 孔板流量计；　　B. 文丘里流量计；

C. 转子流量计

14. 流体在一水平变径管段中流过，在细管截面 A 与粗管截面 B 之间连接一 U 管压差计，则压差计的读数 R 值反映(　　)。

A. A、B 两截面的压力差；　　B. A、B 两截面的流动阻力；

C. A、B 两截面的动压头变化；　　D. 突然扩大或突然缩小的局部阻力

三、计算题

1. 密度为 ρ 的液体在一水平管道中流动，如本题附图所示，收缩管前后的压差为 p_1-p_2，管截面积为 A_1 和 A_2。设流动阻力可忽略，试求流速 u_1 和 u_2 的表达式。

2. 某化工厂用喷射泵吸收氨气来制备浓氨水，如本题附图所示。导管中稀氨水的质量流量为10 000 kg/h，稀氨水入口处的压力为 0.15 MPa(表压)，导管内径为 $d_1=50$ mm，喷嘴直径 $d_2=13$ mm，已知自稀氨水入口至喷嘴处的总机械能损失 $\sum h_f=20$ J/kg，稀氨水密度为 1 000 kg/m^3，试求喷嘴出口处的真空度。

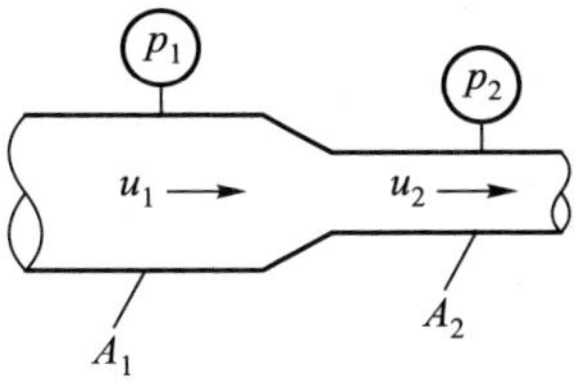

习题 1 附图

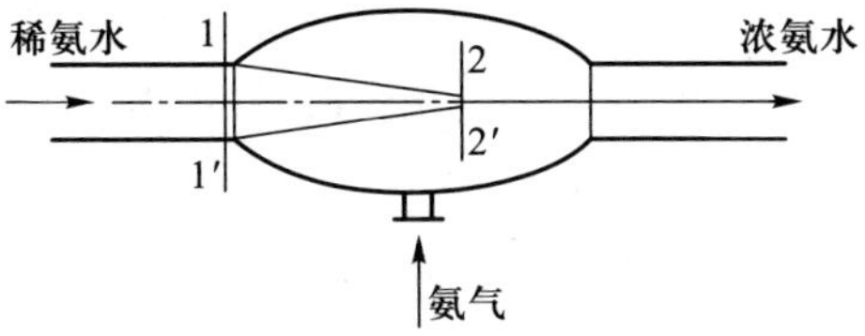

习题 2 附图

3. 用离心泵将水池内水送至高位槽,两液面恒定,其流程如本题附图所示。输水管路直径为 $\phi 55\ mm \times 2.5\ mm$,管路系统的全部阻力损失为 49 J/kg,摩擦系数 λ 可取为 0.024,汞柱压差计读数分别为 $R_1=50$ mm 及 $R_2=1\,200$ mm,其他有关尺寸如图中标注。试计算:

(1) 管内水的流速;

(2) 泵的轴功率(效率为 71%);

(3) A 截面上的表压 p_A。

4. 用水洗塔除去气体中所含的微量有害组分 A,流程如本题附图所示。已知塔的操作温度为 20 ℃,当地大气压为 $p_a=101.33$ kPa,U 管水银压差计读数分别为 $R_1=455$ mm,$R_2=341$ mm,气体在标准状态下的密度为 1.29 kg/m^3。试求气体通过水洗塔的能量损失,分别用 J/kg、J/m^3(即 Pa)和 J/N(即 m)表示。

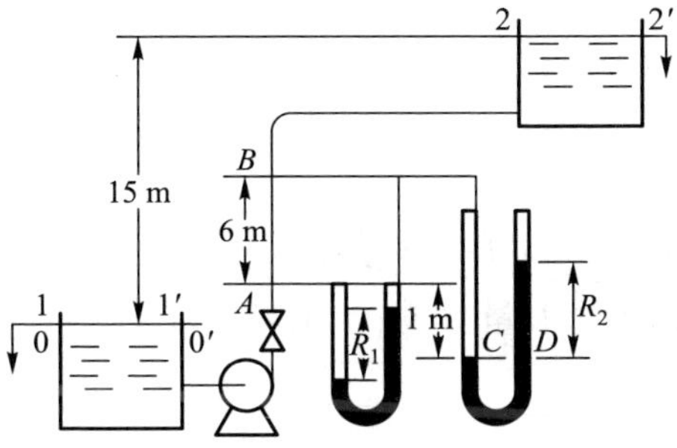

习题 3 附图

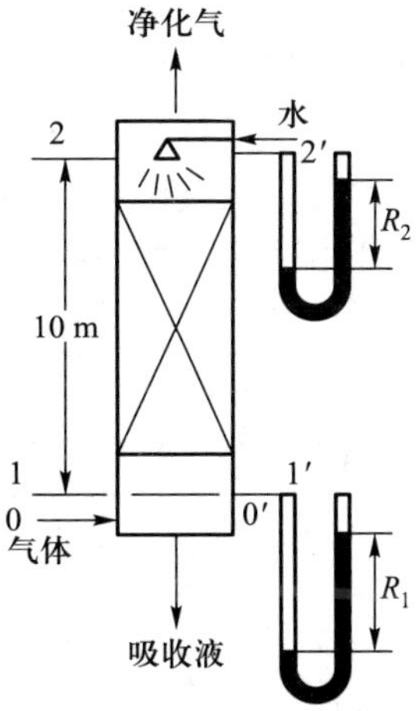

习题 4 附图

5. 20 ℃的水以 150 m^3/h 的流量在倾斜变径管道中定态流过,此管内径由 $d_1=100$ mm 经一渐扩段扩大至内径 $d_2=200$ mm,如附图所示。在截面 A 和 B 处连接一 U 管水银压差计,其读数 $R=30$ mm,A、B 两点间的垂直距离 $h=0.4$ m,20 ℃水的密度为 998.2 kg/m^3。试求:

(1) A、B 两截面间的压差;

(2) 截面 A 与截面 B 之间的机械能损失;

(3) 其他条件不变,将管路水平放置,U 管压差计读数 R' 及 A、B 两截面间压力差将如何变化?

6. 用效率 80%的齿轮泵将某黏稠液体从敞口贮槽送至密闭容器内,贮槽和容器内液面均维持恒定,容器顶部压力表读数为 30×10^3 Pa。用旁路调节流量,其流程如本题附图所示。主管流量为

14 m^3/h,管径为 $\phi 66$ mm×3 mm,管长为 80 m(包括所有局部阻力的当量长度)。旁路的流量为 5 m^3/h,管径为 $\phi 32$ mm×2.5 mm,管长为 20 m(包括除了阀门外的所有局部阻力的当量长度)。两管路的流型相同,忽略贮槽液面至分支点 O 之间的能量损失。被输送液体的黏度为 50 mPa·s,密度为 1 100 kg/m^3。试求:

(1) 泵的轴功率;

(2) 旁路阀门的阻力系数。

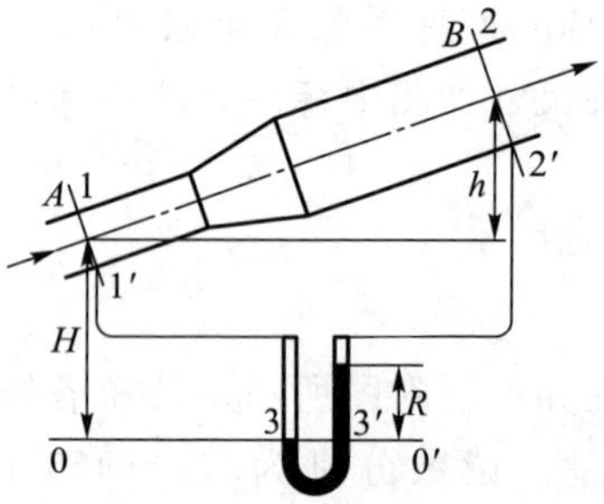

习题 5 附图

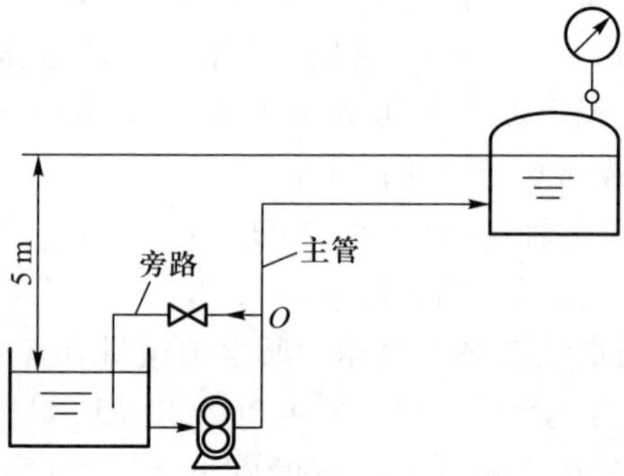

习题 6 附图

7. 如本题附图所示,从水塔将水送至车间。输送管路采用 $\phi 57$ mm×3.5 mm 的钢管,管路总长为 65 m(包括所有局部阻力的当量长度,但不包括进出口损失)。水塔内水面维持恒定,并高于出水口 15 m。现因故车间用水量需增加 50%,需对原管路进行改造,提出三种方案:

(1) 将原管路换成内径 $\phi 83$ mm×4 mm 的管子;

(2) 与原管路并行添加一根内径 $\phi 32$ mm×2.5 mm 的管子(其包括所有局部阻力当量长度的总管长 65 m);

(3) 在原管路上并联一段长 28 m(含局部阻力当量长度)、内径 $\phi 57$ mm×3.5 mm 的管子。

试计算原管路的送水量、三种改造方案的送水量并进行比较。设各种情况下 λ 均可取 0.03。

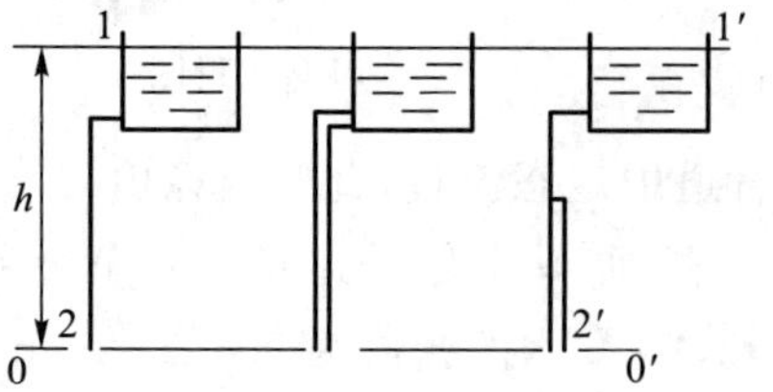

习题 7 附图

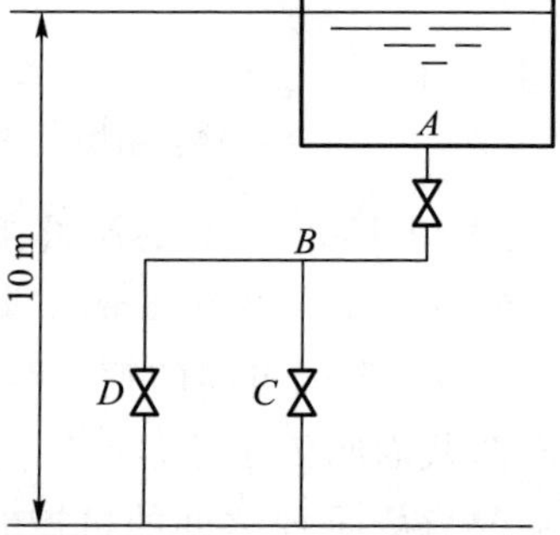

习题 8 附图

8. 如本题附图所示,水槽中的水经管道从 C、D 两支管放出,水槽液面维持恒定。AB 段管径为 41 mm,管长为 6 m(包括所有局部阻力,但不包括进口)。BC 段管长 15 m(包括所有局部阻力的当量长度,但不包括出口),BD 段管长 24 m(包括所有局部阻力的当量长度,但不包括出口)，*BC* 和 *BD* 管段的内径为25 mm。试求：

(1) 当 *D* 管阀门关闭、*C* 管阀门全开时的流量；

(2) 当 *C*、*D* 两管阀门全开时的流量和总流量。设管内摩擦系数可取为 0.03 不变。

本章符号说明

英文字母

A——面积或截面积，m^2；

C——皮托管的校正系数，量纲为 1；

C_0——孔板流量计的校正系数，量纲为 1；

C_R——转子流量计的校正系数，量纲为 1；

C_V——文丘里流量计的校正系数，量纲为 1；

d——管直径，m；

d_e——当量直径，m；

e——绝对粗糙度，m；

g——重力加速度，m/s^2；

G——质量通量，质量平均速度，$kg/(m^2 \cdot s)$；

h_f——单位质量流体的摩擦能量损失，J/kg；

h'_f——局部能量损失，J/kg；

H_e——流体接受外界功所增加的压头，m；

H_f——压头损失，m；

I——湍流强度，量纲为 1；

L——长度，m；

L_e——当量长度，m；

L_p——润湿周边长度，m；

m——质量，kg；

M——摩尔质量，g/mol；

p——压力，Pa；

N_e——输送设备的有效功率，kW；

Δp_f——压降，单位体积流体的总机械能损失，Pa；

r_H——水力半径，m；

r_i——管半径，m；

R——摩尔气体常数[8 314 J/(kmol·K)]；

R——液柱高度，m；

Re——雷诺数($du\rho/\mu$)，量纲为 1；

T——热力学温度，K；

u——平均流速，m/s；

u_{max}——流动截面上的最大流速，m/s；

$\bar{u}$——时均速度分量，m/s；

u'——脉动速度分量，m/s；

V_s——体积流量，m^3/s；

w——质量分数，量纲为 1；

w_s——质量流量，kg/s；

希腊字母

β——体积压缩系数，量纲为 1；

ε——涡流运动黏度，m^2/s；

ζ——局部阻力系数，量纲为 1；

λ——摩擦系数，量纲为 1；

μ——黏度，Pa·s；

ν——运动黏度，m^2/s；

ρ——密度，kg/m^3；

ρ_m——混合物的密度或平均密度，kg/m^3；

τ——剪应力，表面应力，Pa；

τ_0——屈服应力，Pa；

τ_s——壁面剪应力，Pa；

τ^r——雷诺应力，Pa；

τ^t——总应力，Pa

第二章

流体输送机械

学习指导

一、学习要求

本章是流体力学原理的应用。通过学习，要求学生掌握工业生产过程中最常见流体输送机械的基本结构、工作原理、性能参数及其在管路中的运行特性，能够根据生产工艺要求，合理地选择和正确使用输送机械，以使之高效、可靠、安全地运行。

二、应重点掌握的内容

1. 离心泵的基本结构、工作原理、主要性能参数的测定及计算、在管路中的运行特性及选型。

2. 通过和离心泵对比，掌握其他液体输送机械的特性和适用场合。

3. 通过和液体输送机械对比，掌握气体输送机械的结构特点、操作特性及适用场合。

三、学习方法

1. 以离心泵作为流体力学原理应用的典型实例，通过对比掌握其他液体和气体输送机械的特性及适用场合。

2. 在特定的管路系统中，流体输送机械的实际工作情况是由输送机械和管路特性共同决定的，所以工程上采用“分解—综合”方法，即在分别讨论输送机械特性及管路特性基础上，再来确定输送机械在特定管路系统上的操作(工作点)参数。要学会分析或判断某一参数改变时，该系统的输送能力及其他相关参数的变化趋势。

通过本章学习，能够运用流体力学原理来处理流体输送的有关问题。

学习要点

一、概述

(一) 管路系统对流体输送机械性能的要求

流体输送机械的主要功能是对流体做功以提高其机械能，而且大多体现为静压能的提高。

管路系统对流体输送机械的性能提出如下要求：

1. 满足生产工艺对流量和能量的要求

流量要求由工艺规定，能量要求用如下方法确定。

(1) 液体输送管路的能量要求，用管路特性方程计算，即

$$H_e = K + BQ_e^2 \tag{2-1}$$

式中 H_e——泵对 1N 液体做的有效功，J/N 或 m；

K——泵对 1N 液体的位压头和静压头增量，m；

$$K = \Delta Z + \frac{\Delta p}{\rho g} \tag{2-2}$$

Q_e——液体流量，m^3/s；

B——常数，代表管路特性曲线的曲率，称作管路阻抗，s^2/m^5，即

$$B = \left(\lambda \frac{L + \sum L_e}{d} + \sum \xi\right) \frac{8}{\pi^2 d^4 g} \tag{2-3}$$

式(2-1)实际上是伯努利方程的一种表达式，其适用条件是1N液体在管路的阻力平方区作连续的定态流动，并且忽略动压头的变化。

(2) 对于通风机的气体输送管路系统所需能量，用以 1 m^3 气体为基准的伯努利方程计算，即

$$H_T = \Delta p + \frac{\Delta u^2}{2}\rho \tag{2-4}$$

式中的 H_T、Δp 及 $\Delta u^2 \rho/2$ 分别称为全风压、静风压和动风压，Pa。

(3) 对鼓风机、压缩机及真空泵的气体输送管路系统，能量的要求常用出口压力(压缩比或真空度)表示。

2. 运行可靠，操作安全高效，日常操作费用低。

3. 结构简单，质量轻，投资费用低。

4. 能适应被输送流体的特性，如黏度、可燃性、毒性、爆炸性、含固体杂质、腐蚀性等。

(二) 流体输送机械的分类

按照工作原理，流体输送机械大致可分为表 2-1 所列的四大类。

表 2-1 输送机械按工作原理分类

流体状态	机械类型			
	离心式 (叶轮式或动力式)	回转式	往复式	流体作用式
液体输送	离心泵、旋涡泵及轴流泵	齿轮泵、螺杆泵	往复泵、计量泵、隔膜泵	喷射泵、酸蛋
气体输送	离心式通风机、鼓风机、压缩机	罗茨鼓风机、液环压缩机与真空泵	往复压缩机和真空泵	蒸汽喷射真空泵

表 2-1 中的回转式及往复式输送机械称为容积式(又称正位移式或定排量式)，其突出特点

是在一定工作状态下能保持被输送流体的排出量恒定，而不受管路压头或压力的影响。

通常将输送液体的机械称为泵，将输送气体的机械按其产生压力的高低分别称为通风机、鼓风机、压缩机及真空泵。

二、离心泵

离心泵之所以应用广泛，不仅在于其结构简单、流量均匀、易于控制及调节、可用耐腐蚀材料制造等优点，而且还在于将其作为流体力学原理应用的一个实例具有典型性。

（一）离心泵的工作原理和基本结构

1. 工作原理

依靠高速旋转的叶轮，使叶片间的液体在惯性离心力的作用下自叶轮中心被抛向外周并获得能量，最终体现为静压能的增加。

围绕工作原理，应清楚如下概念和术语：离心泵无自吸力，启动前要“灌泵”，吸入管路安装单向底阀的作用，避免气缚现象发生的措施。

2. 基本结构

离心泵的基本结构分为三部分

- 基本结构
  - 供能装置——叶轮
    - 按结构分闭式、半闭式与开式
    - 吸液方式分单吸式（轴向推力与平衡孔）及双吸式
    - 叶片形状分后弯、径向及前弯
  - 集液及转能装置——蜗壳及导轮
  - 轴封装置——填料函及机械（端面）密封

蜗牛形泵壳、后弯叶片及导轮均可使动能有效地转化为静压能，提高泵的效率。

（二）离心泵的基本方程

离心泵的基本方程是从理论上描述在理想情况下离心泵可能达到的最大压头 $H_{T\infty}$（又称扬程）与泵的结构、尺寸、转速及液体流量诸因素之间关系的表达式。由于影响因素的复杂性，很难提出一个定量表达上述各因素之间关系的方程。工程上常采用数学模型法来研究此类问题。

数学模型法是半经验半理论的方法。该方法是在对实际过程的机理进行深入分析的基础上，抓住过程的本质，作出某些合理简化，建立物理模型，进行数学描述，得到数学模型，再通过实验测定模型参数。

为便于分析液体在叶轮内的运动情况，特作如下简化假设：

① 叶轮为具有无限多、无限薄的叶片组成的理想叶轮。

② 被输送的是理想液体。

③ 泵内液体为定态流动过程。

按上面简化假设，提出了速度三角形的物理模型，依离心力做功为基础，推导离心泵的基本方程。

离心泵基本方程的推导紧紧扣住一个主题——提高液体的静压能。离心泵基本方程有如下两种表达式。

1．离心泵的工作原理表达式

$$H_{T\infty}=\frac{u_2^2-u_1^2}{2g}+\frac{w_1^2-w_2^2}{2g}+\frac{c_2^2-c_1^2}{2g} \tag{2-5}$$

式中的 u、w、c 分别称为圆周速度、相对速度及绝对速度，m/s。

下标 1、2 分别表示叶片的入口和出口。

式(2-5)说明离心泵的理论压头由两部分组成，其右边前两项代表液体流经叶轮后所增加的静压能，以 H_p 表示；右边最后一项说明液体流经叶轮后所增加的动能，以 H_c 表示，其中有一部分转变为静压能。

2．分析影响因素的表达式

由速度三角形和连续性方程推得

$$H_{T\infty}=\frac{1}{g}\left(u_2^2-\frac{u_2\operatorname{ctg}\beta_2}{\pi D_2 b_2}Q_T\right) \tag{2-6}$$

$$Q_T=c_{r,2}\pi D_2 b_2 \tag{2-7}$$

$$u_2=\frac{\pi D_2 n}{60} \tag{2-8}$$

式中 D_2——叶轮外径，m；

b_2——叶轮外缘宽度，m；

$c_{r,2}$——液体在叶轮出口处绝对速度的径向分量，m/s；

Q_T——离心泵的理论流量，m^3/s；

n——叶轮转速，r/min；

β_2——流动角。

式(2-6)表明了离心泵的理论压头与理论流量、叶轮的转速和直径、叶片几何形状之间的关系，用于分析各项因素对 $H_{T\infty}$ 的影响，即

① 离心泵的理论压头随叶轮转速与直径的增大而提高，此即比例定律与切割定律的理论依据。

② 对后弯叶片：$H_{T\infty}<u_2^2/g$，这种结构可减小能量损失，增加静压能，提高效率。

③ 对后弯叶片：因 $\operatorname{ctg}\beta_2>0$，理论压头随理论流量的增加而下降，即

$$H_{T\infty}=A-BQ_T \tag{2-6a}$$

式中 $A=u_2^2/g$，　$B=u_2\operatorname{ctg}\beta_2/(g\pi D_2 b_2)$。

④ 离心泵的理论压头与液体密度无关，但泵出口的压力与液体密度成正比。

3．离心泵实际压头、流量关系曲线的实验测定

黏性液体在有限叶片的叶轮内流动，必然引起液体在叶轮内的泄漏和各种能量损失，致使泵的实际流量和压头低于理论值，并且 $H-Q$ 曲线在 $H_{T\infty}-Q_T$ 曲线下方。实测的 $H-Q$ 关系可表达为

$$H=A_a-GQ^2 \tag{2-9}$$

式(2-9)称为离心泵的特性方程。

(三)离心泵的性能参数与特性曲线

1. 离心泵的性能参数

离心泵的主要性能参数包括如下四项,即

(1) 流量 Q 离心泵在单位时间内排送到管路系统的液体体积,单位为 m^3/s 或 m^3/h。Q 与泵的结构、尺寸与转速等有关,还受管路特性影响。

(2) 压头 H 离心泵的压头又称扬程,它是指离心泵对单位重量(1N)液体所提供的有效能量,单位为 m。H 与泵的结构、尺寸、转速及流量有关。泵压头 H 通常在特定转速下于图 2-1 所示的装置中用清水来测定。其测定式为

$$H=h_0+H_1+H_2+\frac{u_2^2-u_1^2}{2g} \tag{2-10}$$

式中 H——离心泵的压头(扬程),m;

h_0——两测压截面的垂直距离,m;

H_1、H_2——分别为与泵入口真空度和泵出口表压对应的静压头,m;

u_1、u_2——分别为泵的入口和出口截面上液体的平均流速,m/s。

由于两测压口之间管路很短,其间的压头损失忽略不计。

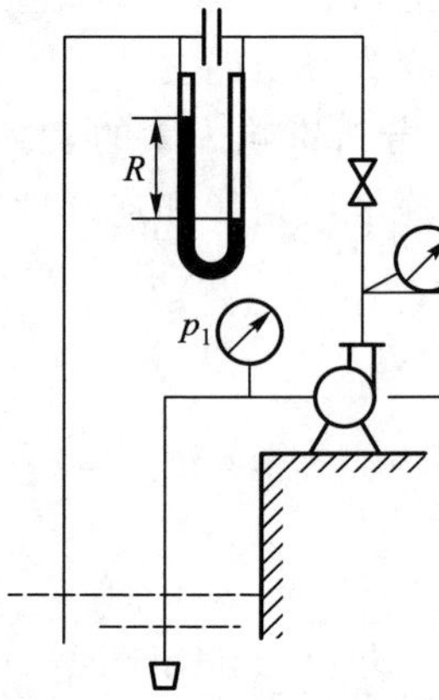

图 2-1 离心泵性能参数测量装置

(3) 效率 η 效率用来反映离心泵中的容积损失、机械损失和水力损失三项能量损失的总影响,称总效率。一般小型泵的效率为 50%~70%,大型泵的效率可达 90%。

(4) 有效功率和轴功率

$$N_e=HQ\rho g \tag{2-11}$$

$$N=\frac{N_e}{\eta} \tag{2-12}$$

式中 N_e、N——泵的有效功率和轴功率,W;

ρ——液体的密度,kg/m^3。

2. 离心泵的特性曲线

离心泵的特性曲线又称工作性能曲线,如图 2-2 所示。它对离心泵的选择和操作调节都具有指导意义,是需要重点掌握的知识点。

离心泵的特性曲线是在固定转速下用 20 ℃的清水于常压下由实验测定。对于离心泵特性曲线,应掌握如下要点:

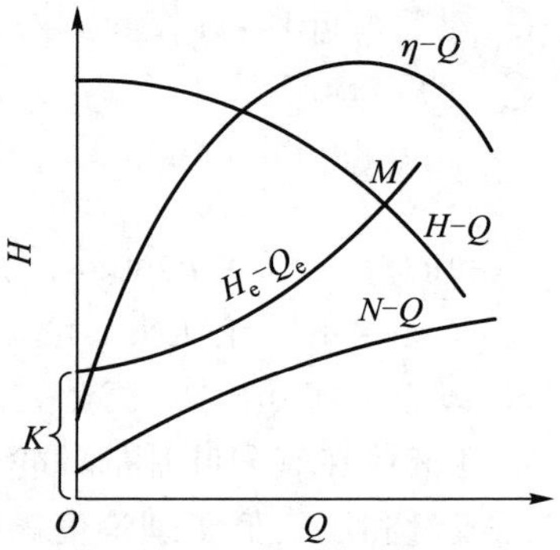

图 2-2 离心泵特性曲线与工作点

① 每种型号的离心泵在特定转速下有其独有的特性曲线,一般泵的压头随流量加大而降低。

② 在固定转速下,离心泵的流量、压头和效率不随被输送液体的密度而变,但泵的轴功率与液体密度成正比。

③ 当 $Q=0$ 时，轴功率最低，启动泵和停泵应关闭出口阀。停泵关闭出口阀还有防止排出管路内液体倒流、保护泵的叶轮的作用。

④ 离心泵铭牌上所标的流量和压头，是泵在最高效率点所对应的性能参数（Q_s、H_s、N_s），称为设计点。泵应在高效区（即 $92\%\eta_{max}$ 的范围内）工作。

3. 离心泵性能参数的换算

被输送液体的物性（如密度和黏度）、泵的结构尺寸和转速发生变化时，都会影响泵的性能，此时需对泵的相关参数进行换算。

液体物性的影响

(1) 液体的密度　ρ 改变时，H、Q、η 均不发生变化，N 与液体密度成正比（相应地离心泵的进出口压力差与密度成正比），此时 $N-Q$ 曲线需进行重新计算。

(2) 液体的黏度　当被输送液体黏度比清水的黏度大得多时（运动黏度 $\nu>2\times10^{-5}\ m^2/s$），泵的流量、压头都减小，效率下降，轴功率增大，即泵原来的特性曲线不再适用，需要进行换算。

(3) 离心泵的转速和叶轮外径的影响　当离心泵的转速或叶轮直径发生变化时，其特性曲线需要进行换算。在忽略效率变化的前提下，采用如下两个定律进行换算：

比例定律
$$\frac{Q_1}{Q_2}=\frac{n_1}{n_2}\qquad \frac{H_1}{H_2}=\left(\frac{n_1}{n_2}\right)^2\qquad \frac{N_1}{N_2}=\left(\frac{n_1}{n_2}\right)^3 \tag{2-13}$$

切割定律
$$\frac{Q'}{Q}=\frac{D'_2}{D_2}\qquad \frac{H'}{H}=\left(\frac{D'_2}{D_2}\right)^2\qquad \frac{N'}{N}=\left(\frac{D'_2}{D_2}\right)^3 \tag{2-14}$$

（四）离心泵在管路中的运行特性

本节重点讨论一定型号的离心泵（转速一定）安装到特定管路系统中工作参数的确定及流量调节方法。理论依据是管路特性方程（或特性曲线）和离心泵特性方程（或特性曲线）。

其前提条件是泵的安装高度适宜，使泵的功能得以正常发挥。

1. 离心泵的安装高度

适宜的离心泵安装高度应当保证一年四季中在可能的最大流量和最高的输液温度下不发生汽蚀现象。汽蚀现象的标志是泵的压头较正常值下降 3%以上。

离心泵的安装高度受泵吸入口附近最低允许压力的限制，其极限值是操作条件下被输送液体的饱和蒸气压 p_v。

(1) 离心泵的抗汽蚀性能　为防止汽蚀现象发生，在泵吸入口处液体的静压头 $p_1/(\rho g)$ 与动压头 $u_1^2/(2g)$ 之和应大于液体在操作温度下的饱和蒸气压头 $[p_v/(\rho g)]$ 某一规定值。此值即离心泵的汽蚀余量，用 $NPSH$ 表示，即

$$NPSH=\left(\frac{p_1}{\rho g}+\frac{u_1^2}{2g}\right)-\frac{p_v}{\rho g} \tag{2-15}$$

在 IS 系列泵的手册中，列出必需汽蚀余量 $(NPSH)_r$ 的数值。而 $(NPSH)_r$ 又为临界条件下（泵入口附近最低压力等于液体的饱和蒸气压，相应地泵入口为确定的最小值 $p_{1,min}$）测得的临界汽蚀余量 $(NPSH)_c$ 值加上一定的安全余量而获得。按照标准规定，$(NPSH)_r$ 加上 0.5 m 即为 $NPSH$，即

$$NPSH=(NPSH)_r+0.5\ m \tag{2-16}$$

AY 型离心油泵的必需汽蚀余量用 Δh_r 表示。

(2) 离心泵的允许安装高度　　查得离心泵的抗汽蚀性能参数，便可用下式确定离心泵的允许安装高度 H_g，即

$$H_g=\frac{p_a-p_v}{\rho g}-NPSH-H_{f,0-1} \tag{2-17}$$

式中　H_g——离心泵的允许安装高度，m；

$H_{f,0-1}$——吸入管路的压头损失，m。

由上面式子看出，$(NPSH)_r$(或 Δh_r)值越小，泵的抗汽蚀性能越好，其值随液体流量 Q 加大而增大。

为确保离心泵的正常操作，泵的实际安装高度比允许安装高度再适当降低 0.5 m 上下。

若泵的允许安装高度较低时，可采取措施减小 $H_{f,0-1}$，或把泵安装在液面下，利用位差使液体自动灌入泵壳内。

2. 离心泵的工作点

离心泵在管路中正常运行时，泵所提供的流量 Q 和压头 H 值恰好和管路要求值 Q_e 和 H_e 相一致。此即泵在该管路系统中的工作点。在该点运行时，$H=H_e$，$Q=Q_e$。

离心泵的工作点可用解析法或图解法确定。

如果泵的特性方程和管路特性方程为已知，可联解两特性方程以求得工作点的流量 Q 和压头 H，进而计算 N_e 和 N。

如果已知泵的特性曲线和管路特性曲线，则只能用管路特性曲线和泵的特性曲线的交点确定泵的工作点。此时可直接从图上读得泵的流量 Q、压头 H、功率 N 和效率 η 等有关数值，如图 2-2 所示。

对于型号和转速一定的离心泵，管路中任何参数(如被输送液体的温度、密度或压力)的改变均会影响泵的工作点。

3. 离心泵的流量调节

离心泵的流量调节即改变泵的工作点，以适应管路的需要。可通过改变管路特性或泵的特性来实现流量调节的目的。

(1) 改变管路特性　调节离心泵出口阀开度便改变了管路特性方程中的 B 值(即管路特性曲线的曲率)，从而改变了泵的工作点。此法操作简便，工程上广泛采用，其缺点是关小阀门时，额外增加了动力消耗，不够经济。

(2) 改变泵的特性　用调节泵的转速(比例定律)或更换离心泵叶轮外径(切割定律)的方法改变泵的特性。此法甚为经济。

(3) 离心泵的组合操作　某些情况下可采用相同型号离心泵的并联或串联的方法来满足工艺要求。组合方式按如下原则选择：当单台泵的压头低于管路系统所要求的压头时，只能选择泵的串联操作；对高阻型管路系统(即管路特性曲线较陡，如图 2-3 中曲线 1)，两台泵串联可获得较大流量，如图中的 Q_1'(串联)$>Q_1''$(并联)$>Q_1$(单台)；对低阻型管路系统(即管路特性曲线较平坦，如图2-3中曲线 2)，两台泵并联可获得较大流量，如图中的 Q_2''(并联)$>Q_2'$(串联)$>Q_2$(单台)。

(五) 离心泵的类型及选择

离心泵种类齐全,能适应各种不同用途。工业上应用广泛的几类离心泵如下图所示:

- 离心泵
  - 水泵 { IS 型(单级单吸)、D 型(多级泵)、Sh 型(双吸泵) } 输送清水及理化性质类似于水的液体
  - 油泵(AY 型)——输送石油产品,具有良好密封性能
  - 耐腐蚀泵(FM 型)——输送酸、碱等腐蚀性液体,由耐腐材料制造
  - 杂质泵(P 型)——输送悬浮液及稠厚的浆液,开式或半闭式叶轮
  - 屏蔽泵(无密封泵)——输送易燃、易爆、剧毒及放射性液体
  - 磁力泵(C 型)——高效节能,输送易燃、易爆、腐蚀性液体

选泵时应注意以下几点:

(1) 根据管路在最大的流量和压头下要求的 Q_e 和 H_e 选泵时,要使泵所能提供的 Q 与 H 略大于 Q_e 和 H_e,并要使泵在高效率区操作。泵的型号选出后,要列出泵的性能参数。

(2) 当单台泵不能满足管路要求的 Q_e 和 H_e 时,可考虑泵的并联和串联。

(3) 当被输送液体密度大于水的密度时,要核算泵的轴功率。

另外,要会利用泵的系列特性曲线选泵。

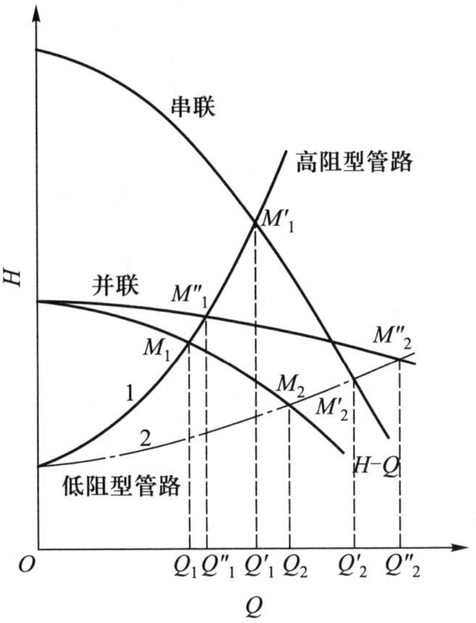

图 2-3　离心泵组合方式的选择

三、其他类型化工用泵性能比较

在全面掌握离心泵的基础上,通过对比,了解不同类型液体输送机械的特性和适用场合,最后能根据介质性质和工艺要求,经济合理地选择适宜类型和型号的输送机械。

表 2-2 中的往复泵包括活塞泵、计量泵和隔膜泵等,在化工中应用比较广泛。往复泵的输液能力(流量)按下式计算,即

$$Q=\eta_v Q_T \tag{2-18}$$

式中　η_v——往复泵的容积效率,其值在 0.85～0.95;

Q_T——往复泵的理论流量,m^3/min。

单动泵

$$Q_T=ASn_r \tag{2-19}$$

双动泵

$$Q_T=(2A-a)Sn_r \tag{2-20}$$

式中　A——活塞的截面积,m^2;

S——活塞冲程,m;

n_r——活塞每分钟往复次数，1/min；

a——活塞杆的截面积，m^2。

往复泵的功率计算与离心泵相同，即

$$N=\frac{HQ\rho g}{60\eta} \tag{2-21}$$

式中　N——往复泵的轴功率，W；

Q——往复泵的流量，m^3/min；

η——往复泵的总效率，$\eta=0.65\sim0.85$。

对于往复泵要掌握其提高液体连续性、均匀性的措施；不同调节流量方法的优缺点。

表 2-2　几种典型化工用泵的性能比较

泵的类型		动力式（叶轮式）		正位移泵（容积式）	
		离心泵	旋涡泵	往复泵	旋转泵（齿轮泵、螺杆泵）
流量	均匀性	均匀	均匀	脉动	尚均匀
	恒定性	随管路特性而变		恒定	恒定
	范围	广，易达大流量	小流量	较小流量	小流量
压头		不易达到高压头	较高	高压头	较高压头
效率		稍低	低	高	较高
操作	流量调节	出口阀调节	旁路调节	旁路或转速、行程调节	旁路调节
	自吸作用	无	部分型号有自吸力	有	有
	启动	出口阀关闭	出口阀全开	出口阀全开	出口阀全开
	维修	简便	简便	麻烦	较简便
适用场合		流量和压头适用范围广，尤适宜于大流量、中压头；不太适合高黏度液体	小流量、较高压头、低黏度清洁液体	小流量、高压头、不含杂质的黏性液体	小流量、较高压头、高黏度的液体

四、液体输送机械的发展方向及研发重点

1. 发展方向

改进设计，提高转速、工作压力和温度，增大功率。对于泵来说，总的目标是增加转速，提高泵的单级扬程。

2. 研发重点

（1）研发泵用新材料，提高零部件的使用寿命和对苛刻运行条件的适应性。

（2）叶轮设计及解决水力稳定性问题。

五、气体压送机械的性能比较

气体压送机械的基本结构、工作原理、操作特性与对应的液体输送机械大同小异。但由于气体的密度小、可压缩性及压缩过程中的温度升高，致使气体输送和压缩机械具有某些特点，如活门更轻巧，多级压缩及其级间冷却等。

化工中常用典型气体压送机械的性能及适用场合列于表 2-3。

表 2-3 典型气体压送机械的操作特性与适用场合

机械类型		出口压力/kPa	操作特性	适用场合
离心式	通风机	低 0.981(表压) 中 2.94(表压) 高 14.7(表压)	风量大(可达 186 300 m^3/h)，连续均匀，通过出口阀或风机并串联调节流量	主要用于通风
	鼓风机(透平式)	≤294(表压)	多级，温升不高，不设级间冷却装置	主要用于高炉送风
	压缩机(透平式)	>294(表压)	多级，级间设冷却装置	气体压缩
往复式	压缩机	低压<981 中压 981～9 810 高压>9 810	脉冲式供气，旁路调节流量，高压时要多级，级间设冷却装置	适用于高压气体场合，如合成氨生产
旋转式	罗茨鼓风机	181	流量可达 120～3×10^4 m^3/h，旁路调流量	操作温度不大于 85 ℃
	液环压缩机(纳氏泵)	490～588(表压)	风量大，供气均匀	腐蚀性气体压送(如 H_2SO_4 作工质送 Cl_2)
真空泵	水环真空泵	最高真空度 83.4	结构简单，操作平稳可靠	可产生真空，也可用作鼓风机
	蒸汽喷射真空泵	绝对压力 0.07～13.3	结构简单，无运动部件	多级可达高的真空度

注：所有压缩机，当其入口连到设备上而出口排至大气时，均可用作真空泵。

对于气体压送机械，要注意以下要点：

1. 离心式通风机

气体通过离心式通风机的压力变化不大，当不可压缩流体处理。管路系统对风机的能量要求可用伯努利方程计算。在简化情况下，可用式(2-4)计算。风机的全风压主要由静风压和动风压组成。选择风机时，要将操作条件下的全风压 H'_T 换算为实验条件下($\rho=1.2$ kg/m^3)的全风压 H_T，即

$$H_T=H'_T\left(\frac{1.2}{\rho'}\right) \tag{2-22}$$

式中 ρ'——操作条件下气体的密度，kg/m^3。

离心式通风机轴功率必须用同一状态下的风压和风量计算。

离心式通风机的特性曲线比离心泵多了一条静风压 H_{st} 随流量 Q 的变化曲线，如图 2-4

所示。

2. 往复式压缩机

理想压缩机循环的简化假设，实际压缩循环过程。

要了解有余隙存在条件下气体在压缩过程中状态的变化情况及余隙对压缩过程的影响，极限压缩比的概念（容积系数 λ 为零时的压缩比）。

当压缩比 $\frac{p_2}{p_1}\geqslant 8$ 时，采用多级压缩的必要性。

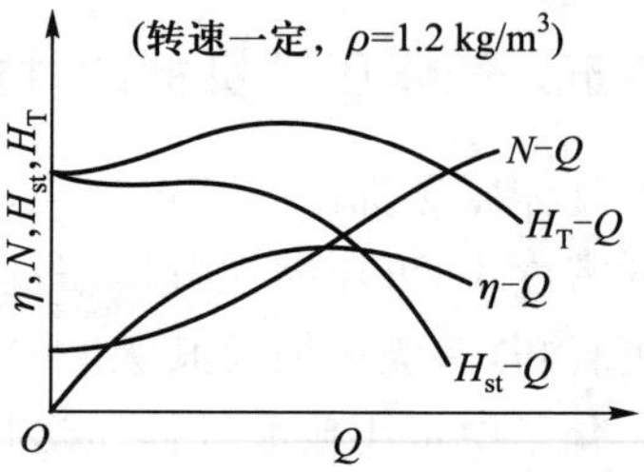

图 2-4　离心式通风机的特性曲线

示范题解析

通过流体输送机械工艺参数的计算，加深对流体力学基本原理的理解，掌握流体输送机械的操作特性，提高分析和解题能力。仍以离心泵工艺参数的计算为重点。计算的基本关系为物料衡算、机械能衡算、阻力计算和泵的特性关系（特性方程或特性曲线）。

【例 2-1】 管路对泵流量和能量的要求

用 IS80—65—160 型（$n=2\,900$ r/min）离心泵将池中 20 ℃清水送至密闭高位槽。槽内表压为 49.1 kPa。要求流量为 1.35×10^{-2} m³/s。吸入管直径为 80 mm，长度 $L_1=11$ m（包括所有局部阻力当量长度），摩擦系数 $\lambda_1=0.02$；排出管直径 65 mm，长 $L_2=28$ m（包括除调节阀 E 以外的所有局部阻力当量长度），摩擦系数 $\lambda_2=0.031$；阀门 E 的局部阻力系数 $\zeta_E=6.2$；两液面高度差 $Z=9$ m。试求：

（1）该泵能否满足管路对于能量和流量的要求？

（2）泵进出口测压表 p_C、p_D 读数为多少？

（3）若让密闭高位槽中的清水以同样流量沿同样管路向下流，是否需要泵？

解：（1）管路要求的流量和压头

$$Q_e=0.013\,5\ \text{m}^3/\text{s}=48.6\ \text{m}^3/\text{h}$$

管路要求的压头由截面 1-1′与 2-2′间列伯努利方程计算（以池中水面为基准面）：

$$H_e=Z+\frac{\Delta p}{\rho g}+\frac{\Delta u^2}{2g}+\sum H_{f,1-2}$$

式中

$$Z=9\ \text{m}$$

$$\frac{\Delta p}{\rho g}=\left(\frac{49.1\times10^3}{1\,000\times9.81}\right)\ \text{m}=5.0\ \text{m}$$

$$\frac{\Delta u^2}{2g}\approx0$$

$\sum H_f$ 由吸入管和排出管分段计算。

$$u_1=\frac{Q_e}{\frac{\pi}{4}d^2}=\left(\frac{0.013\,5\times4}{0.08^2\pi}\right)\ \text{m/s}=2.69\ \text{m/s}$$

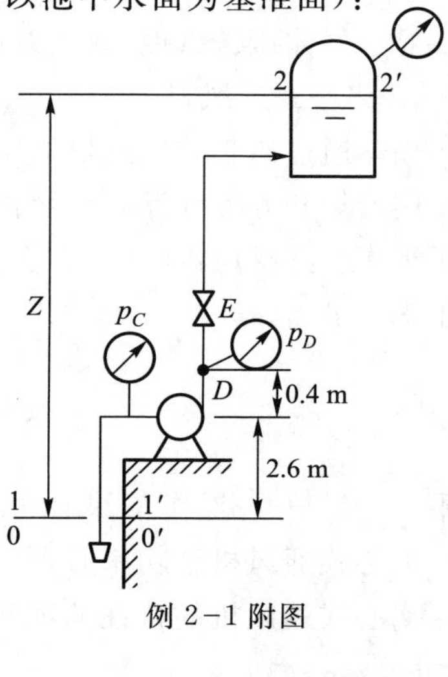

例 2-1 附图

$$H_{f,1}=\lambda_1\frac{L_1}{d}\frac{u_1^2}{2g}=\left(0.02\times\frac{11}{0.08}\times\frac{2.69^2}{2\times9.81}\right)\text{ m}=1.01\text{ m}$$

同理
$$u_2=\left(\frac{0.0135\times4}{0.065^2\pi}\right)\text{ m/s}=4.07\text{ m/s}$$

$$H_{f,2}=\left[\left(0.031\times\frac{28}{0.065}+6.2\right)\times\frac{4.07^2}{2\times9.81}\right]\text{ m}=16.51\text{ m}$$

则
$$H_e=(9+5+1.01+16.51)\text{ m}=31.52\text{ m}$$

在设计点泵的性能参数为 $Q=50\text{ m}^3/\text{h}$，$H=32\text{ m}$，故所安装泵能满足管路对流量和能量的要求。

（2）两测压表的读数

p_C 为真空表，其读数由 1－1′（基准面）与 $C-C$ 两截面之间列伯努利方程求算，即

$$p_C=\left(Z_C+\frac{u_1^2}{2g}+H_{f,1}\right)\rho g=\left[\left(2.6+\frac{2.69^2}{2\times9.81}+1.01\right)\times1000\times9.81\right]\text{ Pa}=3.903\times10^4\text{ Pa}$$

p_D 为压力表，其表压由 $D-D$ 与 2－2′两截面之间列伯努利方程求算，即

$$p_D=\left[(Z_2-Z_D)+\frac{\Delta p}{\rho g}-\frac{u_2^2}{2g}+H_{f,2}\right]\rho g=\left\{\left[(9-3.0)+\frac{49.1\times10^3}{1000\times9.81}-\frac{4.07^2}{2\times9.81}+16.51\right]\times1000\times9.81\right\}\text{ Pa}$$
$$=2.616\times10^5\text{ Pa}$$

（3）沿同样管路向下流动

在 2－2′与 1－1′两截面之间列伯努利方程，得

$$\sum H_f=(1.01+16.51)\text{ m}=17.52\text{ m}$$

而 2－2′截面上具有的总机械能

$$E_2=Z_2+\frac{p_2}{\rho g}=\left(9+\frac{49.1\times10^3}{1000\times9.81}\right)\text{ m}=14\text{ m}$$

$$E_2-\sum H_{f,2-1}=(14-17.52)\text{ m}=-3.52\text{ m}$$

由于高位槽的总势能小于管路系统总流动阻力，故需用泵来补充能量以克服管路阻力。

讨论：管路系统对输送机械的流量由生产工艺规定，能量要求则由伯努利方程（本章为管路特性方程）计算。当管路为不同管径组成时，管路阻力需分段计算，再求其加和值。现直接由管路特性方程计算如下：

由式（2－1）

$$H_e=K+BQ_e^2$$

式中
$$K=\Delta Z+\frac{\Delta p}{\rho g}=\left(9+\frac{49.1\times10^3}{1000\times9.81}\right)\text{ m}=14\text{ m}$$

$$B=\left(\lambda_1\frac{L_1}{d_1}\right)\frac{8}{\pi^2d_1^4g}+\left(\lambda_2\frac{L_2}{d_2}+\xi_E\right)\frac{8}{\pi^2d^4g}$$

$$=\left[\left(0.02\times\frac{11}{0.08}\right)\times\frac{8}{0.08^4\times9.81\pi^2}+\left(0.031\times\frac{28}{0.065}+6.2\right)\times\frac{8}{0.065^4\times9.81\pi^2}\right]\mathrm{s^2/m^5}$$

$$=9.606\times10^4\ \mathrm{s^2/m^5}$$

则
$$H_e=14+9.606\times10^4 Q_e^2$$

将 $Q_e=0.013\ 5\ \mathrm{m^3/s}$ 代入上式，得

$$H_e=(14+9.606\times10^4\times0.013\ 5^2)\ \mathrm{m}=31.5\ \mathrm{m}$$

通过上面计算过程可看出，管路特性方程实质是伯努利方程，两种计算方法得到相同的结果。

【例 2-2】 管路特性方程

用 80AY60 型离心泵将甲地油罐的油品送到乙地油罐，其流程如本题附图所示。离心泵的进出口及出口阀的下游处分别装有压力表 A、B、C。离心泵启动前 A、C 压力表的读数相等，启动离心泵并将出口阀开到某一开度，此时输油量为 30 $\mathrm{m^3/h}$，A、B、C 的读数分别为 100 kPa、575 kPa 和571 kPa。设输油管的内径为 80 mm，摩擦系数为 0.02，油品的密度为 810 $\mathrm{kg/m^3}$。试求：

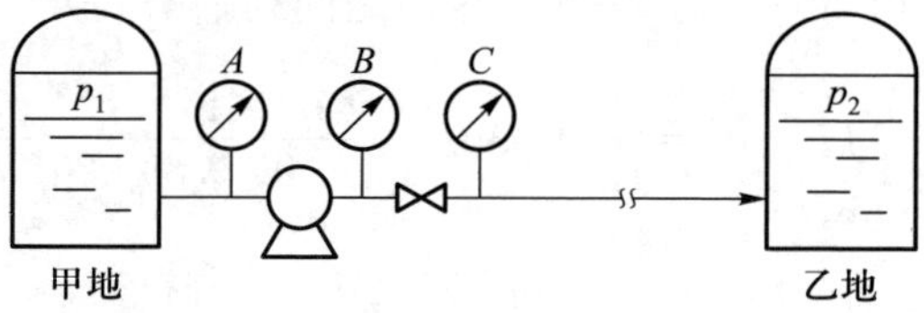

例 2-2 附图

(1) 出口阀在此开度下管路的特性方程；

(2) 估算出口阀在此开度下的当量长度（忽略 B、C 两测压点之间的直管阻力）；

(3) 估算输油管线的长度（包括所有局部阻力的当量长度）。

解： 泵启动前，压力表 A、C 的读数相等，即表示两油罐的总势能相等$\left(即\ Z_1g+\frac{p_1}{\rho}=Z_2g+\frac{p_2}{\rho}\right)$，则泵的有效功完全用来克服管路阻力（包括所有直管阻力和所有局部阻力），管路特性方程即阻力方程。

(1) 管路特性方程

甲、乙地油罐液面分别取作截面 1-1′与截面 2-2′，以水平管轴线为基准面，在两截面之间列伯努利方程并化简，得到

$$H_e=K+BQ_e^2$$

$$K=\Delta Z+\frac{\Delta p}{\rho g}=0$$

则
$$H_e=BQ_e^2 \tag{1}$$

泵所提供的压头可由 A、B 两压力表的读数求得，即

$$H=\left[\frac{(575-100)\times 10^{3}}{9.81\times 810}\right]\ \text{m}=59.8\ \text{m}$$

泵的压头全部用于克服管路阻力。将 $Q=30\ \text{m}^3/\text{h}$ 及 $H=H_e=59.8\ \text{m}$ 代入式(1)，得

$$B=\left(\frac{59.8}{30^{2}}\right)\ \text{h}^2/\text{m}^5=6.64\times 10^{-2}\ \text{h}^2/\text{m}^5$$

于是管路特性方程为

$$H_e=6.64\times 10^{-2}Q_e^2\text{（}Q_e\text{ 的单位为 m}^3/\text{h）}$$

或

$$H_e=8.61\times 10^{5}Q_e^2\text{（}Q_e\text{ 的单位为 m}^3/\text{s）}$$

(2) 出口阀的局部阻力当量长度

在 B、C 两压力表所在截面之间列伯努利方程，在忽略两截面间直管阻力条件下，得到

$$\frac{p_B-p_C}{\rho}=\left[\frac{(575-571)\times 10^{3}}{810}\right]\ \text{J/kg}=\lambda\frac{L_e}{d}\frac{u^2}{2} \tag{2}$$

$$4.938\ \text{J/kg}=0.125L_e u^2$$

式中

$$u=\frac{Q_e}{\frac{\pi}{4}d^2}=\left[\frac{30}{3\,600}\bigg/\left(\frac{\pi}{4}\times 0.08^2\right)\right]\ \text{m/s}=1.658\ \text{m/s}$$

$$L_e=\left(\frac{4.938}{0.125\times 1.658^{2}}\right)\ \text{m}=14.37\ \text{m}$$

(3) 输油管线总长度

由管路总阻力方程得到

$$H_e=\lambda\frac{L+\sum L_e}{d}\frac{u^2}{2g}$$

将有关数据代入上式，得

$$59.8\ \text{m}=0.02\times\frac{L+\sum L_e}{0.08}\times\frac{1.658^2}{2\times 9.81}$$

解得 $L+\sum L_e=1\,707\ \text{m}$

讨论：(1) 本题条件下，泵的压头全部用于克服管路阻力，管路特性方程即阻力方程。循环回路系统和此情况类似；

(2) 根据衡算范围，合理地选择截面可使计算简化；

(3) 由于管路总长度包括了所有局部阻力当量长度，因此总阻力方程中不再考虑管路进出口的局部阻力系数。

【例 2-3】 离心泵性能参数的测定

在图 2-1 所示的实验装置上，用 20 ℃的清水于常压下测定 IS80—50—200 型($n=2\,900$ r/min)离

心水泵的性能参数。在压出管上装有孔板流量计测量液体的流量，其孔径为 28 mm。两测压口之间垂直距离 $h_0=0.5$ m。

实验测得一组数据为：压差计读数 $R=725$ mm，指示液为汞；泵入口处真空度 $p_1=76.0$ kPa；泵出口处表压力 $p_2=226$ kPa；电动机功率为 3.45 kW；泵由电动机直接带动，电动机效率为 92%。

试求该泵在操作条件下的流量、压头、轴功率和效率，并列出泵的性能参数。

解：本题为实验测定泵的性能参数，关键是根据压差计读数 R 求出流量。因孔流系数 C_0 未知，故需试差计算。

(1) 泵的流量

由泵的型号可知，吸入管路内径为 80 mm，排出管内径为 50 mm。

$$A_0/A_2=(28/50)^2=0.313\,6$$

假设 C_0 在常数区，则由 A_0/A_2 值从图查得 $C_0=0.635$，则

$$u_0=C_0\sqrt{\frac{2R(\rho_A-\rho)g}{\rho}}=\left[0.635\times\sqrt{\frac{2\times0.725\times(13\,600-1\,000)\times9.81}{1\,000}}\right]\ \text{m/s}=8.5\ \text{m/s}$$

核算 C_0 是否在常数区

$$u_2=u_0\left(\frac{d_0}{d_2}\right)^2=(8.5\times0.313\,6)\ \text{m/s}=2.666\ \text{m/s}$$

20 ℃下水的黏度 $\mu=1.005\times10^{-3}$ Pa·s，密度 $\rho=1\,000$ kg/m^3

$$Re=\frac{du\rho}{\mu}=\frac{0.05\times2.666\times1\,000}{1.005\times10^{-3}}=1.326\times10^5>Re_c=9.5\times10^4$$

原设正确，求得的 $u_0(u)$ 有效。

$$Q=A_0u_0=\left(\frac{\pi}{4}\times0.028^2\times8.5\right)\ \text{m}^3/\text{s}=5.234\times10^{-3}\ \text{m}^3/\text{s}=18.84\ \text{m}^3/\text{h}$$

(2) 泵的压头

泵的压头由式(2-10)计算，即

$$H=h_0+H_1+H_2+\frac{u_2^2-u_1^2}{2g}$$

式中 $h_0=0.5$ m

$$H_1=\left(\frac{76\times10^3}{9.81\times10^3}\right)\ \text{m}=7.75\ \text{m}$$

$$H_2=\left(\frac{226\times10^3}{9.81\times10^3}\right)\ \text{m}=23.04\ \text{m}$$

$$u_1=u_0\left(\frac{d_0}{d_1}\right)^2=\left[8.5\times\left(\frac{28}{80}\right)^2\right]\ \text{m/s}=1.041\ \text{m/s}$$

$$u_2=2.666\ \text{m/s}$$

则
$$H=\left(0.5+7.75+23.04+\frac{2.666^2-1.041^2}{2\times9.81}\right)\ \text{m}=31.6\ \text{m}$$

（3）泵的轴功率和效率

$$N=(0.92\times3.45)\ \text{kW}=3.174\ \text{kW}$$

$$\eta=\frac{N_e}{N}=\frac{HQ\rho}{102N}=\frac{31.6\times5.234\times10^{-3}\times1\,000}{102\times3.174}\times100\%=51.09\%$$

当泵的转速为 2 900 r/min 时，其性能参数为：$Q=18.84\ \text{m}^3/\text{h}$，$H=31.6\ \text{m}$，$N=3.174\ \text{kW}$，$\eta=51.09\%$

讨论：通过测定多组 $H-Q$、$N-Q$ 及 $\eta-Q$ 数据，便可作出泵的特性曲线。在泵的特性曲线或性能参数表上，一定标注泵的转速。

【例 2-4】 离心泵抗汽蚀性能参数 *NPSH* 的测定

假设在例 2-3 的泵入口真空表读数下，刚好出现汽蚀现象，试求该泵在操作条件下的允许汽蚀余量 *NPSH*。

当地大气压为 100 kPa，20 ℃时水的饱和蒸气压为 2.238 kPa。

解：根据定义计算 *NPSH* 的极限值。

$$(NPSH)_c=\frac{p_1-p_v}{\rho g}+\frac{u_1^2}{2g}$$

式中
$$p_1=p_a-\text{真空度}=(100-76)\ \text{kPa}=24\ \text{kPa}$$

$$p_v=2.238\ \text{kPa}$$

$$u_1=1.041\ \text{m/s}$$

则
$$(NPSH)_c=\left[\frac{(24-2.238)\times10^3}{1\,000\times9.81}+\frac{1.041^2}{2\times9.81}\right]\ \text{m}=2.27\ \text{m}$$

按规定，测得 $(NPSH)_c$ 后加上一定安全余量即为离心泵的必需汽蚀余量 $(NPSH)_r$，现取其值为 2.5 m，则

$$NPSH=(NPSH)_r+0.5\ \text{m}=3.0\ \text{m}$$

讨论：本例测得的 *NPSH* 是在刚好发生汽蚀情况下的临界值。通过本例加深对离心泵允许汽蚀余量 *NPSH* 的理解，并掌握泵的抗汽蚀性能的测定方法。

【例 2-5】 离心泵输送泡点溶液的安装高度

用 50AY80 型离心油泵将减压精馏塔底的液体产品送至贮槽，其流程如本例附图所示。塔底液面上的压力 $p_0=36.5\ \text{kPa}$，塔底至泵入口管路的压头损失为 1.2 m。泵安装在塔底液面下 3.5 m，试核算泵的安装高度是否正确。

解：由泵的性能表查得，该型号油泵的必需汽蚀余量 $(NPSH)_r=3.1\ \text{m}$。泵的允许安装高度计算式为

$$H_g=\frac{p_0-p_v}{\rho g}-[(NPSH)_r+0.5]-H_{f,0-1}$$

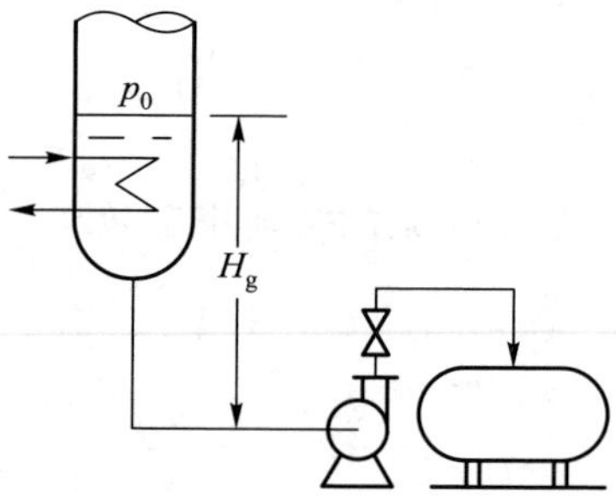

例 2-5 附图

在本例条件下，塔底液面上的压力即液体产品的饱和蒸气压，即

$$p_0=p_v=36.5\ \text{kPa}$$

则　　$H_g=-[(3.1+0.5)+1.2]\ \text{m}=-4.8\ \text{m}$

泵的安装高度超过允许安装高度，操作时可能发生汽蚀现象。

讨论：用离心泵输送饱和液体时，泵必须安装在液面下足够高度，才不会发生汽蚀现象。用离心泵从冷凝器中排放冷凝液，从蒸发器中抽出浓缩液，在确定泵的安装高度时，和本例遵循相同原则。

【例 2-6】 离心泵输送热水安装高度的核算

用例 2-1 的管路系统输送 70 ℃的热水，水的流量仍为 0.013 5 m^3/s，在图示的安装高度下，离心泵是否能正常运转。当地的大气压力为 100 kPa。

解：离心泵能否正常运行，关键是核算在指定温度下泵的允许安装高度是否大于实际安装高度。

离心泵的允许安装高度按下式计算，即

$$H_g=\frac{p_0-p_v}{\rho g}-[(NPSH)_r+0.5\ \text{m}]-H_{f,1}$$

由离心泵的性能表查得，该型号离心泵的 $(NPSH)_r=2.5$ m。

70 ℃水的密度 $\rho=977.8\ \text{kg/m}^3$，饱和蒸气压 $p_v=31.16$ kPa。

由例 2-1 已求得，在规定流量下 $H_{f,1}=1.01$ m。

则
$$H_g=\left[\frac{(100-31.16)\times10^3}{977.8\times9.81}-(2.5+0.5)-1.01\right]\ \text{m}=3.17\ \text{m}$$

按理说，离心泵的实际安装高度 2.6 m 小于允许安装高度 3.17 m，应该能够正常运行。但为确保不出现故障，泵的安装高度应在 2.5 m 以下，并且按惯例，输送高温液体或易挥发液体时，大多数将泵安装在液面下，以使液体“倒罐”。

【例 2-7】 图解法确定离心泵的工作点

在泵的转速 $n=2\ 900$ r/min 下以 20 ℃的清水为介质进行泵的性能测定。测得的 $Q-H$ 数据见本例附表 1。

例 2-7 附表 1

$Q/(\text{m}^3\cdot\text{min}^{-1})$	0	0.1	0.2	0.3	0.4	0.5
H/m	37.2	38	37	34.5	31.8	28.5

已推导出管路特性方程为

$$H_e=10+80.6Q_e^2\ (Q_e\ \text{的单位为 m}^3/\text{min})$$

试求泵在此管路系统的操作参数(Q、H、N_e)

解：在直角坐标系上同时标绘泵和管路特性曲线，由交点坐标值便可读得 Q、H 对应值。由式(2-11)计算 N_e 值。

由题给数据作出泵的 $Q-H$ 关系曲线。同时计算出对应流量下的 H_e，见本例附表 2。在本例附图作出两曲线。

例 2-7 附表 2

$Q_e/(m^3 \cdot min^{-1})$	0	0.1	0.2	0.3	0.4	0.5
H_e/m	10	10.8	13.2	17.3	22.9	30.2

两曲线交点 M 即泵在此管路中的工作点，由附图读得

$$Q=0.48\ m^3/min, \qquad H=28.6\ m$$

$$N_e=\left(\frac{0.48\times28.6\times1\,000}{60\times102}\right)\ kW=2.243\ kW$$

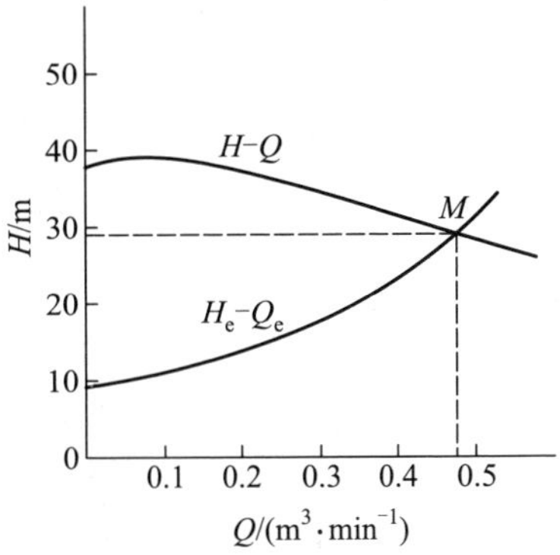

例 2-7 附图

讨论：用图解法确定离心泵的工作点简便直观，但作图和读图都可能引入一定误差。本例条件下，离心泵的特性曲线($H-Q$)在低流量($Q=0.1\ m^3/min$)时出现峰值。

【例 2-8】 解析法确定离心泵的工作点

用 IS80—50—315($n=1\,450$ r/min)型离心泵将水池中 20 ℃的清水送至表压为 80 kPa 的密闭高位槽中，水池与高位槽液面保持恒定高度差 10 m，流体在管内的流动处于阻力平方区。管路系统的全部压头损失可表达为 $\sum H_f=2.6\times10^5Q_e^2$($Q_e$ 的单位为 m^3/s)。在操作条件下，泵的特性方程为 $H=38-2.8\times10^5Q^2$(Q 的单位为 m^3/s)。试求：

(1) 管路特性方程；

(2) 离心泵工作点的流量、压头和理论功率。

解：(1) 管路特性方程

用式(2-1)计算管路特性方程。式中

$$K=\Delta Z+\frac{\Delta p}{\rho g}=\left(10+\frac{80\times10^3}{1\,000\times9.81}\right)\ m=18.15\ m$$

$$B=2.6\times10^5\ s^2/m^5$$

则

$$H_e=18.15+2.6\times10^5Q_e^2$$

(2) 离心泵工作点的流量、压头和有效功率

管路特性方程 $\qquad H_e=18.15+2.6\times10^5Q_e^2$

泵的特性方程 $\qquad H=38-2.8\times10^5Q^2$

联立上面两方程，得到

$$Q=6.063\times10^{-3}\ m^3/s=21.83\ m^3/h$$

$$H=27.71\ \text{m}$$

$$N_e=HgQ\rho=(27.71\times9.81\times6.063\times10^{-3}\times1\ 000)\ \text{W}=1\ 648\ \text{W}$$

讨论：解析法确定离心泵工作点的前提条件是能够获得管路和泵的特性方程。此法得到的结果比较准确，不必作图。

【例 2-9】 液体密度对离心泵工作点的影响

用离心泵向密闭高位槽送料，流程如本题附图 1 所示。在特定转速下，泵的特性方程为

$$H=42-7.60\times10^4Q^2(Q\ 的单位为\ \text{m}^3/\text{s})$$

当水在管内的流量 $Q=0.01\ \text{m}^3/\text{s}$ 时，流动进入阻力平方区。现改送密度 $\rho=1\ 260\ \text{kPa/m}^3$ 的水溶液（其他性质和水相近）时，密闭容器内维持表压 118 kPa 不变，试求输送溶液时的流量和有效功率。

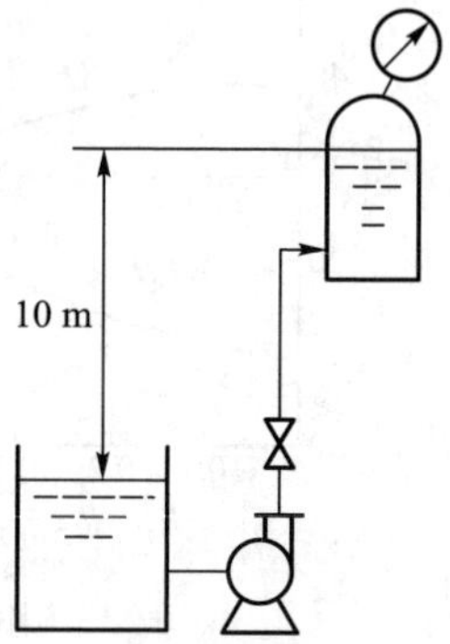

例 2-9 附图 1

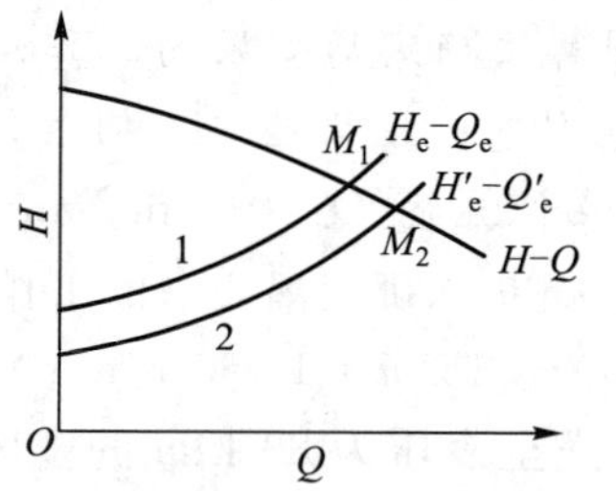

例 2-9 附图 2

解： 本题条件下，泵的特性方程不变，而当流动在阻力平方区时，管路特性方程中的比例系数 B 值保持恒定，在维持密闭高位槽表压不变的情况下，随被输送液体密度加大，管路特性方程中的 $K[K=\Delta Z+\Delta p/(\rho g)]$ 值变小，因而管路特性曲线向下平移，从而导致泵的工作点向流量加大方向移动，如本例附图 2 中的曲线 2 所示。下面进行定量计算。

输送清水时，管路特性方程为

$$H_0=\Delta Z+\Delta p/(\rho g)+BQ_e^2$$

将有关数据代入上式得

$$H_e=10+\frac{118\times10^3}{1\ 000\times9.81}+BQ_e^2=22+BQ_e^2$$

此式与泵的特性方程联解以确定 B 值：

$$42-7.60\times10^4(0.01)^2=22+B(0.01)^2$$

解得 $B=1.24\times10^5\ \text{s}^2/\text{m}^5$

当输送溶液时，B 值不变，管路特性方程变为

$$H'_e=10+\frac{118\times10^3}{1\ 260\times9.81}+1.24\times10^5(Q'_e)^2$$

$$=19.55+1.24\times10^{5}(Q_e')^{2}$$

此方程与泵的特性方程联解，便可求解改送溶液时的流量，即

$$42-7.60\times10^{4}(Q')^{2}=19.55+1.24\times10^{5}(Q')^{2}$$

解得 $$Q'=0.0106\ \mathrm{m^3/s}=38.16\ \mathrm{m^3/h}$$

所以 $$H=(42-7.60\times10^{4}\times0.0106^{2})\ \mathrm{m}=33.46\ \mathrm{m}$$

泵的有效功率为

$$N_e=HQ'\rho/102=(33.46\times0.0106\times1260/102)\ \mathrm{kW}=4.38\ \mathrm{kW}$$

改送水溶液后，泵的流量略有增大。

讨论：由上面计算可知，当泵上下游两容器的压力差不为零时，被输送液体密度的变化必引起管路特性曲线的改变，从而导致泵工作点的移动。在本题条件下，密度加大，使泵的流量加大，压头下降，功率上升。

【例 2-10】 管路两端面上压力差变化对离心泵工作点的影响

例 2-9 的管路系统，因工艺条件变化，要求密闭高位槽改变为常压。试求常压后的管路特性方程及水溶液的流量。

解： 管路两端面上压力差的变化使管路特性方程中的 K 值发生变化，从而导致离心泵工作点的移动。

在本例条件下

$$K=\Delta Z=10\ \mathrm{m}$$

管路系统和阀门开度保持不变，B 值仍为 $1.24\times10^{5}\ \mathrm{s^2/m^5}$，则

$$H_e=10+1.24\times10^{5}\,Q_e^{2}$$

此方程与泵的特性方程联立便可求得水溶液的流量，即

$$42-7.60\times10^{5}Q^{2}=10+1.24\times10^{5}Q^{2}$$

$$Q=0.01265\ \mathrm{m^3/s}=45.54\ \mathrm{m^3/h}$$

讨论：当管路两端面上压力差变小时，管路特性曲线在图中的截距变小，而曲率不变，导致离心泵的工作点向流量加大、压头减小、轴功率增加的方向改变。

【例 2-11】 判断离心泵操作参数的变化趋势(泵性能参数的换算)

用离心泵将 20 ℃的清水(密度取作 1 000 kg/m^3)从水池送往敞口的高位槽，在泵的入口和出口分别装有真空表和压力表。泵在一定转速、阀门 C 开度下，测得一组数据：泵的流量 Q、压头 H、真空度 p_1、压力 p_2、功率 N。现分别改变如下某一条件，试判断上面五个参数将如何变化。

(1) 将泵的出口阀 C 的开度加大；

(2) 改送密度为 1 260 kg/m^3 的水溶液(其他性质和水相近)；

(3) 泵的转速提高 10%；

(4) 泵的叶轮直径切削 3%。

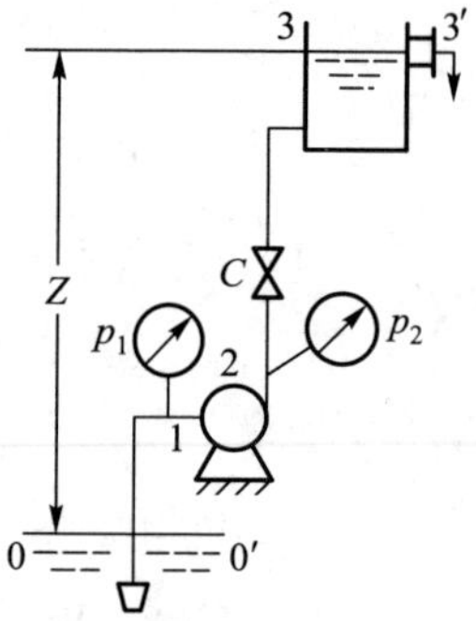

例 2-11 附图 1

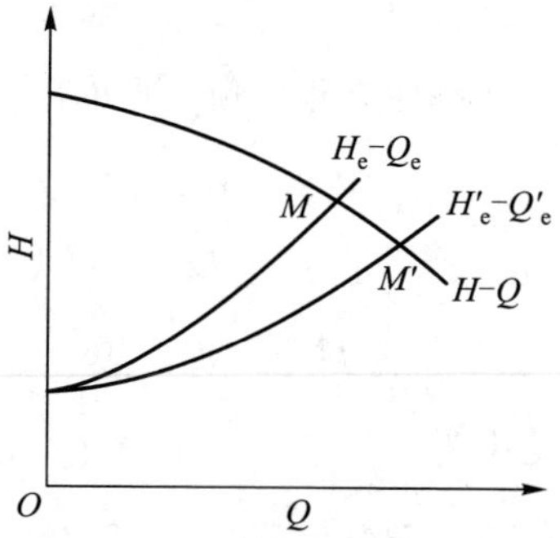

例 2-11 附图 2

解：本解为根据泵的基本方程讨论影响泵性能的因素，从应用角度出发，讨论泵的流量调节方法。截面和基准面的选取如本题附图 1 所示。

(1) 加大阀门 C 的开度

阀门开度加大，减小了管路局部阻力，从而改变了管路特性曲线，使泵的工作点从 M 移至 M'，如本题附图 2 所示。从图看出，此时流量加大、压头降低，泵的功率随 Q 加大而增加。

泵入口真空表读数如何变化，可从 0-0′液面与泵入口管测压中心线之间列伯努利方程来判断：

$$Z_0+\frac{p_0}{\rho g}+\frac{u_0^2}{2g}=Z_1+\frac{p_1}{\rho g}+\frac{u_1^2}{2g}+H_{f,0-1}$$

$$\frac{p_0-p_1}{\rho g}=(Z_1-Z_0)+\frac{u_1^2}{2g}+H_{f,0-1}$$

随 Q 加大，$u_1^2/(2g)$ 与 $H_{f,0-1}$ 均增加，而 Z_1-Z_0 不变，故真空表的读数将变大。

根据离心泵的基本方程，对于后弯叶片，在泵的叶轮尺寸和转速一定的条件下，流量加大，泵的压头下降(泵的特性曲线显示同样规律)，因而泵的出口压力表读数 p_2 将随着离心泵流量 Q 的加大而降低，泵的实验中也证实这一点。从 0-0′液面与 2-2′截面之间列伯努利方程，可得到与实验结果一致的结论。

(2) 改送水溶液

从泵的理论流量方程和泵的基本方程看出，当泵的转速 n，叶轮外径 D_2 不变，且当 $p_3-p_0=0$ 时，泵的 Q 和 H 与液体密度 ρ 无关，故改送水溶液这两个参数将不发生变化；而 $N=HQ\rho/(102\eta)$，N 随 ρ 加大而增大，根据伯努利方程可判断泵的真空表和压力表读数均增大。

(3) 泵的转速提高 10%

根据泵的比例定律：

$$\frac{Q_2}{Q_1}=\frac{n_2}{n_1}\qquad \frac{H_2}{H_1}=\left(\frac{n_2}{n_1}\right)^2\qquad \frac{N_2}{N_1}=\left(\frac{n_2}{n_1}\right)^3$$

可看出，随 n 的提高，泵的流量 Q、压头 H、功率 N 均增大。同样，根据伯努利方程可判断泵的真空度和出口表压也上升。

(4) 泵的叶轮直径切削 3%

根据泵的切割定律：

$$\frac{Q'}{Q}=\frac{D'_2}{D_2}\qquad \frac{H'}{H}=\left(\frac{D'_2}{D_2}\right)^2\qquad \frac{N'}{N}=\left(\frac{D'_2}{D_2}\right)^3$$

可见，Q、H 与 N 分别按 D_2 的一次方、二次方及三次方的规律下降。根据伯努利方程可知，泵的真空表和压力表读数同时减小。

讨论：从上面讨论可以看出，当泵的上下游均为开口容器或 $\Delta p=0$ 时，泵的操作点不受液体密度 ρ 的影响；在泵的流量调节方法中，从操作上来说，改变出口阀开度非常简便，从节能角度考虑，通过调频器改变泵的转速或更换叶轮外径的方法最为适宜。

【例 2-12】 用阀门开度调节管内流量的能量消耗

用 IS80—50—200(n=2 900 r/min)型离心泵将 20 ℃的清水送至高度为 16 m、表压为 50 kPa 的密闭容器内，管内流量为 1.39×10^{-2} m³/s，用关小出口阀的方法使管内流量减少 20%。此时管内流动在阻力平方区。试求：

(1) 调节阀门消耗的能量占离心泵输出能量的百分数；

(2) 关小阀门后的管路特性方程。

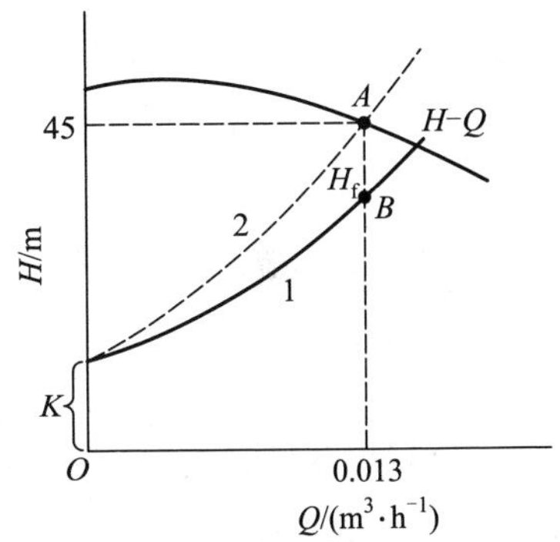

例 2-12 附图

解： 因关小阀门而损失的压头为泵的压头与管路要求压头的差值。关小阀门后，增加了局部阻力，使管路特性方程中比例系数 B 值变大，管路特性曲线变陡。关小阀门前后管路特性曲线如本例附图中的曲线 1、2 所示。A、B 两点之间的垂直距离代表 H'_f。

(1) 关小阀门消耗的能量

由泵的性能表查得，当流量 $Q=1.39\times10^{-2}$ m³/s=50 m³/h 时，泵提供的压头为 50 m。关小阀门使流量减少 20%(即 40 m³/h)，泵提供的压头为 51.6 m。

关小阀门前，管路特性方程为

$$K=\Delta Z+\frac{\Delta p}{\rho g}=\left(16+\frac{50\times10^3}{1\,000\times9.81}\right)\ \text{m}=21.1\ \text{m}$$

$$B=\left(\frac{50-21.1}{0.013\,9^2}\right)\ \text{s}^2/\text{m}^5=1.496\times10^5\ \text{s}^2/\text{m}^5$$

则

$$H_e=21.1+1.496\times10^5 Q_e^2$$

当流量减少至 40 m³/h(0.011 1 m³/s)时，管路要求的压头为

$$H_e=(21.1+1.496\times10^5\times0.011\,1^2)\ \text{m}=39.5\ \text{m}$$

关小阀门消耗的能量占离心泵消耗能量的百分数为

$$\frac{51.6-39.5}{51.6}\times100\%=23.45\%$$

(2) 关小阀门后的管路特性方程

$$B'=\left(\frac{51.6-21.1}{0.011\,1^2}\right)\ \text{s}^2/\text{m}^5=2.475\times10^5\ \text{s}^2/\text{m}^5$$

则
$$H'_e = 21.1 + 2.475 \times 10^5 Q_e^2$$

讨论：用出口阀开度调节流量快捷方便，但关小阀门时附加了离心泵有效功的消耗，不够经济。

【例 2-13】 两台相同型号离心泵组合方式的比较

用离心泵将水库中的水送至灌溉渠，两液面维持恒差 16 m，管路系统的压头损失可表示为

$$H_f = 5.2 \times 10^5 Q_e^2 \quad (Q_e \text{ 的单位为 } m^3/s)$$

库房里有两台规格相同的离心泵，单台泵的特性方程为

$$H_e = 38 - 4.2 \times 10^5 Q^2 \quad (Q \text{ 的单位为 } m^3/s)$$

试计算两台泵如何组合操作能获得较大的输水量。

解： 管路特性方程为

$$H_e = 16 + 5.2 \times 10^5 Q_e^2$$

泵的特性方程和管路特性方程联解，可求得单台泵的送水量为

$$Q_{单} = 0.004\,838 \text{ m}^3/\text{s} = 17.42 \text{ m}^3/\text{h}$$

(1) 两台泵串联操作

单台泵的送水量即管路中的总流量，而泵串联的压头为单台泵压头的两倍，即

$$16 + 5.2 \times 10^5 Q_1^2 = 2 \times (38 - 4.2 \times 10^5 Q_1^2)$$

解得 $Q_1 = 0.006\,642 \text{ m}^3/\text{s} = 23.91 \text{ m}^3/\text{h}$

(2) 两台泵并联操作

并联后，单台泵的压头不变，每台泵的送水量为管路总流量的 1/2，即

$$16 + 5.2 \times 10^5 Q_2^2 = 38 - 4.2 \times 10^5 \left(\frac{Q_2}{2}\right)^2$$

解得 $Q_2 = 0.005\,93 \text{ m}^3/\text{s} = 21.35 \text{ m}^3/\text{h}$

讨论：本例条件下，管路特性方程中 B 值比较大（高阻型管路系统），串联可获得较大送水量，但组合操作均大于单台泵的送水量。

【例 2-14】 离心泵对管路适用性评价

用离心泵将 20 ℃的清水从蓄水池送至水洗塔，塔顶压力表读数为 49.1 kPa，输水量为 31.2 m³/h。输水管出口与水池液面保持恒定高度差 10 m，管路内径 80 mm，直管长度 18 m，管线中阀门全开时所有局部阻力系数之和为 13，摩擦系数可取 0.021。在规定转速下，泵的特性方程为 $H = 22.4 + 5Q - 20Q^2$（Q 的单位为 m³/min，下同）；泵的效率可表达为

$$\eta = 2.5Q - 2.1Q^2$$

(1) 计算泵的轴功率，kW；

(2) 评价泵的适用性（在规定流量下，压头能否满足管路要求，是否在高效区操作）。

解： (1) 泵的轴功率

$$N = H_e Q_e \rho / (102\eta)$$

式中 $$Q_e = \left(\frac{31.2}{3\,600}\right)\ \text{m}^3/\text{s} = 0.008\,667\ \text{m}^3/\text{s} = 0.52\ \text{m}^3/\text{min}$$

$$u = \frac{Q_e}{A} = \left(\frac{0.008\,667 \times 4}{0.08^2 \pi}\right)\ \text{m/s} = 1.724\ \text{m/s}$$

$$H_e = \Delta Z + \frac{\Delta p}{\rho g} + \left(\lambda \frac{l}{d} + \sum \xi\right) \frac{u^2}{2g}$$

$$= \left[10 + \frac{49.1 \times 10^3}{1\,000 \times 9.81} + \left(0.021 \times \frac{18}{0.08} + 13\right) \times \frac{1.724^2}{2 \times 9.81}\right]\ \text{m} = 17.7\ \text{m}$$

$$\eta = 2.5 \times 0.52 - 2.1 \times 0.52^2 = 0.732 = 73.2\%$$

则 $$N = \left(\frac{17.7 \times 0.008\,667 \times 1\,000}{102 \times 0.732}\right)\ \text{kW} = 2.055\ \text{kW}$$

(2) 离心泵适用性评价

最高效率(设计)点泵的参数如下:

$$\frac{d\eta}{dQ} = 2.5 - 4.2Q = 0$$

$$Q_s = \left(\frac{2.5}{4.2}\right)\ \text{m}^3/\text{min} = 0.595\,2\ \text{m}^3/\text{min} > 0.52\ \text{m}^3/\text{min}$$

$$\eta_{max} = 2.5 \times 0.595\,2 - 2.1 \times 0.595\,2^2 = 0.744 = 74.4\%$$

$$H = (22.4 + 5 \times 0.52 - 20 \times 0.52^2)\ \text{m} = 19.6\ \text{m} > 17.7\ \text{m}$$

$$\frac{\eta}{\eta_{max}} \times 100\% = \frac{73.2}{74.4} \times 100\% = 98.4\%$$

讨论:离心泵的流量 Q、压头 H 均大于管路要求值,且在泵的设计点附近运行,故该泵完全适用。

【例 2-15】 分支管路计算和分析

如本题附图所示,用离心泵将敞口低位槽中液体(密度为 1 000kg/m^3)输送至敞口高位槽 A 和 B,输送系统的总管路和 OA、OB 分支管路的管径均为 ϕ38 mm×3 mm。

(1) 系统工作正常后,调节出口阀门开度,当分支点 O 附近压力表 P 读数为 88 kPa 时,主管路向 A、B 槽输送的流量分别为 $Q_{A1} = 4.5\ \text{m}^3/\text{h}$、$Q_{B1} = 3.0\ \text{m}^3/\text{h}$;当压力表 P 读数为 98 kPa 时,主管路向 A、B 槽输送的流量分别为 $Q_{A2} = 6.556\ \text{m}^3/\text{h}$、$Q_{B2} = 3.557\ \text{m}^3/\text{h}$。试求:在将出口阀门关闭的瞬间,分支点处压力表的读数(kPa)。(假设在不同流动情况下,A、B 分支管路流动摩擦阻力系数保持不变;不计压力表压力导管内液体的静压力。)

(2) 本系统在安装完成之后试车调试时,启动离心泵后,发现流量计仪表 F 的流量读数为 0,试分析出现此现象的可能原因。

解:(1) 压力表的读数

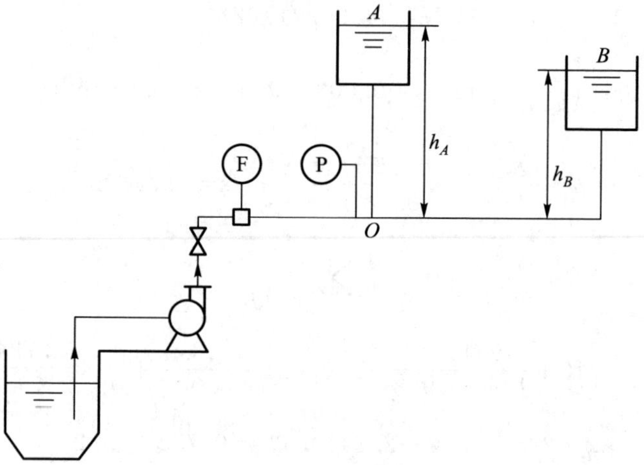

例 2-15 附图

求解本题的关键是推导管路特性方程。

由分支处 D 截面与 A、B 两槽液面之间列机械能衡算方程,得

A 支路 $$H_0=h_A+B_1Q_A^2$$

B 支路 $$H_0=h_B+B_2Q_B^2$$

式中 $$H_0=\frac{p_0}{\rho g}+\frac{u_0^2}{2g}$$

当 $p_{01}=88.0\ \text{kPa}$ 时,$Q_{A1}=4.5\ \text{m}^3/\text{h}$ $Q_{B1}=3.0\ \text{m}^3/\text{h}$

$$u_{01}=\left[\frac{4.5+3.0}{3\ 600}\Big/\left(\frac{\pi}{4}\times0.032^2\right)\right]\ \text{m/s}=2.59\ \text{m/s}$$

$$H_{01}=\left(\frac{88.0\times10^3}{1\ 000\times9.81}+\frac{2.59^2}{2\times9.81}\right)\ \text{m}=9.312\ \text{m}$$

$$9.312=h_A+4.5^2B_1=h_A+20.25B_1 \tag{1}$$

及 $$9.312=h_B+3.0^2B_2=h_B+9.0B_2 \tag{2}$$

同理,当 $p_{02}=98.0\ \text{kPa}$ 时 $Q_{A2}=6.556\ \text{m}^3/\text{h}$ $Q_{B2}=3.557\ \text{m}^3/\text{h}$

$$u_{02}=3.492\ \text{m/s}$$

$$H_{02}=10.61\ \text{m}$$

$$10.61=h_A+42.98\ B_1 \tag{3}$$

及 $$10.61=h_B+12.65B_2 \tag{4}$$

联立求解式(1)与式(3),即

$$9.312=h_A+20.25B_1$$

$$10.61=h_A+42.98B_1$$

解得 $h_A=8.16\ \text{m}$ $B_1=0.057\ 11\ \text{h}^2/\text{m}^5$

则 A 支路特性方程为 $$H_0=8.16+0.057\ 11\ Q_A^2$$

同样联立求解式(2)与式(4)便可获得 B 支路特性方程,即

$$H_0=6.11+0.355\ 6Q_B^2$$

当泵出口阀关闭时,由于两槽内液面差液体便从 A 槽向 B 槽流动直至两液面平衡。若忽略

A 管路进出口局部阻力对管路特性的影响，在关闭出口阀瞬间则有

$$h_A-h_B=(0.057\ 11+0.355\ 6)Q_{AB}^2$$

$$Q_{AB}^2=\left(\frac{8.16-6.11}{0.057\ 11+0.355\ 6}\right)\mathrm{m^6/h^2}=4.967\ \mathrm{m^6/h^2}$$

则
$$p_0=(h_B+0.355\ 6Q_B^2)\rho g$$
$$=[(6.11+0.355\ 6\times4.967)\times1\ 000\times9.81]\mathrm{Pa}=77.27\times10^3\ \mathrm{Pa}$$

讨论：(1) 从 A 支路计算压力表读数得到相同结果，即 77.27 kPa。

(2) 计算中所做简化假设带来的误差小于 0.2%，在工程上是可以接受的。

(2) 流量计 F 读数为 0 的可能原因分析

① 流量计 F 本身故障，指针不能显示流量。

② 选泵不当，泵提供的压头达不到管路要求。

③ 管路上阀门(包括底阀和泵出口阀)失灵。

④ 启动前没灌泵或吸入管漏气，致使气缚发生。

⑤ 泵的安装高度超过允许值，发生汽蚀现象。

⑥ 叶轮反方向旋转。

【例 2-16】 离心泵的操作分析(含并联管路计算)

用离心泵将池中清水送至常压水塔，其流程如本例附图 1 所示。泵的安装高度为 4 m，吸入管长度为 12 m(包括所有局部阻力当量长度)；排出管路由主管路和备用管路并联组成，其长度均为 376 m(包括所有局部阻力当量长度)。管径均为 ϕ89 mm×4 mm。摩擦系数为 0.026。泵的性能参数见本例附表 1。试求：

例 2-16 附表 1

$Q/(\mathrm{m^3\cdot h^{-1}})$	H/m	$(NPSH)_r$/m
30	62	2.5
45	57	3.7
60	50	5.0
70	44.5	6.4

(1) 备用管路上阀门关闭时的送水量($\rho=1\ 000\ \mathrm{kg/m^3}$)；

(2) 夏天水温为 35 ℃($\rho=994\ \mathrm{kg/m^3}$)，要求送水量为 60 m³/h。此时，需启用备用管路，能否达到如上要求？需采用何措施？

解： 本例为综合操作型计算题。

(1) 关闭备用管路上阀门时送水量

解题的关键是求得管路特性方程并确定泵的工作点。

$$H_e=K+BQ_e^2\quad(Q_e\ 的单位为\ \mathrm{m^3/h})$$

$$K=\Delta Z+\frac{\Delta p}{\rho g}=20\ \mathrm{m}$$

$$B=\left(\lambda\frac{L+\sum L_e}{d}\right)\frac{8}{\pi^2 d^4 g}\Big/3\ 600^2$$

$$=\left[\left(0.026\times\frac{12+376}{0.081}\right)\times\frac{8}{0.081^4\times9.81\pi^2}\times\left(\frac{1}{3\ 600}\right)^2\right]\ h^2/m^5=1.845\times10^{-2}\ h^2/m^5$$

则
$$H_e=20+1.845\times10^{-2}Q_e^2$$

将与泵对应的流量 Q 值代入上式便可求得管路要求的压头，见本例附表 2。

例 2-16 附表 2

$Q/(m^3\cdot h^{-1})$	30	45	60	70
H_e/m	36.6	57.4	86.4	110.4

在本例附图 2 上作泵和管路特性曲线，两曲线交点 M_1 即泵在此管路中的工作点。由图读得 $Q_1=44.9\ m^3/h$。

(2) 备用管路启用后的工作状态

启用备用管路后的各管内流量为总流量的 1/2，其管路特性方程为

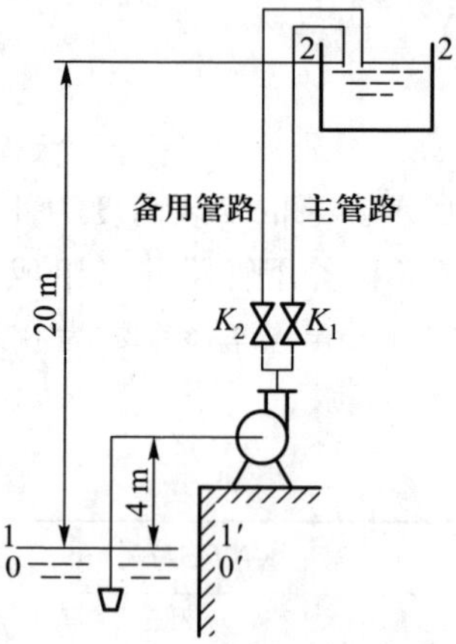

例 2-16 附图 1

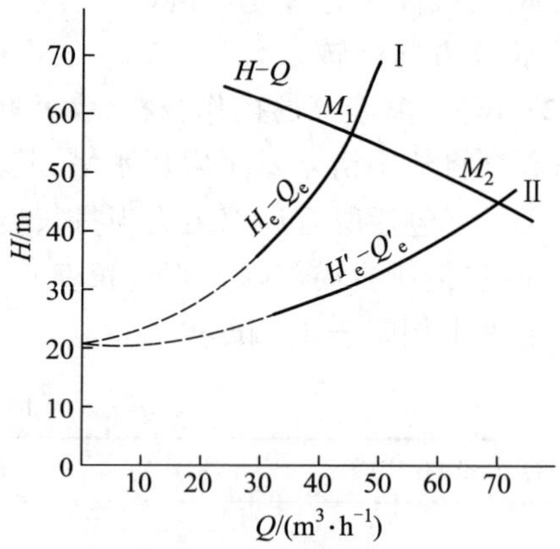

例 2-16 附图 2

$$H'_e=20+\left[0.026\times\frac{12}{0.081}(Q'_e)^2+0.026\times\frac{376}{0.081}\left(\frac{Q'_e}{2}\right)^2\right]\times\frac{8}{0.081^4\times9.81\pi^2}\Big/3\ 600^2$$
$$=20+0.005\ 04(Q'_e)^2$$

在本例附图 2 上作出此管路特性曲线Ⅱ，由图读得 $Q_2=70\ m^3/h$。从流量来说，可满足管路对流量的要求，但流量加大，水温升高，泵的安装高度是否适宜，还需进行核算。

35 ℃水的饱和蒸气压 $p_v=5.624\ kPa$，$\rho=994\ kg/m^3$。吸入管路的阻力损失为

$$H_{f,0-1}=\left[\left(\lambda\frac{L_{0-1}}{d}\right)\frac{8}{d^4g\pi^2}\Big/3\ 600^2\right]Q_e^2$$
$$=\left[0.026\times\frac{12}{0.081}\times\frac{8}{0.081^4\times9.81\pi^2}\times\left(\frac{60}{3\ 600}\right)^2\right]\ m=2.05\ m$$

$$(NPSH)_r=5.0\ m$$

则
$$H_g=\left[\frac{(101.3-5.624)\times10^3}{994\times9.81}-(5+0.5)-2.05\right]\ m=2.26\ m$$

由于泵的实际安装高度大于允许安装高度，故离心泵将不能正常操作。为保证满足生产工艺要求，需将泵的安装高度下降 2 m。

讨论：(1) 本例实质是用图解法确定离心泵的工作点，关键是推导出不同工作状态下管路特性方程。当备用管路启用后，变成了并联管路，每根管内的流量是总流量的一半，而吸入管内的流量则为通过泵的总流量，所以计算管路阻力时要分段考虑。

(2) 随着通过离心泵流量的加大，$(NPSH)_r$ 也加大，泵的安装高度需降低。本例备用管路启用后，工艺上计算可达到 60 m^3/h 的要求，但泵的安装高度成为制约因素，故在确定泵的安装高度时要预测出最大的输液量和液体的最高温度，以便使泵的功能得到充分发挥。

【例 2-17】 往复泵流量调节方法的经济性

用三效单动往复泵向表压为 981 kPa 的密闭容器送稀溶液(其性质和 20 ℃清水相近)，其流程如本例附图所示。主管路内径为 50 mm，管长为 96 m(包括所有局部阻力当量长度)；旁路内径为 30 mm，摩擦系数均取为 0.030。往复泵的活塞直径 $D=75$ mm，冲程 $S=0.2$ m，往返次数 $n_r=240\ \text{min}^{-1}$，容积效率 $\eta_V=94\%$。试求：

(1) 旁路阀全关时的泵的轴功率($\eta=90\%$)；

(2) 用旁路将主管流量减少 20%的轴功率(η 仍取 90%，下同)；

(3) 调节冲程使主管流量减少 20%的轴功率。

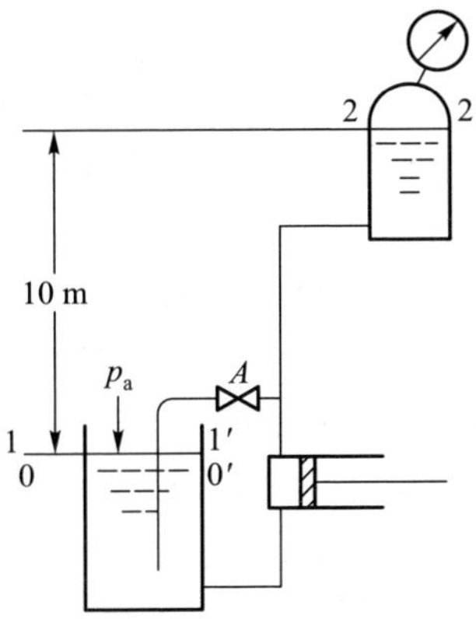

例 2-17 附图

解： 本例旨在熟悉往复泵有关参数的计算，并比较不同流量调节方法的经济性。

(1) 旁路阀全关时泵的功率

往复泵的流量用式(2-18)计算，即

$$Q=3\eta_V ASn_r/60=\left(3\times0.94\times\frac{\pi}{4}\times0.075^2\times0.2\times\frac{240}{60}\right)\ \text{m}^3/\text{s}=0.009\ 967\ \text{m}^3/\text{s}$$

$$u=\frac{Q}{A}=\left(\frac{0.009\ 967\times4}{0.05^2\pi}\right)\ \text{m/s}=5.076\ \text{m/s}$$

$$H_e=\Delta Z+\frac{\Delta p}{\rho g}+\lambda\frac{L+\sum L_e}{d}\frac{u^2}{2g}$$

$$=\left(10+\frac{981\times10^3}{1\ 000\times9.81}+0.030\times\frac{96}{0.05}\times\frac{5.076^2}{2\times9.81}\right)\ \text{m}=185.6\ \text{m}$$

则 $$N=\frac{HQ\rho}{102\eta}=\left(\frac{185.6\times0.009\ 967\times1\ 000}{102\times0.9}\right)\ \text{kW}=20.15\ \text{kW}$$

(2) 旁路调节流量

因主管流量减少 20%，使主管路压头损失减小，但 ΔZ、$\Delta p/(\rho g)$ 及通过往复泵的总流量不变，因而功率有所降低。

$$u'=(0.8\times5.076)\ \text{m/s}=4.061\ \text{m/s}$$

$$H'_f=\left(0.03\times\frac{96}{0.05}\times\frac{4.061^2}{2\times9.81}\right)\ \text{m}=48.4\ \text{m}$$

$$H'_e=\left(10+\frac{981\times10^3}{1\,000\times9.81}+48.4\right)\ \text{m}=158.4\ \text{m}$$

$$N'=\left(20.15\times\frac{158.4}{185.6}\right)\ \text{kW}=17.2\ \text{kW}$$

(3) 改变冲程使主管流量减少 20%

此时管路压头 $H''_e=H'_e=158.4$ m，通过泵的流量为

$$Q'=0.8Q=(0.8\times0.009\,967)\ \text{m}^3/\text{s}=0.007\,974\ \text{m}^3/\text{s}$$

$$N''=0.8N'=(0.8\times17.2)\ \text{kW}=13.76\ \text{kW}$$

讨论：通过上面计算数据看出，对于往复泵的流量调节，用改变冲程(或每分钟往返次数)方法调节流量比旁路调节流量更为经济。但对于经常性的小幅度流量调节，采用旁路方法比较方便及时。

【例 2-18】 通风机的选型

板式塔流体力学性能测试装置(冷膜塔实验)如本例附图所示。塔内装有三层塔板，塔径 $D=1$ m，进出塔的气体管径 $d=0.3$ m。塔内最大允许空塔气速 $u=2.48$ m/s，该气速下每层塔板的压降 785 Pa，进塔气体管路的压降为 1.4 kPa。测试在常压(101.3 kPa)、30 ℃条件下进行。试选择一台适用的风机。

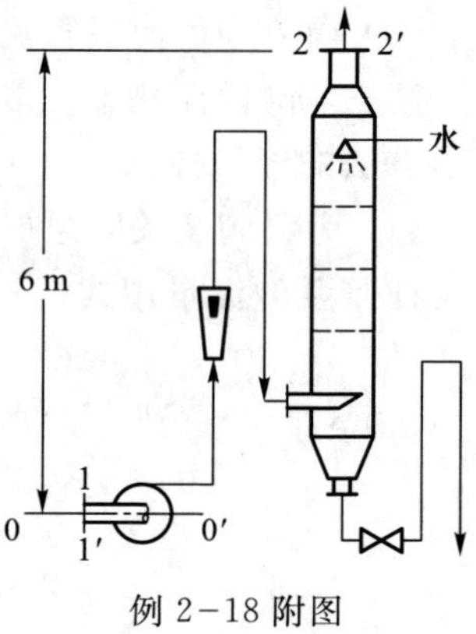

例 2-18 附图

解： 对于清洁空气，可选用一般离心通风机，具体型号由操作条件下的风量和实验条件下的全风压确定。

(1) 风量

操作条件下的风量用下式计算，即

$$Q=\frac{\pi}{4}D^2u=\left(\frac{\pi}{4}\times1.0^2\times2.48\times3\,600\right)\ \text{m}^3/\text{h}=7\,012\ \text{m}^3/\text{h}$$

(2) 风压

操作条件下的全风压由风机入口截面 1-1′和冷膜塔气体出口截面2-2′之间列伯努利方程求得，即

$$H'_T=(Z_2-Z_1)\rho g+\frac{u_2^2}{2}\rho+\Delta p_f$$

式中

$$\rho=\frac{pM}{RT}=\left(\frac{101.3\times29}{8.314\times303}\right)\ \text{kg/m}^3=1.166\ \text{kg/m}^3$$

$$u_2=u\left(\frac{D}{d}\right)^2=\left[2.48\times\left(\frac{1.0}{0.3}\right)^2\right]\ \text{m/s}=27.56\ \text{m/s}$$

则

$$H'_T=\left(6\times9.81\times1.166+\frac{27.56^2}{2}\times1.166+785\times3+1\,400\right)\ \text{Pa}=4\,266\ \text{Pa}$$

将操作条件下的全风压换算为实验条件下全风压，即

$$H_T=\left(4\ 266\times\frac{1.2}{1.166}\right)\ \text{Pa}=4\ 391\ \text{Pa}$$

（3）理论功率

$$N_e=\frac{H_TQ_s}{1\ 000}=\left(\frac{4\ 266\times 7\ 012}{1\ 000\times 3\ 600}\right)\ \text{kW}=8.31\ \text{kW}$$

根据 Q 和 H_T 选择 9—19—10D(n=1 450 r/min)型离心通风机。其性能参数为

$$Q=7\ 943\ \text{m}^3/\text{h},H_T=6\ 014\ \text{Pa},N=16.78\ \text{kW}$$

$$\eta=\frac{N_e}{N}\times 100\%=\frac{8.31}{16.78}\times 100\%\approx 50\%$$

讨论：(1) 选风机型号时需把操作条件下的风压 H'_T 换算为实验条件下的风压 H_T；

(2) 计算理论功率时，风压和风量必须是同一状况下的对应数值，本例均按操作条件下的状态为基准；

(3) 因为风机没在满负荷下运行，致使总效率比较低。

【例 2-19】 压缩极限、单级压缩与多级压缩的比较

某生产工艺需要将 20 ℃、0.1 MPa(绝对压力，下同)的气体压缩至 1.0 MPa。压缩机的余隙系数 $\varepsilon=8\%$，空气经历多变压缩过程，多变指数 $m=1.25$。试求：

(1) 压缩机的压缩极限；

(2) 单级压缩的气体出口温度、容积系数和压缩功(1 kg 为基准，下同)；

(3) 两级压缩每级气体出口温度、容积系数和总压缩功。第一级气体出口温度降至 20 ℃后再进入第二级。

解：(1) 压缩极限

容积系数的计算式为

$$\lambda_0=1-\varepsilon\left[\left(\frac{p_2}{p_1}\right)^{\frac{1}{m}}-1\right]$$

令 $\lambda_0=0$，并将 $\varepsilon=0.08$ 及 $m=1.25$ 代入，解得压缩极限$\frac{p_2}{p_1}=25.9$。

(2) 单级压缩

由题给条件，$\frac{p_2}{p_1}=10$，则

$$T_2=T_1\left(\frac{p_2}{p_1}\right)^{\frac{m-1}{m}}=(293\times 10^{\frac{1.25-1}{1.25}})\text{K}=464.4\ \text{K}$$

$$\lambda_0=1-\varepsilon\left[\left(\frac{p_2}{p_1}\right)^{\frac{1}{1.25}}-1\right]=1-0.08\times(10^{\frac{1}{1.25}}-1)=0.575\ 2$$

由于 $pV=\frac{G}{M}RT$ 且取 $G=1$ kg，于是

$$W=\frac{RT_1}{M}\frac{m}{m-1}\left[\left(\frac{p_2}{p_1}\right)^{\frac{m-1}{m}}-1\right]=\left[\frac{8.314\times293}{29}\times\frac{1.25}{1.25-1}\times(10^{\frac{1.25-1}{1.25}}-1)\right]\text{ kJ/kg}$$
$$=245.7\text{ kJ/kg}$$

(3) 两级压缩

两级压缩按等压缩比分配，则每级的压缩比为

$$x=\sqrt{10}=3.162$$

同理

$$T_2=(293\times3.162^{\frac{1.25-1}{1.25}})\text{ K}=368.9\text{ K}$$

$$\lambda_0=1-0.08(3.162^{\frac{1}{1.25}}-1)=0.879$$

$$W=\left[\frac{8.314\times293}{29}\times\frac{2\times1.25}{1.25-1}\times(3.162^{\frac{0.25}{1.25}}-1)\right]\text{ kJ/kg}=217.4\text{ kJ/kg}$$

讨论：通过上述计算数据看出

(1) 当压缩机的余隙系数 ε 较大时，压缩极限就很小，当要求压缩比较高时，需采用多级压缩；

(2) 对于余隙系数 ε 值一定的压缩机，随着级数的增加，容积系数 λ_0 加大，气体出口温度 T_2 降低，达到相同的压缩比功耗减少。所以，当要求压缩比比较高时，各级压缩比相同的多级压缩比较经济合理。

更多示范题解析可扫描下方二维码查看。

思考题简答

1. 一定转速下，用离心泵向表压为 50 kPa 的密闭高位槽输送密度 $\rho=1\ 200\ \text{kg/m}^3$ 的水溶液。泵出口阀全开时，管路特性方程式为

$$H_e=\Delta Z+\frac{\Delta p}{\rho g}+BQ_e^2=K+BQ_e^2$$

现分别改变如下操作条件，且改变条件前后流动均在阻力平方区，试判断管路特性方程式中参数变化趋势：

(1) 关小泵的出口阀；

(2) 改送 20 ℃的清水；

(3) 将高位槽改为常压。

答：在离心泵特性方程（或特性曲线）不变前提下，管路特性方程中各参数的变化趋势如下。

(1) 关小泵的出口阀

关小阀门，局部阻力系数 ζ 变大，B 值加大，K 值不变，Q_e 变小。

(2) 改送 20 ℃的清水

改送 20 ℃的清水，$\Delta p/(\rho g)$ 变大，导致 K 值变大，B 值不变，Q_e 值变小。

(3) 将高位槽改为常压

将高位槽改为常压后，$\Delta p/(\rho g)=0$，K 值变小，B 值不变，Q_e 值变大。

2. 为有效提高离心泵的静压能，能采取哪些措施？

答：为了有效提高离心泵的静压能，可采取的措施是：蜗牛形的泵壳，叶轮后弯叶片，在泵壳和叶轮之间装置固定不动带有叶片的导轮等。

在离心泵的设计中，一般使叶轮入口处绝对速度与圆周速度两矢量之间的夹角 $\alpha_1=90°$，则 $\cos\alpha_1=0$。

3. 试选择适宜的输送机械来完成如下输送任务：

(1) 将 45 ℃的热水以 300 m^3/h 的流量送至 18 m 高的凉水塔；

(2) 将膏糊状物料以 5.5 m^3/h 的流量送至高压容器；

(3) 将碱液按控制的流量加到反应釜；

(4) 以 4 m^3/h 的流量输送低黏度有机液体，要求的压头 65 m；

(5) 向空气压缩机的汽缸中注润滑油；

(6) 低压氯气，要求出口压力为 75 kPa（表压）；

(7) 将 101.3 kPa 的空气压缩至 506.5 kPa，风量为 550 m^3/h；

(8) 以 60 000 m^3/h 的风量将空气送至气柜，风压为 2 400 Pa。

答：为完成各个输送任务，宜选择的输送机械如下表所示。

思考题 3 附表

序号	被输送物系	可选择的输送机械
(1)	45 ℃热水($Q=300$ m^3/h，$H=18$ m)	IS200—150—250 型离心泵($n=1\,450$ r/min)
(2)	膏糊状物料($Q=5.5$ m^3/h)	齿轮泵或往复泵
(3)	碱液	防腐蚀离心泵(FM 系列)
(4)	低黏度有机液体($H=65$ m)	旋涡泵
(5)	注润滑油	螺杆泵
(6)	低压氯气($p_2=75$ kPa 表压)	液环压缩机(H_2SO_4 为介质)
(7)	压缩空气($p_2/p_1=5$)	离心式(或往复式压缩机)
(8)	输送空气($Q=6\,000$ m^3/h，$H_T=2\,400$ Pa)	4—72 型 C 类连接 12 机号离心通风机($n=1\,120$ r/min)

4. 试比较往复泵用旁路、改变冲程或改变每分钟往复次数方法调节流量的适用场合和经济性。

答：对于容积（定排量）泵，通过旁路调节主管路流量要消耗无谓的功，而通过调转速（或往复泵的冲程）则较为经济，但旁路调流量对于频繁的小幅度调节操作上比较方便。具体实例见例

2-17。

5. 用 IS80—65—125($n=2\ 900$ r/min)型离心水泵将 60 ℃的水($\rho=983.2\ \text{kg/m}^3$,$p_v=19.92$ kPa)送至密闭高位槽(压力表读数为 49 kPa),要求流量为 43 m^3/h,提出如附图所示三种方案,三种方案的管径、粗糙度和管长(包括所有局部阻力的当量长度)均相同,且管路的总压头损失均为 3 m,当地大气压为 100 kPa。试分析:

(1) 三种安装方法是否都能将水送到高位槽中?若能送到,是否都能保证流量?泵的轴功率是否相同?

(2) 其他条件都不变,改送水溶液($\rho=1\ 200\ \text{kg/m}^3$,其他性质和水相近),则泵出口压力表的读数、流量、压头和轴功率将如何变化?

(3) 若将高位槽改为敞口,则送 60 ℃的水和溶液($\rho=1\ 200\ \text{kg/m}^3$)的流量是否相同?

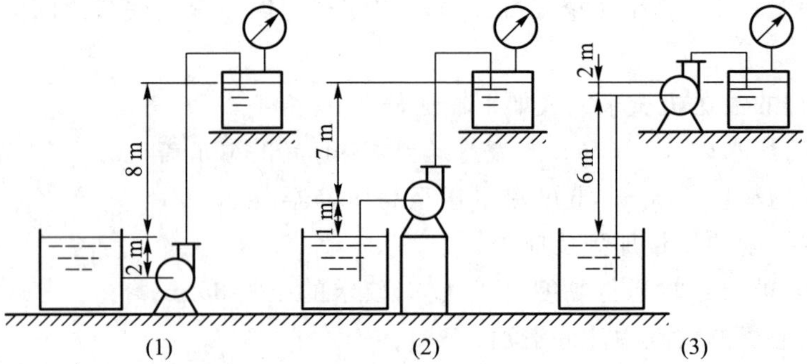

思考题 5 附图

答:本题需解决两个问题,才能逐一回答上述问题。首先校核离心泵能否满足管路对流量和能量要求,第二步核算泵的允许安装高度。

管路要求的流量为 43 m^3/h。压头由管路特性方程计算,即

$$H_e=\Delta Z+\frac{\Delta p}{\rho g}+BQ_e^2=\left(8+\frac{49\times 10^3}{983.2\times 9.81}+3\right)\ \text{m}=16.1\ \text{m}$$

IS80—65—125($n=2\ 900$ r/min)型离心泵的性能参数为:$Q=50\ \text{m}^3/\text{h}$,$H=20$ m,$\eta=75\%$,$N=3.63$ kW,$(NPSH)_r=3.0$ m。

从流量和压头来看,离心泵能满足管路要求。

下面核算离心泵的允许安装高度。

取吸入管路的压头损失 $H_{f,0-1}=1$ m,则泵的允许安装高度为

$$H_g=\frac{p_a-p_v}{\rho g}-NPSH-H_{f,0-1}=\left[\frac{(100-19.92)\times 10^3}{983.2\times 9.81}-(3+0.5)-1\right]\ \text{m}=3.8\ \text{m}$$

由以上数据,分析如下:

(1) 在三种安装方法中,方案(3)的安装高度超过允许安装高度,操作中将发生汽蚀现象,不能把 60 ℃的热水送到高位槽。方案(1)和(2)都能保证向高位槽的送水量。由于流量和压头相同,因而泵的轴功率相等。

(2) 改送水溶液后,泵出口压力表的读数增大,流量加大(管路特性方程中的 K 值减小),压

头降低，轴功率加大。

(3) 高位槽改为敞口后，管路特性方程均变为 $H_e=\Delta Z+BQ_e^2$，故送 60 ℃的热水和水溶液流量相等。

自 测 题

一、填空题

1. 流体输送机械的主要功能是对流体做功以提高其____________，具体表现为____________。

2. 写出三类正位移泵的名称：________、________、________。其特点是________且不受管路________所影响。

3. 离心泵的主要部件有____________、____________和____________。

4. 离心泵的泵壳制成________、叶轮的叶片________、在叶轮和泵壳之间装置________都有利于动能有效转化为静压能。

5. 离心泵的性能参数或特性曲线是泵在一定________下、于________用常温的________为介质通过实验测得的。

6. 离心泵的主要特性曲线包括________、________和________。

7. 离心泵的压头(扬程)的物理意义是____________，其单位为________或________。

8. 启动离心泵之前若不向泵灌满被输送的液体，将发生________；若叶轮的入口附近绝对压力低于操作温度下液体的饱和蒸气压，将发生________现象。

9. 离心泵安装在特定管路系统中，已知泵的性能：$Q=0.02\ \mathrm{m^3/s}$，$H=20\ \mathrm{m}$；管路性能：$Q_e=0.02\ \mathrm{m^3/s}$，$H_e=16\ \mathrm{m}$。则调节阀门的压头损失为________ m，其消耗的理论功率为________ W(ρ 取 1 000 $\mathrm{kg/m^3}$)。

10. 离心泵安装在一定管路上，其工作点是指____________。

11. 离心泵通常采用________调节流量；往复泵采用________调节流量。

12. 离心泵允许汽蚀余量($NPSH$)定义式为____________。

13. 当被输送液体的黏度比清水的黏度大得多时，则离心泵的压头将________、流量________、效率________，而轴功率________。

14. 提高往复泵连续性和均匀性的措施有____________、____________。

15. 离心通风机的全风压主要由____________和____________组成，其物理意义是____________，单位为________。

16. 离心通风机的特性曲线包括________、________、________和________。比离心泵多了一条________曲线。

17. 当要求气体的压缩比(p_2/p_1)$\geqslant 8$ 时，宜采用________压缩。当各级的压缩比________时，所消耗的总理论功为最小。

二、选择题

1. 一定转速下，用离心泵将敞口池中的清水送至表压为 49.1 kPa 的密闭容器，两液面的垂直高度差为8 m。泵出口阀全开时，管路特性方程为

$$H_e = \Delta Z + \frac{\Delta p}{\rho g} + \sum H_f = K + BQ_e^2$$

现分别改变某一参数，试判断其余参数的变化趋势。假设各种条件下均在阻力平方区，且泵的特性保持不变。

变化参数	K	B	Q_e
关小泵出口阀			
改送水溶液(ρ=1 200 kg/m^3)			
容器变为常压			
夏天池面下降 1 m			

A. 增大；　　B. 变小；　　C. 不变；　　D. 不确定

2. 试选择适宜的输送机械完成如下输送任务：

(1) 含有纯碱颗粒的水悬浮液(　　)；

(2) 高分子聚合物黏稠液体(　　)；

(3) 黏度为 0.8 mPa·s 的有机液(要求 Q=1 m^3/h，H=30 m)(　　)。

A. 离心泵；　　B. 旋涡泵；　　C. 往复泵；　　D. 开式碱泵

3. 离心泵的汽蚀余量($NPSH$)值越小，其抗汽蚀性能(　　)。

A. 越好；　　B. 越差；　　C. 不确定

4. 用离心泵将敞口水池中的清水送至常压容器，在夏天需加大送水量(开大泵出口阀)，试判断如下参数变化趋势：

(1) 泵入口真空表的读数 p_1(　　)；

(2) 泵出口压力表(调节阀上游)读数 p_2(　　)；

(3) 泵出口调节阀下游压力表读数 p_3(　　)；

(4) 泵的压头 H(　　)；

(5) 泵的轴功率 N(　　)；

(6) 泵的效率 η(　　)。

A. 增大；　　B. 变小；　　C. 不变；　　D. 不确定

5. 离心泵在一定管路系统运行时，其工作点不随液体密度改变的条件是(　　)。

A. $Z_2 - Z_1 = 0$；　　B. $p_2 - p_1 = 0$；　　C. $\sum H_f = 0$；　　D. $\frac{u_2^2}{2} - \frac{u_1^2}{2} = 0$

6. 有自吸能力的泵是(　　)。

A. 离心泵；　　B. 旋涡泵；　　C. 正位移泵；　　D. 轴流泵

7. 离心泵停止操作时宜(　　)。

A. 先关出口阀后停电；　　B. 先停电后关出口阀；

C. 先关出口阀或先停电均可；
D. 单级泵先停电，多级泵先关出口阀

8. 往复泵适用于(　　)。

A. 大流量且要求流量特别均匀的场合；
B. 介质腐蚀性特别强的场合；
C. 流量较小、压头较高的场合；
D. 投资较小的场合

9. 离心泵铭牌上标出的流量和压头数值是(　　)。

A. 最高效率点对应值；
B. 操作点对应值；
C. 最大流量下对应值；
D. 计算值

10. 离心泵的效率随流量的变化情况是(　　)。

A. Q 增大，η 增大；
B. Q 增大，η 先增大后减小；
C. Q 增大，η 减小；
D. Q 增大，η 先减小后增大

11. 离心泵的轴功率 N 和流量 Q 的关系为(　　)。

A. Q 增大，N 增大；
B. Q 增大，N 先增大后减小；
C. Q 增大，N 减小；
D. Q 增大，N 先减小后增大

12. 用离心泵将池中 20 ℃清水送至常压容器 B，若 B 变为 100 kPa(表压)的密闭容器，则泵的流量将(　　)，压头将(　　)，轴功率将(　　)，效率将(　　)。

A. 变大；　B. 变小；　C. 不变；　D. 不确定

13. 对于已知余隙系数 ε 值的往复压缩机，随着压缩比的增高，其容积系数 λ_0 将(　　)。

A. 增大；　B. 变小；　C. 不变；　D. 不确定

14. 随着往复压缩机余隙系数 ε 值的加大，其极限压缩比(p_2/p_1)(　　)。

A. 越高；　B. 越低；　C. 没影响；　D. 不确定

15. 在实验装置上测定离心泵的汽蚀余量 $NPSH$。今测得一组数据为泵入口真空表读数为 60 kPa，吸入管内水的流速 1.2 m/s，实验介质为 30 ℃清水($\rho=996$ kg/m^3，$p_v=4.25$ kPa)，当地大气压为 100 kPa，则操作条件下泵的汽蚀余量 $NPSN$ 值为(　　)。

A. 5.79 m；　B. 3.66 m；　C. 3.73 m；　D. 3.59 m

16. 用离心泵将精馏塔底釜液送至贮槽。釜液密度 $\rho=780$ kg/m^3，饱和蒸气压 $p_v=26.0$ kPa，泵的允许汽蚀余量 $NPSH=3.4$ m，入管路压头损失 $H_{f,0-1}=1.1$ m，则泵的允许安装高度 H_g 为(　　)。

A. 4.5 m；　B. −4.5 m；　C. −3.4 m；　D. 1.1 m

17. 中高压离心通风机叶轮的叶片应是(　　)。

A. 后弯式；　B. 前弯式；　C. 径向式；　D. 混合式

三、计算题

1. 用 IS80—50—200 型($n=2\ 900$ r/min)离心泵将 20 ℃的清水由水池送到水洗塔内，流程如本题附图 1 所示。塔的操作压力为 177 kPa(表压)，管径为 $\phi108$ mm×4 mm，管路全长(包括除管路出口阻力外的所有局部阻力当量长度)为 288 m，摩擦系数 λ 取为 0.025。试计算：

(1) 管路特性方程；

(2) 若要求输水量 50 m^3/h，该泵能否满足要求？列出该流量下泵的性能参数；

(3) 调节阀门所损失的压头占泵压头的百分数。

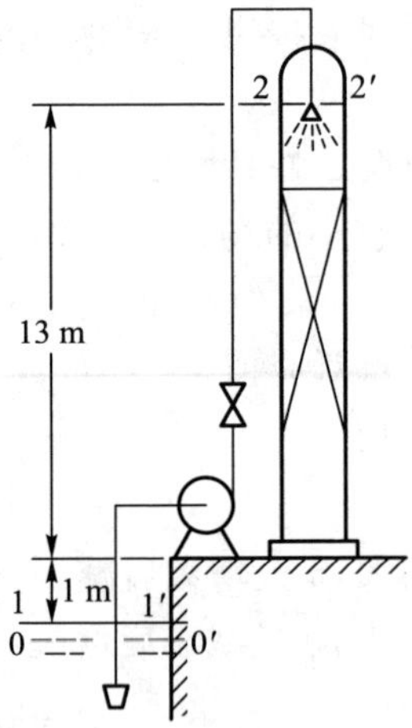

习题 1 附图

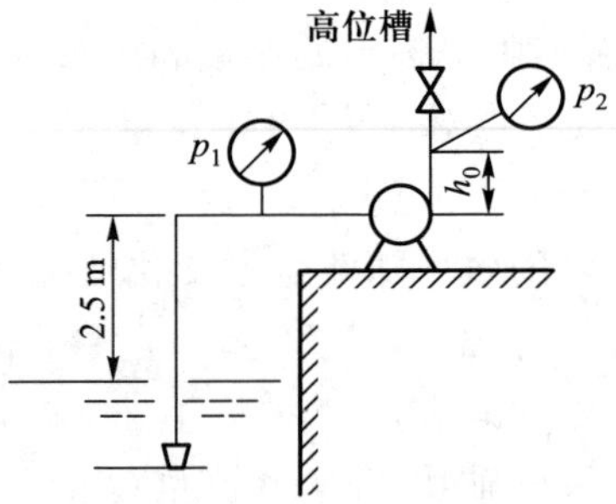

习题 2 附图

2. 如本题附图所示用离心泵将常压水池中 20 ℃的清水由水池送至敞口高位槽中。泵入口真空表和出口压力表的读数分别为 $p_1=60$ kPa 和 $p_2=220$ kPa，两测压口之间的垂直距离 $h_0=0.5$ m。泵吸入管内径为80 mm，清水在吸入管中的流动阻力可表达为 $\sum h_f=3.0u_1^2$（u_1 为吸入管内水的流速，m/s）。离心泵的安装高度为 2.5 m。试求泵的轴功率(其效率为 68%)。

3. 如本题附图所示的输水系统，管路直径为 $\phi 80$ mm×2 mm，当流量为 36 m^3/h 时，吸入管路的能量损失为 6 J/kg，排出管的压头损失为 0.8 m，压力表读数为 246 kPa，吸入管轴线到 U 管压差计汞面的垂直距离 $h=0.5$ m，当地大气压力为 98.1 kPa。试计算：

(1) 泵的升扬高度与压头；

(2) 泵的轴功率($\eta=70\%$)；

(3) 泵吸入口压差计读数 R。

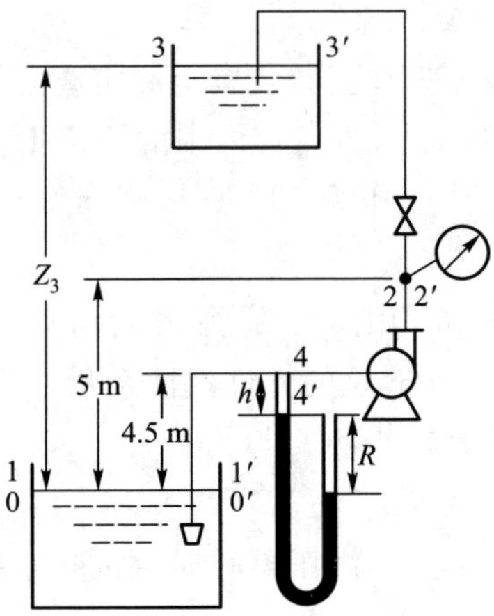

习题 3 附图

4. 用离心泵将池中清水送至高位槽，两液面恒差13 m，管路系统的压头损失为 $H_f=3\times10^5Q_e^2$（Q_e 的单位为 m^3/s），流动在阻力平方区。在指定转速下，泵的特性方程为

$$H=28-2.5\times10^5Q^2\text{（}Q\text{ 的单位为 m}^3/\text{s）}$$

试求：

(1) 两槽均为敞口时，泵的流量、压头和轴功率；

(2) 两槽敞口，改送碱的水溶液($\rho=1\,250$ kg/m^3)，泵的流量和轴功率；

(3) 若高位槽改为密闭，表压为 49.1 kPa，输送清水和碱液流量将如何变化？

(4) 库房里有一台规格相同的离心泵，欲向表压为 49.1 kPa 的密闭高位槽送碱液($\rho=1\,250$ kg/m^3)。试比较与原泵并联还是串联能获得较大输液量。

各种情况下泵的效率均取 70%。

5. 用 IS100—80—125 型($n=2\,900$ r/min)的离心泵将常压、20 ℃的清水送往 A、B 两槽，如本题附图所示，其流量均为 25 m^3/h，主管段 CO 长 50 m，管内径为 100 mm，OA 与 OB 段管长均为

40 m,管内径均为 60 mm(以上各管段长度包括局部阻力当量长度,OB 段的阀门除外)。假设所有管段内的流动皆进入阻力平方区,且摩擦系数 $\lambda=0.02$。分支点处局部阻力可忽略。试求:

(1) 泵的压头与有效功率;

(2) 支管 OB 中阀门的局部阻力系数 ζ;

(3) 若吸入管线长(包括局部阻力当量长度)为 9 m,试确定泵的安装高度。

20 ℃下水的饱和蒸气压为 $p_v=2\ 334.6$ Pa。

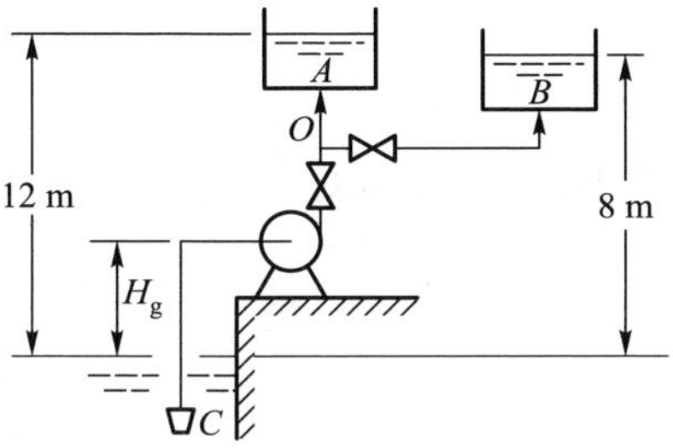

习题 5 附图

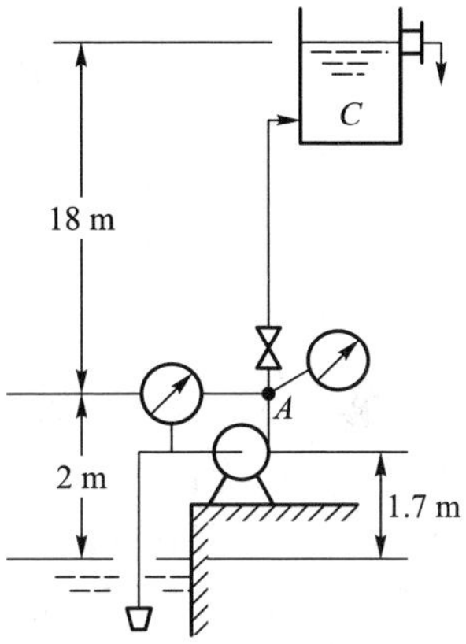

习题 6 附图

6. 用离心泵将池中 30 ℃的清水送至敞口高位槽 C,如本题附图所示,管路总长度(包括所有局部阻力当量长度,下同)为 100 m,压力表以后 AC 管长为 80 m,吸入管长度可取 16 m,管子内径为 50 mm,摩擦系数 $\lambda=0.025$,要求输水量为 10 m^3/h,泵的效率为 80%。试求:

(1) 泵的轴功率;

(2) 泵出口压力表读数 p_A,Pa;

(3) 若操作条件下泵的允许汽蚀余量 $NPSH=3.1$ m,泵的安装高度是否合适。

当地大气压力为 100 kPa。

7. 用离心泵将 20 ℃的清水送到某设备中,泵的前后分别装有真空表和压力表,如本题附图所示。已知泵吸入管路的压头损失为 2.4 m,动压头为 0.2 m,水面与泵吸入口中心线之间的垂直距离为 2.2 m,操作条件下泵的必需汽蚀余量为 2.5 m。试求:

(1) 真空表的读数;

(2) 当水温由 20 ℃升至 60 ℃(此时饱和蒸气压为 19.92 kPa)时,发现真空表与压力表读数跳动,流量骤然下降,试判断出了什么故障并提出排除措施。

当地大气压为 98.1 kPa。

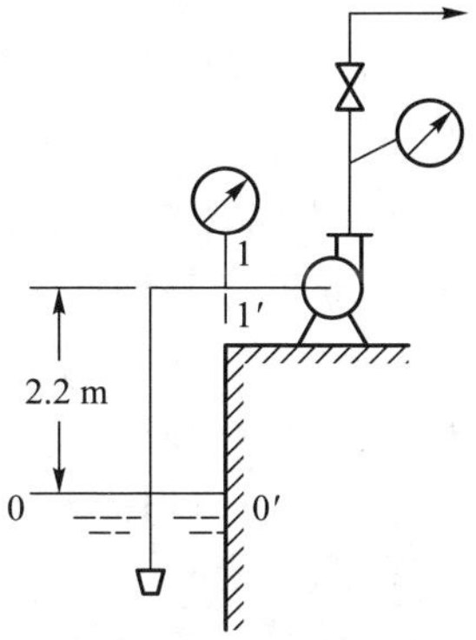

习题 7 附图

8. 用离心泵 B 将 A 池中溶液送至车间贮槽 C,管路中装有调节阀 D 和压力表 p_1 与 p_2,如本题附图所示。溶液的密度为 1 200 kg/m^3。启动离心泵,当关闭出口阀 D 时,压力表 p_1 的读数为 1 630 kPa;当 D 阀全开时,压力表 p_2 的读数为 1 000 kPa,最大输液量为 240 m^3/h,此时管内流动进入阻力平方区,且全部管路的压头损失可表达为 $\sum H_f=1.76\times10^4 Q_e^2$($H_f$ 的单位为

m,Q_e 的单位为 m^3/s)。由于工厂扩产,希望溶液输送量尽可能增大。现库房里有一台规格相同的离心泵。试求:

(1) 两台泵如何组合才能获得尽可能大的输液量;

(2) 扩产后压力表 p_2 的读数。

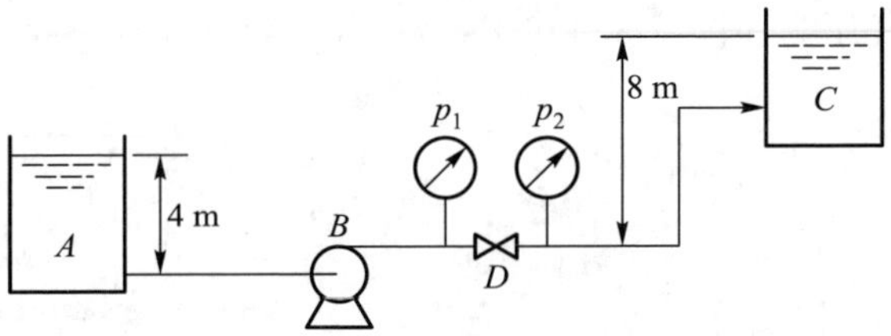

习题 8 附图

9. 用离心泵将 20 ℃的清水从水池 A 送至密闭高位槽 B,泵的安装高度 3.0 m,如本题附图所示。现场测得如下数据:

当泵出口阀 C 全关时,泵出口压力表 p_C 的读数为 410.5 kPa;

当泵出口阀 C 全开时,管内清水的流量为 25.5 m^3/h,泵提供的压头为 38.0 m,此时管内流动在阻力平方区,管路特性方程可表达为

$$H_e = 28.0 + BQ_e^2 \text{(}Q_e\text{ 的单位为 } m^3/s\text{)}$$

试求:

(1) 高位槽 B 的压力表 p_2 的读数及出口阀全开时泵的轴功率(泵的效率为 70%);

(2) 为了尽可能增加送水量,两台相同型号的离心泵应如何组合?

(3) 当地夏季的最高水温可达 43.0 ℃($p_v = 8.87$ kPa,$\rho = 991$ kg/m^3),试核算此情况下离心泵能否正常运行。

吸入管路的压头损失为 2.0 m,泵的 $(NPSH)_r = 3.0$ m,当地大气压为 100 kPa。

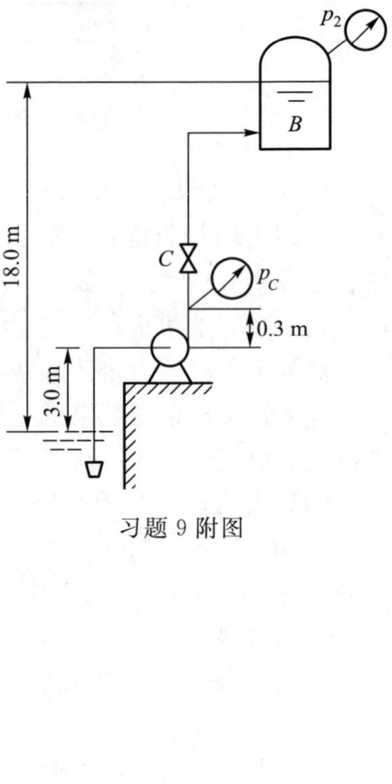

习题 9 附图

更多习题请扫描下方二维码查看。

本章符号说明

英文字母

a——活塞杆的截面积,m^2;

A——活塞的截面积,m^2;

c——离心泵叶轮内液体质点运动的绝对速度，m/s；
d——管径，m；
D——叶轮或活塞直径，m；
g——重力加速度，m/s^2；
H——泵的压头，m；
H_c——泵的动压头，m；
H_e——管路系统所需的压头，m；
H_f——压头损失，m；
H_g——泵的允许安装高度，m；
H_p——泵的静压头，m；
H_{st}——离心通风机的静风压，Pa；
H_T——离心通风机的风压，Pa；
$H_{T\infty}$——离心泵的理论压头，m；
i——压缩机的级数；
L——长度，m；
L_e——管路当量长度，m；
m——多变压缩指数；
n——转速，r/min；
n_r——活塞每分钟往复次数，1/min；
N——泵或压缩机的轴功率，W或kW；
N_e——有效功率，W或kW；
p——压力，Pa；
p_a——大气压力，Pa；
p_v——液体的饱和蒸气压，Pa；
Q——流量，m^3/s或m^3/h；
Q_e——管路系统要求的流量，m^3/s或m^3/h；
Q_s——泵的额定流量，m^3/s或m^3/h；
Q_T——泵的理论流量，m^3/s；
S——活塞的冲程，m；
t——温度，℃；
T——热力学温度，K；
u——流速或离心泵内液体质点的圆周速度，m/s；
V——体积，m^3；
V_{min}——往复压缩机的排气量，m^3/min；
w——离心泵叶轮内液体质点运动的相对速度，m/s；
W——往复压缩机的理论功，J；
Z——位压头，m

希腊字母

ε——余隙系数；
η——效率；
λ——摩擦系数；
λ_d——排气系数；
λ_0——容积系数；
μ——黏度，Pa·s；
ρ——密度，kg/m^3；
θ——时间，s；
ζ——阻力系数

第三章

非均相混合物分离及固体流态化

学习指导

一、学习要求

通过本章学习，应重点掌握沉降、过滤过程的基本原理、计算方法，以及典型设备的结构特性，并且能根据生产工艺要求，合理选择设备。

掌握颗粒及颗粒床层的特性。建立固体流态化的基本概念，了解气力输送过程。了解离心机的类型和应用场合。

二、应重点掌握的内容

1. 应用流体力学原理分析颗粒相对于流体及流体相对于颗粒床层的流动规律。

2. 沉降(包括重力沉降和离心沉降)过程的基本原理，影响因素分析及强化措施，降尘室的设计，旋风分离器的选型。

3. 过滤操作的原理，影响因素分析及强化措施，恒压过滤的计算，过滤常数的测定方法，过滤机生产能力的计算。

三、学习方法

本章运用流体力学原理分析颗粒相对于流体，流体相对于颗粒床层的流动过程，并用于解决实际生产中的沉降、过滤和流态化问题。学习时要注意学会如何对复杂的工程问题进行简化，使之变成现有理论可以解决的问题。

学习要点

一、概述

1. 非均相混合物的概念和分类

物系内部存在相界面，且界面两侧物料的物理性质有差别的混合物称为非均相混合物。非均相混合物中，处于分散状态的物质称为分散相或分散物质；包围着分散相而处于连续状态的物质称为连续相或分散介质。

非均相混合物分为两类：液态非均相混合物和气态非均相混合物。连续相为液体的为液态非均相混合物；连续相为气体的为气态非均相混合物，如悬浮液、乳浊液、泡沫液是液态非均相混合物，含尘气体、含雾气体则是气态非均相混合物。

2. 非均相混合物的分离方法

非均相混合物通常采用机械分离方法，即利用非均相混合物中两相的物理性质（如密度、颗粒形状、尺寸等）的差异，使两相之间发生相对运动而使其分离。机械分离方法中包括沉降和过滤两种操作，可依据两相性质的差异及分离要求选择分离方法，见表 3-1。

表 3-1 机械分离方法

物系	分离要求	分离方法	设备
气态非均相混合物	除微粒		静电除尘器，袋滤器，湿式除尘器
	除细粒	离心沉降	旋风分离器
	除大粒	重力沉降	降尘室
液态非均相混合物	悬浮液增浓	离心沉降	增稠器，旋液分离器
	固含量＜0.1%	深床过滤	砂滤，碳滤
	固含量＞1%	饼层过滤	板框过滤机，叶滤机，转筒真空过滤机
	除微粒（50 μm 以下）	膜过滤	各类膜过滤机

3. 非均相混合物分离的工业运用

非均相混合物的分离过程在工业上有广泛应用，根据分离的目的，大致有以下几类：

（1）收集分散物质　例如，收取从气流干燥器或喷雾干燥器出来的气体及从结晶器出来的晶浆中带有的固体颗粒作为产品。

（2）净化分散介质　例如，某些催化反应，在原料气进反应器之前清除其中夹带的固体杂质，以保证催化剂的活性。

（3）环境保护　利用机械分离方法处理工厂排出的废气、废液，使其达到规定的排放标准，以保护环境。

二、沉降分离原理及设备

沉降是用机械方法分离非均相混合物的一种单元操作，它是指在某种外力作用下，利用分散相和连续相之间的密度差异，使之发生相对运动而实现分离的操作过程。

依据实现沉降的外力是重力或惯性离心力，沉降过程可分为重力沉降和离心沉降。依据操作过程中颗粒沉降是否受到其他颗粒或器壁的影响，沉降可分为自由沉降和干扰沉降。

本节从研究颗粒相对于流体的运动规律入手，讨论沉降速度的计算，分析影响沉降速度的因素，介绍沉降设备的设计、选型及操作。

（一）颗粒相对于流体的运动

1. 颗粒的特性

对球形颗粒，颗粒的直径 d 确定，其他参数也都确定，计算式如下：

体积
$$V=\frac{\pi d^3}{6} \tag{3-1}$$

表面积
$$S=\pi d^2 \tag{3-2}$$

比表面积
$$a=\frac{S}{V}=\frac{6}{d} \tag{3-3}$$

式中　d——球形颗粒的直径，m；

S——球形颗粒的表面积，m^2；

V——球形颗粒的体积，m^3；

a——颗粒的比表面积（单位颗粒体积具有的表面积），m^2/m^3。

对非球形颗粒，须用球形度和当量直径描述单个非球形颗粒的形状和大小，球形度和当量直径的定义如下：

球形度 ϕ_s：与该颗粒体积相等的球体的表面积除以颗粒的表面积，即

$$\phi_s=\frac{S}{S_p} \tag{3-4}$$

式中　ϕ_s——颗粒的球形度或形状系数，量纲为 1；

S——与该颗粒体积相等的球体的表面积，m^2；

S_p——颗粒的表面积，m^2。

对非球形颗粒，$\phi_s<1$；颗粒的形状越接近球形，ϕ_s 越接近 1；对球形颗粒，$\phi_s=1$。

当量直径：工程上通常采用等体积当量直径，定义为与该颗粒体积相等的球体的直径，即

$$d_e=\sqrt[3]{\frac{6}{\pi}V_p} \tag{3-5}$$

式中　d_e——颗粒的体积当量直径，m；

V_p——颗粒的体积，m^3。

因此，对于非球形颗粒，体积、表面积、比表面积可表述为

$$V_p=\frac{\pi}{6}d_e^3$$

$$S_p=\frac{\pi d_e^2}{\phi_s}$$

$$a=\frac{6}{\phi_s d_e}$$

2. 球形颗粒的自由沉降

分析一个表面光滑的刚性球形颗粒在静止的流体中的受力及运动状况可知，静止流体中颗粒的沉降过程可分为两个阶段，即开始的加速段和后来的匀速段。而由于小颗粒的比表面积很大，使得颗粒与流体间的接触面积很大，颗粒开始沉降后，在极短的时间内阻力便与颗粒所受的

净重力(即重力减浮力)接近平衡。因此,通常忽略颗粒沉降的加速阶段。

匀速阶段中颗粒相对于流体的运动速度 u_t 称为沉降速度,由于该速度是加速段终了时颗粒相对于流体的运动速度,故又称为“终端速度”,也可称为自由沉降速度。沉降速度的计算通式为

$$u_t=\sqrt{\frac{4gd(\rho_s-\rho)}{3\zeta\rho}} \tag{3-6}$$

式中　u_t——颗粒的自由沉降速度,m/s;

d——颗粒直径,m;

ρ_s、ρ——分别为颗粒和流体的密度,kg/m^3;

g——重力加速度,m/s^2;

ζ——阻力系数,量纲为 1。

阻力系数(曳力系数)ζ 是颗粒与流体相对运动时雷诺数 Re_t 和球形度 ϕ_s 的函数:

$$\zeta=f(Re_t,\phi_s)$$

其中

$$Re_t=\frac{du_t\rho}{\mu}$$

式中　μ——流体的黏度,Pa·s。

对球形颗粒($\phi_s=1$),$\zeta-Re_t$ 关系大致可分为三个区域,相应的计算式如下:

层流区或斯托克斯(Stokes)定律区($10^{-4}<Re_t<1$),此时的流动称为爬流(又称蠕动流)

$$\zeta=\frac{24}{Re_t} \tag{3-7}$$

过渡区或艾仑(Allen)定律区($1<Re_t<10^3$)

$$\zeta=\frac{18.5}{Re_t^{0.6}} \tag{3-8}$$

湍流区或牛顿(Newton)定律区($10^3<Re_t<2\times10^5$)

$$\zeta=0.44 \tag{3-9}$$

将式(3-7)、式(3-8)及式(3-9)分别代入式(3-6),便可得到球形颗粒在相应各区的沉降速度公式,即

层流区

$$u_t=\frac{d^2(\rho_s-\rho)g}{18\mu} \tag{3-10}$$

过渡区

$$u_t=0.27\sqrt{\frac{d(\rho_s-\rho)g}{\rho}Re_t^{0.6}} \tag{3-11}$$

湍流区

$$u_t=1.74\sqrt{\frac{d(\rho_s-\rho)g}{\rho}} \tag{3-12}$$

式(3-10)、式(3-11)及式(3-12)分别称为斯托克斯公式、艾仑公式和牛顿公式。

3. 影响沉降速度的因素

颗粒的沉降不因其他颗粒的存在而受到干扰的沉降过程称为自由沉降，相反，如果分散相的体积分数较高，颗粒间有明显的相互作用，容器壁面对颗粒沉降的影响不可忽略，这时的沉降称为干扰沉降或受阻沉降。

自由沉降时，影响沉降速度的因素可以从式(3-10)、式(3-11)及式(3-12)中看出。沉降速度由颗粒特性(尺寸、密度)和流体特性(密度、黏度)决定。不同区域中，黏度的影响差别很大，在层流区中，流体黏性引起的表面摩擦力占主要地位，因此黏度的影响最大；而在湍流区，形体阻力占主要地位，表面摩擦力的影响可忽略，因此在式(3-12)中不出现黏度。对于非球形颗粒，还应考虑球形度的影响，相同 Re_t 下，颗粒的球形度越小，阻力系数 ζ 越大，沉降速度越小，但 ϕ_s 值对 ζ 的影响在层流区内并不显著。随着 Re_t 的增大，这种影响逐渐变大。

干扰沉降时，某些情况下应对器壁的影响予以校正。

应予指出，自由沉降速度的公式不适用于非常细微颗粒(如 $<0.5\ \mu m$)的沉降计算，因为此时颗粒发生布朗运动。当 $Re_t>10^{-4}$ 时，布朗运动的影响可不考虑。

上述各区沉降速度关系式可用于多种情况下颗粒与流体在重力方向上相对运动的计算。例如，颗粒密度大于流体密度的沉降操作和颗粒密度小于流体密度的颗粒浮升运动；静止流体中颗粒的沉降和流体相对于静止颗粒的运动；颗粒与流体逆向运动和颗粒与流体作同向运动但速度不同时相对运动速度的计算。

(二) 重力沉降

1. 重力沉降速度的计算

在给定介质中颗粒的沉降速度可采用以下计算方法：

(1) 试差法　先假设沉降属于某一流型(如层流区)，在式(3-10)、式(3-11)及式(3-12)中选用与该流型相对应的沉降速度公式计算 u_t，然后再校核 Re_t，检验是否在原假设的流型区域内。应注意式(3-10)、式(3-11)及式(3-12)只适用于球形颗粒。

(2) 摩擦数群法　将 $\zeta-Re_t$ 曲线转化成 $\zeta Re_t^2-Re_t$ 曲线和 $\zeta Re_t^{-1}-Re_t$ 曲线，即

$$\zeta Re_t^2=\frac{4d^3\rho(\rho_s-\rho)g}{3\mu^2} \tag{3-13}$$

$$\zeta Re_t^{-1}=\frac{4\mu(\rho_s-\rho)g}{3\rho^2u_t^3} \tag{3-14}$$

若要计算已知直径颗粒的沉降速度 u_t，则先求出 ζRe_t^2 值，再由 $\zeta Re_t^2-Re_t$ 曲线查出 Re_t，最后由 Re_t 反求 u_t。若要计算介质中具有某一沉降速度的颗粒的直径 d，则先求出 ζRe_t^{-1}，根据 ζRe_t^{-1} 值查出 Re_t，再反求 d。该方法对球形颗粒和非球形颗粒都适用。

(3) 用量纲为 1 数群 K 判断流型

$$K=d\sqrt[3]{\frac{(\rho_s-\rho)\rho g}{\mu^2}} \tag{3-15}$$

$K\leqslant 2.62$ 为斯托克斯定律区，$2.62<K<69.1$ 为艾仑定律区，$K>69.1$ 为牛顿定律区。

这样，计算已知直径的球形颗粒的沉降速度时，可根据 K 值选用相应的公式计算 u_t，从而避免试差。

2. 重力沉降设备

重力沉降设备有降尘室、沉降槽(又称增浓器和澄清器)、分级器等。重点掌握降尘室的有关内容。

(1) 降尘室的设计原则　对长 l、宽 b、高 H 的降尘室,气体在降尘室内的停留时间 θ 至少需要等于颗粒的沉降时间 θ_t。

$$\theta \geqslant \theta_t \text{ 或 } \frac{l}{u} \geqslant \frac{H}{u_t} \tag{3-16}$$

(2) 降尘室的生产能力

$$V_s = blu_t \tag{3-17}$$

上式表明,理论上降尘室的生产能力只与其沉降面积 bl 及颗粒的沉降速度 u_t 有关,而与降尘室高度 H 无关。

(3) 多层降尘室　对设置了 n 层水平隔板的降尘室,其生产能力为

$$V_s = (n+1)blu_t \tag{3-17a}$$

应予指出,降尘室通常只适用于分离粒度大于 50 μm 的粗颗粒。降尘室设计时应保证气流通过降尘室的流动处于层流状态,因为气速过高会干扰颗粒的沉降或将已沉降的颗粒重新扬起。另外,沉降速度 u_t 应根据需要完全分离的最小颗粒尺寸计算。

(三) 离心沉降

在离心力作用下实现的沉降过程称为离心沉降。

1. 离心沉降速度及分离因数

在重力沉降速度的所有计算公式中,用离心加速度 $\frac{u_T^2}{R}$ 代替重力加速度 g,便可得到离心沉降速度相应的计算公式。

(1) 离心沉降速度通式

$$u_r = \sqrt{\frac{4d(\rho_s - \rho)}{3\rho\zeta} \frac{u_T^2}{R}} \tag{3-18}$$

若在斯托克斯定律区,离心沉降速度为

$$u_r = \frac{d^2(\rho_s - \rho)}{18\mu} \frac{u_T^2}{R} \tag{3-19}$$

应注意离心沉降速度 u_r 不是颗粒运动的绝对速度,而是绝对速度在径向上的分量,且方向不是向下而是沿半径向外;另外,离心沉降速度 u_r 随位置而变,不是恒定值,而重力沉降速度 u_t 则是恒定不变的。

(2) 离心分离因数 K_c　同一颗粒在相同介质中所受的离心力与重力的比值称为离心分离因数 K_c。

$$K_c = \frac{u_T^2}{gR} \tag{3-20}$$

K_c 是离心分离设备的重要指标。某些高速离心机的分离因数 K_c 值可高达数十万。旋风或旋液分离器的分离因数一般在 5～2 500。

2. 离心沉降设备

气固非均相物系离心沉降的典型设备是旋风分离器，液固悬浮物系的离心沉降可在旋液分离器或离心机中进行。本节重点掌握旋风分离器，通过和旋风分离器的比较来了解旋液分离器的结构和操作特点，沉降式离心机应了解其类型和应用场合。

(1) 旋风分离器结构与操作原理　旋风分离器上部为圆筒形，下部为圆锥形，各部位尺寸均与圆筒直径成比例。含尘气体由旋风分离器的圆筒上部的进气管切向进入，受器壁的约束由上向下作螺旋运动。在惯性离心力作用下，颗粒被抛向器壁，再沿壁面落至锥底的排灰口而与气流分离。净化后的气体在中心轴附近由下而上作螺旋运动，最后由顶部排气管排出。

(2) 旋风分离器的性能　除分离因数外，评价旋风分离器的主要性能指标是分离效果（临界粒径和分离效率）及压降。

① 临界粒径　临界粒径是指理论上能够完全被旋风分离器分离下来的最小颗粒直径。

$$d_c=\sqrt{\frac{9\mu B}{\pi N_e \rho_s u_i}} \tag{3-21}$$

式中　d_c——临界粒径，m；

μ——气体黏度，Pa·s；

B——旋风分离器进口宽度，m；

N_e——气流在旋风分离器内的有效旋转圈数，对标准旋风分离器 $N_e=5$；

ρ_s——固体颗粒密度，kg/m^3；

u_i——进口气速，m/s。

从上式可看出，将若干个小旋风分离器并联使用（称为旋风分离器组），降低气体温度以减小黏度，适当提高进口气速，均可减小临界粒径，提高分离效率。

② 分离总效率　进入旋风分离器的全部颗粒中被分离下来的质量分数，即

$$\eta_0=\frac{C_1-C_2}{C_1} \tag{3-22}$$

式中　C_1——旋风分离器进口气体含尘浓度，g/m^3；

C_2——旋风分离器出口气体含尘浓度，g/m^3。

③ 分效率（又称粒级效率）　其中第 i 个小段范围的颗粒（平均粒径为 d_i）被分离下来的质量分数，即

$$\eta_{pi}=\frac{C_{1i}-C_{2i}}{C_{1i}} \tag{3-23}$$

粒级效率与颗粒直径 d 的对应关系可用粒级效率曲线（η_p-d 关系曲线）或通用效率曲线 $\left(\eta_p-\frac{d}{d_{50}}\text{关系曲线}\right)$ 表示。d_{50} 是粒级效率恰为 50% 的颗粒直径，称为分割粒径。对标准旋风分离器，其 d_{50} 可用下式估算：

$$d_{50} \approx 0.27\sqrt{\frac{\mu D}{u_{\mathrm{i}}(\rho_{\mathrm{s}}-\rho)}} \tag{3-24}$$

式中 D——旋风分离器圆筒直径，m。

如果已知粒级效率曲线及气流中颗粒的粒度分布数据，则可按下式估算总效率：

$$\eta_0 = \sum_{i=1}^{n} w_i \eta_{\mathrm{p}i} \tag{3-25}$$

式中 w_i——粒径在第 i 小段范围内的颗粒占全部颗粒的质量分数。

④ 压降 气体经旋风分离器的压降可表示为与气体进口动能成正比，即

$$\Delta p = \zeta \frac{\rho u_{\mathrm{i}}^2}{2} \tag{3-26}$$

式中 ζ——比例系数，亦即阻力系数。对标准旋风分离器，$\zeta=8.0$。

旋风分离器的压降一般为 500～2 000 Pa。

(3) 旋风分离器类型与选用 工业常用旋风分离器的类型及操作性能见表 3-2。

表 3-2 旋风分离器的结构及性能

型号	性能		
	XLT/A	XLP/B	XLK 型(扩散式)
适宜气速/($\mathrm{m \cdot s^{-1}}$)	12～18	12～20	12～20
除尘粒度/μm	>10	>5	>5
含尘浓度/($\mathrm{g \cdot m^{-3}}$)	4.0～50	>0.5	1.7～200
阻力系数 ζ	5.0～5.5	4.8～5.8	7～8

选用旋风分离器的主要依据：含尘气的处理量，即生产能力；允许的压降；要求达到的分离效率。一般是保证生产能力及允许压降的前提下，对效率作粗略估算。

(4) 旋液分离器 旋液分离器又称水力旋流器，其工作原理和旋风分离器相同。结构上与旋风分离器相比，旋液分离器的特点是圆筒部分直径较小而圆锥部分长度较长。这是由于液固密度差比气固密度差小，液固分离需要更大的离心沉降速度和更长的液体流径。

三、过滤分离原理及设备

(一) 流体通过固体颗粒床层的流动

1. 固体颗粒群的特性

(1) 颗粒群的粒度分布 颗粒粒度的测量方法有筛分法、显微镜法、沉降法、电感应法、激光衍射法、动态光散射法等。目前工业上应用最普遍的是筛分法。样品的粒度分布可以用表格表示，也可以表示为分布函数曲线或频率函数曲线。分布函数 F_i 定义为第 i 层筛网的筛过量占样品总量的质量分数。定义频率函数为

$$f = \frac{\mathrm{d}F}{\mathrm{d}(d_{\mathrm{p}})} \tag{3-27}$$

(2) 颗粒群的平均直径　根据各号筛网上截留的颗粒质量，可以计算出直径为 d_{pi} 的颗粒占全部样品的质量分数 w_i，再根据实测的各层筛网上的颗粒质量分数，按下式可计算出颗粒群的平均直径：

$$\overline{d_p}=\frac{1}{\sum \frac{w_i}{d_{pi}}} \tag{3-28}$$

2. 固体颗粒床层的特性

大量固体颗粒堆积在一起便形成颗粒床层。流体流经颗粒床层时，床层中的固体颗粒静止不动，此时的颗粒床层又称为固定床。描述颗粒床层的特性参数主要有：

(1) 床层的空隙率　床层中颗粒之间的空隙体积与整个床层体积之比，称为空隙率(或称空隙度)，以 ε 表示。床层的空隙率可通过实验测定。一般非均匀、非球形颗粒的乱堆床层的空隙率在 0.47～0.7。均匀的球体最松排列时的空隙率为 0.48，最紧密排列时的空隙率为 0.26。

(2) 床层的自由截面积　床层截面上未被颗粒占据的流体可以自由通过的面积，称为床层的自由截面积。

(3) 床层的比表面积　单位体积床层中具有的颗粒表面积(即颗粒与流体接触的表面积)。如果忽略床层中颗粒间相互重叠的接触面积，对于空隙率为 ε 的床层，床层的比表面积 a_b (m^2/m^3) 与颗粒物料的比表面积 a 具有如下关系：

$$a_b=(1-\varepsilon)a \tag{3-29}$$

床层的比表面积也可用颗粒的堆积密度 $\rho_b[\rho_b=\rho_s(1-\varepsilon)]$ 估算，即

$$a_b=\frac{6\rho_b}{\rho_s d}=\frac{6(1-\varepsilon)}{d} \tag{3-30}$$

(4) 床层通道的当量直径　采用简化模型来处理固定床中不规则的流道，将流体通过床层的流动看作流体通过一组当量直径为 d_{eb} 的平行细管流动，细管的全部流动空间等于床层的空隙体积，细管的表面积等于床层中颗粒的全部表面积，可得床层的当量直径 d_{eb}，即

$$d_{eb}=\frac{4\varepsilon}{(1-\varepsilon)a} \tag{3-31}$$

3. 流体通过固体颗粒床层(固定床)的压降

流体通过固定床的压力降主要有两方面，一是流体与颗粒表面间的摩擦作用产生的压降，二是流动过程中，孔道截面积突然扩大和突然缩小，以及流体对颗粒的撞击产生的压降。层流时，前者为主；湍流及在薄的床层中流动时，后者为主。采用计算床层当量直径时所用的简化模型，可得压降为

层流($Re_b<2$)时，有

$$\frac{\Delta p_f}{L}=5\,\frac{(1-\varepsilon)^2a^2u\mu}{\varepsilon^3} \tag{3-32}$$

此式称为康采尼(Kozeny)方程。床层雷诺数 Re_b 的定义为 $Re_b=\dfrac{\rho u}{a(1-\varepsilon)\mu}$。

较宽的 Re_b 范围，$Re_b=0.17\sim330$ 时，有

$$\frac{\Delta p_f}{L}=150\frac{(1-\varepsilon)^2u\mu}{\varepsilon^3(\phi_s d_e)^2}+1.75\frac{(1-\varepsilon)\rho u^2}{\varepsilon^3(\phi_s d_e)} \tag{3-33}$$

式(3-33)称为欧根(Ergun)方程。当 Re_b 较小时，流动基本为层流，式中等号右侧第二项相对较小，可忽略；当 Re_b 较大时，流动为湍流，式中等号右侧第一项相对较小，可以忽略。

(二) 过滤操作的原理

过滤是在外力(重力、压力差或惯性离心力)作用下，使悬浮液中的液体通过多孔介质的孔道，而固体颗粒被截留在介质上，从而实现固、液分离的操作。其中多孔介质称为过滤介质，所处理的悬浮液称为滤浆或料浆，滤浆中被过滤介质截留的固体颗粒称为滤渣或滤饼，滤浆中通过滤饼及过滤介质的液体称为滤液。

与沉降分离相比，过滤可使悬浮液的分离更迅速更彻底。在某些场合，过滤是沉降的后续操作。过滤也属于机械分离操作，与蒸发、干燥等非机械操作相比，其能耗较低。

1. 过滤方式

有饼层过滤、深床过滤和膜过滤。

(1) 饼层过滤　过滤时固体物质沉积于介质表面而形成滤饼层，适用于处理固体含量较高(固相体积分数在1%以上)的悬浮液。应注意，在饼层过滤中，真正发挥过滤作用的主要是滤饼层而不是过滤介质。颗粒在孔道中发生“架桥”现象之后，小于孔道尺寸的细小颗粒也能被截留，此时滤饼开始形成，滤液变清，过滤才真正开始。

(2) 深床过滤　是让悬浮液通过很厚的过滤介质床层，其中的固体颗粒由于表面力和静电的作用而附着在孔道壁上，被截流在过滤介质床层内部，这种过滤适用于处理固体颗粒含量极少(固相体积分数在0.1%以下)，颗粒很小的悬浮液。

(3) 膜过滤　可实现分子级过滤，它是利用膜孔隙的选择透过性进行两相分离的技术。以膜两侧压力差为推动力，使溶剂、无机离子、小分子等透过膜，而截留微粒及大分子。根据压力差，膜过滤可分为微滤、超滤、纳滤和反渗透。

化工中所处理的悬浮液固相浓度往往较高，故饼层过滤应用较多。

2. 过滤介质

支撑滤饼的多孔介质，对其基本要求是具有足够的机构强度和尽可能小的流动阻力，同时，还应具有相应的化学稳定性、耐腐蚀性和耐热性。应用于食品和生物制品过滤的介质还应考虑无毒、不易滋生微生物、易清洗消毒等。工业上常用的过滤介质主要有织物介质(又称滤布)、堆积介质、多孔固体介质、多孔膜等。

3. 滤饼的压缩性和助滤剂

当滤饼两侧的压力差增大时，根据单位厚度饼层的流动阻力是否变化，将滤饼分为可压缩滤饼和不可压缩滤饼。滤饼的压缩性可用压缩性指数 s 表示，$s=0\sim1$，s 越大，滤饼越易变形，对于不可压缩滤饼，$s=0$。

为了降低可压缩滤饼的过滤阻力，可加入助滤剂以改变滤饼的结构，降低滤饼的流动阻力。

(三) 过滤基本方程式

1. 滤液通过滤饼层流动特点

(1) 通道细小曲折,相互交联,形成不规则的网状结构。

(2) 滤液在通道内的流速很小,多属层流流动。

(3) 滤饼厚度随过滤进行而不断增加,若维持过滤操作压力不变,则随滤饼增厚,过滤阻力加大,滤液通过的速率将减小;若要维持滤液通过速率不变,则需不断增大操作压力。

2. 过滤速率与过滤速度

过滤速度是单位时间通过单位过滤面积的滤液体积,单位为 m/s。可写成

$$u=\frac{\mathrm{d}V}{A\,\mathrm{d}\theta}=\frac{\varepsilon^3}{5a^2(1-\varepsilon)^2}\cdot\frac{\Delta p_c}{\mu L}=\frac{\Delta p}{\mu r(L+L_e)} \tag{3-34}$$

过滤速率定义为单位时间获得的滤液体积,单位为 m^3/s。可写成

$$\frac{\mathrm{d}V}{\mathrm{d}\theta}=\frac{\varepsilon^3}{5a^2(1-\varepsilon)^2}\cdot\frac{A\Delta p_c}{\mu L}=\frac{A\Delta p}{\mu r(L+L_e)} \tag{3-34a}$$

其中 $r=\frac{5a^2(1-\varepsilon)^2}{\varepsilon^3}$是滤饼的比阻,即单位厚度床层的阻力,$1/m^2$。

式中 A——过滤面积,m^2;

L——滤饼的厚度,m;

L_e——反映过滤介质阻力的当量(虚拟)滤饼厚度,m;

μ——滤液的黏度,Pa•s;

Δp——过滤压力差,Pa;

a——颗粒的比表面积,m^2/m^3;

ε——床层空隙率,m^3/m^3。

3. 过滤基本方程式

将滤液通过滤饼层的流动简化为:滤液流过的是一组长度为 l 的平行细管,细管的当量直径可由床层的空隙率和颗粒的比表面积来计算;细管的全部流动空间等于床层的空隙容积;细管的内表面积等于床层中颗粒的全部表面积。

由于滤液通过平行细管的流动属层流流动,可用康采尼公式描述,考虑滤饼和过滤介质的推动力和阻力,以及滤饼的可压缩性,可得到如下过滤基本方程式:

$$\frac{\mathrm{d}V}{\mathrm{d}\theta}=\frac{A^2\Delta p^{1-s}}{\mu r' v(V+V_e)}=\frac{kA^2\Delta p^{1-s}}{V+V_e} \tag{3-35}$$

或

$$\frac{\mathrm{d}q}{\mathrm{d}\theta}=\frac{\Delta p^{1-s}}{\mu r' v(q+q_e)}=\frac{k\Delta p^{1-s}}{q+q_e} \tag{3-35a}$$

其中

$$k=\frac{1}{\mu r' v} \tag{3-36}$$

$$r=r'(\Delta p)^s \tag{3-37}$$

式中 v——每获得 1 m^3 滤液所形成的滤饼体积,m^3;

V——生成厚度为 L 的滤饼所获得的滤液体积,$V=\frac{LA}{v}$,m^3;

V_e——生成厚度为 L_e 的滤饼所获得的虚拟滤液体积，$V_e=\frac{L_e A}{v}$，m^3；

q——单位过滤面积上的滤液体积，$q=\frac{V}{A}$，m^3/m^2；

q_e——单位过滤面积上的虚拟滤液体积，$q_e=\frac{V_e}{A}$，m^3/m^2；

r'——单位压力差下滤饼的比阻，$1/m^2$；

s——滤饼的压缩性指数，量纲为 1。一般情况下，$s=0\sim1$；对于不可压缩滤饼，$s=0$。

4. 过滤基本方程式的应用

(1) 分析提高过滤速率的措施：从式(3-35)可以看出，提高过滤压力差，降低过滤介质阻力，提高过滤操作温度(降低滤液黏度)，对可压缩滤饼加助滤剂等均可提高过滤速率。

(2) 分析洗涤速率和过滤最终速率之间的关系：见"(七)滤饼的洗涤"一节。

(3) 指导过滤机设计，使过滤机获得最大生产能力。

(4) 针对具体的操作方式(恒压过滤或恒速过滤)，对微分形式的过滤基本方程式积分，可得到过滤时间与所得滤液体积之间的关系。

(四) 恒压过滤

1. 恒压过滤方程式

恒压过滤时，压力差 Δp 不变，k、A、s、V_e 也都是常数。因此，令

$$K=2k\Delta p^{1-s} \tag{3-38}$$

恒压过滤时过滤基本方程式变为

$$\frac{dV}{d\theta}=\frac{KA^2}{2(V+V_e)} \tag{3-39}$$

或

$$\frac{dq}{d\theta}=\frac{K}{2(q+q_e)} \tag{3-39a}$$

对式(3-39)积分，由 $\theta=0$，$V=0$ 积分至 $\theta=\theta$，$V=V$；对式(3-39a)积分，由 $\theta=0$，$q=0$ 积分至 $\theta=\theta$，$q=q$，得

$$V^2+2V_eV=KA^2\theta \tag{3-40}$$

$$q^2+2q_eq=K\theta \tag{3-40a}$$

当过滤介质阻力可以忽略时，$V_e=0$，$q_e=0$，则式(3-40)、式(3-40a)简化为

$$V^2=KA^2\theta \tag{3-41}$$

$$q^2=K\theta \tag{3-41a}$$

恒压过滤方程式(3-40)中的 K 是由物料特性及过滤压力差所决定的常数，称为过滤常数，其单位为 m^2/s，V_e(或 q_e)是反映过滤介质阻力大小的常数，称为介质常数，单位为 m^3(或 m^3/m^2)，K 和 V_e(或 q_e)总称为过滤常数，其数值由实验测定。

2. 过滤常数的测定

将恒压过滤方程式(3-40a)作如下变换：

$$\frac{\theta}{q}=\frac{1}{K}q+\frac{2}{K}q_e \tag{3-40b}$$

上式表明$\frac{\theta}{q}$与 q 呈直线关系，直线的斜率为$\frac{1}{K}$，截距为$\frac{2}{K}q_e$。

由直线的斜率及截距的数值便可求得 K 与 q_e，再用 $V_e=q_eA$ 即可求出 V_e。这样得到的 K、$V_e(q_e)$便是此种悬浮料浆在特定的过滤介质及压力差条件下的过滤常数。

求出若干过滤压力差下的 K 值，用下式即可求得压缩性指数 s 和滤浆特性常数 k 值，即

$$\lg K=(1-s)\lg(\Delta p)+\lg(2k) \tag{3-38a}$$

（五）恒速过滤与先恒速后恒压的过滤

1. 恒速过滤

恒速过滤时的过滤速度为常数，即

$$\frac{\mathrm{d}V}{A\mathrm{d}\theta}=\frac{V}{A\theta}=\frac{q}{\theta}=u_R=\text{常数} \tag{3-42}$$

所以过滤时间与所得滤液体积之间呈线性关系：

$$V=Au_R\theta \tag{3-43}$$

或

$$q=u_R\theta \tag{3-43a}$$

对不可压缩滤饼进行恒速过滤时，操作压力差随时间呈线性增大：

$$\Delta p=\mu r v u_R^2\theta+\mu r v u_R q_e \tag{3-44}$$

因此，工业上很难将恒速过滤进行到底，通常是采用先恒速后恒压的过滤方式。

2. 先恒速后恒压的过滤

过滤开始后，先恒速过滤，在 θ_R 时间内得到 V_R 体积的滤液，然后转入恒压过滤，恒压过滤段过滤时间$(\theta-\theta_R)$和所得滤液体积$(V-V_R)$之间的关系为

$$(V^2-V_R^2)+2V_e(V-V_R)=KA^2(\theta-\theta_R) \tag{3-45}$$

（六）过滤设备

根据操作方式，过滤设备可分为间歇过滤机（板框过滤机、叶滤机）与连续过滤机（转筒真空过滤机）；依照产生压差的方式不同，可分为压滤（板框过滤机、叶滤机）、吸滤（转筒真空过滤机）和离心过滤机。应掌握过滤机的基本结构、操作特点和适用场合。

（七）滤饼的洗涤

洗涤滤饼的目的是回收滞留在颗粒缝隙间的滤液，或净化构成滤饼的颗粒。

洗涤过程中滤饼不再增厚，阻力不变，因此，在恒定的推动力下洗涤速率$\left(\frac{\mathrm{d}V}{\mathrm{d}\theta}\right)_W$基本为常数。若每次过滤后以体积为 V_W 的洗水洗涤滤饼，则所需洗涤时间为

$$\theta_W=\frac{V_W}{\left(\frac{\mathrm{d}V}{\mathrm{d}\theta}\right)_W} \tag{3-46}$$

若洗涤时采用与过滤终了时相同的压力差，洗水黏度与滤液黏度相同，则洗涤速率$\left(\frac{\mathrm{d}V}{\mathrm{d}\theta}\right)_{\mathrm{W}}$与过滤终了时的速率$\left(\frac{\mathrm{d}V}{\mathrm{d}\theta}\right)_{\mathrm{E}}$的关系取决于特定过滤设备上采用的洗涤方式。连续式过滤机及叶滤机等所采用的是置换洗涤法，洗涤速率大致等于过滤终了时的过滤速率；板框压滤机采用的是横穿洗涤法，洗涤速率约为过滤终了时过滤速率的 1/4。即

叶滤机
$$\left(\frac{\mathrm{d}V}{\mathrm{d}\theta}\right)_{\mathrm{W}}=\left(\frac{\mathrm{d}V}{\mathrm{d}\theta}\right)_{\mathrm{E}}=\frac{KA^2}{2(V+V_{\mathrm{e}})} \tag{3-47}$$

板框压滤机
$$\left(\frac{\mathrm{d}V}{\mathrm{d}\theta}\right)_{\mathrm{W}}=\frac{1}{4}\left(\frac{\mathrm{d}V}{\mathrm{d}\theta}\right)_{\mathrm{E}}=\frac{KA^2}{8(V+V_{\mathrm{e}})} \tag{3-48}$$

若洗水黏度(μ_{W})、洗水表压(Δp_{W})与滤液黏度(μ)、过滤压力差(Δp)有明显差异时，所需的洗涤时间可按下式进行校正，即

$$\theta_{\mathrm{W}}'=\theta_{\mathrm{W}}\left(\frac{\mu_{\mathrm{W}}}{\mu}\right)\left(\frac{\Delta p}{\Delta p_{\mathrm{W}}}\right) \tag{3-49}$$

(八) 过滤机的生产能力

过滤机的生产能力通常以单位时间获得的滤液体积来计算，少数情况下，也有按滤饼的产量或滤饼中固相物质的产量来计算的。

1. 间歇过滤机的生产能力

间歇过滤机的生产能力(m^3 滤液/h)的计算式为

$$Q=\frac{3\,600V}{T}=\frac{3\,600V}{\theta+\theta_{\mathrm{W}}+\theta_{\mathrm{D}}} \tag{3-50}$$

在一个操作周期内，过滤时间 θ 有一个使生产能力最大的最佳值。

2. 连续过滤机的生产能力

对转筒转速为 n(单位为 r/min)的转筒真空过滤机，一个操作周期(转筒旋转一周所用时间 T)中，转筒任一表面的有效过滤时间 θ 为

$$\theta=\psi T=\frac{60\psi}{n} \tag{3-51}$$

式中　ψ——浸没度，ψ=浸没角度/360°，量纲为 1。

转筒每转一周所得的滤液体积为

$$V=\sqrt{KA^2\theta+V_{\mathrm{e}}^2}-V_{\mathrm{e}}=\sqrt{KA^2\left(\frac{60\psi}{n}\right)+V_{\mathrm{e}}^2}-V_{\mathrm{e}}$$

则每小时所得滤液体积，即生产能力(m^3 滤液/h)为

$$Q=60nV=60\left(\sqrt{60\ KA^2\psi n+V_{\mathrm{e}}^2n^2}-V_{\mathrm{e}}n\right) \tag{3-52}$$

当滤布阻力可以忽略时，$V_{\mathrm{e}}=0$，则上式简化为

$$Q=60n\sqrt{KA^2\frac{60\psi}{n}}=465A\sqrt{Kn\psi} \tag{3-53}$$

上式指出了提高过滤机生产能力的途径。

四、离心机

本节应了解以下主要内容:

1. 离心机的概念

离心机是利用离心力分离非均相混合物的机械。它与旋液分离器的主要区别在于离心力是由设备(转鼓)本身旋转而产生的。由于离心机可产生很大的离心力,故可用来分离用一般方法难于分离的悬浮液或乳浊液。

2. 离心机的分类

根据分离方式,离心机可分为过滤式、沉降式和分离式三种基本类型。

根据分离因数又可将离心机分为

常速离心机 $K_c<3\times10^3$(一般为 600～1 200)

高速离心机 $K_c=3\times10^3\sim5\times10^4$

超速离心机 $K_c>5\times10^4$

最新式的离心机,其分离因数可高达 5×10^5 以上,常用来分离胶体颗粒及破坏乳浊液等。分离因数的极限值取决于转动部件的材料强度。

离心机的操作方式也分为间歇操作与连续操作。此外,还可根据转鼓轴线的方向将离心机分为立式与卧式。

3. 了解工业上应用较广的几种离心机的结构、操作特性和适用场合。如三足式离心机、卧式刮刀卸料离心机、活塞推料离心机及管式高速离心机等。

五、固体流态化技术

借助于固体的流态化来实现某种处理过程的技术,称为流态化技术。本节要求了解流态化现象和气力输送过程。

(一) 流态化的基本概念

1. 流态化现象

当流体由下向上通过固体颗粒床层时,随流速的增大,会出现以下几种情况。

(1) 固定床阶段 颗粒床层静止不动,流体只能穿过静止颗粒之间的空隙而流动,床层高度为 L_0 不变。单位高度床层压降正比于流速。

(2) 流化床阶段 颗粒床层开始松动、略有膨胀,但颗粒仍不能自由运动,床层的这种情况称为初始流化或临界流化。继续增大流速,固体颗粒将悬浮于流体中作随机运动,此时的床层称为流化床,颗粒与流体之间的摩擦力恰好与其净重力相平衡。此后随流速提高,床层高度升高,床层有明显上界面且压降恒定。

(3) 稀相输送床阶段 流速再升高达到带出速度(其值等于颗粒在该流体中的沉降速度)时,颗粒开始不断被气流带走。

2. 两种不同流化形式

(1) 散式流化　又称均匀流化。颗粒均匀分散于介质中,床层中没有气泡产生。通常,两相密度差小的系统趋向于散式流化,多数液－固流化属于散式流化。

(2) 聚式流化　床层内分为乳化相和气泡相,床层极不稳定,两相密度差较大的气－固流化系统,一般趋向于形成聚式流化。

3. 流化床的主要特点

(1) 恒定的压降,随流速提高,床层高度升高,但压降不变。

(2) 流化床具有液体的某些性质,如流动性,无固定形状,随容器形状而变,可从小孔中喷出,从一个容器流入另一个容器,等。

(3) 整个床层的温度、浓度均匀一致。

(4) 聚式流化床中,大部分气体以气泡形式通过床层,与固体颗粒接触时间较短,气固间接触效率较低。

(5) 固体颗粒连续进出床层时,会造成返混,颗粒在床层内的停留时间不均。

(6) 颗粒的激烈运动使颗粒间和颗粒与固体器壁间产生强烈的碰撞与摩擦,造成颗粒破碎和固体壁面磨损。

应用流态化技术时,需了解其特性,扬长避短,以获得更好的经济效益。

(二) 流化床的流体力学特性

1. 流化床的压降

理想流化床的压降为一恒定值。实际流化床 $\Delta p-u$ 曲线上,在固定床向流化床转化时有一"驼峰",且在流化床阶段,压力降是波动的。

2. 流化床的不正常现象

流化床的不正常现象主要有腾涌现象和沟流现象。通过测定 $\Delta p-u$ 曲线可以帮助判断流化床的操作是否正常。流化床正常操作时,压力降波动较小,若波动较大,可能是形成了大气泡。若发现压力降直线上升,然后又突然下降,则表明发生了腾涌现象。反之,如果压降比正常操作时低,则说明产生了沟流现象。实际压力降与正常压降偏离的大小反映了沟流现象的严重程度。

3. 流化床的操作范围

(1) 临界流化速度 u_{mf}　床层临界流化状态下的空塔气速称为初始流化速度或临界流化速度,可通过实验测定或关联式估算。

(2) 带出速度　颗粒带出速度即具有相当数量的最小颗粒的沉降速度,可用相应的沉降速度公式计算。

(3) 流化床的操作范围与流化数　流化床的操作范围应在临界流化速度 u_{mf} 和带出速度 u_t 之间,可用比值 u_t/u_{mf} 的大小来衡量。

对于均匀的细颗粒　　$u_t/u_{mf}=91.7$

对于大颗粒　　$u_t/u_{mf}=8.62$

很明显,大颗粒床层的操作范围要比小颗粒床层小。流化床实际操作速度与临界流化速度的比值称为流化数。

(三) 流化质量及提高流化质量的措施

流化质量是指流化床的均匀程度,即气体分布和气固接触的均匀程度。提高流化质量可提高流化床的传热、传质效果。特别是在聚式流化床中，由于气相多以气泡形式通过床层，造成气固接触不均匀，严重影响流化床的操作效果。提高流化质量可以从改善分布板设计；在床层中设置内部构件，抑制气泡长大；采用粒度分布较宽的细颗粒或采用高气速、细颗粒流化床等措施来实现。

（四）气力输送简介

利用气体在管内的流动来输送粉粒状固体的方法称为气力输送。作为输送介质的气体通常是空气，但在输送易燃易爆粉料时，也可采用惰性气体，如氮气等。

1. 气力输送的主要优点

（1）系统密闭，避免了物料的飞扬、受潮、受污染，改善了劳动条件。

（2）可在运输过程中（或输送终端）同时进行粉碎、分级、加热、冷却及干燥等操作。

（3）设备紧凑，占地面积小，可以根据具体条件灵活地安排线路。

（4）易于实现连续化、自动化操作，便于同连续的化工过程衔接。

但是，气力输送与其他机械输送方法相比也存在一些缺点，如动力消耗较大，颗粒尺寸受到一定限制（<30 mm）；在输送过程中物料破碎及物料对管壁的磨损不可避免，不适于输送黏附性较强或高速运动时易产生静电的物料。

2. 气力输送的分类

气力输送可以从不同角度加以分类。

（1）按气流压力分类　可分为吸引式（输送管中的压力低于常压）和压送式（输送管中的压力高于常压）。

（2）按气流中固相浓度分类　混合比 R 在 25 以下（通常 $R=0.1\sim5$）的气力输送称为稀相输送。混合比大于 25 的气力输送称为密相输送。

混合比的定义为：单位质量气体所输送的固体质量，其表达式为

$$R=\frac{G_s}{G} \tag{3-54}$$

式中　G_s——单位管道面积上单位时间内加入的固体质量，kg/(s·m²)；

G——气体质量流速，kg/(s·m²)。

示范题解析

【例 3-1】　颗粒在不同介质中的沉降速度

直径 80 μm 的球形固体颗粒，在 20 ℃空气中的质量为 20 ℃水中质量的 2 倍，试分别计算此颗粒在 20 ℃的水和空气中的自由沉降速度。

解：

$$\frac{\frac{\pi}{6}d_p^3(\rho_s-\rho_{air})}{\frac{\pi}{6}d_p^3(\rho_s-\rho_{H_2O})}=2$$

20 ℃下　　$\rho_{air}=1.2\ \text{kg/m}^3$　　$\rho_{H_2O}=998.2\ \text{kg/m}^3$

代入上式 $\dfrac{\rho_s-1.2}{\rho_s-998.2}=2 \qquad \rho_s=1\ 995\ \text{kg/m}^3$

（1）在 20 ℃水中的沉降

假设颗粒在层流区内沉降，即

$$u_t=\frac{d^2(\rho_s-\rho)g}{18\mu}$$

20 ℃水的密度为 998.2 kg/m³，黏度为 1×10^{-3} Pa·s。

$$u_t=\left[\frac{(80\times10^{-6})^2\times(1\ 995-998.2)\times9.81}{18\times1\times10^{-3}}\right]\text{m/s}=3.48\times10^{-3}\ \text{m/s}$$

核算流型

$$Re_t=\frac{du_t\rho}{\mu}=\frac{80\times10^{-6}\times3.48\times10^{-3}\times998.2}{1\times10^{-3}}=0.277\ 9<1$$

原设层流区正确，所求沉降速度有效。

（2）在 20 ℃空气中的沉降

20 ℃时空气的密度为 1.2 kg/m³，黏度为 1.81×10^{-5} Pa·s。用量纲为 1 数群 K 值判别颗粒沉降流型。

$$K=d\left[\frac{\rho(\rho_s-\rho)g}{\mu^2}\right]^{1/3}=80\times10^{-6}\times\left[\frac{1.2\times(1\ 995-1.2)\times9.81}{(1.81\times10^{-5})^2}\right]^{1/3}=3.32$$

由于 K 值大于 2.62 而小于 69.1，所以沉降在过渡区，可用艾仑公式计算沉降速度，得

$$u_t=\frac{0.154g^{1/1.4}d^{1.6/1.4}(\rho_s-\rho)^{1/1.4}}{\rho^{0.4/1.4}\mu^{0.6/1.4}}$$

$$=\left[\frac{0.154\times9.81^{1/1.4}\times(80\times10^{-6})^{1.6/1.4}\times(1\ 995-1.2)^{1/1.4}}{1.2^{0.4/1.4}\times(1.81\times10^{-5})^{0.6/1.4}}\right]\text{m/s}=0.380\ 5\ \text{m/s}$$

讨论：同一颗粒在不同介质中沉降时，具有不同的沉降速度，且属于不同的流型。所以，沉降速度 u_t 是由颗粒特性和流体特性综合决定的。

【例 3-2】 液体黏度测定

用密度 2 600 kg/m³ 直径 2 mm 的不锈钢小球测某液体的黏度，已知待测液体的密度为 750 kg/m³，测得25 ℃时小球在待测液体中沉降 20 cm 的时间是 11.5 s。求待测液体的黏度。

解：假设小球的沉降均在层流区内，沉降速度为

$$u_t=\frac{d^2(\rho_s-\rho)g}{18\mu}$$

则待测液体的黏度为

$$\mu=\frac{d^2(\rho_s-\rho)g}{18u_t}$$

将已知数据代入上式，解出

$$\mu=\frac{d^2(\rho_s-\rho)g}{18u_t}=\left[\frac{4\times10^{-6}\times(2\ 600-750)\times9.81}{18\times0.2/11.5}\right]\text{Pa·s}=0.231\ 9\ \text{Pa·s}$$

核算 Re

$$Re=\frac{\rho ud}{\mu}=\frac{750\times0.2/11.5\times2\times10^{-3}}{0.231\ 9}=0.112<1$$

所以小球在待测液体中的沉降在层流区。

讨论：本例为测定液体黏度的方法之一，以此原理制成的黏度计称为落球黏度计。通常落球黏度计总是在层流区（斯托克斯定律区）使用。

【例 3-3】 颗粒尺寸、流体物性对沉降速度的影响

对密度 3 500 kg/m^3 的球形固体颗粒，试计算：

(1) 直径 50 μm 的颗粒在 250 ℃和 20 ℃空气中的沉降速度之比；

(2) 直径 0.15 mm 的颗粒在 250 ℃和 20 ℃空气中的沉降速度之比。

解：(1) 对直径 50 μm 的颗粒

250 ℃空气　　$\mu=2.74\times10^{-5}$ Pa·s　　$\rho=0.674\ kg/m^3$

20 ℃空气　　$\mu'=1.81\times10^{-5}$ Pa·s　　$\rho'=1.205\ kg/m^3$

用量纲为 1 数群 K 值判别颗粒沉降流型。

250 ℃空气

$$K=d\left[\frac{\rho(\rho_s-\rho)g}{\mu^2}\right]^{1/3}=50\times10^{-6}\times\left[\frac{0.674\times(3\ 500-0.674)\times9.81}{(2.74\times10^{-5})^2}\right]^{1/3}=1.567$$

20 ℃空气

$$K=d\left[\frac{\rho'(\rho_s-\rho')g}{\mu'^2}\right]^{1/3}=50\times10^{-6}\times\left[\frac{1.205\times(3\ 500-1.205)\times9.81}{(1.81\times10^{-5})^2}\right]^{1/3}=2.508$$

所以，250 ℃和 20 ℃时颗粒沉降均在层流区。250 ℃和 20 ℃时的沉降速度之比为

$$\frac{u_t}{u_t'}=\frac{(\rho_s-\rho)\mu'}{(\rho_s-\rho')\mu}\approx\frac{\mu'}{\mu}=\frac{1.81}{2.74}=0.661$$

由于气体密度相对于固体密度而言很小，因此温度变化的影响主要反映在黏度变化上，即由于温度升高，气体黏度增大，使沉降速度下降。

(2) 对直径 0.15 mm 的颗粒

250 ℃空气

$$K=d\left[\frac{\rho(\rho_s-\rho)g}{\mu^2}\right]^{1/3}=0.15\times10^{-3}\times\left[\frac{0.674\times(3\ 500-0.674)\times9.81}{(2.74\times10^{-5})^2}\right]^{1/3}=47.0$$

20 ℃空气

$$K=d\left[\frac{\rho(\rho_s-\rho)g}{\mu^2}\right]^{1/3}=0.15\times10^{-3}\times\left[\frac{1.205\times(3\,500-1.205)\times9.81}{(1.81\times10^{-5})^2}\right]^{1/3}=75.26$$

即 250 ℃和 20 ℃时颗粒沉降均在过渡区。沉降速度用 $u_t=\dfrac{0.154g^{1/1.4}d^{1.6/1.4}(\rho_s-\rho)^{1/1.4}}{\rho^{0.4/1.4}\mu^{0.6/1.4}}$ 计算，250 ℃和 20 ℃时的沉降速度之比为

$$\frac{u_t}{u_t'}=\left(\frac{\rho_s-\rho}{\rho_s-\rho'}\right)^{1/1.4}\left(\frac{\rho'}{\rho}\right)^{0.4/1.4}\left(\frac{\mu'}{\mu}\right)^{0.6/1.4}\approx\left(\frac{\rho'}{\rho}\right)^{0.4/1.4}\left(\frac{\mu'}{\mu}\right)^{0.6/1.4}$$

$$=\left(\frac{1.205}{0.674}\right)^{0.4/1.4}\left(\frac{1.81}{2.74}\right)^{0.6/1.4}=0.988$$

讨论：颗粒的沉降从层流区到过渡区，黏度的影响减弱，同时由于密度随温度的变化趋势与黏度相反，使得沉降速度在过渡区随温度的变化很小。

【例 3-4】 降尘室的设计计算

采用降尘室回收 20 ℃空气中所含的球形固体颗粒，降尘室长 5 m，宽 4 m，固体颗粒的密度为 1 800 kg/m^3。要求空气流量为 4 m^3/s，同时为保证颗粒不被气流重新卷起，空气在降尘室内水平通过速度不超过 0.8 m/s。试求：

(1) 降尘室能完全除去的最小颗粒直径；

(2) 降尘室的高度。

解：(1) 降尘室能完全除去的最小颗粒直径

由式(3-17)可知，降尘室能够完全分离出来的最小颗粒的沉降速度为

$$u_t=\frac{V_s}{bl}=\left(\frac{4}{4\times5}\right)\ \text{m/s}=0.2\ \text{m/s}$$

假设颗粒沉降处于层流区，则由

$$u_t=\frac{d^2(\rho_s-\rho)g}{18\mu}$$

可求出与 u_t 相对应的颗粒直径 $d_{\min}$。

20 ℃空气，$\rho=1.205\ \text{kg/m}^3$，$\mu=1.81\times10^{-5}\ \text{Pa·s}$

$$d_{\min}=\sqrt{\frac{18\mu u_t}{(\rho_s-\rho)g}}=\sqrt{\frac{18\times1.81\times10^{-5}\times0.2}{(1\,800-1.205)\times9.81}}\ \text{m}=6.077\times10^{-5}\ \text{m}=60.77\ \mu\text{m}$$

校核 Re：

$$Re_t=\frac{\rho u_t d_{\min}}{\mu}=\frac{1.205\times0.2\times6.077\times10^{-5}}{1.81\times10^{-5}}=0.809<1$$

所以，颗粒沉降在层流区，假设正确。降尘室能分离的最小颗粒直径为 60.77 μm。

(2) 降尘室的高度

依照水平气速限制，求降尘室高度，$\dfrac{V_s}{bH}=u$

$$\frac{4}{4H}=0.8$$

得到 $H=1.25\ \mathrm{m}$

讨论：为避免沉降下来的颗粒被重新卷起，通常要求较低的气流通过气速。设计降尘室时应注意核算气速。

【例 3-5】 降尘室与旋风分离器的比较

含尘气体流量 3 000 $\mathrm{m^3/h}$，温度 500 ℃，密度 0.43 $\mathrm{kg/m^3}$，黏度 3.6×10^{-5} Pa·s，气流中尘粒的密度为 2 000 $\mathrm{kg/m^3}$。

(1) 采用 10 层隔板的降尘室，要求除去 30 μm 以上的尘粒，计算降尘室的底面积；

(2) 采用标准型旋风分离器，要求除去 10 μm 以上的尘粒，计算旋风分离器的圆筒直径。

解：(1) 降尘室的底面积

假设颗粒沉降在层流区，则 30 μm 颗粒的沉降速度为

$$u_t=\frac{d^2(\rho_s-\rho)g}{18\mu}=\left[\frac{(30\times10^{-6})^2\times(2\,000-0.43)\times9.81}{18\times3.6\times10^{-5}}\right]\ \mathrm{m/s}=0.027\,24\ \mathrm{m/s}$$

$$V_s=u_tA$$

所以

$$A=\frac{V_s}{u_t}=\left(\frac{3\,000/3\,600}{0.027\,24}\right)\ \mathrm{m^2}=30.59\ \mathrm{m^2}$$

每层面积

$$A_i=\frac{A}{n+1}=\left(\frac{30.59}{11}\right)\ \mathrm{m^2}=2.78\ \mathrm{m^2}$$

校核

$$Re_t=\frac{du_t\rho}{\mu}=\frac{30\times10^{-6}\times0.027\,24\times0.43}{3.6\times10^{-5}}=0.009\,76<1$$，假设层流正确。

(2) 标准型旋风分离器圆筒部分的直径

进气口宽度为 $B=D/4$，进气口高度为 $h=D/2$，进口截面积为 $hB=D^2/8$，故旋风分离器的进口气速为

$$u_i=\frac{8V_s}{D^2}$$

根据题给条件，临界粒径（即能够完全分离的最小颗粒直径）为 10 μm，

$$d_c=\sqrt{\frac{9\mu B}{\pi N_e\rho_s u_i}}=\sqrt{\frac{9\mu D/4}{\pi N_e\rho_s 8V_s/D^2}}=\sqrt{\frac{9\mu D^3}{32\pi N_e\rho_s V_s}}$$

则

$$D=\sqrt[3]{\frac{32\pi N_e\rho_s V_s d_c^2}{9\mu}}=\sqrt[3]{\frac{32\pi\times5\times2\,000\times\frac{3\,000}{3\,600}\times(10\times10^{-6})^2}{9\times3.6\times10^{-5}}}\ \mathrm{m}=0.637\ \mathrm{m}$$

讨论：旋风分离器依靠离心力分离，可以得到更好的除尘效果。

【例 3-6】 水力分级器的设计计算

采用二级重力沉降分级器分离球形方铅矿和石英矿颗粒，两种颗粒的直径范围均为 50～250 μm。已知：方铅矿密度 $\rho_{s1}=7\,500\ kg/m^3$，石英矿密度 $\rho_{s2}=2\,650\ kg/m^3$，假设粒子在上升水流中作自由沉降，操作条件下水温 25 ℃，水流量 $1.2\times10^{-3}\ m^3/s$，希望从第一级分级器中得到纯方铅矿，第二级分级器中得到纯石英矿，试求两级分级器的直径各取多少？

解： 25 ℃水的密度和黏度　　$\rho=996.9\ kg/m^3$，$\mu=0.897\,3\times10^{-3}\ Pa\cdot s$

第一级分级器中应该控制水流将所有石英矿带走，因此，水的上升流速应等于或略大于最大石英粒子的自由沉降速度。

用量纲为 1 数群 K 值判别流型

$$K=d\left[\frac{\rho(\rho_s-\rho)g}{\mu^2}\right]^{1/3}=250\times10^{-6}\times\left[\frac{996.9\times(2\,650-996.9)\times9.81}{(0.897\,3\times10^{-3})^2}\right]^{1/3}=6.795$$

由于 K 值大于 2.62 而小于 69.1，所以沉降在过渡区，应用艾仑公式计算沉降速度。

$$u_t=\frac{0.154g^{1/1.4}d^{1.6/1.4}(\rho_s-\rho)^{1/1.4}}{\rho^{0.4/1.4}\mu^{0.6/1.4}}$$

$$=\left[\frac{0.154\times9.81^{1/1.4}\times(2.5\times10^{-4})^{1.6/1.4}\times(2\,650-996.9)^{1/1.4}}{996.9^{0.4/1.4}\times(0.897\,3\times10^{-3})^{0.6/1.4}}\right]\ m/s=0.033\,66\ m/s$$

第一级直径为
$$D_1=\sqrt{\frac{4V_s}{\pi u_t}}=\sqrt{\frac{4\times1.2\times10^{-3}}{\pi\times0.033\,66}}\ m=0.213\,1\ m$$

计算得到纯方铅矿的粒径范围。

假设沉降速度 $u=0.033\,66\ m/s$ 的方铅矿的沉降速度在过渡区

$$d=\frac{u_t^{1.4/1.6}\rho^{0.4/1.6}\mu^{0.6/1.6}}{0.154g^{1/1.6}(\rho_s-\rho)^{1/1.6}}=\left[\frac{0.033\,66^{1.4/1.6}\times996.9^{0.4/1.6}\times(0.897\,3\times10^{-3})^{0.6/1.6}}{0.154\times9.81^{1/1.6}\times(7\,500-996.9)^{1/1.6}}\right]\ m$$
$$=1.342\times10^{-4}\ m=134.2\ \mu m$$

核算

$$K=d\left[\frac{\rho(\rho_s-\rho)g}{\mu^2}\right]^{1/3}=1.342\times10^{-4}\times\left[\frac{996.9\times(7\,500-996.9)\times9.81}{(0.897\,3\times10^{-3})^2}\right]^{1/3}=5.758$$

K 值大于 2.62 而小于 69.1，假设沉降在过渡区正确，所以，从第一级分级器下部可得粒径范围为 134.2～250 μm 的纯方铅矿。

第二级分级器应该控制水流将所有方铅矿留下，仍然用量纲为 1 数群 K 值判别流型，计算最小方铅矿的沉降速度。

$$K=d\left[\frac{\rho(\rho_s-\rho)g}{\mu^2}\right]^{1/3}=50\times10^{-6}\times\left[\frac{996.9\times(7\,500-996.9)\times9.81}{(0.897\,3\times10^{-3})^2}\right]^{1/3}=2.14$$

K 值小于 2.62，所以沉降在层流区，应用斯托克斯公式计算沉降速度。

$$u_t=\frac{d^2(\rho_s-\rho)g}{18\mu}=\left[\frac{(50\times10^{-6})^2\times(7\,500-996.9)\times9.81}{18\times0.897\,3\times10^{-3}}\right]\ m/s=0.009\,87\ m/s$$

第二级直径为 $D_2=\sqrt{\dfrac{4V_s}{\pi u_t}}=\sqrt{\dfrac{4\times1.2\times10^{-3}}{\pi\times0.00987}}\ \text{m}=0.3935\ \text{m}$

计算第二级上部可得纯石英矿的粒径范围：

假设沉降速度 $u=0.00987$ m/s 的石英矿的沉降速度在层流区：

$$d=\sqrt{\frac{18\mu u_t}{(\rho_s-\rho)g}}=\sqrt{\frac{18\times0.8973\times0.00987}{(2650-996.9)\times9.81}}\ \text{m}=9.915\times10^{-5}\ \text{m}=99.15\ \mu\text{m}$$

核算

$$K=d\left[\frac{\rho(\rho_s-\rho)g}{\mu^2}\right]^{1/3}=99.15\times10^{-6}\times\left[\frac{996.9\times(2650-996.9)\times9.81}{(0.8973\times10^{-3})^2}\right]^{1/3}=2.694$$

K 值大于 2.62 而小于 69.1，沉降在过渡区，用过渡区公式重新计算 d：

$$d=\frac{u_t^{1.4/1.6}\rho^{0.4/1.6}\mu^{0.6/1.6}}{0.154\ g^{1/1.6}(\rho_s-\rho)^{1/1.6}}=\left[\frac{0.00987^{1.4/1.6}\times996.9^{0.4/1.6}\times(0.8973\times10^{-3})^{0.6/1.6}}{0.154\times9.81^{1/1.6}\times(2650-996.9)^{1/1.6}}\right]\text{m}$$
$$=1.080\times10^{-4}\,\text{m}=108.0\ \mu\text{m}$$

核算

$$K=d\left[\frac{\rho(\rho_s-\rho)g}{\mu^2}\right]^{1/3}=108.0\times10^{-6}\times\left[\frac{996.9\times(2650-996.9)\times9.81}{(0.8973\times10^{-3})^2}\right]^{1/3}=2.936$$

过渡区假设正确，所以，从第二级分级器顶部可得粒径范围为 50～108.0 μm 的纯石英矿。

讨论：合理设计重力沉降分级器的直径，可在一定粒径范围内实现固体颗粒的完全分离。

【例 3-7】 恒压过滤方程

在 20 ℃、10.0×10^3 Pa 的压力差下对固相体积分数为 4%的某种悬浮液进行恒压过滤试验。悬浮液中固相为直径 0.1 mm 的球形颗粒，液相为水。过滤时形成的滤饼中固体体积分数为 50%，滤饼不可压缩。实验中过滤 20 min 后可得滤液 2 m^3/m^2。试求试验条件下的恒压过滤方程式。

解： 过滤时间

过滤常数 $K=2k\Delta p^{1-s}=\dfrac{2\Delta p^{1-s}}{\mu r'v}$

对于不可压缩滤饼，$s=0$，$r'=r=$常数，则

$$K=\frac{2\Delta p}{\mu rv}$$

已知 $\Delta p=10\times10^3$ Pa，20℃水，$\mu=1.0\times10^{-3}$ Pa·s，滤饼的空隙率 $\varepsilon=0.5$

球形颗粒的比表面积为

$$a=\frac{6}{d}=\left(\frac{6}{0.1\times10^{-3}}\right)\ \text{m}^2/\text{m}^3=6\times10^4\ \text{m}^2/\text{m}^3$$

于是 $r=\frac{5a^2(1-\varepsilon)^2}{\varepsilon^3}=\left[\frac{5\times(6\times10^4)^2\times(1-0.5)^2}{0.5^3}\right]\ \mathrm{m^{-2}}=3.6\times10^{10}\ \mathrm{m^{-2}}$

又根据料浆中的固相含量及滤饼的空隙率，可求出滤饼体积与滤液体积之比 v。形成 1 $\mathrm{m^3}$ 滤饼需要固体颗粒 0.5 $\mathrm{m^3}$，所对应的料浆量是(0.5/0.04) $\mathrm{m^3}$＝12.5 $\mathrm{m^3}$，因此，形成 1 $\mathrm{m^3}$ 滤饼可得到(12.5－1) $\mathrm{m^3}$＝11.5 $\mathrm{m^3}$ 滤液，则

$$v=\frac{1}{11.5}=0.087$$

$$K=\left[\frac{2\times10\times10^3}{(1.0\times10^{-3})\times(3.6\times10^{10})\times0.087}\right]\ \mathrm{m^2/s}=6.386\times10^{-3}\ \mathrm{m^2/s}$$

由恒压过滤方程式

$$q^2+2qq_e=K\theta$$

将 $\theta=20\ \mathrm{min}$，$q=2\ \mathrm{m^3/m^2}$，$K=6.386\times10^{-3}\ \mathrm{m^2/s}$ 代入上式

$$2^2+2\times2\times q_e=6.386\times10^{-3}\times20\times60$$

解得 $q_e=0.9158\ \mathrm{m^3/m^2}$

所以，恒压过滤方程式为

$$q^2+1.832q=6.386\times10^{-3}\theta$$

讨论：通过试验可以求 v、过滤常数，确定恒压过滤方程式。

【例 3-8】 操作条件对恒压过滤方程式的影响

今拟用一台叶滤机过滤上题所示的悬浮液，所用滤布与试验时相同。在下面两种情况下求恒压过滤方程式。

(1) 叶滤机 20 ℃下操作，操作压力差为 80 kPa；

(2) 叶滤机 70 ℃下操作，操作压力差仍为 10 kPa。

解：(1) 对不可压缩滤饼，$K\propto\Delta p$，q_e 与 Δp 无关，所以操作压力差变化后，

$$K'=K\frac{\Delta p'}{\Delta p}=\left(6.386\times10^{-3}\times\frac{80}{10}\right)\ \mathrm{m^2/s}=0.05109\ \mathrm{m^2/s}$$

恒压过滤方程式为

$$q^2+1.832q=0.05109\theta$$

(2) 70 ℃下操作，滤液黏度变化

70 ℃下水的黏度 $\mu=0.4061\times10^{-3}\ \mathrm{Pa\cdot s}$

滤饼不可压缩 $K=\frac{2\Delta p}{\mu r v}$

$$K'=K\frac{\mu}{\mu'}=\left(6.386\times10^{-3}\times\frac{1}{0.4061}\right)\ \mathrm{m^2/s}=0.01573\ \mathrm{m^2/s}$$

q_e 为介质常数，与滤液黏度无关，所以，此时的恒压过滤方程式为

$$q^2+1.832\,q=0.015\,73\theta$$

讨论：注意操作压力差和悬浮液温度对过滤操作的影响，提高操作压力差和悬浮液温度可使过滤常数 K 增大，对过滤操作是有利的。

【例 3-9】 恒压过滤过滤时间的计算

现用一台板框过滤机处理某滤浆，操作条件下恒压过滤方程式为 $q^2+0.055\,q=5\times10^{-5}\theta$（$q$ 单位为 m^3/m^2，θ 单位为 s）。试求：

(1) 若要在 30 min 内得到 5 m^3 滤液，需要尺寸为 635 mm×635 mm×25 mm 的滤框多少个？

(2) 若滤饼与滤液体积之比为 0.04，该过滤机一个过滤周期的过滤时间是多少？

解：(1) 依据恒压过滤方程式 $q^2+0.055q=5\times10^{-5}\theta$

$$\theta=(30\times60)\ \text{s}=1\,800\ \text{s 时},q=0.273\,8\ \text{m}^3/\text{m}^2$$

过滤面积 $$A=\frac{V}{q}=\left(\frac{5}{0.273\,8}\right)\ \text{m}^2=18.26\ \text{m}^2$$

$$A=0.635^2\times2n=18.26\qquad \text{得 } n=22.6\approx23\ \text{个}$$

实际过滤面积 $$A=(0.635^2\times2\times23)\ \text{m}^2=18.55\ \text{m}^2$$

(2) 滤框充满时可得滤饼 $V_c=(23\times0.635^2\times0.025)\ \text{m}^3=0.231\,8\ \text{m}^3$

相应得滤液 $$V=\frac{V_c}{v}=\left(\frac{0.231\,8}{0.04}\right)\ \text{m}^3=5.796\ \text{m}^3$$

$q=\dfrac{V}{A}=\left(\dfrac{5.796}{18.55}\right)\ \text{m}^3/\text{m}^2=0.312\,5\ \text{m}^3/\text{m}^2$ 代入恒压过滤方程式，得

$$\theta=229\,7\ \text{s}=38.28\ \text{min}$$

讨论：注意板框过滤机过滤面积的计算。

【例 3-10】 先恒速后恒压过滤过滤时间的计算

在 20 个滤框尺寸为 635 mm×635 mm×25 mm 的板框过滤机上过滤某固体悬浮液，先采用 0.15 m^3/min 的速度恒速过滤 20 min，此时压力差为 100 kPa，然后转为恒压过滤，直至滤饼充满滤框，100 kPa 下的过滤常数为 $K=7\times10^{-5}\ \text{m}^2/\text{s}$，$q_e=0.01\ \text{m}^3/\text{m}^2$，$v=0.025$，滤饼不可压缩，求滤饼充满滤框所需的时间。

解：恒速过滤段得滤液 $$V_R=\left(\frac{dV}{d\theta}\right)_R\theta_R=(0.15\times20)\ \text{m}^3=3.0\ \text{m}^3$$

过滤机过滤面积 $$A=(20\times2\times0.635\times0.635)\ \text{m}^2=16.13\ \text{m}^2$$

所以 $$V_e=q_eA=(0.01\times16.13)\ \text{m}^3=0.161\,3\ \text{m}^3$$

滤饼充满滤框时滤饼体积 $$V_c=(20\times0.635\times0.635\times0.025)\ \text{m}^3=0.201\,6\ \text{m}^3$$

相应得滤液 $$V=\frac{V_c}{v}=(0.201\,6/0.025)\ \text{m}^3=8.064\ \text{m}^3$$

代入方程 $$(V^2-V_R^2)+2V_e(V-V_R)=KA^2(\theta-\theta_R)$$

$$(8.064^2-3^2)+2\times 0.1613(8.064-3)=7\times 10^{-5}\times 16.13^2(\theta-20\times 60)$$

$$\theta=4\,366\ \text{s}=72.8\ \text{min}$$

讨论：这里求得的 θ 是总的过滤时间，$(\theta-\theta_R)$ 则代表恒压段所用时间。

【例 3-11】 板框过滤机的生产能力

用板框过滤机恒压过滤某悬浮液，过滤 60 min 后滤饼刚好充满滤框，所得滤液为 15 m^3，假设介质阻力可忽略，滤饼不可压缩，其他条件不变。试求：

(1) 将板框数增加一倍，过滤至滤饼刚好充满滤框，需要的过滤时间，相应得到的滤液量；

(2) 将框厚度增加一倍，过滤至滤饼刚好充满滤框，需要的过滤时间，相应得到的滤液量；

(3) 上述两种情况下，过滤之后在同样压力差下用 1.0 m^3 的清水洗涤，需要多少洗涤时间，若辅助操作时间为 20 min，过滤机的生产能力是多少？

解： 介质阻力可忽略，恒压过滤方程为

$$V^2=KA^2\theta$$

$$KA^2=\frac{V^2}{\theta}=\left(\frac{15^2}{60}\right)\ \text{m}^6/\text{min}=3.75\ \text{m}^6/\text{min}$$

(1) 板框数增加一倍，$A'=2A$

$$KA'^2=(2^2\times 3.75)\ \text{m}^6/\text{min}=15\ \text{m}^6/\text{min}$$

板框数增加一倍，滤饼充满滤框时滤饼的体积加倍，滤饼不可压缩时，v 不变，所以所得滤液体积也加倍，$V'=(15\times 2)\ \text{m}^3=30\ \text{m}^3$

$$\theta'=\frac{V'^2}{KA'^2}=\left(\frac{30^2}{15}\right)\ \text{min}=60\ \text{min}$$

(2) 框厚度增加一倍，过滤面积不变

$$A''=A$$

滤饼充满滤框时滤饼的体积加倍，同样，所以所得滤液体积也加倍，$V''=(15\times 2)\ \text{m}^3=30\ \text{m}^3$

$$\theta''=\frac{V''^2}{KA''^2}=\left(\frac{30^2}{3.75}\right)\ \text{min}=240\ \text{min}$$

(3) 生产能力

洗涤速率 $$\left(\frac{\text{d}V}{\text{d}\theta}\right)_\text{w}=\frac{KA^2}{8V}$$

① 板框数增加一倍时

洗涤速率 $$\left(\frac{\text{d}V}{\text{d}\theta}\right)_\text{w}=\left(\frac{15}{8\times 30}\right)\ \text{m}^3/\text{min}=0.0625\ \text{m}^3/\text{min}$$

洗涤时间 $$\theta_\text{w}=\left(\frac{1.0}{0.0625}\right)\ \text{min}=16\ \text{min}$$

过滤机生产能力 $Q=\frac{V}{\theta+\theta_W+\theta_D}=\left(\frac{30}{60+16+20}\right)\ m^3/min=0.312\ 5\ m^3/min$

② 框厚度增加一倍时

洗涤速率 $\left(\frac{dV}{d\theta}\right)_W=\left(\frac{3.75}{8\times30}\right)\ m^3/min=0.015\ 63\ m^3/min$

洗涤时间 $\theta_W=\left(\frac{1.0}{0.015\ 63}\right)\ min=64\ min$

过滤机生产能力 $Q=\frac{V}{\theta+\theta_W+\theta_D}=\left(\frac{30}{240+64+20}\right)\ m^3/min=0.092\ 6\ m^3/min$

讨论：板框数增加一倍后，过滤时间仍为 60 min；框厚度增加一倍后，过滤时间则增为原来的 4 倍。框厚度增加后，过滤后期和洗涤时的阻力都很大，过滤机的生产能力变得很低。

【例 3-12】 转筒真空过滤机的生产能力

在 98 kPa 的恒压力差下对某悬浮液进行过滤实验，测得 $q_e=0.01\ m^3/m^2$，$K=1.9\times10^{-4}\ m^2/s$。每获得 1 m^3 滤液可得 0.1 m^3 滤饼，滤饼不可压缩。现用一台直径 1.5 m，长 4 m 的转筒真空过滤机处理相同的物料，且所用滤布与实验时相同，转筒浸没度 120°，转速0.5 r/min，操作真空度为 80 kPa。试求该过滤机的生产能力和转筒表面的滤饼厚度。

解： 过滤面积 $A=\pi DL=(\pi\times1.5\times4)\ m^2=18.84\ m^2$

操作压力差变化后，$K\propto\Delta p$，q_e 与 Δp 无关，所以

$$K'=K\frac{\Delta p'}{\Delta p}=\left(1.9\times10^{-4}\times\frac{80}{98}\right)\ m^2/s=1.55\times10^{-4}\ m^2/s$$

过滤方程式为

$$q^2+0.02q=1.55\times10^{-4}\theta$$

转筒转一周的过滤时间为

$$\theta=\frac{60\psi}{n}=\left(\frac{60\times120/360}{0.5}\right)\ s=40\ s$$

代入过滤方程式 $q^2+0.02q=62\times10^{-4}$

解出 $q=0.069\ 37\ m^3/m^2$

生产能力 $Q=60nAq=(60\times0.5\times18.84\times0.069\ 37)\ m^3/h=39.21\ m^3/h$

若转筒表面的滤饼厚度为 L，则转筒每转一周

$$LA=V_c=vV=vAq$$
$$L=vq=(0.1\times0.069\ 37)\ m=0.006\ 937\ m\approx6.9\ mm$$

讨论：操作压力差变化时，K 会变化，对不可压缩滤饼，q_e 与操作压力无关。对可压缩滤饼，操作压力对 q_e 的影响见思考题 3。

更多示范题解析可扫描下方二维码查看。

思考题简答

1. 根据颗粒沉降原理，设计一个简单的装置来测定液体的黏度。

答：可在一个透明玻璃容器内用落球法测定液体的黏度。在透明玻璃容器内盛满待测液体，让一个刚性小球在待测液体中下落，测定一定时间 θ 内小球下落的距离 H，便可求得液体的黏度。测定中已知液体的密度 ρ，小球的密度 ρ_s，直径 d，计算公式如下：

$$u_t=\frac{d^2(\rho_s-\rho)g}{18\mu}$$

要求小球的沉降必须在层流区，玻璃容器的尺寸需足够大以消除壁效应。

2. 已知颗粒的沉降速度 u_t，求颗粒的直径 d 时，试根据式(3-15)的思路，找出一不含 d 的量纲为 1 数群，作为三个流型区域的判据。

答：层流区　由　$u_t=\dfrac{d^2(\rho_s-\rho)g}{18\mu}$　可得 $d=\sqrt{\dfrac{18\mu u_t}{(\rho_s-\rho)g}}$

因此有
$$Re=\frac{\rho u_t d}{\mu}=\sqrt{\frac{18\rho^2 u_t^3}{\mu(\rho_s-\rho)g}} \tag{1}$$

湍流区　由 $u_t=1.74\sqrt{\dfrac{d(\rho_s-\rho)g}{\rho}}$　可得 $d=\dfrac{\rho u_t^2}{1.74^2(\rho_s-\rho)g}$

因此有
$$Re=\frac{\rho u_t d}{\mu}=\frac{\rho^2 u_t^3}{1.74^2\mu(\rho_s-\rho)g} \tag{2}$$

比较式(1)、式(2)，令 $K'=\dfrac{\rho^2 u_t^3}{\mu(\rho_s-\rho)g}$

层流区
$$Re=\frac{\rho u_t d}{\mu}=\sqrt{\frac{18\rho^2 u_t^3}{\mu(\rho_s-\rho)g}}=\sqrt{18K'}\leqslant 1\quad K'\leqslant 0.056$$

湍流区
$$Re=\frac{\rho u_t d}{\mu}=\frac{\rho^2 u_t^3}{1.74^2\mu(\rho_s-\rho)g}=\frac{K'}{1.74^2}\geqslant 1\,000\quad K'\geqslant 3\,027.6$$

所以，已知颗粒的沉降速度 u_t，求颗粒的直径 d 时，可用 K' 作判据。当 $K'\leqslant 0.056$ 时，沉降在层流区；当 $K'\geqslant 3\,027.6$ 时，沉降在湍流区；当 $0.056<K'<3\,027.6$ 时，沉降在过渡区。

3. 试分析过滤压力差对过滤常数的影响。

答：$K=2k\Delta p^{1-s}$，其中 $k=\dfrac{1}{\mu r' v}$ 与压力差无关，因此 $K\propto\Delta p^{1-s}$；若介质阻力 $R_m=rL_e=$

$r'\Delta p^s v q_e$不随压力差变化，则 $q_e \propto \Delta p^{-s}$；若滤饼不可压缩，则有 $K \propto \Delta p$，q_e 与 Δp 无关。

4. 当滤布阻力可忽略时，若要恒压操作的间歇过滤机得到最大的生产能力，在下列两种条件下，各需如何确定过滤时间 θ？

(1) 若已规定每一循环中辅助操作时间为 θ_D，洗涤时间为 θ_W；

(2) 若已规定每一循环中辅助操作时间为 θ_D，洗水体积与滤液体积之比为 a。

答：以板框过滤机为例说明。

(1) 间歇过滤机的生产能力为 $Q=\dfrac{3\,600V}{T}=\dfrac{3\,600V}{\theta+\theta_W+\theta_D}$

为求过滤机的最大的生产能力，对上式求极值：

$$\frac{dQ}{d\theta}=\frac{d\left(\dfrac{3\,600V}{\theta+\theta_W+\theta_D}\right)}{d\theta}=0$$

将滤布阻力忽略时的恒压过滤方程式 $V^2=KA^2\theta$ 代入上式并整理，得到

$$\theta=\theta_W+\theta_D$$

(2) 过滤时间 $$\theta=\frac{V^2}{KA^2}$$

洗水体积与滤液体积之比为 a，$V_W=aV$

洗涤速率 $\left(\dfrac{dV}{d\theta}\right)_W=\dfrac{KA^2}{8V}$，所以洗涤时间 $\theta_W=\dfrac{V_W}{\left(\dfrac{dV}{d\theta}\right)_W}=\dfrac{8aV^2}{KA^2}=8a\theta$

Q 对 θ 求极值 $$\frac{dQ}{d\theta}=\frac{d\left(\dfrac{3\,600V}{\theta+\theta_W+\theta_D}\right)}{d\theta}=\frac{d\left(\dfrac{3\,600\sqrt{KA^2\theta}}{\theta+8a\theta+\theta_D}\right)}{d\theta}=0$$

解得 $\theta=\dfrac{\theta_D}{1+8a}$

5. 试分析采取下列措施后，转筒过滤机的生产能力将如何变化。已知过滤介质阻力可忽略，滤饼不可压缩。

(1) 转筒尺寸按比例增大 50%；

(2) 转筒浸没度增大 50%；

(3) 操作真空度增大 50%；

(4) 转速增大 50%；

(5) 滤浆中固相体积分数由 10%增稠至 15%，已知滤饼中固相体积分数为 60%；

(6) 升高滤浆温度，使滤液黏度减小 50%。

再分析上述各项措施的可行性。

答：当滤布阻力可以忽略时，$V_e=0$，转筒过滤机的生产能力为

$$Q=60n\sqrt{KA^2\frac{60\psi}{n}}=465\pi DL\sqrt{Kn\psi}$$

(1) 转筒尺寸按比例增大 50%,$D'=1.5D$,$L'=1.5L$,则

$$Q'=2.25Q$$

(2) 转筒浸没度增大 50%,$\psi'=1.5\psi$,则

$$Q'=\sqrt{1.5}Q=1.22Q$$

(3) 操作真空度增大 50%,$K'=1.5K$,则

$$Q'=\sqrt{1.5}Q=1.22Q$$

(4) 转速增大 50%,$n'=1.5n$,则

$$Q'=\sqrt{1.5}Q=1.22Q$$

(5) 滤浆中固相体积分数由 10%增稠至 15%,已知滤饼中固相体积分数为 60%

根据滤浆中的固相含量及滤饼中固相体积分数,可求出滤饼体积与滤液体积之比 v。

滤浆中固相体积分数为 10%时,形成 1 m^3 滤饼需要固体颗粒 0.6 m^3,所对应的料浆量是 (0.6/0.1) m^3 = 6 m^3,因此,形成 1 m^3 滤饼可得到(6−1) m^3 = 5 m^3 滤液,则

$$v=\left(\frac{1}{5}\right)\ m^3/m^3=0.2\ m^3/m^3$$

滤浆中固相体积分数为 15%时,形成 1 m^3 滤饼需要固体颗粒 0.6 m^3,所对应的料浆量是 (0.6/0.15) m^3 = 4 m^3,因此,形成 1 m^3 滤饼可得到(4−1) m^3 = 3 m^3 滤液,则

$$v'=\left(\frac{1}{3}\right)\ m^3/m^3=0.33\ m^3/m^3$$

滤饼不可压缩,所以 $K=\frac{2\Delta p}{\mu r v}$,$K'=\frac{v}{v'}K=0.606K$,则

$$Q'=\sqrt{0.606}Q=0.778Q$$

(6) 升高滤浆温度,使滤液黏度减小 50%,$\mu'=0.5\mu$,则 $K'=2K$

故

$$Q'=\sqrt{2}Q=1.414Q$$

从上面的计算可以看出,增大转筒尺寸,增大转筒浸没度,增大操作真空度,增大转速,升高滤浆温度使滤液黏度减小均可使过滤机的生产能力增大。滤浆中固相体积分数增大则会减小(按滤液体积计的)过滤机的生产能力。

6. 理想流化床和实际流化床的差别主要是什么?

答:理想流化床的压降为一恒定值。实际流化床 $\Delta p-u$ 曲线上,在固定床向流化床转化时有一"驼峰",且在流化床阶段,压降是波动的。

自 测 题

一、填空题

1. 描述单个非球形颗粒的形状和大小的主要参数为______、______。

2. 固体颗粒在气体中自由沉降时所受的力有______力、______力和______力。固体颗粒的自由沉降分为______阶段和______阶段。

3. 沉降速度是指__________________________,此速度亦称为______速度。

4. 在斯托克斯定律区,颗粒的沉降速度与流体黏度的______次方成反比,在牛顿定律区,颗粒的沉降速度与流体黏度的______次方成反比。

5. 降尘室的设计原则是____________________时间大于等于____________________时间。

6. 理论上降尘室的生产能力与______和______有关,而与______无关。

7. 分离因数的定义式为______________。如果颗粒在离心力场内作圆周运动,其旋转半径为 0.2 m,切线速度为 20 m/s,则其分离因数为______________。

8. 选用旋风分离器时主要依据是__________、__________、__________。

9. 旋风分离器的分割粒径 d_{50} 是__________。

10. 描述固体颗粒床层特性的主要参数有__________、__________、__________和__________。

11. 过滤方式主要有__________、__________和__________。

12. 板框过滤机由 810 mm×810 mm×25 mm 的 20 个框组成,则其过滤面积为______。

13. 板框过滤机处理某悬浮液,已知过滤终了时的过滤速率 $\left(\frac{dV}{d\theta}\right)_E$ 为 0.04 m^3/s,现采用横穿洗涤法洗涤 10 min,洗涤时操作压力差与过滤时相同,洗水和滤液为相同温度的水,则洗涤速率 $\left(\frac{dV}{d\theta}\right)_W$ 为__________,所消耗的洗水体积为__________。

14. 用 38 个 635 mm×635 mm×25 mm 的框构成的板框过滤机过滤某悬浮液,操作条件下的恒压过滤方程式为 $q^2+0.06q=3\times10^{-4}\theta$,式中 q 的单位为 m^3/m^2,θ 的单位为 s。则过滤常数 $K=$__________,$V_e=$__________。

15. 用叶滤机过滤固相含量 10%(体积分数)的某悬浮液,已知形成的滤饼的空隙率为 50%,则滤饼体积与滤液体积之比 $v=$__________。

16. 根据分离因数可将离心机分为__________、__________和__________。

17. 流体通过固体颗粒床层时,当气速大于__________速度、小于__________速度时,固体颗粒床层为流化床。

18. 流化床的两种流化形式为__________和__________。

19. 流化床的不正常现象有__________和__________。

20. 气力输送按气流压力分类,可分为__________和__________。按气流中固相浓度分类,可分为__________和__________。

二、选择题

1. 颗粒的球形度越( ),说明颗粒越接近于球形。

A. 接近 0; B. 接近 1; C. 大; D. 小

2. 在重力场中,微小颗粒的沉降速度与( )无关。

A. 颗粒几何形状; B. 粒子几何尺寸; C. 流体与粒子的密度; D. 流体流速

3. 一球形固体颗粒在空气中作自由沉降,若沉降在斯托克斯定律区,空气的温度提高时,颗粒的沉降速度将( )。若沉降在牛顿定律区,空气的温度提高时,颗粒的沉降速度将( )。

忽略温度变化对空气密度的影响。

A. 不变；　B. 增加；　C. 减小；　D. 不确定

4. 在斯托克斯定律区，颗粒的沉降速度与其直径的(　　)次方成正比。牛顿定律区，颗粒的沉降速度与其直径的(　　)次方成正比。

A. 1；　B. 2；　C. 0.5；　D. 0.25

5. 一球形固体颗粒在水中作自由沉降，若沉降在斯托克斯定律区，则随着水温升高，颗粒的沉降速度将(　　)。若沉降在牛顿定律区，则随着水温升高，颗粒的沉降速度将(　　)。忽略温度变化对水密度的影响。

A. 不变；　B. 增加；　C. 减小；　D. 不确定

6. 颗粒在静止的流体中沉降时，在相同的 Re_t 下，颗粒的球形度越小，阻力系数(　　)。

A. 越大；　B. 越小；　C. 不变；　D. 不确定

7. 降尘室的设计中，应保证气体在降尘室内的流动处于(　　)。

A. 层流；　B. 过渡流；　C. 湍流；　D. 无限制

8. 含尘气体通过边长为 4 m，宽为 2 m，高为 1 m 的降尘室，若颗粒的沉降速度为 0.2 m/s，则降尘室的生产能力为(　　)。

A. 4 m^3/s；　B. 2.4 m^3/s；　C. 6 m^3/s；　D. 1.6 m^3/s

9. 旋风分离器的切向进口气速不变，当其圆筒直径减小时，旋风分离器的临界粒径(　　)，离心分离因数(　　)。

A. 增加；　B. 减小；　C. 不变；　D. 不确定

10. 若过滤和洗涤时操作压力差相同，洗水黏度和滤液黏度相同。板框过滤机，采用横穿洗涤法洗涤滤饼，洗涤速率等于(　　)倍过滤终了时速率。叶滤机采用置换洗涤法，洗涤速率等于(　　)倍过滤终了时速率。

A. 1；　B. 2；　C. 0.5；　D. 0.25

11. 叶滤机在 1.2×10^5 Pa 表压下操作时，过滤常数 $K=2\times10^{-5}$ m^2/s；若把操作压力加大到 2.4×10^5 Pa 表压，此时的过滤常数 K 为(　　)m^2/s。假设滤饼不可压缩。

A. 2×10^{-5}；　B. 4×10^{-5}；　C. 1×10^{-5}；　D. 3.1×10^{-5}

12. 理想流化床，随着气速的增大，床层高度(　　)，床层压降(　　)。

A. 增加；　B. 减小；　C. 不变；　D. 不确定

三、计算题

1. 采用降尘室回收常压炉气中所含的密度为 3 500 kg/m^3 球形固体颗粒。降尘室底面积为 10 m^2。进入降尘室的炉气温度为 200 ℃，200 ℃下气体密度为 0.75 kg/m^3，黏度为 2.6×10^{-5} Pa·s，降尘室的生产能力为3 m^3/s。试求：

(1) 理论上能完全捕集的最小颗粒直径；

(2) 若将气体降温至 50 ℃后再进入降尘室分离，50 ℃时气体密度为 1.093 kg/m^3，黏度为 1.96×10^{-5} Pa·s，此时若还保持原有的分离程度，即能完全捕集的最小颗粒直径不变，降尘室的处理能力可以提高多少？

2. 利用双锥分级器分离球形方铅矿和石英颗粒。已知：方铅矿密度 $\rho_{s1}=7\,500$ kg/m^3，石英矿密度 $\rho_{s2}=2\,650$ kg/m^3，两种颗粒的直径范围均为 0.1～0.8 mm。假设粒子在上升水流中作自由沉降，操作条件下水温25 ℃。试求：

（1）水的上升流速控制在多少时可将石英颗粒全部带走？

（2）此时底流中得到的纯方铅矿粒的尺寸范围。

3. 一板框过滤机有 12 个尺寸为 635 mm×635 mm×25 mm 的框，在 1.3×10^5 Pa 压力差下过滤 120 min，得滤液 30 m^3，假设介质阻力可忽略。

（1）增加滤框至 20 个，得 30 m^3 滤液需要多少时间？

（2）提高操作压力差至 2.0×10^5 Pa，仍为 12 个滤框，得 30 m^3 滤液需要 85 min，求此时的过滤常数 K 和滤饼的压缩性指数 s。

4. 采用板框压滤机过滤某种水悬浮液，压滤机有 10 个尺寸为 810 mm×810 mm×42 mm 的框，在过滤过程中，过滤 10 min，得滤液 1.3 m^3，再过滤 10 min，又得滤液量为 0.7 m^3，已知滤浆中固相体积分数为 5%，过滤所形成的滤饼的空隙率为 45%。试求：

（1）该条件下的恒压过滤方程式；

（2）滤框充满滤饼时所需过滤时间；

（3）若过滤后用总滤液量 10%的清水洗涤滤饼，每批操作的辅助时间为 20 min，求该过滤机的生产能力。

5. 用板框过滤机处理某悬浮液，已知过滤机有 38 个尺寸为 635 mm×635 mm×25 mm 的框，操作压力差 200 kPa，$v=0.1$。操作条件下滤饼不可压缩，介质阻力可忽略，滤饼不需洗涤。过滤 15 min 后，得滤液 3 m^3。

（1）若过滤机的生产能力为 5 m^3/h，求每个生产周期所需的辅助时间是多少？

（2）若操作压力差降为 100 kPa，每个生产周期所需的辅助时间不变，需将过滤面积增加到多少才能维持生产能力不变？

6. 一台过滤面积 30 m^2 的板框过滤机在 200 kPa 表压下进行恒压过滤，60 min 后滤框全部充满滤饼，得到滤液 5.5 m^3；过滤后需用 0.2 m^3 的清水洗涤，洗涤时的 Δp，μ 与过滤时相同；过滤机一个操作周期的辅助操作时间为 15 min。现在想用一台直径 2 m，长 2.2 m，浸没度 25%的转筒真空过滤机替代上面的板框过滤机，转筒真空过滤机操作真空度为 400 mmHg。试求：为使转筒真空过滤机与板框过滤机的生产能力相同，转筒真空过滤机的转速应为多少？假设滤饼不可压缩，过滤介质阻力可忽略。

本章符号说明

英文字母

a ——颗粒比表面积，m^2/m^3；

a ——常数；

a_b——床层的比表面积，m^2/m^3；

A——降尘室底面积，m^2；

b——降尘室宽度，m；

B——旋风分离器进口宽度，m；

C——悬浮物系中固相浓度，kg/m^3；

d——颗粒直径，m；

d_c——旋风分离器临界粒径，m；

d_e——颗粒的等体积当量直径，m；

d_{eb}——床层的当量直径，m；

d_{50}——旋风分离器分割粒径，m；

D——设备直径，m；

f——频率函数，m^{-1}；

F——分布函数，量纲为 1；

g——重力加速度，m/s^2；

h——设备高度，m；

H——降尘室高度，旋液分离器排出管插入筒体的深度，m；

k——滤浆的特性常数，$m^4/(N·s)$，或 $m^2/(Pa·s)$；

K——过滤常数，m^2/s；

K_c——分离因数，量纲为 1；

l——降尘室长度，m；

L——颗粒床层高度，滤饼厚度，m；

L_e——过滤介质的当量滤饼厚度，m；

m——颗粒的质量，kg；

n——转速，r/min；

N_e——旋风分离器内气体有效回转圈数；

Δp——过滤推动力，Pa；

Δp_f——床层压降，Pa；

Δp_W——洗涤推动力，Pa；

q——单位过滤面积获得的滤液体积，m^3/m^2；

q_e——单位过滤面积上的当量滤液体积，m^3/m^2；

Q——过滤机的生产能力，m^3/h；

r——滤饼的比阻，$1/m^2$；

r'——单位压力差下滤饼的比阻，$1/m^2$；

R——滤饼阻力，1/m；

Re——雷诺数；

Re_b——颗粒床层的雷诺数；

R_m——过滤介质的阻力，1/m；

s——滤饼的压缩性指数，量纲为 1；

S——与颗粒等体积的球体的表面积，m^2；

S_p——颗粒的表面积，m^2；

T——操作周期或回转周期，s；

u——流速，相对运动速度，过滤速度，m/s；

u_i——旋风分离器进口气速，m/s；

u_{mf}——临界流化速度，m/s；

u_t——沉降速度，m/s；

u_T——切向速度，m/s；

u_r——径向速度，离心沉降速度，m/s；

u_R——恒速阶段的过滤速度，m/s；

v——滤饼体积与滤液体积之比，m^3/m^3；

V——滤液体积，每个操作周期所得滤液体积，m^3；

V_e——过滤介质的当量滤液体积，m^3；

V_p——颗粒的体积，m^3；

V_R——恒速过滤阶段所得的滤液体积，m^3；

V_s——含尘气体的体积流量，m^3/s

希腊字母

λ——摩擦系数，量纲为 1；

ε——床层空隙率，m^3/m^3；

ζ——阻力系数，量纲为 1；

η——分离效率，量纲为 1；

θ——过滤时间，s；

θ_D——辅助操作时间，s；

θ_R——恒速过滤阶段的过滤时间，s；

θ_t——沉降时间，s；

θ_W——洗涤时间，s；

μ——流体黏度，滤液黏度，Pa·s；

μ_W——洗水黏度，Pa·s；

ρ——流体密度，kg/m^3；

ρ_s——固相密度，分散相密度，kg/m^3；

ϕ_s——颗粒球形度，量纲为 1；

ψ——转筒过滤机的浸没度

下标

c——离心的，临界的，滤饼的；

D——辅助操作的；

e——当量的，有效的，与过滤介质阻力相当的；

E——过滤终了的；

i——进口的，第 i 分段的；

m——介质的；

o——总的；

o——表观的；

p——颗粒的；

r——径向的；

R——恒速过滤阶段的；

s——固相的；

t——终端的；

T——切向的；

W——洗涤的；

1——进口的；

2——出口的

第四章

液体搅拌

学习指导

一、学习要求

通过本章学习，能够根据生产工艺要求和物料性质，选择适宜结构型式的搅拌装置，并确定最佳操作条件（如转速和搅拌功率）。

二、应重点掌握的内容

1. 几种常用搅拌器的基本结构和特性（主要指流动场）。

2. 混合机理、搅拌功率的计算。

3. 强化搅拌效果的措施。

了解工程放大的原则和方法。

三、学习方法

从过程现象和理论基础来看，液体搅拌和离心泵输液具有很大相似性。通过和离心泵对比，以加深对流体力学原理的理解。但搅拌过程又有其特殊性，从流体输送角度来说，采取措施减少能耗，而搅拌操作则是采取措施增强搅拌槽内液体的湍动程度，以增加能量消耗换取预期的搅拌效果；离心泵的功率可由流量和压头直接计算；而搅拌功率由于其影响因素的复杂性则是量纲分析指导下的实验方法，通过功率曲线来计算。根据不同的搅拌目的，合理地确定搅拌功率对总体流动和剪切分配比例。初步建立工程放大的概念。

学习要点

搅拌是重要的化工单元操作，是流体力学原理应用实例之一，常用于互溶液体的混合，不互溶液体的分散、气液接触、固体颗粒在液体中的悬浮；强化传热、传质及化学反应等。

搅拌操作是通过搅拌器的旋转向搅拌槽内输入机械能并造成适宜的流动场，以达到生产工艺对搅拌质量的要求。流动场和搅拌功率是本章关注的核心内容。

一、机械搅拌器的性能和混合机理

本知识点重点解决流动场（流型的定性描述和速度分布的定量描述）和搅拌器的混合机理问题。

(一) 机械搅拌设备

1. 典型机械搅拌设备的基本结构

化工中常用机械搅拌设备通常由搅拌装置、搅拌槽及轴封装置构成,其构成如下。

- 搅拌设备
  - 搅拌装置
    - 搅拌器——叶轮和搅拌轴
    - 传动机构
  - 搅拌槽(釜)
    - 槽体
    - 附件(挡板、导流筒等)
  - 轴封——填料函密封和机械密封

通过不同的叶轮形式和槽体的组合,组成百种以上搅拌设备构型,以满足复杂多变的工艺要求。

搅拌器是搅拌设备的核心,类似于离心泵的叶轮,为供能部件。不同的叶轮结构,促使搅拌槽内液体产生相应的动流场。

搅拌效果主要取决于搅拌器的结构及尺寸、操作条件、物料性质及其工作环境。

2. 机械搅拌器的类型和流型

机械搅拌器有多种分类方法,如下所示。

- 分类
  - 叶片形状(基本流型)
    - 平叶式:平叶桨式、平直叶涡轮式——径向流
    - 折叶式:折叶桨式——径向流和轴向流之间
    - 螺旋面式:推进(旋桨)式、螺带式——轴向流
    - 近壁式:锚式、框式——水平周向流
  - 黏度适应性
    - 低中黏度:桨式、涡轮式、推进式等
    - 高黏度:锚式、框式、螺带式、刮壁式、卧式双轴自清洁型

3. 机械搅拌器的性能

工业上常用搅拌器的尺寸比例、操作参数、对液体黏度的适用范围、流动状态等内容可查《化工原理》(第三版,上册)表 4-1。这里要注意各种搅拌器所能造成的流型,以便根据搅拌指标的要求选用适宜类型的搅拌器,如要求对液体高剪切流动(小尺度均匀混合),宜选用小直径、高转速叶轮,如涡轮式,与离心泵的叶轮相似,叶轮外缘附近可能造成强烈的旋涡运动和很高的剪切力。若搅拌过程是宏观混合或强化传热为目的,宜采用低转速、大直径的叶轮。但旋桨式却具有大流量、低压头的特点。

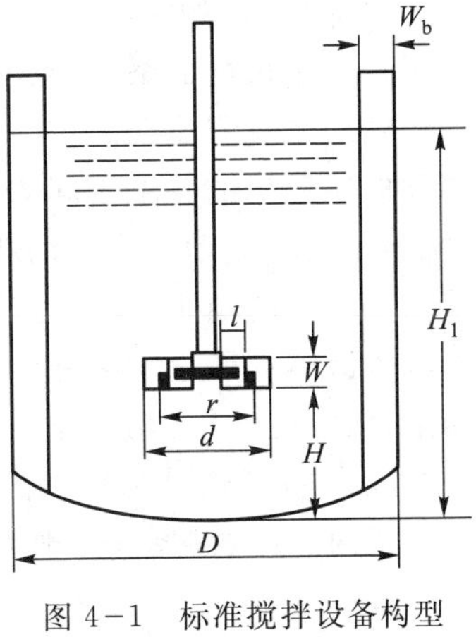

图 4-1　标准搅拌设备构型

(1) 六平片涡轮式,叶片安装在直径 r 的中心圆盘上;(2) 叶轮直径 $d=\frac{1}{3}D$;(3) 叶轮距槽底距离 $H=1.0d$;(4) 叶片宽度 $W=\frac{1}{5}D$;(5) 叶片长度 $l=\frac{1}{4}D$;(6) 槽内液深 $H_1=1.0D$;(7) 挡板宽度 $W_b=\frac{1}{10}D$;(8) 挡板数目为 4

4. 标准搅拌设备构型

为了实验研究有所依据,规定了“标准搅拌设备构型”,其几何尺寸比例标注于图 4-1 中。

这种“标准”构型的搅拌设备对化工生产中多数工艺过程的液体混合要求都能满足,但对于固体含量较高或高黏度液体它并非最适宜的构型。

5. 搅拌设备和搅拌技术的发展方向

（1）高效、节能，主要体现在开发先进叶轮，改进搅拌器运动方式，各种不同搅拌器的组合等。

（2）搅拌设备的机电一体化及智能化。

（二）搅拌槽内液体的流动状态

搅拌槽内液体的流动状态可用搅拌雷诺数 Re 来判断。Re 的定义为

$$Re=\frac{d^2 n\rho}{\mu} \tag{4-1}$$

式中 d——叶轮直径，m；

n——搅拌器转速，r/s；

ρ——液体的密度，kg/m^3；

μ——液体黏度，Pa·s。

以八片平直开启涡轮为例，分析槽内液体随转速变化的流动状态：

$Re<10$ 完全层流。叶轮周围液体随叶轮旋转（周向流），远离叶轮的液体是静止的。

$Re=10\sim30$ 部分层流。槽壁处有少量上下循环流发生。

$Re=30\sim10^3$ 过渡流。桨叶附近湍流，其外围仍为层流。

$Re>10^3$ 湍流区。由于离心力的作用，无挡板时，在搅拌轴附近出现旋涡——“打旋”现象，旋涡中液体几乎与转轴同步旋转，称为“圆柱状回转区”。

“打旋”发生时，导致多相物系分层；旋涡达到一定深度后，吸入气体，降低物料表观密度，搅拌功率下降，降低搅拌效果。所以，搅拌操作中应避免“打旋”现象发生。

（三）增强搅拌槽内液体湍动的措施

1．搅拌器的两种功能

为了达到大尺度的宏观混合，需在搅拌槽内形成一个循环流动，称为总体流动，其量用 Q 表示。

为了达到小尺度的微观混合，高速旋转的叶轮及其射流核心与周围液体产生强的剪切（高度湍动），产生用来克服流动阻力的压头，用 H 表示。压头是流体湍动程度和剪切力大小的度量。

不同的搅拌目的要求不同的流动场，总体流动和剪切流动所消耗的功率之比必然各异，常用 Q/H 来表示两种流动方式所消耗功率之比，并用 Q/H 来判断搅拌效果。工业中，对 Q/H 比值的要求依次加大的顺序是：不互溶液-液分散、气体分散、固体悬浮或溶解、传热、均匀混合等。

若输入流体的能量大部分用于总体流动，此类叶轮为循环型（如平桨叶轮）；反之，若主要用于剪切上，则此类叶轮为剪切型（如涡轮、旋桨叶轮）。

2．增强搅拌槽内液体湍动的措施

增强槽内液体的湍动，体现为搅拌压头的提高和搅拌功率的加大，可采取的措施是：

（1）抑制“打旋”的发生。

① 搅拌槽内设置若干块挡板（全挡板条件） 设置挡板后，消除打旋，形成强大的对流循环和高度湍动扩散作用，增强湍动。当挡板高度和挡板数使搅拌功率达最大时，即符合全挡板条件。槽内设置的其他能阻止水平回转流动的附件（温度计管、蛇管等）也能起到挡板的作用。

② 破坏液体循环回路的对称性 偏心或偏心倾斜安装叶轮（小容器）、搅拌槽下部偏心水平安装叶轮（大容器）均可破坏循环回路的对称性，抑制“打旋”现象发生。

（2）导流筒 当需要控制流体的流动方向和速度以建立某一特定流型时，可在搅拌槽内设置导流筒。

涡轮式导流筒安装在搅拌器上方，推进式和螺杆式导流筒安装在搅拌器外面。

一般情况下，导流筒应将搅拌槽截面分成面积相等的两部分，即导流筒直径约为搅拌槽直径的70%。

导流筒的作用在于加强搅拌器对流体的直接剪切作用，确立了充分的循环流型、减少短路的机会。

(3) 提高搅拌器转速　与泵的叶轮相同，搅拌器的压头随转速呈平方关系变化。采用小直径叶轮，高转速操作可产生高剪切作用，增加湍动。

(4) 高黏度液体，采用大叶片、低转速的近壁型锚式、框式及螺带式搅拌器则比较适宜。螺杆式搅拌器往往与导流筒联合操作，以提高搅拌效果。

(四) 混合机理

混合机理是研究达到不同搅拌目的的途径和方法，以便选择适宜的搅拌装置并确定相应的操作条件。

(1) 总体对流扩散能使搅拌槽内液体宏观上均匀混合(大尺度的混合)，如对均相液体大尺度均匀混合或强化传热，应加大 Q/H 值，注意消除搅拌槽内不流动的死区。

(2) 涡流扩散能使液体微团粉碎(最小尺寸可达微米级)，从而达到小尺度微观的均匀混合。通常，涡流扩散在整个混合中占据主导地位，所以应采取措施增强搅拌槽内液体的湍动。

(3) 分子扩散使液体微团最终消失，达到分子尺度的均匀混合。为强化分子扩散，首先要强化涡流扩散。

(4) 高黏度液体、非牛顿液体(如假塑性液体)，非均相物系的均匀混合应根据物料特性选择相应的设备和操作条件。

搅拌器的流型、搅拌效果与能耗关系十分密切。新型搅拌器开发都应从分析流动场入手。

(五) 搅拌设备的选择

选择搅拌设备应考虑的主要因素是物料性质(介质黏度)、搅拌过程的目的、混合达到的尺度指标、搅拌器能够造成的流动状态、设备投资、搅拌功率等，最终能够实现经济高效的搅拌要求。

二、搅拌功率

搅拌功率是槽内液体流动状态和搅拌强度的度量，又是选配电动机的依据。功率消耗于槽内液体的循环流动和剪切作用两个方面，其大小决定于流型、循环速度及湍动程度。由于影响搅拌功率因素的复杂性，采用量纲分析指导下的实验研究方法。

(一) 影响搅拌功率的因素

影响搅拌功率的因素主要包括四个方面。

(1) 搅拌器的因素　桨叶形状、叶轮直径及宽度、叶片数目、转速、在槽内安装高度等。

(2) 搅拌槽的因素　槽形、槽内径、液深、挡板数目和宽度、导流筒尺寸等。

(3) 物性因素　主要是密度和黏度。

(4) 其他　出现打旋时还需要考虑重力加速度。

(二) 搅拌功率的量纲为1数群关联式

为了研究方便，规定“标准搅拌设备构型”。通过量纲分析得到

$$N_{\mathrm{P}}=K\left(\frac{d^2 n\rho}{\mu}\right)^x\left(\frac{n^2 d}{g}\right)^y \tag{4-2}$$

即

$$N_P = K \cdot Re^x \cdot Fr^y \tag{4-2a}$$

式中 $N_P = \frac{N}{\rho n^3 d^5}$——功率数，量纲为1，包含待求功率；

N——搅拌功率，W；

$Re = \frac{d^2 n \rho}{\mu}$——搅拌雷诺数，量纲为1，用以衡量流体流动状态；

$Fr = \frac{n^2 d}{g}$——弗劳德数，量纲为1，用以衡量重力的影响；g 为重力加速度，m/s；

K、x、y——与形状因子有关的待定常数。

若再令 $\Phi = \frac{N_P}{Fr^y}$，称为功率因数，则有

$$\Phi = K \cdot Re^x$$

对于全挡板条件的搅拌装置，消除了“打旋”，不考虑重力的影响，即 $Fr=1$，于是

$$\Phi = N_P = K \cdot Re^x \tag{4-3}$$

注意功率数与功率因数是两个完全不同的概念。

对于一定几何构型的搅拌器，通过实验得到相应的经验公式或算图。

（三）均相系统搅拌功率的计算

大多借助拉斯通(Rushton)的 $\Phi-Re$ 关系曲线(称功率曲线)进行计算。对几种几何构型的搅拌器测得的 $\Phi-Re$ 关系曲线示于图 4-2 中。

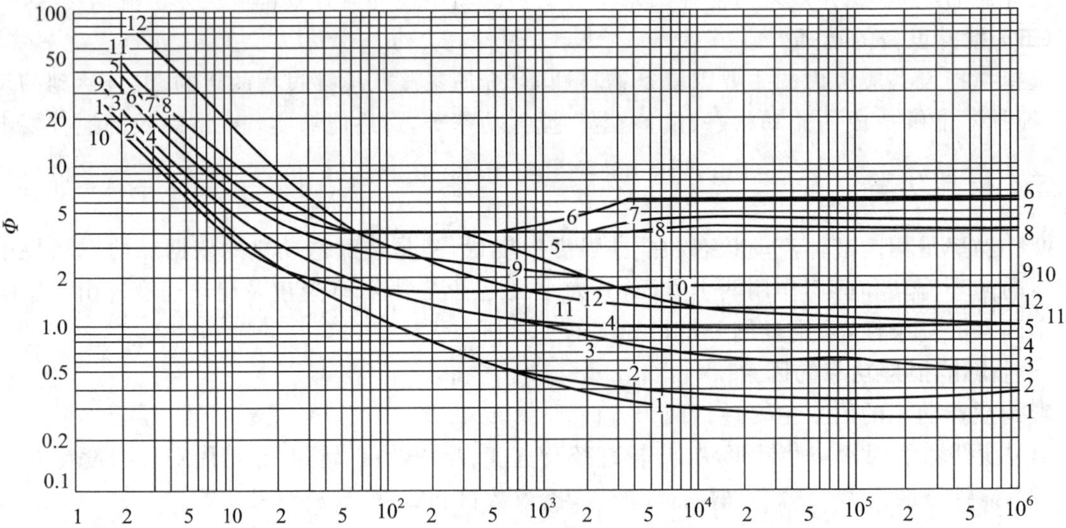

图 4-2 拉斯通 $\Phi-Re$ 关系算图

1—三叶推进式，$s=d$，N；2—三叶推进式，$s=d$，Y；3—三叶推进式，$s=2d$，N；4—三叶推进式，$s=2d$，Y；
5—六片平直叶圆盘涡轮，N；6—六片平直叶圆盘涡轮，Y；7—六片弯叶圆盘涡轮，Y；
8—六片箭叶圆盘涡轮，Y；9—八片折叶开启涡轮(45°)，Y；10—双叶平桨，Y；
11—六叶闭式涡轮，Y；12—六叶闭式涡轮(带有二十叶的静止导向器)；
图注中：s 为桨叶螺距，Y 为有挡板，N 为无挡板

1. 全挡板条件下的搅拌功率

(1) 当 $Re<10$ 时，为层流区，在此区内搅拌时不会出现“打旋”现象，因此，反映重力影响的 Fr 可以忽略。不同构型搅拌器的 $\Phi-Re$ 关系基本为斜率相同的直线，$x=-1$。在此区域有

$$N=K_1\mu n^2 d^3 \tag{4-4}$$

K_1 由相应的曲线在纵标上读取。由图 4-2 中曲线 6 的延线与纵轴交点读得 $K_1=71$。

(2) $Re=10\sim10^4$ 为过渡区，各种搅拌器的 $\Phi-Re$ 关系曲线不一致，由 Re 查到 Φ 后，用下式计算 N，即

$$N=\Phi\rho n^3 d^5 \tag{4-5}$$

(3) $Re>10^4$ 为充分湍流区，液体黏滞力的影响可忽略，Φ 值不随 Re 而变化，可取作定值。N 仍由式(4-5)计算。

2. 无挡板搅拌功率的计算

无挡板条件下，当 $Re>300$ 时会出现“打旋”现象，Fr 对功率的影响不能忽略，此时的功率计算式为

$$N=\Phi\rho n^3 d^5\left(\frac{n^2 d}{g}\right)^{\frac{\zeta_1-\lg Re}{\zeta_2}} \tag{4-6}$$

式中的 ζ_1 与 ζ_2 依搅拌器的结构型式由《化工原理》(第三版，上册)表 4-3 查取。

需强调指出，对于几何构型相同的搅拌器，不论其尺寸大小，均可由算出的 Re，从图 4-2 的纵标读取 Φ 值，进而计算搅拌功率。

(四) 非均相物系搅拌功率的计算

对于非均相物系，如均匀态的不互溶液-液体系及固-液体系，首先求出两相体系的平均密度和平均黏度，然后按均相物系搅拌功率的计算方法求解。

对于通气的被搅拌体系，由于气泡的存在，使液体的表观密度降低。因而通气搅拌功率 N_g 比均相物系搅拌功率 N 要低。N_g/N 的数值取决于通气系数 N_a 的大小。若通气速率为 Q_g，m^3/s，则

$$N_a=\frac{Q_g}{\pi d^3} \tag{4-7}$$

在全挡板条件下，由 N_a 值便可从图 4-3 中读取对应的 N_g/N 值(其值宜在 0.6 以上)。

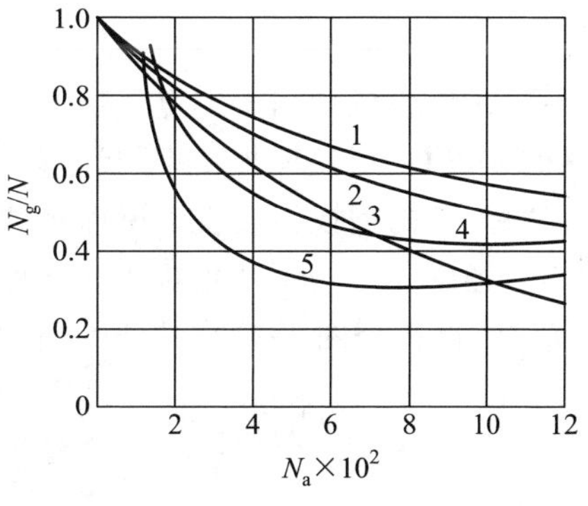

图 4-3　通气系数与功率比的关系

1—八片平直叶圆盘涡轮；2—八片平直叶上侧圆盘涡轮；3—十六片平直叶上侧圆盘涡轮；4—六片平直叶圆盘涡轮；5—平直叶双桨搅拌条件：$d=D/3$，$H=D$，$C=D/3$，全挡板

(五) 非牛顿流体搅拌功率的计算

非牛顿流体的搅拌功率同样借助于功率曲线，并且可用牛顿流体的有关公式计算。对于工程计算，采用指定转速下槽内液体的平均剪切速率来计算平均表观黏度。

三、搅拌设备的放大

搅拌设备放大是比较简单又具代表性的物理放

大过程。是研究在小试装置上获得满意的搅拌效果后，如何决定工业装置的尺寸和操作条件，即确定放大的准则和方法。

1. 放大基准

为了达到理想的放大效果，在满足几何相似（试验模型与生产设备的相应几何尺寸比例相等）的前提下，还必须满足一些其他相似条件。诸如：

运动相似——几何相似系统中对应位置上流体运动速度之比相等；

动力相似——对应位置上力的比值相等；

热相似和反应相似还要求对应位置上温度差或浓度差之比也相等。

动力相似要求对应位置上力的比值相等（即 Re、Fr 等相等），对同一种液体，同时满足几个量纲为 1 数群相等是不可能的。因此，进行搅拌器放大时，应尽量把重力（加挡板）和界面张力的影响抑制起来，而变成单纯的 Re 相等，从而使问题简化。

2. 两种放大方法

（1）按搅拌功率放大　几何构型相同的搅拌器，不管其尺寸大小，均可用同一条功率曲线，即只要 Re 相等，则 N_P 值便相同。这样通过测量试验设备的搅拌功率便可推算出生产设备的搅拌功率。

（2）按工艺过程的结果放大　在几何相似系统中获得相同搅拌效果，可能有如下判据：

① 保持雷诺数 $Re=\dfrac{d^2n\rho}{\mu}$ 不变，要求 $n_1d_1^2=n_2d_2^2$。

② 保持单位体积功率 N/V 不变，要求 $n_1^3d_1^2=n_2^3d_2^2$。

③ 保持 Q/H 不变，要求 $\dfrac{d_1}{n_1}=\dfrac{d_2}{n_2}$。

④ 保持叶端速度 $u_T=\pi nd$ 不变，要求 $n_1d_1=n_2d_2$。

对于一个搅拌过程，哪一个准则适用，需通过逐级放大试验来确定。

示范题解析

主要讨论牛顿均相液体搅拌功率的计算。

【例 4-1】 层流搅拌功率的计算

在“标准”构型搅拌设备中搅拌黏稠液体。液体的物性参数为 $\mu=12.8\ \text{Pa·s}$，$\rho=900\ \text{kg/m}^3$。搅拌槽直径 $D=0.9\ \text{m}$，叶轮转速 $n=90\ \text{r/min}$。试求搅拌功率 N。

解： 本例符合图 4-2 中曲线 6 所规定的条件。

$$d=\frac{1}{3}D=\left(\frac{1}{3}\times0.9\right)\ \text{m}=0.3\ \text{m}\qquad n=\left(\frac{90}{60}\right)\text{r/s}=1.5\ \text{r/s}$$

$$Re=\frac{d^2n\rho}{\mu}=\frac{0.3^2\times1.5\times900}{12.8}=9.49\qquad（完全层流）$$

对于完全层流搅拌，可用式(4-4)计算 N（取 $K_1=71$），即

$$N=K_1\mu n^2d^3=(71\times12.8\times1.5^2\times0.3^3)\text{W}=55.2\ \text{W}$$

讨论：本例也可由 $Re=9.49$ 从图 4-2 中曲线 6 查得 $N_P=\Phi=7.5$，用式(4-5)计算，即

$$N=\Phi\rho n^3 d^5=(7.5\times900\times1.5^3\times0.3^5)\ \text{W}=55.4\ \text{W}$$

两种计算结果一致。

【例 4-2】 在全挡板条件下和不加挡板搅拌功率的比较

在“标准”构型搅拌设备中搅拌某种均相水溶液，液体物性数据为 $\rho=960\ \text{kg/m}^3$，$\mu=0.18\ \text{Pa·s}$。搅拌槽直径 $D=2.7\ \text{m}$，叶轮转速为 $n=120\ \text{r/min}$。试求全挡板和无挡板条件下的搅拌功率。

解：(1) 全挡板条件下的搅拌功率

对于“标准”构型搅拌设备：

$$d=\frac{1}{3}D=\left(\frac{1}{3}\times2.7\right)\ \text{m}=0.9\ \text{m}$$

$$n=\left(\frac{120}{60}\right)\text{r/s}=2\ \text{r/s}$$

$$Re=\frac{d^2 n\rho}{\mu}=\frac{2\times960\times0.9^2}{0.18}=8\,640\qquad（过渡区）$$

由图 4-2 中的曲线 6，当 $Re=8.64\times10^3$ 时，查得 $\Phi=6.6$。

将有关数据代入式(4-5)，得

$$N=\Phi\rho n^3 d^5=(6.6\times960\times2^3\times0.9^5)\ \text{W}=29.93\times10^3\ \text{W}\approx30\ \text{kW}$$

(2) 无挡板搅拌功率的计算

当槽内不加挡板时，符合图 4-2 中曲线 5 所规定的条件，由 $Re=8.64\times10^3$ 查得 $\Phi=1.4$，由《化工原理》(第三版，上册)表 4-3 查得 $\zeta_1=1.0$，$\zeta_2=40$，将有关数据代入式(4-6)，得到

$$N=\left[1.4\times960\times2^3\times0.9^5\times\left(\frac{2^2\times0.9}{9.81}\right)^{\frac{1-\lg 8\,640}{40}}\right]\text{W}=6\,834\ \text{W}\approx7.0\ \text{kW}$$

讨论：(1) 由上面计算数据看出，无挡板的搅拌功率是全挡板条件下搅拌功率的 $\frac{7.0}{30}\times100\%=23.3\%$，这时“打旋”现象发生，大大降低了搅拌功率。欲提高搅拌效果，应消除“打旋”或采取其他措施以增强槽内的液体湍动。

(2) 式(4-5)是计算全挡板条件下搅拌功率的通式，层流、过渡流和湍流均可用此式计算 N，其关键是由 Re 查得 Φ 值。

【例 4-3】 通气搅拌功率的计算

对例 4-2 的全挡板搅拌装置，以一定速率通以空气，维持 N_g/N 在 0.6 的比值，试求通气速率及通气搅拌功率。

解：由例 4-2 求得，全挡板的 $N=29.93\ \text{kW}$，则

$$N_g=0.6\ N=(0.6\times29.93)\ \text{kW}=17.96\ \text{kW}\approx18\ \text{kW}$$

欲保持 $N_g/N \geqslant 0.6$，由图 4-3 的曲线 4 读得 $N_a=0.032$

$$Q_g=0.032\ nd^3=(0.032\times2\times0.9^3)\ \mathrm{m^3/s}=0.046\ 7\ \mathrm{m^3/s}$$

讨论：通气搅拌时，由于槽内液体表观密度降低，致使搅拌功率下降。注意控制通气速率，以保持 N_g/N 值不低于 0.6。

【例 4-4】 搅拌设备的放大

拟采用"标准"构型搅拌设备处理一种洗涤剂，在中试装置上已取得满意搅拌效果。液体的密度 $\rho=1\ 200\ \mathrm{kg/m^3}$，黏度 $\mu=1\ \mathrm{Pa\cdot s}$。要求搅拌槽直径 $D=2.7\ \mathrm{m}$。三只不同容积"标准"搅拌设备的试验结果见本例附表 1。

例 4-4 附表 1 设备的结构参数和叶轮转速

序号	槽径 D/m	叶轮直径 d'/m	液体体积 V/m³	转速 n'/(r·min⁻¹)
1	0.225	0.075	0.007 16	1 275
2	0.45	0.15	0.057 3	637
3	0.90	0.30	0.458	319

试确定放大准则、叶轮转速和搅拌功耗。

解：（1）确定放大准则

根据试验数据，计算各放大准则的相对值。计算结果列于本例附表 2。

例 4-4 附表 2 各放大准则的相对值

放大基准	1 号槽	2 号槽	3 号槽
$Re\propto nd^2$	64.5	129	258.4
$N/V\propto n^3d^2$	4.094×10^{10}	1.276×10^{9}	4.01×10^{7}
$Q/H\propto d/n$	1.765×10^{-4}	7.064×10^{-4}	2.82×10^{-3}
$u_T\propto nd$	286.9	286.7	287.1

由上表数据看出，应以保持叶轮叶端速度不变为放大准则。

对于"标准"构型搅拌设备，叶轮直径为

$$d=\frac{1}{3}D=\left(\frac{1}{3}\times2.7\right)\ \mathrm{m}=0.9\ \mathrm{m}$$

（2）叶轮转速

$$u_T=\frac{n'\pi d'}{60}=\left(\frac{319\times0.3\pi}{60}\right)\mathrm{m/s}=5.01\ \mathrm{m/s}$$

$$n=\frac{60u_T}{\pi d}=\left(\frac{60\times5.01}{0.9\pi}\right)\mathrm{r/min}=106.3\ \mathrm{r/min}=1.772\ \mathrm{r/s}$$

（3）搅拌功率

$$Re=\frac{d^2n\rho}{\mu}=\frac{0.9^2\times1.772\times1\ 200}{1}=1\ 722$$

由　$Re=1\ 722$ 值查图 4-2 中曲线 6，得到 $\Phi=5$，则

则　$N=\Phi\rho n^3 d^5=(5\times1\ 200\times1.772^3\times0.9^5)\ \mathrm{W}=1.971\times10^4\ \mathrm{W}\approx20\ \mathrm{kW}$

讨论：放大的基本要求是保证放大后满足工艺对搅拌效果的要求。本例条件下，保持叶轮叶端速度（运动相似）不变为放大基准。由于“标准”构型搅拌设备消除了“打旋”现象，忽略界面张力的影响，则只要求得 Re 值，便可借助功率曲线查得 Φ 值计算搅拌功率 N。

思考题简答

1. 搅拌的目的是什么？

答：工业常利用搅拌操作实现互溶液体的混合，不互溶液体的分散与混合，气液接触，悬浮液、乳状液的制备，强化传热、传质及化学反应等。

2. 搅拌器的两个基本功能是什么？

答：搅拌器的两个基本功能是：一，在搅拌槽内形成一个循环流动，即总体流动，达到槽内液体大尺度的均匀混合；二，高速射流核心与周围流体交界处因很大的速度梯度而形成很强的剪切作用，将液体团块分割成微团，达到槽内液体小尺度的均匀混合。

3. 试比较桨式、推进式及涡轮式搅拌器的操作性能及适用场合。

答：桨式搅拌器有平直叶和折叶之分，前者以径向流和环向流为主，有挡板时以上、下循环流为主，后者有轴向和环向分流，适用液体黏度小于 2 Pa•s。推进式搅拌器为轴流式，循环速度高，剪切力小，常用介质黏度为2 Pa•s。推进式具有大流量、低压头的特点。上两类搅拌器对于宏观均匀混合和强化传热效果好。涡轮搅拌器有开启式、圆盘式（叶片有平直叶、后弯叶、折叶等）之分，以径向流为主，折叶有轴向流分量。有挡板时，以桨叶为界形成上、下两个循环流。涡轮式具有小流量、高压头特点，可有效完成所有的化工生产过程对搅拌指标的要求。

4. 提高搅拌槽内液体湍动强度的措施有哪些？

答：可采取的措施有：① 抑制“打旋”的发生，包括搅拌槽内设置挡板（全挡板条件）及其他附件（温度计管、蛇管、进料管等）；破坏循环回路对称性（偏心或偏心倾斜安装叶轮）。② 安装导流筒（注意安装方式）。③ 提高叶轮转速。

5. 均相液体搅拌的机理是什么？

答：均相液体搅拌的机理包括：① 总体对流扩散，大尺度（宏观）均匀混合。② 涡流扩散，小尺度（微观）均匀混合。③ 分子扩散，微团最终消除，分子尺度的均匀混合。

6. 影响搅拌功率的因素有哪些？对于不同的搅拌，Q/H 值有何区别？

答：影响搅拌功率的因素包括搅拌器的性能（包括安装方式）、搅拌槽因素、物性因素等。搅拌槽设置挡板时，可不考虑重力的影响。工业计算中常忽略界面张力的影响。

不同的搅拌目的，要求不同的流动场，总体流动和剪切流动所消耗的搅拌功率之比必然各异，常用 Q/H 来判断搅拌效果。工业中，对 Q/H 比值要求依次加大的顺序是：不互溶液-液分散、气体分散、固体悬浮或溶解、均相混合、强化传热等。若 Q/H 很大，此类叶轮为循环型（如平桨式）；反之，Q/H 很小，此类叶轮称为剪切型（如涡轮式）。

7. 在搅拌机理和搅拌功率计算方面，非牛顿流体和牛顿流体有何异同？

答：对于假塑性非牛顿流体，具有明显的剪切稀化作用。欲达到均匀混合效果，宜采用大直

径叶轮以强化总体流动，同时应使槽内液体的剪切力场尽可能均匀。这类流体的搅拌功率比牛顿流体为低，同样借助于功率曲线，并且可用牛顿流体的有关公式计算。

8. 选择放大准则的基本要求是什么？

答：应保证放大后搅拌效果满足生产工艺要求。

9. 制备乳状液宜选用什么类型搅拌器？搅拌功率主要消耗在哪些方面？

答：制备乳状液要求分散相液体尺寸尽可能小，宜采用 Q/H 值低(高剪切型)的搅拌器，其中涡轮式为首选，其具有高剪切的特点。搅拌功率主要消耗于液体湍动剪切即压头上。

自 测 题

一、填空题

1. 搅拌器叶片有三种形状，即________、________和________。

2. 涡轮式叶轮是________流型的代表，其具有流量________和压头________的特点；推进式叶轮是________流型的代表，其具有流量________和压头________的特点；锚式搅拌器则以________流型为主。

3. 适用于高黏度液体的搅拌器有________、________、________和________等。

4. 抑制“打旋”现象发生的措施是____________和____________。

5. 全挡板条件是指____。

6. 混合机理认为，强制对流扩散包括________和________。液体微团的最终消失靠________扩散。

7. 搅拌器的两种基本功能是__________和__________。

8. 搅拌功率是槽内液体________和________的量度，又是选配________的依据。

9. 影响搅拌功率的因素包括______、______、______和______等 4 个方面。

10. 选择搅拌设备时应考虑的主要因素是________、________和________。

11. 对于几何构型相同的搅拌器，不论其尺寸大小均可用________计算搅拌功率。

12. 折叶式叶轮在搅拌槽内形成的流型是__________。

二、选择题

1. 适应性最强、几乎可有效完成生产过程对搅拌要求的搅拌器是(　　)。

A. 桨式；　B. 涡轮式；　C. 推进式；　D. 锚式

2. 均相液体混合，宜选用的搅拌器是(　　)；制备乳状液或悬浮液宜选择的搅拌器是(　　)；促进高黏度液体传热；应以(　　)搅拌器为首选。

A. 推进式；　B. 涡轮式；　C. 锚式；　D. 平桨式

3. 搅拌槽内的 Q/H 反映了搅拌功率对流量和压头的分配关系。若要快速分散(或微观混合均匀)，则 Q/H 值宜(　　)；若强化液体和壁面之间传热，Q/H 值宜(　　)

A. 较大；　B. 较小；　C. 适中；　D. 无法确定

4. 介质黏度由大到小，选择搅拌器的顺序是(　　)、(　　)、(　　)和(　　)。

A. 平桨式；　B. 涡轮式；　C. 框式；　D. 推进式

5. 为了达到理想的搅拌器放大效果，搅拌设备在满足(　　)相似前提下，还必须满足其他一些相似条件。

A. 运动；　　B. 动力；　　C. 几何；　　D. 反应

6. 某搅拌装置中，液体密度 $\rho=980\ \mathrm{kg/m^3}$，黏度 $\mu=41\ \mathrm{Pa\cdot s}$，叶轮直径 $d=0.4\ \mathrm{m}$，其转速为 $n=126\ \mathrm{r/min}$，则液体流型为(　　)。

A. 湍流；　　B. 完全层流；　　C. 部分层流；　　D. 过渡区

7. 为设计一套工业规模的搅拌设备，在实验室进行三次几何相似的放大试验，试验数据见本题附表。

习题 7 附表　几何相似试验数据

序号	槽径 D/mm	叶轮直径 d/mm	转速 $n/(\mathrm{r\cdot min^{-1}})$
1	200	67	1 360
2	400	135	675
3	800	270	340

该搅拌设备遵循的放大准则为(　　)。

A. 保持搅拌雷诺数 Re 不变，$Re\propto nd^2$；　　B. 保持叶端速度 u_T 不变，$u_T\propto nd$；

C. 保持单位体积功率 N/V 不变，$N/V\propto n^3d^2$；　　D. 保持 Q/H 不变，$Q/H\propto d/n$

8. 习题 7 的试验结果，放大的工业"标准"构型搅拌设备槽径 $D=2.4\ \mathrm{m}$，则叶轮转速 n 为(　　)。

A. 1 360 r/min；　　B. 675 r/min；　　C. 340 r/min；　　D. 114 r/min

三、计算题

1. 采用"标准"构型的搅拌设备制备均相高分子水溶液。溶液的密度 $\rho=1\ 100\ \mathrm{kg/m^3}$，黏度 $\mu=0.028\ \mathrm{Pa\cdot s}$。搅拌槽直径 $D=1.8\ \mathrm{m}$，当叶端速度 $u_T=9.46\ \mathrm{m/s}$ 时，可获得满意搅拌效果。试计算所需的搅拌功率。

2. 习题 1 的搅拌槽中不设置挡板，试求搅拌功率。

3. 在"标准"构型搅拌设备中搅拌高黏度液体，液体黏度 $\mu=46\ \mathrm{Pa\cdot s}$，密度 $\rho=1\ 060\ \mathrm{kg/m^3}$，搅拌器叶轮直径 $d=0.5\ \mathrm{m}$，转速 $n=1.5\ \mathrm{r/s}$。试求搅拌功率。

本章符号说明

英文字母

A——系数；

b——桨叶的宽度，m；

B、B'——系数，量纲为 1；

C——搅拌器距槽底的高度，m；

d——叶轮直径，m；

D——搅拌槽内径，m；

Fr——弗劳德数，量纲为 1；

g——重力加速度，$\mathrm{m/s^2}$；

h——搅拌器高度，m；

H——槽内流体的深度，m；

H——压头，m；

K、K_1、K_2——常数，量纲为 1；

l——桨叶长度，m；

n——搅拌器转速，r/s；

n_b——挡板数量；

N——搅拌功率，W；

N_a——通气系数，量纲为1；

N_g——通气搅拌功率，W；

N_P——功率数，量纲为1；

Q——流量，m^3/s；

Q_1——叶轮排液量，m^3/s；

Q_g——通气速率，m^3/s；

Re——雷诺数，量纲为1；

Re_c——临界雷诺数，量纲为1；

s——桨叶螺距，m；

u_T——叶端线速度，m/s；

V——流体的体积，m^3；

W——挡板宽度，m；

We——韦伯数，量纲为1；

x——指数；

x_v——分散相的体积分数；

x_{vo}——有机溶剂相的体积分数；

x_{vs}——固体颗粒的体积分数；

x_{vw}——水相的体积分数；

y——指数，量纲为1；

z——桨叶数量

希腊字母

α——桨叶后弯角，°；

β——桨叶上翘角，°；

δ——桨叶叶端与槽壁的间隙，m；

ε——悬浮液中固液体积比，量纲为1；

Φ——功率因数，量纲为1；

μ——流体的黏度，Pa·s；

μ_a——表观黏度，Pa·s；

μ_c——连续相的黏度，Pa·s；

μ_d——分散相的黏度，Pa·s；

μ_m——物料的平均黏度，Pa·s；

μ_o——有机溶剂相的黏度，Pa·s；

μ_w——水相的黏度，Pa·s；

θ——桨叶的折叶角，°；

ρ——流体的密度，kg/m^3；

ρ_c——连续相的密度，kg/m^3；

ρ_d——分散相的密度，kg/m^3；

ρ_m——物料的平均密度 kg/m^3；

ρ_s——固体颗粒的密度 kg/m^3；

σ——表面张力，J/m^2；

ζ_1、ζ_2——与搅拌器结构尺寸有关的常数，量纲为1

第五章

传　　热

学习指导

一、学习要求

通过本章的学习，要求掌握传热过程的基本原理、影响传热速率的因素及传热速率控制的一般规律，以便根据生产需要选择合适的传热设备及强化传热途径。

二、应重点掌握的内容

1. 热传导速率方程及其应用。

2. 对流传热系数的影响因素及关联式。

3. 换热器的热量衡算，总传热速率方程和总传热系数的计算。

4. 换热器的结构型式和传热过程强化途径。

三、学习方法

热量传递是化工过程三大传递之一。学习本章应分清主次内容，突出重点，灵活应用传热过程基本原理解决换热器的计算及选型等。

学习本章以总传热速率方程为主线，并通过该式各参数（包括 Q、K、S、Δt_m）的计算和分析，将本章中各知识点有机地联系起来。在换热器的结构型式中，以管壳式换热器为代表，了解结构设计（管方分程、壳程加折流挡板等）和热补偿需要考虑的问题。同时，也要理解热边界层、传热单元数及热效率等概念，了解量纲分析方法在传热中的应用。

学习要点

一、传热过程概述

传热是指由于温度差引起的能量转移，又称热传递。传热过程普遍地存在于化工生产中，且具有极其重要的作用。本章主要讨论的是稳态传热，即传热速率在任何时刻都为常数，并且系统中各点的温度仅随空间位置变化而与时间无关。

(一) 传热的基本方式

根据传热机理的不同,热传递有三种基本方式:热传导、热对流(或涡流传热)和热辐射。传热可依靠其中一种方式或几种方式同时进行,通常以这三种方式的组合方式出现,如套管换热器中的传热就是前两者的组合。化工生产中常将由热对流和热传导两种方式组合而成的流体和壁面之间的传热过程称为对流传热,又见下文三(一)。

(二) 传热过程中热、冷流体(接触)热交换方式

1. 热、冷流体接触方式及换热器

对于某些传热过程,可使热、冷流体直接混合接触进行热交换,所采用的设备称为混合式换热器或直接接触式换热器。直接接触式换热器传热效果好,设备结构简单。蓄热式换热器是热、冷流体交替地流过蓄热器,利用内装的固体填充物来积蓄和释放热量,从而达到换热的目的。在化工生产中遇到的多是间壁式换热器,即冷、热流体分别在壁面两侧流动,通过固体壁面进行热交换,各种管式和板式结构的换热器均属此类。

2. 热、冷流体通过间壁两侧的传热过程包括以下三个步骤:

(1) 热流体以对流传热方式将热量传递至管壁;

(2) 热量以热传导方式由管壁高温一侧传递至低温一侧;

(3) 传递至壁面低温一侧的热量又以对流传热方式传递给冷流体。

(三) 典型的间壁式换热器

套管式换热器是最简单的间壁式换热器。一种流体在管内流动,另一种流体在管外环隙中流动,两种流体通过内管管壁进行热交换,内管壁的表面积为传热面积。

列管式换热器主要由壳体、管束、管板和封头等部件构成。列管式换热器又称管壳式换热器,是工业生产中常用的间壁式换热器。一种流体在管内流动称为管程流体,另一种流体在壳与管束之间从表面流过称为壳程流体。

传热速率和热通量是评价换热器性能的重要指标。传热速率 Q 是指单位时间内通过传热面传递的热量,其单位为 W。热通量 q 是指单位时间内通过单位传热面积传递的热量,其单位为 W/m^2。计算热通量时要标明所选择的基准面积,因为管内侧面积 S_i、管外侧面积 S_o、平均面积 S_m 不同,q 值也不同。

(四) 载热体及其选择

物料在加热或冷却时,通常需要另一种流体供给或取走热量,此种流体称为载热体。其中起加热作用的载热体称为加热剂或加热介质;起冷却作用的载热体称为冷却剂。对于一定的传热过程,工艺条件决定了待加热或冷却物料的初始及终了温度,因此所需提供或取出的热量是一定的。

选择载热体时应考虑载热体的温度应易于调节控制;饱和蒸气压较低;毒性小,不易燃易爆,不易腐蚀设备;价格便宜,来源容易等。

二、热传导

(一) 基本概念

热传导:不依靠物体内部各部分质点的宏观混合运动,而是借助于物体分子、原子、离子、自由电子等微观粒子的热运动产生的热量传递称为热传导,简称导热。

（二）傅里叶定律

描述热传导现象的物理定律为傅里叶定律，其表达式如下：

$$\frac{\mathrm{d}Q}{\mathrm{d}S}=-\lambda\frac{\partial t}{\partial n} \tag{5-1}$$

式中 dQ 为微分热传导速率，W；dS 为与热传导方向垂直的微分传热面（等温面）面积，m^2；λ 为物质的导热系数（热导率），W/(m·℃)；$\frac{\partial t}{\partial n}$为温度梯度，℃/m；负号表示热通量$\frac{\mathrm{d}Q}{\mathrm{d}S}$的方向与温度梯度$\frac{\partial t}{\partial n}$的方向相反，亦即热量朝着温度降低的方向传递。

一维（例如 x 方向）稳态热传导傅里叶定律表达式为

$$\frac{\mathrm{d}Q}{\mathrm{d}S}=-\lambda\frac{\mathrm{d}t}{\mathrm{d}x} \tag{5-2}$$

（三）导热系数

导热系数表征了物质热传导能力的大小，是物质的基本物理性质之一。其定义表达式如下：

$$\lambda=-\frac{\mathrm{d}Q/\mathrm{d}S}{\partial t/\partial n} \tag{5-3}$$

各种物质的导热系数通常用实验方法测定。工程计算中常见物质的导热系数可从有关手册中查取。导热系数数值的变化范围很大。一般来说，金属的导热系数为 15～420 W/(m·℃)，非金属固体的导热系数为 0.2～3.0 W/(m·℃)，液体的导热系数为 0.1～0.7 W/(m·℃)，气体的导热系数为 0.006～0.06 W/(m·℃)，绝热材料的导热系数为 0.003～0.06 W/(m·℃)。

（四）热传导的四种基本形式

1. 单层平壁一维稳态热传导

对于单层平壁，其传热速率方程可由傅里叶定律积分得到，表示为

$$Q=\frac{\lambda S}{b}(t_1-t_2) \tag{5-4}$$

或

$$Q=\frac{t_1-t_2}{\dfrac{b}{\lambda S}}=\frac{\Delta t}{R} \tag{5-5}$$

式中　R——导热热阻，℃/W。

该热传导速率方程又可表示为

$$\text{过程热传导速率}=\frac{\text{热传导推动力}}{\text{热传导阻力}}$$

2. 多层平壁一维稳态热传导

对于 n 层平壁，假设层与层之间接触良好，不存在接触热阻，其传热速率方程可表示为

$$Q=\frac{t_1-t_{n+1}}{\sum_{i=1}^{n}\frac{b_i}{\lambda_i S}} \tag{5-6}$$

式中 i 表示平壁的序号。

由式(5-6)可知,多层平壁热传导的总推动力为总温度差,总热阻为各层热阻之和。因此三层平壁一维稳态热传导速率方程可表示为

$$Q=\lambda_1 S\frac{t_1-t_2}{b_1}=\lambda_2 S\frac{t_2-t_3}{b_2}=\lambda_3 S\frac{t_3-t_4}{b_3} \tag{5-7}$$

3. 单层圆筒壁的一维稳态热传导

可以推得单层圆筒壁的一维稳态热传导速率方程为

$$Q=2\pi\lambda L\frac{t_1-t_2}{\ln\frac{r_2}{r_1}} \tag{5-8}$$

或者

$$Q=\lambda S_{\mathrm{m}}\frac{t_1-t_2}{r_2-r_1} \tag{5-9}$$

其中,

$$S_{\mathrm{m}}=2\pi r_{\mathrm{m}}L=\frac{S_2-S_1}{\ln\frac{S_2}{S_1}} \tag{5-10}$$

式中 r_{m}、S_{m} 分别为圆筒壁的对数平均半径和对数平均面积。

4. 多层圆筒壁的一维稳态热传导

对于 n 层圆筒壁,应用串联热阻的概念,热传导速率方程为

$$Q=\frac{t_1-t_{n+1}}{\sum_{i=1}^{n}\frac{b_i}{\lambda_i S_{\mathrm{m}i}}}=\frac{t_1-t_{n+1}}{\sum_{i=1}^{n}\frac{1}{2\pi L\lambda_i}\ln\frac{r_{i+1}}{r_i}} \tag{5-11}$$

式中 i 表示圆筒壁的序号。

同多层平壁的热传导类似,多层圆筒壁的一维稳态热传导的总推动力为总温度差,总热阻为各层热阻之和。

三、热对流及对流传热

(一) 热对流

热对流是指流体内部因各质点发生相对位移而引起的热交换,也称涡流传热。化工生产中经常研究的是流体流过固体壁面时,流体和固体壁面间发生的热量传递,既有热对流,又有紧贴壁面的热传导,是二者的组合方式,常将其称为对流传热。

(二) 对流传热分析

若流体温度与壁面温度不同,则二者之间将进行热交换。假定壁面温度高于流体温度,在对

流传热过程中，除热的流动外，还涉及流体的运动，温度场与速度场将会发生相互作用。

当流体流过固体壁面时，由于流体黏性的作用，使壁面附近的流体减速而形成速度边界层，边界层内存在速度梯度。处于层流状态下的流体，在与流动方向相垂直的方向上进行热量传递时，由于不存在流体的旋涡运动与混合，故传递方式为热传导。

当湍流的流体流经固体壁面时，将形成湍流边界层。由速度边界层的知识可知，湍流边界层由靠近壁面处的层流内层、离开壁面一定距离处的缓冲层和湍流核心三部分组成。由于流体具有黏性，故紧贴壁面的一层流体，其速度为零。由此可知，固体壁面处的热量首先以热传导方式通过静止的流体层进入层流内层，在层流内层中传热方式亦为热传导；然后热流经层流内层进入缓冲层，在缓冲层内兼有热传导和涡流传热两种传热方式；热流最后由缓冲层进入湍流核心，在湍流核心的热量传递以旋涡运动引起的传热为主，而分子运动所引起的热传导可以忽略不计。就热阻而言，层流内层的热阻占总对流传热热阻的大部分，故该层流体虽然很薄，但热阻却很大，因而温度梯度也很大。湍流核心的温度则较为均匀，热阻很小。湍流传热机理如图 5-1 所示。

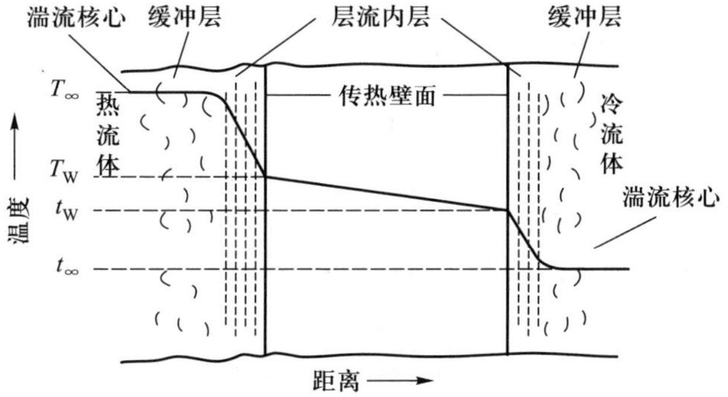

图 5-1　对流传热的温度分布情况

由上述分析可知，对流传热是集热对流（或涡流传热）和热传导于一体的综合现象。对流传热的热阻主要集中在层流内层，因此，减薄层流内层的厚度是强化对流传热的主要途径。

有相变的传热过程——冷凝和沸腾传热的机理与一般强制对流传热有所不同，这主要是由于前两者有相的变化，界面不断被扰动，故可大大加快传热速率。

（三）对流传热系数 α

根据牛顿冷却定律，流体和壁面间的对流传热速率方程为

$$dQ=\frac{T_\infty-T_W}{1/(\alpha dS)}=\alpha(T_\infty-T_W)dS=\frac{t_W-t_\infty}{1/(\alpha dS)}=\alpha(t_W-t_\infty)dS \qquad (5-12)$$

式中 T_∞ 和 T_W 分别为换热器任一截面上热流体的平均温度和与热流体相接触一侧的壁面温度，℃；t_∞ 和 t_W 分别为换热器任一截面上冷流体的平均温度和与冷流体相接触一侧的壁面温度，℃；α 为局部对流传热系数，W/(m^2·℃)。

对流传热系数在数值上等于单位温度差下、单位传热面积的对流传热速率，其单位为 W/(m^2·℃)，它反映了对流传热的快慢，α 越大表示对流传热越快。对流传热系数 α 不是流体的物理性质，而是受诸多因素影响的一个系数，反映对流传热热阻的大小。

（四）热边界层

当温度为 t_∞ 的流体在表面温度为 t_W 的平板上流过时，流体和平板间进行换热。如前所述，此时仅在靠近板面的薄流体层中存在温度梯度，将此薄层定义为热边界层。在热边界层以外的区域，流体的温度基本上相同，即温度梯度可视为零。热边界层的厚度用 δ_t 表示，其值与速度边界层的厚度 δ 相当。显然，热边界层是进行对流传热的主要区域。热边界层内紧贴壁面的一层流体为层流内层，其传热机理为热传导，稳态传热时满足傅里叶定理，则联立傅里叶定理式(5－2)和牛顿冷却定律式(5－12)可得

$$\alpha=-\frac{\lambda}{t_W-t_\infty}\left(\frac{dt}{dy}\right)_W=-\frac{\lambda}{\Delta t}\left(\frac{dt}{dy}\right)_W \tag{5-13}$$

式中　λ——流体的导热系数，W/(m·℃)。

式(5－13)是对流传热系数 α 的另一定义式，它表明在 $\lambda/\Delta t$ 保持不变的条件下，加大 $(dt/dy)_W$ 可提高 α。

（五）牛顿冷却定律

对流传热速率可由牛顿冷却定律描述，即

$$\frac{dQ}{dS}=\alpha\Delta t \tag{5-14}$$

式中　dQ——微分对流传热速率，W；

dS——与传热方向垂直的微分传热面面积，m^2；

Δt——固体壁面与流体主体之间的温度差，℃；

α——对流传热系数，或称膜系数，$W/(m^2\cdot℃)$。

工程上，经常遇到蒸汽在冷表面上凝结及液体在热壁面上沸腾的对流传热问题，分别称之为冷凝传热和沸腾传热，它们是伴有相变的对流传热过程。由于在相界面处产生剧烈的扰动，故其对流传热系数要比无相变时高得多。

四、对流传热系数

对流传热的分类如下：

- 对流传热
  - 无相变
    - 强制对流传热
    - 自然对流传热
      - 大空间自然对流
      - 有限空间自然对流
    - 混合对流传热
  - 有相变
    - 沸腾传热
      - 池内沸腾
      - 流动沸腾
    - 冷凝传热

（一）影响对流传热系数的因素

由对流传热的机理分析可知，对流传热系数决定于热边界层内的温度梯度。而温度梯度与流体的物性、温度、流动状况及壁面几何状况等诸多因素有关。

1. 流体的种类和相变的情况

2. 流体的物性

对 α 值影响较大的流体物性有：导热系数、黏度、比热容、密度及体积膨胀系数。对于同一种流体，这些物性又是温度的函数，其中某些物性还与压力有关。

3. 流体的温度

流体温度对 α 值的影响表现在流体温度与壁面温度之差 Δt、流体物性随温度变化的程度及附加自然对流等方面的综合影响。

4. 流体的流动型态

由层流和湍流的传热机理可知，湍流时的对流传热系数远比层流时大。

5. 流体流动的原因

自然对流和强制对流的流动原因不同，因而具有不同的流动和传热规律。

6. 传热面的形状、位置和大小

传热面的形状（如管、板、环隙、翅片等）、传热面方位和布置（水平或垂直放置，管束的排列方式）及管道尺寸（如管径、管长）等都直接影响对流传热系数。

（二）对流传热系数关联式

求算对流传热系数的方法主要有两种：即理论方法和实验方法。前者是通过对各类对流传热现象进行理论分析，建立描述对流传热现象的方程组，然后用数学分析的方法求解。由于过程的复杂性，目前对一些较为简单的对流传热现象可以用数学分析方法求解；近年来，随着计算机技术的发展，对于一些较为复杂的对流传热现象，也可以借助于计算流体力学、计算传热学等方法，进行数值模拟求解。后者是结合实际建立关联式，对于工程上遇到的对流传热问题仍主要依赖于实验方法。

表 5－1 列出了对流传热系数关联式中各量纲为 1 数群的名称、符号和含义。

表 5－1　对流传热系数关联式中各量纲为 1 数群的名称、符号和含义

量纲为 1 数群名称	符号	量纲为 1 数群定义式	含义
努塞尔数 (Nusselt number)	Nu	$\frac{\alpha l}{\lambda}$	表示对流传热系数的量纲为 1 数群
雷诺数 (Reynolds number)	Re	$\frac{lu\rho}{\mu}$	表示惯性力与黏性力之比，是表征流动状态的量纲为 1 数群
普朗特数 (Prandtl number)	Pr	$\frac{c_p\mu}{\lambda}$	表示速度边界层和热边界层相对厚度的一个量纲为 1 数群，反映与传热有关的流体物性
格拉晓夫数 (Grashof number)	Gr	$\frac{l^3\rho^2 g\beta\Delta t}{\mu^2}$	表示由温度差引起的浮力与黏性力之比的量纲为 1 数群

下面介绍几种重要的求 α 的关联式。

1. 流体无相变时的对流传热系数

流体在光滑圆形直管内作强制湍流。

(1) 低黏度流体　可应用迪特斯(Dittus)－贝尔特(Boelter)关联式：

$$Nu=0.023\,Re^{0.8}Pr^{n} \tag{5-15}$$

或

$$\alpha=0.023\frac{\lambda}{d_{\mathrm{i}}}\left(\frac{d_{\mathrm{i}}u\rho}{\mu}\right)^{0.8}\left(\frac{c_p\mu}{\lambda}\right)^{n} \tag{5-16}$$

式中的 n 值视热流方向而定，当流体被加热时，$n=0.4$；当流体被冷却时，$n=0.3$。

应用范围：$Re>10^4$，$0.7<Pr<120$，$\frac{L}{d_{\mathrm{i}}}>60$（$L$ 为管长）。

若$\frac{L}{d_{\mathrm{i}}}<60$，需考虑传热进口段对 α 的影响，此时可将由式（5－16）求得的 α 值乘以 $\left[1+\left(\frac{d_{\mathrm{i}}}{L}\right)^{0.7}\right]$进行校正。

特性尺寸：管内径 d_{i}。

定性温度：流体进、出口温度的算术平均值。

当换热管总根数一定时，从式（5－16）可得如下关系，即

$$\alpha_{\mathrm{i}}\propto\frac{W_{\mathrm{i}}^{0.8}}{d^{1.8}} \tag{5-16a}$$

（2）高黏度流体 可应用西德尔（Sieder）－泰特（Tate）关联式

$$Nu=0.027\,Re^{0.8}Pr^{1/3}\varphi_{\mu} \tag{5-17}$$

或

$$\alpha=0.027\frac{\lambda}{d_{\mathrm{i}}}\left(\frac{d_{\mathrm{i}}u\rho}{\mu}\right)^{0.8}\left(\frac{c_p\mu}{\lambda}\right)^{1/3}\left(\frac{\mu}{\mu_{\mathrm{W}}}\right)^{0.14} \tag{5-18}$$

式中的 $\varphi_{\mu}=\left(\frac{\mu}{\mu_{\mathrm{W}}}\right)^{0.14}$ 也是考虑热流方向的校正项。μ_{W} 为壁面温度下流体的黏度。

应用范围：$Re>10^4$，$0.7<Pr<1\,700$，$\frac{L}{d_{\mathrm{i}}}>60$（$L$ 为管长）。

特性尺寸：管内径 d_{i}。

定性温度：除 μ_{W} 取壁温外，均取流体进、出口温度的算术平均值。

2. 有相变时的对流传热系数

包括蒸气冷凝传热和液体沸腾传热。

（1）蒸气冷凝传热 当蒸气处于比其饱和温度低的环境中时，将发生冷凝现象。蒸气冷凝主要有膜状冷凝和滴状冷凝两种方式（如图5－2所示）。

膜状冷凝时的对流传热系数是采用努塞尔首先提出的努塞尔理论公式，即

$$\alpha=0.943\left(\frac{r\rho^2g\lambda^3}{\mu L\Delta t}\right)^{1/4} \tag{5-19}$$

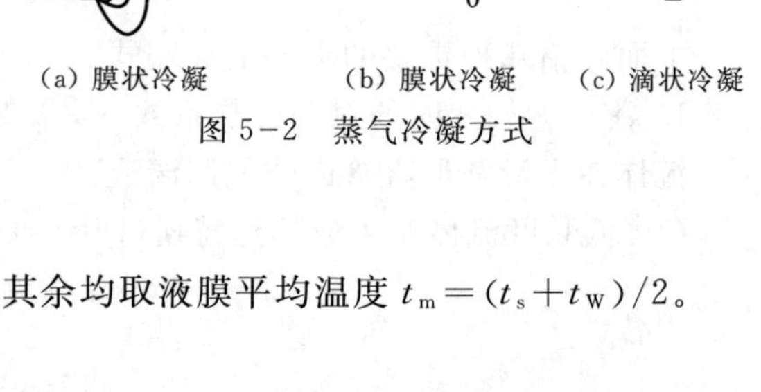

（a）膜状冷凝 （b）膜状冷凝 （c）滴状冷凝

图 5－2 蒸气冷凝方式

特性尺寸：取垂直管或板的高度。

定性温度：除蒸气冷凝潜热取饱和温度 t_{s} 外，其余均取液膜平均温度 $t_{\mathrm{m}}=(t_{\mathrm{s}}+t_{\mathrm{W}})/2$。

实际上，在雷诺数低至 30 或 40 时，液膜即出现了波动，而使实际值较理论计算值为高，由于此种现象非常普遍，麦克亚当斯(McAdams)建议在工程设计时，应将计算结果提高 20%，即

$$\alpha=1.13\left[\frac{r\rho^2 g\lambda^3}{\mu L(t_s-t_W)}\right]^{1/4} \tag{5-20}$$

当液膜呈现湍流流动时，可应用柯克柏瑞德(Kirkbride)的经验公式计算，即

$$\alpha=0.007\ 6\lambda\left(\frac{\rho^2 g}{\mu^2}\right)^{1/3}Re^{0.4} \tag{5-21}$$

式中的定性温度仍取液膜的平均温度。

对于蒸气在单根水平管外的层流膜状冷凝，努塞尔曾经获得下述关联式：

$$\alpha=0.725\left[\frac{r\rho^2 g\lambda^3}{\mu d_o(t_s-t_W)}\right]^{1/4} \tag{5-22}$$

式中定性尺寸为管外径 d_o。

若水平管束在垂直列上的管数为 n，则冷凝传热系数仍可按式(5-22)计算，但式中的 d_o 需以 nd_o 代替，即

$$\alpha=0.725\left[\frac{r\rho^2 g\lambda^3}{\mu n d_o(t_s-t_W)}\right]^{1/4} \tag{5-23}$$

(2) 液体沸腾传热　所谓液体沸腾是指在液体的对流传热过程中，伴有由液相变为气相，即在液相内部产生气泡或气膜的过程。

工业上的液体沸腾主要有两种：其一是将加热表面浸入液体的自由表面之下，液体在壁面受热沸腾，此时，液体的运动仅由于自然对流和气泡的扰动，称之为池内沸腾；其二是液体在管内流动过程中于管内壁发生的沸腾，称为流动沸腾，亦称为管内沸腾。此时液体的流速对传热速率有强烈的影响，而且在加热表面上产生的气泡不能自由上升并被迫与液体一起流动，从而出现复杂的气-液两相流动状态，其传热机理要较池内沸腾复杂得多。

无论是池内沸腾，还是流动沸腾又均可分为过冷沸腾和饱和沸腾。这里主要讨论池内饱和沸腾。

池内沸腾时，热通量的大小取决于加热壁面温度与液体饱和温度之差 $\Delta t=t_W-t_s$，图 5-3 示出了常压下水在池内沸腾时的热通量 $Q/S(q)$、对流传热系数 α 与沸腾温度差 Δt 之间的关系曲线。

由水的沸腾曲线分析可知，液体沸腾分为三个阶段，即自然对流、泡核沸腾或泡状沸腾和膜状沸腾。由于泡核沸腾时可获得较高的对流传热系数和热通量，故工程上总是设法控制在泡核沸腾下操作。

液体沸腾传热的影响因素有液体性质、温度差 Δt、操作压力和加热壁面状况等。由于沸腾传热的

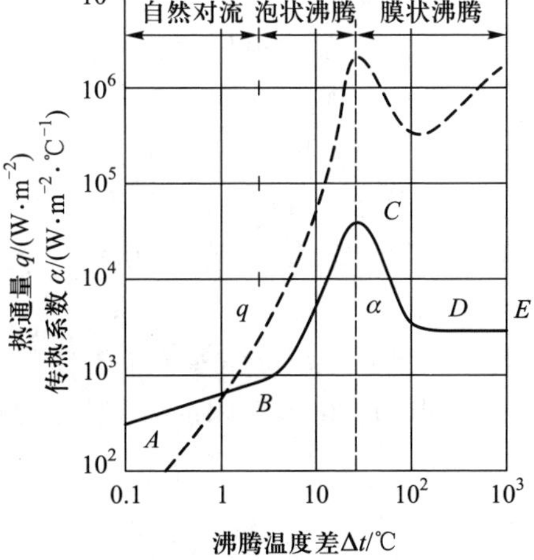

图 5-3　水的沸腾曲线

机理十分复杂，目前还没有适当的理论公式可以描述整个沸腾传热过程，故其传热系数的计算仍主要借助于经验公式。

表 5-2 列出了几种对流传热情况下的 α 数值范围。

表 5-2 α 值的范围

换热方式	空气自然对流	气体强制对流	水自然对流	水强制对流	水蒸气冷凝	有机蒸气冷凝	水沸腾
α/[W·(m²·℃)⁻¹]	5～25	20～100	20～1 000	1 000～15 000	5 000～15 000	500～2 000	2 500～25 000

五、辐射传热

因热的原因引起的电磁波辐射，即为热辐射。

热辐射和光辐射的本质相同，所不同的仅仅是波长的范围。热辐射和可见光线一样，都服从反射和折射定律，在均匀介质中作直线传播，在真空和大多数气体中可以完全透过，但不能透过工业上常见的大多数固体或液体。

(一) 基本概念和定律

假设投射在某一物体上的总辐射能量为 Q，被吸收的能量为 Q_A，被反射的能量为 Q_R，被透过的能量为 Q_D。

$A=\dfrac{Q_A}{Q}$为物体的吸收率；$R=\dfrac{Q_R}{Q}$为物体的反射率；$D=\dfrac{Q_D}{Q}$为物体的透过率。

根据能量守恒定律，可得 $A+R+D=1$。

1. 概念

能完全吸收辐射能的物体，即 $A=1$，称为黑体或绝对黑体。

能全部反射辐射能的物体，即 $R=1$，称为镜体或绝对白体。

能透过全部辐射能的物体，即 $D=1$，称为透热体。

能够以相等的吸收率吸收所有波长辐射能的物体，称为灰体。

大多数工业上常见的固体材料可视为灰体。灰体具有如下特点：

(1) 吸收率 A 与辐射线的波长无关；

(2) 是不透热体，即 $A+R=1$。

物体在一定温度下，单位表面积、单位时间内所发射的全部波长的辐射能，称为该物体在该温度下的辐射能力，以 E 表示，单位为 W/m^2。在相同条件下，物体发射特定波长的能力称为单色辐射能力，用 E_λ 表示，单位为 W/m^3。

2. 定律

普朗克(Planck)定律揭示了黑体的单色辐射能力随波长变化的规律。斯蒂芬(Stefan)-玻耳兹曼(Boltz mann)定律揭示了黑体的辐射能力与其表面温度的关系，其表达式为

$$E_b=\sigma_0 T^4=C_0\left(\frac{T}{100}\right)^4 \tag{5-24}$$

式中 σ_0——黑体的辐射常数，$W/(m^2\cdot K^4)$；

C_0——黑体的辐射系数，$W/(m^2 \cdot K^4)$；

T——黑体的热力学温度，K。

基尔霍夫(Kirchhoff)定律揭示了物体的辐射能力 E 与吸收率 A 的关系，即

$$\frac{E_1}{A_1}=\frac{E_2}{A_2}=\cdots=\frac{E}{A}=E_b=f(T) \tag{5-25}$$

灰体的辐射能力与同温度下黑体的辐射能力之比，定义为灰体的黑度(或灰体的发射率)，用 ε 表示，即

$$\varepsilon=\frac{E}{E_b} \tag{5-25a}$$

显见，同一温度下，A 和 ε 在数值上相等。

(二) 两固体间的辐射传热

两灰体间的辐射传热速率为

$$Q_{1-2}=C_{1-2}\varphi S\left[\left(\frac{T_1}{100}\right)^4-\left(\frac{T_2}{100}\right)^4\right] \tag{5-26}$$

式中　Q_{1-2}——两灰体间净辐射传热速率，W；

C_{1-2}——总辐射系数，视两物体间的位置而定；

S——辐射面积，m^2；

T_1、T_2——分别为高温和低温表面的热力学温度，K；

φ——几何因数(角系数)。

上式表明两灰体间的辐射传热速率正比于二者的热力学温度 4 次方之差。

(三) 对流和辐射联合传热

当设备外壁温度高于环境温度时，热量将以对流和辐射两种方式自壁面向环境传递，导致热损失。热损失速率由考虑对流和辐射传热的总传热速率方程计算，方程中考虑对流和辐射传热的总传热系数有相应的估算公式。

六、换热器的传热过程计算

换热器的传热计算包括设计型和校核型两种类型，但是两种类型的计算遵循同样的基本原理：能量衡算方程(或热平衡方程)和总传热速率方程。

传热计算有两种方法，即平均温度差法和传热单元数法。对于设计型计算，平均温度差法较为简便。对于校核型计算，传热单元数法有其优势。重点掌握平均温度差法。

(一) 能量衡算

间壁式换热器的能量衡算以小时为基准。因系统中无外功加入，且在大多数情况下位能和动能均可忽略，故其本质为焓的衡算。

假设换热器的绝热性能良好，热损失可以忽略，则单位时间内换热器中热流体放出的热量等于冷流体吸收的热量，即

$$Q=w_h(I_{h1}-I_{h2})=w_c(I_{c2}-I_{c1}) \tag{5-27}$$

式中 Q——换热器的热负荷，kJ/h 或 kW；

w——流体的质量流量，kg/h 或 kg/s；

I——流体的焓，kJ/kg。

下标 c 和 h 分别表示冷、热流体。下标 1 和 2 分别表示换热器的进、出口。

若换热器中的冷、热流体均无相变，且流体的比定压热容不随温度变化或可取平均温度下的比定压热容值，有

$$Q=w_h c_{ph}(T_1-T_2)=w_c c_{pc}(t_2-t_1) \tag{5-28}$$

若换热器中的流体发生相变，如饱和蒸气冷凝时，热平衡方程可写为

$$Q=w_h r=w_c c_{pc}(t_2-t_1) \tag{5-29}$$

式中 r——饱和蒸气的汽化热，kJ/kg。

若冷凝液的排出温度低于蒸气的饱和温度时，有

$$Q=w_h[r+c_{ph}(T_s-T_2)]=w_c c_{pc}(t_2-t_1) \tag{5-30}$$

式中 T_s——冷凝液的饱和温度，℃。

（二）总传热速率微分方程和总传热系数

根据导热速率方程和对流传热速率方程进行计算时，必须知道壁温，但是壁温往往是未知的。为了避开壁温，便于计算，需要建立以冷、热流体温度差为传热推动力的传热速率方程，该方程即为总传热速率方程。

1. 总传热速率方程的微分形式

冷、热流体通过任一微元面积 dS 的间壁传热过程的传热速率方程可以仿照牛顿冷却定律写出

$$\mathrm{d}Q=\alpha_i(T-T_W)\mathrm{d}S_i=\frac{\lambda}{b}(T_W-t_W)\mathrm{d}S_m=\alpha_o(t_W-t)\mathrm{d}S_o \tag{5-31}$$

式中 α_i、α_o——分别为间壁内、外侧流体的对流传热系数，W/(m²·℃)；

t_W、T_W——分别为与冷、热流体接触一侧的壁面温度，℃；

S_i、S_o、S_m——分别为管内表面积、外表面积和平均表面积，m²。

根据串联热阻叠加原理，可得

$$\frac{\mathrm{d}Q}{\mathrm{d}S_o}=\frac{T-t}{\dfrac{d_o}{\alpha_i d_i}+\dfrac{b}{\lambda d_m}+\dfrac{1}{\alpha_o}} \tag{5-32}$$

令

$$K_o=\frac{1}{\dfrac{d_o}{\alpha_i d_i}+\dfrac{b}{\lambda d_m}+\dfrac{1}{\alpha_o}}$$

同理可得

$$K_i=\frac{1}{\dfrac{d_i}{\alpha_o d_o}+\dfrac{bd_i}{\lambda d_m}+\dfrac{1}{\alpha_i}} \tag{5-33}$$

$$K_m=\frac{1}{\dfrac{d_m}{\alpha_i d_i}+\dfrac{b}{\lambda}+\dfrac{d_m}{\alpha_o d_o}} \tag{5-34}$$

所以有

$$dQ=K_i(T-t)dS_i=K_m(T-t)dS_m=K_o(T-t)dS_o \tag{5-35}$$

式中　K_i、K_o、K_m——分别为基于管内表面积、外表面积和平均表面积的局部传热系数，$W/(m^2\cdot℃)$。

从上面可以看出

$$\frac{K_o}{K_i}=\frac{dS_i}{dS_o}=\frac{d_i}{d_o} \tag{5-36}$$

$$\frac{K_o}{K_m}=\frac{dS_m}{dS_o}=\frac{d_m}{d_o} \tag{5-37}$$

式中　d_i、d_o、d_m——分别为管的内径、外径和平均直径，m。

2. 总传热系数

(1) 总传热系数的计算　总传热系数 K 是评价换热器性能的一个重要参数，也是对换热器进行传热计算的依据。K 值主要取决于流体的物性、传热过程的操作条件及换热器的类型。

换热器在实际操作中，传热表面常有污垢积存，对传热产生附加热阻，设管壁内、外侧表面上的污垢热阻分别用 R_{si} 和 R_{so} 表示，根据热阻叠加原理有

$$\frac{1}{K_o}=\frac{d_o}{\alpha_i d_i}+R_{si}\frac{d_o}{d_i}+\frac{bd_o}{\lambda d_m}+R_{so}+\frac{1}{\alpha_o} \tag{5-38}$$

式(5-38)表明，间壁两侧流体间的传热总热阻等于两侧流体的对流传热热阻、污垢热阻及管壁导热热阻之和。

(2) 提高总传热系数途径的分析　若传热面为平壁或薄管壁，d_i、d_o、d_m 相等或近似相等，则式(5-38)可简化为

$$\frac{1}{K}=\frac{1}{\alpha_i}+R_{si}+\frac{b}{\lambda}+R_{so}+\frac{1}{\alpha_o} \tag{5-39}$$

当管壁热阻和污垢热阻均可忽略时，对于平壁和薄管壁，上式可简化为

$$\frac{1}{K}=\frac{1}{\alpha_i}+\frac{1}{\alpha_o} \tag{5-40}$$

若 $\alpha_i \gg \alpha_o$，则 $1/K \approx 1/\alpha_o$，称为管壁外侧对流传热控制，此时欲提高 K 值，关键在于提高管壁外侧的对流传热系数；若 $\alpha_o \gg \alpha_i$，则 $1/K \approx 1/\alpha_i$，称为管壁内侧对流传热控制，此时欲提高 K 值，关键在于提高管壁内侧的对流传热系数。若 $\alpha_o \approx \alpha_i$，则称为管壁内、外侧对流传热控制，此时必须同时提高两侧的对流传热系数，才能提高 K 值。同样，若管壁两侧的对流传热热阻很小，而污垢热阻很大，则称为污垢热阻控制，此时欲提高 K 值，必须设法减慢污垢的形成速率或及时清除污垢。

3. 平均温度差法

在总传热速率方程式中，冷、热流体的温度差 Δt 是传热过程的推动力，它随传热过程中冷、热流体温度的变化而改变。若以 Δt_{m} 表示传热过程冷、热流体的平均温度差，则积分结果可表示为 $Q=KS\Delta t_{m}$。

平均温度差法在推导时，对传热过程进行了以下假定：

(1) 传热为稳态过程；

(2) 两流体的比定压热容均为常量或取为换热器进、出口温度下的平均值；

(3) 总传热系数 K 为常量，即 K 值不随换热器的管长而变化；

(4) 忽略热损失。

换热器的传热有恒温传热和变温传热。

恒温传热时有

$$\Delta t_{m}=\Delta t$$

变温传热时，两流体可有逆流、并流、错流和折流。逆流和并流时平均温度差为 Δt_{m}，且有

$$\Delta t_{m}=\frac{\Delta t_{2}-\Delta t_{1}}{\ln \dfrac{\Delta t_{2}}{\Delta t_{1}}} \tag{5-41}$$

两流体呈错流和折流时，平均温度差 Δt_{m} 的计算要考虑流动方向的校正系数，即

$$\Delta t_{m}=\varphi_{\Delta t}\Delta t'_{m} \tag{5-42}$$

式中　$\Delta t'_{m}$——按逆流计算的对数平均温度差，℃；

$\varphi_{\Delta t}$——温度差校正系数，量纲为 1。

由于各种复杂流动中同时存在逆流和并流，因此 $\Delta t_{m}<\Delta t'_{m}$，故 $\varphi_{\Delta t}$ 恒小于 1，通常换热器的设计中规定 $\varphi_{\Delta t}$ 值不能小于 0.8。两流体之一为恒温时，$\varphi_{\Delta t}=1$。

若当两流体均为变温传热，且在两流体进、出口温度各自相同的条件下，逆流的平均温度差最大，并流时的平均温度差最小，其他流向的平均温度差介于逆流和并流之间，因此就传热推动力而言，逆流优于并流和其他流动型式。

当换热器的传热量及总传热系数一定时，采用逆流操作，所需的换热器传热面积较小，逆流的另一优点是可节省加热介质或冷却介质的用量。

七、换热器

（一）换热器的结构型式

如前所述，根据冷、热流体换热方式的不同，可将换热器分为混合式换热器、蓄热式换热器和间壁式换热器三种。最为常用的为间壁式换热器。按间壁式换热器传热面形状和结构特点，又可分为管式换热器、板式换热器和特殊型式换热器。管式换热器和板式换热器的类型与适用范围见表 5-3。

表 5-3　管式换热器和板式换热器的类型与适用范围

<table>
<tr><th colspan="3">类型</th><th>适用范围</th></tr>
<tr><td rowspan="7">管式换热器</td><td rowspan="3">管壳式换热器</td><td>固定管板式换热器</td><td>壳程流体清洁且不易结垢；两流体温度差不大或温度差较大但壳程压力不大</td></tr>
<tr><td>浮头式换热器</td><td>壳体和管束壁温差较大；壳程介质易结垢</td></tr>
<tr><td>U 形管式换热器</td><td>管、壳壁温度差较大；壳程介质易结垢，而管程介质不易结垢；高温、高压、腐蚀性强</td></tr>
<tr><td rowspan="2">蛇管式换热器</td><td>沉浸式蛇管换热器</td><td>腐蚀、高压</td></tr>
<tr><td>喷淋式蛇管换热器</td><td>冷却管内的热流体，常用于制冷装置</td></tr>
<tr><td colspan="2">套管式换热器</td><td>高温、高压及小流量流体间的换热</td></tr>
<tr><td colspan="2">翅片管式换热器</td><td>空气冷却器</td></tr>
<tr><td rowspan="3">板式换热器</td><td colspan="2">平板式换热器</td><td>经常需要清洗，工作环境要求紧凑，工作压力在 2.5 MPa以下，工作温度在－35～200 ℃场合</td></tr>
<tr><td colspan="2">螺旋板式换热器</td><td>较高流速的流体；两流体间温度差较小时；易结垢流体</td></tr>
<tr><td colspan="2">热板式换热器</td><td>用于加热、保温、干燥、冷凝等多种过程</td></tr>
</table>

（二）管壳式换热器的设计与选用

1．设计的基本原则

（1）流体流径的选择　流体流径的选择是指在管程和壳程各走哪一种流体。此问题受多方面因素制约，在选择流体的流径时，必须根据具体情况，抓住主要矛盾进行确定。

（2）流体流速的选择　流体流速的选择涉及传热系数、流动阻力及换热器结构等方面。一般需要通过多方面权衡选择适宜的流速。

（3）冷却介质（或加热介质）终温的选择　在换热器设计中，进、出换热器物料的温度一般是由工艺确定的，而冷却介质（或加热介质）的进口温度一般为已知，出口温度由设计者确定，应结合热量衡算和传热速率方程，经济权衡后来确定。

（4）管程和壳程数的确定

① 管程数的确定　当换热器的换热面积较大而管子又不是很长时，为了提高流体在管内的流速，需将管束分程。但是程数过多，导致管程流动阻力加大，动力能耗增大，同时多程会使平均温度差下降，设计时应权衡考虑。

② 壳程数的确定　当温度差校正系数 $\varphi_{\Delta t}<0.8$ 时，应采用多壳程。常用的方法是将几个换热器串联使用。

2．设计与选型的具体步骤

（1）估计传热面积，初选换热器型号。

（2）计算管、壳程压降。

（3）核算总传热系数。

示范题解析

【例 5-1】 单层圆筒壁的热传导

外径为 120 mm 的蒸气管道，其外包扎一层厚度为 400 mm 的保温层，保温层材料的导热系数为 0.6 W/(m·K)。若蒸气管道的外表面温度为 180 ℃，保温层的外表面温度为 40 ℃，试求每米管长的热损失及保温层中的温度分布关系式。

解： 每米管长的热损失

设管由内到外的半径分别为 r_1、r_2，温度为 t_1、t_2，材料的导热系数为 λ

$$\frac{Q}{L}=\frac{2\pi\lambda(t_2-t_1)}{\ln(r_2/r_1)}=\left\{\frac{2\pi\times0.6\times(180-40)}{\ln[(400+120/2)/60]}\right\}\ \mathrm{W/m}=259.12\ \mathrm{W/m}$$

设半径 r 处温度为 t

则有
$$\frac{2\pi\times0.6\times(180-t)}{\ln(r/60)}=259.12$$

所以
$$678.58-3.77t=259.12\ln(r/60)$$

即
$$t=180-68.73\ln(r/60)$$

讨论：圆筒壁热传导的计算注意对数平均半径概念的应用。

【例 5-2】 多层圆筒壁的热传导

在温度为 25 ℃的环境中横穿一外径为 100 mm 的蒸气管道，管道外包有两层保温材料，内层厚 40 mm，导热系数为 0.05 W/(m·K)；外层厚 30 mm，导热系数为 0.1 W/(m·K)。管道与环境间的表面传热系数为6 W/(m^2·K)，与环境接触表面的温度为 60 ℃。试求：

(1) 管道单位长度散热量；

(2) 保温层的单位长度总热阻；

(3) 各层材料交界面的温度。

解： (1) 管道单位长度散热量

设管由内到外的半径分别为 r_0、r_1、r_2，温度为 t_0、t_1、t_2、t_3，内外材料的导热系数为 λ_1、λ_2：

$$\frac{Q}{L}=\frac{\pi d_2(t_2-t_3)}{1/\alpha}=\left[\frac{\pi\times0.24\times(60-25)}{1/6}\right]\mathrm{W/m}=158.3\ \mathrm{W/m}$$

(2) 保温层的单位长度总热阻

由题可知

$$\begin{aligned}R/L&=\frac{1}{2\pi\lambda_1}\ln\left(\frac{r_1}{r_0}\right)+\frac{1}{2\pi\lambda_2}\ln\left(\frac{r_2}{r_1}\right)+\frac{1}{\pi d_2\alpha_0}\\&=\left(\frac{1}{2\pi\times0.05}\ln\frac{90}{50}+\frac{1}{2\pi\times0.1}\ln\frac{120}{90}+\frac{1}{\pi\times0.24\times6}\right)\ \mathrm{m\cdot K/W}\\&=2.55\ \mathrm{m\cdot K/W}\end{aligned}$$

(3) 各层材料交界面的温度

由于多层圆筒壁热传导时，单位管长的传热速率保持不变

$$\frac{Q}{L}=\frac{\pi d_2(t_2-t_3)}{1/\alpha}=\frac{t_1-t_2}{\dfrac{1}{2\pi\lambda_1}\ln(r_2/r_1)}=\frac{t_0-t_1}{\dfrac{1}{2\pi\lambda_2}\ln(r_1/r_0)}$$

$$t_1=\frac{Q}{L}\frac{1}{2\pi\lambda_2}\ln(r_2/r_1)+t_2=\left[158.3\times\frac{1}{2\pi\times0.1}\ln(120/90)+60\right]℃=132.5\ ℃$$

$$t_0=\frac{Q}{L}\frac{1}{2\pi\lambda_1}\ln(r_0/r_1)+t_1=\left[158.3\times\frac{1}{2\pi\times0.05}\ln(90/50)+132.5\right]℃=428.7\ ℃$$

所以，温度由外及内分别为 60 ℃、132.5 ℃、428.7 ℃。

讨论：多层圆筒壁的热传导计算时，单位管长的传热速率保持不变。

【例 5-3】 对流传热系数

水以 1.5 m/s 的流速在长为 3 m，直径为 ϕ25 mm×2.5 mm 的管内，由 20 ℃加热至 40 ℃，试求水与管壁之间的对流传热系数。30 ℃水的物性参数为 $\rho=995.7\ \text{kg/m}^3$，$\mu=80.07\times10^{-5}$ Pa·s，$\lambda=0.6176$ W/(m·℃)，$C_p=4.174$ kJ/(kg·℃)。

解： 水的定性温度为

$$t_m=\frac{t_1+t_2}{2}=\left(\frac{20+40}{2}\right)℃=30\ ℃$$

$$Pr=\frac{c_p\mu}{\lambda}=\frac{4.174\times10^3\times80.07\times10^{-5}}{0.6176}=5.42$$

$$Re=\frac{d_i u\rho}{\mu}=\frac{0.02\times1.5\times995.7}{80.07\times10^{-5}}=3.73\times10^4$$

$$\frac{L}{d_i}=\frac{3}{0.02}=150>60$$

所以，Pr、Re 及 $\dfrac{L}{d_i}$ 均在迪特斯-贝尔特关联式的适用范围之内，水被加热，取 $n=0.4$。

$$\begin{aligned}\alpha&=0.023\frac{\lambda}{d_i}Re^{0.8}Pr^{0.4}=\left[0.023\times\frac{0.6176}{0.02}\times(3.73\times10^4)^{0.8}\times5.42^{0.4}\right]\text{W/(m}^2\cdot\text{K)}\\&=63.45\ \text{W/(m}^2\cdot\text{K)}\end{aligned}$$

讨论：在应用对流传热系数关联式进行计算时，要注意公式的适用范围。

【例 5-4】 套管换热器环隙间对流传热系数

苯与甲苯在一套管换热器中进行热交换，内管为 ϕ38 mm×2.5 mm，外管为 ϕ57 mm×3 mm 的钢管，苯走管内，流量为 4 200 kg/h，从 27 ℃加热到 50 ℃，甲苯在环隙中流过，温度由 72 ℃冷却到 38 ℃，求甲苯的对流传热系数。假定无热量损失。

解： 对于非圆形管道，可以将内径换成当量直径 d_e 而套用一般公式。

苯走管内时有 $t_f=[(27+50)/2]$ ℃$=38.5$ ℃，$c_p=(0.43\times4.18)$ kJ/(kg·℃)$=1.8\times10^3$ kJ/(kg·℃)

甲苯走环隙时有 $t_f=[(72+38)/2]$ ℃$=55$ ℃，$c_p=(0.435\times4.18)$ kJ/(kg·℃)$=1.82\times10^3$ kJ/(kg·℃)

$\mu=4.2\times10^{-4}$ Pa·s，$\lambda=0.128$ W/(m·℃)，$\rho=830\ \text{kg/m}^3$

根据热量衡算求算甲苯流量和流速等参数，即

$$w_{甲苯}=\left[\frac{4\ 200\times1.8\times10^3\times(50-27)}{1.82\times10^3\times(72-38)}\right]\text{kg/h}=2\ 810\ \text{kg/h}$$

环隙面积 $A=\frac{\pi}{4}(d_2^2-d_1^2)=\left[\frac{\pi}{4}(0.051^2-0.038^2)\right]\text{m}^2=9.08\times10^{-4}\ \text{m}^2$

当量直径 $d_e=\frac{4\times\frac{\pi}{4}(d_2^2-d_1^2)}{\pi(d_2+d_1)}=d_2-d_1=(51-38)\text{mm}=13\ \text{mm}=0.013\ \text{m}$

$$u=\left(\frac{2\ 810}{3\ 600\times9.08\times10^{-4}\times830}\right)\text{m/s}=1.04\ \text{m/s}$$

$$Re=\frac{\rho u d_e}{\mu}=\frac{0.013\times1.04\times830}{4.2\times10^{-4}}=2.67\times10^4>10^4(\text{湍流})$$

$$Pr=\frac{c_p\mu}{\lambda}=\frac{1.82\times10^3\times4.2\times10^{-4}}{0.128}=5.97(>0.7)$$

故有 $\alpha=0.023\frac{\lambda}{d_e}Re^{0.8}Pr^n$（甲苯被冷却，$n=0.3$）

即 $\alpha=\left[0.023\times\frac{0.128}{0.013}\times(2.67\times10^4)^{0.8}\times5.97^{0.3}\right]\text{W/(m}^2\cdot\text{K)}=1\ 346\ \text{W/(m}^2\cdot\text{K)}$

讨论：注意非圆形管路应用当量直径计算 Re 等。

【例 5-5】 换热器的核算

有一列管换热器，管束由 240 根管径为 ϕ25 mm×2 mm 的不锈钢管组成，管长 2.5 m。将管程的空气由 15 ℃加热到 80 ℃，空气流量为 10 000 kg/h。用 110 ℃的饱和水蒸气在壳程作为加热介质，水蒸气的冷凝传热膜系数为 10 kW/(m²·K)。管壁及两侧污垢热阻可忽略，热损失可忽略。已知管内空气的普朗特数 Pr 为 0.7，雷诺数 Re 为 2×10^4，空气导热系数为 0.03 W(m·K)，比热容为 1 kJ/(kg·K)。试求：

(1) 空气在管内的对流传热系数；

(2) 换热器的总传热系数(以管外表面积为基准)；

(3) 通过计算说明换热器能否满足要求。

解：(1) 空气在管内的对流传热系数 α_i

$$\alpha_i=0.023\frac{\lambda}{d}Re^{0.8}Pr^{0.4}$$

$$=\left[0.023\times\frac{0.03}{0.021}\times(2\times10^4)^{0.8}\times0.7^{0.4}\right]\text{W/(m}^2\cdot\text{K)}=78.6\ \text{W/(m}^2\cdot\text{K)}$$

(2) 换热器的总传热系数(以管外表面积为基准)K。

$$K_o=\frac{1}{\frac{1}{\alpha_o}+\frac{d_o}{\alpha_i d_i}}=\left(\frac{1}{\frac{1}{1\times10^4}+\frac{25}{21\times78.6}}\right)\text{W/(m}^2\cdot\text{K)}=65.59\ \text{W/(m}^2\cdot\text{K)}$$

(3) 换热器能否满足要求

$$S_o = n\pi d_o L = (240\times3.14\times0.025\times2.5)\ \mathrm{m}^2 = 47.1\ \mathrm{m}^2$$

$$\Delta t_m = \frac{\Delta t_2 - \Delta t_1}{\ln\dfrac{\Delta t_2}{\Delta t_1}} = \left[\frac{(110-15)-(110-80)}{\ln\dfrac{110-15}{110-80}}\right]℃ = 56.39\ ℃$$

$$Q = K_o S_o \Delta t_m = (65.59\times47.1\times56.39)\ \mathrm{W} = 1.743\times10^5\ \mathrm{W}$$

生产要求 $Q' = \left[\dfrac{10\ 000}{3\ 600}\times1\times10^3\times(80-15)\right]\ \mathrm{W} = 1.806\times10^5\ \mathrm{W}$

$Q<Q'$ 不能满足生产要求。

讨论：列管式换热器的总传热系数接近对流传热系数最小一侧的值。

【例 5-6】 换热器总传热系数影响因素分析

有一空气冷却器，冷却管为 $\phi25\ \mathrm{mm}\times2.5\ \mathrm{mm}$ 的钢管，钢的导热系数 $\lambda=45\ \mathrm{W/(m\cdot K)}$。空气在管内流动。已知管外冷却水的对流传热系数为 $2\ 800\ \mathrm{W/(m^2\cdot K)}$。管内空气的对流传热系数 $50\ \mathrm{W/(m^2\cdot K)}$，管内外污垢热阻都取 $0.50\times10^{-3}\ \mathrm{m^2\cdot K/W}$。试求：

（1）总的传热系数；

（2）若管外对流传热系数增大一倍，其他条件不变，则总传热系数增大多少？

（3）管内对流传热系数增大一倍，其他条件不变，则总传热系数增大多少？

（4）忽略垢阻及壁阻，其他条件不变，则总传热系数增大多少？

解：（1）根据以管外表面积为基准的总传热系数的表达式：

$$\frac{1}{K_o} = \frac{d_o}{\alpha_i d_i} + R_{si}\frac{d_o}{d_i} + \frac{bd_o}{\lambda d_m} + \frac{1}{\alpha_o} + R_{so}$$

代入数据得

$$\frac{1}{K_o} = \left(\frac{1}{50}\times\frac{25}{20} + 0.50\times10^{-3}\times\frac{25}{20} + \frac{0.002\ 5}{45}\times\frac{25}{22.5} + \frac{1}{2\ 800} + 0.50\times10^{-3}\right)\ \mathrm{m^2\cdot ℃/W}$$
$$= 0.026\ 54\ \mathrm{m^2\cdot ℃/W}$$

即 $K_o = 37.67\ \mathrm{W/(m^2\cdot K)}$

（2）若 α_o 增大一倍，即 $\alpha_o = 5\ 600\ \mathrm{W/(m^2\cdot K)}$，此时

$$\frac{1}{K_o'} = \left(\frac{1}{50}\times\frac{25}{20} + 0.50\times10^{-3}\times\frac{25}{20} + \frac{0.002\ 5}{45}\times\frac{25}{22.5} + \frac{1}{5\ 600} + 0.50\times10^{-3}\right)\ \mathrm{m^2\cdot ℃/W}$$
$$= 0.026\ 37\ \mathrm{m^2\cdot ℃/W}$$
$$K_o' = 37.93\ \mathrm{W/(m^2\cdot K)}$$

则 K_o 增大的百分数为$[(37.8-37.5)/37.5]\times100\% = 0.8\%$

（3）若 α_i 增大一倍，即 $\alpha_i = 100\ \mathrm{W/(m^2\cdot K)}$，此时

$$\frac{1}{K_o''} = \left(\frac{1}{100}\times\frac{25}{20} + 0.50\times10^{-3}\times\frac{25}{20} + \frac{0.002\ 5}{45}\times\frac{25}{22.5} + \frac{1}{2\ 800} + 0.50\times10^{-3}\right)\ \mathrm{m^2\cdot ℃/W}$$
$$= 0.014\ 04\ \mathrm{m^2\cdot ℃/W}$$

$K''_o = 71.21\ \mathrm{W/(m^2 \cdot K)}$

则 K_o 增大的百分数为$[(70.7-37.5)/37.5]\times 100\% = 88.5\%$

(4) 忽略垢阻及壁阻

$$\frac{1}{K'''_o} = \left(\frac{1}{50}\times\frac{25}{20}+\frac{1}{2\,800}\right)\ \mathrm{m^2 \cdot ℃/W}$$

$$=0.025\,36\ \mathrm{m^2 \cdot ℃/W}$$

即 $K'''_o = 39.4\ \mathrm{W/(m^2 \cdot K)}$

则 K_o 增大的百分数为$[(39.4-37.5)/37.5]\times 100\% = 5.1\%$

讨论：从总传热系数变化的最大百分数可以看出，忽略壁阻对总传热系数影响不大。实际上，总传热系数总是接近热阻较大一侧的流体的对流传热系数。在本例中气侧的热阻远大于水侧的热阻，故该换热过程为气侧热阻控制。提高水侧对流传热系数，总传热系数提高并不大；提高空气侧对流传热系数，总传热系数提高最明显。

【例 5-7】 换热器中某流体流量增加的对策

一定流量的空气用列管式换热器从 10 ℃加热到 90 ℃，空气在管内呈湍流流动，管外为饱和蒸汽冷凝加热。现因生产需要，空气流量增加 30%，并要求空气的进出口温度保持不变。现拟采用提高加热蒸汽的温度，从而提高平均传热温差的办法来解决这一问题。试求：换热器平均温度差应提高的百分数(不考虑管壁及可能的污垢热阻)。

解： 由于 $\alpha_i \ll \alpha_o$，可忽略壁面热阻，污垢热阻及蒸气侧热阻，于是有 $K_o \propto \alpha_i$。

对于湍流流动 $\alpha_i \propto w_c^{0.8}$

由热量衡算知

$$\frac{Q'}{Q}=\frac{w'_c}{w_c}=1.3 \tag{1}$$

由传热速率方程

$$\frac{Q'}{Q}=\frac{1.3^{0.8}\alpha_i S_o \Delta t'_m}{\alpha_i S_o \Delta t_m}=1.3^{0.8}\frac{\Delta t'_m}{\Delta t_m} \tag{2}$$

联立式(1)和式(2)得 $\Delta t'_m = 1.3^{0.2}\Delta t_m = 1.053\,9\Delta t_m$

即平均温度差需提高 5.39%。

讨论：注意利用 $K_o \propto \alpha_i$ 及 $\alpha_i \propto w_c^{0.8}$ 的关系使两个方程式相比，获得结果。

【例 5-8】 逆流与并流传热的比较

在间壁式换热器中，要求用初温为 25 ℃的原油来冷却重油，使重油从 170 ℃冷却至 100 ℃。重油和原油的流量分别为 1.2×10^4 kg/h 和 1.5×10^4 kg/h。重油和原油的比定压热容各为 2.18 kJ/(kg·K)和1.93 kJ/(kg·K)，试求重油和原油采用逆流和并流时换热器的传热面积各为多少？已知在两种情况下的总传热系数 K_o 均为100 W/(m²·K)。

解： 热流体重油 $T_1 = 170$ ℃，$T_2 = 100$ ℃。冷流体原油 $t_1 = 25$ ℃，t_2 可由热量衡算求出。

由 $w_c c_{pc}(t_2 - t_1) = w_h c_{ph}(T_1 - T_2)$得

$$t_2 = \frac{w_h c_{ph}(T_2 - T_1)}{w_c c_{pc}} + t_1 = \left[\frac{1.2\times 10^4 \times 2.18\times(170-100)}{1.5\times 10^4\times 1.93}\right]℃ + 25\ ℃ = 88.3\ ℃$$

$$Q=w_h c_{ph}(T_1-T_2)=[1.2\times10^4\times2.18\times(170-100)]\ \text{kJ/h}=1.83\times10^6\ \text{kJ/h}=508.7\ \text{kW}$$

逆流时有 $$\Delta t_m=\left[\frac{(170-88.3)-(100-25)}{\ln\dfrac{170-88.3}{100-25}}\right]\ ^\circ\text{C}=78.3\ ^\circ\text{C}$$

$$S_o=\frac{Q}{\Delta t_m K_o}=\left(\frac{508.7\times10^3}{78.3\times100}\right)\ \text{m}^2=65\ \text{m}^2$$

并流时有 $$\Delta t_m=\left[\frac{(170-25)-(100-88.3)}{\ln\dfrac{170-25}{100-88.3}}\right]\ ^\circ\text{C}=53.0\ ^\circ\text{C}$$

$$S_o=\frac{Q}{\Delta t_m K_o}=\left(\frac{508.7\times10^3}{53.0\times100}\right)\ \text{m}^2=96.0\ \text{m}^2$$

讨论：由计算结果看出，逆流传热优于并流传热。

【例 5-9】 单管程换热器改为双管程换热器的效果

一单程列管式换热器，采用 110 ℃的饱和蒸气冷凝加热管内呈湍流流动的某低黏度液体，管内液体的进、出口温度分别为 $t_1=75.0$ ℃，$t_2=90.0$ ℃。经测得管外冷凝传热系数为 4 500 W/(m²·K)，管内对流传热系数为1 450 W/(m²·K)。若将换热器由单管程改为双管程，而其他操作条件不变。试求：改造后换热器的总传热系数；改造后管程流体的出口温度。（假设在操作温度范围内流体的物性参数为常数，管外冷凝传热系数不变，忽略管壁热阻及可能的污垢热阻，传热管为薄管壁。）

解：(1) 双管程换热器的总传热系数

由单程改为双程时，管内流速加倍，所以

$$\frac{\alpha_i'}{\alpha_i}=\left(\frac{u_i'}{u_i}\right)=2^{0.8}$$

$$\alpha_i'=2^{0.8}\alpha_i=(2^{0.8}\times1\ 450)\ \text{W/(m}^2\cdot\text{K)}=2\ 524.6\ \text{W/(m}^2\cdot{}^\circ\text{C)}$$

当忽略壁阻及污垢热阻时

$$K_o'=\frac{\alpha_o'\alpha_i'}{\alpha_o'+\alpha_i'}=\left(\frac{4\ 500\times2\ 524.6}{4\ 500+2\ 524.6}\right)\ \text{W/(m}^2\cdot\text{K)}=1\ 617\ \text{W/(m}^2\cdot{}^\circ\text{C)}$$

(2) 管程流体的出口温度

改造前 $$w_c c_{pc}(t_2-t_1)=K_o S_o \Delta t_m$$

改造后 $$w_c c_{pc}(t_2'-t_1)=K_o' S_o \Delta t_m'$$

所以 $$\frac{t_2'-t_1}{t_2-t_1}=\frac{K_o'\Delta t_m'}{K_o\Delta t_m}$$

其中 $$K_o=\frac{\alpha_o\alpha_i}{\alpha_o+\alpha_i}=\left(\frac{4\ 500\times1\ 450}{4\ 500+1\ 450}\right)\ \text{W/(m}^2\cdot\text{K)}=1\ 097\ \text{W/(m}^2\cdot{}^\circ\text{C)}$$

传热推动力近似取算术平均值，即

$$\Delta t_{\mathrm{m}}=\frac{\Delta t_1+\Delta t_2}{2}=\left(\frac{35+20}{2}\right)℃=27.5\ ℃$$

$$\Delta t'_{\mathrm{m}}=\frac{\Delta t'_2+\Delta t_1}{2}=\frac{145-t'_2}{2}$$

所以
$$\frac{t'_2-75}{90-75}=\frac{1\ 617\times(145-t'_2)}{1\ 097\times 55}$$

解得　$t'_2=95.08\ ℃$

即改造后管程流体的出口温度为 95.08 ℃。

管程流体的出口温度用公式 $\ln\frac{T_{\mathrm{s}}-t_1}{T_{\mathrm{s}}-t'_2}=\frac{K_{\mathrm{o}}S_{\mathrm{o}}}{w_{\mathrm{c}}c_{p\mathrm{c}}}$ 求更为简便。

改造前
$$\ln\frac{110-75}{110-90}=\frac{K_{\mathrm{o}}S_{\mathrm{o}}}{w_{\mathrm{c}}c_{p\mathrm{c}}}=0.559\ 6$$

改造后，S_{o}、w_{c}、$c_{p\mathrm{c}}$均不变，K_{o} 从 1 097 $\mathrm{W/(m^2\cdot K)}$变为 1 617 $\mathrm{W/(m^2\cdot K)}$，则

$$\ln\frac{110-75}{110-t'_2}=0.559\ 6\,\frac{K'_{\mathrm{o}}}{K_{\mathrm{o}}}=0.824\ 9$$

解得 $t'_2=94.66\ ℃$

讨论：换热器由单管程改为双管程后，总传热系数增加，传热速率提高。

【例 5-10】 换热器的管程数改变对传热面积的影响

某低黏度流体的流量为 8 000 kg/h，比定压热容为 4 kJ/(kg·℃)，要将该流体由 20 ℃加热到 90 ℃。若采用的是列管式换热器，其管束由 150 根管径为 $\phi 25$ mm×2 mm 的不锈钢管组成。管外的加热源为 108 ℃的饱和水蒸气，其冷凝对流系数为 11 kW/(m²·℃)。当换热器为单管程时，换热器的长度为 4.5 m；若将单管程改为双管程，而管子的总数不变。求：

(1) 换热器的总传热系数；

(2) 所需换热管的长度。不考虑管壁及可能的污垢热阻，忽略换热器的热损失，假设流体在管内均呈湍流流动，两种情况下蒸汽冷凝对流系数相同。

解：(1) $Q=w_{\mathrm{c}}c_{p\mathrm{c}}(t_2-t_1)=\left[\frac{8\ 000}{3\ 600}\times 4\times(90-20)\right]\mathrm{kW}=622.2\ \mathrm{kW}$

$$\Delta t_{\mathrm{m}}=\frac{\Delta t_2-\Delta t_1}{\ln\frac{\Delta t_2}{\Delta t_1}}=\left[\frac{(108-20)-(108-90)}{\ln\frac{108-20}{108-90}}\right]℃=44.11\ ℃$$

$$S_{\mathrm{o}}=n\pi d_{\mathrm{o}}L=(150\times\pi\times 0.025\times 4.5)\ \mathrm{m^2}=52.99\ \mathrm{m^2}$$

$$K_{\mathrm{o}}=\frac{Q}{S_{\mathrm{o}}\Delta t_{\mathrm{m}}}=\left(\frac{622.2\times 10^3}{52.99\times 44.11}\right)=266.2\ \mathrm{W/(m^2\cdot K)}$$

$$K_{\mathrm{o}}=\frac{1}{\frac{1}{\alpha_{\mathrm{o}}}+\frac{d_{\mathrm{o}}}{\alpha_{\mathrm{i}}d_{\mathrm{i}}}}=\left(\frac{1}{\frac{1}{1.1\times 10^4}+\frac{25}{21\times\alpha_{\mathrm{i}}}}\right)\mathrm{W/(m^2\cdot K)}=266.2\ \mathrm{W/(m^2\cdot K)}$$

$$\alpha_i = 324.7\ \mathrm{W/(m^2 \cdot K)}$$

由单管程改为双管程

则 $$\alpha_i' = \left(\frac{u_i'}{u_i}\right)^{0.8} \alpha_i = (2^{0.8} \times 324.7)\ \mathrm{W/(m^2 \cdot K)} = 565.3\ \mathrm{W/(m^2 \cdot K)}$$

双管程时总传热系数为

$$K_o' = \frac{1}{\dfrac{1}{\alpha_o} + \dfrac{d_o}{\alpha_i' d_i}} = \left[\frac{1}{\dfrac{1}{1.1 \times 10^4} + \dfrac{25}{21 \times 565.3}}\right]\ \mathrm{W/(m^2 \cdot K)} = 455.2\ \mathrm{W/(m^2 \cdot K)}$$

(2) 所需换热器长度

$$L' = \frac{K_o L}{K_o'} = \left(\frac{266.2 \times 4.5}{455.2}\right)\ \mathrm{m} = 2.63\ \mathrm{m}$$

讨论:(1) 换热器由单管程改为双管程后,完成同样任务,传热面积减小;

(2) 本例的 α 由总传热系数 K_o 反求。

【例 5-11】 换热管直径对于传热效果的影响

有一台由 200 根管径为 $\phi 25$ mm×2.5 mm 的管束构成的单管程列管式换热器。管内液体流量为 50 000 kg/h,其平均比热容为 4.5 kJ/(kg·℃),将其由 20 ℃加热到 70 ℃,管内侧的对流传热系数为 1.0 kW/(m^2·℃)。管外为 110 ℃的饱和蒸汽,该蒸汽于换热后冷凝为同温度下的水,冷凝的传热系数为 11 kW/(m^2·℃)。试求:

(1) 求换热管的有效长度;

(2) 若换热管改为 $\phi 19$ mm×2 mm 的细管,流量、总管数和管长不变,求流体的出口温度。假设管壁的导热系数 λ_s=15 W/(m·℃),污垢热阻可忽略。

解: (1) 换热管的有效长度

$$Q = w_c c_{pc}(t_2 - t_1) = \left[\frac{50\ 000}{3\ 600} \times 4.5 \times (70 - 20)\right]\ \mathrm{kW} = 3\ 125\ \mathrm{kW}$$

$$\Delta t_m = \frac{(T_s - t_1) - (T_s - t_2)}{\ln \dfrac{T_s - t_1}{T_s - t_2}} = \left[\frac{(110 - 20) - (110 - 70)}{\ln \dfrac{110 - 20}{110 - 70}}\right]\ ℃ = 61.66\ ℃$$

$$K_o = \frac{1}{\dfrac{1}{\alpha_o} + \dfrac{b d_o}{\lambda d_m} + \dfrac{d_o}{\alpha_i d_i}} = \left(\frac{1}{\dfrac{1}{1.1 \times 10^4} + \dfrac{0.002\ 5 \times 25}{15 \times 22.5} + \dfrac{25}{20 \times 1\ 000}}\right)\ \mathrm{W/(m^2 \cdot K)}$$

$$= 655.3\ \mathrm{W/(m^2 \cdot K)}$$

$$S_o = n\pi d_o L = \frac{Q}{K_o \Delta t_m} = \left(\frac{3\ 125 \times 10^3}{655.3 \times 61.66}\right)\ \mathrm{m^2} = 77.34\ \mathrm{m^2}$$

$$L = \left(\frac{77.34}{200 \times 3.14 \times 0.025}\right)\ \mathrm{m} = 4.93\ \mathrm{m}$$

（2）改细管后流体的出口温度

$$\alpha_i'=\alpha_i\left(\frac{d_i}{d_i'}\right)^{1.8}=\left[1\,000\times\left(\frac{20}{15}\right)^{1.8}\right]\ \mathrm{W/(m^2\cdot K)}=1\,678\ \mathrm{W/(m^2\cdot K)}$$

$$K_o'=\frac{1}{\dfrac{1}{\alpha_o}+\dfrac{bd_o}{\lambda d_m}+\dfrac{d_o}{\alpha_i'd_i}}=\left(\frac{1}{\dfrac{1}{1.1\times10^4}+\dfrac{0.002\,5\times19}{15\times17}+\dfrac{19}{15\times1\,678}}\right)\ \mathrm{W/(m^2\cdot K)}$$
$$=968.9\ \mathrm{W/(m^2\cdot K)}$$

$$S_o'=S_o\left(\frac{d_o'}{d_o}\right)=77.34\times\frac{19}{25}\ \mathrm{m^2}=58.78\ \mathrm{m^2}$$

由
$$\ln\frac{T_s-t_1}{T_s-t_2'}=\frac{K_o'S_o'}{w_c c_{pc}}\text{得}$$

$$\ln\frac{110-20}{110-t_2'}=\frac{968.9\times58.74}{\dfrac{50\,000}{3\,600}\times4.5\times10^3}=0.910\,6$$

解得 $t_2'=81.84$ ℃

讨论：改换细管后，t_2'增大，传热速率提高为原来的 1.237 倍，但是，传热效果的提高是以增大流动阻力为代价换得的。

【例 5-12】 清洗换热器污垢热阻的传热效果

在一换热面积为 40 $\mathrm{m^2}$ 的平板式换热器中，用水冷却某种溶液，两股流体呈逆流流动。冷却水流量为 30 000 kg/h，温度由 22 ℃升高到 36 ℃。溶液温度由 115 ℃降低到 55 ℃。若换热器清洗后，冷热两股流体进口温度不变的情况下，冷却水出口温度升至 40 ℃。试估算换热器在清洗前后壁面两侧的总污垢热阻。假设：① 两种情况下，冷热流体的物性可视为不变，水的平均比热容为4.174 kJ/(kg·℃)；② 两种情况下，α_i、α_o 分别相同；③ 忽略壁面热阻和热损失。

解：（1）清洗前总传热系数 K

$$\Delta t_m=\left[\frac{(115-36)-(55-22)}{\ln\dfrac{115-36}{55-22}}\right]\ ℃=52.7\ ℃$$

$$K=\frac{Q}{S\Delta t_m}=\left[\frac{30\,000\times4.174\times10^3\times(36-22)}{3\,600\times40\times52.7}\right]\ \mathrm{W/(m^2\cdot ℃)}=231\ \mathrm{W/(m^2\cdot K)}$$

（2）清洗后传热系数 K'

由热量衡算

$$w_c c_{pc}(t_2-t_1)=w_h c_{ph}(T_1-T_2)$$
$$w_c c_{pc}(t_2'-t_1)=w_h c_{pc}(T_1-T_2')$$

得

$$T_2'=T_1-\frac{w_c c_{pc}(t_2'-t_1)}{w_h c_{ph}}=T_1-\frac{T_1-T_2}{t_2-t_1}(t_2'-t_1)=\left[115-\frac{115-55}{36-22}\times(40-22)\right]\ ℃=37.9\ ℃$$

$$\Delta t'_{\mathrm{m}}=\left[\frac{(115-40)-(37.9-22)}{\ln\dfrac{115-40}{37.9-22}}\right]℃=38.1\ ℃$$

$$K'=\left[\frac{30\ 000\times4.174\times1\ 000\times(40-22)}{3\ 600\times40\times38.1}\right]\mathrm{W/(m^2\cdot K)}=410.8\ \mathrm{W/(m^2\cdot K)}$$

清洗前两侧的总传热热阻

$$R=\frac{1}{K}-\frac{1}{K'}=\left(\frac{1}{231}-\frac{1}{410.8}\right)\ \mathrm{m^2\cdot K/W}=0.001\ 9\ \mathrm{m^2\cdot K/W}$$

讨论：由如上数据看出，工厂定期清洗污垢的必要性。污垢热阻可以通过清洗前后的总传热系数变化求出。

【例 5-13】 双管程换热器第一程出口温度

在一传热面积为 40 m^2 的双管程列管式换热器中，在壳方通入 120 ℃的水蒸气，加热管内湍流的空气，由 40 ℃加热至 80 ℃。空气的流量为 2.5×10^4 kg/h，其比热容 c_p 为 1 kJ/(kg·℃)。试计算：

(1) 换热器第一程出口温度 t_i；

(2) 将空气流量加大，同时测得空气相应出口温度为 76 ℃。求此时空气流量。计算时可作合理简化。

解：(1) 换热器第一程出口温度 t_i

由
$$\ln\frac{T_s-t_1}{T_s-t_2}=\frac{K_oS_o}{w_cc_{pc}}$$

得
$$\ln\frac{T_s-t_1}{T_s-t_2}=\ln\frac{120-40}{120-80}=0.693\ 1=\frac{K_oS_o}{w_cc_{pc}}$$

当 $S'_o=\dfrac{S_o}{2}=\left(\dfrac{40}{2}\right)\ \mathrm{m^2}=20\ \mathrm{m^2}$ 时，由

$$\ln\frac{T_s-t_1}{T_s-t_i}=\frac{K_o\left(\dfrac{1}{2}S_o\right)}{w_cc_{pc}}=\frac{1}{2}\times\frac{K_oS_o}{w_cc_{pc}}$$

得
$$\ln\frac{120-40}{120-t_i}=\frac{1}{2}\times0.693\ 1=0.346\ 6$$

解得 $t_i=63.4$ ℃

(2) 加大后的空气流量，设出口温度为 t'_2，则 $t'_2=76$ ℃，由

$$\ln\frac{T_s-t_1}{T_s-t'_2}=\ln\frac{120-40}{120-76}=0.597\ 8$$

又：当壳程水蒸气加热管内呈湍流流动的空气时，有 $K_o\approx\alpha_i$

与原工作状态进行比较得

$$\frac{\ln\dfrac{T_s-t_1}{T_s-t_2}}{\ln\dfrac{T_s-t_1}{T_s-t_2'}}=\frac{\dfrac{K_oS_o}{w_cc_{pc}}}{\dfrac{K_o'S_o}{w_c'c_{pc}}}=\frac{\alpha_i}{\alpha_i'}\times\frac{w_c'}{w_c}=\left(\frac{w_c'}{w_c}\right)^{0.2}$$

因此有

$$\frac{0.693\ 1}{0.597\ 8}=\left(\frac{w_c'}{2.5\times10^4}\right)^{0.2}$$

解得 $w_c'=52\ 377\ \text{kg/h}$

讨论：对于换热器一侧加热温度恒定的情况，可以方便地利用公式 $\ln\dfrac{T_s-t_1}{T_s-t_2}=\dfrac{K_oS_o}{w_cc_{pc}}$进行分析计算。冷流体流量增加，其出口温度必然下降。

【例 5-14】 换热器几种校核计算

在一台管壳式换热器中，壳方 120 ℃的水蒸气冷凝将空气由 20 ℃加热至 80 ℃。换热器由 ϕ25 mm×2.5 mm，$L=6$ m 的 100 根钢管组成。现空气流量增加 40%，要求维持空气进出口温度 t_1、t_2 不变，都可采取哪些措施，作出定量计算（可作合理简化）。$\alpha_i=110\ \text{W/(m}^2\cdot\text{K)}$。

解： 原工作状态

$$S_o=n\pi dL=(100\times6\times\pi\times0.025)\ \text{m}^2=47.12\ \text{m}^2$$

$$K_o\approx\alpha_i\times\frac{d_i}{d_o}=\left(110\times\frac{20}{25}\right)\ \text{W/(m}^2\cdot\text{K)}=88\ \text{W/(m}^2\cdot\text{K)}$$

$$\Delta t_m=\frac{t_2-t_1}{\ln\dfrac{T_s-t_1}{T_s-t_2}}=\left(\frac{80-20}{\ln\dfrac{120-20}{120-80}}\right)℃=65.48\ ℃$$

$$Q=K_oS_o\Delta t_m=(0.088\times47.12\times65.48)\ \text{kW}=271.5\ \text{kW}$$

当空气流量增加 40%时，$Q'=380.1$ kW。为保证空气进出口温度 t_1、t_2 不变，可采取如下措施之一：

(1) 将管方变双程

$$K_o'=K_o\left(\frac{u'}{u}\right)^{0.8}\left(\frac{w_c'}{w_c}\right)^{0.8}=(88\times2^{0.8}\times1.4^{0.8})\ \text{W/(m}^2\cdot\text{K)}=200.5\ \text{W/(m}^2\cdot\text{K)}$$

S_o、Δt_m 不变，则

$$Q_o'=K_o'S_o\Delta t_m=(0.200\ 5\times47.12\times65.48)\ \text{kW}=618.6\ \text{kW}>380.7\ \text{kW}$$

(2) 加长换热管

$$K_o''=K_o\left(\frac{w_c'}{w_c}\right)^{0.8}=(88\times1.4^{0.8})\ \text{W/(m}^2\cdot\text{K)}=115.2\ \text{W/(m}^2\cdot\text{K)}$$

$$S_o'=S_o\frac{K_ow_c'}{K_o''w_c}=(47.12\times1.4^{-0.8}\times1.4)\ \text{m}^2=50.4\ \text{m}^2$$

$$L'=\frac{S_o'}{n\pi d}=\left(\frac{50.4}{100\times3.14\times0.025}\right)\ m^2=6.42\ m$$

$$Q_L'=K_o''S_o'\Delta t_m=(0.115\ 2\times50.4\times65.48)\ kW=380.4\ kW$$

(3) 改用 ϕ19 mm×2 mm 的换热管

$$\alpha_i'=\alpha_i\times\left(\frac{d_i}{d_i'}\right)^{1.8}\times\left(\frac{w_c'}{w_c}\right)^{0.8}=\left[110\times\left(\frac{20}{15}\right)^{1.8}\times1.4^{0.8}\right]\ W/(m^2\cdot K)=241.6\ W/(m^2\cdot K)$$

$$K_\phi'\approx\alpha_i'\times\frac{d_i}{d_o}=\left(241.6\times\frac{15}{19}\right)\ W/(m^2\cdot K)=190.7\ W/(m^2\cdot K)$$

$$S_o'=(100\times\pi\times0.019\times6)\ m^2=35.81\ m^2$$

$$Q_\phi'=K_\phi'S_o'\Delta t_m=(0.190\ 7\times35.81\times65.48)\ kW=447.2\ kW>380.1\ kW$$

(4) 提高蒸汽温度

$$\ln\frac{120-20}{120-80}=0.916\ 3=\frac{K_oS_o}{w_cc_{pc}}$$

$$\ln\frac{T_s'-20}{T_s'-80}=\frac{K_oS_o}{1.4^{0.2}w_cc_{pc}}=\frac{0.916\ 3}{1.402}=0.856\ 7$$

解得　$T_s'=124.3$ ℃

此时，

$$\Delta t_m'=\frac{t_2-t_1}{\ln\dfrac{T_s'-t_1}{T_s'-t_2}}=\left(\frac{80-20}{\ln\dfrac{124.3-20}{124.3-80}}\right)℃=70.07\ ℃$$

$$K_o'=K_o\left(\frac{w_c'}{w_c}\right)^{0.8}=(88\times1.4^{0.8})\ W/(m^2\cdot K)=115.2\ W/(m^2\cdot K)$$

$$Q_T'=K_o'S_o\Delta t_m'=(0.115\ 2\times70.07\times47.12)\ kW=380.4\ kW$$

(5) 不管采取何措施，都需要蒸汽流量加大 40%以上，以满足热衡算的要求。

讨论：本示例概括了换热器校核计算中常见的几种情况。对于换热器一侧加热温度恒定的情况，一般利用简便公式计算，而很少用传热单元数法计算。

更多示范题解析可扫描下方二维码查看。

思考题简答

1. 在热传导问题中，术语“一维”是什么意思？何谓稳态热传导？

答：所谓"一维"导热是指只沿着一个方向进行的热传导过程(包括圆筒的径向导热)；所谓稳态热传导是指传热速率不随时间而变化，即温度梯度只是位置的函数而与时间无关。

2. 什么叫热阻？试说明在多层平壁和多层圆筒壁热传导中应用热阻的优点及在传热分析中的作用。

答：热阻是反映阻止热量传递的能力的综合参量。由于系统中任一段的热阻与该段的温度差成正比，利用此关系可以计算界面温度或物体内温度分布。

3. 对流传热系数的定义是什么？说明对流传热的机理及求算对流传热系数的途径。

答：对流传热系数 α 在数值上等于单位温度差下、单位传热面积的对流传热速率，其单位为 $W/(m^2 \cdot ℃)$。α 值反映了对流传热的快慢，同时反映了对流传热热阻的大小。对流传热系数越大表示对流传热越快。

运动着的流体质点以内能形式携带着能量由一处移向另一处，此类热量传递过程称为对流传热。固体壁面处的热量首先以热传导方式通过静止的流体层进入层流内层，在层流内层中传热方式亦为热传导；在缓冲层内兼有热传导和涡流传热两种传热方式；湍流核心的热量传递以涡流传热为主。

由流动边界层的概念和对流传热的机理分析可知，传热的温度梯度主要存在紧贴壁面的热边界层处，即热边界层是进行对流传热的主要区域。求算对流传热系数的主要途径有① 实验测定；② 关联式估算；③ 可查资料获得。

4. 试说明流体有相变时的对流传热系数大于无相变时的对流传热系数的理由。

答：有相变时的传热过程特点是相变流体要放出或吸收大量的潜热，但流体温度不发生变化。有相变时，在相界面处产生强烈的扰动，从而使对流传热系数较无相变时的更大。

5. 为什么滴状冷凝的对流传热系数要比膜状冷凝的对流传热系数高？

答：膜状冷凝在壁面上一旦形成液膜后，蒸气的冷凝只能在液膜的表面上进行，即蒸气冷凝时放出的潜热，必须通过液膜后才能传递给冷壁面。液膜内依靠热传导，流体的导热系数通常较小，这层冷凝液膜往往成为冷凝的主要热阻。

在滴状冷凝时，壁面大部分面积直接暴露在蒸气中，可供蒸气冷凝。由于没有液膜阻碍热流，因此滴状冷凝传热系数比膜状冷凝的可高几倍甚至十几倍。

6. 对于膜状冷凝，雷诺数是怎样定义的？

答：用来判断膜层流型的雷诺数 Re 经常表示为冷凝负荷 Γ 的函数。若以 A 表示凝液的流通面积，P 表示润湿周边长度，w 表示凝液的质量流量，并令 $\Gamma=\dfrac{w}{P}$ 表示单位长度润湿周边上的冷凝液质量流量，则有

$$Re=\frac{d_e u\rho}{\mu}=\frac{4w}{P\mu}=\frac{4\Gamma}{\mu}$$

7. 如何理解辐射传热中黑体和灰体的概念？

答：① 能全部吸收辐射能，即吸收率 $A=1$ 的物体，称为黑体或绝对黑体。黑体是理想物体，实际上并不存在。② 凡能以相同的吸收率且部分地吸收由 0 到∞所有波长范围的辐射能的物体，定义为灰体。灰体有以下特点：① 灰体的吸收率 A 不随辐射线的波长而变。② 灰体是不

透热体，即 $A+R=1$。灰体也是理想物体，但是大多数的工程材料都可视为灰体。

8. 蒸气管道外包扎有两层导热系数不同而厚度相同的绝热层，设外层的平均直径为内层的两倍，其导热系数也为内层的两倍。若将两层材料位置互换，而假定其他条件不变，试问每米管长的热损失将改变多少？说明在本题情况下，哪一种材料包扎在内层较为合适？

答：因为

$$r_{m2}=2r_{m1},\lambda_2=2\lambda_1$$

所以

$$S_{m2}=2S_{m1}$$

$$q=\frac{Q}{L}=\frac{2\pi(t_1-t_3)}{\dfrac{b}{\lambda_1 S_{m1}}+\dfrac{b}{\lambda_2 S_{m2}}}$$

$$q'=\frac{Q'}{L}=\frac{2\pi(t_1-t_3)}{\dfrac{b}{\lambda_2 S_{m1}}+\dfrac{b}{\lambda_1 S_{m2}}}$$

故 $\dfrac{q'}{q}=1.25$，即每米管长的热损失将变为原来的 1.25 倍。

所以，导热系数较小的那种材料包扎在内层较为合适。

9. 在管壳式换热器中，热应力是如何产生的，热应力有何影响，为克服热应力的影响应采取何种措施？

答：管壳式换热器又称列管式换热器，是一种通用的标准换热设备。当换热管与壳体的温差较大（大于 50 ℃）时产生温差应力，为克服热应力的影响，在换热器结构上采取如下措施：① 在壳体上设置膨胀节，因而壳程压力受膨胀节强度的限制不能太高。固定管板式换热器适用于两流体温差不大或温差较大但壳程压力不高的场合；② 浮头式换热器两端管板之一不与壳体固定连接，可在壳体内沿轴向自由伸缩，当换热管与壳体有温差存在，壳体或换热管膨胀时，互不约束，不会产生温差应力；③ U 形管式换热器只有一个管板，换热管为 U 形，管子两端固定在同一管板上。管束可以自由伸缩，当壳体与 U 形换热管有温差时，不会产生温差应力；④ 填料函式换热器管板只有一端与壳体固定连接，另一端采用填料函密封。管束可以自由伸缩，不会产生因壳壁与管壁温差而引起的温差应力。

10. 管壳式换热器为何常采用多管程，分程的作用是什么？

答：当流体的流量较小时，采用多管程可以提高管内流速，进而提高对流传热系数。

11. 换热器传热计算有哪两种方法，它们之间的区别是什么？

答：这两种方法是平均温度差法和传热单元数（NTU）法。

总传热速率方程式是换热器传热计算的基本关系式。若以 Δt_m 表示传热过程冷、热流体的平均温度差，则积分结果可表示为 $Q=KA\Delta t_m$，用该式进行传热计算时需先计算出 Δt_m，故此方法称为平均温度差法。

传热单元数法又称传热效率-传热单元数（ε-NTU）法。该法在换热器的校核计算、换热器系统最优化计算方面得到了广泛的应用。例如，换热器的校核计算通常是对一定尺寸和结构的换热器，确定流体的出口温度。因温度为未知数，若用对数平均温度差法求解，就必须反复试算。此时，采用 ε-NTU 法则较为简便。

12. 如何强化换热器中传热过程，如何评价传热过程强化的效果？

答：所谓换热器传热过程的强化就是力求使换热器在单位时间内、单位传热面积上传递的热量尽可能增多。传热过程的强化有以下几条途径：

（1）增大单位体积的传热面积　增大传热面积，可以提高换热器的传热速率。但增大传热面积不能靠增大换热器的尺寸来实现，而是要从设备的结构入手，提高单位体积的传热面积。工业上往往通过改进传热面的结构来实现。

（2）增大平均温度差　增大平均温度差，可以提高换热器的传热效率。平均温度差的大小主要取决于两流体的温度条件和两流体在换热器中的流动型式。一般来说，物料的温度由生产工艺来决定，在条件允许时，提高加热介质温度或降低冷却介质温度对提高平均温度差都是有效的。另外，采用逆流操作或增加管壳式换热器的壳程数使 $\phi_{\Delta t}$ 增大。

（3）增大总传热系数　增大总传热系数，可以提高换热器的传热效率。由总传热系数的计算公式可见，要提高 K 值，就必须减少各项热阻。但因各项热阻所占比例不同，故应设法减少对 K 值影响较大的热阻。减少热阻的主要方法有：提高流体的速度；增强流体的扰动；在流体中加固体颗粒；在气流中喷入液滴；采用短管换热器；防止结垢和及时清除垢层。

评价传热强化效果通常用消耗相等输送功率的前提下，比较传热系数的变化程度。当 $\left(\dfrac{K_o'}{K_o}\right)_P > 1$ 时，说明强化传热有效。

传热过程强化单纯追求 S、Δt_m 及 K 的提高是不行的。因为所采取的强化措施往往使流动阻力增大，使其他方面的消耗或要求增高。因此，在采取强化措施的时候，要对设备结构、制造费用、动力消耗、运行维修等予以全面考虑，采取经济而合理的强化方法。

13. 流速的选择在换热器设计中有何重要意义，在选择流速时应考虑哪些因素？

答：增加流体在换热器中的流速，将加大对流传热系数，减少污垢在管子表面上沉积的可能，即降低了污垢热阻，使总传热系数增大，从而可减小换热器的传热面积。

在选择流速时，需要考虑结构上的要求，例如，选择高的流速，使管子的数目减少，对一定的传热面积，不得不采用较长的管子或增加程数。还要考虑管子的长度，管子太长不易清洗，且一般管长都有一定的标准。另外，单程变为多程时使平均温度差下降。这些都是选择流速时应考虑的问题。

14. 在管壳式换热器设计中，为什么要限制温度差校正系数 $\varphi_{\Delta t}$ 大于 0.8？

答：通常在换热器的设计中规定温度差校正系数 $\varphi_{\Delta t}$ 不应小于 0.8，若低于此值，则应考虑增加壳方程数，或将多台换热器串联使用，使传热过程更接近于逆流。当 $\varphi_{\Delta t} < 0.8$ 时，可能出现热流体被冷流体加热（即温度交叉）的情况，使传热的有效温差大大降低。

自 测 题

一、填空题

1. 传热的三种基本方式为：________、________、________。

2. 液体沸腾两种基本形式为：________、________。

3. 当外界有辐射能投射到物体表面时，将会发生________、________、________现象。

4. 燃烧炉由平面耐火砖和绝热砖两种材料砌成，各层的导热系数分别为 $\lambda_1 = 1.0\ \mathrm{W/(m \cdot K)}$，

$\lambda_2=0.1\ W/(m\cdot K)$，壁厚都为 0.2 m，则耐火砖和绝热砖的单位面积热阻分别为：__________、__________。

5. 根据引起流体流动的原因，无相变的对流传热可分为________、________。

6. 在蒸气冷凝传热过程中，若蒸气冷凝为膜状冷凝，则________成为膜状冷凝的主要热阻。

7. 套管换热器中，热流体温度由 90 ℃降到 70 ℃，冷流体温度由 20 ℃上升到 40 ℃，则两流体作并流时平均温度差为________ ℃；逆流时平均温度差为________ ℃。

8. 一般定性温度的选取有三种：________、________、________。

9. 间壁式换热器可分为：________、________、________。

二、选择题

1. 在蒸气冷凝传热中，不凝气体的存在对 α 的影响是(　　)。

A. 不凝气体存在会使 α 大大降低；　　B. 不凝气体的存在会使 α 升高；

C. 不凝气体的存在对 α 无影响

2. 在两灰体间进行辐射传热，两灰体的温度差为 25 ℃，现因某种原因，两者的温度各升高 50 ℃，则此时的辐射传热量与原来的相比，应该(　　)。

A. 增大；　　B. 减小；　　C. 不变；　　D. 不确定

3. 一定质量的流体在 $\phi 25\ mm\times 2.5\ mm$ 的直管内作强制湍流流动，其对流传热系数 $\alpha_i=1\,000\ W/(m^2\cdot ℃)$，如果流量和物性不变，改在 $\phi 19\ mm\times 2\ mm$ 的直管流动，其 α_i 为(　　)$W/(m^2\cdot ℃)$。

A. 1 259；　　B. 1 496；　　C. 1 585；　　D. 1 678

4. 液体沸腾操作时，工业上总是设法控制在(　　)。

A. 自然对流区；　　B. 泡核沸腾区；

C. 过渡区；　　D. 膜状沸腾区

5. 利用水在逆流操作的套管换热器中冷却某物料，要求热流体温度 T_1、T_2 及流量 w_h 不变，今因冷却水进口温度 t_1 增高，为保证完成生产任务，提高冷却水的流量 w_c，其结果是(　　)。

A. K 增大，Δt_m 不变；　　B. Q 增大，Δt_m 下降；

C. Q 不变，Δt_m 下降，K 增大；　　D. Q 不变，K 增大，Δt_m 不确定

6. 气体的导热系数值随温度的变化趋势为(　　)。

A. T 升高，λ 增大；　　B. T 升高，λ 减小；

C. T 升高，λ 可能增高或减小；　　D. T 变化，λ 不变

7. 双层平壁定态热传导，壁厚相同，各层的导热系数分别为 λ_1 和 λ_2，其对应的温度差为 Δt_1 和 Δt_2，若 $\Delta t_1>\Delta t_2$，则 λ_1 和 λ_2 的关系为(　　)。

A. $\lambda_1<\lambda_2$；　　B. $\lambda_1>\lambda_2$；　　C. $\lambda_1=\lambda_2$；　　D. 无法确定

8. 一套管换热器采用逆流操作，热流体的进、出口温度分别为 350 K、300 K，冷流体的进、出口温度分别为 250 K、300 K，此时的对数平均温度差 Δt_m 为(　　)。

A. 30 ℃；　　B. 40 ℃；　　C. 45 ℃；　　D. 50 ℃

三、计算题

1. 在氨合成炉下部列管式换热器中用反应后的热气体来加热原料气。为测定该换热器的传热系数，测得实际操作参数如下：反应后热气体走管内，流量为 6 000 kg/h，进、出口温度分别为

480 ℃和 150 ℃，平均比定压热容 $c_{p1}=3.04$ kJ/(kg·K)。原料气走管外，流量为 5 800 kg/h，进口温度 55 ℃，平均比定压热容可取 3.14 kJ/(kg·K)。已知该换热器的传热面积 S_o 为 40 m²，两流体逆流换热，计算其传热系数 K_o。忽略换热器的热损失。

2. 水在一定流量下通过某套管换热器的内管，温度可从 25 ℃上升到 75 ℃，测得对流传热系数为1 000 W/(m²·K)。试求同体积流量的苯通过换热器时的对流传热系数是多少？已知两种流动都为湍流，苯的进、出口温度的平均值在 60 ℃左右。

3. 现有一列管式换热器，列管为 ϕ25 mm×2.5 mm 的钢管，外表面积是 50 m²，现在用 120 ℃的饱和水蒸气将油(湍流)从 30 ℃加热到 80 ℃，蒸汽的冷凝膜传热系数 $\alpha=1.2\times10^4$ W/(m²·K)，油的平均比热容是 2.0×10^3 J/(kg·K)，油的流量是 2×10^4 kg/h。试问：当油的处理量加大一倍的时候，油的出口温度是多少？(钢管的导热系数是 45 W/(m²·K))

本章符号说明

英文字母

A——流通面积，m²；
b——厚度，m；
C——灰体的辐射系数，W/(m²·K⁴)；
C_0——黑体的辐射系数，W/(m²·K⁴)；
c_p——比定压热容，kJ/(kg·℃)；
d——管径，m；
D——换热器管径，m；
g——重力加速度，m/s²；
h——挡板间距，m；
K——总传热系数，W/(m²·℃)；
L——长度，m；
n——指数；
n——管数；
Nu——努塞尔数；
p——压力，Pa；
Pr——普朗特数；
q——热通量，W/m²；
Q——传热速率，W；
r——半径，m；
r——汽化热，kJ/kg；
$R=\dfrac{b}{\lambda S}$——导热热阻，℃/W；
R——污垢系数，m²·℃/W；
Re——雷诺数；
S——传热面积，m²；
t——冷流体温度，℃；
T——热流体温度，℃；
u——流速，m/s；
w——质量流量，kg/s
w_c——冷流体的质量流量，kg/h 或 kg/s；
w_h——热流体的质量流量，kg/h 或 kg/s

希腊字母

α——对流传热系数，W/(m²·K)；
β——体积膨胀系数，1/℃；
ε——传热效率；
ε——黑度；
λ——导热系数，W/(m·K)；
μ——黏度，Pa·s；
ρ——密度，kg/m³；
φ——校正系数

下标

c——冷流体的；
e——当量的；
h——热流体的；
i——管内的；
m——平均的；
o——管外的；
s——饱和的；
W——壁面的

第六章

蒸　　发

学习指导

一、学习要求

通过本章学习，能够掌握蒸发操作的特点、过程计算、设备选型、确定适宜的工艺流程和适宜的操作条件。

二、应重点掌握的内容

1. 和一般的传热过程相比，蒸发操作具有哪些特点，对蒸发设备及蒸发工艺过程有何特殊要求。

2. 蒸发器的基本结构、操作特性及适用场合。

3. 蒸发过程计算（以单效为重点，包括溶液沸点升高、物料衡算、热量衡算、传热面积计算等）。

4. 蒸发操作的强化及节能途径。

了解多效蒸发的流程、与单效蒸发的比较及效数的限制。

三、学习方法

蒸发是传热原理的应用，蒸发速率由传热速率控制，蒸发器是具有某些结构特点的换热器。蒸发操作在传热方面的特点是传热壁面两侧均发生相变化的恒温差传热过程。在全面掌握传热知识的基础上，从分析蒸发操作的特点入手，理解蒸发器的结构特点及其多样性（适应物料工艺特点）、蒸发过程计算的复杂性（溶液沸点升高）、提高蒸发器的生产强度的措施、蒸发操作的节能途径。

学习要点

一、蒸发过程概述

1. 蒸发过程原理及相关术语

将含有不挥发溶质的溶液加热沸腾，使其中挥发性溶剂部分汽化并及时移除，而将溶液浓缩的过程称为蒸发。其目的产品可以是增浓的溶液（如烧碱、生物制品及食品等），也可以是纯净的溶剂（海水淡化），或同时获得两个产品（中药生产中酒精浸出液的蒸发）。蒸发操作过程如下图所示：

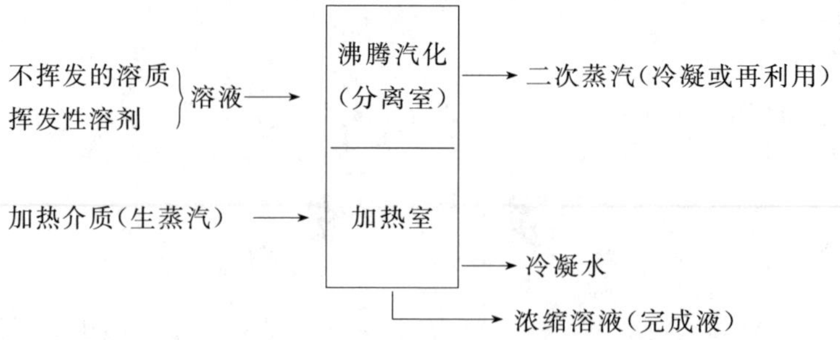

注意区别生蒸汽(高温位)与二次蒸汽(低温位)、原料液和完成液。

实现蒸发操作的主体设备称为蒸发器。

2. 蒸发操作的特点

通常而言,蒸发操作是传热壁面两侧恒温差(蒸汽冷凝、液体沸腾汽化)的传热过程,溶剂汽化速率由传热速率控制,蒸发器是具有某些结构特点的换热器。但蒸发操作与一般传热过程相比具有如下特殊性。

(1) 溶液沸点升高:
- 溶质存在使饱和蒸气压下降(Δ')
- 垂直管式蒸发器内液柱静压力(Δ'')
- 蒸汽在管道内的流动阻力(Δ''')

以上合为温差损失 Δ

(2) 溶液的工艺特性　随蒸发操作的进行,可能析出晶体,发泡、结垢、分解、增黏、腐蚀性增大等。带来传热计算的复杂性(如焓浓图)。

在选择蒸发流程、蒸发器类型及操作条件时应充分考虑如上因素,特别注意防垢除垢及变性分解问题。

(3) 热能的综合利用和节能措施　着眼于二次蒸汽的再利用和强化传热过程。

(4) 减少二次蒸汽中夹带的液沫。

3. 蒸发过程分类

重点了解如下内容:

(1) 蒸发操作压力选择的原则、真空蒸发的优缺点。

(2) 多效蒸发的原理及流程特点,多效蒸发节约能耗的原因。

(3) 连续蒸发与间歇蒸发的适用场合。

二、蒸发设备

重点掌握各类蒸发器的结构特点、主要性能及适用场合。

1. 基本结构:
- 加热室、分离室——结构的多样性及不同组合方式产生多种结构型式的蒸发器
- 辅助设备——冷凝器、除沫器、疏水器等

2. 循环型蒸发器的流体流动和传热特性(见表 6-1)

表 6-1　循环型蒸发器的流体流动和传热特性

蒸发器型式		循环速度 $u/(\text{m}\cdot\text{s}^{-1})$	传热系数 $K/[\text{W}\cdot(\text{m}^2\cdot℃)^{-1}]$
自然循环型	标准式—自然循环式	<0.5	580～2 900
	标准式—搅拌式	1～1.5	1 200～6 000
	悬框式(垂直短管式)	1～1.5	580～3 500
	外加热式(垂直长管式)	1～1.5	1 400～3 500
	列文式(垂直长管式)	2～3	1 280～2 350
强制循环型	如泵循环式	2～5	1 000～6 000

直接接触传热蒸发器列为循环型蒸发器。

3. 单程型蒸发器

掌握升膜式、降膜式、升-降膜式、刮板薄膜式等典型单程型蒸发器的特点及适用场合。

4. 蒸发设备及蒸发技术的最新进展

了解在研发新型、高效、节能蒸发器、强化传热途径及防垢除垢方面的最新进展及成果。

蒸发研究的重点课题是:提高蒸发速率、节能降耗,防止生物活性物质失活。

5. 选择蒸发工艺及蒸发器应考虑的因素

在掌握各类蒸发器基本结构及操作特性基础上,根据物料的工艺特性、对蒸发产品质和量的要求、操作调控方便可靠、经济合理等综合因素,选择适宜的工艺流程、蒸发设备和最佳操作条件。

三、单效蒸发的计算

二次蒸汽不再用作另一蒸发器加热介质的蒸发过程即为单效蒸发。

(一) 蒸发计算的思路

单效蒸发的设计型计算给定条件通常是料液组成、温度、处理量、完成液组成;加热介质压力和冷凝器的操作压力。计算项目包括产品量、加热蒸汽用量及蒸发器的传热面积。

蒸发过程计算的基本关系是物料衡算、热量衡算及传热速率方程。

单效蒸发设计型计算的基本思路是:

物料衡算 ╲　　　　　╱ 加热蒸汽用量 $D=\dfrac{Q}{r}$

热负荷 Q

热量衡算 ╱　　　　　╲ 传热面积 $S_0=\dfrac{Q}{K_0\Delta t_m}$

热量衡算可能涉及焓浓关系的确定,Δt_m 的计算涉及沸点升高的确定。

(二) 单效蒸发的物料衡算

总物料衡算　$$F=W+L \tag{6-1}$$

溶质的衡算　$$Fw_0=(F-W)w_1=Lw_1 \tag{6-2}$$

式中 F、W、L——分别为原料液量、水分蒸发量、完成液量，kg 或 kg/h；

w_0、w_1——分别为原料液及完成液中溶质的质量分数。

联立以上两式可分别得到

$$W=F\left(1-\frac{w_0}{w_1}\right) \tag{6-3}$$

或

$$w_1=\frac{Fw_0}{F-W}=\frac{Fw_0}{L} \tag{6-4}$$

（三）单效蒸发的热量衡算

设加热蒸汽的冷凝液在饱和温度下排出，则对蒸发器作热量衡算，得

$$Q=D(H-h_c)=WH'+(F-W)h_1-Fh_0+Q_L \tag{6-5}$$

式中 Q、Q_L——分别为蒸发器的热负荷和热损失，kJ/h；

H、H'——分别为加热蒸汽、二次蒸汽的焓，kJ/kg；

D——加热蒸汽消耗量，kg 或 kg/h；

h_c、h_0、h_1——分别为冷凝水、原料液及完成液的焓，kJ/kg。

1. 加热蒸汽消耗量

(1) 若各物料流股的焓值已知，$H-h_c=r$ 为加热蒸汽的冷凝潜热，kJ/kg，则可求得加热蒸汽消耗量，即

$$D=\frac{WH'+Lh_1-Fh_0+Q_L}{r} \tag{6-6}$$

氢氧化钠水溶液焓浓图示于《化工原理》（第三版，上册）图 6-15。

(2) 对于溶液稀释热可忽略的物系，焓值可由比热容近似计算，以 0 ℃为基准，则得

$$D=\frac{Wr'+Fc_0(t_1-t_0)+Q_L}{r} \tag{6-7}$$

式中 c_0——原料液的比热容，kJ/(kg·℃)；

t_0、t_1——分别为原料液、完成液的温度，℃；

r'——二次蒸汽的汽化热，kJ/kg。

式(6-7)表明，加热蒸汽放出的热量用于三个方面，即

① 将原料液由 t_0 升温至溶液沸点 t_1；② 使水在 t_1 下汽化成二次蒸汽；③ 热损失。

2. 单位蒸汽消耗量

若式(6-7)中的 $t_0=t_1$，且 $Q_L=0$，则单位蒸汽消耗量为

$$e=\frac{D}{W}=\frac{r'}{r} \tag{6-8}$$

e 值是衡量蒸发设备经济程度的指标。由于热损失和浓缩的热效应等原因，$e\geqslant 1.1$。

（四）蒸发器的传热面积

蒸发器的传热面积由传热速率方程计算，即

$$S_0=\frac{Q}{K_0\Delta t_m}$$

总传热系数 K_0 大多取经验数值，传热平均温度差 Δt_m 的确定，需要考虑溶液沸点升高即温度差损失 Δ 的影响。

$$\Delta t_m=T-t_1=\Delta t_T-\Delta \tag{6-9}$$

式中 Δt_m——单效蒸发传热的有效温度差，℃；

T——加热蒸汽（生蒸汽）的温度，℃；

t_1——溶液的平均沸点，℃；

Δt_T——理论温度差，℃；

$$\Delta t_T=T-t_c \tag{6-10}$$

t_c——与冷凝器内操作压力对应的二次蒸汽温度，℃；

Δ——温度差损失，℃。

$$\Delta=\Delta'+\Delta''+\Delta''' \tag{6-11}$$

式中 Δ'——由于溶质存在引起的溶液沸点升高，℃；

Δ''——由于液柱静压力引起的溶液沸点升高，℃；

Δ'''——由于管道内流动阻力引起的溶液沸点升高，℃。

1. 溶质存在引起的溶液沸点升高 Δ'

无机盐溶液中溶质含量较高时，沸点升高比较明显。如常压下 60％氢氧化钠水溶液的沸点升高约为 60 ℃。

$$\Delta'=t_B-T' \tag{6-12}$$

式中 t_B——溶液的沸点，℃；

T'——与溶液相同压力下水的沸点（二次蒸汽温度），℃。

常压（101.3 kPa）下由于溶质存在引起的沸点升高用 Δ_a' 表示，可从《化工原理》（第三版，上册）附录十四查取，其他操作压力下的 Δ' 可通过经验公式近似估算。

（1）吉辛科经验公式

$$\Delta'=f\Delta_a' \tag{6-13}$$

f 为校正系数，其值由下式计算：

$$f=0.016\,2\frac{(T'+273)^2}{r_W'} \tag{6-14}$$

式中 r_W'——操作压力下水的汽化热，kJ/kg。

（2）杜林规则　杜林规则指出，一定组成的某种溶液的沸点与相同压力下标准液体（一般以水为标准液体）的沸点呈线性关系。不同组成的 NaOH 水溶液的杜林线图示于《化工原理》（第三版，上册）图 6-16。由该图看出，不同压力下的沸点升高值近似等于常压下的沸点升高值。

需予指出，稀溶液和有机胶体溶液的沸点升高往往可忽略不计。

2. 液柱静压力引起的溶液沸点升高 Δ''

对于垂直管内液柱静压力引起的沸点升高，可近似以液层中部点的压力和温度 t_m 代表整个溶液的平均压力和温度，则

$$\Delta''=t_m-t_B \tag{6-15}$$

式中的 t_m 与 t_B 分别为与压力 p_m 和 p' 相对应的溶液沸点（可以水的沸点来代替），℃。

$$p_m=p'+\frac{\rho_m gL}{2} \tag{6-16}$$

式中 p_m、p'——分别为液层平均压力及液面处压力，Pa；

ρ_m——溶液的平均密度，kg/m^3；

L——液层深度，m；

g——重力加速度，m/s^2。

在低压下操作时，Δ''的影响非常显著。

3. 管道内流动阻力引起的溶液沸点升高 Δ'''

通常各效之间 Δ'''取 1 ℃，蒸发器至冷凝器之间 Δ'''取 1～1.5 ℃。

需特别注意，溶液沸点升高的计算一定以完成液组成为基准。

（五）提高蒸发强度的途径

若忽略蒸发设备的热损失，料液于沸点下加入蒸发器，不考虑浓缩热，则蒸发器的生产强度（蒸发强度）定义为

$$U=\frac{W}{S_0}=\frac{K_0\Delta t_m}{r'} \tag{6-17}$$

式中 U 为单位时间内单位传热面积上蒸发的水分量，$kg/(m^2\cdot h)$。

提高 U 的基本途径是提高 K_0 和 Δt_m。

1. 提高总传热系数 K_0

提高 K_0 的着眼点在于提高沸腾传热系数及减小污垢热阻。教材中介绍研发新型、高效蒸发器、强化传热措施及防垢除垢技术都是有效的。实际操作中，还应及时排除不凝性气体。

2. 提高有效传热温度差 Δt_m

Δt_m 的大小取决于加热蒸汽的压力（T）、冷凝器的操作温度（t_c）及溶液的沸点升高。要根据工厂的实际条件做出合理选择 T 和 t_c，并从蒸发器的结构上降低溶液沸点升高。

（六）蒸发过程的节能措施——提高加热蒸汽经济性

加热蒸汽的经济性是指 1 kg 加热蒸汽所能蒸发的水分量，用 E 表示，单位为 kg 水/kg 蒸汽，其定义为

$$E=\frac{W}{D}=\frac{1}{e} \tag{6-18}$$

提高加热蒸汽经济性的主要措施是：多效蒸发、额外二次蒸汽采出、热泵蒸发、冷凝水的减压闪蒸、完成液显热的利用等。

真空蒸发也能获得一定的节能效果。

四、多效蒸发

前一效的二次蒸汽用作下一效蒸发器加热介质的多个蒸发器串联操作即构成多效蒸发。多效蒸发对提高加热蒸汽经济性具有突出效果。

(一) 多效蒸发的流程

根据料液加入蒸发器方式的不同,多效蒸发可能有四种流程,如《化工原理》(第三版,上册)表 6-5 所示。通过对比,掌握各种流程的优缺点及适用场合,以便根据物料特性和工艺要求设计合理的流程。

多效蒸发中,各效的操作压力随效数增加而依次降低,相应地各效的加热蒸汽温度及溶液沸点依次降低,并且是自动调节达到相对平衡。多效蒸发得以连续进行的必要条件是生蒸汽压力(温度)较高或末效压力较低(真空),形成必要的温度差分布。

(二) 多效蒸发与单效蒸发的比较,多效蒸发的最佳效数

在简化假设条件下,两种操作流程的比较见表 6-2。

表 6-2　多效蒸发与单效蒸发的比较

指标	生产能力	e/[kg 蒸汽·(kg^{-1}水)]	E/[kg 水·(kg^{-1}蒸汽)]	U/(kg 水·m^{-2}·h^{-1})	Δ
单效蒸发	相同	$e_1\approx1.1$	0.91	U_1	Δ_1
多效蒸发		$e_n\approx e_1/n$	$\approx1/e_n$	$U_n\approx U_1/n$	$\sum\Delta_i$

由表 6-2 看出,随着效数增加,温度差损失 Δ 加大,蒸发强度 U_n 下降 ,加热蒸汽的经济性提高。显然,加热蒸汽经济性的提高(降低操作费)是以降低蒸发强度(增加设备投资费)为代价而换取的。

为使多效蒸发有效进行,各效中有效传热温度差不得小于 5~7 ℃。

基于以上分析,多效蒸发中效数有一定限制。适宜的效数应以设备费与操作费之和最小为原则。此效数即最佳效数。

五、生物溶液的增浓

由于生物溶液的热敏性、黏度随溶质含量增大而明显增加及细菌快速增长,可忽略溶质存在引起的沸点升高等工艺特性,在生物溶液的增浓操作中,要尽量降低温度,减小物料在设备中的停留时间。蒸发中采用真空操作,选用单程型、强制循环型蒸发器既可降低温度,又可减少物料受热时间。冷冻浓缩,对物料的保护效果显而易见。

示范题解析

蒸发的计算重点在溶液沸点升高、物料衡算及热量衡算。

【例 6-1】 蒸发器的传热速率和物料衡算

在单效薄膜式蒸发器中将番茄汁从 12%浓缩至 28%(固相质量分数),料液预热至最高允许温度 64 ℃后进入蒸发器,加热蒸汽绝对压力为 170 kPa(对应温度为 114.8 ℃),蒸发器的传热面

积为 1.8 m^2，传热系数为 1 500 W/(m^2·℃)。试计算加热蒸汽消耗量及料液处理量。

解：由饱和水蒸气表查得，170 kPa 压力下，水蒸气的冷凝热 $r=2\ 219$ kJ/kg，蒸发器中溶液的沸点应不高于 64 ℃，64 ℃下水的汽化热 $r'=2\ 290$ kJ/kg。

蒸发器的传热速率为

$$Q=K_0S_0(T-t_1)=[1.5\times1.8\times(114.8-64)]\ \text{kW}=137.2\ \text{kW}$$

忽略蒸发设备的热损失，则

$$D=\frac{Q}{r}=\left(\frac{137.2}{2\ 219}\right)\ \text{kg/s}=0.061\ 83\ \text{kg/s}=222.6\ \text{kg/h}$$

$$W=\frac{Q}{r'}=\left(\frac{137.2}{2\ 290}\right)\ \text{kg/s}=0.059\ 91\ \text{kg/s}=215.7\ \text{kg/h}$$

$$F=W\Big/\left(1-\frac{w_0}{w_1}\right)=\left(\frac{215.7}{1-\dfrac{0.12}{0.28}}\right)\ \text{kg/h}=377.5\ \text{kg/h}$$

单位蒸汽消耗量为

$$e=\frac{D}{W}=\left(\frac{222.6}{215.7}\right)\ \text{kg 蒸汽/kg 水}=1.032\ \text{kg 蒸汽/kg 水}$$

讨论：番茄汁为热敏性黏稠物料，宜选用真空薄膜带搅拌的蒸发器，使操作温度不超过 64 ℃。在忽略热损失的条件下，e 值仍大于 1。实际生产装置不可避免存在热损失，因而工业中取 $e_1\geqslant1.1$。

【例 6-2】 单效蒸发的物料和热量衡算——焓浓图的应用

在单效蒸发器中将 2 500 kg/h 的 NaOH 水溶液从 15%浓缩至 25%(质量分数)，加热蒸汽压力为 395 kPa(绝对压力)，蒸发器的操作压力为 101.3 kPa，溶液的沸点为 113 ℃，蒸发器的热损失为 6 kW。试求 20 ℃和沸点两种进料状况下的加热蒸汽消耗量和单位蒸汽耗用量。

解：由饱和水蒸气表查得，加热蒸汽的温度为 142.9 ℃，冷凝潜热 $r=2\ 140$ kJ/kg，113 ℃下水蒸气的焓 $H'=2\ 698$ kJ/kg。由于 NaOH 水溶液的浓缩热明显，需借助焓浓图进行计算。

20 ℃，15%的 NaOH　$h_0=55$ kJ/kg

113 ℃，25%的 NaOH　$h_1=405$kJ/kg；15%NaOH　$h_0'=405$ kJ/kg

水分蒸发量 $W=F\left(1-\dfrac{w_0}{w_1}\right)=\left[2\ 500\times\left(1-\dfrac{0.15}{0.25}\right)\right]\ \text{kg/h}=1\ 000\ \text{kg/h}$

(1) 20 ℃进料

$$\begin{aligned}D&=\frac{WH'+(F-W)h_1-Fh_0+Q_L}{r}\\&=\left[\frac{1\ 000\times2\ 698+(2\ 500-1\ 000)\times405-2\ 500\times55+6\times3\ 600}{2\ 140}\right]\ \text{kg/h}\\&=1\ 490\ \text{kg/h}\end{aligned}$$

$$e_1=\frac{D}{W}=\left(\frac{1\ 490}{1\ 000}\right)\ \text{kg 蒸汽/kg 水}=1.49\ \text{kg 蒸汽/kg 水}$$

(2) 沸点(113 ℃)进料

$$D'=\left(\frac{1\ 000\times2\ 698-1\ 000\times405+6\times3\ 600}{2\ 140}\right)\ \text{kg/h}=1\ 082\ \text{kg/h}$$

$$e'=\left(\frac{1\ 082}{1\ 000}\right)\ \text{kg 蒸汽/kg 水}=1.082\ \text{kg 蒸汽/kg 水}$$

讨论:随着进料温度提高,e 值呈下降趋势。

【例 6-3】 单效蒸发求原料液处理量——可忽略稀释热

在标准式蒸发器中将 $NaNO_3$ 水溶液从 10%浓缩至 25%(质量分数)。原料液于 40 ℃加入蒸发器,加热蒸汽压力为 160 kPa(绝对压力),分离室操作压力为 40 kPa。蒸发器的传热面积为 50 m^2,总传热系数 K_0 为 1 800 W/(m^2·℃),料液的比热容 c_{p0} 为 3.77 kJ/(kg·℃)。忽略液柱静压力引起的温度差损失,蒸发器的热损失为 8 kW。试求原料液的处理量及加热蒸汽消耗量。

解:本例为单效蒸发器的操作型计算。其解题思路是先由传热速率方程求得 Q,再由物料衡算及热量衡算求算 F 及 D。

加热蒸汽　$p=160$ kPa,　$T=113$ ℃,　$r=2\ 224$ kJ/kg

二次蒸汽　$p'=40$ kPa,　$T'=75$ ℃,　$r'=2\ 312$ kJ/kg

常压下 25% $NaNO_3$ 水溶液的沸点为 103.6℃。

常压下溶质存在引起的沸点升高为

$$\Delta_a'=(103.6-100)\ ℃=3.6\ ℃$$

$$f=0.016\ 2\frac{(T'+273)^2}{r}=0.016\ 2\times\frac{(75+273)^2}{2\ 312}=0.849$$

则
$$\Delta'=f\Delta_a'=(0.849\times3.6)\ ℃=3.06\ ℃$$

(1) 传热速率

$$\Delta t_m=T-T'-\Delta'=(113-75-3.06)\ ℃=34.94\ ℃$$

$$Q=K_0S_0\Delta t_m=(1.8\times50\times34.94)\ \text{kW}=3\ 145\ \text{kW}$$

(2) 原料液处理量

$$Q=Wr'+Fc_{p0}(t_1-t_0)+Q_L$$

式中
$$W=F\left(1-\frac{w_0}{w_1}\right)=F\times\left(1-\frac{0.10}{0.25}\right)=0.6F$$

$$t_1=T'+\Delta'=(75+3.06)\ ℃=78.06\ ℃$$

则
$$3\ 145=0.6F\times2\ 312+3.77F(78.06-40)+8$$

解得
$$F=2.049\ \text{kg/s}=7\ 376\ \text{kg/h}$$

$$W=0.6F=(0.6\times7\ 376)\ \text{kg/h}=4\ 426\ \text{kg/h}$$

(3) 加热蒸汽消耗量

$$D=\frac{Q+Q_L}{r}=\left(\frac{3\ 145+8}{2\ 224}\right)\text{kg/s}=1.42\ \text{kg/s}=5\ 112\ \text{kg/h}$$

$$e_1=\frac{D}{W}=\left(\frac{5\ 112}{4\ 426}\right)\ \text{kg 蒸汽/kg 水}=1.155\ \text{kg 蒸汽/kg 水}$$

讨论:本例计算的关键是确定总传热速率方程中的 Δt_m,首先要用吉辛科经验公式确定 Δ'。注意,确定 Δ' 应以完成液组成为基准。

由于 $NaNO_3$ 水溶液稀释热不明显,可用比热容和温度计算物料的焓。

【例 6-4】 NaOH 水溶液沸点升高的计算

在单效标准式蒸发器中将10%的 NaOH 水溶液浓缩至30%(质量分数),料液于40 ℃下进入蒸发器。分离室内绝对压力为15 kPa,加热管内液层深度为1.6 m,完成液的平均密度为1 260 kg/m³。试求:(1) 溶液的沸点;(2) 若原料液的处理量为4 000 kg/h,蒸发器的总传热系数 K_0 为1.3 kW/(m²·℃),传热面积为55 m²,试确定加热蒸汽的压力。忽略蒸发器的热损失。

解: (1) 溶液的沸点

由于本例规定分离器内的操作压力,故沸点升高包括 Δ' 和 Δ'' 两项。

15 kPa 绝对压力下,二次蒸汽的温度 $T'=54.0$ ℃,$H'=2\ 594$ kJ/kg

① 因蒸气压下降引起的沸点升高 Δ' 常压下30%NaOH的沸点为118 ℃

$$\Delta_a'=(118-100)\ ℃=18\ ℃$$

在溶质含量不高时(≤40%),不同压力下的沸点升高可近似取常压下数值,即

$$\Delta'\approx\Delta_a'=18\ ℃$$

② 液柱静压力引起的沸点升高 Δ'' 加热管液层中部的压力为

$$p_m=p+\frac{\rho gL}{2}=\left(15\times10^3+\frac{1\ 260\times9.81\times1.6}{2}\right)\ \text{Pa}=24\ 890\ \text{Pa}$$

与 $p_m=24.89$ kPa 相对应的溶液沸点为64.9 ℃,则

$$\Delta''=(64.9-54.0)\ ℃=10.9\ ℃$$

溶液的平均沸点 $t_1=(54.0+18+10.9)\ ℃=82.9\ ℃$

(2) 加热蒸汽的压力

由 NaOH 水溶液的焓浓图读出

原料液 40 ℃,$w_0=0.10$ $h_0=145$ kJ/kg

完成液 82.9 ℃,$w_1=0.30$ $h_1=310$ kJ/kg

水分蒸发量 $W=F\left(1-\frac{w_0}{w_1}\right)=\left[4\ 000\times\left(1-\frac{0.10}{0.30}\right)\right]\ \text{kg/h}=2\ 667\ \text{kg/h}$

$$\begin{aligned}Q&=WH'+(F-W)h_1-Fh_0\\&=[2\ 667\times2\ 594+(4\ 000-2\ 667)\times310-4\ 000\times145]\ \text{kJ/h}\end{aligned}$$

$=6.751\times10^6$ kJ/h$=1\ 875$ kW

用总传热速率方程求加热蒸汽的温度，即

$$Q=K_0S_0(T-t_1)$$

$$T=t_1+\frac{Q}{K_0S_0}=\left(82.9+\frac{1\ 875}{1.3\times55}\right)℃=109.1\ ℃$$

与 $T=109.1$ ℃对应的水蒸气压力为 $p=140$ kPa
即加热蒸汽的压力为 140 kPa。

讨论：本例的重点在于确定温度差损失（溶液的沸点升高），而确定 Δ' 应以完成液组成为基准。Δ' 取 Δ_a 值引入一定误差。

在低压下，液柱静压力引起的沸点升高 Δ'' 占不小的比例。

由于 NaOH 水溶液浓缩热不可忽略，借助于焓浓图进行热量衡算。

【例 6-5】 多效与单效蒸发温度差损失的比较

用标准式蒸发器将含 NaOH 质量分数 16%的水溶液浓缩至 45%。加热蒸汽的压力 $p=$ 250 kPa（对应温度 $T=127.2$ ℃），冷凝器的绝对压力为 15 kPa（对应蒸汽温度为 54 ℃）。试计算如下三种操作方案的有效温度差：

(1) 单效蒸发；

(2) 双效并流加料，各效蒸发量相等；

(3) 三效并流加料，各效蒸发量相等。

原料液的处理量为 1 000 kg/h。忽略液柱静压效应。不同压力下的沸点升高可取常压下数值。

解： 有效温度差为

$$\Delta t_m=\Delta t_T-\sum\Delta$$

由于忽略加热管内液柱静压力引起的沸点升高，则

$$\sum\Delta=\sum\Delta'+\sum\Delta'''$$

本例的关键是确定不同组成下饱和蒸气压下降引起的沸点升高 Δ'，双效之间 $\Delta'''=1$ ℃，末效与冷凝器之间 $\Delta'''=1.5$ ℃。

水分的总蒸发量为

$$W=F\left(1-\frac{w_0}{w_n}\right)=\left[1\ 000\times\left(1-\frac{0.16}{0.45}\right)\right]\text{ kg/h}=644\text{ kg/h}$$

(1) 单效蒸发

蒸发器中溶液的组成为 $w=0.45$，此组成溶液的沸点升高为

$$\Delta'=(135.4-100)\ ℃=35.4\ ℃$$

$$\Delta t_T=(127.4-54)\ ℃=73.4\ ℃$$

$$\sum\Delta=(35.4+1.5)\ ℃=36.9\ ℃$$

则
$$\Delta t_m=(73.4-35.4-1.5)\ ℃=36.5\ ℃$$

(2) 双效并流加料蒸发

总温度差损失为两效之和。第二效以完成液组成为准,求算的温度差损失同单效数值,即 $\sum\Delta_2=36.9\ ℃$,而第一效温差损失以第一效完成液组成来确定。

$$W_1=\frac{1}{2}W=\frac{1}{2}\times644\ \text{kg/h}=322\ \text{kg/h}$$

$$w_1=\frac{Fw_0}{F-W_1}=\frac{1\,000\times0.16}{1\,000-322}=0.236$$

常压下,0.236 的 NaOH 水溶液 $\Delta_a'=11.7\ ℃$

$$\sum\Delta_1=(11.7+1.0)\ ℃=12.7\ ℃$$

$$\sum\Delta=\sum\Delta_1+\sum\Delta_2=(12.7+36.9)\ ℃=49.6\ ℃$$

则
$$\Delta t_m=\Delta t_T-\sum\Delta=(73.4-49.6)\ ℃=23.8\ ℃$$

(3) 三效并流加料蒸发

第三效的温度差损失仍为 36.9 ℃,第一、二效温度差损失以其对应完成溶液组成来确定。由物料衡算可求得各效溶液组成并确定其沸点升高为

第一效 $w_1=0.203\,7$ $\sum\Delta_1=(7.3+1.0)\ ℃=8.3\ ℃$

第二效 $w_2=0.280\,4$ $\sum\Delta_2=(16.2+1.0)\ ℃=17.2\ ℃$

$$\sum\Delta=(36.9+8.3+17.2)\ ℃=62.4\ ℃$$

$$\Delta t_m=(73.4-62.4)\ ℃=11.0\ ℃$$

讨论:由本例计算数据看出,当溶质存在引起的沸点升高比较明显时,多效蒸发的总温度差损失随效数增加而加大,总有效温度差则相应降低。对本例来说,三效蒸发 Δt_m 只有 11 ℃,分配到各效不足 4 ℃。若再考虑液柱静压力引起的沸点升高,将可能没有传热推动力,导致操作达不到预期效果,甚至不能进行操作。对于沸点升高显著的溶液,多效蒸发的效数有个最佳选择问题。

【例 6-6】 热泵蒸发的节能效果

将质量分数 2.5%盐水溶液在标准式蒸发器中浓缩至 16%,处理为 9 000 kg/h。加热室的操作压力为 625 kPa。分离室为常压,溶液沸点为 104 ℃。为了节能,采用热泵蒸发流程,二次蒸汽压缩后升温至 160 ℃,假设压缩机的总效率为 80%;忽略加热管内液柱静压效应,料液为沸点进料,忽略浓缩效应和蒸发器的热损失,试估算热泵蒸发的节能效果。

解: 欲比较节能效果需分别计算压缩二次蒸汽所需之电功率和蒸发水分所需传热速率。

压缩前(常压,100 ℃)和压缩后(625 kPa,160 ℃)二次蒸汽的焓分别为 2 676 kJ/kg 和 2 763 kJ/kg。104 ℃下水的汽化热 $r'=2\,248$ kJ/kg

水分蒸发量 $W=F\left(1-\frac{w_0}{w_n}\right)=\left[9\,000\times\left(1-\frac{0.025}{0.160}\right)\right]\ \text{kg/h}=7\,594\ \text{kg/h}$

压缩机所消耗的电功率为

$$N=\frac{W(H_2'-H_1')}{\eta}=\left[\frac{7\,594\times(2\,763-2\,676)}{0.8}\right]\ \text{kJ/h}=8.258\times10^5\ \text{kJ/h}=229.4\ \text{kW}$$

汽化水分所需消耗的热量(即要求的传热速率)为

$$Q=W'r=(7\,594\times2\,248)\ \text{kJ/h}=1.71\times10^7\ \text{kJ/h}=4\,742\ \text{kW}$$

讨论:从计算结果看出,压缩机所消耗的电功率仅是水分汽化所消耗功率的4.84%,可见热泵蒸发的节能效果十分显著。

思考题简答

1. 和一般的传热过程相比较,蒸发操作有何特点?

答:蒸发过程是传热原理的应用,但蒸发操作又具有自身的特殊性。

(1) 传热的特点　蒸发中的传热是间壁两侧同时发生相变的恒温差过程,蒸发器的结构和一般换热器相比也有其特殊性。

(2) 沸点升高　蒸发中,由于溶质存在引起溶液饱和蒸气压下降、液体静压效应、蒸汽在管道内的流动阻力等因素造成溶液沸点升高。

(3) 物料的工艺特性　蒸发中,由于水分的蒸发而引起物料组成的变化,导致物料性质发生不利于传热的变化,需根据物料工艺特性选择蒸发器类型,并确定适宜的操作流程和条件。

(4) 节能措施　为节省蒸发操作中的能量消耗,采取了真空蒸发、多效蒸发、热泵蒸发等多项行之有效的措施。

(5) 二次蒸汽对液沫的夹带也是值得注意的问题。

2. 并流加料的多效蒸发装置中,一般各效的总传热系数逐渐减小,但蒸发量却逐效增加,试分析原因。

答:并流加料的多效蒸发装置中,前效的操作压力和温度均高于与之相邻的下一效,过热的溶液从前效进入下效后产生自蒸发,致使蒸发量有可能逐效增加。

3. 试比较循环型与单程型蒸发器的特点与适用场合。

答:循环型蒸发器与单程型蒸发器各自的特点与适用场合全面比较见《化工原理》(第三版,上册)表6-1和表6-2。总体来说,循环型蒸发器的特点是溶液在蒸发器中作循环流动,停留时间较长;单程型蒸发器的特点是溶液沿加热管壁呈膜状流动而进行传热和蒸发,一次通过加热室即可达到所要求的完成液组成,溶液在器内停留时间短,特别适用于热敏性物料(生物制品、食品、药物)的蒸发。

4. 简述蒸发设备和蒸发技术的发展趋势。

答:蒸发设备和蒸发技术的发展趋势大致有如下几个方面:

(1) 研制新型、高效、节能的蒸发设备,如改变加热表面形状,插入不同形式的湍流元件,或不同结构蒸发器的组合。其目标是增加沸腾侧液体湍动，提高传热速率，缩短溶液在设备中的停留时间。

(2) 蒸发与干燥、结晶、分馏等化工单元操作结合，构成集成式的工艺流程。

(3) 防垢除垢技术，延长蒸发器连续运转时间。

(4) 保护生物活性物质不失活。

5. 蒸发操作中，提高加热蒸汽经济性的措施有哪些？

答：提高加热蒸汽经济性的主要措施有多效蒸发、热泵蒸发、额外二次蒸汽采出用作其他加热介质、冷凝水的减压闪蒸、真空蒸发、完成液显热的利用等。

6. 欲将10%的NaOH水溶液浓缩至60%(质量分数)，进料温度为30 ℃，应采用何种加料方式？若可供使用的加热蒸汽为400 kPa(绝对压力)，末效蒸发器的操作压力为22 kPa(绝对压力)，采用五效蒸发是否适宜？

答：宜采用逆流蒸发流程。根据题给条件，传热的理论温度差为 $\Delta t_T=(143.4-62)$ ℃ $=$ 81.4 ℃，由于NaOH水溶液的饱和蒸气压下降引起的沸点升高比较显著，再加上加热管中液柱的静压效应和蒸汽在管道中的流动阻力，将会使总温度差损失非常严重，如例6-5的三效蒸发的温度差损失就已达到62.4 ℃(还没考虑液体静压力引起的沸点升高)。对于沸点升高显著的溶液，采用过多的效数是不适宜的。对NaOH水溶液蒸发一般不超过三效。

7. 提高蒸发器生产强度的途径是什么？

答：提高蒸发强度的主要途径是提高蒸发器的总传热系数，重点是提高溶液侧的对流传热系数和防垢除垢；提高传热有效温度差，重点在减小温度差损失。新型高效板式蒸发器，膨胀流动型蒸发器、离心式蒸发器、喷膜蒸发器、旋液式蒸发器等都可获得较高的蒸发强度。

自 测 题

一、填空题

1. 与一般的传热过程相比较，蒸发操作具有如下主要特点：________、________与________。

2. 蒸发操作中，引起溶液沸点升高的原因有：________、________和________。

3. 根据加料方式，多效蒸发流程有________、________、________和________等基本模式。

4. 多效蒸发的突出优点是________；明显的缺点是________、________。

5. 提高蒸发强度的主要途径是________和________。

6. 提高生蒸汽经济性的主要措施有：________、________、________和________。

7. 按照溶液在蒸发器中的流动状况，可将蒸发器分为两大类，即________和________。

8. 常用蒸发器主要由________和________两部分构成。

9. 工业上，生物溶液的增浓主要采用________和________等低温操作方法。

10. 冷冻浓缩是利用水与溶液之间的________________相平衡原理而使溶质增浓的一种方法。

二、选择题

1. 蒸发计算时，溶液的沸点按(　　)来确定。

A. 完成液组成；　B. 原料液组成与完成液组成的算术平均值；

C. 原料液组成；　D. 原料液组成与完成液组成的对数平均值

2. 在标准式蒸发器中，用 140 ℃的饱和蒸汽加热盐水，蒸发空间二次蒸汽的温度为 86 ℃，溶液的平均沸点为 98 ℃，则该蒸发器中的有效温度差为(　　)℃。

A. 54；　B. 48；　C. 45；　D. 42

3. 为防止物料变性或分解，蒸发热敏性溶液时常采用(　　)蒸发。

A. 加压；　B. 常压；　C. 减压；　D. 超高压

4. 单效蒸发中，原料液的温度越高，蒸发时的单位蒸汽消耗量(　　)。

A. 越大；　B. 越小；　C. 不变；　D. 无法确定

5. 在沸点升高较小的蔗糖水溶液蒸发过程中，为了回收二次蒸汽的热量，拟采用热泵蒸发技术，应选方案(　　)。

A. 二、三、四；　B. 一、二、四；

C. 一、三、四；　D. 一、二、三

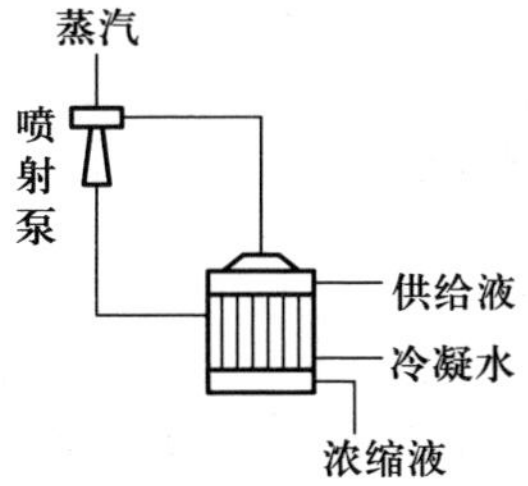

方案一

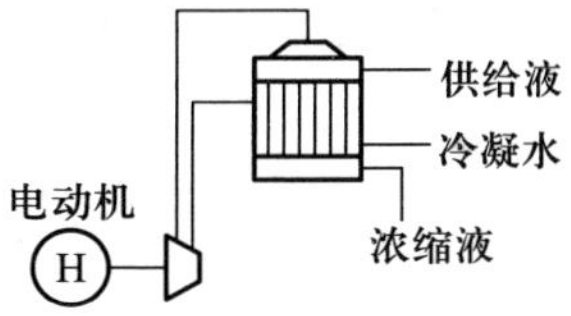

方案二

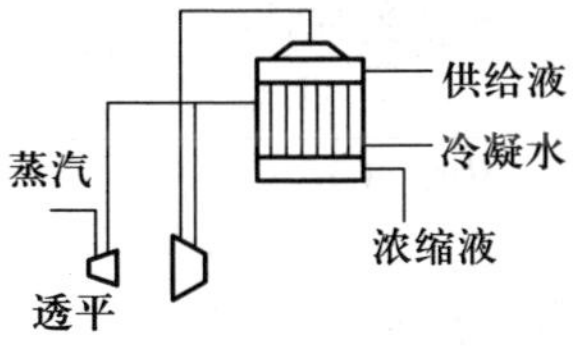

方案三

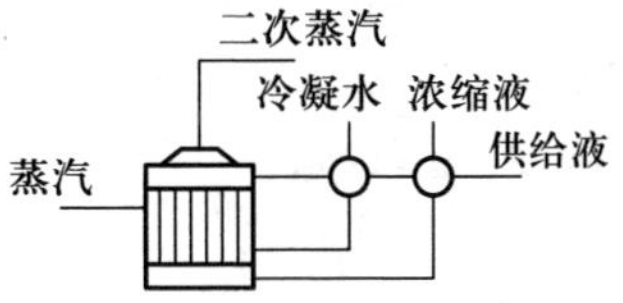

方案四

6. 一蒸发器每小时将 1 000 kg/h 的 NaCl 水溶液由质量分数为 0.05 浓缩至 0.30，则浓缩液的流量是(　　)。

A. 166.7 kg/h；　B. 50 kg/h；　C. 300 kg/h；　D. 833.3 kg/h

7. 生物溶液的冷冻浓缩操作中，料液的组成必须(　　)低共熔组成。

A. 等于；　B. 高于；　C. 低于；　D. 均可

8. 生物溶液的冷冻浓缩操作中，产生的固相是(　　)。

A. 溶质固体；　B. 冰晶；　C. 冰水；　D. 浓缩产品

三、计算题

1. 在单效标准式蒸发器中将 $CaCl_2$ 水溶液从 15%浓缩至 40.8%(质量分数)。加热管内溶液的深度为2.0 m，其平均密度为 1 360 kg/m^3，分离室内为常压(101.3 kPa)。试求溶液的沸点。

2. 用标准式单效蒸发器将 2 000 kg/h 的 NaOH 水溶液从 10%浓缩至 40%，原料液于 60 ℃下加入蒸发器。加热蒸汽绝对压力为 160 kPa，分离室绝对压力为 20 kPa。加热管内液柱深度为 1.6 m，溶液平均密度为 1 326 kg/m^3。蒸发器的总传热系数为 1.4 kW/(m^2·℃)，忽略热损失。试求：

(1) 加热蒸汽用量及单位蒸汽耗用量；

(2) 蒸发器的传热面积。

3. 某工厂需将 1 700 kg/h 的水溶液从 0.15 浓缩至 0.35(质量分数)，沸点进料。现有一传热面积为 20 m^2 的蒸发器可供使用。冷凝器的操作绝对压力为 20 kPa。已知：总传热系数为 1.0 kW/(m^2·℃)，总温度差损失为18 ℃，可忽略溶液的浓缩热。试求加热蒸汽的压力及用量。

4. 在标准蒸发器中将 $NaNO_3$ 水溶液从 10%浓缩至 25%(质量分数)，原料液于沸点下加入蒸发器，其处理量为 7 380 kg/h。分离室为常压(T'=100 ℃)，加热室操作压力为 400 kPa。为节能采用热泵蒸发流程，假定压缩机的总效率为 80%。忽略溶液的浓缩热和蒸发设备的热损失。试求：

(1) 汽化水分所消耗的功率；

(2) 压缩机消耗的电功率，并比较热泵蒸发的节能效果。

本章符号说明

英文字母

c——比热容，kJ/(kg·℃)；

d——管径，m；

D——直径，m；

D——加热蒸汽消耗量，kg 或 kg/h；

e——单位蒸汽消耗量，kg 蒸汽/kg 水；

E——加热蒸汽经济性，kg 水/kg 蒸汽；

f——校正系数；

F——原料液的量，kg 或 kg/h；

g——重力加速度，m/s^2；

h——液体的焓，kJ/kg；

H——蒸汽的焓，kJ/kg；

k——杜林线的斜率；

K——总传热系数，W/(m^2·℃)；

L——液面高度，m；

L——完成液的量，kg 或 kg/h；

n——效数；

N——压缩机消耗的功率，W；

p——压力，Pa；

Q——传热速率，W；

r——汽化热，kJ/kg；

R——热阻，(m·℃)/W；

S——传热面积，m^2；

t——温度，℃；

t——溶液的沸点，℃；

T——蒸汽的温度，℃；

U——蒸发强度，kg/(m^2·h)；

W——蒸发量，kg 或 kg/h；

w——质量分数；

y——杜林线的截距，℃

希腊字母

α——对流传热系数，W/(m^2·℃)；

Δ——温度差损失，℃；

λ——导热系数，W/(m·℃)；

μ——黏度，Pa·s；

ρ——密度，kg/m^3

下标

1、2、3——效数序号；

0——原料液的；

a——常压的；

av——平均的；

B——溶质的

i——效数序号；

i——管内侧的；

L——损失的；

m——平均的；

W——水的；

w——壁面的；

s——污垢的；

c——冷凝的

上标

′——二次蒸汽的；

′——因溶液饱和蒸气压下降引起的；

″——因液柱静压力引起的；

‴——因流动阻力引起的

第七章

传质与分离过程概论

学习指导

一、学习要求

通过本章学习，应掌握传质与分离过程的基本概念和传质过程的基本计算方法，为以后各章传质单元操作过程的学习奠定基础。

二、应重点掌握的内容

1. 传质分离方法的类型与选择。

2. 相组成的表示方法。

3. 传质的方式与描述；相际间的对流传质模型——双膜模型。

4. 传质设备的基本类型和性能要求。

了解扩散系数、溶质渗透模型与表面更新模型、分离过程的研究重点等内容。

三、学习方法

1. 分子传质与导热、对流传质与对流传热具有类似性，在学习中应注意把握它们之间的类似性，以便于理解和记忆。

2. 学习分子传质问题的求解时，不要机械地记忆各过程的求解结果，应注意把握求解的思路和应用背景。

学习要点

一、概述

（一）传质分离方法

通过本节学习，应明确传质分离过程的分类方法及选择传质分离方法应考虑的主要因素等内容。

1. 传质分离方法的分类

依据分离原理的不同，传质分离过程可分为平衡分离、速率分离和场分离三大类。

(1) 平衡分离过程　平衡分离过程系借助分离媒介(如热能、溶剂、吸附剂等)使均相混合物系统变为两相体系，再以混合物中各组分在处于平衡的两相中分配关系的差异为依据而实现分离。

平衡分离属于相际传质过程，可分为以下几种类型：

① 气液传质过程　气液传质过程是指物质在气、液两相间的转移，它主要包括气体的吸收(或脱吸)、气体的增湿(或减湿)、液体的蒸馏(或精馏)等单元操作过程。其中，蒸馏(或精馏)操作的气相是由液相经过汽化而得。

② 液液传质过程　液液传质过程是指物质在两个不互溶的液相间的转移，它主要包括液体的萃取等单元操作过程。

③ 液固传质过程　液固传质过程是指物质在液、固两相间的转移，它主要包括结晶(或溶解)、液体吸附(或脱附)、浸取等单元操作过程。

④ 气固传质过程　气固传质过程是指物质在气、固两相间的转移，它主要包括气体吸附(或脱附)、固体干燥等单元操作过程。

在上述的平衡分离过程中，第 i 种组分在互呈平衡的两相中的组成关系常用相平衡常数(又称分配系数) K_i 来表示，即

$$K_i = y_i / x_i \tag{7-1}$$

式中 y_i、x_i 分别表示 i 组分在两相中的组成。K_i 值的大小通常取决于物系特性及操作条件(如温度和压力等)。i 和 j 两个组分的相平衡常数 K_i 和 K_j 之比称为分离因子 α_{ij}，即

$$\alpha_{ij} = K_i / K_j \tag{7-2}$$

通常将 K 值大的当成分子，故 α_{ij} 一般大于 1。当 α_{ij} 偏离 1 时，便可采用平衡分离过程使均相混合物得以分离，α_{ij} 越大越容易分离。

(2) 速率分离过程　速率分离过程是指借助某种推动力(如压力差、温度差、电位差等)的作用，利用各组分扩散速度的差异而实现混合物分离的单元操作过程。膜分离即为常见的速率分离过程。膜分离是指在选择性透过膜中，利用各组分扩散速度的差异而实现混合物分离的单元操作过程，它主要包括超滤、反渗透、渗析和电渗析等。

(3) 场分离过程　场分离过程是指借助外场(电场、磁场等)的作用，利用各组分在外场中所呈现的某种特性差异而实现(或强化)混合物分离的单元操作过程，它主要包括如电泳、高梯度磁场分离、微波场分离和离心力场(超重力场)分离等。

2. 传质分离方法的选择

对于一种均相混合物，有时可采用不同的方法进行分离，选择分离方法时应考虑以下主要因素：

(1) 被分离物系的相态　通常，不同的分离方法适用于不同相态(气态、液态和固态)混合物的分离。例如，吸收方法用于气体混合物的分离；萃取方法用于液体混合物的分离等，故选择分离方法时应考虑被分离物系的相态。

(2) 被分离物系的特性　被分离物系的特性通常是指热敏性、流动性、可燃性、挥发性及毒性等，这些特性对分离方法的选择往往具有决定性的作用。例如，对热敏性(物料受热易分解、聚合或氧化等)物系的分离，不宜采用蒸馏方法等。

(3) 产品的质量要求　大多数化工产品都是经过分离过程获得的，产品的质量(包括纯度、外观等)通常与采用的分离方法密切相关。例如，对某些沸点差较小，而熔点差较大的物系，若采用精馏方法分离，一般很难获得高纯度的产品；而采用结晶方法分离，则可获得高纯度的产品。

(4) 经济性　分离过程的经济性主要取决于设备投资及操作费用等，选择分离方法时应予以充分的考虑。例如，对某些液体混合物的分离，采用精馏方法通常能耗高，操作费用较大。

(二) 相组成的表示方法

通过本节学习，应明确相组成的不同表示方法及它们之间的换算。

1. 质量浓度与物质的量浓度

质量浓度与物质的量浓度的定义式分别为

$$\rho_A=\frac{m_A}{V} \tag{7-3}$$

$$c_A=\frac{n_A}{V} \tag{7-4}$$

式中　ρ_A——组分 A 的质量浓度(或密度)，kg/m^3；

m_A——混合物中组分 A 的质量，kg；

V——混合物的体积，m^3；

c_A——组分 A 的物质的量浓度，$kmol/m^3$；

n_A——混合物中组分 A 的物质的量，kmol。

若混合物由 N 个组分组成，则混合物的总质量浓度与总物质的量浓度分别为

$$\rho_{总}=\sum_{i=1}^{N}\rho_i \tag{7-5}$$

$$c_{总}=\sum_{i=1}^{N}c_i \tag{7-6}$$

质量浓度与物质的量浓度的关系为

$$c_A=\frac{\rho_A}{M_A} \tag{7-7}$$

式中　M_A——组分 A 的摩尔质量，kg/kmol。

2. 质量分数与摩尔分数

质量分数与摩尔分数的定义式分别为

$$w_A=\frac{m_A}{m} \tag{7-8}$$

$$x_A=\frac{n_A}{n} \tag{7-9}$$

式中　w_A——组分 A 的质量分数；

m——混合物的总质量，kg；

x_A——组分 A 的摩尔分数；

n——混合物总物质的量,kmol。

若混合物由 N 个组分组成,则有

$$\sum_{i=1}^{N} w_i = 1 \tag{7-10}$$

$$\sum_{i=1}^{N} x_i = 1 \tag{7-11}$$

质量分数与摩尔分数的关系为

$$x_A = \frac{w_A / M_A}{\sum_{i=1}^{N} (w_i / M_i)} \tag{7-12}$$

及

$$w_A = \frac{x_A M_A}{\sum_{i=1}^{N} (x_i M_i)} \tag{7-13}$$

注意:当混合物为气、液两相体系时,常以 x 表示液相中的摩尔分数,y 表示气相中的摩尔分数。

3. 质量比与摩尔比

质量比与摩尔比的定义式分别为

$$\overline{X}_A = \frac{m_A}{m - m_A} \tag{7-14}$$

$$X_A = \frac{n_A}{n - n_A} \tag{7-15}$$

式中 $\overline{X}_A$——组分 A 的质量比;

$m - m_A$——混合物中惰性组分的质量,kg;

X_A——组分 A 的摩尔比;

$n - n_A$——混合物中惰性组分的物质的量,kmol。

质量比与质量分数的关系为

$$\overline{X}_A = \frac{w_A}{1 - w_A} \tag{7-16}$$

或

$$w_A = \frac{\overline{X}_A}{1 + \overline{X}_A} \tag{7-16a}$$

摩尔比与摩尔分数的关系为

$$X_A = \frac{x_A}{1 - x_A} \tag{7-17}$$

或
$$x_A=\frac{X_A}{1+X_A} \tag{7-17a}$$

同样，当混合物为气、液两相体系时，常以 X 表示液相的摩尔比，Y 表示气相的摩尔比。

二、质量传递的方式与描述

（一）分子传质（扩散）

通过本节学习，应明确分子扩散现象与费克定律；气体和液体中定态分子扩散的方式及求解方法等。

1. 分子扩散现象与费克定律

分子传质又称为分子扩散，简称扩散，它是由于分子的无规则热运动而形成的物质传递现象。分子传质在固体、液体和气体中均能发生。

描述分子扩散现象的方程为费克定律，其数学表达式为

$$J_A=-D_{AB}\frac{dc_A}{dz} \tag{7-18}$$

及
$$J_B=-D_{BA}\frac{dc_B}{dz} \tag{7-19}$$

式中 $\frac{dc_A}{dz}$、$\frac{dc_B}{dz}$——组分 A、B 在扩散方向的浓度梯度，$(kmol\cdot m^{-3})/m$；

D_{AB}——组分 A 在组分 B 中的扩散系数，m^2/s；

D_{BA}——组分 B 在组分 A 中的扩散系数，m^2/s。

对于两组分扩散系统，当总物质的量浓度为常数时，有

$$D_{AB}=D_{BA} \tag{7-20}$$

式(7-18)、式(7-19)表达的费克定律仅适用于描述由于分子无规则热运动而引起的扩散过程，但在某些情况下，在进行分子扩散的同时还伴有混合物的总体流动，则传质通量应为分子扩散通量与总体流动通量之和。对于组分 A，其传质通量为

$$N_A=J_A+y_AN \tag{7-21}$$

即
$$N_A=-D_{AB}\frac{dc_A}{dz}+y_AN \tag{7-22}$$

式中 N_A——组分 A 的传质通量，$kmol/(m^2\cdot s)$；

y_A——组分 A 的摩尔分数；

N——混合物的总传质通量，$kmol/(m^2\cdot s)$。

式(7-22)表示在伴有混合物总体流动的分子传质过程中，组分 A 的实际传质通量，通常称该式为费克定律的普遍表达形式。

2. 气体中的定态分子扩散

在传质单元操作过程中，分子扩散分为双向扩散（反方向扩散）和单向扩散（一组分通过另一

停滞组分的扩散)两种形式。

(1) 等分子反方向扩散　等分子反方向扩散的情况通常在两组分的摩尔汽化潜热相等的蒸馏操作中遇到。

对于等分子反方向扩散过程,有

$$N_A = -N_B$$

因此得

$$N = N_A + N_B = 0$$

将以上关系代入式(7-22),可得

$$N_A = J_A = -D_{AB}\frac{dc_A}{dz} \tag{7-23}$$

参考图 7-1,求解式(7-23)可得

$$N_A = J_A = \frac{D_{AB}}{\Delta z}(c_{A1} - c_{A2}) \tag{7-24}$$

$$\Delta z = z_2 - z_1 \tag{7-25}$$

当扩散系统处于低压时,气相可按理想气体混合物处理,则

$$N_A = J_A = \frac{D_{AB}}{RT\Delta z}(p_{A1} - p_{A2}) \tag{7-26}$$

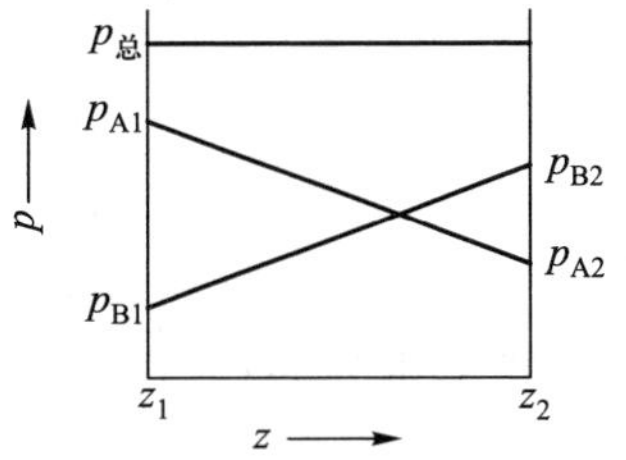

图 7-1　等分子反方向定态扩散

(2) 一组分通过另一停滞组分的扩散　一组分通过另一停滞组分扩散的情况通常在吸收操作中遇到。设由 A、B 两组分组成的二元混合物中,组分 A 为扩散组分,组分 B 为不扩散组分(称为停滞组分),组分 A 通过停滞组分 B 进行扩散。

由于组分 B 为不扩散组分,$N_B = 0$,因此得

$$N = N_A + N_B = N_A$$

将以上关系代入式(7-22),可得

$$N_A = -\frac{D_{AB}c_总}{c_总 - c_A}\frac{dc_A}{dz} \tag{7-27}$$

参考图 7-2,求解式(7-27)可得

$$N_A = \frac{D_{AB}c_总}{\Delta z}\ln\frac{c_总 - c_{A2}}{c_总 - c_{A1}} \tag{7-28}$$

或

$$N_A = \frac{D_{AB}p_总}{RT\Delta z}\ln\frac{p_总 - p_{A2}}{p_总 - p_{A1}} \tag{7-29}$$

由于扩散过程中总压 $p_总$ 不变,式(7-29)可改写为

$$N_A = \frac{D_{AB}p_总}{RT\Delta z p_{BM}}(p_{A1} - p_{A2}) \tag{7-30}$$

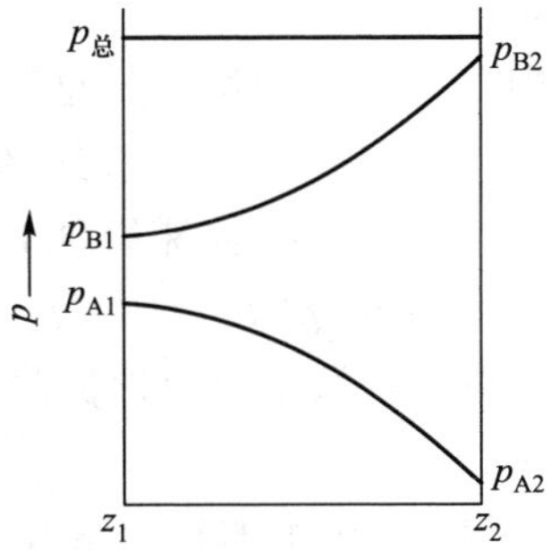

图 7-2　一组分通过另一停滞组分定态扩散

式中 p_{BM}——组分 B 的对数平均分压，$p_{BM}=\dfrac{p_{B2}-p_{B1}}{\ln\dfrac{p_{B2}}{p_{B1}}}$。

比较式(7－30)与式(7－26)可知，组分 A 通过停滞组分 B 扩散的传质通量较组分 A、B 进行等分子反方向扩散的传质通量相差 $p_{总}/p_{BM}$，前者为有总体流动的扩散过程，后者总体流动为零。因此，$p_{总}/p_{BM}$反映了总体流动对传质速率的影响，定义为“漂流因数”。因 $p_{总}>p_{BM}$，所以漂流因数 $p_{总}/p_{BM}>1$，这表明由于有总体流动而使物质 A 的传递速率较之单纯的分子扩散要大一些。当混合气体中组分 A 的浓度很低时，$p_{BM}\approx p_{总}$，因而 $p_{总}/p_{BM}\approx 1$，总体流动的影响可忽略。

3. 液体中的定态分子扩散

与气体中的扩散类似，液体中的扩散亦分为双向扩散(反方向扩散)和单向扩散(一组分通过另一停滞组分的扩散)两种形式。

(1) 等分子反方向扩散 液体中进行等分子反方向扩散时的传质通量方程为

$$N_A=\frac{D'_{AB}}{\Delta z}(c_{A1}-c_{A2}) \tag{7-31}$$

式中 D'_{AB}——组分 A 在溶剂 B 中的扩散系数，m^2/s。

(2) 一组分通过另一停滞组分的扩散 液体中一组分通过另一停滞组分扩散时的传质通量方程为

$$N_A=\frac{D'_{AB}}{\Delta z}\frac{c_{总}}{c_{BM}}(c_{A1}-c_{A2}) \tag{7-32}$$

或

$$N_A=\frac{D'_{AB}}{\Delta z}\frac{c_{总}}{x_{BM}}(x_{A1}-x_{A2}) \tag{7-33}$$

其中

$$c_{BM}=\frac{c_{B2}-c_{B1}}{\ln\dfrac{c_{B2}}{c_{B1}}} \tag{7-34}$$

$$x_{BM}=\frac{x_{B2}-x_{B1}}{\ln\dfrac{x_{B2}}{x_{B1}}} \tag{7-35}$$

式中 $c_{总}$——溶液的总物质的量浓度，$c_{总}=c_A+c_B$，$kmol/m^3$；

c_{BM}——停滞组分 B 的对数平均物质的量浓度，$kmol/m^3$；

x_{BM}——停滞组分 B 的对数平均摩尔分数。

4. 扩散系数

分子扩散系数简称扩散系数，它是物质的特性常数之一。扩散系数是计算分子扩散通量的关键。

(1) 气体中的扩散系数 气体中的扩散系数可从有关资料中查得，也可采用经验公式估算。气体中的扩散系数，其值一般在 $1\times10^{-5}\sim1\times10^{-4}$ m^2/s 范围内。对于双组分气体混合物，组分的扩散系数在低压下与浓度无关，只是温度及压力的函数，即

$$D_{AB2}=D_{AB1}\left(\frac{p_{总,1}}{p_{总,2}}\right)\left(\frac{T_2}{T_1}\right)^{1.75} \tag{7-36}$$

(2) 液体中的扩散系数　液体中的扩散系数可从有关资料中查得，也可采用经验公式估算。液体中的扩散系数，其值一般在 $1\times10^{-10}\sim1\times10^{-9}$ m^2/s 范围内。液体中溶质的扩散系数不仅与物系的种类、温度有关，而且随溶质的浓度而变。

(二) 对流传质

通过本节学习，应明确涡流扩散现象、对流传质的概念与机理及对流传质速率方程的一般表示形式等。

1. 涡流扩散现象

在湍流流体中，由于存在大大小小的旋涡运动，而引起各部位流体间的剧烈混合，在有浓度差存在的条件下，物质便朝着浓度降低的方向进行传递。这种凭借流体质点的湍动和旋涡来传递物质的现象，称为涡流扩散。

对于涡流扩散，其扩散通量表达式为

$$J_A^e=-\varepsilon_M\frac{dc_A}{dz} \tag{7-37}$$

式中　J_A^e——涡流扩散通量，$kmol/(m^2\cdot s)$；

ε_M——涡流扩散系数，m^2/s。

注意：在湍流流体中，虽然有强烈的涡流扩散，但分子扩散是时刻存在的。涡流扩散的通量远大于分子扩散的通量，一般可忽略分子扩散的影响。

2. 对流传质

对流传质通常指运动流体与固体壁面之间，或两个有限互溶的运动流体之间的质量传递，它是相际间传质的基础。

(1) 对流传质的机理　当流体以湍流流过固体壁面时，在与壁面垂直的方向上，分为层流内层、缓冲层和湍流中心三部分。在层流内层中，流体沿壁面平行流动，在与流向相垂直的方向上，只有分子的无规则热运动，故壁面与流体之间的传质是以分子扩散形式进行的。在缓冲层中，流体既有沿壁面方向的层流流动，又有一些旋涡运动，故该层内的传质既有分子扩散，也有涡流扩散，必须同时考虑它们的影响。在湍流中心中，发生强烈的旋涡运动，故该层内的传质主要为涡流扩散。

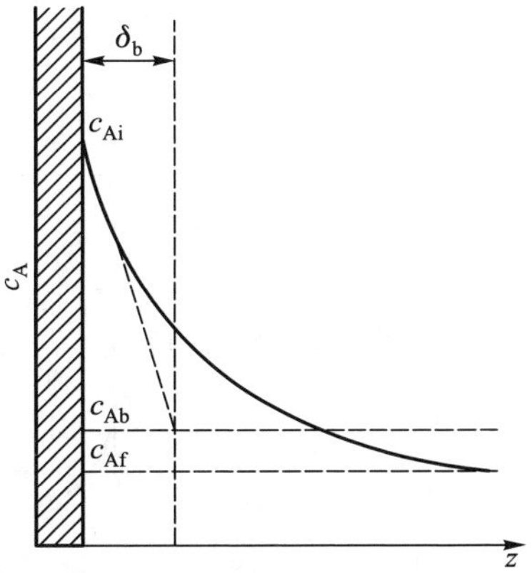

图 7-3　流体与壁面之间的浓度分布

由此可知，当湍流流体与固体壁面进行传质时，在各层内的传质机理是不同的。在层流内层，由于仅依靠分子扩散传质，故其中的浓度梯度很大，浓度分布曲线很陡，为一直线；在湍流中心，由于旋涡进行强烈的混合，其中浓度梯度必然很小，浓度分布曲线较为平坦；而在缓冲层内，既有分子扩散，又有涡流扩散，其浓度梯度介于层流内层与湍流中心之间，浓度分布曲线也介于二者之间。典型的浓度分布曲线如图 7-3 所示，其浓度变化是由壁面处流体的浓度 c_{Ai} 连续变化为湍流中心的浓度 c_{Af}。由于湍流中心的浓度 c_{Af} 是变化的，不便进行计算，为使问题简化，常采用流体的主体平均浓度 c_{Ab} 代替湍流中心的浓度 c_{Af}，如图 7-3 中的虚线所示。此时，可认为传质的全部阻力集中在壁面附近厚度为 δ_b 的膜层中，该膜层称为虚拟的传质膜层厚度。

(2) 对流传质速率方程　描述对流传质的基本方程称为对流传质速率方程，其一般表达式为

$$N_A = k_L(c_{Ai} - c_{Ab}) \tag{7-38}$$

式中　N_A——对流传质通量，kmol/(m²·s)；

c_{Ai}——壁面(或界面)处流体的物质的量浓度，kmol/m³；

c_{Ab}——流体的主体平均物质的量浓度，kmol/m³；

k_L——对流传质系数，kmol/(m²·s·Δc)。

式中的对流传质系数 k_L 是以浓度差定义的。因浓度差还可以采用其他单位，故根据不同的浓度差表示法，可以定义出相应的多种形式的对流传质系数。

(三) 相际间的传质

通过本节学习，应明确相际间对流传质进行的过程、相际间对流传质模型——双膜模型等。

1. 相际间对流传质过程

图 7-4 所示为相际间的传质过程示意图。对于组分 A 从气相传递到液相的过程，是由以下 3 步串联而成：① 组分 A 从气相主体扩散到相界面；② 在相界面上组分 A 由气相转入液相；③ 组分A 由相界面扩散到液相主体。一般来说，相界面上组分 A 从气相转入液相的过程很快，相界面的传质阻力可以忽略。因此，相际间传质的阻力主要集中在气相和液相中。若其中一相的传质阻力较另一相大得多，则另一相的传质阻力可以忽略，此种传质过程即称之为“该相控制”。

2. 相际间对流传质模型

对于相际间的对流传质问题，其传质机理往往是非常复杂的。为使问题简化，通常对传质过程做一定的假定，即所谓的传质模型。传质模型有多种形式，其中最具代表性的是双膜模型。

双膜模型又称为停滞膜模型，由惠特曼(Whiteman)于 1923 年提出，为最早提出的一种传质模型。该模型将两流体间的对流传质过程设想成图 7-5 所示的模式，其基本要点如下：

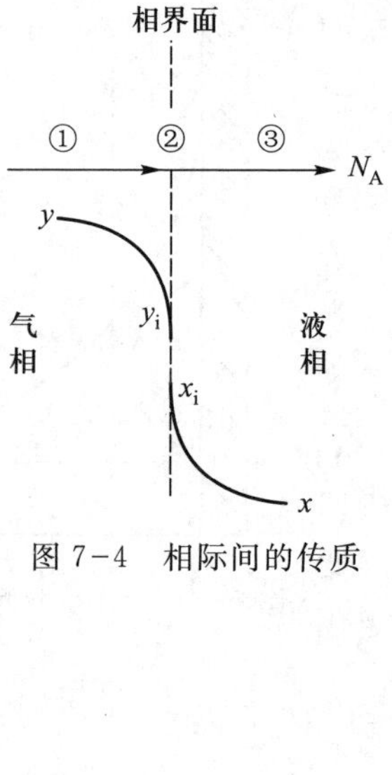

图 7-4　相际间的传质

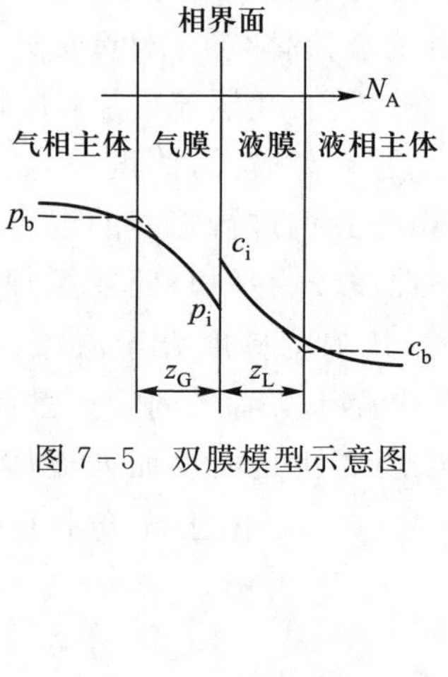

图 7-5　双膜模型示意图

(1) 在相互接触的气、液两相间存在一个稳定的相界面，界面的两侧各有一个很薄的停滞膜，即“气膜”和“液膜”。气、液两相间的传质为通过两停滞膜内的分子扩散过程。

(2) 在气膜、液膜以外的气、液两相主体中，由于流体的强烈湍动，各处浓度均匀一致，无传质阻力存在。

(3) 在气液相界面处，气、液两相处于平衡状态，亦无传质阻力存在。

由此可见，双膜模型把复杂的相际传质过程归结为两种流体停滞膜层内的分子扩散过程，依此模型，在相界面处及两相主体中均无传质阻力存在。这样，整个相际传质过程的阻力便全部集中在两个停滞膜层内。因此，双膜模型亦称为双阻力模型。

依据双膜模型，组分 A 通过气膜和液膜的扩散通量方程可写成如下形式，即

$$N_A=\frac{D_{AB}p_{总}}{RTz_G p_{BM}}(p_{Ab}-p_{Ai})$$

$$N_A=\frac{D'_{AB}}{z_L}\frac{c_{总}}{c_{BM}}(c_{Ai}-c_{Ab})$$

对流传质速率方程可分别表示为

$$N_A=k_G(p_{Ab}-p_{Ai}) \tag{7-39}$$

$$N_A=k_L(c_{Ai}-c_{Ab}) \tag{7-40}$$

比较得

$$k_G=\frac{D_{AB}p_{总}}{RTz_G p_{BM}} \tag{7-41}$$

$$k_L=\frac{D'_{AB}c_{总}}{z_L c_{BM}} \tag{7-42}$$

式中 k_G、k_L 分别表示气、液膜内的对流传质系数。由此可见，对流传质系数 k_G、k_L 可通过分子扩散系数 D_{AB}(D'_{AB})和气、液膜厚度 z_G、z_L 来计算。气、液膜厚度 z_G、z_L 称为模型参数。

应予指出，双膜模型为传质模型奠定了初步的基础，用该模型描述具有固定相界面的系统及速度不高的两流体间的传质过程，与实际情况大体符合，按此模型所确定的传质速率关系，至今仍是传质设备设计的主要依据。但是，该模型对传质机理的假定过于简单，对许多传质设备(如填料塔等)不能反映出传质的真实情况。为此，不断有新的传质模型提出，如希格比(Higbie)提出的溶质渗透模型和丹克沃茨(Danckwerts)提出的表面更新模型等。

三、传质设备简介

(一) 传质设备的分类与性能要求

通过本节学习，应明确传质设备的分类方法及对传质设备的性能要求等。

1. 传质设备的分类

应用于传质单元操作过程的设备统称为传质设备，传质设备通常按以下方法分类。

(1) 按所处理物系的相态分类　可分为气液传质设备(用于蒸馏及吸收等)、液液传质设备(用于萃取等)、气固传质设备(用于干燥、吸附等)、液固传质设备(用于吸附、浸取、离子交换等)。

(2) 按两相的接触方式分类　可分为逐级接触式设备(如各种板式塔、多级混合-澄清槽等)

和微分(或连续)接触式设备(如填料塔、膜式塔、喷淋塔等)。在逐级接触式设备中,两相组成呈阶梯式变化;而在微分接触式设备中,两相组成呈连续式变化。

(3) 按促使两相混合与接触的动力分类 可分为无外加能量式设备和有外加能量式设备两类。前者是依靠一相流体自身所具有的能量分散到另一相中去的设备(如大多数的板式塔、填料塔、流化床等);后者是依靠外加能量促使两相密切接触的设备(如搅拌式混合-澄清槽、转盘塔、脉冲填料塔等)。

2. 传质设备的性能要求

对于各类传质设备,其主要功能是提供两相密切接触的条件,有利于相际传质的进行,从而达到组分分离的目的。性能优良的传质设备,一般应满足以下要求:

(1) 单位体积中,两相的接触面积应尽可能大;

(2) 两相分布均匀,避免或抑制沟流、短路及返混等现象发生;

(3) 流体的通量大,单位设备体积的处理量大;

(4) 流动阻力小,运转时动力消耗低;

(5) 操作弹性大,对物料的适应性强;

(6) 结构简单,造价低廉,操作调节方便,运行安全可靠。

(二) 典型的传质设备

通过本节学习,应明确板式塔和填料塔的结构、气液流动方式及主要特点等。

1. 板式塔

板式塔的结构如图 7-6 所示。它是由圆柱形壳体、塔板、溢流堰、降液管及受液盘等部件组成的,其中塔板是最主要的部件,它提供了气、液两相接触的场所。操作时,塔内液体依靠重力作用,由上层塔板的降液管流到下层塔板的受液盘,然后横向流过塔板,从另一侧的降液管流至下一层塔板。溢流堰的作用是使塔板上保持一定厚度的流动液层。气体则在压力差的推动下,自下而上穿过各层塔板的升气道(泡罩、筛孔或浮阀等),分散成小股气流,鼓泡通过各层塔板的液层。在塔板上,气、液两相密切接触,进行热量和质量的交换。在板式塔中,气、液两相逐级接触,两相的组成沿塔高呈阶梯式变化,在正常操作下,液相为连续相,气相为分散相。

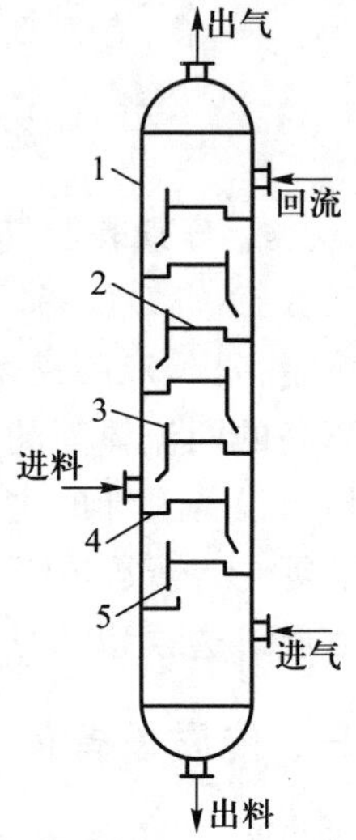

图 7-6 板式塔结构示意图

1—塔壳体;2—塔板;3—溢流堰;4—受液盘;5—降液管

一般而论,板式塔的空塔速度较高,因而生产能力较大,塔板效率稳定,操作弹性大,且造价低,检修、清洗方便,故工业上应用较为广泛。

2. 填料塔

填料塔的结构如图 7-7 所示。填料塔的塔身是一直立式圆筒,底部装有填料支承板,填料以乱堆(或整砌)的方式放置在支承板上。填料的上方安装填料压板,以防填料层被上升的气流吹动。液体从塔顶经液体分布器喷淋到填料上,在填料表面形成均匀的液膜,并沿填料表面流下。气体从塔底送入,与液体呈逆流连续通过填料层的空隙。在填料表面,气、液两相密切接触进行传质。填料塔属于连续接触式气液传质设备,两相组成沿塔高呈连续式变化,在正常操作状态下,气相为连续相，液相为分散相。

与板式塔相比，填料塔具有生产能力大、分离效率高、压降小、持液量小、操作弹性大等优点。填料塔也有一些不足之处，如不易实现侧线采出；当液体负荷较小时不能有效地润湿填料表面，使传质效率降低；不能直接用于有悬浮物或容易聚合的物系的分离等。

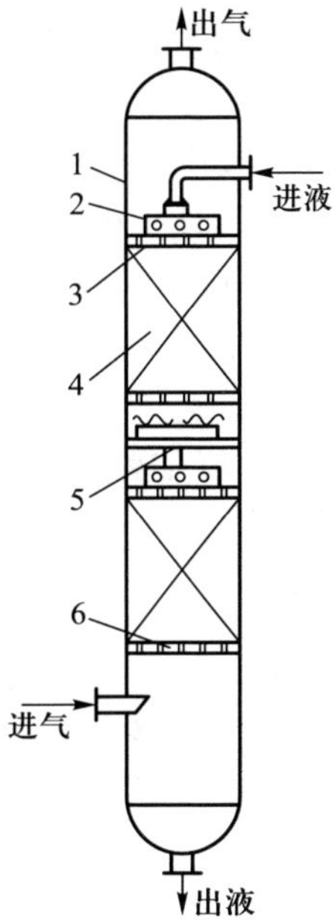

图 7-7 填料塔结构示意图

1—塔壳体；2—液体分布器；3—填料压板；4—填料；5—液体再分布装置；6—填料支承板

四、分离过程的研究重点

通过本节学习，应了解目前分离过程的研究重点。

目前，分离过程研究的重点内容如下：

(1) 现代分离科学理论（如质量迁移动力学、平衡分离的分子学、分离过程中的计量置换理论等）的研究。

(2) 基于新原理、新设计理念的分离设备（如高效率、低压降、大通量板式塔及填料塔等）的研究与开发。

(3) 绿色分离技术（如高性能新型绿色分离剂、分离过程的节能与减排等）的研究与开发。

(4) 分离过程强化技术（如采取措施提高物系的分离因子、采用“外场”及加强化学作用对分离过程进行强化等）的研究与开发。

(5) 分离过程的模拟与优化。

示范题解析

【例 7-1】 相组成表示方法之间的换算

含丙酮 12.5%（质量分数）的水溶液，其密度为 966.7 kg/m^3，试计算丙酮的摩尔分数、摩尔比及物质的量浓度。

解： 丙酮的摩尔分数为

$$x_A=\frac{w_A/M_A}{\sum_{i=1}^{N}(w_i/M_i)}=\frac{0.125/58}{0.125/58+0.875/18}=0.0425$$

丙酮的摩尔比为

$$X_A=\frac{x_A}{1-x_A}=\frac{0.0425}{1-0.0425}=0.0444$$

溶液的平均摩尔质量为

$$\overline{M}=(0.0425\times58+0.9575\times18)\ \text{kg/kmol}=19.7\ \text{kg/kmol}$$

丙酮的物质的量浓度为

$$c_A = c_{总} x_A = \frac{\rho_{总}}{M} x_A = \left(\frac{966.7}{19.7} \times 0.0425\right) \text{ kmol/m}^3 = 2.086 \text{ kmol/m}^3$$

讨论：相组成具有不同的表示方法，求解本题的关键是掌握它们之间的换算关系。

【例 7-2】 气体中的定态分子扩散（单向扩散）的计算

在直径为 0.015 m、长度为 0.52 m 的圆管中 CO_2 通过 N_2 进行定态分子扩散。管内 N_2 的温度为 383 K，总压为 158.6 kPa，管两端 CO_2 的分压分别为 95.0 kPa 和 12.0 kPa。试计算 CO_2 的扩散通量。已知 298 K、101.3 kPa 下 CO_2 在 N_2 中的扩散系数为 0.167×10^{-4} m²/s。

解： 设 A—CO_2；B—N_2

$$p_{B1} = p_{总} - p_{A1} = (158.6 - 95.0) \text{ kPa} = 63.6 \text{ kPa}$$

$$p_{B2} = p_{总} - p_{A2} = (158.6 - 12.0) \text{ kPa} = 146.6 \text{ kPa}$$

$$p_{BM} = \frac{p_{B2} - p_{B1}}{\ln \dfrac{p_{B2}}{p_{B1}}} = \left(\frac{146.6 - 63.6}{\ln \dfrac{146.6}{63.6}}\right) \text{ kPa} = 99.39 \text{ kPa}$$

$$D_{AB2} = D_{AB1} \left(\frac{p_{总,1}}{p_{总,2}}\right) \left(\frac{T_2}{T_1}\right)^{1.75}$$

$$= \left[0.167 \times 10^{-4} \times \left(\frac{101.3}{158.6}\right) \times \left(\frac{383}{298}\right)^{1.75}\right] \text{ m}^2/\text{s} = 0.165 \times 10^{-4} \text{ m}^2/\text{s}$$

$$N_A = \frac{D_{AB} p_{总}}{RT \Delta z p_{BM}} (p_{A1} - p_{A2})$$

$$= \left[\frac{0.165 \times 10^{-4} \times 158.6}{8.314 \times 383 \times 0.52 \times 99.39} \times (95.0 - 12.0)\right] \text{ kmol/(m}^2 \cdot \text{s)}$$

$$= 1.32 \times 10^{-6} \text{ kmol/(m}^2 \cdot \text{s)}$$

讨论：气体中的定态分子扩散有不同的类型，本例属于组分 CO_2 通过停滞组分 N_2 的扩散。求解本题的关键是判断所求的扩散问题属于哪种类型的扩散，以合理选择计算公式。

【例 7-3】 气体中的定态分子扩散（双向扩散）的计算

在总压为 101.3 kPa、温度为 303 K 下，组分 A 自气相主体通过厚度为 0.012 5 m 的气膜扩散到催化剂表面，发生瞬态化学反应 A ⟶ 3B。生成的气体 B 离开催化剂表面通过气膜向气相主体扩散。已知气膜的气相主体一侧组分 A 的分压为 29.6 kPa，组分 A 在组分 B 中的扩散系数为 1.92×10^{-5} m²/s。试计算组分 A、B 的传质通量 N_A 和 N_B。

解： 由化学计量式 A ⟶ 3B，可得

$$N_B = -3N_A$$

$$N = N_A + N_B = -2N_A$$

由

$$N_A = -D_{AB} \frac{dc_A}{dz} + y_A (N_A + N_B)$$

代入得

$$N_A = -D_{AB} \frac{dc_A}{dz} - 2y_A N_A$$

$$N_A=-D_{AB}\frac{dp_A}{RTdz}-2\frac{p_A}{p_总}N_A$$

分离变量,并积分得

$$N_A=\frac{1}{2}\frac{D_{AB}p_总}{RT\Delta z}\ln\frac{p_总+2p_{A1}}{p_总}$$

$$=\left(\frac{1}{2}\times\frac{1.92\times10^{-5}\times101.3}{8.314\times303\times0.0125}\times\ln\frac{101.3+2\times29.6}{101.3}\right)\ \text{kmol/(m}^2\cdot\text{s)}$$

$$=1.421\times10^{-5}\ \text{kmol/(m}^2\cdot\text{s)}$$

$$N_B=-3N_A=(-3\times1.421\times10^{-5})\ \text{kmol/(m}^2\cdot\text{s)}=-4.263\times10^{-5}\ \text{kmol/(m}^2\cdot\text{s)}$$

讨论:本例属于组分 A 与组分 B 的反方向扩散问题,但不是等分子扩散。求解本题的关键是通过化学计量式确定组分 A 的传质通量 N_A 与组分 B 的传质通量 N_B 之间的关系。

【例 7-4】 气体中的定态分子扩散(扩散面积变化)的计算

如图所示,直径为 12 mm 的萘球在空气中进行定态扩散。空气的压力为 101.3 kPa,温度为 318 K,萘球表面温度亦维持 318 K。在此条件下,萘在空气中的扩散系数为 6.92×10^{-6} m²/s,萘的饱和蒸气压为 0.074 kPa,试计算萘球表面的传质通量 N_A。

解: 该过程为组分 A(萘)通过停滞组分 B(空气)的定态扩散过程,$N_B=0$

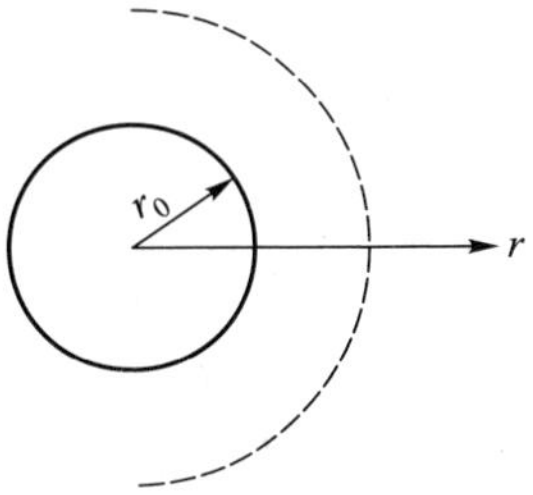

例 7-4 附图

由
$$N_A=-D_{AB}\frac{dc_A}{dr}+y_A(N_A+N_B)$$

得
$$N_A=-D_{AB}\frac{dc_A}{dr}+y_AN_A$$

$$=-\frac{D_{AB}}{RT}\frac{dp_A}{dr}+\frac{p_A}{p_总}N_A$$

整理得
$$N_A=-\frac{D_{AB}p_总}{RT(p_总-p_A)}\frac{dp_A}{dr}$$

依题意,该过程虽为定态扩散,但扩散面积是变化的,故传质通量为变量,此时扩散速率为常数。扩散速率(G_A)为

$$G_A=N_AA_r=常数$$

$$A_r=4\pi r^2$$

从而
$$\frac{G_A}{4\pi r^2}=-\frac{D_{AB}p_总}{RT(p_总-p_A)}\frac{dp_A}{dr}$$

整理得
$$-\frac{G_ART}{4\pi D_{AB}p_总}\frac{dr}{r^2}=\frac{dp_A}{p_总-p_A}$$

当
$$r=r_0\ 时,p_A=p_{AS}$$
$$r\to\infty 时,p_A\to0$$

积分得
$$G_A=-\frac{4\pi D_{AB}p_{总}r_0}{RT}\ln\frac{p_{总}-p_{AS}}{p_{总}}$$

则
$$N_A|_{r=r_0}=\frac{G_A}{4\pi r_0^2}=-\frac{D_{AB}p_{总}}{RTr_0}\ln\frac{p_{总}-p_{AS}}{p_{总}}$$
$$=\left(-\frac{6.92\times10^{-6}\times101.3}{8.314\times318\times0.006}\times\ln\frac{101.3-0.074}{101.3}\right)\ \text{kmol/(m}^2\cdot\text{s)}$$
$$=3.23\times10^{-8}\ \text{kmol/(m}^2\cdot\text{s)}$$

讨论：本例为扩散面积变化时的定态分子扩散计算问题。求解本例的关键，是理解传质通量与扩散速率的概念。

【例 7-5】 对流传质的计算

在常压下，30 ℃的空气从一厚度为 6 mm、长度为 500 mm 的萘板的上下表面沿水平方向吹过。在 30 ℃下，萘的饱和蒸气压为 51.7 Pa，固体萘的密度为 1 152 kg/m³，空气与萘板间的对流传质系数为 0.015 9 m/s。试计算萘板厚度减薄 6%所需要的时间。

解： 由
$$N_A=k_L(c_{Ai}-c_{Ab})$$

式中 c_{Ab} 为空气主体中萘的浓度，因空气流量很大，故可认为 $c_{Ab}=0$；c_{Ai} 为萘板表面处气相中萘的饱和浓度，可由下式计算，即

$$c_{Ai}=\frac{p_{Ai}}{RT}=\left(\frac{51.7}{8\,314\times303}\right)\ \text{kmol/m}^3=2.05\times10^{-5}\ \text{kmol/m}^3$$

$$N_A=k_L(c_{Ai}-c_{Ab})=[0.015\,9\times(2.05\times10^{-5}-0)]\ \text{kmol/(m}^2\cdot\text{s)}$$
$$=3.26\times10^{-7}\ \text{kmol/(m}^2\cdot\text{s)}$$

设萘板表面积为 S，由于扩散所减薄的厚度为 b，物料衡算可得

$$Sb\rho_A=2N_AM_AS\theta$$

$$\theta=\frac{b\rho_A}{2N_AM_A}=\left(\frac{0.006\times0.06\times1\,152}{2\times3.26\times10^{-7}\times128}\right)\ \text{s}=4.97\times10^3\ \text{s}=1.38\ \text{h}$$

讨论：本例属于空气与萘板间的对流传质问题。求解本题的关键是通过物料衡算，获得萘板减薄厚度与对流传质通量间的关系。

思考题简答

1. 平衡分离与速率分离各有哪些主要类型，它们的区别是什么？

答：平衡分离包括气液传质过程、液液传质过程、液固传质过程和气固传质过程等几种类型；速率分离主要为膜分离，包括超滤、反渗透、渗析和电渗析等几种类型。平衡分离过程系借助分离媒介(如热能、溶剂、吸附剂等)使均相混合物系统变为两相体系，再以混合物中各组分在处于平衡的两相中分配关系的差异为依据而实现分离，它属于相际传质过程；速率分离过程是指借助某种推动力(如压力差、温度差、电位差等)的作用，利用各组分扩散速度的差异而实现混合物

分离的单元操作过程。

2. 质量比与质量分数、摩尔比与摩尔分数有何不同，它们之间的关系如何？

答：质量比是某组分的质量与惰性组分的质量之比，而质量分数是某组分的质量与混合物的总质量之比；摩尔比是某组分的物质的量与惰性组分的物质的量之比，而摩尔分数是某组分的物质的量与混合物的总物质的量之比。

质量比与质量分数的关系为

$$\overline{X}_A=\frac{w_A}{1-w_A}$$

或

$$w_A=\frac{\overline{X}_A}{1+\overline{X}_A}$$

摩尔比与摩尔分数的关系为

$$X_A=\frac{x_A}{1-x_A}$$

或

$$x_A=\frac{X_A}{1+X_A}$$

3. 分子传质（扩散）与分子传热（导热）有何异同？

答：分子传质与分子传热的相同点：

(1) 二者均为依靠分子的无规则热运动而进行物理量（质量或热量）的传递。

(2) 描述二者传递的现象方程具有相同的表达形式，即

传质速率（传热速率）＝扩散系数（导热系数）×浓度梯度（温度梯度）

分子传质与分子传热的不同点：

在某些情况下，在进行分子扩散的同时还伴有混合物的总体流动，而分子传热无总体流动问题。

4. 在进行分子传质时，总体流动是如何形成的，总体流动对分子传质通量有何影响？

答：现以用液体吸收气体混合物中溶质组分的过程为例，说明总体流动的形成。设由 A、B 组成的二元气体混合物，其中 A 为溶质，可溶解于液体中，而 B 不能在液体中溶解。这样，组分 A 可以通过气液相界面进入液相，而组分 B 不能进入液相。由于 A 分子不断通过相界面进入液相，在相界面的气相一侧会留下“空穴”。根据流体连续性原则，混合气体便会自动地向界面递补，这样就发生了 A、B 两种分子并行向相界面递补的运动，这种递补运动就形成了混合物的总体流动。由于总体流动的存在，使得分子传质的通量增大。

5. 气体中的扩散系数与哪些因素有关？

答：对于双组分气体混合物，组分的扩散系数在低压下与浓度无关，只是温度及压力的函数，通常可表示为

$$D_{AB2}=D_{AB1}\left(\frac{p_{总,1}}{p_{总,2}}\right)\left(\frac{T_2}{T_1}\right)^{1.75}$$

6. 提出相际间对流传质模型的意义是什么？

答：对于相际间的对流传质问题，其传质机理往往是非常复杂的，求解较为困难。为此，可

对传质过程作一定的假定，将相际间的对流传质问题作为分子传质问题求解，这样，可使相际间的对流传质问题的求解得以简化。

7. 双膜模型、溶质渗透模型和表面更新模型的要点是什么，其模型参数是什么？

答：双膜模型的要点如下：

(1) 在相互接触的气、液两相间存在一个稳定的相界面，界面的两侧各有一个很薄的停滞膜，即“气膜”和“液膜”。气、液两相间的传质为通过两停滞膜内的分子扩散过程。

(2) 在气膜、液膜以外的气、液两相主体中，由于流体的强烈湍动，各处浓度均匀一致，无传质阻力存在。

(3) 在气液相界面处，气、液两相处于平衡状态，亦无传质阻力存在。

溶质渗透模型的要点如下：

(1) 液面是由无数微小的流体单元所构成，当气、液两相处于湍流状态相互接触时，液相主体中的某些流体单元运动至界面便停滞下来。在气液未接触前，流体单元中溶质的浓度和液相主体的浓度相等。接触开始后，相界面处立即达到与气相的平衡状态。

(2) 随着接触时间的延长，溶质 A 通过不定态扩散方式不断地向流体单元中渗透，时间越长，渗透越深。

(3) 流体单元在界面处暴露的时间是有限的，经过 θ_c 时间后，旧的流体单元即被新的流体单元所置换而回到液相主体中去。流体单元不断进行交换，每批流体单元在界面暴露的时间 θ_c 都是一样的。

表面更新模型的要点如下：

该模型否定表面上的流体单元有相同的暴露时间，而认为液体表面是由具有不同暴露时间（或称“年龄”）的流体单元所构成。界面上各种不同年龄的流体单元都存在，只是年龄越大者，占据的比例越小。不论界面上流体单元暴露时间多长，被置换的概率是均等的。单位时间内表面被置换的分率称为表面更新率，用符号 S 表示。

双膜模型的模型参数为气膜厚度 z_G 和液膜厚度 z_L；溶质渗透模型的模型参数为暴露时间 θ_c；表面更新模型的模型参数为表面更新率 S。

8. 对传质分离设备有哪些性能要求？

答：性能优良的传质设备，一般应满足以下要求：

(1) 单位体积中，两相的接触面积应尽可能大；

(2) 两相分布均匀，避免或抑制沟流、短路及返混等现象发生；

(3) 流体的通量大，单位设备体积的处理量大；

(4) 流动阻力小，运转时动力消耗低；

(5) 操作弹性大，对物料的适应性强；

(6) 结构简单，造价低廉，操作调节方便，运行安全可靠。

自 测 题

一、填空题

1. 依据分离原理的不同，传质分离过程可分为__________、__________和______

________三大类。

2. 分子传质是指____，描述分子传质的基本方程为____。

3. 对流传质是指____，描述对流传质的基本方程为____。

4. 双膜模型的模型参数为________________和________________。

5. 在板式塔中，气、液两相________接触，两相组成沿塔高呈________变化，在正常操作下，________为连续相，________为分散相。

6. 在填料塔中，气、液两相________接触，两相组成沿塔高呈________变化，在正常操作下，________为连续相，________为分散相。

二、选择题

1. 气体的吸收属于(　　)；液体的精馏属于(　　)；液体的萃取属于(　　)；固体的干燥属于(　　)。

A. 液固传质过程；　B. 气液传质过程；　C. 液液传质过程；　D. 气固传质过程

2. 某含乙醇 12.5%(质量分数)的乙醇水溶液，其所含乙醇的摩尔比为(　　)。

A. 0.143；　B. 0.055 9；　C. 0.050 2；　D. 0.052 9

3. 在平衡分离过程中，i 和 j 两组分的分离因子 α_{ij} 越大，则该两组分(　　)分离。

A. 越容易；　B. 越不容易；　C. 不能够

4. 在分子传质过程中，若漂流因数 $p_{总}/p_{BM}>1$，则组分 A 的传质通量 N_A 与组分 A 的扩散通量 J_A 的关系为(　　)。

A. $N_A=J_A$；　B. $N_A<J_A$；　C. $N_A>J_A$；　D. 不好判断

5. 气体中的扩散系数 D_{AB} 与温度 T 的关系为(　　)。

A. $D_{AB}\propto T^{1.0}$；　B. $D_{AB}\propto T^{0.5}$；　C. $D_{AB}\propto T^{2.0}$；　D. $D_{AB}\propto T^{1.75}$

6. 气体中的扩散系数 D_{AB} 与压力 $p_{总}$ 的关系为(　　)。

A. $D_{AB}\propto p_{总}^{1.5}$；　B. $D_{AB}\propto p_{总}^{1.0}$；　C. $D_{AB}\propto p_{总}^{0.5}$；　D. $D_{AB}\propto p_{总}^{-1.0}$

7. 在总压 130 kPa 下，某组分 A 通过另一停滞组分 B 进行定态扩散，已知在界面 1 和界面 2 处，组分 A 的分压分别为 100 kPa 和 20 kPa，则漂流因数为(　　)。

A. 4.15；　B. 2.11；　C. 1.72；　D. 3.50

8. 气体扩散系数 D_{AB} 的主要影响因素为(　　)。

A. 温度与压力；　B. 温度与浓度；　C. 压力与密度；　D. 压力与浓度

三、计算题

1. 在某一细管底部，装有温度为 30 ℃的水。总压为 101.3 kPa、温度为 30 ℃的干空气从细管的顶部流过，水向干空气中蒸发。水蒸气在管内的扩散距离(由液面至顶部)为 25 cm。已知 101.3 kPa、0 ℃下，水蒸气在空气中的扩散系数为 $0.22\times10^{-4}\ m^2/s$，水在 30 ℃时的蒸气压为 4.24 kPa。试求定态扩散时水蒸气的传质通量 N_A。

2. 气体混合物 A 和 B 在两个相距 0.25 m 的平面内进行定态扩散。已知总压为 101.3 kPa，温度为 273 K，在此条件下混合物的扩散系数为 $1.92\times10^{-5}\ m^2/s$。两平面上组分 A 的分压分别为 30 kPa 和 7 kPa，试计算组分 A、B 的扩散通量 N_A 和 N_B。

若:(1) B不能穿过平面1;

(2) A、B都能穿过两个平面。

3. 温度为25 ℃的水从一长度为0.6 m、宽度为0.2 m的固体苯甲酸平板上流过,苯甲酸向水中溶解。已知25 ℃时,苯甲酸在水中的饱和溶解度为0.029 4 kmol/m^3,对流传质系数为5.546×10^{-6} m/s,固体苯甲酸的密度为1 270 kg/m^3。试求:

(1) 每小时苯甲酸溶解于水中的量(kg/h);

(2) 经过10 h后固体苯甲酸平板的减薄量。

本章符号说明

英文字母

b——厚度,m;

c——组分的物质的量浓度,kmol/m^3;

D_{AB}——气体中的扩散系数,m^2/s;

D'_{AB}——液体中的扩散系数,m^2/s;

J——扩散通量,kmol/(m^2·s);

k_G——对流传质系数,kmol/(m^2·s·kPa);

k_L——对流传质系数,kmol/(m^2·s·Δc);

K——相平衡常数(或分配系数);

m——质量,kg;

M——摩尔质量,kg/kmol;

$\overline{M}$——平均摩尔质量,kg/kmol;

n——物质的量,moL;

N——组分数;

N——传质通量,kmol/(m^2·s);

p——组分的分压,kPa;

p——系统的压力或外压,kPa;

R——摩尔气体常数,kJ/(kmol·K);

S——面积,m^2;

S——表面更新率;

T——热力学温度,K;

V——体积,m^3;

w——组分的质量分数;

x——组分在液相中的摩尔分数;

X——组分在液相中的摩尔比;

$\overline{X}$——组分的质量比;

y——组分在气相中的摩尔分数;

Y——组分在气相中的摩尔比;

z——扩散距离,m;

z_G——气膜厚度,m;

z_L——液膜厚度,m

希腊字母

α——分离因子;

ε_M——涡流扩散系数,m^2/s;

θ——时间,s;

θ_c——暴露时间,s;

μ——黏度,Pa·s;

ρ——质量浓度(或密度),kg/m^3

下标

A——组分A的;

B——组分B的;

BM——对数平均的;

i——组分i的;

j——组分j的;

总——总的

第八章

气体吸收

学习指导

一、学习要求

通过本章学习，掌握气体吸收的基本概念(包括吸收的原理与流程、吸收过程的相平衡关系与速率关系等)；低组成气体吸收过程的计算方法；填料塔的基本知识(包括填料的类型与性能评价、填料塔的流体力学性能与操作特性等)。

二、应重点掌握的内容

1. 气体吸收过程的相平衡关系。
2. 气体吸收过程的速率关系。
3. 低组成气体吸收过程的计算。
4. 填料塔的流体力学性能与操作特性。

了解吸收系数、解吸、填料的类型与性能评价等内容。

三、学习方法

吸收过程通常在填料塔中进行，本章结合填料塔讨论吸收过程的计算问题。对于特定的分离任务，确定吸收塔的有效高度(填料层高度)是本章的核心。相平衡关系和速率关系是填料层高度计算的基础。表示吸收过程的相平衡关系为亨利定律，表示吸收过程的速率关系为吸收速率方程，亨利定律和吸收速率方程均有不同的表达形式，学习时应注意把握它们各自之间的联系。

低组成气体吸收过程的计算主要包括物料衡算和吸收塔有效高度的计算。物料衡算是吸收操作中最基础的计算，因此，在进行吸收塔的工艺计算前必须要做物料衡算，要熟练掌握吸收塔物料衡算的方法。吸收塔有效高度的计算分为传质单元数法和等板高度法，前者是依据传质速率方程来计算填料层高度，其关键是计算传质单元数；后者是依据理论级的概念来计算填料层高度，其关键是计算理论级数。而传质单元数和理论级数均有不同的计算方法，学习时应注意各种计算方法的应用条件及背景。

吸收计算可分为设计型计算和操作型(校核型)计算两类。前者是按给定的生产任务和工艺条件，来设计计算满足任务要求的吸收塔；后者则是根据已知的设备参数和工艺条件来校核所能完成的任务。两种计算所遵循的基本原理及所用关系式都是相同的，但具体的计算方法和步骤则不同，学习中应注意不同类型计算的区别。

学习要点

一、概述

（一）吸收过程的原理与流程

通过本节学习，应明确吸收过程的原理；逆流吸收操作的流程；进、出吸收塔各股物流的名称和代号以及解吸的目的等。

在化工生产中，常常会遇到从气体混合物中分离其中一种或几种以上组分的单元操作过程，该过程即为气体吸收。气体吸收的原理是，根据混合气体中各组分在某液体溶剂中的溶解度不同而将气体混合物进行分离。图 8-1 为吸收操作的示意图。吸收操作所用的液体溶剂称为吸收剂，以 S 表示；混合气体中，能够显著溶解于吸收剂的组分称为溶质，以 A 表示；而几乎不被溶解的组分统称为惰性组分或载体，以 B 表示；所得到的溶液称为吸收液（或溶液），它是溶质 A 在溶剂 S 中的溶液；被吸收后排出的气体称为吸收尾气，其主要成分为惰性气体 B，但仍含有微量未被吸收的溶质 A。

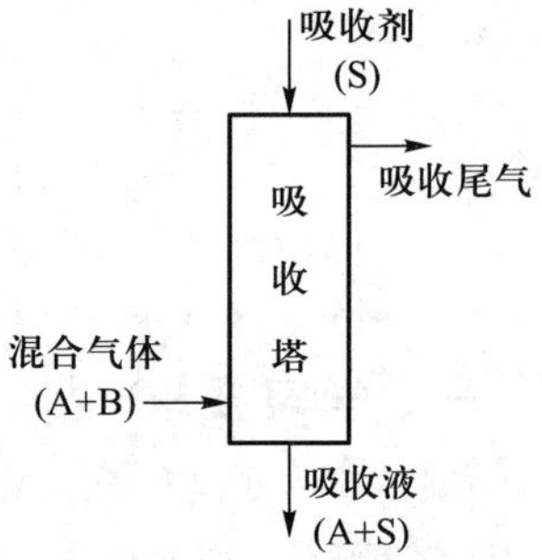

图 8-1 吸收操作示意图

吸收过程通常在吸收塔中进行。根据气、液两相的流动方向，分为逆流操作和并流操作两类，工业生产中以逆流操作为主。在吸收过程中，混合气中的溶质溶解于吸收剂中而得到一种溶液，但就溶质的存在形态而言，仍然是一种混合物，并没有得到高纯度的气体溶质。在工业中，除以制取溶液产品为目的吸收外，大都要将吸收液进行解吸（或称脱吸），以使溶质从吸收液中释放出来，得到纯净的溶质或使吸收剂再生后循环使用。

（二）气体吸收的分类

通过本节学习，应明确工业上气体吸收的分类方法。

工业上所遇到的气体混合物分离的情况比较复杂，所用的吸收剂也多种多样，故吸收过程具有不同的类别，通常按以下方法分类。

（1）吸收过程按溶质与吸收剂之间是否存在化学反应可分为物理吸收和化学吸收。若在吸收过程中，溶质与溶剂之间不发生显著的化学反应，可以把吸收过程看成是气体溶质单纯地溶解于液相溶剂的物理过程，则称为物理吸收。

（2）吸收过程按被吸收组分数目的不同，可分为单组分吸收和多组分吸收。若混合气体中只有一个组分进入液相，其余组分不溶（或微溶）于吸收剂，则称为单组分吸收。

（3）吸收过程按溶质组成的不同，可分为低组成吸收和高组成吸收。在吸收过程中，若溶质在气、液两相中的摩尔分数均较低（通常不超过 0.1），则称为低组成吸收。

（4）吸收过程按温度的变化情况，可分为等温吸收和非等温吸收。若吸收过程的热效应很小，或虽然热效应较大，但吸收设备的散热效果很好，能及时移出吸收过程所产生的热量，此时液相的温度变化并不显著，则称为等温吸收。

工业生产中的吸收过程以低组成吸收为主，本章重点讨论单组分低组成的等温物理吸收过程。

(三) 吸收剂的选择

通过本节学习,应明确吸收剂的选择原则。通常,同一种溶质可溶解于不同的吸收剂中,吸收剂性能的优劣往往是决定吸收效果的关键。选择吸收剂应注意以下几点。

(1) 溶解度 吸收剂对溶质组分的溶解度越大,则传质推动力越大,吸收速率越快,且吸收剂的耗用量越少。

(2) 选择性 吸收剂对溶质组分要有良好的吸收能力,而对混合气体中的其他组分不吸收或吸收甚微,否则不能实现有效的分离。

(3) 挥发度 在吸收过程中,吸收尾气往往为吸收剂蒸气所饱和。故在操作温度下,吸收剂的蒸气压要低,即挥发度要小,以减少吸收剂的损失量。

(4) 黏度 吸收剂在操作温度下的黏度越低,其在塔内的流动阻力越小,扩散系数越大,这有助于传质速率的提高。

(5) 其他 所选用的吸收剂应尽可能满足无毒性、无腐蚀性、不易燃易爆、不发泡、冰点低、价廉易得及化学性质稳定等要求。

二、吸收过程的相平衡关系

(一) 气体在液体中的溶解度

通过本节学习,应明确溶解度与溶解度曲线,以及温度和压力对溶解度的影响。吸收过程气液相平衡的相图用溶解度曲线表示。

1. 溶解度与溶解度曲线

气体在液体中的溶解度是指气体在液体中的饱和组成。气体在液体中的溶解度可通过实验测定,由实验结果绘成的曲线称为溶解度曲线。

根据气体在液体中溶解度的大小,可将物系分为易溶物系(如氨-水物系)、难溶物系(如氧-水物系)及中等溶解度物系(如二氧化硫-水物系)。

2. 温度和压力对溶解度的影响

由溶解度曲线分析可看出:

(1) 对同一溶质,在相同的气相分压下,溶解度随温度的升高而减小。

(2) 对同一溶质,在相同的温度下,溶解度随气相分压的升高而增大。

由上述规律可看出,加压和降温有利于吸收操作,因为加压和降温可提高气体溶质的溶解度。反之,减压和升温则有利于解吸操作。

(二) 亨利定律

通过本节学习,应明确亨利定律的不同表达形式和各系数间的关系。吸收过程气液相平衡的关系式用亨利定律表示。

1. 亨利定律表达式

亨利定律可写成如下表达形式,即

$$p^{*}=Ex \tag{8-1}$$

$$p^{*}=\frac{c}{H} \tag{8-2}$$

$$y^{*}=mx \tag{8-3}$$

$$Y^{*}=\frac{mX}{1+(1-m)X} \quad （对于稀溶液,Y^{*}=mX） \tag{8-4}$$

式中 p^{*}——溶质在气相中的平衡分压,kPa；

x——溶质在液相中的摩尔分数；

E——亨利系数,kPa；

c——溶液中溶质的物质的量浓度,$kmol/m^3$；

H——溶解度系数,$kmol/(m^3·kPa)$；

y^{*}——与液相成平衡的气相中溶质的摩尔分数；

Y^{*}——与液相成平衡的气相中溶质的摩尔比；

X——溶质在液相中的摩尔比；

m——相平衡常数。

根据 E、H 和 m 值可以比较不同气体溶解度的大小。E 值越大、H 值越小、m 值越大,则表明该气体的溶解度越小。

2. 各系数的换算关系

亨利定律中各系数的换算关系如下：

$$H=\frac{\rho}{EM_S} \tag{8-5}$$

$$m=\frac{E}{p_{总}} \tag{8-6}$$

$$H=\frac{\rho}{p_{总}M_S}\frac{1}{m} \tag{8-7}$$

式中 ρ——溶液的密度,kg/m^3；

M_S——溶剂 S 的摩尔质量,kg/kmol。

(三) 相平衡关系的应用

通过本节学习,应明确相平衡关系是描述气、液两相接触传质的极限状态,根据气、液两相的实际组成与相应条件下平衡组成的比较,可以判断传质过程的方向,确定传质过程的推动力,并可指明传质过程的极限。

1. 判断传质过程的方向

当气、液两相接触时,可利用气液平衡关系确定一相与另一相呈平衡的组成,将其与该相的实际组成比较,即可判断传质过程的方向,即

若 $Y>Y^{*}$ 或 $X<X^{*}$,则为吸收过程；

若 $Y=Y^{*}$ 或 $X=X^{*}$,则两相呈平衡状态；

若 $Y<Y^{*}$ 或 $X>X^{*}$,则为解吸过程。

2. 确定传质过程的推动力

吸收过程的推动力通常以某一相的实际组成与平衡组成的偏离程度表示。如图 8-2 所示，

设在吸收塔某截面处溶质在气、液两相的组成分别为 Y 和 X，则 $Y-Y^*$ 称为以气相组成差表示的吸收推动力；X^*-X 称为以液相组成差表示的吸收推动力。

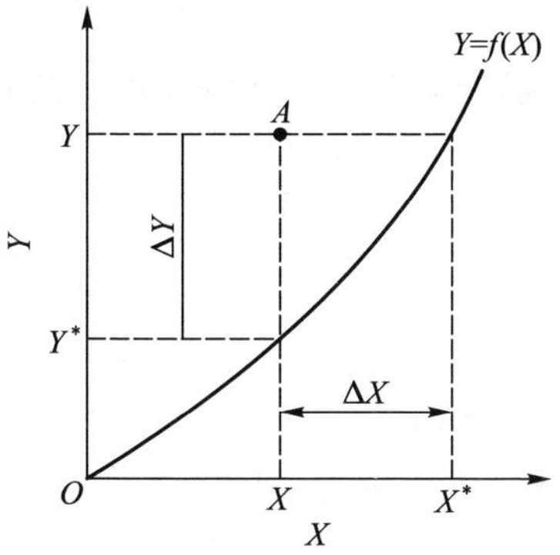

图 8-2 吸收推动力示意图

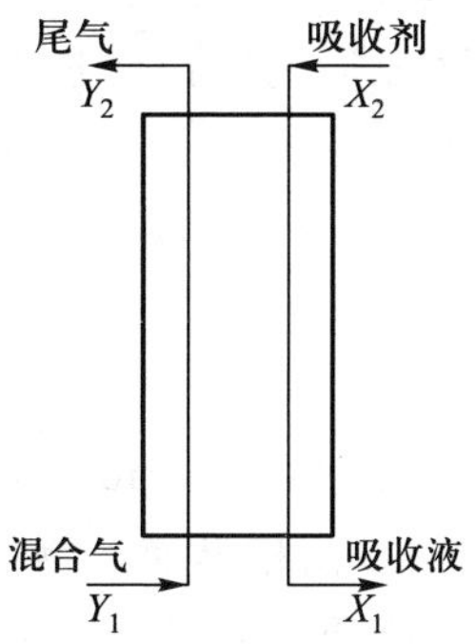

图 8-3 逆流吸收塔示意图

3. 确定传质过程的极限

对于如图 8-3 所示的逆流吸收过程，若增加塔高或减小吸收剂用量（即减小液气比），则吸收液的组成 X_1 会增加，但 X_1 的极限组成为

$$X_{1,\max}=X_1^*=\frac{Y_1}{m} \tag{8-8}$$

同理，若增加塔高或增加吸收剂用量（即增加液气比），则尾气的组成 Y_2 会减小，但 Y_2 的极限组成为

$$Y_{2,\min}=Y_2^*=mX_2 \tag{8-9}$$

三、吸收过程的速率关系

所谓吸收速率是指单位相际传质面积上在单位时间内所吸收溶质的量。描述吸收速率与吸收推动力之间关系的数学表达式称为吸收速率方程式，吸收速率方程式具有不同的表达形式。

（一）膜吸收速率方程式

通过本节学习，应明确膜吸收速率方程式的不同表达形式及气膜阻力和液膜阻力等概念。

1. 气膜吸收速率方程式

根据气膜推动力及阻力写出的速率关系式称为气膜吸收速率方程式，相应的吸收系数称为气膜系数。气膜吸收速率方程式可写成如下形式，即

$$N_A=k_G(p-p_i) \tag{8-10}$$

$$N_A=k_y(y-y_i) \tag{8-11}$$

式中 N_A——吸收速率，kmol/(m²·s)；

k_G——气膜吸收系数，kmol/(m²·s·kPa)；

$p-p_i$——溶质 A 在气相主体中的分压与相界面处的分压差，kPa；

k_y——气膜吸收系数，kmol/(m²·s)；

$y-y_i$——溶质A在气相主体中的摩尔分数与相界面处的摩尔分数差。

气膜吸收系数的倒数 $1/k_G$、$1/k_y$ 称为气膜阻力。

2. 液膜吸收速率方程式

根据液膜推动力及阻力写出的速率关系式称为液膜吸收速率方程式，相应的吸收系数称为液膜系数。液膜吸收速率方程式可写成如下形式，即

$$N_A=k_L(c_i-c) \tag{8-12}$$

$$N_A=k_x(x_i-x) \tag{8-13}$$

式中 k_L——液膜吸收系数，$kmol/(m^2\cdot s\cdot kmol/m^3)$ 或 m/s；

c_i-c——溶质A在相界面处物质的量浓度与液相主体中物质的量浓度差，$kmol/m^3$；

k_x——液膜吸收系数，$kmol/(m^2\cdot s)$；

x_i-x——溶质A在相界面处的摩尔分数与液相主体中的摩尔分数差。

液膜吸收系数的倒数 $1/k_L$、$1/k_x$ 称为液膜阻力。

(二) 总吸收速率方程式

通过本节学习，应明确总吸收速率方程式的不同表达形式及气相总阻力和液相总阻力等概念。

1. 气相总吸收速率方程式

根据气相推动力及阻力写出的速率关系式称为气相总吸收速率方程式，相应的吸收系数称为气相总吸收系数。气相总吸收速率方程式可写成如下形式，即

$$N_A=K_G(p-p^*) \tag{8-14}$$

$$N_A=K_y(y-y^*) \tag{8-15}$$

$$N_A=K_Y(Y-Y^*) \tag{8-16}$$

式中 K_G——气相总吸收系数，$kmol/(m^2\cdot s\cdot kPa)$；

p^*——与液相主体物质的量浓度 c 呈平衡的气相分压，kPa；

K_y——气相总吸收系数，$kmol/(m^2\cdot s)$；

y^*——与液相主体摩尔分数 x 呈平衡的气相摩尔分数；

K_Y——气相总吸收系数，$kmol/(m^2\cdot s)$；

Y^*——与液相组成 X 呈平衡的气相组成。

气相总吸收系数的倒数 $1/K_G$、$1/K_y$、$1/K_Y$ 称为气相总阻力。

2. 液相总吸收速率方程式

根据液相推动力及阻力写出的速率关系式称为液相总吸收速率方程式，相应的吸收系数称为液相总吸收系数。液相总吸收速率方程式可写成如下形式，即

$$N_A=K_L(c^*-c) \tag{8-17}$$

$$N_A=K_x(x^*-x) \tag{8-18}$$

$$N_A=K_X(X^*-X) \tag{8-19}$$

式中 K_L——液相总吸收系数，kmol/(m^2·s·kmol/m^3)或 m/s；

c^*——与气相分压 p 呈平衡的液相物质的量浓度；kmol/m^3；

K_x——液相总吸收系数，kmol/(m^2·s)；

x^*——与气相主体摩尔分数 y 呈平衡的液相摩尔分数；

K_X——液相总吸收系数，kmol/(m^2·s)；

X^*——与气相组成 Y 呈平衡的液相组成。

液相总吸收系数的倒数 $1/K_L$、$1/K_x$、$1/K_X$ 称为液相总阻力。

(三) 各种吸收系数之间的关系

通过本节学习，应明确各种吸收系数之间的关系及气膜控制和液膜控制等概念。

1. 总吸收系数与膜吸收系数之间的关系

$$\frac{1}{K_G}=\frac{1}{k_G}+\frac{1}{Hk_L} \tag{8-20}$$

$$\frac{1}{K_L}=\frac{1}{k_L}+\frac{H}{k_G} \tag{8-21}$$

$$\frac{1}{K_y}=\frac{1}{k_y}+\frac{m}{k_x} \tag{8-22}$$

$$\frac{1}{K_x}=\frac{1}{k_x}+\frac{1}{mk_y} \tag{8-23}$$

对于易溶气体，H 值很大(或 m 值很小)，故 $K_G \approx k_G$(或 $K_y \approx k_y$)，这种情况称为“气膜控制”。用水吸收氨、氯化氢等过程，通常都被视为气膜控制。

对于难溶气体，H 值很小(或 m 值很大)，故 $K_L \approx k_L$(或 $K_x \approx k_x$)，这种情况称为“液膜控制”。用水吸收氧、二氧化碳等过程，通常都被视为液膜控制。

2. 各膜吸收系数之间的关系

当系统总压不很高时，则有

$$k_y=p_{总}k_G \tag{8-24}$$

$$k_x=c_{总}k_L \tag{8-25}$$

3. 各总吸收系数之间的关系

当系统总压不很高时，对于稀溶液，则有

$$K_Y=p_{总}K_G \tag{8-26}$$

$$K_X=c_{总}K_L \tag{8-27}$$

应用吸收速率方程式应注意以下几点：

(1) 各种形式的吸收速率方程式是等效的，采用任何吸收速率方程式均可计算吸收过程的速率。

(2) 各种形式的吸收速率方程式，都是以气液组成保持不变为前提的，因此只适合于描述定态操作的吸收塔内任一横截面上的速率关系，而不能直接用来描述全塔的吸收速率。

(3) 任何吸收系数的单位都是 kmol/(m^2·s·单位推动力)。当推动力以量纲为 1 的摩尔分数或摩尔比表示时,吸收系数的单位简化为 kmol/(m^2·s),即与吸收速率的单位相同。

(4) 必须注意各吸收速率方程式中的吸收系数与吸收推动力的正确搭配及其单位的一致性。吸收系数的倒数即表示吸收过程的阻力,阻力的表达形式也必须与推动力的表达形式相对应。

(5) 在使用与总吸收系数相对应的吸收速率方程式时,在整个过程所涉及的组成范围内,平衡关系须为直线。

四、低组成气体吸收的计算

吸收操作多采用塔式设备,既可采用气、液两相在塔内逐级接触的板式塔,也可采用气、液两相在塔内连续接触的填料塔。在工业生产中,以采用填料塔为主,故本节对于吸收过程计算的讨论结合填料塔进行。

(一) 物料衡算与操作线方程

通过本节学习,应明确全塔物料衡算方法、操作线方程的推导与操作线的作法。

1. 全塔物料衡算

图 8-4 所示为一逆流连续接触式吸收塔。以下标"1"表示塔底截面,下标"2"表示塔顶截面。在全塔范围内作物料衡算,得

$$V(Y_1-Y_2)=L(X_1-X_2) \tag{8-28}$$

式中 V——单位时间通过吸收塔的惰性气体量,kmol(B)/s;

L——单位时间通过吸收塔的溶剂量,kmol(S)/s;

Y_1、Y_2——进塔、出塔气体中溶质组分的摩尔比,kmol(A)/kmol(B);

X_1、X_2——出塔、进塔液体中溶质组分的摩尔比,kmol(A)/kmol(S)。

溶质回收率(或吸收率)φ_A 的定义为

$$\varphi_A=\frac{Y_1-Y_2}{Y_1}\times100\% \tag{8-29}$$

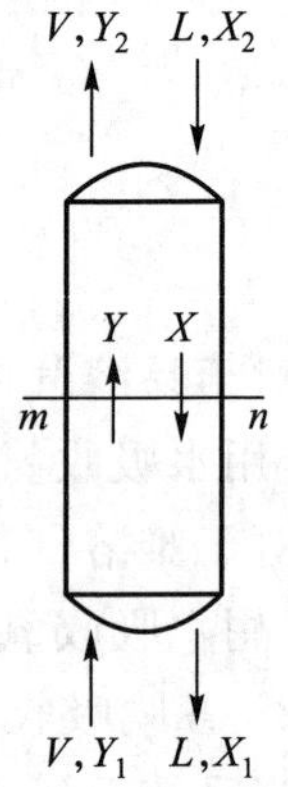

图 8-4 逆流吸收塔的物料衡算

2. 操作线方程与操作线

在逆流操作的吸收塔内,气、液两相组成沿塔高呈连续变化。在吸收塔内取任一横截面,其气、液组成分别为 Y、X,它们之间的关系称为操作关系,描述该关系的方程即为操作线方程。逆流吸收塔的操作线方程为

$$Y=\frac{L}{V}X+\left(Y_1-\frac{L}{V}X_1\right) \tag{8-30}$$

或

$$Y=\frac{L}{V}X+\left(Y_2-\frac{L}{V}X_2\right) \tag{8-31}$$

由操作线方程可知,塔内任一横截面上的气相组成 Y 与液相组成 X 呈线性关系,直线的斜率为 L/V,通常称为"液气比"。该直线通过填料层底部(塔底)端点 $B(X_1,Y_1)$ 及填料层顶部(塔顶)端点 $T(X_2,Y_2)$。在端点 B 处,气液组成具有最大值,故称之为"浓端";在端点 T 处,气液组

成具有最小值，故称之为“稀端”。两端点的连线 BT 即为逆流吸收塔的操作线，如图 8-5 所示。操作线 BT 上任一点 A 的坐标 (X,Y) 代表塔内相应截面上液、气组成 X、Y。

图 8-5 中的曲线 OE 为相平衡曲线 $Y^*=f(X)$。当进行吸收操作时，在塔内任一截面上，溶质在气相中的实际组成 Y 总是高于与其相接触的液相平衡组成 Y^*，所以吸收操作线 BT 总是位于平衡线 OE 的上方。反之，如果操作线位于相平衡曲线的下方，则应进行解吸过程。

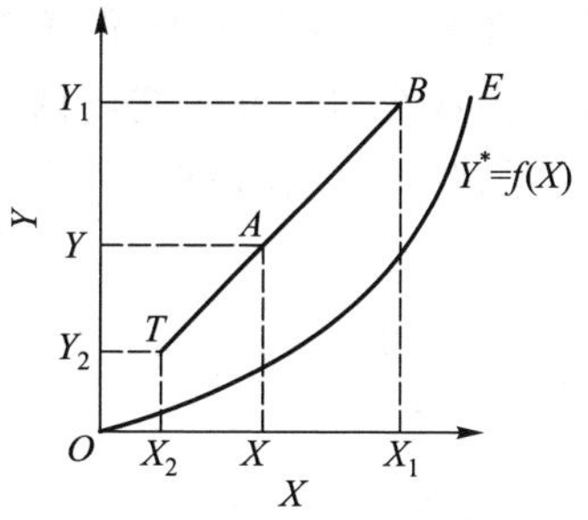

图 8-5 逆流吸收塔的操作线

(二) 吸收剂用量的确定

通过本节学习，应明确最小液气比的概念与计算方法，以及适宜液气比的确定方法。

确定合适的吸收剂用量是吸收塔设计计算的首要任务。在气量 V 一定的情况下，确定吸收剂的用量也即确定液气比 L/V。

1. 最小液气比

如图 8-6 所示，在 Y_1、Y_2 及 X_2 已知的情况下，操作线的端点 T 已固定，另一端点 B 则可在 $Y=Y_1$ 的水平线上移动，B 点的横坐标将取决于操作线的斜率 L/V。在 V 值一定的情况下，随着吸收剂用量 L 减小，操作线斜率也将变小，点 B 便沿水平线 $Y=Y_1$ 向右移动。当吸收剂用量减小到恰使点 B 移至水平线 $Y=Y_1$ 与平衡线 OE 的交点 B^* 时，$X_1=X_1^*$，即塔底流出液组成与刚进塔的混合气组成达到平衡。这是理论上吸收液所能达到的最高组成，但此时吸收过程的推动力已变为零，因而需要无限大的相际接触面积，即吸收塔需要无限高的填料层。这在工程上是不能实现的，只能用来表示一种极限的情况。此种状况下吸收操作线 TB^* 的斜率称为最小液气比，以 $(L/V)_{\min}$ 表示；相应的吸收剂用量即为最小吸收剂用量，以 $L_{\min}$ 表示。

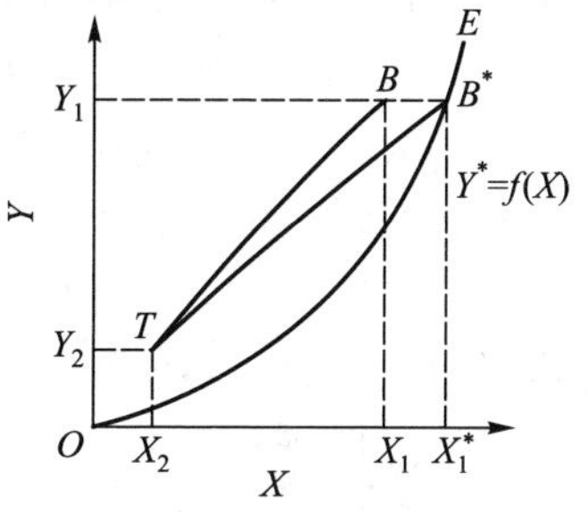

图 8-6 吸收塔的最小液气比

最小液气比可由图 8-6 求得，即

$$\left(\frac{L}{V}\right)_{\min}=\frac{Y_1-Y_2}{X_1^*-X_2} \tag{8-32}$$

或

$$L_{\min}=\frac{Y_1-Y_2}{X_1^*-X_2}V \tag{8-32a}$$

设气液平衡方程为 $Y^*=mX$，代入式(8-32)可得

$$\left(\frac{L}{V}\right)_{\min}=\frac{Y_1-Y_2}{Y_1/m-X_2} \tag{8-33}$$

或

$$L_{\min}=\frac{Y_1-Y_2}{Y_1/m-X_2}V \tag{8-33a}$$

当用纯溶剂吸收时，$X_2=0$，则有

$$L_{\min}=m\varphi_A V \tag{8-33b}$$

2. 适宜的液气比

在吸收任务一定的情况下，增大吸收剂用量，吸收过程的推动力增大，所需的填料层高度及塔高降低，设备费减少，但溶剂的消耗、输送及回收等操作费用增加。因此，吸收剂用量的大小，应从设备费用与操作费用两方面综合考虑，选择适宜的液气比，使两种费用之和最小。根据经验，适宜的液气比范围为

$$\frac{L}{V}=(1.1\sim2.0)\left(\frac{L}{V}\right)_{\min} \tag{8-34}$$

或

$$L=(1.1\sim2.0)L_{\min} \tag{8-34a}$$

（三）塔径的计算

通过本节学习，应明确吸收塔塔径的计算方法和计算中需注意的事项。

吸收塔的直径采用下式计算，即

$$D=\sqrt{\frac{4V_s}{\pi u}} \tag{8-35}$$

式中 D——吸收塔的直径，m；

V_s——操作条件下混合气体的体积流量，m^3/s；

u——空塔气速，即按空塔截面计算的混合气体的线速度，m/s。

在计算塔径时应注意以下几点：

(1) 在吸收过程中，由于溶质不断进入液相，故混合气体流量由塔底至塔顶逐渐减小。在计算塔径时，一般应以塔底的气量为依据。

(2) 由式(8-35)计算出塔径后，还应按塔径系列标准进行圆整，工业上常用的标准塔径为400 mm、500 mm、600 mm、700 mm、800 mm、1 000 mm、1 200 mm、1 400 mm、1 600 mm、2 000 mm等。

由式(8-35)可知，计算塔径的关键在于确定适宜的空塔气速 u。适宜空塔气速 u 的确定方法将在后面讨论。

（四）吸收塔有效高度的计算

通过本节学习，应明确传质单元高度、传质单元数、等板高度等概念，掌握吸收塔有效高度的计算方法。

确定吸收塔的有效高度（填料层高度）是本章的核心，填料层高度的计算通常采用传质单元数法和等板高度法。

1. 传质单元数法

(1) 基本计算公式 传质单元数法是依据传质速率方程来计算填料层高度，其基本计算公式为

$$Z=\frac{V}{K_Ya\Omega}\int_{Y_2}^{Y_1}\frac{dY}{Y-Y^*} \tag{8-36}$$

或

$$Z=\frac{L}{K_Xa\Omega}\int_{X_2}^{X_1}\frac{dX}{X^*-X} \tag{8-37}$$

式中的 a 为填料的有效比表面积，a 值不仅与填料的类型与规格有关，而且受流体物性及流动状况的影响。一般 a 的数值很难直接测定，为此将其与吸收系数的乘积视为一体，作为一个完整的物理量来看待，称为“体积吸收系数”。K_Ya 及 K_Xa 分别称为气相总体积吸收系数及液相总体积吸收系数，其单位均为 kmol/(m³·s)。

(2) 传质单元高度与传质单元数　填料层高度的基本计算公式可改写成以下形式，即

$$Z=H_{OG}N_{OG} \tag{8-38}$$

或

$$Z=H_{OL}N_{OL} \tag{8-39}$$

式中　H_{OG}——气相总传质单元高度，$H_{OG}=\dfrac{V}{K_Ya\Omega}$，m；

N_{OG}——气相总传质单元数，$N_{OG}=\displaystyle\int_{Y_2}^{Y_1}\frac{dY}{Y-Y^*}$，量纲为 1；

H_{OL}——液相总传质单元高度，$H_{OL}=\dfrac{L}{K_Xa\Omega}$，m；

N_{OL}——液相总传质单元数，$N_{OL}=\displaystyle\int_{X_2}^{X_1}\frac{dX}{X^*-X}$，量纲为 1。

传质单元高度反映了传质阻力的大小、填料性能的优劣及润湿情况的好坏。吸收过程的传质阻力越大，填料层有效比表面越小，则每个传质单元所相当的填料层高度就越大。

传质单元数代表所需填料层总高度 Z 相当于气相总传质单元高度 H_{OG} 的倍数，它反映吸收过程进行的难易程度。生产任务所要求的气体组成变化越大，吸收过程的平均推动力越小，则意味着过程的难度越大，此时所需的传质单元数也就越大。

(3) 传质单元数的确定。

1) 解析法　若在吸收过程所涉及的组成范围内平衡关系为直线，可采用解析法计算传质单元数。

① 脱吸因数法

$$N_{OG}=\frac{1}{1-S}\ln\left[(1-S)\frac{Y_1-Y_2^*}{Y_2-Y_2^*}+S\right] \tag{8-40}$$

$$N_{OL}=\frac{1}{1-A}\ln\left[(1-A)\frac{Y_1-Y_2^*}{Y_1-Y_1^*}+A\right] \tag{8-41}$$

式中 $S=\dfrac{mV}{L}$ 为平衡线斜率与操作线斜率的比值，称为脱吸因数，量纲为 1；$A=\dfrac{L}{mV}$ 为脱吸因数 S 的倒数，它是操作线斜率与平衡线斜率的比值，称为吸收因数，量纲亦为 1。

将式(8-40)与式(8-41)进一步整理，可得

$$N_{OG}=\frac{1}{1-S}\ln\frac{Y_1-Y_1^*}{Y_2-Y_2^*}=\frac{1}{1-S}\ln\frac{\Delta Y_1}{\Delta Y_2} \tag{8-42}$$

及

$$N_{OL}=\frac{1}{1-A}\ln\frac{Y_2-Y_2^*}{Y_1-Y_1^*}=\frac{1}{1-A}\ln\frac{\Delta Y_2}{\Delta Y_1} \tag{8-43}$$

式中 ΔY_1、ΔY_2 分别为塔底与塔顶两截面上吸收过程的推动力。比较式(8-42)与式(8-43)可得

$$N_{OG}=AN_{OL} \tag{8-44}$$

② 对数平均推动力法

$$N_{OG}=\frac{Y_1-Y_2}{\Delta Y_m} \tag{8-45}$$

$$N_{OL}=\frac{X_1-X_2}{\Delta X_m} \tag{8-46}$$

式中

$$\Delta Y_m=\frac{\Delta Y_1-\Delta Y_2}{\ln\dfrac{\Delta Y_1}{\Delta Y_2}}=\frac{(Y_1-Y_1^*)-(Y_2-Y_2^*)}{\ln\dfrac{Y_1-Y_1^*}{Y_2-Y_2^*}} \tag{8-47}$$

$$\Delta X_m=\frac{\Delta X_1-\Delta X_2}{\ln\dfrac{\Delta X_1}{\Delta X_2}}=\frac{(X_1^*-X_1)-(X_2^*-X_2)}{\ln\dfrac{X_1^*-X_1}{X_2^*-X_2}} \tag{8-48}$$

ΔY_m、ΔX_m 是分别以气相、液相组成表示的塔顶与塔底两截面上吸收推动力的对数平均值,称为对数平均推动力。

2) 数值积分法　若在吸收过程所涉及的组成范围内平衡关系为曲线时,则应采用数值积分法求传质单元数。数值积分有不同的方法,其中常用的有辛普森(Simpson)数值积分法,即

$$\begin{aligned}N_{OG}&=\int_{Y_0}^{Y_n}f(Y)\mathrm{d}Y\\&\approx\frac{\Delta Y}{3}\{f(Y_0)+f(Y_n)+4[f(Y_1)+f(Y_3)+\cdots+f(Y_{n-1})]+2[f(Y_2)+f(Y_4)+\cdots\\&\quad+f(Y_{n-2})]\}\end{aligned} \tag{8-49}$$

其中

$$\Delta Y=\frac{Y_n-Y_0}{n},f(Y)=\frac{1}{Y-Y^*}$$

式中　Y_0、Y_n——出塔、进塔气相组成;

n——在 Y_0 与 Y_n 间划分的区间数目,可取为任意偶数;

ΔY——把(Y_0,Y_n)分成 n 个相等的小区间,每一个小区间的步长。

2. 等板高度法

(1) 基本计算公式　等板高度法是依据理论级的概念来计算填料层高度,其基本计算公式为

$$Z=N_T\cdot HETP \tag{8-50}$$

式中　N_T——理论级数;

$HETP$——等板高度,m。

所谓等板高度 $HETP$ 是指分离效果与一个理论级的作用相当的填料层高度,又称当量高度。等板高度是填料的重要应用性能,一般由实验测定或由经验公式计算。

（2）理论级数的确定　理论级数的确定通常采用梯级图解法和解析法。

1）梯级图解法　用梯级图解法求理论级数的具体步骤是：

① 在直角坐标系中分别标绘出操作线及平衡线，图 8－7 所示的 BT 为操作线，OE 为平衡线。

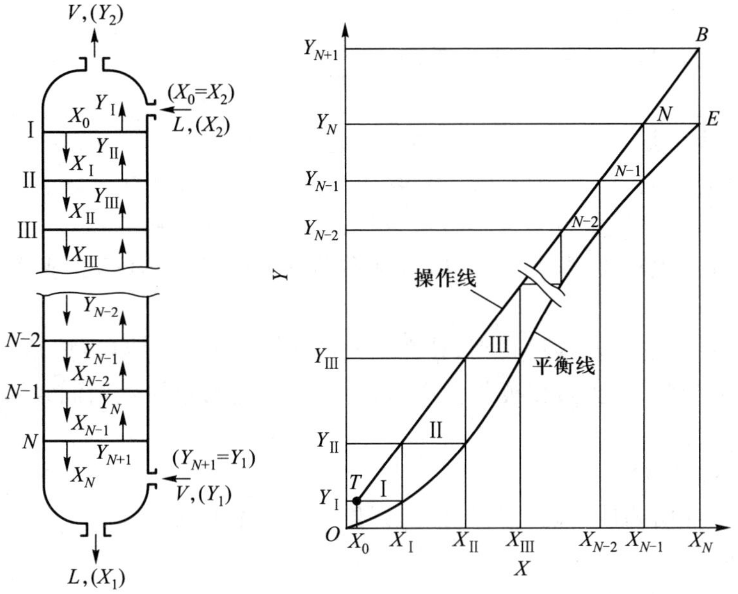

图 8－7　逆流吸收理论级模型

② 在操作线与平衡线之间，从塔顶开始逐次画由水平线和铅垂线构成的阶梯，直至与塔底的组成相等或超过此组成为止。

③ 由图得出所绘的阶梯数，即为吸收塔所需的理论级数。

梯级图解法用于求理论级数不受任何限制，气、液两相组成可采用任一种表示方法，且此法既可用于低组成气体吸收的计算，也可用于高组成气体吸收或解吸过程的计算。

2）解析法　若在吸收过程所涉及的组成范围内平衡关系为直线时，可采用克列姆塞尔（Kremser A）方程求理论级数，即

$$\frac{Y_1-Y_2}{Y_1-Y_2^*}=\frac{A^{N_T+1}-A}{A^{N_T+1}-1} \tag{8-51a}$$

或

$$N_T=\frac{\ln\dfrac{A-\varphi}{1-\varphi}}{\ln A}-1 \tag{8-51b}$$

$$N_T=\frac{1}{\ln A}\ln\left[\left(1-\frac{1}{A}\right)\frac{Y_1-Y_2^*}{Y_2-Y_2^*}+\frac{1}{A}\right] \tag{8-51c}$$

式中　φ——溶质的相对吸收率，$\varphi=\dfrac{\varphi_A}{\varphi_{A,\max}}=\dfrac{Y_1-Y_2}{Y_1-Y_2^*}$。

五、填料塔

(一) 塔填料

通过本节学习，应明确塔填料分为散装填料(或乱堆填料)和规整填料(或整砌填料)两大类，并了解各类填料的主要形式。

填料塔的基本构件为塔填料，简称为填料。

1. 散装填料

散装填料是一个个具有一定几何形状和尺寸的颗粒体，一般以随机的方式堆积在塔内。散装填料根据结构特点不同，又可分为环形填料(包括拉西环填料、鲍尔环填料、阶梯环填料等)、鞍形填料(包括弧鞍填料、矩鞍填料等)、环鞍形填料(包括金属环矩鞍填料等)、球形填料(包括塑料多面球填料、TRI 球形填料等)和花环填料(包括泰勒花环填料、共轭环填料、海尔环填料等)等。

2. 规整填料

规整填料是按一定的几何构形排列，整齐堆砌的填料。规整填料根据其结构特点可分为格栅填料(包括木格栅填料、格里奇格栅填料等)、波纹填料(包括金属丝网波纹填料、金属孔板波纹填料等)和脉冲填料等。

(二) 填料的性能评价

通过本节学习，应明确填料的几何特性和评价填料的主要性能指标。

1. 填料的几何特性

填料的几何特性数据是评价填料性能的基本参数，主要包括比表面积、空隙率及填料因子等。

(1) 比表面积　单位体积填料层的填料表面积称为比表面积，以 a_t 表示，其单位为 m^2/m^3。填料的比表面积愈大，所提供的气液传质面积愈大。

(2) 空隙率　单位体积填料层的空隙体积称为空隙率，以 ε 表示，其单位为 m^3/m^3，或以%表示。填料的空隙率越大，气体通过的能力越大且压降低。

(3) 填料因子　填料的比表面积与空隙率三次方的比值，即 a_t/ε^3，称为填料因子，以 Φ 表示，其单位为 1/m。填料因子有干填料因子与湿填料因子之分，填料未被液体润湿时的 a_t/ε^3 称为干填料因子，它反映填料的几何特性；填料被液体润湿后，填料表面覆盖了一层液膜，a_t 和 ε 均发生相应的变化，此时的 a_t/ε^3 称为湿填料因子，它表示填料的流体力学性能，Φ 值越小，表明流动阻力越小。

2. 填料的性能评价

填料是填料塔最重要的构件，其性能的优劣直接影响填料塔的分离效果。填料性能的优劣通常根据效率、通量及压降三要素衡量。

(三) 填料塔的流体力学性能与操作特性

通过本节学习，应明确填料塔的流体力学性能与操作特性。

1. 填料塔的流体力学性能

(1) 填料层的持液量　填料层的持液量是指在一定操作条件下，在单位体积填料层内所积存的液体体积，通常以 m^3 液体/m^3 填料表示，有时也采用%表示。持液量可分为动持液量 H_o、静持液量 H_s 和总持液量 H_t。动持液量是指填料塔停止气、液两相进料时排出的液体量，它与填料、液体特性及气液负荷有关。静持液量是指当停止气、液两相进料，并经排液至无液滴滴落时存留于填料层中的液体量，其取决于填料和流体的特性，与气液负荷无关。总持液量是指在一定操作条件下存留于填料层中的液体总量。总持液量为动持液量和静持液量之和，即

$$H_t = H_o + H_s \tag{8-52}$$

（2）填料层的压降　在逆流操作的填料塔内，液体依靠重力作用沿填料表面成膜状下流，液膜与填料表面的摩擦及液膜与上升气体的摩擦构成了流动阻力，形成了填料层的压降。填料塔操作压降线如图 8-8 所示。

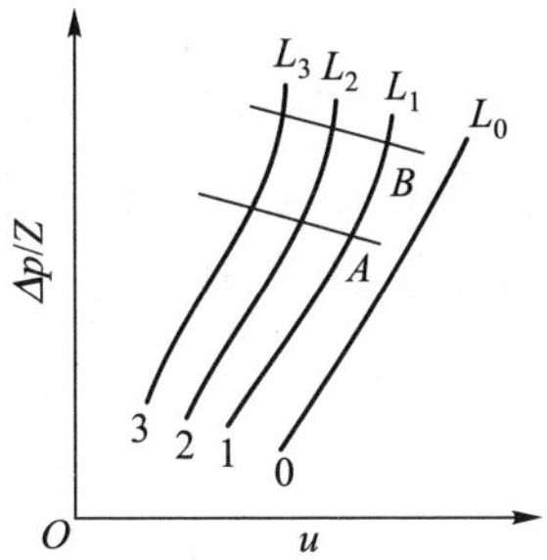

图 8-8　填料层的 $\Delta p/Z-u$ 关系

从图中可看出，在一定的喷淋量下，压降随空塔气速的变化大致可分为三段：当气速低于 A 点时，上升气流对液膜的曳力很小，液体流动不受气流的影响。此时，填料表面上覆盖的液膜厚度基本不变，因而填料层的持液量不变，该区域称为恒持液量区。当气速超过 A 点时，上升气流对液膜的曳力较大，对液膜流动产生阻滞作用，致使液膜增厚，填料层的持液量随气速的增加而增大，此现象称为拦液。开始发生拦液现象时的空塔气速称为载点气速，曲线上的转折点 A 称为载点。若气速继续增大，到达图中 B 点时，由于液体不能顺利下流，使填料层的持液量不断增大，填料层内几乎充满液体。气速增加很小便会引起压降的剧增，此现象称为液泛。开始发生液泛的气速称为泛点气速，以 u_F 表示，曲线上的点 B 称为泛点。从载点到泛点的区域称为载液区，泛点以上的区域称为液泛区。

2. 填料塔的操作特性

（1）填料塔内的气液分布　在填料塔内，气、液两相的传质是依靠在填料表面展开的液膜与气体的充分接触而实现的。若气、液两相分布不均，将使传质的平均推动力减小，传质效率下降。气、液两相的分布通常分为初始分布和动态分布。初始分布是指进塔的气、液两相通过分布装置所进行的强制分布；动态分布是指在一定的操作条件下，气、液两相在填料层内，依靠自身性质与流动状态所进行的随机分布。通常，初始分布主要取决于分布装置的设计；而动态分布则与操作条件、填料的类型与规格、填料充填的均匀程度、塔安装的垂直度、塔的直径等密切相关。研究表明，气、液两相的初始分布较动态分布更为重要，往往是决定填料塔分离效果的关键。

（2）液体喷淋密度与填料表面的润湿。

① 液体喷淋密度　液体喷淋密度是指单位塔截面积上，单位时间内喷淋的液体体积，以 U 表示，其定义式为

$$U = \frac{3\,600 L_s}{\Omega} \tag{8-53}$$

式中　U——液体喷淋密度，$m^3/(m^2 \cdot h)$；

L_s——液体的体积流量，m^3/s；

Ω——填料塔的截面积，m^2。

② 填料表面的润湿　填料表面的润湿状况取决于塔内的液体喷淋密度及填料材质的表面润湿性能。为保证填料层的充分润湿，必须保证液体喷淋密度大于某一极限值，该极限值称为最

小喷淋密度，以$U_{\min}$表示。最小喷淋密度通常采用下式计算，即

$$U_{\min}=(L_W)_{\min}a_t \tag{8-54}$$

式中 $U_{\min}$——最小喷淋密度，$m^3/(m^2\cdot h)$；

$(L_W)_{\min}$——最小润湿速率，$m^3/(m\cdot h)$；

a_t——填料的比表面积，m^2/m^3。

(3) 填料塔的液泛 当空塔气速超过泛点气速时将发生液泛现象。此时，液相充满塔内，液相由分散相变为连续相；气体则呈气泡形式通过液层，由连续相变为分散相。为保证填料塔的正常操作，其操作气速应低于泛点气速，操作气速与泛点气速的比值称为泛点率，其定义式为

$$\phi=\frac{u}{u_F}\times 100\% \tag{8-55}$$

式中 ϕ——泛点率，%；

u——操作空塔气速，m/s；

u_F——泛点气速，m/s。

根据工程经验，填料塔的泛点率选择范围如下：

对于散装填料：$u/u_F=0.5\sim0.85$；

对于规整填料：$u/u_F=0.6\sim0.95$。

计算泛点气速可采用不同的方法，常用的有贝恩(Bain)－霍根(Hougen)关联式和埃克特(Eckert)通用关联图等。

影响液泛的因素很多，主要有以下几点：

① 填料的特性 填料特性的影响集中体现在填料因子上。填料的比表面积愈小，空隙率愈大，则填料因子Φ值愈小，故泛点气速愈大，愈不易发生液泛现象。

② 流体的物理性质 流体的物理性质的影响体现在气体密度ρ_V、液体的密度ρ_L和黏度μ_L上。气体密度ρ_V愈小，液体的密度ρ_L愈大、黏度μ_L愈小，则泛点气速愈大，愈不易发生液泛现象。

③ 液气比 液气比愈大，则在一定气速下液体喷淋量愈大，填料层的持液量增加而空隙率减小，故泛点气速愈小，愈易发生液泛现象。

(4) 填料塔的返混 在填料塔内，气、液两相的流动并不呈理想的活塞流状态，而是存在着不同程度的返混现象。填料塔内流体的返混使得传质平均推动力变小，传质效率降低。造成返混现象的原因很多，如填料层内的气液分布不均；气体和液体在填料层内的沟流；液体喷淋密度过大时所造成的气体局部向下运动；塔内气液的湍流脉动使气液微团停留时间不一致等。

示范题解析

【例 8-1】 亨利定律各系数的计算

在常压及 25 ℃下测得氨在水中平衡数据为：组成为 1 g NH_3/100 g H_2O 的氨水上方的平衡分压为 520 Pa。在该组成范围内相平衡关系符合亨利定律。试求亨利系数E、溶解度系数H及相平衡常数m。稀氨水密度可近似取为 1 000 kg/m³。

解：由亨利定律

$$E=\frac{p}{x}$$

其中

$$x=\frac{1/17}{1/17+100/18}=0.010\ 5$$

故亨利系数为

$$E=\left(\frac{520}{0.010\ 5}\right)\ \text{Pa}=4.952\times10^{4}\ \text{Pa}$$

由亨利定律

$$y=mx$$

其中

$$y=\frac{520}{101.3\times10^{3}}=0.005\ 13$$

故亨利系数为

$$m=\frac{0.005\ 13}{0.010\ 5}=0.489$$

由亨利定律

$$p=\frac{c}{H}$$

其中

$$c=\left(\frac{\frac{1}{17}}{\frac{1+100}{1\ 000}}\right)\ \text{kmol/m}^{3}=0.582\ \text{kmol/m}^{3}$$

故溶解度系数为

$$H=\left(\frac{0.582}{520}\right)\ \text{kmol/(m}^{3}\cdot\text{Pa)}=1.119\times10^{-3}\text{kmol/(m}^{3}\cdot\text{Pa)}$$

另解：

$$H=\frac{\rho}{EM_{\text{S}}}=\left(\frac{1\ 000}{4.952\times10^{4}\times18}\right)\ \text{kmol/(m}^{3}\cdot\text{Pa)}=1.122\times10^{-3}\ \text{kmol/(m}^{3}\cdot\text{Pa)}$$

$$m=\frac{E}{p_{\text{总}}}=\frac{4.952\times10^{4}}{101.3\times10^{3}}=0.489$$

两种计算结果基本一致。

讨论：亨利定律表示互呈平衡的气、液两相组成的关系，因组成可采用不同的表示方法，故亨利定律具有不同的表达形式，相应的系数也不同。依据亨利定律，可由已知的平衡数据（或某亨利定律的系数）计算其他的亨利定律的系数。计算时应注意单位的一致性，有时往往需要加以换算。

【例 8-2】 温度、压力对亨利定律各系数的影响

见例 8-1，若 (1) 氨水的温度与组成不变，而氨水上方的总压力升高到 202.6 kPa；(2) 氨水的组成与总压力不变，而氨水的温度升高到 40 ℃，此时氨水上方的平衡分压为 750 Pa。试求以上两种情况的亨利系数 E、溶解度系数 H 及相平衡常数 m。

解：(1) 由于氨水的温度与组成不变，故氨水上方氨的平衡分压不变，因此亨利系数 E、溶解度系数 H 不变，由例 8-1

$$E=4.952\times10^4\ \text{Pa}$$

$$H=1.119\times10^{-3}\ \text{kmol/(m}^3\cdot\text{Pa)}$$

相平衡常数 m 与总压力有关，由

$$m=\frac{E}{p_{总}}=\frac{4.952\times10^4}{202.6\times10^3}=0.244$$

(2) 氨水的温度升高到 40 ℃，此时氨水上方的平衡分压为 750 Pa，则

$$E=\frac{p}{x}=\left(\frac{750}{0.010\,5}\right)\text{Pa}=7.143\times10^4\ \text{Pa}$$

$$H=\frac{c}{p}=\left(\frac{0.582}{750}\right)\ \text{kmol/(m}^3\cdot\text{Pa)}=7.760\times10^{-4}\ \text{kmol/(m}^3\cdot\text{Pa)}$$

$$m=\frac{E}{p_{总}}=\frac{7.143\times10^4}{101.3\times10^3}=0.705$$

讨论：(1) 亨利系数 E、溶解度系数 H 仅与温度有关，与总压力无关；而相平衡常数 m 不仅与温度有关，还与总压力有关；

(2) 总压力愈高，相平衡常数 m 愈小，对吸收操作愈有利；

(3) 温度愈低，亨利系数 E、相平衡常数 m 愈小；溶解度系数 H 愈大，对吸收操作愈有利。

【例 8-3】 根据相平衡关系判断传质进行的方向

在总压为 101.3 kPa、温度为 30 ℃的条件下，某含 SO_2 为 0.098(摩尔分数，下同)的混合空气与含 SO_2 为 0.002 5 的水溶液接触，试判断 SO_2 的传递方向。已知操作条件下气液相平衡关系为 $Y^*=45.8X$。

解：先计算气、液相摩尔比组成

$$Y=\frac{y}{1-y}=\frac{0.098}{1-0.098}=0.109$$

$$X=\frac{x}{1-x}=\frac{0.002\,5}{1-0.002\,5}=0.002\,51$$

从气相分析

$$Y^*=45.8X=45.8\times0.002\,51=0.115>Y=0.109$$

故 SO_2 必由液相传递到气相，进行解吸。

从液相分析

$$X^*=\frac{Y}{45.8}=\frac{0.109}{45.8}=0.00238<X=0.00251$$

结论同上。

讨论：根据相平衡关系可以判断传质过程进行的方向。设气、液两相组成分别为 Y 与 X（摩尔比），与液相组成 X 呈平衡的气相组成为 Y^*，与气相组成 Y 呈平衡的液相组成为 X^*，则过程方向为

$Y>Y^*$（或 $X^*>X$）　吸收过程

$Y<Y^*$（或 $X^*<X$）　解吸过程

【例 8-4】 根据相平衡关系计算吸收过程的推动力

在某填料塔中用清水逆流吸收混于空气中的 CO_2，空气中 CO_2 的体积分数为 8.5%，操作条件为 15 ℃、405.3 kPa，15 ℃时 CO_2 在水中的亨利系数为 1.24×10^5 kPa，吸收液中 CO_2 的组成为 $x_1=1.65\times10^{-4}$。试求塔底处吸收总推动力 Δy、Δx、Δp、Δc、ΔX 和 ΔY。

解： 相平衡常数为

$$m=\frac{E}{p_{总}}=\frac{1.24\times10^5}{405.3}=305.9$$

由亨利定律

$$y_1^*=mx_1=305.9\times1.65\times10^{-4}=5.047\times10^{-2}$$

$$x_1^*=\frac{y_1}{m}=\frac{0.085}{305.9}=2.779\times10^{-4}$$

由道尔顿分压定律

$$p_1=p_{总}y_1=(405.3\times0.085)\ \text{kPa}=34.45\ \text{kPa}$$

由亨利定律

$$p_1^*=Ex_1=(1.24\times10^5\times1.65\times10^{-4})\ \text{kPa}=20.46\ \text{kPa}$$

吸收液的密度可按纯水计算，查手册得，15 ℃水的密度为 998.95 kg/m^3，则

$$c_1=\frac{x_1\rho_S}{M_S}=\left(\frac{1.65\times10^{-4}\times998.95}{18}\right)\ \text{kmol/m}^3=9.157\times10^{-3}\ \text{kmol/m}^3$$

$$c_1^*=\frac{x_1^*\rho_S}{M_S}=\left(\frac{2.779\times10^{-4}\times998.95}{18}\right)\ \text{kmol/m}^3=1.542\times10^{-2}\ \text{kmol/m}^3$$

吸收液的摩尔比为

$$X_1=\frac{x_1}{1-x_1}\approx x_1=1.65\times10^{-4}$$

$$X_1^*=\frac{x_1^*}{1-x_1^*}\approx x_1^*=2.779\times10^{-4}$$

混合气的摩尔比为

$$Y_1=\frac{y_1}{1-y_1}=\frac{0.085}{1-0.085}=0.0929$$

$$Y_1^*=\frac{y_1^*}{1-y_1^*}=\frac{5.048\times10^{-2}}{1-5.048\times10^{-2}}=0.0532$$

塔底处吸收总推动力为

$$\Delta y=y_1-y_1^*=0.085-5.084\times10^{-2}=3.416\times10^{-2}$$

$$\Delta x=x_1^*-x_1=2.779\times10^{-4}-1.65\times10^{-4}=1.129\times10^{-4}$$

$$\Delta p=p_1-p_1^*=(34.45-20.46)\text{kPa}=13.99\text{ kPa}$$

$$\Delta c=c_1^*-c_1=(1.542\times10^{-2}-9.157\times10^{-3})\text{kmol/m}^3=6.263\times10^{-3}\text{kmol/m}^3$$

$$\Delta X\approx\Delta x=1.128\times10^{-4}$$

$$\Delta Y=Y_1-Y_1^*=0.0929-0.0532=0.0397$$

讨论：吸收总推动力因溶质组成表示方法的不同而具有多种形式，同时，在吸收塔的不同截面处，吸收总推动力也不同。

【例 8-5】 根据相平衡关系判断传质进行的极限

在一填料吸收塔中，用再生循环洗油逆流吸收煤气中的苯。已知进塔煤气中含苯为 2.6%，洗油中含苯为 0.48%（均为摩尔分数），操作条件下的平衡关系为 $Y^*=0.068X$。试计算塔顶排出煤气中苯的最低含量和塔底排出洗油中苯的最高含量（均为摩尔比）。

解： 先计算进塔的气、液两相摩尔比组成

$$Y_1=\frac{y_1}{1-y_1}=\frac{0.026}{1-0.026}=0.0267$$

$$X_2=\frac{x_2}{1-x_2}=\frac{0.0048}{1-0.0048}=0.00482$$

塔顶排出煤气中苯的最低含量为

$$Y_{2,\text{mim}}=Y_2^*=mX_2=0.068\times0.00482=0.000328$$

塔底排出洗油中苯的最高含量为

$$X_{1,\max}=X_1^*=\frac{Y_1}{m}=\frac{0.0267}{0.068}=0.393$$

讨论：根据相平衡关系可以判断传质过程进行的极限。吸收塔塔顶尾气中溶质的最低含量为 $Y_{2,\min}=Y_2^*=mX_2$；塔底溶液中溶质的最高含量为 $X_{1,\max}=X_1^*=\dfrac{Y_1}{m}$。

【例 8-6】 吸收系数和吸收速率的计算

用填料塔在 101.3 kPa 及 20 ℃下，以清水吸收混于空气中的甲醇蒸气。若在操作条件下平

衡关系符合亨利定律,甲醇在水中的亨利系数为 27.8 kPa。测得塔内某截面处甲醇的气相分压为 6.5 kPa,液相组成为2.615 kmol/m^3,液膜吸收系数 $k_L=2.12\times10^{-5}$ m/s,气相总吸收系数 $K_G=1.125\times10^{-5}$ kmol/(m^2·s·kPa)。求该截面处

(1) 膜吸收系数 k_G、k_y 及 k_x;

(2) 总吸收系数 K_L、K_x、K_y、K_X 及 K_Y;

(3) 吸收速率。

解:(1) 因吸收液溶质的组成很低,以纯水的密度代替吸收液的密度,总组成也以纯水计。查手册得,20 ℃水的密度为 998.2 kg/m^3。

$$k_x=c_{总}k_L=\left(\frac{998.2}{18}\times2.12\times10^{-5}\right)\text{ kmol/(m}^2\cdot\text{s)}=1.176\times10^{-3}\text{kmol/(m}^2\cdot\text{s)}$$

$$H=\frac{\rho}{EM_S}=\left(\frac{998.2}{27.8\times18}\right)\text{ kmol/(m}^3\cdot\text{kPa)}=1.995\text{ kmol/(m}^3\cdot\text{kPa)}$$

$$\begin{aligned}\frac{1}{k_G}&=\frac{1}{K_G}-\frac{1}{Hk_L}\\&=\left(\frac{1}{1.125\times10^{-5}}-\frac{1}{1.995\times2.12\times10^{-5}}\right)\text{(m}^2\cdot\text{s}\cdot\text{kPa)/kmol}\\&=6.524\times10^4\text{(m}^2\cdot\text{s}\cdot\text{kPa)/kmol}\end{aligned}$$

$$k_G=\left(\frac{1}{6.524\times10^4}\right)\text{ kmol/(m}^2\cdot\text{s}\cdot\text{kPa)}=1.533\times10^{-5}\text{ kmol/(m}^2\cdot\text{s}\cdot\text{kPa)}$$

$$k_y=p_{总}k_G=(101.3\times1.533\times10^{-5})\text{ kmol/(m}^2\cdot\text{s)}=1.553\times10^{-3}\text{ kmol/(m}^2\cdot\text{s)}$$

(2) $$\frac{1}{K_L}=\frac{1}{k_L}+\frac{H}{k_G}=\left(\frac{1}{2.12\times10^{-5}}+\frac{1.995}{1.533\times10^{-5}}\right)\text{s/m}=1.773\times10^5\text{ s/m}$$

$$K_L=\left(\frac{1}{1.773\times10^5}\right)\text{ m/s}=5.64\times10^{-6}\text{ m/s}$$

$$m=\frac{E}{p_{总}}=\frac{27.8}{101.3}=0.274$$

$$\frac{1}{K_y}=\frac{1}{k_y}+\frac{m}{k_x}=\left(\frac{1}{1.553\times10^{-3}}+\frac{0.274}{1.176\times10^{-3}}\right)\text{(m}^2\cdot\text{s)/kmol}=8.769\times10^2\text{(m}^2\cdot\text{s)/kmol}$$

$$K_y=\left(\frac{1}{8.769\times10^2}\right)\text{ kmol/(m}^2\cdot\text{s)}=1.140\times10^{-3}\text{ kmol/(m}^2\cdot\text{s)}$$

$$K_x=mK_y=(0.274\times1.140\times10^{-3})\text{ kmol/(m}^2\cdot\text{s)}=3.124\times10^{-4}\text{ kmol/(m}^2\cdot\text{s)}$$

$$K_X=c_{总}K_L=\left(\frac{998.2}{18}\times5.64\times10^{-6}\right)\text{ kmol/(m}^2\cdot\text{s)}=3.128\times10^{-4}\text{ kmol/(m}^2\cdot\text{s)}$$

$$K_Y=p_{总}K_G=(101.3\times1.125\times10^{-5})\text{ kmol/(m}^2\cdot\text{s)}=1.14\times10^{-3}\text{ kmol/(m}^2\cdot\text{s)}$$

(3) $$c^*=Hp=(1.995\times6.5)\text{ kmol/m}^3=12.97\text{ kmol/m}^3$$

$$N_A=K_L(c^*-c)=[5.64\times10^{-6}\times(12.97-2.615)]\ \text{kmol/(m}^2\cdot\text{s)}=5.84\times10^{-5}\ \text{kmol/(m}^2\cdot\text{s)}$$

或

$$Y=\frac{y}{1-y}=\frac{\frac{6.5}{101.3}}{1-\frac{6.5}{101.3}}=0.068\ 6$$

$$Y^*=\frac{y^*}{1-y^*}=\frac{m\frac{cM_S}{\rho}}{1-m\frac{cM_S}{\rho}}=\frac{1}{\frac{\rho}{mcM_S}-1}=\frac{1}{\frac{998.2}{0.274\times2.615\times18}-1}=0.013\ 1$$

$$N_A=K_Y(Y-Y^*)=[1.14\times10^{-3}\times(0.068\ 6-0.013\ 1)]\ \text{kmol/(m}^2\cdot\text{s)}=6.327\times10^{-5}\ \text{kmol/(m}^2\cdot\text{s)}$$

两种计算结果相差不大。

讨论:(1) 吸收系数具有多种形式,只要掌握了各吸收系数间的关系,即可进行计算;

(2) 吸收速率方程具有多种表达形式,这些方程是等价的,用任何吸收速率方程均可计算吸收速率。

【例 8-7】 计算吸收阻力,分析吸收过程的控制因素

已知某低组成气体溶质被吸收时,平衡关系服从亨利定律,气膜吸收系数为 3.15×10^{-7} kmol/(m²·s·kPa),液膜吸收系数为 5.86×10^{-5} m/s,溶解度系数为 1.45 kmol/(m³·kPa)。试求气膜阻力、液膜阻力和气相总阻力,并分析该吸收过程的控制因素。

解: 气膜阻力为

$$\frac{1}{k_G}=\left(\frac{1}{3.15\times10^{-7}}\right)\text{(m}^2\cdot\text{s}\cdot\text{kPa)/kmol}=3.175\times10^6\ \text{(m}^2\cdot\text{s}\cdot\text{kPa)/kmol}$$

液膜阻力为

$$\frac{1}{k_L}=\left(\frac{1}{5.86\times10^{-5}}\right)\ \text{s/m}=1.706\times10^4\ \text{s/m}$$

气相总阻力为

$$\frac{1}{K_G}=\frac{1}{k_G}+\frac{1}{Hk_L}$$
$$=\left(3.175\times10^6+\frac{1.706\times10^4}{1.45}\right)\text{(m}^2\cdot\text{s}\cdot\text{kPa)/kmol}=3.187\times10^6\ \text{(m}^2\cdot\text{s}\cdot\text{kPa)/kmol}$$

气膜阻力占总阻力的百分数为

$$\frac{\frac{1}{k_G}}{\frac{1}{K_G}}=\frac{3.175\times10^6}{3.187\times10^6}=0.996$$

由计算可知,气膜阻力占总阻力的 99.6%,故液膜阻力远小于气膜阻力,故该吸收过程为气膜控制。

讨论:(1) 因吸收系数具有多种形式,而吸收系数的倒数即为吸收阻力,故吸收阻力也具有多种形式。本例给出了气膜吸收系数和液膜吸收系数,通过给出的吸收系数的单位可判定气膜吸收系数是 k_G,而液膜吸收系数是 k_L;

(2) 根据工程经验,通常气膜(或液膜)阻力占总阻力的百分数≤10%,则可将该吸收过程视为液膜(或气膜)控制。

【例 8-8】 吸收塔的物料衡算

在 101.3 kPa、20 ℃下用清水在填料塔中逆流吸收某混合气中的硫化氢。已知混合气进塔的组成为 0.055(摩尔分数,下同),尾气出塔的组成为 0.001。操作条件下系统的平衡关系为 $p^*=4.89\times10^4 x$ kPa,操作时吸收剂用量为最小用量的 1.65 倍。

(1) 计算吸收率和吸收液的组成;

(2) 若维持气体进出填料塔的组成不变,操作压力提高到 1 013 kPa,求吸收液组成。

解: (1) $Y_1=\dfrac{y_1}{1-y_1}=\dfrac{0.055}{1-0.055}=0.0582$

$$Y_2=\frac{y_2}{1-y_2}=\frac{0.001}{1-0.001}=0.001$$

吸收率为

$$\varphi_A=\frac{Y_1-Y_2}{Y_1}=\frac{0.0582-0.001}{0.0582}=0.983$$

相平衡常数为

$$m=\frac{E}{p_{总}}=\frac{4.89\times10^4}{101.3}=482.7$$

吸收剂为清水,$X_2=0$,最小液气比为

$$\left(\frac{L}{V}\right)_{min}=\frac{Y_1-Y_2}{X_1^*-X_2}=\frac{0.0582-0.001}{\dfrac{0.0582}{482.7}-0}=474.4$$

操作液气比为

$$\frac{L}{V}=1.65\left(\frac{L}{V}\right)_{min}=1.65\times474.4=782.8$$

对全塔进行物料衡算可得

$$Y_1-Y_2=\frac{L}{V}(X_1-X_2)$$

吸收液的组成为

$$X_1=\frac{V}{L}(Y_1-Y_2)+X_2=\frac{1}{782.8}\times(0.0582-0.001)+0=7.3\times10^{-5}$$

(2) 操作压力提高到 1 013 kPa,相平衡常数为

$$m'=\frac{E}{p'_{总}}=\frac{4.89\times10^4}{1\ 013}=48.27$$

最小液气比为

$$\left(\frac{L}{V}\right)'_{\min}=\frac{0.058\ 2-0.001}{\frac{0.058\ 2}{48.27}-0}=47.44$$

操作液气比为

$$\left(\frac{L}{V}\right)'=1.65\left(\frac{L}{V}\right)'_{\min}=1.65\times47.44=78.28$$

吸收液的组成为

$$X'_1=\left(\frac{V}{L}\right)'(Y_1-Y_2)+X_2=\frac{1}{78.28}\times(0.058\ 2-0.001)+0=7.3\times10^{-4}$$

讨论：由本例可以看出，在维持气体进出填料塔的组成不变的前提下，操作压力提高，相平衡常数 m 减小，有利于吸收过程的进行，故操作液气比减小，吸收液组成提高。

【例 8-9】 液气比对吸收操作的影响

在逆流操作的填料吸收塔中，用清水吸收某混合气中的有害溶质。已知进塔气体组成为 0.045(体积分数)，在操作条件下气液平衡关系为$Y=2.8X$，试分别计算液气比为 4 和 2 时出塔气体的极限组成和液体出口组成。

解：当填料层为无限高时，气体出口组成将达到极限组成，此时操作线与平衡线相交。对逆流操作，平衡线与操作线的交点位置可能出现在塔顶或塔底，它取决于操作线的斜率$\frac{L}{V}$和平衡线的斜率 m 的相对大小。

当$\frac{L}{V}=4\left(即\frac{L}{V}>m\right)$时，操作线 ab 与平衡线交于塔顶(点 a)，如本例附图所示。由平衡关系可求得出塔气体的最低组成，即

$$Y_{2,\min}=mX_2=0$$

由物料衡算关系可求得液体出口组成，即

$$X_1=\frac{V}{L}(Y_1-Y_{2,\min})+X_2$$

其中 $$Y_1=\frac{y_1}{1-y_1}=\frac{0.045}{1-0.045}=0.047\ 1$$

故 $$X_1=\frac{1}{4}\times(0.047\ 1-0)+0=0.011\ 8$$

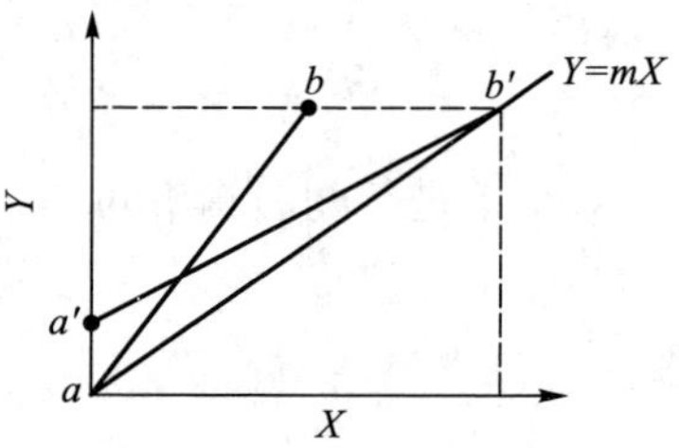

例 8-9 附图

当$\frac{L}{V}=2\left(即\frac{L}{V}<m\right)$时，操作线 $a'b'$ 与平衡线交于塔底(点 b')，如本例附图所示。由平衡关

系可求得出塔液体的最大组成，即

$$X_{1,\max}=\frac{Y_1}{m}=\frac{0.0471}{2.8}=0.0168$$

由物料衡算关系可求得气体出口组成为

$$Y_{2,\min}=Y_1-\frac{L}{V}(X_{1,\max}-X_2)=0.0471-2\times(0.0168-0)=0.0135$$

讨论：由本例可以看出，当$\frac{L}{V}>m$时，出塔气体的极限组成决定于吸收剂进塔组成X_2；而当$\frac{L}{V}<m$时，出塔气体的极限组成随$\frac{L}{V}$的增加而降低。

【例 8-10】 吸收塔逆流操作与并流操作的比较

在填料塔中用循环的 NaOH 水溶液吸收某混合气中的酸性气体溶质。已知进塔气体组成为 0.09(摩尔分数)，进塔液相组成为 20.32 g NaOH/kg 溶液，操作条件下气液平衡关系为 $y^*=0.65x$，操作液气比为 1.21。试分别计算逆流和并流操作时的最大吸收率和吸收液组成。

解： $Y_1=\frac{y_1}{1-y_1}=\frac{0.09}{1-0.09}=0.0989$

$$x_2=\frac{\frac{20.32}{40}}{\frac{20.32}{40}+\frac{1000-20.32}{18}}=0.00925$$

$$X_2=\frac{x_2}{1-x_2}=\frac{0.00925}{1-0.00925}=0.00934$$

(1) 逆流操作

因$\frac{L}{V}>m$，故平衡线与操作线的交点在塔顶，由气液平衡关系

$$y_2=0.65x_2=0.65\times0.00925=0.00601$$

$$Y_2=\frac{y_2}{1-y_2}=\frac{0.00601}{1-0.00601}=0.00605$$

最大吸收率为

$$\varphi_{\max}=\frac{Y_1-Y_2}{Y_1}=\frac{0.0989-0.00605}{0.0989}=0.939=93.9\%$$

吸收液组成为

$$X_1=\frac{V}{L}(Y_1-Y_2)+X_2=\frac{1}{1.21}\times(0.0989-0.00605)+0.00934=0.0861$$

(2) 并流操作

并流操作吸收塔示意图如本例附图所示。操作线和平衡线的交点在塔底，即出口气相组成 Y_1 与吸收液组成 X_1 相平衡，平衡方程为

$$Y_1=\frac{mX_1}{1+(1-m)X_1}=\frac{0.65X_1}{1+0.35X_1} \quad (1)$$

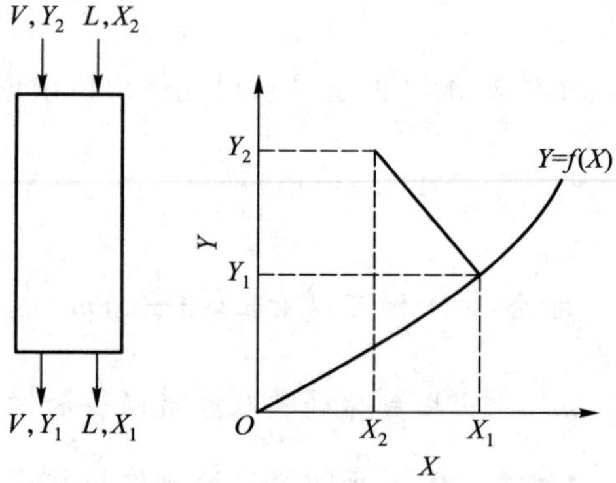

例 8-10 附图

操作线方程为

$$Y_1=Y_2-\frac{L}{V}(X_1-X_2)$$
$$=0.0989-1.21(X_1-0.00934) \quad (2)$$

联立式(1)和式(2)，解得

$$Y_1=0.0379 \qquad X_1=0.0596$$

最大吸收率为

$$\varphi_{max}=\frac{Y_2-Y_1}{Y_2}=\frac{0.0989-0.0379}{0.0989}=0.617=61.7\%$$

讨论：由本例可以看出，在相同的操作条件下，逆流操作较并流操作可获得较高的吸收率，故工业生产中大多采用逆流操作。

【例 8-11】 吸收塔的设计型计算

在 101.3 kPa、20 ℃下用清水在填料塔内逆流吸收空气中所含的二氧化硫气体。已知混合气摩尔流速为 0.025 kmol/(m²·s)，二氧化硫的组成为 0.032(体积分数)。操作条件下气液平衡关系为 $Y=34.6X$，气相总体积吸收系数为 1.98 kmol/(m³·h·kPa)，操作时吸收剂用量为最小用量的 1.55 倍，要求二氧化硫的回收率为 98.2%。试求：

(1) 吸收剂的摩尔流速[单位：kmol/(m²·s)]；

(2) 填料层高度。

解：(1) 吸收剂的摩尔流速

$$Y_1=\frac{y_1}{1-y_1}=\frac{0.032}{1-0.032}=0.0331$$

$$Y_2=Y_1(1-\varphi_A)=0.0331\times(1-0.982)=0.000596$$

吸收剂为清水，$X_2=0$，最小液气比为

$$\left(\frac{L}{V}\right)_{min}=\frac{Y_1-Y_2}{X_1^*-X_2}=\frac{0.0331-0.000596}{\frac{0.0331}{34.6}-0}=33.98$$

操作液气比为

$$\frac{L}{V}=1.55\left(\frac{L}{V}\right)_{min}=1.55\times33.98=52.67$$

吸收液的摩尔比为

$$X_1=\frac{V}{L}(Y_1-Y_2)+X_2=\frac{1}{52.67}\times(0.033\,1-0.000\,596)+0=6.171\times10^{-4}$$

惰性气体的摩尔流速为

$$\frac{V}{\Omega}=\frac{V'}{\Omega}(1-y_1)=[0.025\times(1-0.032)]\text{kmol/(m}^2\cdot\text{s})=0.024\,2\ \text{kmol/(m}^2\cdot\text{s})$$

吸收剂的摩尔流速为

$$\frac{L}{\Omega}=\frac{V}{\Omega}\left(\frac{Y_1-Y_2}{X_1-X_2}\right)=\left(0.024\,2\times\frac{0.033\,1-0.000\,596}{6.171\times10^{-4}-0}\right)\ \text{kmol/(m}^2\cdot\text{s})=1.275\ \text{kmol/(m}^2\cdot\text{s})$$

(2) 填料层高度

$$\Delta Y_1=Y_1-Y_1^*=0.033\,1-34.6\times6.171\times10^{-4}=0.011\,7$$

$$\Delta Y_2=Y_2-Y_2^*=0.000\,596-0=0.000\,596$$

$$\Delta Y_m=\frac{\Delta Y_1-\Delta Y_2}{\ln\dfrac{\Delta Y_1}{\Delta Y_2}}=\frac{0.011\,7-0.000\,596}{\ln\dfrac{0.011\,7}{0.000\,596}}=0.003\,73$$

$$N_{OG}=\frac{Y_1-Y_2}{\Delta Y_m}=\frac{0.033\,1-0.000\,596}{0.003\,73}=8.714$$

$$H_{OG}=\frac{V}{K_Ya\Omega}=\frac{V}{p_{总}K_Ga\Omega}=\left(\frac{0.024\,2\times3\,600}{101.3\times1.98}\right)\ \text{m}=0.434\ \text{m}$$

填料层高度为

$$Z=H_{OG}N_{OG}=(0.434\times8.714)\ \text{m}=3.782\ \text{m}$$

讨论:本例为给定分离任务要求,计算所需的溶剂用量和填料层高度,故属于设计型计算问题。求解本例的关键,一是要理解混合气(或吸收剂)摩尔流速的概念;另一是要明确气相总体积吸收系数有不同的表达形式,通过给出的单位可判断气相总体积吸收系数属于何种形式。

【例 8-12】 吸收塔的操作型计算

某化工厂现有一直径为 1.2 m、填料层高度为 8 m 的吸收塔,用清水逆流吸收空气中所含的有害气体。已知操作压力为 125 kPa、温度为 25 ℃。现场测得进塔和出塔混合气体中溶质的含量分别为 5.25% 和 0.055%(体积分数),出塔吸收液的组成为 0.015 5(摩尔分数)。操作条件下的气液平衡关系为 $Y=2.12X$,气相总体积吸收系数为 65.5 kmol/(m^3·h)。试核算:

(1) 吸收剂用量是最小用量的多少倍?

(2) 该吸收塔的生产能力(单位:m^3 混合气/年)。

注:每年按 7 200 h 工作时间计。

解:(1) 吸收剂用量为最小用量的倍数

$$Y_1=\frac{y_1}{1-y_1}=\frac{0.052\,5}{1-0.052\,5}=0.055\,4$$

$$Y_2=\frac{y_2}{1-y_2}=\frac{0.000\ 55}{1-0.000\ 55}=0.000\ 55$$

$$X_1=\frac{x_1}{1-x_1}=\frac{0.015\ 5}{1-0.015\ 5}=0.015\ 7$$

吸收剂的用量为

$$L=\frac{V(Y_1-Y_2)}{X_1-X_2} \tag{1}$$

吸收剂的最小用量为

$$L_{\min}=\frac{V(Y_1-Y_2)}{\dfrac{Y_1}{m}-X_2} \tag{2}$$

吸收剂为清水，$X_2=0$，比较式(1)和式(2)得

$$\frac{L}{L_{\min}}=\frac{Y_1}{mX_1}=\frac{0.055\ 4}{2.12\times 0.015\ 7}=1.664$$

故
$$L=1.664\ L_{\min}$$

(2) 吸收塔的生产能力

$$\Delta Y_1=Y_1-Y_1^*=0.055\ 4-2.12\times 0.015\ 7=0.022\ 1$$

$$\Delta Y_2=Y_2-Y_2^*=0.000\ 55-0=0.000\ 55$$

$$\Delta Y_{\mathrm{m}}=\frac{\Delta Y_1-\Delta Y_2}{\ln\dfrac{\Delta Y_1}{\Delta Y_2}}=\frac{0.022\ 1-0.000\ 55}{\ln\dfrac{0.022\ 1}{0.000\ 55}}=0.005\ 83$$

$$N_{\mathrm{OG}}=\frac{Y_1-Y_2}{\Delta Y_{\mathrm{m}}}=\frac{0.055\ 4-0.000\ 55}{0.005\ 83}=9.408$$

由
$$Z=H_{\mathrm{OG}}N_{\mathrm{OG}}$$

$$H_{\mathrm{OG}}=\frac{Z}{N_{\mathrm{OG}}}=\left(\frac{8}{9.408}\right)\ \mathrm{m}=0.85\ \mathrm{m}$$

由
$$H_{\mathrm{OG}}=\frac{V}{K_Y a\Omega}$$

$$V=H_{\mathrm{OG}}K_Y a\Omega=(0.85\times 65.5\times 0.785\times 1.2^2)\ \mathrm{kmol/h}=62.94\ \mathrm{kmol/h}$$

混合气体的处理量为

$$\left[\frac{62.94\times 22.4\times\left(\dfrac{273+25}{273}\right)\times\left(\dfrac{101.3}{125}\right)}{1-0.052\ 5}\times 7\ 200\right]\ \mathrm{m^3/年}=9.477\times 10^6\ \mathrm{m^3/年}$$

讨论：本例为在现有的填料塔中进行吸收操作，测定出有关操作数据，然后核算吸收剂用量是最小用量的倍数及该吸收塔的生产能力，故属于操作型计算问题。求解本例的关键，是要理解

混合气年处理量的概念。

【例 8-13】 吸收塔的操作型计算

某化工厂现有一直径为 0.8 m、填料层高度为 3.8 m 的吸收塔，用纯溶剂吸收某气体混合物中的溶质组分。已知操作压力为 160 kPa、温度为 32 ℃，操作条件下的平衡关系为 $Y=2.235X$，气相总体积吸收系数为 68.5 kmol/(m^3·h)。现场测得进塔混合气体的流量为 530 m^3/h，混合气体中溶质的含量为 5.27%(体积分数)，出塔溶液中溶质的含量为 0.0182(摩尔比)。试核算出塔尾气中溶质的含量(体积分数)。

解： $Y_1=\dfrac{y_1}{1-y_1}=\dfrac{0.0527}{1-0.0527}=0.0556$

$$V=\left[\frac{530}{22.4}\times\frac{273}{273+32}\times\frac{160}{101.3}\times(1-0.0527)\right]\text{kmol/h}=31.69\ \text{kmol/h}$$

$$H_{OG}=\frac{V}{K_Y a\Omega}=\left(\frac{31.69}{68.5\times0.785\times0.8^2}\right)\text{m}=0.921\ \text{m}$$

$$N_{OG}=\frac{Z}{H_{OG}}=\frac{3.8}{0.921}=4.126$$

$$\Delta Y_1=Y_1-Y_1^*=0.0556-2.235\times0.0182=0.0149$$

$$\Delta Y_2=Y_2-Y_2^*=Y_2$$

设对数平均推动力可用算术平均推动力代替，则

$$\Delta Y_m=\frac{\Delta Y_1+\Delta Y_2}{2}=\frac{0.0149+Y_2}{2}$$

$$N_{OG}=\frac{Y_1-Y_2}{\Delta Y_m}=\frac{0.0556-Y_2}{(0.0149+Y_2)/2}=4.126$$

解出 $$Y_2=0.00812$$

$$y_2=\frac{Y_2}{1+Y_2}=\frac{0.00812}{1+0.00812}=0.00805=0.805\%$$

$$\frac{\Delta Y_1}{\Delta Y_2}=\frac{0.0149}{0.00812}=1.835$$

$$\frac{1}{2}<\frac{\Delta Y_1}{\Delta Y_2}<2$$

故可用算术平均推动力代替对数平均推动力。

讨论：本例为在现有的填料塔中进行吸收操作，测定出有关操作数据，然后核算出塔尾气中溶质的含量，故属于操作型计算问题。求解本例的关键，是理解在 $1/2<\Delta Y_1/\Delta Y_2<2$ 的条件下，可用算术平均推动力代替对数平均推动力，使解题过程得以简化。

【例 8-14】 吸收率对最小液气比及填料层高度的影响

在逆流操作的填料塔中，用纯溶剂吸收某气体混合物中的溶质组分。已知进塔气体组成为 Y_1，在操作条件下气液平衡关系为 $Y=mX$。试推导以下关系：

(1) 最小液气比 $\left(\dfrac{L}{V}\right)_{\min}$ 与吸收率 φ_A 间的关系；

(2) 填料层高度 Z 与吸收率 φ_A 间的关系。

解：(1) $\left(\frac{L}{V}\right)_{\min}$ 与 φ_A 的关系

气体出塔组成为

$$Y_2=(1-\varphi_A)Y_1$$

由

$$\left(\frac{L}{V}\right)_{\min}=\frac{Y_1-Y_2}{\frac{Y_1}{m}-X_2}$$

纯溶剂吸收，$X_2=0$

故

$$\left(\frac{L}{V}\right)_{\min}=\frac{Y_1-Y_2}{\frac{Y_1}{m}}=\frac{m(Y_1-Y_2)}{Y_1}=m\varphi_A$$

当 m 一定时，$\left(\frac{L}{V}\right)_{\min}$ 随 φ_A 增大而加大。

(2) Z 与 φ_A 的关系

由

$$A=\frac{L}{mV}$$

出塔液相组成为

$$X_1=\frac{V(Y_1-Y_2)}{L}=\frac{\varphi_A Y_1}{Am}$$

所需填料层高度为

$$Z=H_{OG}N_{OG}=H_{OG}\frac{Y_1-Y_2}{\frac{(Y_1-mX_1)-Y_2}{\ln\frac{Y_1-mX_1}{Y_2}}}=\frac{H_{OG}}{1-\frac{mV}{L}}\ln\frac{Y_1-mX_1}{Y_2}$$

$$=\frac{H_{OG}}{1-\frac{1}{A}}\ln\frac{Y_1-m\left(\frac{Y_1\varphi_A}{Am}\right)}{(1-\varphi_A)Y_1}=\frac{H_{OG}}{1-\frac{1}{A}}\ln\frac{1-\frac{\varphi_A}{A}}{1-\varphi_A}$$

若 H_{OG} 及 A 一定，则 $Z=f(\varphi_A)$。

讨论：从本例推导结果可知，当用纯溶剂吸收混合物中溶质时，最小液气比及在一定液气比下所需的填料层高度仅与溶质的回收率有关，而与混合气的初始组成无关。

【例 8-15】 吸收过程工作状态的改变(提高溶质的回收率)

在一逆流操作的填料塔中，用纯溶剂吸收某气体混合物中的溶质组分。已知进塔气体组成为 0.022(摩尔比)，吸收剂用量为最小用量的 1.25 倍，操作条件下气液平衡关系为 $Y=1.2X$，溶质的回收率为 98.2%。现因工艺的要求，需将溶质的回收率提高到 99.5%。试求溶剂用量应为原溶剂用量的多少倍。设该吸收过程为气膜控制。

解：原工作状态

$$Y_2=(1-\varphi_A)Y_1=(1-0.982)\times 0.022=0.000\ 396$$

纯溶剂吸收，$X_2=0$

$$L=\frac{V(Y_1-Y_2)}{X_1} \tag{1}$$

$$L_{min}=\frac{V(Y_1-Y_2)}{X_1^*} \tag{2}$$

比较式(1)和式(2)得

$$\frac{X_1^*}{X_1}=\frac{L}{L_{min}}=1.25$$

$$X_1=\frac{Y_1}{1.25m}=\frac{0.022}{1.25\times 1.2}=0.014\ 7$$

$$\frac{L}{V}=\frac{Y_1-Y_2}{X_1}=\frac{0.022-0.000\ 396}{0.014\ 7}=1.47$$

$$S=\frac{mV}{L}=\frac{1.2}{1.47}=0.816$$

$$N_{OG}=\frac{1}{1-S}\ln\left[(1-S)\frac{Y_1-Y_2^*}{Y_2-Y_2^*}+S\right]$$

$$=\frac{1}{1-0.816}\ln\left[(1-0.816)\frac{0.022}{0.000\ 396}+0.816\right]=13.05$$

新工作状态

$$Y_2'=(1-\varphi_A)Y_1=(1-0.995)\times 0.022=0.000\ 11$$

因吸收过程为气膜控制，溶剂用量改变后，H_{OG}可视为不变，对一定高度的填料层，则 N_{OG}也不变，即

$$N_{OG}'=N_{OG}=13.05$$

由
$$N_{OG}'=\frac{1}{1-S'}\ln\left[(1-S')\frac{0.022}{0.000\ 11}+S'\right]=13.05$$

解出
$$S'=\frac{mV}{L}=0.681$$

$$\frac{S}{S'}=\frac{\dfrac{mV}{L}}{\dfrac{mV}{L'}}=\frac{L'}{L}=\frac{0.816}{0.681}=1.198$$

故
$$L'=1.198L$$

讨论：从本例计算可看出，对特定的填料塔，为提高吸收效率，可采用提高溶剂用量的方法，

但相应的操作费用增加，若与解吸过程联合，还应考虑提高溶剂用量对解吸塔的影响。

【例 8-16】 吸收剂进塔组成对尾气组成的影响

在一逆流操作的填料塔中，用循环溶剂吸收某气体混合物中的溶质组分。已知进塔气体组成为 0.025(摩尔比，下同)，操作液气比为 1.62，操作条件下气液平衡关系为 $Y=1.23X$，循环溶剂组成为 0.001 2，出塔气体组成为 0.002 3。现因解吸不良，循环溶剂组成变为 0.008 6。试求此时出塔气体组成。

解： 原工作状态

$$X_1=\frac{V}{L}(Y_1-Y_2)+X_2=\frac{0.025-0.0023}{1.62}+0.0012=0.0152$$

$$\Delta Y_1=Y_1-Y_1^*=0.025-1.23\times0.0152=0.0063$$

$$\Delta Y_2=Y_2-Y_2^*=0.0023-1.23\times0.0012=0.000824$$

$$\Delta Y_m=\frac{\Delta Y_1-\Delta Y_2}{\ln\dfrac{\Delta Y_1}{\Delta Y_2}}=\frac{0.0063-0.000824}{\ln\dfrac{0.0063}{0.000824}}=0.00269$$

$$N_{OG}=\frac{Y_1-Y_2}{\Delta Y_m}=\frac{0.025-0.0023}{0.00269}=8.439$$

新工作状态

比较两种工作状态，仅吸收剂初始组成不同，因填料层高度一定，且 H_{OG} 不变，故 N_{OG} 也不变。

$$X_1'=\frac{V}{L}(Y_1-Y_2')+X_2'=\frac{0.025-Y_2'}{1.62}+0.0086 \tag{1}$$

由

$$N_{OG}=\frac{1}{1-S}\ln\frac{Y_1-Y_1^*}{Y_2-Y_2^*}$$

$$N_{OG}=\frac{1}{1-\dfrac{mV}{L}}\ln\frac{Y_1-mX_1'}{Y_2'-mX_2'}=\frac{1}{1-\dfrac{1.23}{1.62}}\ln\frac{0.025-1.23X_1'}{Y_2'-1.23\times0.0086}$$

即

$$4.154\ln\frac{0.025-1.23X_1'}{Y_2'-1.23\times0.0086}=8.439$$

$$0.025-1.23X_1'=7.626(Y_2'-0.0106) \tag{2}$$

联立式(1)和式(2)，解得

$$X_1'=0.0172$$

$$Y_2'=0.0111$$

此时的吸收平均推动力为

$$\Delta Y_m=\frac{Y_1-Y_2'}{N_{OG}}=\frac{0.025-0.0111}{8.439}=0.00165<0.00269$$

讨论：从本例计算可看出，当吸收－解吸联合操作时，解吸塔操作不正常，使吸收剂初始组成升高，导致吸收塔平均推动力下降，分离效果变差，故出塔气体组成升高。

【例 8－17】 填料性能对吸收塔操作的影响

在一直径为 1 m、填料层高度为 8 m 的吸收塔中，用纯溶剂吸收某混合气体中的溶质组分。已知入塔混合气体的流量为 40 kmol/h，溶质的含量为 0.06（摩尔分数），溶质的吸收率为 95％，操作条件下的气液平衡关系为 $Y=2.2X$，溶剂用量为最小用量的 1.5 倍，塔内装有比表面积为 153 m^2/m^3 的金属阶梯环填料。现因工艺要求，需将溶质的吸收率提高到 97％，若维持操作液气比和填料层的高度不变，拟换用一种比表面积为 200 m^2/m^3 的新型金属散装填料，问能否达到要求。

注：填料的有效比表面积近似取为填料比表面积的 90％；换用填料前后的气相总吸收系数不变。

解： 原工作状态

$$Y_1=\frac{y_1}{1-y_1}=\frac{0.06}{1-0.06}=0.0638$$

$$Y_2=(1-\varphi_A)Y_1=(1-0.95)\times 0.0638=0.00319$$

$$V=[40\times(1-0.06)]\text{kmol/h}=37.6\ \text{kmol/h}$$

对于纯溶剂吸收

$$\left(\frac{L}{V}\right)_{\min}=m\varphi_A=2.2\times 0.95=2.09$$

$$\frac{L}{V}=1.5\times 2.09=3.135$$

$$S=\frac{mV}{L}=\frac{2.2}{3.135}=0.702$$

$$N_{OG}=\frac{1}{1-S}\ln\left[(1-S)\frac{Y_1-Y_2^*}{Y_2-Y_2^*}+S\right]$$

$$=\frac{1}{1-0.702}\ln\left[(1-0.702)\frac{0.0638}{0.00319}+0.702\right]=6.364$$

$$H_{OG}=\frac{Z}{N_{OG}}=\left(\frac{8}{6.364}\right)\ \text{m}=1.257\ \text{m}$$

新工作状态

解法 1：比较两种工作状态，因操作液气比和气体处理量不变，故脱吸因数 S 不变。

$$Y_2'=(1-\varphi_A')Y_1=(1-0.97)\times 0.0638=0.00191$$

$$N_{OG}'=\frac{1}{1-S}\ln\left[(1-S)\frac{Y_1-Y_2^*}{Y_2'-Y_2^*}+S\right]$$

$$=\frac{1}{1-0.702}\times\ln\left[(1-0.702)\times\frac{0.0638}{0.00191}+0.702\right]=7.94$$

$$H_{OG}'=\frac{Z}{N_{OG}'}=\left(\frac{8}{7.94}\right)\ \text{m}=1.008\ \text{m}$$

$$a'=\frac{V}{H'_{OG}K_Y\Omega}=\left(\frac{37.6}{1.008\times0.277\times0.785\times1^2}\right)\text{m}^2/\text{m}^3=171.5\ \text{m}^2/\text{m}^3$$

填料的比表面积为

$$a'_t=\left(\frac{171.5}{0.9}\right)\text{m}^2/\text{m}^3=190.6\ \text{m}^2/\text{m}^3<200\ \text{m}^2/\text{m}^3$$

能达到要求。

解法 2:改新填料后

$$H'_{OG}=\frac{a_t}{a'_t}H_{OG}=\left(\frac{153}{200}\times1.257\right)\ \text{m}=0.962\ \text{m}$$

$$N'_{OG}=\frac{Z}{H'_{OG}}=\frac{8}{0.962}=8.316$$

$$8.316=\frac{1}{1-0.702}\ln\left[(1-0.702)\frac{1}{1-\varphi'_A}+0.702\right]$$

解得 $\varphi'_A=97.3\%>97\%$

能达到要求。

讨论:从本例计算可看出,对于一定高度的填料塔,在其他条件不变下,采用比表面积大的填料,即可提高总体积吸收系数 K_Ya,从而提高分离效率,故溶质的吸收率提高。

求解本题的关键在于对填料比表面积与填料有效比表面积的区分和理解。

【例 8-18】 操作温度对吸收率的影响

在总压为 101.3 kPa、温度为 30 ℃的条件下,在逆流操作的填料塔中,用清水吸收焦炉气中的氨,氨的组成为 0.015 5(摩尔比),焦炉气的处理量为 5 000 标准 m^3/h,氨的回收率为 96%,吸收剂用量为最小用量的 1.55 倍,操作的空塔气速为 1.2 m/s。

已知:101.3 kPa、30 ℃条件下气液平衡关系为 $Y=1.2X$;101.3 kPa、10 ℃条件下气液平衡关系为 $Y=0.5X$。

(1) 计算填料塔的直径;

(2) 若操作温度降为 10 ℃,而其他条件不变,试求此时的回收率。

解:(1) 填料塔的直径

由

$$D=\sqrt{\frac{4V_s}{\pi u}}$$

其中

$$V_s=\left(\frac{5\,000}{3\,600}\times\frac{273+30}{273}\right)\ \text{m}^3/\text{s}=1.542\ \text{m}^3/\text{s}$$

$$D=\sqrt{\frac{4\times1.542}{\pi\times1.2}}\ \text{m}=1.279\ \text{m}$$

(2) 原工作状态

$$Y_2=(1-\varphi_A)Y_1=(1-0.96)\times0.015\,5=0.000\,62$$

$$V=\left[\frac{5\ 000}{3\ 600}\times\frac{1}{22.4}\times(1-0.015\ 5)\right]\text{kmol/s}=0.061\ \text{kmol/s}$$

对于纯溶剂吸收

$$\left(\frac{L}{V}\right)_{\min}=m\varphi_A=1.2\times0.96=1.152$$

$$\frac{L}{V}=1.55\times1.152=1.786$$

$$S=\frac{mV}{L}=\frac{1.2}{1.786}=0.672$$

$$N_{OG}=\frac{1}{1-S}\ln\left[(1-S)\frac{Y_1-Y_2^*}{Y_2-Y_2^*}+S\right]$$

$$=\frac{1}{1-0.672}\times\ln\left[(1-0.672)\frac{0.015\ 5}{0.000\ 62}+0.672\right]=6.655$$

新工作状态

因水吸收氨属于气膜控制，温度 t 对 K_Ya 的影响可忽略，温度降低时 H_{OG} 可视为不变，又因填料层高度一定，故 N_{OG} 亦可视为不变。

$$S'=\frac{m'V}{L}=\frac{0.5}{1.786}=0.28$$

由

$$N_{OG}=\frac{1}{1-S'}\ln\left[(1-S')\frac{Y_1-Y_2^*}{Y_2'-Y_2^*}+S'\right]$$

$$\frac{1}{1-0.28}\times\ln\left[(1-0.28)\frac{0.015\ 5}{Y_2'}+0.28\right]=6.655$$

解出

$$Y_2'=0.000\ 092\ 8$$

则

$$\varphi_A'=\frac{Y_1-Y_2'}{Y_1}=\frac{0.015\ 5-0.000\ 092\ 8}{0.015\ 5}=0.994=99.4\%$$

讨论：从本例计算可看出，对于一定高度的填料塔，在其他条件不变下，操作温度降低，相平衡常数 m 减小，平衡线位置下移，平均推动力加大，故溶质的吸收率提高。

【例 8-19】 吸收过程工作状态的改变(填料塔改为板式塔)

在一逆流操作的填料塔中，用循环溶剂吸收某气体混合物中的溶质组分。已知进塔气体组成为 0.023(摩尔比)，溶质的回收率为 98%，惰性气体的流量为 40 kmol/h，吸收剂用量为最小用量的 1.58 倍，气相总传质单元高度 H_{OG} 为 0.872 m，操作条件下气液平衡关系为 $Y=0.18X$。现将该填料塔改为板式塔，分离要求不变。试求所需的理论板数和原使用填料的等板高度。

解：原工作状态

$$Y_2=(1-\varphi_A)Y_1=(1-0.98)\times0.023=0.000\ 46$$

对于纯溶剂吸收

$$\left(\frac{L}{V}\right)_{\min}=m\varphi_A=0.18\times0.98=0.176$$

$$\frac{L}{V}=1.58\times0.176=0.278$$

$$S=\frac{mV}{L}=\frac{0.18}{0.278}=0.647$$

$$N_{OG}=\frac{1}{1-S}\ln\left[(1-S)\frac{Y_1-Y_2^*}{Y_2-Y_2^*}+S\right]$$
$$=\frac{1}{1-0.647}\times\ln\left[(1-0.647)\times\frac{0.023}{0.000\,46}+0.647\right]=8.234$$

填料塔的有效高度为

$$Z=H_{OG}N_{OG}=(0.872\times8.234)\ \text{m}=7.18\ \text{m}$$

新工作状态

板式塔的有效高度为

$$Z=N_T\,HETP$$

由克列姆塞尔方程求理论级数，即

$$N_T=\frac{1}{\ln A}\ln\left[\left(1-\frac{1}{A}\right)\frac{Y_1-Y_2^*}{Y_2-Y_2^*}+\frac{1}{A}\right]$$

其中

$$A=\frac{1}{S}=\frac{1}{0.647}=1.546$$

则

$$N_T=\frac{1}{\ln1.546}\times\ln\left[\left(1-\frac{1}{1.546}\right)\times\frac{0.023}{0.000\,46}+\frac{1}{1.546}\right]=6.673$$

原使用填料的等板高度为

$$HETP=\frac{Z}{N_T}=\left(\frac{7.18}{6.673}\right)\ \text{m}=1.076\ \text{m}$$

讨论：由以下关系式

$$N_{OG}=\frac{1}{1-S}\ln\left[(1-S)\frac{Y_1-Y_2^*}{Y_2-Y_2^*}+S\right]$$

$$N_T=\frac{1}{\ln A}\ln\left[\left(1-\frac{1}{A}\right)\frac{Y_1-Y_2^*}{Y_2-Y_2^*}+\frac{1}{A}\right]$$

$$A=\frac{1}{S}$$

整理可得

$$\frac{N_{OG}}{N_T}=\frac{\ln S}{S-1}$$

当 $S>1, N_{OG}<N_T$；$S<1, N_{OG}>N_T$。

【例 8-20】 填料塔设计条件的检验

在一逆流操作的填料塔中，装有 6 m 高金属鲍尔环填料，该填料的比表面积为 146 m^2/m^3，最小润湿速率为 0.075 $m^3/(m\cdot h)$。在该填料塔中，用纯溶剂吸收某气体混合物中的溶质组分。已知操作压力为 250 kPa，温度为 28 ℃，进塔混合气体的流量为 500 m^3/h，其组成为 0.052 6(摩尔比，下同)，溶质的回收率为 95%，进塔液体的流量为 6.5 m^3/h，出塔液相的组成为 0.016，气相总体积吸收系数为 0.06 $kmol/(m^3\cdot s)$，操作条件下气液平衡关系为 $Y=2.2X$，允许的泛点气速为 0.85 m/s。试检验该填料塔的以下参数是否符合设计条件：

(1) 泛点率；

(2) 液体喷淋密度。

解：(1) 泛点率检验

$$Y_2=(1-\varphi_A)Y_1=(1-0.95)\times0.052\,6=0.002\,63$$

$$y_1=\frac{Y_1}{1+Y_1}=\frac{0.052\,6}{1+0.052\,6}=0.05$$

$$V=\left[\frac{500}{22.4}\times\frac{273}{273+28}\times\frac{250}{101.3}\times(1-0.05)\right]\ \text{kmol/h}=47.46\ \text{kmol/h}$$

$$\Delta Y_1=Y_1-Y_1^*=0.052\,6-2.2\times0.016=0.017\,4$$

$$\Delta Y_2=Y_2-Y_2^*=0.002\,63$$

$$\Delta Y_m=\frac{\Delta Y_1-\Delta Y_2}{\ln\dfrac{\Delta Y_1}{\Delta Y_2}}=\frac{0.017\,4-0.002\,63}{\ln\dfrac{0.017\,4}{0.002\,63}}=0.007\,82$$

$$N_{OG}=\frac{Y_1-Y_2}{\Delta Y_m}=\frac{0.052\,6-0.002\,63}{0.007\,82}=6.39$$

$$H_{OG}=\frac{Z}{N_{OG}}=\left(\frac{6}{6.39}\right)\ \text{m}=0.939\ \text{m}$$

由

$$H_{OG}=\frac{V}{K_Ya\Omega}$$

$$\Omega=\frac{V}{H_{OG}K_Ya}=\left(\frac{47.46/3\,600}{0.939\times0.06}\right)\ \text{m}^2=0.234\ \text{m}^2$$

填料塔的操作空塔气速为

$$u=\frac{V_s}{\Omega}=\left(\frac{500/3\,600}{0.234}\right)\ \text{m/s}=0.594\ \text{m/s}$$

填料塔的泛点率为

$$\frac{u}{u_F}=\frac{0.594}{0.85}=0.699=69.9\%（符合设计条件 u/u_F=0.5\sim0.85）$$

（2）检验液体喷淋密度

允许的最小喷淋密度为

$$U_{min}=(L_W)_{min}a_t=(0.075\times146)\ m^3/(m^2\cdot h)=10.95\ m^3/(m^2\cdot h)$$

填料塔液体喷淋密度为

$$U=\left(\frac{6.5}{0.234}\right)\ m^3/(m^2\cdot h)=27.78\ m^3/(m^2\cdot h)>U_{min}（符合设计条件）$$

讨论：本例为填料塔设计条件的检验，求解本题的关键是掌握泛点率、最小液体喷淋密度及液体喷淋密度等概念。

【例 8-21】 填料吸收塔改造方案的选定

某化工厂现有一直径为 0.6 m、填料层高度为 2.6 m 的吸收塔，用纯溶剂吸收某混合气体中的有害组分。现场测得的操作条件如下：

$$V=500\ m^3/h;\quad Y_1=0.02;\quad Y_2=0.004;\quad X_1=0.004$$

已知操作条件下气液平衡关系为 $Y=1.5X$。现因环保要求的提高，要求出塔气体组成低于 0.002(摩尔比)，试通过计算选用几种不同的改造方案。

解：方案 1：保持液气比 L/V 不变，将原塔填料层加高

因改造前、后操作条件不变，故 H_{OG}、S 保持不变。

改造前 $Z=H_{OG}N_{OG}$

改造后 $Z'=H_{OG}N'_{OG}$

纯溶剂吸收，$X_2=0$，$Y_2^*=0$

$$N_{OG}=\frac{1}{1-S}\ln\left[(1-S)\frac{Y_1}{Y_2}+S\right]$$

$$N'_{OG}=\frac{1}{1-S}\ln\left[(1-S)\frac{Y_1}{Y'_2}+S\right]$$

比较得

$$\frac{Z'}{Z}=\frac{N'_{OG}}{N_{OG}}=\frac{\ln\left[(1-S)\frac{Y_1}{Y'_2}+S\right]}{\ln\left[(1-S)\frac{Y_1}{Y_2}+S\right]}$$

$$\frac{L}{V}=\frac{Y_1-Y_2}{X_1-X_2}=\frac{0.02-0.004}{0.004-0}=4$$

$$S=\frac{mV}{L}=\frac{1.5}{4}=0.375$$

故
$$\frac{Z'}{Z}=\frac{\ln\left[(1-0.375)\times\dfrac{0.02}{0.002}+0.375\right]}{\ln\left[(1-0.375)\times\dfrac{0.02}{0.004}+0.375\right]}=1.509$$

$$Z'=1.509Z=(1.509\times 2.6)\ \text{m}=3.923\ \text{m}$$

$$\Delta Z=Z'-Z=(3.923-2.6)\ \text{m}=1.323\ \text{m}$$

即原塔填料层需增高 1.323 m。

方案 2：保持液气比 L/V 不变，新建一直径相同的填料塔与原塔串联。

设原塔代号为 A，新塔代号为 B，因改造前、后操作条件不变，故 H_{OG}、S 保持不变。

塔 A　$Z_A=H_{OG}N_{OG}$

塔 B　$Z_B=H_{OG}N'_{OG}$

比较得
$$\frac{Z_B}{Z_A}=\frac{N'_{OG}}{N_{OG}}=\frac{\ln\left[(1-S)\dfrac{Y'_1}{Y'_2}+S\right]}{\ln\left[(1-S)\dfrac{Y_1}{Y_2}+S\right]}$$

$$Y'_1=Y_2=0.004$$

故
$$\frac{Z_B}{Z_A}=\frac{\ln\left[(1-0.375)\times\dfrac{0.004}{0.002}+0.375\right]}{\ln\left[(1-0.375)\times\dfrac{0.02}{0.004}+0.375\right]}=0.388$$

$$Z_B=0.388Z_A=(0.388\times 2.6)\ \text{m}=1.009\ \text{m}$$

$$Z=Z_A+Z_B=(2.6+1.009)\ \text{m}=3.609\ \text{m}$$

即新建填料塔的填料层高度需要 1.009 m。

方案 3：保持液气比 L/V 不变，维持原填料层高度不变，将原填料换为比表面积更大的新型填料。

因改造前、后液气比 L/V 不变，且相平衡常数 m 可视为不变，故 S 保持不变。但因填料的比表面积改变，故改造前、后 H_{OG} 不等。

改造前　$Z=H_{OG}N_{OG}$

改造后　$Z=H'_{OG}N'_{OG}$

$$N_{OG}=\frac{1}{1-0.375}\ln\left[(1-0.375)\times\frac{0.02}{0.004}+0.375\right]=2$$

$$N'_{OG}=\frac{1}{1-0.375}\ln\left[(1-0.375)\times\frac{0.02}{0.002}+0.375\right]=3.025$$

比较得
$$\frac{H_{OG}}{H'_{OG}}=\frac{N'_{OG}}{N_{OG}}=\frac{3.025}{2}=1.513$$

$$\frac{H_{OG}}{H'_{OG}}=\frac{\dfrac{V}{K_Ya\Omega}}{\dfrac{V}{K_Ya'\Omega}}=\frac{a'}{a}=1.513$$

$$a'=1.513\,a$$

即选用的新型填料的有效比表面积应为原填料的 1.513 倍以上。

讨论：(1) 计算结果表明，采用方案 2 较方案 1 所需的总填料层高度低，但这是以增加溶剂的用量为代价的；

(2) 通过计算可知，采用以上三种方案均可达到降低出塔气体组成的目的，除此以外还可采用提高操作压力、降低操作温度和增加液气比等不同方案。但无论采用何种方案，除工艺计算可行外，还必须同时考虑工程的可行性。

【例 8-22】 多股吸收剂进料的填料吸收塔计算

在一填料塔中用循环溶剂吸收某气体混合物中的溶质组分，吸收剂分两股加入，第一股吸收剂组成为 0.004(摩尔比，下同)，从塔顶加入；第二股吸收剂组成为 0.015，从塔中间加入，二股吸收剂的流量均为40 kmol/h。进塔气体组成为 0.05，溶质的回收率为 90%，惰性气体的流量为 80 kmol/h。该塔的气相总传质单元高度 H_{OG} 为 0.856 m，操作条件下气液平衡关系为 $Y=0.5X$。

(1) 计算出塔的吸收液组成 X_1；

(2) 计算第二股吸收剂加入的适宜位置；

(3) 若将两股吸收剂混合后从塔顶加入，定性说明填料层高度的变化情况，并示意绘出两种情况下的操作线。

解： 本例流程如附图 1 所示。

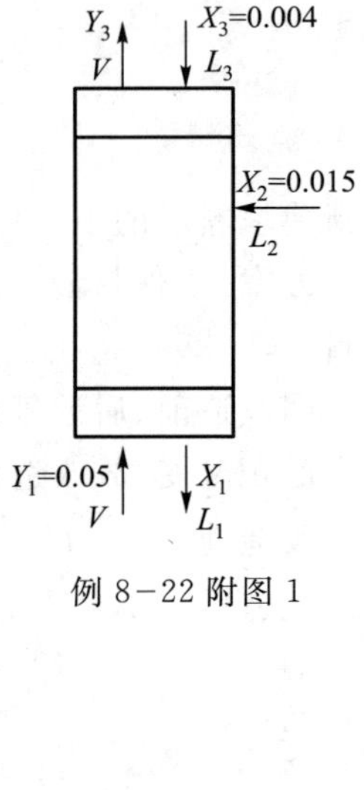

例 8-22 附图 1

(1) 吸收液组成 X_1

由全塔物料衡算，得

$$V(Y_1-Y_3)=L_3(X_1-X_3)+L_2(X_1-X_2)$$

或
$$V[Y_1-(1-\varphi_A)Y_1]=L_3(2X_1-X_2-X_3)$$

$$Y_1\varphi_A=\frac{L_3}{V}(2X_1-X_2-X_3)$$

$$0.05\times0.9=\frac{40}{80}(2X_1-0.004-0.015)$$

解出
$$X_1=0.0545$$

(2) 第二股吸收剂加入的适宜位置

第二股吸收剂加入的适宜位置应在塔内液相组成与 X_2 相同处，设对应的气相组成为 Y_2，且在加入第二股溶剂的以下塔段，液气比变为

$$\frac{L}{V}=\frac{L_3+L_2}{V}=\frac{40+40}{80}=1$$

Y_2 由以下塔段物料衡算求得，即

$$Y_2=Y_1-\frac{L}{V}(X_1-X_2)=0.05-(0.0545-0.015)=0.0105$$

第二股溶剂入口至填料层底部的高度由下式求得，即

$$Z=H_{OG}N_{OG}$$

其中

$$H_{OG}=0.856\ \text{m}$$

$$N_{OG}=\frac{1}{1-S}\ln\left[(1-S)\frac{Y_1-mX_2}{Y_2-mX_2}+S\right]$$

$$S=\frac{mV}{L}=\frac{0.5}{1}=0.5$$

故

$$N_{OG}=\frac{1}{1-0.5}\times\ln\left[(1-0.5)\times\frac{0.05-0.5\times0.015}{0.0105-0.5\times0.015}+0.5\right]=4.05$$

$$Z=(0.856\times4.05)\ \text{m}=3.467\ \text{m}$$

即第二股溶剂入口至填料层底部的高度为 3.467 m。

(3) 吸收剂混合进塔与分别进塔的比较

两种进料情况的操作线如本例附图 2 所示。吸收剂分两股进塔时操作线为 ABD(折线)，吸收剂混合后进塔时操作线为 ABC(直线)。由附图 2 可见，吸收剂混合后进塔，操作线离平衡线更近，传质推动力下降，故所需的填料层高度增加。当填料层高度一定时，吸收率将降低。

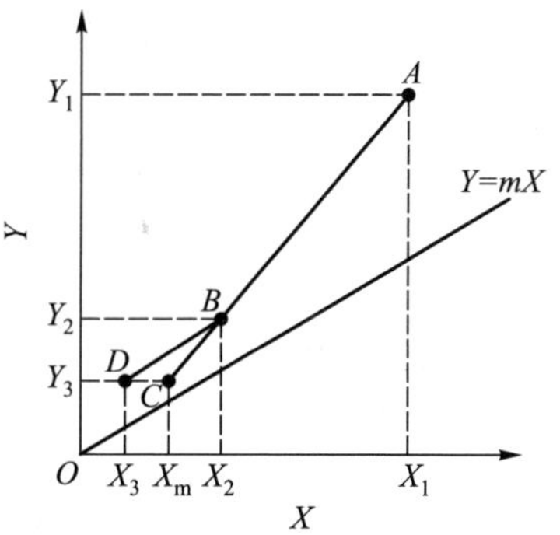

例 8-22 附图 2

讨论：若处理两股混合气体，则与本例相似，两股气体分别加入塔中较混合后再加入塔底，将获得更佳的分离效果，说明组成不同的物料之间的混合即返混对于分离是一个不利的因素。

【例 8-23】 具有吸收液循环系统的填料吸收塔计算

某化工厂有一座填料塔，用来以纯溶剂吸收混合气体中的溶质组分。已知进塔气体的流量为 50 kmol/h，溶质的含量为 0.065(摩尔分数，下同)，出塔尾气中溶质的含量为 0.006，溶剂的用量为 65 kmol/h。在填料塔运行中发现，该吸收过程具有较大的热效应，吸收塔的操作温度逐渐升高，为维持操作过程稳定，该化工厂拟改用吸收液再循环冷却流程(如本例附图所示)，维持纯溶剂的用量不变，循环量为纯溶剂用量的 15%。设原操作条件下的相平衡常数为 1.152，改进后因温度降低相平衡常数降为 0.785，气相总体积吸收系数 $K_Ya\propto V^{0.8}$。试计算：

(1) 原工作状态(改进前)吸收液的组成；

(2) 新工作状态(改进后)吸收液的组成；

(3) 新工作状态(改进后)溶质的吸收率；

解：(1) 原工作状态吸收液的组成 X_1

$$V=[50\times(1-0.065)]\ \text{kmol/h}=46.75\ \text{kmol/h}$$

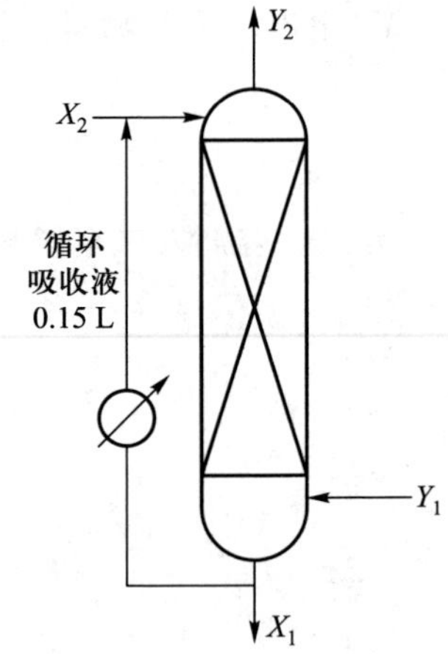

例 8-23 附图

$$Y_1=\frac{0.065}{1-0.065}=0.0695$$

$$Y_2=\frac{0.006}{1-0.006}\approx 0.006$$

$$L(X_1-X_2)=V(Y_1-Y_2)$$

纯溶剂吸收 $X_2=0$

$$X_1=\frac{V(Y_1-Y_2)}{L}=\frac{46.75\times(0.0695-0.006)}{65}=0.0457$$

(2) 新工作状态吸收液的组成 X_1'

设新工作状态下溶剂的进塔组成为 X_2'，尾气的出塔组成为 Y_2'

对溶剂物料衡算

$$1.15LX_2'=LX_2+0.15LX_1'$$

$$X_2=0$$

$$X_2'=\frac{0.15LX_1'}{1.15L}=0.13X_1'$$

依题意　$K_Ya\propto V^{0.8}$

改进前、后 V 不变，故 K_Ya 不变

由
$$H_{OG}=\frac{V}{K_Ya\Omega}\quad Z=H_{OG}N_{OG}$$

改进前、后 Ω、Z 不变，故 H_{OG}、N_{OG}不变

原工作状态
$$S=\frac{mV}{L}=\frac{1.152\times 46.75}{65}=0.829$$

$$N_{OG}=\frac{1}{1-S}\ln\left[(1-S)\frac{Y_1-Y_2^*}{Y_2-Y_2^*}+S\right]$$

$$Y_2^*=mX_2=0$$

$$N_{OG}=\frac{1}{1-0.829}\times\ln\left[(1-0.829)\times\frac{0.0695}{0.006}+0.829\right]=6.041$$

新工作状态
$$S'=\frac{m'V}{L'}=\frac{0.785\times 46.75}{1.15\times 65}=0.491$$

$$N_{OG}'=N_{OG}=\frac{1}{1-S'}\ln\left[(1-S')\frac{Y_1-m'X_2'}{Y_2'-m'X_2'}+S'\right]$$

$$6.041=\frac{1}{1-0.491}\times\ln\left[(1-0.491)\times\frac{0.0695-0.785X_2'}{Y_2'-0.785X_2'}+0.491\right]$$

整理得
$$41.564Y_2'=0.0695+31.843X_2'$$

$$41.564Y_2'=0.0695+4.14X_1' \tag{1}$$

由
$$L(X_1'-X_2)=V(Y_1-Y_2')$$

$$X_2=0$$

$$X_1'=\frac{V(Y_1-Y_2')}{L}=\frac{46.75\times(0.0695-Y_2')}{65}=0.05-0.719Y_2' \tag{2}$$

联立式(1)、式(2)解出

$$X'_1=0.0455 \quad Y'_2=0.0062$$

(3) 新工作状态溶质的吸收率 φ'_A

由
$$\varphi_A=\frac{Y_1-Y_2}{Y_1}$$

新工作状态溶质的吸收率 $\varphi'_A=\frac{0.0695-0.0062}{0.0695}=91.08\%$

原工作状态溶质的吸收率 $\varphi_A=\frac{0.0695-0.006}{0.0695}=91.37\%$

讨论:(1) 计算结果表明,改进前、后溶质的吸收率基本不变,故该改进方案可行;(2) 求解本题的关键是判定改进前、后 H_{OG} 和 N_{OG} 不变。

思考题简答

1. 温度和压力对吸收过程的平衡关系有何影响?

答:对同一溶质,在相同的气相分压下,溶解度随温度的升高而减小;随着温度升高,亨利系数 E、相平衡常数 m 增大,溶解度系数 H 减小。

对同一溶质,在相同的温度下,溶解度随气相分压的升高而增大;随着气相分压升高,亨利系数 E、溶解度系数 H 不变,而相平衡常数 m 减小。

2. 亨利定律为何具有不同的表达形式?

答:亨利定律用来描述稀溶液(或难溶气体)在一定温度下,当总压不高时,互呈平衡的气、液两相组成间的关系。因气、液两相组成的表示方法不同,故亨利定律具有不同的表达形式。

3. 试分析气体或液体的流动情况如何影响吸收速率。

答:吸收过程通常在填料塔中进行,气、液两相的传质是依靠在填料表面展开的液膜与气体的充分接触而实现的,因此,气、液两相的流动状况对吸收速率具有很大影响,主要体现在以下几个方面:

(1) 填料塔内气液分布状况。气、液两相的均匀分布是填料塔设计与操作中十分重要的问题,若气、液两相分布不均,将使传质的平均推动力减小,传质效率下降,故吸收速率降低。

(2) 填料表面的润湿。填料塔中气、液两相间的传质主要是在填料表面流动的液膜上进行的。要形成液膜,填料表面必须被液体充分润湿,而填料表面的润湿状况取决于塔内的液体流动状况及填料材质的表面润湿性能。若液体流量很小或液体在塔内分布不均,将使填料表面不能充分润湿,填料的有效比表面积减小,传质效率下降,故吸收速率降低。

(3) 填料塔的液泛。当空塔气速超过泛点气速时将发生液泛现象。此时,液相充满塔内,液相由分散相变为连续相;气体则呈气泡形式通过液层,由连续相变为分散相。在液泛状态下,气流出现脉动,液体被大量带出塔顶,塔的操作极不稳定,甚至会被破坏,致使传质效率下降,故吸收速率降低。

(4) 填料塔的返混。在填料塔内,气、液两相的流动并不呈理想的活塞流状态,填料层内的气液分布不均、气体和液体在填料层内的沟流、液体喷淋密度过大时所造成的气体局部向下运动等,形成了填料塔的返混现象。填料塔内流体的返混使得传质平均推动力变小,传质效率下降,故吸收速率降低。

4. 吸收速率方程为何具有不同的表达形式，膜吸收速率方程与总吸收速率方程有何异同？

答：描述吸收速率与吸收推动力之间关系的数学表达式称为吸收速率方程式，其中的推动力是指组成差。一方面，因气、液两相组成的表示方法不同，推动力具有不同的表示形式；另一方面，组成差可用气液相主体组成与相界面处组成的差值表示，也可用气液相主体组成与达平衡时的组成的差值表示，故吸收速率方程具有不同的表达形式。

膜吸收速率方程与总吸收速率方程的相同点：

速率关系遵循“过程速率＝过程推动力/过程阻力”的一般关系式。

膜吸收速率方程与总吸收速率方程的不同点：

膜吸收速率方程基于气膜（或液膜）的推动力及阻力写出，其推动力为气相主体组成与在相界面处组成的差值（或液相在相界面处组成与主体组成的差值）；总吸收速率方程基于气相（或液相）的推动力及阻力写出，其推动力为气相主体组成和与液相主体组成平衡时的气相组成的差值（或与气相主体组成平衡时的液相组成与液相主体组成的差值）。

5. 传质单元高度和传质单元数有何物理意义？

答：传质单元高度反映了传质阻力的大小、填料性能的优劣及润湿情况的好坏。吸收过程的传质阻力越大，填料层有效比表面越小，则每个传质单元所相当的填料层高度就越大。传质单元数代表所需填料层总高度 Z 相当于气相总传质单元高度 H_{OG} 的倍数，它反映吸收过程进行的难易程度。生产任务所要求的气体组成变化越大，吸收过程的平均推动力越小，则意味着过程的难度越大，此时所需的传质单元数也就越大。

6. 试写出吸收塔并流操作时的操作线方程，并在 $X-Y$ 坐标图上示意地画出相应的操作线。

答：吸收塔并流操作时的操作线方程为

$$Y=Y_2-\frac{L}{V}(X-X_2)$$

吸收塔并流操作时的操作线如本思考题附图所示。

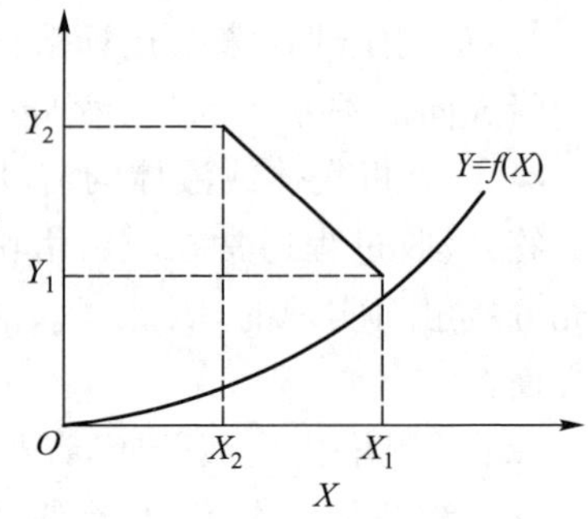

思考题 6 附图

7. 何为等板高度，等板高度的提出有何意义？

答：所谓等板高度 $HETP$ 是指分离效果与一个理论级的作用相当的填料层高度，又称当量高度。等板高度提出的意义是用来以等板高度法计算填料塔的填料层高度。

8. 气提解吸与逆流吸收有何异同？

答：气提解吸与逆流吸收的相同点：

二者所遵循的传质原理、过程的分析和计算方法是相同的。

气提解吸与逆流吸收的不同点：

(1) 传质方向的不同。吸收操作的传质方向是气体中的溶质向液体中溶解；解吸操作的传质方向是液体中的溶质向气体中散逸。

(2) 浓端和稀端的位置不同。吸收塔的塔顶为稀端，塔底为浓端；解吸塔的塔顶为浓端，塔底为稀端。

(3) 操作线的位置不同。吸收塔的操作线位于平衡线的上方；解吸塔的操作线位于平衡线的下方。

(4) 进塔气体不同。吸收塔的进塔气体为含有溶质的混合气;气提塔的进塔气体一般为不含(或含微量)溶质的惰性气体(称为载气)。

9. 根据思考题 9 附图 1 所示双塔吸收的三种流程,示意的画出与各流程相对应的平衡线和操作线,并用图中表示组成的符号标明各操作线的端点坐标。

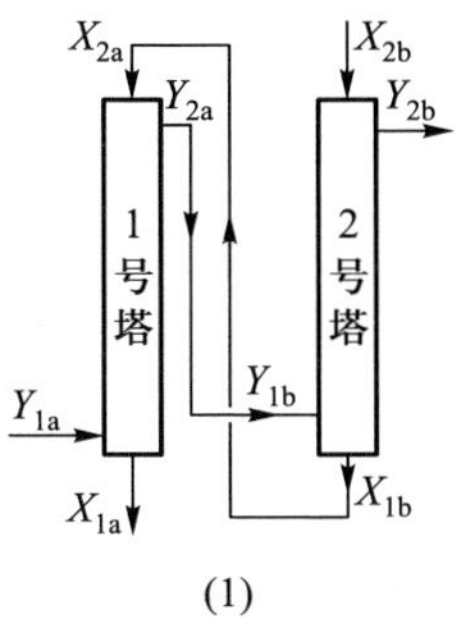

思考题 9 附图 1

答:答案见思考题 9 附图 2。

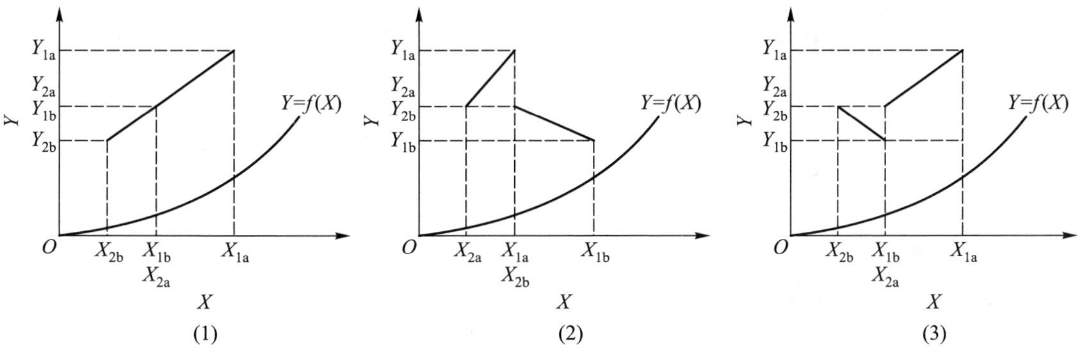

思考题 9 附图 2

10. 填料塔的流体力学性能包括哪些方面,对填料塔的传质过程有何影响?

答:填料塔的流体力学性能主要包括填料层的持液量和填料层的压降等。

填料层的持液量与填料表面的液膜厚度相关,持液量越大,则填料表面的液膜越厚。填料塔正常操作时持液量应维持在适当的范围内,持液量过小,可能导致填料表面不能充分润湿,填料的有效比表面积减小,传质效率降低:持液量过大,则气相流通截面过小,填料层的压降过大,严重时可能发生填料塔的液泛,传质效率急剧下降,填料塔不能正常操作。

填料层的压降与持液量密切相关。在一定的液体喷淋密度下,当气速在较低范围(载点气速以下)时,填料层的持液量维持不变,此时随着气速增大,填料层的压降升高,但传质效率基本稳定;当气速超过载点气速时,随着气速增大持液量增加,填料层的压降快速上升,此时气体的湍动程度加剧,气、液两相接触更加充分,有利于传质过程,传质效率得到提高,但操作不稳定,控制不当容易发生液泛;当气速超过泛点气速时,随着气速增大持液量快速增加,填料层的压降急剧上升,塔内发生液泛现象,传质效率急剧下降,填料塔不能正常操作。

11. 何为填料塔的泛点率,泛点率的提出有何实际意义?

答：填料塔的泛点率是指操作气速与泛点气速的比值，其定义式为

$$\phi=\frac{u}{u_F}\times100\%$$

泛点率用于填料塔的塔径设计中，设计时需确定操作气速。通常先由经验公式或通用关联图计算出泛点气速，然后根据工程经验选择泛点率，即可确定出操作气速。

自 测 题

一、填空题

1. 吸收操作是依据____________________，以达到分离________混合物的目的。

2. 若溶质在气相中的组成以分压 p、液相中的组成以摩尔分数 x 表示，则亨利定律的表达式为__________，E 称为__________，若 E 值很大，说明该气体为________气体。

3. 若溶质在气相中的组成以分压 p、液相中的组成以物质的量浓度 c 表示，则亨利定律的表达式为__________，H 称为________，若 H 值很大，说明该气体为________气体。

4. 吸收速率方程式中，K_Y 是以________为推动力的________吸收系数，其单位是__________。

5. 吸收速率方程式中，k_G 是以________为推动力的________吸收系数，其单位是__________。

6. K_Y 与 K_G 的关系是__________。

7. k_x 与 k_L 的关系是__________。

8. 若 $c^*-c\approx c_i-c$，则该吸收过程为________控制。

9. 若 $p-p^*\approx p-p_i$，则该吸收过程为________控制。

10. 气相总阻力可表示为$\frac{1}{K_G}=\frac{1}{k_G}+\frac{1}{Hk_L}$，其中$\frac{1}{k_G}$表示________，当 H________时$\frac{1}{Hk_L}$可忽略，则该吸收过程称为________控制。

11. 液相总阻力可表示为$\frac{1}{K_L}=\frac{1}{k_L}+\frac{H}{k_G}$，其中$\frac{1}{k_L}$表示________，当 H________时$\frac{H}{k_G}$可忽略，则该吸收过程称为________控制。

12. 增加吸收剂用量，操作线的斜率________，吸收推动力________。

13. 脱吸因数的定义式为________，它表示__________之比。

14. 吸收因数的定义式为__________，它表示________之比。

15. K_Ya 称为__________，其单位是__________。

16. K_Y 称为____________，其单位是__________。

17. 等板高度 $HETP$ 是指____________________，又称为________。

18. 填料的几何特性参数主要包括________、________、________等。

19. 通常根据________、________及________三要素衡量填料性能的优劣。

20. 填料塔的流体力学性能常用____________曲线表示，该曲线上有两个折点，它们分别是__________和__________。

二、选择题

1. 对接近常压的低组成溶质的气液平衡系统，当温度升高时，亨利系数 E 将(　　)，相平衡常数 m 将(　　)，溶解度系数 H 将(　　)。

A. 增大；　　B. 不变；　　C. 减小；　　D. 不确定

2. 若某气体在水中的溶解度系数 H 非常大，则该气体为(　　)。

A. 易溶气体；　　B. 难溶气体；　　C. 中等溶解度气体；　　D. 不确定

3. 氨水的气液平衡关系符合亨利定律，其相平衡常数为 0.75，若氨水中氨的摩尔分数为 0.025，则与之平衡的气相摩尔比为(　　)。

A. 0.025 6；　　B. 0.018 8；　　C. 0.018 5；　　D. 0.019 2

4. 如图所示为同一温度下 A、B、C 三种气体在水中的溶解度曲线，由图可知，它们的溶解度由大到小的次序为(　　)。

A. C,A,B；　　B. C,B,A；　　C. A,B,C；　　D. A,C,B

5. 如图所示为不同温度下某气体在水中的溶解度曲线，由图可知，温度 t_1、t_2、t_3 由高到低的次序为(　　)。

A. t_1,t_2,t_3；　　B. t_1,t_3,t_2；　　C. t_3,t_2,t_1；　　D. t_2,t_1,t_3

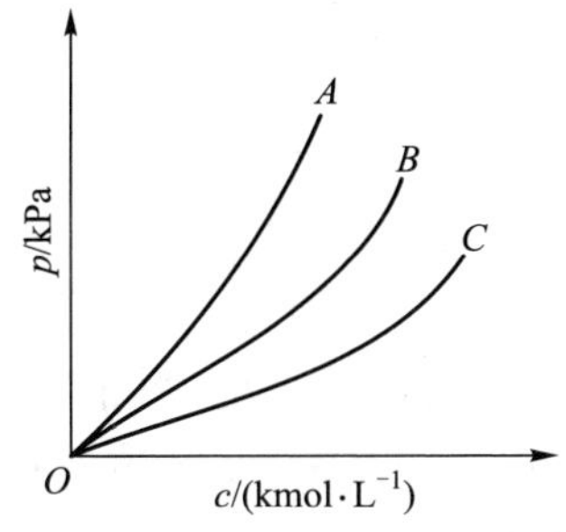

习题 4 附图

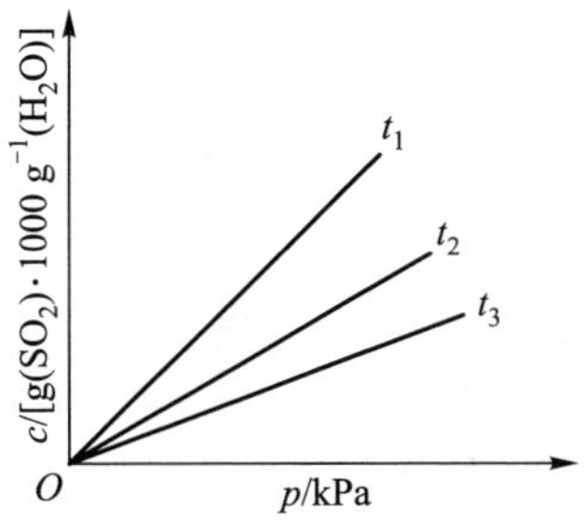

习题 5 附图

6. 在一定的压力和温度下，气体 1 和气体 2 分别在水中溶解，若气体 1 的溶解度大于气体 2，则亨利系数 E_1 与 E_2 的关系为(　　)。

A. $E_1>E_2$；　　B. $E_1=E_2$；　　C. $E_1<E_2$；　　D. 不确定

7. 在吸收操作中，以气相组成差表示的吸收塔某一截面上的总推动力为(　　)。

A. Y^*-Y；　　B. $Y-Y^*$；　　C. Y_i-Y；　　D. $Y-Y_i$

8. 推动力 (x^*-x) 与吸收系数(　　)相对应。

A. k_L；　　B. K_x；　　C. K_X；　　D. K_L

9. 推动力 $(Y-Y^*)$ 与吸收系数(　　)相对应。

A. K_G；　　B. k_y；　　C. k_G；　　D. K_Y

10. 在下列吸收过程中，属于气膜控制的过程是(　　)。

A. 水吸收氢；　　B. 水吸收硫化氢；　　C. 水吸收氨；　　D. 水吸收氧

11. 在填料吸收塔中用纯溶剂吸收某混合气体中的溶质组分。已知进塔混合气中溶质的组成为6%(体积分数);吸收尾气中溶质的组成为1.2%,则溶质的吸收率为(　　)。

A. 81.03%; B. 80.0%; C. 118.97%; D. 18.97%

12. 在气体处理量一定时,减小吸收剂用量,则吸收推动力(　　)。

A. 增大; B. 不变; C. 减小; D. 不确定

13. 在填料吸收塔中用清水吸收氨-空气混合物中的氨。混合气的进塔组成为0.01,出塔组成为0.001(均为摩尔比),操作条件下的气液平衡关系为 $Y=0.88X$,则溶液出塔的最大摩尔分数为(　　)。

A. 0.011 3; B. 0.008 8; C. 0.001 14; D. 0.011 4

14. 在填料吸收塔中用纯溶剂吸收某混合气体中的溶质组分,溶质的吸收率为99.2%,吸收因数为1.425,填料的等板高度为0.325 m,则所需的填料层高度为(　　)。

A. 9.951 m; B. 5.120 m; C. 6.715 m; D. 3.338 m

15. 在直径为1.2 m的填料吸收塔中,用纯溶剂吸收某混合气体中的溶质组分,溶剂的用量为0.006 m^3/s,则该填料塔的液体喷淋密度为(　　)$m^3/(m^2 \cdot h)$。

A. 0.01; B. 19.1; C. 15.0; D. 38.2

16. 填料因子 Φ 值减小,泛点气速 u_F(　　)。

A. 减小; B. 增大; C. 不变; D. 不确定

17. 某填料的比表面积为190 m^2/m^3,空隙率为98.5%,则该填料的填料因子为(　　)。

A. 192.89; B. 198.81; C. 195.83; D. 0.005

18. 填料塔的正常操作区域为(　　)。

A. 载液区; B. 液泛区; C. 恒持液量区; D. 任何区域

三、计算题

1. 在压力为101.3 kPa、温度为30 ℃的操作条件下,在某填料吸收塔中用清水逆流吸收混合气中的 NH_3。已知进塔混合气体的流量为1 200 m^3/h,其中含 NH_3 为1.5%(摩尔分数),操作条件下的平衡关系为 $Y=1.2X$,操作的空塔气速为1.12 m/s,气相总体积吸收系数为0.06 $kmol/(m^3 \cdot s)$,水的用量为最小用量的1.52倍,要求 NH_3 的回收率为97.5%。试求:

(1) 水的用量(单位:kg/h);

(2) 填料塔的直径和填料层高度。

2. 在一直径为1.2 m、填料层高度为4.8 m的吸收塔中,用纯溶剂吸收某气体混合物中的溶质组分。已知操作压力为320 kPa、温度为35 ℃,进塔混合气体的流量为600 m^3/h,混合气体中溶质的含量为6%(体积分数),出塔溶液中溶质的含量为0.02(摩尔比),操作条件下的平衡关系为 $Y=2.2X$,气相总体积吸收系数为62.8 $kmol/(m^3 \cdot h)$。

(1) 计算吸收率 φ_A;

(2) 计算操作液气比与最小液气比的比值。

注:对数平均推动力可用算术平均推动力代替。

3. 在一直径为1 m、填料层高度为6.6 m的吸收塔中,用纯溶剂吸收某混合气体中的溶质组分。已知进塔混合气体的流量为38 kmol/h,溶质的含量为0.055(摩尔分数),溶质的吸收率为98.5%,操作条件下的气液平衡关系为 $Y=2.25X$,溶剂用量为最小用量的1.45倍,气相总吸收系数为 0.338 kmol/(m^2·h)。试计算：

(1) 出塔液相组成；

(2) 所选用填料的比表面积和等板高度。

注:填料的有效比表面积近似取为填料比表面积的 90%。

4. 在常压操作的填料塔中,用纯溶剂逆流吸收混合气中的溶质组分。已知进塔混合气体的组成为 5.5%(体积分数),操作条件下平衡线与操作线为互相平行的直线,在其他条件不变下,试求下列两种情况下气相总传质单元数 N_{OG} 如何变化。

(1) 吸收率从 92%提高到 98%；

(2) 吸收率保持不变,进塔气体组成由 5.5%降低至 2.5%。

5. 某制药厂现有一填料吸收塔,用纯溶剂吸收混合气体中的有害组分。已知进塔混合气中有害组分的含量为 0.055(摩尔分数),操作液气比为 4.6,操作条件下气液平衡关系为 $Y=1.65X$。现因环保要求的提高,要求有害组分的吸收率由原来的 97.5%提高到 99.5%。该制药厂拟采用以下改造方案:维持操作条件不变,在原塔的基础上将填料层加高。试计算：

(1) 填料层需增加多少倍；

(2) 出塔液相组成提高多少倍。

6. 某化工厂有一套"吸收-解吸"联合装置,用于将气体混合物中的有害组分脱除。该装置中的吸收塔和解吸塔均为填料塔,其中吸收塔在常温和 500 kPa 下操作,操作条件下的气液平衡关系为 $Y=1.286X$;解吸塔在常温和 101.3 kPa 下操作,用空气作为载气。现场测得吸收塔的一组操作数据如下:液气比 $L/V=2.643$,进气摩尔比 $Y_1=0.0755$,尾气摩尔比 $Y_2=0.00085$,再生溶剂(贫液)摩尔比 $X_2=0.00045$。

现因环保要求的提高,要求吸收塔排放尾气中有害组分的含量低于 0.000 55(摩尔比),该化工厂拟采用以下改造方案:吸收工序维持不变,对解吸工序进行改进,将贫液组成降低为 0.000 15(摩尔比)。试通过计算,判断解吸工序改进后能否满足环保要求。

本章符号说明

英文字母

a——填料的有效比表面积,m^2/m^3；

a_t——填料的比表面积,m^2/m^3；

A——吸收因数；

A——溶质；

B——惰性组分或载体；

c——溶质的物质的量浓度,$kmol/m^3$；

c——总物质的量浓度,$kmol/m^3$；

E——亨利系数,kPa；

G_A——吸收负荷,kmol/s；

H——溶解度系数,kmol/(m^3·kPa)；

H_o——动持液量,m^3 液体/m^3 填料；

H_{OG}——气相总传质单元高度,m；

H_{OL}——液相总传质单元高度,m；

H_s——静持液量,m^3 液体/m^3 填料；

H_t——总持液量,m^3 液体/m^3 填料；

k_G——气膜吸收系数,kmol/(m^2·s·kPa)；

k_L——液膜吸收系数,m/s；

k_x——液膜吸收系数,kmol/(m^2·s)；

k_y——气膜吸收系数,kmol/(m^2·s)；

K_G——气相总吸收系数,kmol/(m^2·s·kPa)；

K_L——液相总吸收系数,m/s；

K_X——液相总吸收系数,kmol/(m^2·s)；

K_Y——气相总吸收系数,kmol/(m^2·s)；

L——吸收剂用量,kmol/s；

L_s——液体的体积流量,m^3/s；

L_W——润湿速率，$m^3/(m\cdot h)$；
m——相平衡常数；
M——摩尔质量，kg/kmol；
N_{OG}——气相总传质单元数；
N_{OL}——液相总传质单元数；
N_T——理论级数；
p——组分的分压，Pa；
p——系统压力或外压，Pa；
S——脱吸因数；
S——吸收剂；
T——热力学温度，K；
u——气体的空塔气速，m/s；
U——液体喷淋密度，$m^3/(m^2\cdot h)$；
V——惰性气体的摩尔流量，kmol/s；
V_s——混合气体的体积流量，m^3/s；
x——组分在液相中的摩尔分数；
X——组分在液相中的摩尔比；
y——组分在气相中的摩尔分数；
Y——组分在气相中的摩尔比；
Z——填料层高度，m

希腊字母

ε——填料层的空隙率；
ϕ——泛点率，%；
Φ——填料因子；
μ——黏度，Pa·s；
ρ——密度，kg/m^3；
φ——相对吸收率；
φ_A——吸收率或回收率；
Ω——塔截面积，m^2

上标

*——纯态；
*——平衡态

下标

A——组分 A 的；
B——组分 B 的；
G——气相的；
i——组分 i 的；
i——相界面处的；
L——液相的；
max——最大的；
min——最小的；
M——对数平均的；
t——总的；
1——塔底（或截面 1）的；
2——塔顶（或截面 2）的

第九章

蒸　　馏

学习指导

一、学习要求

通过本章学习，应掌握蒸馏（精馏）原理，精馏过程的计算（包括设计型和操作型）和优化（或强化），板式塔主体工艺尺寸（塔的有效高度和塔径）的计算和操作分析。

二、应重点掌握的内容

1. 气（汽）液平衡关系的表达和应用。

2. 两组分连续精馏过程的计算和优化（或强化）。包括物料衡算、理论板层数、最佳参数（如塔的操作压力、回流比、进料热状况参数）的选择、板效率的计算、精馏的节能途径等。

3. 板式塔主要工艺尺寸的计算，流体力学和传质特性、负荷性能图等。

一般了解其他蒸馏过程的特点、影响因素分析和适用场合。

三、学习方法

精馏可在板式塔中，又可在填料塔中进行操作，本章以板式塔（分级接触式）为重点。对于特定的分离任务，确定理论板层数是本章的核心。从本章结构层次来说，相平衡关系和物料衡算（包括操作关系）是理论板层数计算的基础，将理论板层数通过全塔效率转化为实际板层数，进而计算塔的有效高度和塔径，才算达到工程目的。由于影响精馏过程因素的复杂性，引入“理论板”的概念和“恒摩尔流”假设，要理解简化的意义和条件，最后又能够还原到实际过程。同时，应掌握影响精馏过程因素分析，预估精馏操作及调节中可能产生的现象，提出处理问题的对策。

精馏操作可直接获得所需要的产品，而吸收和萃取只是将难分离操作转化为易分离操作的过渡性过程，欲获得最终产品，往往需进行脱溶剂操作，所以精馏过程流程比较简单。但是精馏是耗能比较大的过程，节能是蒸馏需关注的课题之一。

在各个传质单元操作学习中，应逐步学习将复杂的工程问题进行简化处理的方法，增强工程观点，提高工程能力。

学习要点

一、蒸馏过程概述

(一) 蒸馏分离的基本依据和工程方法

“精馏”是获得高纯度产品最常用、技术上较成熟、适应范围最广、又是最早实现工业化的单元操作。

蒸馏分离的基本依据是液体混合物中各组分挥发度的差异。工程方法是通过加热混合液造成气、液两相体系，利用组分在两相中分配比例的不同，实现组分间的分离或纯化。采用“回流”技术、提供气、液两相充分、多次接触的条件，便可达到组分间的高纯度分离，此即“精馏”过程。实现“精馏”分离的装置包括精馏塔（板式塔或填料塔）、塔底加热釜（再沸器）、塔顶冷凝器等设备。

蒸馏（精馏）的分离剂为热能。节能是蒸馏过程中值得重视的课题。

(二) 蒸馏的分类

工业上，蒸馏过程有多种分类方法。通过本节讨论，应明确如下要点。

(1) 工业生产中，被处理的溶液大多为多组分体系，但两组分蒸馏（精馏）的原理和计算原则同样适用于多组分蒸馏，只是在处理多组分物系时更加复杂一些。若采用计算机运算，则很快捷准确。

(2) 蒸馏操作压力一般以常压为首选。当常压下泡点较高或热敏性物料，宜采用真空蒸馏，以降低操作温度。对常压下难以液化的混合物，则必须采用加压蒸馏。原理上讲，降低操作压力对蒸馏分离有利。

(3) 蒸馏操作流程，由于连续操作具有生产能力大、产品质量稳定、易于操作控制，在工业中广泛采用。间歇蒸馏主要应用于小规模、多品种和某些特殊要求的场合，属于非定态操作。

(三) 蒸馏分离的特点

(1) 流程简单 蒸馏过程是靠热能而直接获取产品的过程，不存在外加分离溶剂与被分离组分进一步分离的问题，因而流程较为简单。

(2) 适用范围广 蒸馏不仅适用于液体混合物的分离，只要采取措施形成气、液两相体系，蒸馏同样适用于气态或固态混合物的分离。

(3) 能耗大 热能的综合利用是个技术经济热点课题。

本章以两组分连续精馏为重点，对其他蒸馏类型，如单级蒸馏、间歇精馏、特殊精馏，应掌握其特点和适用场合。

(四) 两组分连续精馏的典型流程

为了便于计算和分析，特规定图 9-1 所示的典型连续精馏装置。塔体内安装有若干层塔板，塔板上是气、液两相密切接触进行热质交换的场所。原料从塔中部适宜位置加入塔内。加料口以上为精馏段，其作用是保证馏出液组成达到要求，加料口以下为提馏段，其作用是提高轻组分在馏出液中的收率。塔顶全凝器，塔内上升气相在冷凝器中全部冷凝后，一部分作为塔顶产品（馏出液）采出，另一部分返回塔顶作为回流。塔釜（再沸器）用间接蒸汽加热，降至塔底的液相经加热后提供气相回流，另一部分液体作为塔底产品（釜液）采出。

塔顶液相回流，塔底产生气相返回塔内是精馏过程连续进行的必要条件。实现组分高纯度分离的关键技术是“回流”。“精馏”和其他蒸馏过程的本质区别即在于是否有“回流”。

如果离开塔内某板的气、液两相组成达到平衡（两相温度相等），则称这种塔板为理论板。

图 9－1 所示的精馏装置连续进料和采出产品，属于定态操作。

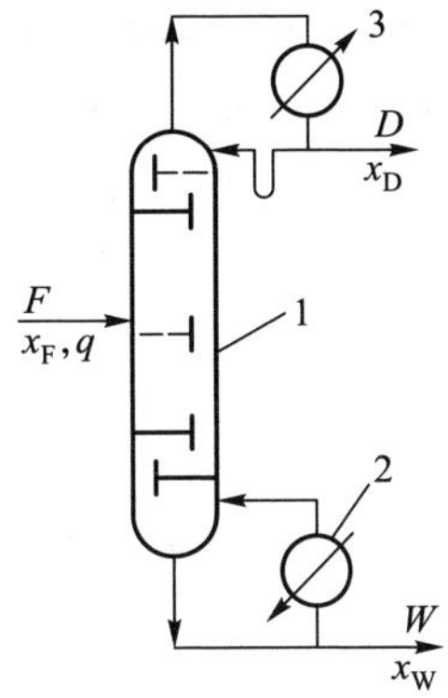

图 9－1 两组分连续精馏的典型精馏装置

1—精馏塔；2—再沸器；3—冷凝器

（五）描述精馏过程的基本关系

描述精馏过程的基本关系包括相平衡关系、物料衡算（全塔衡算和操作线方程）、速率关系（理论板的概念及板效率）及热量衡算（进料板、冷凝器、再沸器），最后为塔设备主体工艺尺寸的计算（理论板、塔板效率、塔高及塔径）。

计算过程中，作了一些简化处理。

（六）蒸馏过程的研究进展和重点

1. 蒸馏过程的各种节能技术的研究进展。

2. 研发新型的大通量、高效率、低压降“精馏”设备方面的成效。

3.“精馏”过程的计算机模拟优化和控制。

二、两组分溶液的气液平衡

对溶液加热即产生气相、气液间的平衡是蒸馏的热力学基础，是进行蒸馏分析和计算的基本依据。两组分的气液平衡常用一定压力下的 $t-x(y)$ 及 $y-x$ 函数关系或相图表示。

（一）气液平衡的函数关系

1. 用饱和蒸气压表示的气液平衡方程

对两组分理想物系，系统总压、组分分压与相组成的关系遵循拉乌尔定律及道尔顿分压定律，即

$$p_A = p_{总} y_A = p_A^* x_A \tag{9-1}$$

$$p_B = p_{总} y_B = p_B^* x_B = p_B^* (1 - x_A) \tag{9-1a}$$

$$p_{总} = p_A + p_B \tag{9-2}$$

联立上面诸式可得到溶液的泡点方程和气相的露点方程，即

$$x_A = \frac{p_{总} - p_B^*}{p_A^* - p_B^*} \tag{9-3}$$

$$y_A = \frac{p_A^*}{p_{总}} x_A \tag{9-4}$$

式中 $p_{总}$、p_A、p_B——分别表示总压，A、B 的平衡分压，Pa；

p_A^*、p_B^*——溶液温度下组分 A、B 的饱和蒸气压，Pa；

x、y——组分在液相和气相的摩尔分数。

下标 A 代表易挥发(轻)组分,B 代表难挥发(重)组分。

由于 p_A^*、p_B^* 是温度的函数,上面诸式用起来不方便。

非理想物系,需对拉乌尔定律进行修正。

2. 用相对挥发度表示的气液平衡方程

$$y=\frac{\alpha x}{1+(\alpha-1)x} \tag{9-5}$$

对理想物系,相对挥发度可表示为

$$\alpha=\frac{p_A^*}{p_B^*} \tag{9-6}$$

由式(9-6)可知,相对挥发度 α 与塔内温度关系不大,因此在计算中可取全塔平均相对挥发度。

相对挥发度又称分离因子,由 α 数值可判断用蒸馏方法分离的可能性与难易程度。当 $\alpha=1$ 时,为共沸液,不能用普通蒸馏方法分离,α 值偏离“1”愈大,愈有利于蒸馏分离。

同一物系,α 值随操作压力增加而减小。

3. 用相平衡常数表示的气液平衡方程

$$y_A=K_A x_A \tag{9-7}$$

因相平衡常数 K 与温度有关,因此两组分精馏计算中,多利用式(9-5);在多组分精馏计算中,多利用式(9-7),因该式表达简单。

(二) 恒压下的气液平衡相图

恒压下两组分溶液的气液平衡关系可用相图表达。图中,t 表示温度,x、y 分别代表组分 A 在液相及气相的摩尔分数。

$t-x(y)$图多用于蒸馏过程分析(如精馏原理,气、液两相温度确定)。

$y-x$ 图多用于两组分精馏过程计算。

在应用相图时需注意如下问题或概念:

(1) 沸点、泡点、露点的概念。同组成时,露点高于泡点。平衡时,通常 $y>x$,两相温度相同,即露点与泡点在同一等温线上。

(2) 同一物系,降低操作压力,平衡曲线偏离对角线愈远,愈有利于分离。

(3) 具有恒沸点的非理想物系,在恒沸点 $y=x$,不能用普通蒸馏方法分离该溶液,可用共沸精馏或其他传质分离方法(萃取或结晶)。

(4) 平衡时气、液两相的组成可直接从相图上读取,两相的量(分别称为汽化率和液化率)在相图上用杠杆规则确定。

(三) 气液平衡数据的来源

(1) 实验测定得到。

(2) 热力学公式估算求得。例如,用安托尼方程计算纯组分在指定温度下的饱和蒸气压,进而由泡点方程或露点方程计算 x、y 值。

(3) 两组分常压下的平衡数据可从气液平衡手册或其他资料查得。

(四) 气液平衡在蒸馏分离中的应用

(1) 计算平衡时的气、液两相组成，确定泡点和露点。

(2) 在 $t-x(y)$ 相图上说明精馏原理。同时多次进行部分汽化和部分冷凝，可使混合物的组分得到高纯度分离。α 值愈大，$y-x$ 相图中的平衡曲线偏离对角线愈远，愈易分离。降低压力可使 α 值变大。

(3) 选择分离方法。依据气液平衡关系，对于指定的分离要求，可选择或确定分离方法。例如，α 等于或接近"1"时，宜采用特殊精馏或其他分离方法。

(4) 气液平衡关系是精馏过程的特征方程，是计算理论板层数的基本方程之一。

(5) 可分析、判断精馏操作中的有关问题，例如，温度和组成间具有对应关系，可利用易于观测的温度来判断不易直接测量的组成。在实际生产中，常在精馏塔适当部位上(通常称为灵敏板)安装温度计，用它来调节、控制整个精馏过程，保证产品质量的稳定。

三、两组分连续精馏的计算

精馏过程计算包括设计型和操作型两类。本节以设计型计算为重点。

(一) 设计型计算的内容和简化假定

1. 设计型计算的内容

两组分连续精馏塔的设计型工艺计算，通常规定料液的流量、组成及分离要求(产品组成及收率)，需要确定或计算的项目是：

(1) 产品的流量和组成；

(2) 操作压力和进料的热状况；

(3) 理论板层数及适宜的进料口位置；

(4) 选定塔板类型，计算其主要工艺尺寸；

(5) 冷凝器、再沸器的热负荷，冷却介质、加热介质的消耗量。

精馏计算以图 9-1 所示的典型精馏装置为对象。

2. 简化假定

由于精馏过程影响因素的复杂性，计算中作一些简化假定。

(1) 理论板的概念　假设图 9-1 中精馏塔每层塔板均为理论板，即离开每层塔板的气、液两相组成达到平衡，温度一致。

(2) 恒摩尔流的假定　假定精馏塔内，从精馏段或提馏段每层塔板上升的气相摩尔流量、下降的液相摩尔流量均各自相等，但两段的对应流量不一定相等，即

精馏段　$V_1=V_2=V_3=\cdots=V=$常数；$L_1=L_2=L_3=\cdots=L=$常数

提馏段　$V'_1=V'_2=V'_3=\cdots=V'=$常数；$L'_1=L'_2=L'_3=\cdots=L'=$常数

恒摩尔流假设成立的条件是：① 混合物中各组分的摩尔汽化热相等(主要条件)；② 气液接触时因温度不同而交换的显热可忽略；③ 设备保温良好，可忽略热损失。

有了恒摩尔流假定，后面将要讨论的操作线方程才能成为直线方程。

(二) 物料衡算与操作线方程

对连续精馏过程，物料衡算的原则是进、出衡算范围的物料平衡，但应注意衡算范围、基准及单位的选定。

1. 全塔物料衡算

总物料衡算 $$F=D+W \tag{9-8}$$

易挥发组分衡算 $$Fx_F=Dx_D+Wx_W \tag{9-9}$$

通常，精馏塔的分离程度可用 x_D、x_W 表示，也可用收率表示，即对塔顶馏出液中的易挥发组分的收率为

$$\eta_D=\frac{Dx_D}{Fx_F}\times 100\% \tag{9-10}$$

式中 F、D、W——分别为原料液、馏出液和釜液的流量，kmol/h 或 kmol/s；

x_F、x_D、x_W——分别为原料液、馏出液、釜液中易挥发组分的摩尔分数；

η_D——塔顶易挥发组分的收率。

联立式(9-8)与式(9-9)，可求得馏出液的采出率，即

$$\frac{D}{F}=\frac{x_F-x_W}{x_D-x_W} \tag{9-11}$$

在作全塔总物料衡算时，应满足如下约束条件：$Dx_D\leqslant Fx_F$。

2. 操作线方程

操作线方程是表述精馏塔中由任意层（如第 n 层）塔板下降的液相组成（x_n）与由相邻下一层塔板（$n+1$）上升而进入第 n 层塔板的气相组成（y_{n+1}）之间关系的数学表达式。换句话说，操作线方程是表述相邻两层塔板之间气、液两相组成对应关系的表达式。由于精馏段与提馏段具有不同的气液流量关系，致使两段有不同的操作关系。推导操作线方程以恒摩尔流假定为前提。

(1) 精馏段操作线方程　在精馏段，上升的气相形成馏出液 D 和回流液 L 两个流股，由第 n 层塔板的以上塔段（包括冷凝器）作物料衡算，可得

$$V=L+D \tag{9-12}$$

及

$$y_{n+1}=\frac{L}{V}x_n+\frac{Dx_D}{V} \tag{9-13}$$

令 $R=\dfrac{L}{D}$，称为回流比，则式(9-13)变为

$$y_{n+1}=\frac{R}{R+1}x+\frac{x_D}{R+1} \tag{9-14}$$

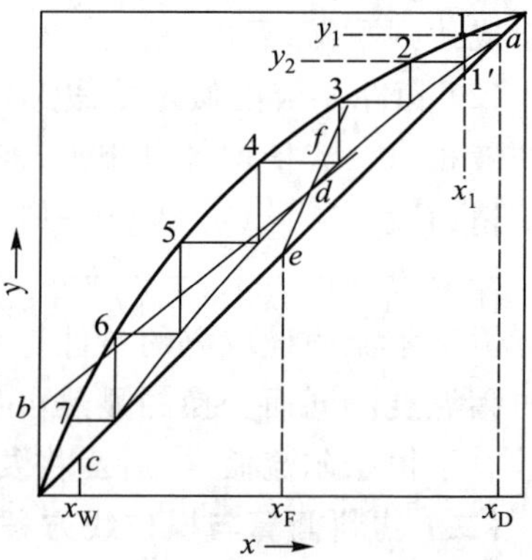

图 9-2　图解法求理论板数

式(9-13)与式(9-14)均为精馏段操作线方程，在图 9-2所示的 $y-x$ 相图上均为直线，在 y 轴上的截距为 $b\left(\dfrac{x_D}{R+1}\right)$，与对角线交点的坐标为 $a(x_D, x_D)$，其斜率为 $\dfrac{R}{R+1}$或$\dfrac{L}{V}$。

(2) 提馏段操作线方程　在提馏段下降的液相分为釜液产品和回流到塔内的气相两个流股。由第 m 板的以下塔

段(包括再沸器)作物料衡算得

$$L'=V'+W \tag{9-15}$$

及

$$y'_{m+1}=\frac{L'}{V'}x'_m-\frac{W}{V'}x_W \tag{9-16}$$

式(9-16)为提馏段操作线方程,在图 9-2 所示的 $y-x$ 相图上为直线,该直线与对角线交点的坐标为 $c(x_W,x_W)$,与精馏段操作线交点的坐标为 $d(x_d,y_d)$,其斜率为 L'/V'。式中的 L'、V'受精馏塔进料热状况的影响。

(3) 进料热状况参数与进料方程(q 线方程) 对进料板作物料衡算及热量衡算,可推得进料热状况参数 q 的定义式及进料方程(q 线方程)。

① 进料热状况参数 q

$$q=\frac{H_V-H_F}{H_V-H_L}=\frac{\text{将 1 mol 进料变为饱和蒸气所需热量}}{\text{原料液的摩尔汽化热}} \tag{9-17}$$

及

$$q=\frac{L'-L}{F} \tag{9-18}$$

式(9-17)为 q 的热力学定义式,由进料温度和有关数据,可计算 q 值;式(9-18)则表述了精馏段、提馏段、进料各液相流股之间的关系。由式(9-18)可得

$$L'=L+qF \tag{9-19}$$

及

$$V'=L'-W=V+(q-1)F \tag{9-20}$$

② 五种进料热状况 根据 q 值,精馏塔的进料可分为五种热状况,即冷液进料($q>1$),泡点进料($q=1$),气液混合进料($0<q<1$),露点进料($q=0$)及过热蒸气进料($q<0$)。不同的进料热状况,对 L'、V'有不同的影响,定量描述由式(9-19)及式(9-20)计算。

③ 进料方程 联立精馏段与提馏段两操作线方程,并略去有关变量的上、下标,将式(9-20)代入,可得

$$y=\frac{q}{q-1}x-\frac{x_F}{q-1} \tag{9-21}$$

式(9-21)称为进料方程,是代表两操作线交点轨迹的方程,又称 q 线方程。在 $y-x$ 相图上为直线,与对角线的交点坐标为 $e(x_F,x_F)$,与精馏段操作线的交点为 $d(x_d,y_d)$,连接 c、d 即得提馏段操作线。

(4) 关于操作线方程的讨论 精馏段和提馏段两操作线方程均为线性方程,在 $y-x$ 相图上均为直线,两操作线的斜率均为液气流量比,这是它们的相同点。但精馏段的 $L\leqslant V$,故$\frac{L}{V}=\frac{R}{R+1}\leqslant 1$。而提馏段的 $L'\geqslant V'$,故$\frac{L'}{V'}\geqslant 1$。故从斜率的数值便可判断操作线方程属于哪一段的。另外,精馏段操作线的截距$\left(\frac{x_D}{R+1}\right)$为正,而提馏段操作线的截距$\left(-\frac{W}{V'}x_W\right)$却为负。当熟悉以后,两

操作线方程式中变量 x、y 的上、下标均可省去。

(三) 精馏过程设计(操作)变量和条件的确定

1. 操作压力

操作压力影响气液平衡(体现 α 值),进而影响塔顶冷凝器和塔底再沸器的操作温度,以及加热介质及冷却介质温位的选择,因而应对操作压力作适当的选择。因常压操作的流程简单,易于操作,故工业上常被采用。当常压操作可能导致物料分解、聚合、焦化等现象发生时,采用真空精馏;当常压下物料沸点在室温以下时,则采用加压精馏。

2. 回流比的选择

“回流”是精馏塔连续操作的必要条件之一,回流比是影响精馏装置设备投资费用和操作费用的重要因素,对于固定设备来说,显著影响分离效果。适宜回流比介于全回流和最小回流比两者之间。

(1) 全回流 上升至塔顶的气相冷凝后全部返回塔内的操作方式为全回流。全回流时精馏装置没有生产能力(不进料、不出料),全塔没有精馏段、提馏段之分,操作线方程统一为

$$y_{n+1}=x_n \tag{9-22}$$

即操作线与对角线相重合,此时,操作线与平衡线之间距离为最大(即传质推动力为最大),达到指定分离程度所需的理论板层数为最少,以 $N_{\min}$ 表示。

全回流操作适用于精馏开工阶段和塔板性能的实验研究。

(2) 最小回流比 达到指定分离程度所需理论板层数为无穷多时的回流比称为最小回流比,用 $R_{\min}$ 表示。最小回流比时,在 $y-x$ 相图上操作线与平衡线出现相交(正常平衡曲线)或相切(不正常平衡曲线)的情况。对于正常的平衡曲线,最小回流比 $R_{\min}$ 由下式计算,即

$$R_{\min}=\frac{x_D-y_q}{y_q-x_q} \tag{9-23}$$

式中的 x_q、y_q 是 q 线与平衡线的交点坐标,由图读取。当泡点进料时,$x_q=x_F$,y_q 由平衡方程计算;露点进料时,$y_q=y_F$,x_q 由平衡方程计算。

对于不正常的平衡曲线,根据精馏段操作线最小斜率$\left(\frac{R_{\min}}{R_{\min}+1}\right)$求 $R_{\min}$。

需特别指出,对现有精馏装置来说,塔板层数固定,不同回流比达到不同的分离程度(或效果),此时不存在 $R_{\min}$ 问题了。

(3) 适宜回流比 操作费用和设备费用之和为最低的回流比称为适宜回流比或最佳回流比。根据经验,适宜回流比的范围为

$$R=(1.05\sim2.0)R_{\min}$$

3. 进料热状况的选择

根据全塔的热量衡算可知,对于特定的分离任务和要求,精馏塔所需的外加热量为定值,可分别从进料和再沸器加入。从热力学角度考虑,塔底再沸器所加热量应在全塔发挥作用;塔顶所加冷量也应对全塔有效。因此,除了生产工艺规定进料热状况外,泡点进料($q=1$)应作为首选。同时,泡点进料,精馏段和提馏段的气相负荷大体相同,使两段的塔径基本一致,塔体匀称。

4. 加热方式和冷凝方式

(1) 加热方式　精馏有间接和直接两种加热方式，前者在工业上应用广泛，后者只有被分离混合液为水溶液，且水为塔釜产品时才宜采用。直接水蒸气加热可提高传热效率，还可节省再沸器。在进行精馏塔的物料衡算和理论板层数计算时，要注意直接加热冷凝水的稀释影响。

设计中，再沸器（间接蒸汽加热）可视为一层理论板。

(2) 冷凝方式　精馏塔的冷凝方式有全凝和分凝之分。前者的特点是流程简单，便于调节回流比，较难保证回流液为泡点，工业上大多采用；后者的特点是便于控制冷凝温度，可提取不同组成的塔顶产品，但该法流程较复杂。

设计中，分凝器可视为一层理论板。

（四）理论板层数的计算

计算理论板层数的前提条件是：规定分离要求（如 x_F、x_D、x_W 或 η_D），选定操作条件（总压力 $p_{总}$，回流比 R、进料热状况等），已知平衡关系和操作关系。确定理论板层数有三种方法，即逐板计算法、图解法和简捷法。

1. 逐板计算法

这是交替使用平衡方程和操作线方程求解理论板层数的准确可靠方法。当塔顶采用全凝器，泡点回流，塔釜间接蒸汽加热时，计算程序如下：

$$y_1=x_D \xrightarrow{\text{平衡方程}} x_1=\frac{y_1}{y_1+\alpha(1-y_1)} \xrightarrow{\text{操作线方程}} y_2=\frac{R}{R+1}x_1+\frac{x_D}{R+1}$$

$$\xrightarrow{\text{平衡方程}} x_2=\frac{y_2}{y_2+\alpha(1-y_2)} \xrightarrow{\text{操作线方程}} y_3=\frac{R}{R+1}x_2+\frac{x_D}{R+1}\cdots x_n$$

当 $x_n \leqslant x_d$（x_d 由 q 线方程与操作线方程联立求得）时，则精馏段所需理论板层数为 $n-1$，第 n 板即为进料板。也是提馏段的第一层理论板。然后交替使用平衡方程和提馏段操作线方程，直至 $x_m \leqslant x_W$ 为止，提馏段所需理论板层数为 $m-1$，再沸器（对应 m）相当于一层理论板。

全塔总理论板层数为 $N_T=(n+m-2)$。

如上方法确定的进料板为适宜进料位置。

全回流时，操作线与对角线重合（即 $y_{n+1}=x_n$），所需理论板层数为最少。N_{min} 可用芬斯克方程求得，即

$$N_{min}=\frac{\lg\left[\left(\frac{x_D}{1-x_D}\right)\left(\frac{1-x_W}{x_W}\right)\right]}{\lg\alpha_m}-1 \tag{9-24}$$

式中的 α_m 为全塔平均相对挥发度。若将 x_d 代替 x_W，用精馏段的平均 $\alpha_{m,1}$ 代替 α_m，则可用式（9-24）计算精馏段所需 $N_{min,1}$。

2. 图解法

上述的逐板计算过程可在 $y-x$ 图上图解进行，即用平衡线和两条操作线代替相应的方程。图解法求理论板数简明清晰，便于分析影响因素，但该法准确性较差。

图解法求 N_T 的图解过程是：在 $y-x$ 坐标图上作出平衡线和操作线，从塔顶组成 x_D（即

图 9-2 中的点 a）开始在平衡线和操作线之间绘阶梯。跨过 q 线与操作线交点的阶梯为适宜进料板，阶梯数减 1 即为全塔所需理论板层数。如图 9-2 所示，全塔所需理论板层数 $N_T=6$（不含再沸器），第 3 层理论板为进料板。

读者应注意以下几点：

① 适宜进料位置的含义和确定；当操作时不在适宜位置进料，将会产生何影响？

② 注意图中有关点、线的做法和意义；

③ 再沸器和分凝器（若设置时）各相当于一层理论板；

④ 由图可见，影响理论板数的直接因素有 α、x_F、q、R、x_D 和 x_W，而与 F 无关。当 α 一定时，若精馏段操作线斜率 $\frac{L}{V}$ 越大，该段传质推动力越大，有利于提高精馏段的分离效果；而若提馏段操作线斜率 $\frac{L'}{V'}$ 越小，该段传质推动力越大，有利于提高提馏段的分离效果，使所需理论板数减少。

3. 简捷法

最常用的是利用吉利兰关联图求解理论板层数。此法虽然准确性较差，但因其快捷方便，适用于初步设计，进行技术经济评价。

吉利兰将 R_{min}、R、N_{min} 和 N 四个变量关联起来，绘制了吉利兰关联图。为便于计算机计算，在横坐标 0.1～0.9 的范围内，可用下式表达四个变量之间关系，即

$$Y=0.545\,827-0.591\,422X+0.002\,743/X \tag{9-25}$$

式中 $$Y=\frac{N-N_{min}}{N+2} \qquad X=\frac{R-R_{min}}{R+1}$$

简捷法对于操作型计算（确定回流比）也很方便。

（五）塔高和塔径的计算

1. 板式塔的有效高度

通过塔板效率将理论板层数换算为实际板层数，再选择合适的板间距，便可确定板式塔的有效高度（安装塔板的塔段高度），即

$$Z=(N_P-1)H_T \tag{9-26}$$

式中 Z——塔的有效高度，m；

N_P——实际板层数；

H_T——板间距，m。

（1）塔板效率。

① 总板效率 E_T 总板效率又称全塔效率，是指达到指定分离程度所需理论板层数与实际板层数的比值，即

$$E_T=\frac{N_T}{N_P} \tag{9-27}$$

估算总板效率较好的简易方法是奥康内尔（O'connell）简化计算方法。对于精馏，有如下的

经验方程：

$$E_T = 0.49(\alpha\mu_L)^{-0.245} \quad (9-28)$$

式中　α——全塔平均温度下的相对挥发度(多组分物系为关键组分的相对挥发度)；

μ_L——全塔平均温度下的液相黏度，mPa·s。

μ_L 值按下式估算，即

$$\mu_L = \sum x_i \mu_{Li} \quad (9-29)$$

式中　x_i——液相中任意组分 i 的摩尔分数；

μ_{Li}——液相中任意组分 i 的黏度，mPa·s。

对于新型高效板式塔，实测总板效率高于由式(9-28)求得值。

② 单板效率 E_M　单板效率又称默弗里(Murphree)板效率，是指一层塔板的实际分离效果与理论的最大分离效果的比值，第 n 层塔板的单板效率有两种表达方式，即

气相
$$E_{MV} = \frac{y_n - y_{n+1}}{y_n^* - y_{n+1}} \quad (9-30)$$

液相
$$E_{ML} = \frac{x_{n-1} - x_n}{x_{n-1} - x_n^*} \quad (9-31)$$

式中　y_n^*——与 x_n 呈平衡的气相组成；

x_n^*——与 y_n 呈平衡的液相组成。

一般来说，同一层塔板的 E_{MV} 与 E_{ML} 的数值并不相同，只有当操作线与平衡线为互相平行的直线时，二者才具有相同数值。

单板效率是该层塔板传质速率的体现，各层塔板的单板效率通常不相等。

注意总板效率 E_T 和单板效率的 E_M 的基准不同，所以二者数值也不相等。

③ 点效率 E_O　是指塔板上各点的局部效率。气相点效率定义为

$$E_{OV} = \frac{y - y_{n+1}}{y^* - y_{n+1}} \quad (9-32)$$

只有当塔径很小或塔板上液相完全混合时，E_{MV} 与 E_{OV} 才具有相同数值。

(2) 塔板间距的确定　根据塔径大小，结合物系特性，按照系列标准选取 H_T。H_T 的确定，还应考虑安装、检修的需要和塔底、塔顶留有足够的空间。

2. 填料层的有效高度

$$Z = N_T(HETP) \quad (9-33)$$

式中的等板高度($HETP$)反映传质效率，其值由实验测定或由经验公式估算。$HETP$ 值越小，填料的传质性能越好。

3. 塔径的计算

$$D = \sqrt{\frac{4V_s}{\pi u}} \quad (9-34)$$

式中 D——精馏塔内径，m；

u——空塔气速，m/s；

V_s——塔内上升气相的体积流量，m^3/s。

(1) 空塔气速的确定 通常取最大空塔气速(也称液泛气速)的0.6～0.8倍作为设计空塔气速，即

$$u=(0.6\sim0.8)u_{max} \tag{9-35}$$

最大空塔气速的计算为

$$u_{max}=C\sqrt{\frac{\rho_L-\rho_V}{\rho_L}} \tag{9-36}$$

式中 C 为气相负荷因子，m/s。其值由《化工原理》(第三版，下册)图 9-43 史密斯关联图查得 C_{20} 并经表面张力校正而获得。

(2) 气相体积流量的计算 气相的体积流量按精馏段和提馏段分别计算。

精馏段
$$V_s=\frac{VM_m}{3\,600\rho_V} \tag{9-37}$$

或
$$V_s=\frac{22.4V}{3\,600}\cdot\frac{Tp_0}{T_0p} \tag{9-37a}$$

式中 V——精馏段气相的摩尔流量，kmol/h；

ρ_V——精馏段平均温度及压力下的气相密度，kg/m^3；

M_m——精馏段的平均摩尔质量，kg/kmol；

T、T_0——分别为精馏段的平均温度和标准状态下的热力学温度，K；

p、p_0——分别为精馏段的平均压力和标准状态下的压力，Pa。

提馏段的 V_s 的计算和精馏段相同，各对应参数需代入提馏段的平均值。

当精馏段和提馏段求得的塔径相差较大时，可设计成变径塔；当两段相差不大时，宜取相同的塔径，并且求得的 D 需按塔径系列标准予以圆整。

(六) 精馏装置的热量衡算与精馏过程的节能途径

1. 连续精馏装置的热量衡算

为确定加热介质、冷却介质的消耗量，并为再沸器、冷凝器的设计或选型提供基本数据，需对精馏装置进行热量衡算。

(1) 进料板 对进料板进行热量衡算并结合物料衡算，得到进料热状况参数 q 的定义式(9-17)与式(9-18)，进料方程式(9-21)。

(2) 再沸器 根据恒摩尔流假设，再沸器的热负荷为

$$Q_B=V'(H_{VW}-H_{LW})+Q_L \tag{9-38}$$

式中 H_{VW}、H_{LW}——分别为再沸器上升气相及釜液的焓，kJ/kmol；

Q_L——再沸器的热损失，kJ/h(与 Q_B 的单位一致)。

若用饱和水蒸气加热，且冷凝水在饱和温度下排出，则加热介质消耗量为

$$w_h = \frac{Q_B}{r} \tag{9-39}$$

式中　r——加热介质的冷凝潜热，kJ/kg。

若精馏装置采用直接蒸汽加热方式，加热介质消耗量由全塔物料衡算求得。

（3）冷凝器　用与再沸器热量衡算相同的原则，全凝器的热负荷为

$$Q_C = (R+1)D(H_{VD} - H_{LD}) \tag{9-40}$$

式中　H_{VD}、H_{LD}——分别为塔顶上升气相及馏出液的焓，kJ/kmol。

冷却介质的消耗量为

$$w_c = \frac{Q_C}{c_{p,C}(t_2 - t_1)} \tag{9-41}$$

式中　$c_{p,C}$——冷却介质的比热容，kJ/(kg·℃)；

t_1、t_2——分别为冷却介质进、出全凝器的温度，℃。

（4）全塔热量衡算　通过全塔的热量衡算可知，对于特定分离任务和要求，供给全塔总热量为恒定值，即

$$\sum Q = Q_B + Q_F = \text{常量}$$

热量可由原料和塔底再沸器中加入，但再沸器要求高温位的加热介质。

2. 精馏过程的节能

提高相对挥发度 α 是蒸馏过程节能的有效技术。向难分离混合液中加入第二种分离溶剂（特殊精馏）、增加化学作用对分离的影响、利用外力场的作用，均可显著地改变组分间相对挥发度 α 值，有利于精馏分离并降低能耗。

减少精馏过程的有效能损失是节能的基本途径，其中包括热节减型（如选择经济合理的回流比、采用低压降的设备、热泵精馏、多效精馏等）和热回收型（回收精馏装置的余热预热原料等）。

对精馏装置优化控制、多组分精馏合理布置流程、设备完善保温等都可起到节能效果。

（七）操作型计算和精馏过程的调节

1. 精馏操作型计算的特点与基本类型

操作型计算的特点是塔设备已给定，即全塔的塔板层数、进料位置、总板效率均为已知，计算的基本类型是：

（1）在给定精馏操作条件下，可能达到的分离效果；

（2）运行中的精馏塔，当某一操作参数发生变化时，预测或判断其他参数的变化趋势，产品的质量和收率将如何变化？为保证产品质量和收率应采取何措施。

当操作条件改变时，将影响塔内液、气相流量的变化，进而影响塔板效率。精馏操作分析的前提是忽略总板效率的变化，认为理论板层数不变。

精馏过程的实质是伴有传热的传质过程，传质推动力取决于互相接触两相偏离平衡的程度，在 $y-x$ 相图上取决于操作线偏离平衡线的程度。精馏过程的严格分析涉及的基本关系有相平衡、物料衡算、速率关系及热量衡算。

精馏过程共有 11 个变量，即 F、D、W、x_F、x_D、x_W、N_T 及 N_{T1}（精馏段理论板层数）、q、R、α。由于影响因素十分复杂，在分析具体过程时，要学会抓主要因素，作出合理简化，在定性分析基础上，作出定量计算。定量计算时有时需通过试差求解。

在精馏过程计算中，注意把握如下制约条件，即

(1) 在规定分离要求时，必须满足全塔总物料衡算的约束条件，即 $Dx_D \leqslant Fx_F$。

(2) 在规定分离程度时，全回流操作达到最高极限，其他任何回流比都不能突破。

(3) 在已有塔内进行精馏操作，不存在最小回流比的概念。

2. 精馏过程的调节和控制

精馏过程的调控实质是根据相平衡时的温度、组成对应关系，用温度控制质量（组成），借用灵敏板预测组成变化，回流比是调节组成的最有效操作参数。

3. 精馏过程的强化途径

(1) 改变工艺条件，加大组分间相对挥发度（减压、加入第三组分等）。

(2) 采用新型塔板、高效低压降填料，提高设备效率。

(3) 采用高效、节能、无污染的新型分离方法或组合式分离技术。

四、其他类型的蒸馏过程

在重点掌握两组分连续精馏的基础上，通过对比，掌握其他一些蒸馏过程的特点与适用场合。

（一）单级蒸馏过程

对于相对挥发度 α 较大，分离程度要求不高的场合采用单级蒸馏操作。学习本节时注意如下要点：

(1) 平衡蒸馏与简单蒸馏的异同　平衡蒸馏是一种稳态、连续的单级平衡操作；简单蒸馏是一种间歇、单级蒸馏过程。在相同汽化率条件下，简单蒸馏分离效果优于平衡蒸馏，但平衡蒸馏连续操作，生产能力大。

(2) 平衡蒸馏与连续精馏的异同　平衡蒸馏是一次平衡分离操作；连续精馏是带回流的多级分离操作，是单级蒸馏过程的发展。

(3) 简单蒸馏与间歇精馏的异同　简单蒸馏过程中，瞬间的气液相组成可视为互呈平衡，但每一瞬间只建立一次平衡关系；而间歇精馏同时进行多次部分汽化和冷凝，属于带回流的多级分离过程。

（二）回收塔

回收塔又称提馏塔，塔体只有提馏段而无精馏段，原料液进到塔顶，逐板下降提供塔内液相，塔顶的气相冷凝后全部作为馏出液产品，通常不带回流。泡点进料时，$F=L'$，$V'=D$，回收塔适用于相对挥发度较大、回收溶液中的轻组分，且对馏出液组成要求不高的场合。

（三）直接蒸汽加热

当待分离的物料为某种轻组分的水溶液，釜液组成接近于纯水时，采用直接蒸汽加热可省去再沸器并提高热量利用程度。直接蒸汽加热时，由于塔底多了一股蒸汽，总物料衡算时应予考虑，即

$$V'+W=L'+V_0$$

由于塔内恒摩尔流，即 $L'=W$，$V'=V_0$。对轻组分作衡算，得到提馏段操作线方程为

$$y'_{m+1}=\frac{W}{V_0}(x'_m-x_W) \tag{9-42}$$

式中　V_0——直接加热蒸汽流量，kmol/h。

提馏段操作线是通过横轴上的 $x=x_W$ 点。

精馏段操作线方程、q 线方程和常规精馏塔相同。

需强调指出：① 直接蒸汽加热时，塔釜不再起一层理论板的作用。② 在保持轻组分收率不变的条件下，x_W 被冷凝水所稀释而降低，所需理论板层数将会略有增加。③ 在保持和间接蒸汽加热相同 x_F、x_D 和 x_W 条件下，轻组分的收率将降低，N_T 将略有减少。

（四）多侧线的复杂精馏塔

多股进料及出料的精馏塔统称多侧线精馏塔或复杂精馏塔。当精馏塔有 i 个侧线时（包括进料口），全塔被分成 $i+1$ 段，相应地可写出 $i+1$ 个操作线方程。

1. 两股进料的精馏塔

两股进料将全塔分成三段，第Ⅰ段为精馏段，第Ⅲ段为提馏段，其操作线方程与单股进料时相同，第Ⅱ段为两股进料之间的塔段，操作线方程为

$$y_{s+1}=\frac{L''}{V''}x_s+\frac{Dx_D-F_1x_{F1}}{V''} \tag{9-43}$$

若两股进料均为泡点进料，则上式中的 $L''=L+F_1$，$V''=V=(R+1)D$。

L''、V''分别代表两进料板之间各层塔板的液、气相流量，kmol/h；下标 s，$s+1$ 为两股进料之间塔板序号。

两股进料各自的 q 线方程与单股进料时相同；夹紧点可能出现在Ⅰ、Ⅱ段两操作线交点或Ⅱ、Ⅲ段两操作线交点，取其中较大者作为设计依据。

2. 侧线产品采出的精馏塔

当侧线产品为饱和液体时，第二取料板与进料板之间的操作线方程为

$$y_{s+1}=\frac{RD_1-D_2}{(R+1)D_1}x_s+\frac{D_1x_{D1}+D_2x_{D2}}{(R+1)D_1} \tag{9-44}$$

夹紧点一般出现在Ⅱ、Ⅲ段两操作线的交点处。

（五）间歇精馏（又称分批精馏）

1. 间歇精馏的特点

（1）间歇精馏为非定态过程：在精馏过程中，釜残液及塔中各处的组成、温度均随时间而变，应用微分衡算，因此计算较复杂。

（2）间歇精馏塔只有精馏段：需要消耗较多的能量，而设备的生产强度较低，釜液中难以得到高纯度的重组分产品。

（3）塔内存液量对精馏过程、产品的产量和质量都有较大影响。间歇精馏往往采用填料塔，以减少塔中存液量。

2. 间歇精馏操作方式

（1）恒回流比操作　在精馏过程中，R 恒定，x_D 和 x_W 不断下降。

（2）恒馏出液组成操作　在精馏过程中，因 x_W 不断下降，为保持 x_D 不变，必须不断地增大 R。

3. 间歇精馏的计算和分析方法

首先选取基准态（通常为始态或终态）作设计型计算，求得理论板层数，然后作操作型计算，求取有关参数，如馏出液组成、每批操作的时间、汽化总量、瞬间产品组成的对应关系等。以恒回流比下间歇精馏为例，其计算程序为：

(1) 由 R、x_F 和 x_{D1} 求 $N_T(N_T=3)$，如图 9-3 所示。

(2) 图解法（R、N_T 恒定）确定 x_D、x_W 的对应关系。

(3) 微分衡算确定 x_D 与釜残液 n_W 的对应关系，即

$$\ln\frac{n_F}{n_{We}}=\int_{x_{We}}^{x_F}\frac{dx_W}{x_D-x_W} \tag{9-45}$$

式中 n_{We}——与 x_W 相对应的釜液量，kmol。

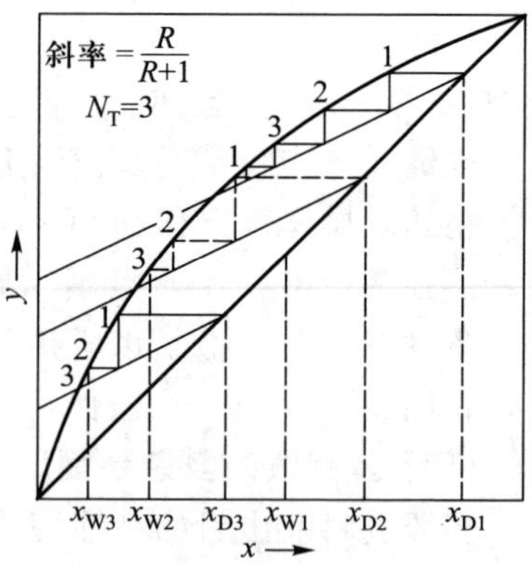

图 9-3 恒回流比间歇精馏时 x_D 和 x_W 关系

(4) 馏出液的平均组成

$$x_{Dm}=\frac{n_Fx_F-n_Wx_W}{n_F-n_W} \tag{9-46}$$

(5) 每批操作所需时间

$$\tau=\frac{n_V}{V}=\frac{(R+1)n_D}{V} \tag{9-47}$$

式中 V——汽化速率，kmol/h；

n_V——每批操作总汽化量，kmol。

(六) 特殊精馏

当混合液中组分间的相对挥发度接近于 1 或形成恒沸物时，不宜于或不能用一般精馏方法分离，从技术上和经济上又不适宜其他方法分离时，可考虑采用特殊精馏分离方法。工业上应用比较多的有共沸精馏、萃取精馏和盐效应精馏等。

上述三类特殊精馏的原理都是向被分离混合物中加入第三组分（第二种分离剂），以加大原溶液中组分间挥发度差异，从而使其易于分离，同时降低设备投资和操作费用。它们均属于多组分非理想物系的精馏分离过程。

萃取精馏与共沸精馏相比，前者所用萃取剂易于选择，用量可变动范围大，操作灵活，易于控制，且萃取剂在操作过程中基本上不汽化，能量消耗低。共沸精馏适用于分离热敏性物料，可采用间歇操作方式。

盐效应精馏中，可采用少量盐取得较大的分离效果。由于盐的不挥发性，塔顶产品纯度可很高。在萃取精馏的溶剂中加入溶盐，可大大提高溶剂的选择性，是一种新型、高效的萃取精馏方法，是很有发展前景的分离技术。

在高梯度外磁场作用下分离恒沸物的“磁力精馏”工业装置也已问世，取得良好效果。

五、板式精馏塔

学习本节要紧紧围绕提高传质效率这个中心主题，理解各种塔板的结构特点、流体力学及传

质特性(包括负荷性能图)、强化措施等。

(一) 板式塔的性能评价指标及设计(操作)原则

1. 板式塔的性能评价指标

从工程目的考虑,板式塔的性能评价指标如下:

(1) 单位塔截面积上的生产能力——通量。表征为塔的生产能力和允许空塔气速。

(2) 分离效率——单位压力降的分离效果。以塔板效率表示,体现传质速率。

(3) 适应能力——操作弹性。表现为对物料的适应性及对负荷波动的适应性。

塔设备在兼顾通量大、效率高、适应性强的前提下,还应具有压力降低、结构简单、金属耗量少、造价低、易于操作控制等性能。

2. 设计(操作)原则

为强化传质过程,应考虑提高传质系数、增大气、液两相接触面积、提供尽可能大的传质推动力。塔设备的设计(操作)应遵循如下原则:

(1) 使气、液两相充分接触、适度湍动,接触后气、液两相又能迅速完善分离。

(2) 在塔内气、液两相最大限度接近逆流流动,以获得最大传质推动力。

(二) 板式塔的基本结构和塔板类型

带降液管的错流型塔板为工业上广泛使用的逐级接触式气液传质设备。正常操作时,液相为连续相,气体在液体中分散。气、液两相组成呈阶梯式变化。

1. 板式精馏塔的基本结构

板式精馏塔的结构简图如图 9-4 所示,它主要由圆柱形壳体、塔板、溢流堰、降液管、进出料接管等部件构成。

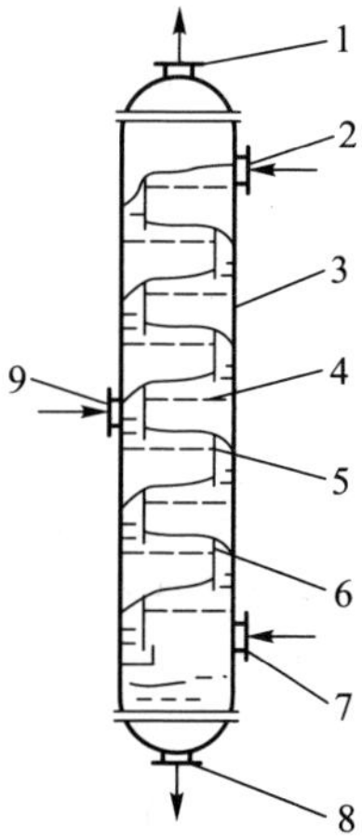

图 9-4 板式精馏塔结构简图

1—气体出口;2—回流液进口;3—塔壳;4—塔板;5—降液管;6—出口溢流堰;7—气体进口;8—液体出口;9—进料口

2. 错流型塔板的典型结构

在错流型塔板中,使用最早的是泡罩塔板,它具有操作弹性大,对物料适应性强、不易漏液等优点,但其结构复杂、造价高、压力降大。

目前应用最广泛的是筛板塔和浮阀塔板。合理设计的筛板塔具有结构简单、造价低廉、通量大、压力降低、便于清洗等优点,但其操作弹性较小;浮阀塔板综合性能好,已系列标准化。

为了抑制雾沫夹带现象,设计了倾斜式喷射塔板,如舌形塔板、斜孔板、浮舌塔板、浮动喷射塔板及垂直筛板等不同结构类型的塔板。

工业上常用塔板的性能列于表 9-1,以示比较。

表 9-1 常见塔板的性能比较

塔板类型	相对生产能力	相对塔板效率	操作弹性	压力降	结构	成本
泡罩塔板	1.0	1.0	中	高	复杂	1.0

续表

塔板类型	相对生产能力	相对塔板效率	操作弹性	压力降	结构	成本
筛孔塔板	1.2～1.4	1.1	低	低	简单	0.4～0.5
浮阀塔板	1.2～1.3	1.1～1.2	大	中	一般	0.7～0.8
舌形塔板	1.3～1.5	1.1	小	低	简单	0.5～0.6
斜孔塔板	1.5～1.8	1.1	中	低	简单	0.5～0.6

(三) 塔板效率的影响因素

塔板效率是对“理论板”模型的修正因子。因考核基准不同，出现了总板效率、单板效率、点效率等术语，需搞清它们之间的区别与联系。

(1) 总板效率是反映塔中各层塔板的平均效率，是理论板层数转换为实际塔板层数的桥梁，其值恒小于100%。单板效率体现着一层塔板的实际分离效果与理论上最大分离效果的比较，大型塔板的单板效率可能大于100%。

(2) E_{MV}与E_{ML}对于同一层塔板其值并不相同，只是当操作线与平衡线为互相平行的直线时，二者才具有相同的数值，E_{MV}与E_{ML}之间符合以下关系：

$$E_{MV}=\frac{E_{ML}}{E_{ML}+\frac{KV}{L}(1-E_{ML})} \tag{9-48}$$

式中的K为相平衡常数，量纲为1。

(3) 点效率$E_{OV}(E_{OL})$是指塔板上某点的局部效率，单板效率E_M描述的是全板的平均值，只有当塔板上液体完全均匀混合或塔径很小时二者才相等。

1. 影响塔板效率的因素

凡是与传质系数、两相接触面积及与传质推动力有关的所有因素均影响塔板效率。其中包括：

(1) 物系性质　主要指μ_L、α、ρ、界面张力、扩散系数等。

(2) 塔板结构　主要指塔径D、板间距H_T、堰长、堰高、降液管尺寸、塔板开孔率等。

(3) 操作条件　主要指操作温度t、压力p、空塔气速、液气比等参数。一定条件下，气速的影响最为显著。

2. 板式塔可能出现的非理想流动

如果塔的设计不够完善或操作不当，将会出现如下非理想流动，从而降低塔板效率。

(1) 空间的反向流动　其中包括液相的反向流动——雾沫夹带(气速过大或板间距过小)及气相的反向流动——气泡夹带(液体在降液管中停留时间过短)。这两种反向流动严重时会导致液泛。

(2) 不均匀流动　塔板上的液面落差(水力梯度)及由此引起的气体分布不均匀。

(3) 液体短路　由于气速过低导致漏液。

(4) 塔板压力降过大　此时将会影响精馏塔操作的稳定性、经济性，甚至液体不能正常从上向下流动而引发降液管液泛。

3. 塔板效率的估算

总板效率最可靠的数据是现场测定，也可用奥康内尔关联式(9-28)进行估算。

(四) 板式塔的流体力学性能和负荷性能图

1. 板式塔的流体力学性能

板式塔的传质性能和气、液两相的流体力学状况密切相关。流体力学性能包括以下方面。

(1) 塔板上气、液两相接触状态　气、液两相接触状态是决定气、液两相流体力学、传热及传质特性的重要因素。在一定液相流量下，随气速由小到大出现鼓泡状、蜂窝状、泡沫状及喷射状四种状态。综合考虑，宜控制在泡沫状态下操作。

(2) 塔板压降　塔板压降包括干板压降、板上充气液层的静压力及表面张力引起的压降。精馏塔设计中，在保证较高塔板效率前提下，力求减小塔板压降，以降低能耗并改善塔的操作性能。对于真空精馏，一定要设法减小压降，体现出真空操作的优点。

(3) 液面落差　液面落差与塔板结构、塔径及液体流量有关。液面落差过大将导致气体分布不均匀，液层厚的地方会发生漏液，使塔板效率下降。设计中，应尽量减小液面落差。对于大塔径或液相流量很大时，宜采用双溢流或阶梯溢流。

(4) 塔板上的异常操作现象　前面提到的塔内非理想流动，其中包括漏液、雾沫夹带、气泡夹带将会导致塔板效率下降，严重时引发降液管液泛和雾沫夹带液泛，使塔无法操作。在设计精馏塔时，要尽量降低漏液和反向流动，使之在允许的范围内操作。

为了检验工艺设计的合理性，需进行流体力学验算，其包括单板压降、液泛、雾沫夹带、漏液及液面落差等项目。

2. 塔板的负荷性能图

(1) 负荷性能图的指导意义　板式塔设计完成后需要绘制负荷性能图。该图的指导意义是：检验塔的设计是否合理，指明允许的气液流量范围，了解塔的操作状况和操作弹性，判断增加或降低生产能力的可能性。当塔的操作出现问题时，可从负荷性能图的分析中找到解决问题的办法。

(2) 负荷性能图的结构　负荷性能图由以下线条组成，如图 9-5 所示。

① 雾沫夹带线 1　该线以 $e_V \leqslant 0.1$ kg 液/kg 气为指标。

② 液泛线 2　该线以降液管内清液层 $H_d \leqslant \phi(H_T + h_W)$ 为控制指标。

③ 液相负荷上限线 3　以液体在降液管内停留时间 $\theta \geqslant 3 \sim 5$ s 为限。

④ 漏液(气相负荷下限)线 4　对浮阀塔板以阀孔动能因子 $F_0 = 5 \sim 6$ 为下限；对筛孔 $F_0 = 8 \sim 10$ 为下限。

⑤ 液相负荷下限线 5　以堰上液层厚度 $h_{OW} = 0.006$ m 为负荷下限条件。

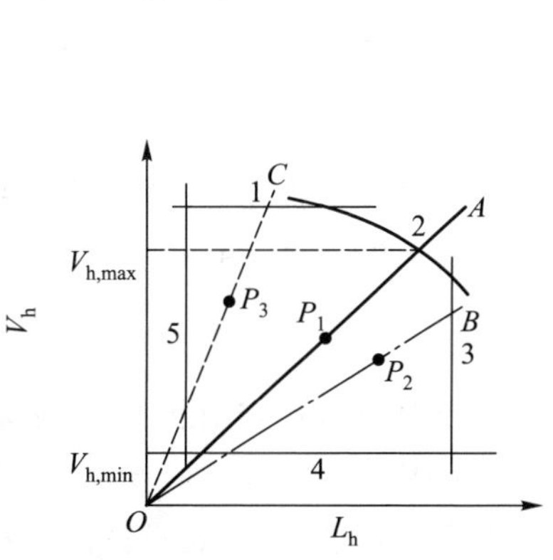

图 9-5　塔板负荷性能图

3. 板式塔的操作分析

由上面五条曲线包围的区域是塔板的适宜操作区。操作时，气相负荷 V 与液相负荷 L 在负荷性能图上的坐标点 P 称为操作点，OP 线称为操作线。图 9-5 中的 OP_1 线为良好设计的操作线，P_1 处于负荷性能图的适中位置。操作线与负荷性能

图上两曲线的交点分别表示塔的气相负荷上、下两个极限。两极限气体流量之比称为塔的操作弹性，即

$$\text{塔的操作弹性}=\frac{V_{h,\max}}{V_{h,\min}} \tag{9-49}$$

根据操作点在负荷性能图中的位置，适当调整精馏塔的结构参数，以使设计趋于优化。例如，加大板间距可使雾沫夹带线和液泛线上移，液相负荷上限线右移；减小开孔率可使漏液线下移；增大降液管面积或调整塔径，都可改进负荷性能图，满足需要的操作弹性。

(五) 板式塔的工艺尺寸计算

板式塔工艺尺寸的计算包括塔高、塔径、溢流装置、塔板布置、开孔率等项目的计算、详细的计算方法见《化工原理课程设计》教材。设计完成后，要进行流体力学验算并绘制负荷性能图，以检验设计的合理性。

示范题解析

【例 9-1】 泡点和露点的计算(试差法)

苯(A)和甲苯(B)可视为理想物系。两纯组分的饱和蒸气压可用安托尼方程计算，即

$$\text{苯(A)}\quad \lg p_A^*=6.031-\frac{1\ 206.35}{t+220.24} \tag{1}$$

$$\text{甲苯(B)}\quad \lg p_B^*=6.078-\frac{1\ 343.94}{t+219.58} \tag{2}$$

式中 p^*——纯组分的饱和蒸气压，kPa；

t——温度，℃。

若混合物中苯的摩尔分数为 0.45，总压为 101.3 kPa。试求该混合物的泡点和露点。

解： (1) 泡点

泡点下，两组分的蒸气压之和等于总压，即

$$p_{总}=p_A+p_B=p_A^* x_A+p_B^*(1-x_A) \tag{3}$$

由于总压已指定，可联立式(1)～式(3)试差确定溶液泡点 t_b。

设 $t_b=93.1$ ℃，由式(1)及式(2)分别求得 $p_A^*=151.7$ kPa，$p_B^*=60.24$ kPa，代入式(3)，得

$$p_{总}=(0.45\times151.7+0.55\times60.24)\ \text{kPa}=101.4\ \text{kPa}$$

求得总压与指定值相符，故溶液泡点确定为 93.1 ℃。

(2) 露点

露点下，气相组成遵循露点方程，即

$$y_A=\frac{p_A^*}{p_{总}}\frac{p_{总}-p_B^*}{p_A^*-p_B^*} \tag{4}$$

同样需通过试差计算。设混合气的露点 $t_d=99.8$ ℃。由式(1)与式(2)分别得到 $p_A^*=$

182.65 kPa 及 $p_B^*=74.14$ kPa，代入式(4)，得

$$y_A=\frac{182.65}{101.3}\cdot\frac{101.3-74.14}{182.65-74.14}=0.4512\approx0.45$$

确定混合气体的露点为 99.8 ℃。

讨论：由上面计算结果看出：(1) 组成一定的混合物，当指定总压力后，其泡点和露点即被唯一确定下来，即温度与总压力具有一一对应关系。

(2) 相同组成的混合物，其泡点低于露点。

【例 9-2】 组成与温度的对应关系及相对挥发度 α 沿塔高的变化

在连续精馏塔中分离苯(A)和甲苯(B)两组分理想溶液。现场测得：塔顶全凝器，第一层理论板的温度计读数为 83 ℃，压力表读数 $p_D=5.4$ kPa；塔釜温度计读数为 112 ℃，压力表读数 $p_2=12.0$ kPa。试计算塔顶、塔釜的两产品组成和相对挥发度。

两纯组分的饱和蒸气压用例 9-1 的安托尼方程计算。当地大气压为 101.3 kPa。

解： 该例为相平衡关系在精馏操作中的应用实例。

(1) 塔顶馏出液的组成及相对挥发度 α_D

对于理论板，气液相组成互为平衡，两相温度相等，塔顶第一层理论板的气相组成即馏出液组成。

将 $t_D=83$ ℃代入安托尼方程求得 $p_A^*=112.9$ kPa 及 $p_B^*=43.29$ kPa，总压力为

$$p_{总,D}=(101.3+5.4)\ \text{kPa}=106.7\ \text{kPa}$$

则
$$x_D=y_1=\frac{p_A^*}{p_总}\cdot\frac{p_总-p_B^*}{p_A^*-p_B^*}=\frac{112.9}{106.7}\cdot\frac{106.7-43.29}{112.9-43.29}=0.964$$

对于理想物系，相对挥发度为

$$\alpha_D=\frac{p_A^*}{p_B^*}=\frac{112.9}{43.29}=2.608$$

(2) 塔釜液组成及相对挥发度 α_W

用塔顶相同的方法计算。将 $t_W=112$ ℃代入安托尼方程求得 $p_A^*=251.2$ kPa，$p_B^*=105.9$ kPa。

$$p_{总,W}=(101.3+12)\ \text{kPa}=113.3\ \text{kPa}$$

则
$$x_W=\frac{p_{总,W}-p_B^*}{p_A^*-p_B^*}=\frac{113.3-105.9}{251.2-105.9}=0.0509$$

$$\alpha_W=\frac{251.2}{105.9}=2.372$$

讨论：由上面计算数据可看出：(1) 在指定压力下，组成与温度具有一一对应关系。工程上，常用容易直接观察的温度来控制产品的组成。

(2) 精馏塔中沿塔高(从塔釜到塔顶)压力从大变小(即 $p_{总,D}<p_{总,W}$)。

(3) 塔内温度从塔顶到塔底逐渐升高(即 $t_W>t_D$)。

(4) 相对挥发度从塔顶向塔底有变小的趋势，工程上常取塔顶、塔底的几何平均值作为全塔的平均值，即

$$\alpha_m=\sqrt{\alpha_D\alpha_W}=\sqrt{2.608\times2.372}=2.487$$

【例 9-3】 惰性气体对相平衡的影响

在真空板式精馏塔中分离乙苯(A)和苯乙烯(B)两组分理想溶液。塔顶操作绝对压力为 6.665 kPa，温度计读数为 58.8 ℃。若保持塔顶总压力不变，气相中漏入空气的分压为 0.666 5 kPa。假设塔顶第一层理论板上的液相组成始终不变，且气相与液相组成保持平衡。试判断漏入空气后温度计读数如何变化？漏入空气前后气相组成和相对挥发度如何变化？

乙苯、苯乙烯纯组分的饱和蒸气压可按下式计算，即

乙苯
$$\lg p_A^*=6.082\,4-\frac{1\,424.225}{t+213.206} \tag{1}$$

苯乙烯
$$\lg p_B^*=6.082\,32-\frac{1\,445.58}{t+209.43} \tag{2}$$

解： 为便于比较，漏入空气前后分别计算有关参数。

(1) 漏入空气前

将 $t=58.8$ ℃代入式(1)与式(2)求得 $p_A^*=7.021$ kPa 及 $p_B^*=4.932$ kPa。理论板上气、液两相组成达到平衡，则

$$x_A=\frac{p_总-p_B^*}{p_A^*-p_B^*}=\frac{6.665-4.932}{7.021-4.932}=0.829\,6$$

$$y_A=\frac{p_A^*}{p_总}x_A=\frac{7.021}{6.665}\times0.829\,6=0.873\,9$$

$$\alpha=\frac{p_A^*}{p_B^*}=\frac{7.021}{4.932}=1.424$$

(2) 漏入空气后

两组分的分压之和为

$$p_A+p_B=p_总-p_{空气}=(6.665-0.666\,5)\text{ kPa}=5.998\,5\text{ kPa}$$

此时，塔顶温度必较漏入空气前降低，现设 $t'=56.45$ ℃，由式(1)及式(2)求得 $p_A^*=6.321$ kPa，$p_B^*=4.419$ kPa。

由于液相组成不变，则

$$(0.829\,6\times6.321+0.170\,4\times4.419)\text{ kPa}=5.996\,9\text{ kPa}\approx5.998\,5\text{ kPa}$$

故温度计读数应为 56.45 ℃(≈56.5 ℃)，则

$$y_A=\frac{6.321}{6.665}\times0.829\,6=0.786\,8$$

$$\alpha=\frac{6.321}{4.419}=1.430$$

讨论：计算结果表明：在总压不变条件下，惰性气体存在，使气相中各组分的分压降低，相当于提高真空度，导致平衡温度下降，但两相仍保持平衡关系，凝液中轻组分的含量应有所提高(0.874 0)。

【例 9-4】 加热温度对于相平衡组成的影响

在密闭容器中加入 200 kg 的苯-甲苯混合液，其中苯的摩尔分数为 0.55。在 100 kPa 的恒压下将溶液分别加热到 91 ℃和 96 ℃，加热后将平衡的气、液两相分离并将气相全部冷凝。试求两种加热温度下冷凝液的量和组成。

两组分的饱和蒸气压可用安托尼方程计算。

解： 气相的组成由相平衡关系确定，气相量由物料衡算求得

$$M_{\mathrm{m}}=[0.55\times78+(1-0.55)\times92]\ \mathrm{kg/kmol}=84.3\ \mathrm{kg/kmol}$$

$$n_{\mathrm{F}}=\left(\frac{200}{84.3}\right)\ \mathrm{kmol}=2.372\ \mathrm{kmol}$$

(1) 加热至 91 ℃时的冷凝液量和组成

将 91 ℃代入安托尼方程求得 $p_{\mathrm{A}}^{*}=142.9\ \mathrm{kPa}$，$p_{\mathrm{B}}^{*}=56.34\ \mathrm{kPa}$。

$$p_{总}=p_{\mathrm{A}}^{*}x_{\mathrm{A}}+p_{\mathrm{B}}^{*}(1-x_{\mathrm{A}})=142.9x_{\mathrm{A}}+56.34\times(1-x_{\mathrm{A}})=100$$

解得 $x_{\mathrm{A}}=0.504\ 4$

$$y_{\mathrm{A}}=\frac{p_{\mathrm{A}}^{*}}{p_{总}}x_{\mathrm{A}}=\frac{142.9}{100}\times0.504\ 4=0.720\ 8$$

冷凝液的量由杠杆规则计算，即

$$n_{\mathrm{D}}=n_{\mathrm{F}}\frac{x_{\mathrm{F}}-x_{\mathrm{A}}}{y_{\mathrm{A}}-x_{\mathrm{A}}}=\left(2.372\times\frac{0.55-0.504\ 4}{0.720\ 8-0.504\ 4}\right)\mathrm{kmol}=0.499\ 8\ \mathrm{kmol}$$

$$M_{\mathrm{D}}=[0.720\ 8\times78+(1-0.720\ 8)\times92]\ \mathrm{kg/kmol}=81.91\ \mathrm{kg/kmol}$$

则

$$m_{\mathrm{D}}=n_{\mathrm{D}}M_{\mathrm{D}}=(0.499\ 8\times81.91)\ \mathrm{kg}=40.94\ \mathrm{kg}$$

(2) 升温至 96 ℃时的冷凝液量和组成

用与(1)相同的方法求得 $p_{\mathrm{A}}^{*}=164.6\ \mathrm{kPa}$，$p_{\mathrm{B}}^{*}=65.97\ \mathrm{kPa}$，$x_{\mathrm{A}}=0.345\ 0$，$y_{\mathrm{A}}=0.567\ 9$。

$$n_{\mathrm{D}}=\left(2.372\times\frac{0.55-0.345}{0.567\ 9-0.345}\right)\ \mathrm{kmol}=2.182\ \mathrm{kmol}$$

$$M_{\mathrm{D}}=[0.567\ 9\times78+(1-0.567\ 9)\times92]\ \mathrm{kg/kmol}=84.05\ \mathrm{kg/kmol}$$

$$m_{\mathrm{D}}=(2.182\times84.05)\ \mathrm{kg}=183.4\ \mathrm{kg}$$

讨论：(1) 当混合液部分汽化时，可获得相应的汽化率，气、液两相呈平衡状态，且 $y_{\mathrm{A}}>x_{\mathrm{A}}$，这是用蒸馏方法分离混合液的理论依据；

(2) 混合液被加热的温度不同，汽化率不同，平衡组成随之改变。温度越高，汽化率越高，气液组成均降低。

【例 9-5】 全塔的物料衡算

在连续精馏塔中分离甲醇(A)水溶液。原料液的处理量为 3 250 kg/h，其中甲醇的摩尔分

数为 0.37(下同),泡点进料,操作回流比为 2.5。要求馏出液中甲醇的收率为 94%,组成为 0.96。试求:

(1) 馏出液和釜残液的流量和组成;

(2) 精馏段、提馏段的气、液两相流量;

(3) 欲获得馏出液 46 kmol/h,其最大可能的组成;

(4) 若保持馏出液组成为 0.96,可能获得的最大馏出液流量。

解:首先将原料液的流量变为摩尔流量

$$M_F=[0.37\times46+(1-0.37)\times18]\ \text{kg/kmol}=28.36\ \text{kg/kmol}$$

$$F=\left(\frac{3\,250}{28.36}\right)\ \text{kmol/h}=114.6\ \text{kmol/h}$$

(1) 两产品的流量和组成

由题给条件

$$Dx_D=0.94\ Fx_F=(0.94\times114.6\times0.37)\ \text{kmol/h}=39.86\ \text{kmol/h}$$

$$D=\left(\frac{39.86}{0.96}\right)\ \text{kmol/h}=41.52\ \text{kmol/h}$$

$$W=F-D=(114.6-41.52)\ \text{kmol/h}=73.08\ \text{kmol/h}$$

$$x_W=\frac{114.6\times0.37-39.86}{73.08}=0.034\,8$$

(2) 塔内两段的气、液两相流量

$$L=RD=(2.5\times41.52)\ \text{kmol/h}=103.8\ \text{kmol/h}$$

$$V=(R+1)D=(3.5\times41.52)\ \text{kmol/h}=145.3\ \text{kmol/h}$$

泡点进料时,$q=1$

$$L'=L+qF=(103.8+114.6)\ \text{kmol/h}=218.4\ \text{kmol/h}$$

$$V'=V=145.3\ \text{kmol/h}$$

(3) 馏出液可能的最高组成

假如理论板层数为无穷多,轻组分的收率达 100%,则

$$x_{D,\max}=\frac{Fx_F}{D'}=\frac{114.6\times0.37}{46}=0.921\,8$$

(4) 最大馏出液流量

如(3)的假设,甲醇收率为 100%,则

$$D_{\max}=\left(\frac{114.6\times0.37}{0.96}\right)\ \text{kmol/h}=44.17\ \text{kmol/h}$$

讨论:馏出液的流量和组成受全塔物料平衡的制约,即 $Dx_D\leqslant Fx_F$。精馏段、提馏段的气、液两相流量由 F、D、q 及 R 所决定。

【例 9-6】 精馏段、提馏段操作线方程的推导

在常压连续精馏塔中分离两组分理想溶液，物系的平均相对挥发度为 2.0。馏出液组成为 0.94(摩尔分数，下同)，釜残液组成为 0.04，釜残液流量为 150 kmol/h。操作回流比为最小回流比的 1.2 倍。且已知进料方程为 $y=6x-1.5$。试求精馏段操作线方程和提馏段操作线方程。

解： 为推导两操作线方程，需确定进料热状况，计算 $R_{\min}$，再通过全塔物料衡算求得 F、D。

由 q 线方程可知

$$\frac{q}{q-1}=6 \qquad q=1.2$$

$$\frac{x_F}{q-1}=1.5 \qquad x_F=0.3$$

$$R_{\min}=\frac{x_D-y_q}{y_q-x_q}$$

y_q 与 x_q 由联立 q 线方程与平衡方程求解，即

$$y_q=\frac{\alpha x_q}{1+(\alpha-1)x_q}=\frac{2x_q}{1+x_q}$$

$$y_q=6x_q-1.5$$

解得 $y_q=0.5$，$x_q=0.333\ 3$

则

$$R_{\min}=\frac{0.94-0.5}{0.5-0.333\ 3}=2.64$$

$$R=1.2\times2.64=3.168$$

又由全塔物料衡算知

$$D=F\frac{x_F-x_W}{x_D-x_W}=\frac{0.3-0.04}{0.94-0.04}F=0.288\ 9F$$

$$F=D+W=0.288\ 9F+150$$

解得 $F=210.9$ kmol/h，$D=60.9$ kmol/h

(1) 精馏段操作线方程

$$y=\frac{R}{R+1}x+\frac{x_D}{R+1}=\frac{3.168}{3.168+1}x+\frac{0.94}{3.168+1}=0.76x+0.226$$

(2) 提馏段操作线方程

$$L'=RD+qF=(3.168\times60.9+1.2\times210.9)\ \text{kmol/h}=446.0\ \text{kmol/h}$$

$$V'=L'-W=(446.0-150)\ \text{kmol/h}=296.0\ \text{kmol/h}$$

$$y=\frac{L'}{V'}x-\frac{W}{V'}x_W=\frac{446.0}{296.0}x-\frac{150}{296.0}\times0.04=1.507x-0.020\ 2$$

讨论：推导操作线方程的关键是确定 R、D、F 及 q 值，进而计算提馏段的气、液相流量(负荷)。要注意两操作线斜率和截距数据的区别。

【例 9-7】 由操作线方程和 q 线方程计算组分的收率

在连续精馏塔中分离 A、B 两组分混合液。进料量为 100 kmol/h，进料组成下料液泡点为 90 ℃，进料温度为 40 ℃。料液的汽化热为 370 kJ/kg，比热容为 1.842 kJ/(kg·℃)。已知操作线方程为

精馏段 $$y=0.76x+0.23 \tag{1}$$

提馏段 $$y=1.2x-0.02 \tag{2}$$

试求轻组分在馏出液中的收率。

解：轻组分在馏出液中的收率为

$$\eta_D=\frac{Dx_D}{Fx_F}\times 100\%$$

除 F 外，其他参数需通过操作线方程和 q 线方程联立求解。

方程(1)和对角线方程联立可求得 x_D，即

$$y=0.76x+0.23$$
$$y=x$$

解得 $x_D=0.958\,3$

同理，方程(2)和对角线方程联立求得 $x_W=0.10$。

联立两操作线方程确定其交点 x_d 与 y_d 值，即

$$x_d=0.568\,2,\quad y_d=0.661\,8$$

原料液的组成需由 q 线方程求解。

$$q=1+\frac{c_p(t_b-t_F)}{r}=1+\frac{1.842\times(90-40)}{370}=1.249$$

q 线方程为

$$y=\frac{q}{q-1}x-\frac{x_F}{q-1}=\frac{1.249}{0.249}x-\frac{x_F}{0.249}=5.016x-4.016x_F$$

将 x_d、y_d 值代入上式解得

$$x_F=0.544\,9$$

$$D=F\,\frac{x_F-x_W}{x_D-x_W}=\left(100\times\frac{0.544\,9-0.10}{0.958\,3-0.10}\right)\ \text{kmol/h}=51.84\ \text{kmol/h}$$

$$\eta_D=\frac{51.84\times 0.958\,3}{100\times 0.544\,9}\times 100\%=91.17\%$$

讨论：求组分的收率需要确定 F、x_F、D、x_D 等参数。x_D 由精馏段操作线方程、x_F 由 q 线方程求得，D 则需由全塔物料衡算求得。既然 x_F 需由 q 线方程求解，不同进料热状况将会得到不同 x_F 值，进而影响 D 和 η_D。若改为泡点进料，则 $x_F=x_d=0.568\,2$，$D=54.55$ kmol/h，$\eta_D=92.0\%$。

【例 9-8】 塔顶回流液温度对于操作线方程的影响

在连续精馏塔中分离 A、B 两组分理想溶液。料液处理量为 120 kmol/h，泡点进料，其组成

为 0.48(轻组分的摩尔分数,下同)。操作回流比为 2,要求馏出液组成为 0.94,轻组分收率 95%。物料的平均相对挥发度为 2.48。试分别计算泡点(t_b=83 ℃)和 50 ℃回流下精馏段和提馏段操作线方程。

回流液的汽化热为 3.2×10^4 kJ/kmol,平均比热容为 140 kJ/(kmol·℃)。

解: 通常的回流比是指从全凝器回流至塔顶的液体量。不同的回流液温度,导致塔内的实际液体流量发生变化。操作线方程应按塔内的实际气、液两相流量计算。

首先作全塔物料衡算以确定各流股的流量。由题给条件知

$$D=\frac{\eta_D F x_F}{x_D}=\left(\frac{0.95\times120\times0.48}{0.94}\right)\ \text{kmol/h}=58.21\ \text{kmol/h}$$

$$W=F-D=(120-58.21)\ \text{kmol/h}=61.79\ \text{kmol/h}$$

$$x_W=\frac{Fx_F(1-\eta_D)}{W}=\frac{120\times0.48\times(1-0.95)}{61.79}=0.0466$$

(1) 泡点回流下的操作线方程

此情况下精馏段的回流液量与全凝器回到塔顶液量相同,则

精馏段
$$y=\frac{R}{R+1}x+\frac{x_D}{R+1}=\frac{2}{1+2}x+\frac{0.94}{1+2}=0.667x+0.3133$$

提馏段
$$y=\frac{RD+qF}{RD+qF-W}x-\frac{Wx_W}{RD+qF-W}$$
$$=\frac{2\times58.21+1\times120}{2\times58.21+1\times120-61.79}x-\frac{61.79\times0.0466}{2\times58.21+1\times120-61.79}$$
$$=1.354x-0.0165$$

(2) 50 ℃回流下的操作线方程

回流液的热状况参数为

$$q_R=1+\frac{c_p(t_b-t_c)}{r}=1+\frac{140\times(83-50)}{3.2\times10^4}=1.144$$

精馏段实际的气、液两相流量分别为

$$L=q_R RD=(1.144\times2\times58.21)\ \text{kmol/h}=133.2\ \text{kmol/h}$$

$$V=L+D=(133.2+58.21)\ \text{kmol/h}=191.4\ \text{kmol/h}$$

精馏段
$$y=\frac{L}{V}x+\frac{Dx_D}{V}=\frac{133.2}{191.4}x+\frac{58.21\times0.94}{191.4}=0.696x+0.2859$$

提馏段
$$y=\frac{L+qF}{L+qF-W}x-\frac{Wx_W}{L+qF-W}$$
$$=\frac{133.2+1\times120}{133.2+1\times120-61.79}x-\frac{61.79\times0.0466}{133.2+1\times120-61.79}$$
$$=1.323x-0.015$$

讨论:计算结果表明,在相同的外回流比下,回流液体温度越低,塔内实际循环的物料量越

大，两操作线偏离平衡线越远，传质推动力越大，因此所需理论板数越少，其代价是需要消耗更多的能量。

【例 9-9】 进料热状况对 $R_{\min}$ 及 N_T 的影响

在常压连续精馏塔中分离苯-甲苯混合液，原料液的组成为 0.5（苯的摩尔分数，下同），要求馏出液组成为 0.97，釜液组成为 0.04。试分别计算如下三种进料热状况的 $R_{\min}$ 和 N_T。

(1) 40 ℃进料；(2) 泡点进料；(3) 露点进料。

操作条件下，物系的平均相对挥发度为 2.48，料液泡点 92 ℃，汽化热为 360 kJ/kg，比热容为 1.85 kJ/(kg·℃)。操作回流比为 2.2。

解：本例用吉利兰简捷法求解。

(1) 40 ℃进料的 $R_{\min}$ 和 N_T

$$q=1+\frac{c_p(t_b-t_F)}{r}=1+\frac{1.85\times(92-40)}{360}=1.267$$

q 线方程为

$$y=\frac{q}{q-1}x-\frac{x_F}{q-1}=4.745x-1.873 \tag{1}$$

相平衡方程为

$$y=\frac{\alpha x}{1+(\alpha-1)x}=\frac{2.48x}{1+1.48x} \tag{2}$$

联立式(1)及式(2)，解得

$$x_q=0.5538 \qquad y_q=0.7547$$

于是

$$R_{\min}=\frac{x_D-y_q}{y_q-x_q}=\frac{0.97-0.7547}{0.7547-0.5538}=1.072$$

最少理论板用芬斯克方程计算，即

$$N_{\min}=\frac{1}{\ln\alpha}\ln\left[\left(\frac{x_D}{x_D}\right)\left(\frac{x_W}{x_W}\right)\right]-1$$

$$=\frac{1}{\ln 2.48}\times\ln\left[\left(\frac{0.97}{1-0.97}\right)\left(\frac{1-0.04}{0.04}\right)\right]-1=6.33\text{（不含再沸器）}$$

$$X=\frac{R-R_{\min}}{R+1}=\frac{2.2-1.072}{2.2+1}=0.3525$$

$$Y=0.545827-0.591422X+0.002743/X$$

$$=0.545827-0.591422\times0.3525+0.002743/0.3525=0.3451$$

即

$$Y=\frac{N-N_{\min}}{N+2}=\frac{N-6.33}{N+2}=0.3451$$

解得 $N=10.72$（不含再沸器）

(2) 泡点进料的 $R_{\min}$ 及 N_T

泡点进料时，$q=1$，$x_q=x_F=0.5$

$$y_q=\frac{\alpha x_F}{1+(\alpha-1)x_F}=\frac{2.48\times 0.5}{1+1.48\times 0.5}=0.7126$$

$$R_{min}=\frac{0.97-0.7126}{0.7126-0.5}=1.21$$

同样

$$X=\frac{2.2-1.21}{1+2.2}=0.3094$$

$$Y=0.545827-0.591422\times 0.3094+\frac{0.002743}{0.3094}=0.3717$$

$$Y=\frac{N-6.33}{N+2}=0.3717$$

解得　$N=11.26$

(3) 露点进料的 R_{min} 和 N_T

露点进料时，$q=0$，$y_q=0.5$

$$x_q=\frac{y_q}{y_q+\alpha(1-y_q)}=\frac{0.5}{0.5+2.48\times 0.5}=0.2874$$

$$R_{min}=\frac{0.97-0.5}{0.5-0.2874}=2.21$$

由于 $R\approx R_{min}$，达到指定分离程度需要无穷多层理论板。

将计算结果列于本例附表以示比较。

例 9-9 附表

进料热状况	q	R_{min}	R	N_{min}	N_T
40 ℃冷料	1.267	1.072	2.2	6.33	10.72
泡点	1	1.21	2.2	6.33	11.26
露点	0	2.21	2.2	6.33	∞

讨论：由本例计算结果看出：(1) q 值减小，相应的 R_{min} 加大，在相同 R 下，所需理论板层数增加，当 $R=R_{min}$ 时，$N_T=\infty$；

(2) 全回流下所需理论板层数最少，与进料热状况无关；

(3) 随着 q 值的加大，再沸器的热负荷加大。

【例 9-10】　进料组成对 R_{min} 及 N_T 的影响

对[例 9-9]的分离物系，若料液组成降低至 0.35，泡点进料，分离程度及操作回流比不变，试计算 R_{min} 及 N_T。

解： 用和[例 9-9]相同的计算程序分别求 R_{min} 与 N_T。

泡点进料时，$q=1$，$x_q=x_F=0.35$

$$y_q=\frac{2.48\times 0.35}{1+1.48\times 0.35}=0.5718$$

$$R_{min}=\frac{0.97-0.5718}{0.5718-0.35}=1.795$$

$$X=\frac{2.2-1.795}{2.2+1}=0.126\ 6$$

$$Y=0.545\ 827-0.591\ 422\times0.126\ 6+\frac{0.002\ 743}{0.126\ 6}=0.499\ 6$$

又
$$Y=\frac{N-6.33}{N+2}=0.499\ 6$$

解得 $N=14.42$(不含再沸器)

讨论：和[例 9-9]的 $x_F=0.5$(泡点进料)相比，R_{min}和 N_T 均加大，这是由于进料组成降低而分离程度要求不变，分离难度加大所致。

【例 9-11】 带分凝器的精馏计算和液相默弗里单板效率

在连续精馏塔中分离两组分理想溶液。塔顶设置全凝器和分凝器，分凝器向塔顶提供泡点回流液，从全凝器得到馏出液产品。原料液的处理量为 160 kmol/h，其组成为 0.55(易挥发组分的摩尔分数，下同)，泡点进料。已测得与进料呈平衡的气相组成为 0.71。要求馏出液的组成为 0.95，釜残液组成为 0.04，精馏段操作气液比为 1.4。试求：

(1) 塔顶馏出液中易挥发组分的收率；

(2) 操作回流比与最小回流比的比值；

(3) 离开塔顶第一层理论板的气、液相组成；

(4) 若塔顶第一层板的液相默弗里单板效率为 0.6，再求离开该板气、液相组成。

解：本例包括了全塔总物料衡算、平衡方程、操作线方程、单板效率及 R_{min}的计算等，属综合性练习题。

(1) 易挥发组分的收率

$$\eta_D=\frac{Dx_D}{Fx_F}\times100\%$$

式中
$$D=F\frac{x_F-x_W}{x_D-x_W}=\left(160\times\frac{0.55-0.04}{0.95-0.04}\right)\ \text{kmol/h}=89.7\ \text{kmol/h}$$

则
$$\eta_D=\frac{89.7\times0.95}{160\times0.55}\times100\%=96.8\%$$

(2) 操作回流比与最小回流比的比值

由题给条件

$$\frac{V}{L}=\frac{R+1}{R}=1.4 \qquad R=2.5$$

$$R_{min}=\frac{x_D-y_q}{y_q-x_q}=\frac{0.95-0.71}{0.71-0.55}=1.5$$

$$\frac{R}{R_{min}}=\frac{2.5}{1.5}=1.667$$

(3) 离开塔顶第一层理论板的气、液相组成

由进料的平衡数据求物系的平均相对挥发度，即

$$0.71=\frac{0.55\alpha}{1+(\alpha-1)\times 0.55} \qquad \alpha=2.0$$

在分凝器，回流液与馏出液在组成上互呈平衡，则回流液组成为

$$x_L=\frac{x_D}{x_D+\alpha(1-x_D)}=\frac{0.95}{0.95+2\times(1-0.95)}=0.904\,8$$

用精馏段操作线方程求离开第一层理论板的气相组成，即

$$y_1=\frac{R}{R+1}x_L+\frac{x_D}{R+1}=\frac{2.5}{1+2.5}\times 0.904\,8+\frac{0.95}{1+2.5}=0.917\,7$$

离开第一层理论板的液相组成由平衡方程计算，即

$$x_1^*=\frac{y_1}{y_1+\alpha(1-y_1)}=\frac{0.917\,7}{0.917\,7+2\times(1-0.917\,7)}=0.847\,9$$

(4) 离开第一层实际板的气、液相组成

为保证馏出液组成，离开第一层实际板的气相组成 y_1 仍为 0.917 7，液相实际组成由液相默弗里单板效率求解，即

$$E_{ML}=\frac{x_L-x_1}{x_L-x_1^*}=0.6$$

将 $x_L=0.904\,8$、$x_1^*=0.847\,9$ 代入上式解得

$$x_1=0.870\,7$$

讨论：本例的解题要点是确定全塔平均相对挥发度和精馏段操作线方程，并掌握单板效率的计算。

离开第一层理论板的气相组成 y_1 既可由精馏段操作线方程计算，也可由分凝器的物料衡算求得，即

$$Vy_1=Dx_D+Lx_L$$

分凝器相当于一层理论板的分离效果。

【例 9-12】 气相与液相默弗里单板效率的比较

对[例 9-11]分离装置，若第一层实际板的气相默弗里单板效率也为 0.6，试求离开该板的气、液相组成，并比较实际板、理论板时进入该层塔板的气相组成 y_2 的差异。

解： 本例实质是比较气、液相默弗里单板效率的差异。

当 $E_{MV}=0.6$ 时，y_1 仍为 0.917 7，而 x_1 则需通过操作线方程、平衡方程及单板效率方程联立求解离开第一层实际板的气、液相组成。

$$E_{MV}=\frac{y_1-y_2}{y_1^*-y_2}=0.6 \qquad (1)$$

$$y_2=\frac{R}{R+1}x_1+\frac{x_D}{R+1}=\frac{2.5}{3.5}x_1+\frac{0.95}{3.5}=0.714\,3x_1+0.271\,4 \qquad (2)$$

$$y_1^* = \frac{2x_1}{1+x_1} \tag{3}$$

将 $y_1=0.9177$ 及式(2)、式(3)代入式(1)，解得

$$x_1=0.8736$$
$$y_2=0.8954$$

当 $E_{ML}=0.6$ 时，$x_1=0.8707$

$$y_2=0.7143\times0.8707+0.2714=0.8933$$

对于理论板，$x_1^*=0.8479$

$$y_2=0.7143\times0.8479+0.2714=0.8771$$

为了便于比较，将计算结果列于本例附表中。

例 9-12 附表 理论板和实际板的比较

塔板	y_1	x_1	y_2
理论板	0.917 7	0.847 9	0.877 1
$E_{ML}=0.6$	0.917 7	0.879 7	0.893 3
$E_{MV}=0.6$	0.917 7	0.873 6	0.895 4

讨论：由附表数据看出，为保证馏出液组成 $x_D=0.95$，y_1 均应等于 0.917 7。由于理论板的分离效果最好，故在 y_1 相同条件下，x_1 和 y_2 均为最小。当数值上 $E_{MV}=E_{ML}$ 时，在本例条件下，前者($E_{MV}=0.6$)分离效果优于后者。换句话说，当离开某实际板的气、液相组成相同时，E_{MV}与 E_{ML}将具有不同数值。

【例 9-13】 只有精馏段的连续操作精馏塔(逐板法求 N_T)

组成为 0.3(轻组分的摩尔分数，下同)的两组分混合物以露点直接进入精馏塔最下一层塔板的下方进行连续精馏分离。要求馏出液组成为 0.95，塔底产品组成不高于 0.20，物系的平均相对挥发度为 3.14。试求：

(1) 操作线方程；

(2) 操作回流比与最小回流比的比值；

(3) 所需理论板层数；

(4) 若塔板层数为无穷多，则塔底可达到的最低组成为何值。

解：(1) 操作线方程

本塔只有精馏段，关键是确定回流比。

$$y=\frac{R}{R+1}x+\frac{x_D}{R+1}$$

在露点进料下，$q=0$，$y_F=0.3$，$x_n=x_W=0.2$，则有

$$0.3=\frac{R}{R+1}\times0.2+\frac{0.95}{R+1}$$

解得 $R=6.5$

则 $y=\frac{6.5}{6.5+1}x+\frac{0.95}{6.5+1}=0.8667x+0.1267$

（2）操作回流比与最小回流比的比值

$$R_{min}=\frac{x_D-y_F}{y_F-x_q}$$

$$x_q=\frac{y_F}{y_F+\alpha(1-y_F)}=\frac{0.3}{0.3+3.14\times(1-0.3)}=0.12$$

于是

$$R_{min}=\frac{0.95-0.3}{0.3-0.12}=3.61$$

$$\frac{R}{R_{min}}=\frac{6.5}{3.61}=1.8$$

（3）理论板层数

用逐板法求解理论板层数

对于塔顶全凝器，$y_1=x_D$，由平衡方程得

$$x_1=\frac{x_D}{x_D+\alpha(1-x_D)}=\frac{0.95}{0.95+3.14\times(1-0.95)}=0.8582$$

由操作线方程求 y_2，即

$$y_2=0.8667\times0.8582+0.1267=0.8705$$

交替使用平衡方程和操作线方程，计算结果见本例附表。

例 9-13 附表　逐板法求理论板层数

基本关系	1	2	3	4	5
$x_i=\frac{y_i}{y_i+\alpha(1-y_i)}$	0.858 2	0.681 6	0.447 0	0.252 0	0.143 8
$y_{n+1}=0.8667x_n+0.1267$	0.950	0.870 5	0.717 4	0.514 2	0.345 2

可见，五层理论板即可满足分离要求。

（4）塔底产品的最低组成

当理论板层数为无穷多时，离开塔底最下一层塔板的液体与进塔气体达到平衡，则

$$x_W=x_q=\frac{0.3}{0.3+3.14(1-0.3)}=0.12$$

讨论：本例为饱和蒸汽直接进入塔底，故不需要再沸器，求算的理论板层数（5 层）不需要减 1。由于没有提馏段，塔底液相产品的最低极限是与进塔气相呈平衡，轻组分的收率受此条件限制。

【例 9-14】 直接蒸汽加热的提馏塔和间接蒸汽加热的比较

在提馏塔中用直接蒸汽加热方法回收氨水中的氨。料液的处理量为 50 kmol/h,其中氨的组成为 0.11(摩尔分数,下同),冷液进入塔顶($q=1.2$),要求氨的收率不低于 94%,蒸汽用量为最小用量的 1.6 倍,塔顶无回流。

操作范围内的平衡关系为

$$y=2.5x$$

试求:

(1) 塔顶、塔底产品的流量和组成;

(2) 提馏塔的操作线方程;

(3) 若改为间接蒸汽加热,要求获得和直接蒸汽加热相同的馏出液组成,再写出操作线方程。

解:(1) 两产品的流量和组成

先由平衡方程和 q 线方程联立求蒸汽的最小用量。

q 线方程 $$y=\frac{q}{q-1}x-\frac{x_F}{q-1}=\frac{1.2}{1.2-1}x-\frac{0.11}{1.2-1}=6x-0.55$$

平衡方程 $$y=2.5x$$

解得 $x=0.157\,1 \quad y=x_{D,\max}=0.392\,8$

由要求的收率可得

$$D_{\min}=\frac{\eta_D F x_F}{x_{D,\max}}=\left(\frac{0.94\times50\times0.11}{0.392\,8}\right)\ \text{kmol/h}=13.16\ \text{kmol/h}$$

$$(V_0)_{\min}=D_{\min}+(q-1)F=[13.16+(1.2-1)\times50]\ \text{kmol/h}=23.16\ \text{kmol/h}$$

$$V_0=(1.6\times23.16)\ \text{kmol/h}=37.06\ \text{kmol/h}$$

$$W=qF=(1.2\times50)\ \text{kmol/h}=60\ \text{kmol/h}$$

$$x_W=\frac{Fx_F(1-\eta_D)}{W}=\frac{50\times0.11\times0.06}{60}=0.005\,5$$

$$D=F+V_0-W=(50+37.06-60)\ \text{kmol/h}=27.06\ \text{kmol/h}$$

$$x_D=\frac{0.94\times50\times0.11}{27.06}=0.191$$

(2) 操作线方程

$$y=\frac{W}{V_0}(x-x_W)=\frac{60}{37.06}(x-0.005\,5)=1.62x-0.008\,9$$

(3) 间接蒸汽加热的操作线方程

当 x_D、η_D 和直接蒸汽加热相同时,D 应为 27.06 kmol/h,则

$$V'=D+(q-1)F=V_0=37.06\ \text{kmol/h}$$

$$L'=qF=60\ \text{kmol/h}$$

$$W=L'-V'=(60-37.06)\ \text{kmol/h}=22.94\ \text{kmol/h}$$

$$x_W=\frac{Fx_F(1-\eta_D)}{W}=\frac{50\times0.11\times0.06}{22.94}=0.0144$$

操作线方程为

$$y=\frac{L'}{V'}x-\frac{Wx_W}{V'}=\frac{60}{37.06}x-\frac{22.94\times0.0144}{37.06}=1.62x-0.0089$$

讨论：本例有两个特点，即精馏塔只有提馏段（无回流）和直接蒸汽加热，当 F、x_F、η_D、x_D 相同时，直接蒸汽加热与间接蒸汽加热两种方法比较见本例附表。

例 9-14 附表　直接蒸汽加热与间接蒸汽加热的比较

直接蒸汽加热		间接蒸汽加热
$L'=60$ kmol/h	=	$L'=60$ kmol/h
$V'=37.06$ kmol/h	=	$V'=37.06$ kmol/h
$W'=60$ kmol/h	>	$W=22.94$ kmol/h
$x'_W=0.0055$	<	$x_W=0.0144$
N_T	>	N_T

两种加热方式下，具有相同的操作线方程，但两者在 $y-x$ 相图上的下端点不同，如本例附图所示。

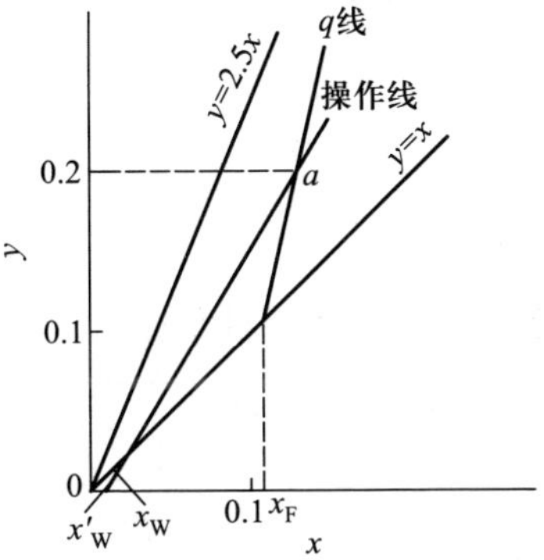

例 9-14 附图

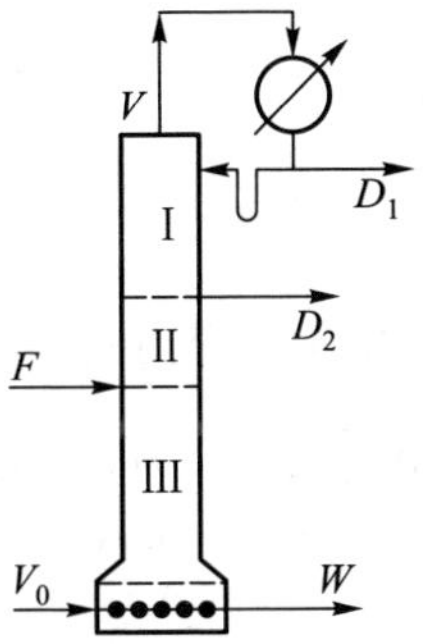

例 9-15 附图

【例 9-15】 具有侧线产品采出的精馏过程的计算

在具有侧线采出的连续精馏塔中分离两组分理想溶液，流程如本例附图所示。原料液处理量为 100 kmol/h，其组成为 0.4（轻组分的摩尔分数，下同），露点进料，物系的平均相对挥发度为 2。要求塔顶和侧线两个产品的组成分别为 0.95 和 0.6；塔底产品组成为 0.04，其流量为 114.3 kmol/h。塔底直接蒸汽加热，且蒸汽通入速率为 1 080 kg/h。试求：

（1）塔顶和侧线产品的流量及轻组分的总收率；

（2）操作回流比与最小回流比的比值；

（3）侧口与进料口塔段的操作线方程。

解： $$V_0=\left(\frac{1\,080}{18}\right)\ \text{kmol/h}=60\ \text{kmol/h}$$

(1) 两股馏出液的流量与轻组分总收率

轻组分的总收率为

$$\eta_D=\frac{Fx_F-Wx_W}{Fx_F}\times100\%=\frac{100\times0.4-114.3\times0.04}{100\times0.4}\times100\%=88.57\%$$

$$D_1x_{D1}+D_2x_{D2}=\eta_D Fx_F$$

即 $$0.95D_1+0.6D_2=(0.885\,7\times100\times0.4)\ \text{kmol/h}=35.43\ \text{kmol/h}$$

$$D_1+D_2=F+V_0-W=(100+60-114.3)\ \text{kmol/h}=45.7\ \text{kmol/h}$$

解得 $D_1=22.89$ kmol/h 及 $D_2=22.81$ kmol/h

(2) 操作回流比与最小回流比的比值

$$V=F+V_0=(100+60)\ \text{kmol/h}=160\ \text{kmol/h}$$

又 $$V=(R+1)D_1=(R+1)\times22.89$$

解得 $R=5.99$

最小回流比应在Ⅰ、Ⅱ段和Ⅱ、Ⅲ段操作线交点分别计算，取其中较大者作为全塔最小回流比。先假设夹紧点出现Ⅰ、Ⅱ段操作线交点，则

$$R_{min1}=\frac{x_D-y_{q1}}{y_{q1}-x_{q1}}$$

$$x_{q1}=0.6$$

$$y_{q1}=\frac{2\times0.6}{1+(2-1)\times0.6}=0.75$$

$$R_{min1}=\frac{0.95-0.75}{0.75-0.6}=1.333$$

再从Ⅱ、Ⅲ段操作线交点计算 R_{min2}。以提馏段操作线的最大斜率计算 R_{min2}，即

$$\left(\frac{W}{V_0}\right)_{max}=\frac{R_{min2}D_1-D_2}{(R_{min2}+1)D_1-F}=\frac{22.89R_{min2}-22.81}{(R_{min}+1)\times22.89-100}=\frac{y_{q2}-0}{x_{q2}-x_W}$$

式中 $$y_{q2}=y_F=0.4$$

$$x_{q2}=\frac{0.4}{0.4+2\times(1-0.4)}=0.25$$

将 y_{q2} 及 x_{q2} 代入上式解得

$$R_{min2}=5.99$$

本例条件下，操作回流比与最小回流比在数值上相等。

(3) 第Ⅱ段操作线方程(最小回流比下的操作线方程)

$$y_{s+1}=\frac{L_s}{V_s}x_s+\frac{D_1x_{D1}+D_2x_{D2}}{V_s}$$

$$L_s = RD_1 - D_2 = (5.99 \times 22.89 - 22.81)\ \text{kmol/h} = 114.3\ \text{kmol/h}$$

$$V_s = F + V_0 = 160\ \text{kmol/h}$$

则
$$y_{s+1} = \frac{114.3}{160}x_s + \frac{22.89 \times 0.95 + 22.81 \times 0.6}{160} = 0.714\,4x_s + 0.221\,4$$

讨论：本例为直接蒸汽加热的带侧线产品采出的精馏塔。对饱和液体侧线采出，最小回流比通常出现在第Ⅱ、Ⅲ段两操作线交点处。R_{min}的计算可从提馏段操作线的最大斜率求得，也可从侧线操作线与平衡方程联立求得。

本例条件下，精馏塔是在最小回流比下操作，将需要无穷多层理论板。

【例 9-16】 进料口位置对馏出液流量的影响

在连续精馏塔中分离乙苯(A)-苯乙烯(B)混合液。塔顶全凝器，塔内有足够层理论板，总板效率为 0.6。从塔顶往下数第 21 层和第 24 层实际板设置两个进料口。原料液的组成为 0.6 (乙苯的摩尔分数)，其处理量为 26 kmol/h，泡点进料。要求馏出液的组成为 0.95，从塔釜上升的气量为 73 kmol/h。物系的平均相对挥发度为 1.45。试求馏出液中乙苯的最大收率。

解：在 x_D、x_F 及 V' 一定条件下，欲获得乙苯的最大收率，就要增大馏出液的采出量。将进料口选在第 24 层实际板(精馏段 23 层实际板)可减少操作回流比，以增大馏出液流量。用吉利兰简捷法计算如下：

$$N_{T1} = 0.6 \times 23 = 13.8$$

对于泡点进料(即 $q=1$)，$x_q = x_F = 0.6$

$$y_q = \frac{\alpha x_F}{1+(\alpha-1)x_F} = \frac{1.45 \times 0.6}{1+(1.45-1)\times 0.6} = 0.685$$

$$R_{min} = \frac{x_D - y_q}{y_q - x_q} = \frac{0.95 - 0.685}{0.685 - 0.6} = 3.117$$

$$N_{min1} = \frac{1}{\ln\alpha}\ln\left[\left(\frac{x_D}{1-x_D}\right)\left(\frac{1-x_F}{x_F}\right)\right] - 1 = \frac{1}{\ln 1.45}\times\ln\left[\left(\frac{0.95}{1-0.95}\right)\times\left(\frac{1-0.6}{0.6}\right)\right] - 1 = 5.83$$

$$Y = \frac{N_1 - N_{min1}}{N_1 + 2} = \frac{13.8 - 5.83}{13.8 + 2} = 0.504\,43$$

又
$$Y = 0.545\,827 - 0.591\,422X + 0.002\,743/X = 0.504\,43$$

解得 $X = 0.111\,6 = \dfrac{R - R_{min}}{R+1}$

$$R = 3.634$$

$$D = \frac{V}{R+1} = \left(\frac{73}{3.634+1}\right)\ \text{kmol/h} = 15.75\ \text{kmol/h}$$

$$\eta_D = \frac{Dx_D}{Fx_F} \times 100\% = \frac{15.75 \times 0.95}{26 \times 0.6} \times 100\% = 95.91\%$$

讨论：在 x_F、x_D、q、V' 一定条件下，进料位置和回流比相对应，本例选择第 24 层实际板，对应 $R=3.634$；若选择第 21 层实际板，对应 $R=4.152$。由于再沸器上升气量一定，R 减小，D 便可增大，收率便大。读者可计算，选定第 21 层塔板进料，馏出液流量为 14.17 kmol/h，收率只有

86.3%。但其前提条件是精馏塔中有足够的塔板层数，在较小回流比下操作能保证分离程度的要求。

【例 9-17】 总板效率的计算

在具有 31 层实际板的常压连续精馏塔中回收丙酮含量为 75%（摩尔分数，下同）的废丙酮溶媒。塔顶全凝器，泡点回流，塔底再沸器间接蒸汽加热，物系的平均相对挥发度为 1.8。现场测得一组数据如下：

馏出液组成 0.963　　釜残液组成 0.04

精馏段气相负荷 60 kmol/h　　精馏段液相负荷 40 kmol/h

提馏段气相负荷 60 kmol/h　　提馏段液相负荷 66 kmol/h

试求：

(1) 丙酮的回收率；

(2) 进料的热状况；

(3) 精馏塔的总板效率。

解：(1) 丙酮的回收率

$$\eta=\frac{Dx_D}{Fx_F}\times 100\% \tag{1}$$

式中

$$D=V-L=(60-40)\ \text{kmol/h}=20\ \text{kmol/h}$$

$$W=L'-V'=(66-60)\ \text{kmol/h}=6\ \text{kmol/h}$$

$$F=D+W=(20+6)\ \text{kmol/h}=26\ \text{kmol/h}$$

将已知数代入式(1)得到

$$\eta_D=\frac{20\times 0.963}{26\times 0.75}\times 100\%=98.77\%$$

(2) 进料的热状况

由于

$$V=V'=60\ \text{kmol/h}$$

故　$q=1$ 即泡点进料

由 $L'=L+qF$ 也可得相同结论。

(3) 总板效率

用吉利兰简捷法求解理论板层数。

$$R=\frac{L}{D}=\frac{40}{20}=2$$

$$R_{\min}=\frac{x_D-y_q}{y_q-x_q}$$

在泡点进料下，$x_q=x_F=0.75$

$$y_q=\frac{\alpha x_F}{1+(\alpha-1)x_F}=\frac{1.8\times 0.75}{1+0.8\times 0.75}=0.843\,8$$

则 $$R_{\min}=\frac{0.963-0.8438}{0.8438-0.75}=1.271$$

$$N_{\min1}=\frac{1}{\ln\alpha}\ln\left[\left(\frac{x_D}{1-x_D}\right)\left(\frac{1-x_W}{x_W}\right)\right]-1=\frac{1}{\ln1.8}\times\ln\left[\left(\frac{0.963}{1-0.963}\right)\times\left(\frac{1-0.04}{0.04}\right)\right]-1=9.95$$

$$X=\frac{R-R_{\min}}{R+1}=\frac{2-1.271}{1+2}=0.243$$

又 $$Y=\frac{N-N_{\min}}{N+2}=0.545827-0.591422X+0.002743/X$$

$$=0.545827-0.591422\times0.243+0.002743/0.243=0.4134$$

解得 $N=18.37$(不含再沸器)

则 $$E_T=\frac{N_T}{N_P}\times100\%=\frac{18.37}{31}\times100\%=55.26\%$$

讨论：本例重点在计算总板效率，关键在确定理论板层数。N_T 的计算有逐板计算法、图解法和简捷法。本例采用后者。

由精馏段和提馏段的气液相流量关系便可确定热状况参数 q 值。

【例 9-18】 单板效率的测定

在常压连续精馏塔中分离两组分理想溶液。原料液处理量为 100 kmol/h，其组成为 0.55（轻组分的摩尔分数，下同），泡点进料；塔顶全凝器，泡点回流，操作回流比为最小回流比的 1.6 倍，物系的平均相对挥发度为 2，釜残液流量为 45 kmol/h，其组成为 0.05。试求：

(1) 塔顶馏出液中轻组分的组成和回收率；

(2) 精馏段操作线方程；

(3) 测得离开第一层塔板的液相组成为 0.94，求该板液相和气相默弗里单板效率。

解：(1) 塔顶轻组分的组成和回收率

$$\eta_D=\frac{Dx_D}{Fx_F}\times100\%$$

由题给数据知

$$D=F-W=(100-45)\ \text{kmol/h}=55\ \text{kmol/h}$$

$$x_D=\frac{Fx_F-Wx_W}{D}=\frac{100\times0.55-45\times0.05}{55}=0.9591$$

则 $$\eta_D=\frac{55\times0.9591}{100\times0.55}\times100\%=95.91\%$$

或 $$\eta_D=\frac{100\times0.55-45\times0.05}{100\times0.55}\times100\%=95.91\%$$

(2) 精馏段操作线方程

$$y=\frac{R}{R+1}x+\frac{x_D}{R+1}$$

$$R=1.6R_{\min}=1.6\frac{x_D-y_q}{y_q-x_q}$$

对于泡点进料 $q=1, x_q=x_F=0.55$

$$y_q=\frac{\alpha x_F}{1+(\alpha-1)x_F}=\frac{2\times0.55}{1+0.55}=0.7097$$

则 $$R=1.6\times\frac{0.9591-0.7097}{0.7097-0.55}=2.499$$

$$y=\frac{2.499}{2.499+1}x+\frac{0.9591}{2.499+1}=0.7142x+0.2741$$

(3) 单板效率

① 液相默弗里单板效率 对于塔顶第一层板，单板效率定义式为

$$E_{ML}=\frac{x_L-x_1}{x_L-x_1^*}$$

式中 $$x_L=x_D=0.9591, x_1=0.94(\text{实测})$$

$$x_1^*=\frac{y_1}{y_1+\alpha(1-y_1)}=\frac{0.9591}{0.9591+2\times(1-0.9591)}=0.9214$$

则 $$E_{ML}=\frac{0.9591-0.94}{0.9591-0.9214}=0.5066$$

② 气相默弗里单板效率 对于塔顶第一层板，单板效率定义式为

$$E_{MV}=\frac{y_1-y_2}{y_1^*-y_2}$$

式中 $$y_1=0.9591$$

$$y_1^*=\frac{\alpha x_1}{1+(\alpha-1)x_1}=\frac{2\times0.94}{1+0.94}=0.9691$$

$$y_2=0.7142\times0.94+0.2741=0.9454$$

则 $$E_{MV}=\frac{0.9591-0.9454}{0.9691-0.9454}=0.5781$$

讨论：本例重点在单板效率的测定。第(1)、(2)两问均是为单板效率计算提供基础数据。计算单板效率往往涉及相平衡关系、操作关系及单板效率定义式的联立运算。

从本例计算结果看出，在离开或进入该板气、液相组成相同条件下，气相和液相的默弗里单板效率并不相同。本例条件下，$E_{MV}>M_{ML}$。

如果被测塔板在提馏段，则需代入提馏段操作线方程。

【例 9-19】 全回流精馏操作的计算

在全回流操作的板式精馏塔中分离 A、B 两组分理想溶液。已知塔顶温度下两组分的饱和

蒸气压分别为 $p_A^*=107.6\ \text{kPa}$，$p_B^*=44.83\ \text{kPa}$，塔顶馏出液的组成为0.95。试求：

(1) 塔顶的操作总压力及离开塔顶第一层理论板的液相组成；

(2) 若取样测得离开第一层塔板的液相组成为0.913 1，则第一层塔板的液相和气相单板效率为何值？

解：(1) 塔顶的操作压力及 x_1^*

$$y=\frac{p_A^*}{p}x_A=\frac{107.6(p-44.83)}{p(107.6-44.83)}=0.95$$

解得　$p=100.5\ \text{kPa}$

则
$$x_1^*=\frac{p-p_B^*}{p_A^*-p_B^*}=\frac{100.5-44.83}{107.6-44.83}=0.886\ 9$$

(2) 单板效率

液相单板效率　从全凝器回流至第一层塔板的液相组成为0.95

则
$$E_{ML}=\frac{x_L-x_1}{x_L-x_1^*}=\frac{0.95-0.913\ 1}{0.95-0.886\ 9}=0.585$$

气相单板效率

$$E_{MV}=\frac{y_1-y_2}{y_1^*-y_2}$$

对于全回流操作，$y_2=x_1=0.913\ 1$

$$\alpha=\frac{p_A^*}{p_B^*}=\frac{107.6}{44.83}=2.40$$

$$y_1^*=\frac{\alpha x_1}{1+(\alpha-1)x_1}=\frac{2.40\times0.913\ 1}{1+1.40\times0.913\ 1}=0.961\ 9$$

则
$$E_{MV}=\frac{0.95-0.913\ 1}{0.961\ 9-0.913\ 1}=0.756\ 1$$

讨论：(1) 本题也可由 α 通过气液平衡方程求第一问的 x_1^*。

(2) 全回流操作时，$y_{n+1}=x_n$，即 $y_2=x_1=0.913\ 1$。

(3) 同一层塔板的气相和液相单板效率在数值上不相等，且仍是 $E_{MV}>E_{ML}$。

【例9-20】 塔高和塔径的计算

拟设计一座板式精馏塔用来回收甲醇水溶液中的甲醇。已确定精馏段如下设计条件：

		塔顶温度	65.4 ℃
塔顶压力	104 kPa	进料板温度	92 ℃
进料板压力	114 kPa	塔板间距	0.5 m
气相负荷	80 kmol/h	空塔气速	0.82 m/s
理论板层数	8	总板效率	55.4%

试计算精馏段的有效高度和塔径。

解：(1) 塔的有效高度

$$Z=(N_P-1)H_T$$

式中

$$N_P=\frac{N_T}{E_T}=\frac{8}{0.554}=14.44(\text{取 15 层})$$

$$H_T=0.5\ \text{m}$$

则

$$Z=[(15-1)\times0.5]\ \text{m}=7.0\ \text{m}$$

(2) 塔径

由题给条件知

$$V=80\ \text{kmol/h}$$

平均压力

$$p_m=\left[\frac{1}{2}\times(104+114)\right]\text{kPa}=109\ \text{kPa}$$

平均温度

$$t_m=\left[\frac{1}{2}\times(65.4+92)\right]℃=78.7\ ℃$$

$$V_s=\frac{22.4V}{3\ 600}\times\frac{273+t_m}{273}\times\frac{p_0}{p_m}=\left(\frac{22.4\times80}{3\ 600}\times\frac{273+78.7}{273}\times\frac{101.3}{109}\right)\text{m}^3/\text{s}=0.596\ \text{m}^3/\text{s}$$

则

$$D=\sqrt{\frac{4V_s}{\pi u}}=\sqrt{\frac{4\times0.596}{0.82\ \pi}}\ \text{m}=0.962\ \text{m}$$

根据系列标准,取塔径为 1.0 m。

讨论:计算塔的有效高度的关键是将理论板层数转换为实际板层数。总板效率通常取经验值或由经验公式估算。

计算塔径的关键是确定空塔气速和气相体积流量。

【例 9-21】 精馏装置的热量衡算

在常压连续精馏塔中分离苯(A)-氯苯(B)混合液。进料量为 100 koml/h,组成为 0.46(苯的摩尔分数,下同),泡点进料。塔底釜残液组成为 0.045。塔顶温度计读数为 80.5 ℃,塔顶全凝器,泡点回流,冷却水通过全凝器的温升为 12 ℃;塔底间接蒸汽加热,蒸汽压力为 500 kPa($r=$ 2 113 kJ/kg)。精馏段操作线方程为

$$y=0.72\,x+0.275$$

试求:

(1) 冷凝器的热负荷及冷却水用量;

(2) 再沸器的热负荷及加热蒸汽用量。

已知:苯和氯苯的汽化热分别为 393.9 kJ/kg 和 325 kJ/kg;水的比热容可取 4.2 kJ/(kg·℃)。

解: 首先通过物料衡算确定塔内上升气体量。

由精馏段操作线方程可得

$$\frac{R}{R+1}=0.72$$

解出

$$R=2.571$$

$$x_D=(R+1)\times 0.275=3.571\times 0.275=0.982$$

$$D=F\frac{x_F-x_W}{x_D-x_W}=\left(100\times\frac{0.46-0.045}{0.982-0.045}\right)\text{ kmol/h}=44.29\text{ kmol/h}$$

假设塔内为恒摩尔流，则

$$V=V'=(R+1)D=[(2.571+1)\times 44.29]\text{ kmol/h}=158.2\text{ kmol/h}$$

(1) 冷凝器的热负荷及冷却水用量

$$Q_C=VM_m r_m=\{158.2\times[0.982\times 78\times 393.9+(1-0.982)\times 112\times 325]\}\text{ kJ/h}$$
$$=4.877\times 10^6\text{ kJ/h}$$

$$w_c=\frac{Q_C}{c_{pC}(t_2-t_1)}=\left(\frac{4.877\times 10^6}{4.2\times 12}\right)\text{ kg/h}=9.68\times 10^4\text{ kg/h}$$

(2) 再沸器的热负荷及加热蒸汽用量

$$Q_B=V'[x_W M_A r_A+(1-x_W)M_B r_B]$$
$$=\{158.2\times[0.045\times 78\times 393.9+(1-0.045)\times 112\times 325]\}\text{ kJ/h}=5.718\times 10^6\text{ kJ/h}$$

$$w_h=\frac{Q_B}{r}=\left(\frac{5.718\times 10^6}{2\,113}\right)\text{ kg/h}=2\,706\text{ kg/h}$$

讨论：本例由精馏段操作线方程求得 R 和 x_D，进而通过全塔物料衡算确定 V 与 V'，解题中取 $V=V'$，是以恒摩尔流为前提。

在计算 Q_C、Q_B 时，由于两产品纯度都很高，塔顶按纯苯，再沸器以纯氯苯计算所带来的误差在工程上是在允许的范围内。

【例 9-22】 平衡蒸馏与简单蒸馏的比较

在常压下对 A、B 两组分理想溶液进行单级分离操作。已知原料处理量为 80 kmol，其组成为 0.7(轻组分摩尔分数，下同)，要求馏出液组成为 0.8。试比较平衡蒸馏与简单蒸馏两种操作方式轻组分的收率。

物系的平均相对挥发度可取 2.46。

解： 由于馏出液组成已规定，欲比较收率就需分别计算馏出液的量。

(1) 平衡蒸馏

平衡蒸馏得到的气、液两相互呈平衡，则

$$x_W=\frac{x_D}{x_D+\alpha(1-x_D)}=\frac{0.8}{0.8+2.46\times(1-0.8)}=0.619\,2$$

$$n_D=n_F\frac{x_F-x_W}{x_D-x_W}=\left(80\times\frac{0.7-0.619\,2}{0.8-0.619\,2}\right)\text{mol}=35.75\text{ kmol}$$

$$\eta_D=\frac{35.75\times 0.8}{80\times 0.7}\times 100\%=51.07\%$$

(2) 简单蒸馏

通过微分物料衡算和平衡方程可得

$$\ln\frac{n_F}{n_W}=\frac{1}{\alpha-1}\left(\ln\frac{x_F}{x_2}+\alpha\ln\frac{1-x_2}{1-x_F}\right)$$

即
$$\ln\frac{80}{n_W}=\frac{1}{2.46-1}\times\left(\ln\frac{0.7}{x_2}+2.46\ \ln\frac{1-x_2}{1-0.7}\right) \tag{1}$$

对一批操作作总物料衡算得

$$x_D=\frac{n_Fx_F-n_Wx_W}{n_F-n_W}=\frac{80\times0.7-n_Wx_2}{80-n_W} \tag{2}$$

联立式(1)与式(2),通过试差解得

$$x_2=0.5 \qquad n_W=26.86\ \text{kmol} \qquad n_D=53.14\ \text{kmol}$$

则
$$\eta_D=\frac{53.14\times0.8}{80\times0.7}\times100\%=75.91\%$$

讨论:从本例计算结果看出,在保持相同馏出液组成条件下,简单蒸馏的馏出液采出率比平衡蒸馏高出将近50%,收率高出25%。说明简单蒸馏可获得较好的分离效果。

【例 9-23】 q 值与 q 线方程计算

用一精馏塔分离二元理想溶液,原料组成0.35(摩尔分数,下同),物系相对挥发度2.35,分离要求塔顶组成达到0.95。对塔内某块实际板 n,测得进入第 n 块板的气相组成为0.770,离开第 n 块板的气相组成为0.816,离开第 n 块板的液相组成为0.700,操作中取 $R/R_{\min}=1.823$。试求:

(1) 回流比 R 和精馏段操作线方程;

(2) 进料热状况参数 q 值和 q 线方程;

(3) 以液相组成表达的第 n 块板的单板效率 E_{ML}。

解:

(1) 回流比和精馏段操作线方程

$$y=\frac{R}{R+1}x+\frac{x_D}{R+1}$$

将 y_{n+1}、x_n 及 x_D 数值代入上式,解得 $R=2.571$

则
$$y=\frac{2.571}{3.571}x+\frac{0.95}{3.571}=0.720x+0.266$$

(2) q 值及 q 线方程

$$R_{\min}=\frac{x_D-y_q}{y_q-x_q}=\frac{2.571}{1.823}=1.41$$

$$y_q=\frac{2.35x_q}{1+1.35x_q}$$

两式联立求解得 $x_q=0.448\ 8$ $y_q=0.656\ 8$

将 x_q、y_q 及 x_F 代入 q 线方程,即

$$0.656\ 8=\frac{q}{q-1}\times 0.448\ 8-\frac{0.35}{q-1}$$

解得 $q=1.475$(冷液进料)

则
$$y=\frac{1.475}{1.475-1}x-\frac{0.35}{1.475-1}=3.105x-0.736\ 8$$

(3) 液相单板效率

$$E_{\mathrm{ML}}=\frac{x_{n-1}-x_n}{x_{n-1}-x_n^*}$$

式中
$$x_{n-1}=\frac{0.816-0.266}{0.72}=0.763\ 9$$

$$x_n^*=\frac{0.816}{0.816+2.35\times(1-0.816)}=0.653\ 6$$

则
$$E_{\mathrm{ML}}=\frac{0.763\ 9-0.700\ 0}{0.763\ 9-0.653\ 6}=0.579\ 3$$

讨论:本例的重点是讨论 q 值及 E_{ML} 的计算。关于 q 值的计算,根据题给条件有多种方法。本例是由 $R_{\min}$ 值通过平衡方程与 q 线方程的联立解得 q 值,进而写出 q 线方程的具体表达式。关于 E_{ML} 的计算,需通过平衡方程、操作线方程联立求解。

更多示范题解析可扫描下方二维码查看。

思考题简答

1. 压力对气液平衡有何影响?如何选择精馏塔的操作压力?

答:精馏可在加压、减压及常压下操作。因后者设备、流程简单和易于操作,故工业上多采用常压精馏。

操作压力影响气液平衡关系,一般降低操作压力可使组分间挥发度差异加大(体现为 α 加大),有利于精馏分离。进而压力影响精馏塔的冷凝器、再沸器的操作温度和加热介质、冷却介质温位的选择。因而对操作压力应作合理选择。

一般原则如下:

(1) 在常压下泡点在室温到 150 ℃左右的混合物,宜采用常压精馏。

(2) 在常压下泡点较高或者在较高温度下易发生分解、聚合等变质现象的混合物,常采用减压精馏。

(3) 在常压下泡点在室温以下的混合物,一般采用加压精馏。

精馏塔再沸器中液体沸腾温度及冷凝器中蒸气冷凝温度均与操作压力有关。通常,若提高操作压力,可使蒸气冷凝温度升高,从而避免在冷凝器中使用价格昂贵的冷冻剂。若降低操作压力,可使液体沸腾温度下降,从而避免在再沸器中使用高温载热体。

2. 在精馏塔的设计中，如下参数如何影响理论板层数？

(1) 塔顶馏出液组成、回流比及回流液温度；

(2) 进料组成、热状况及进料位置；

(3) 塔釜液组成及加热方式(直接蒸汽加热和间接蒸汽加热)；

(4) 进料量。

答：各种参数对于理论板层数的影响趋势如下：

(1) x_D 加大，分离难度加大，N_T 增加；R 加大，有利于分离，N_T 减少；回流温度低于泡点，增加塔内实际液体回流量(内回流大于塔顶回流)，可使 N_T 减少，但再沸器热负荷加大。

(2) 进料组成 x_F 减小，进料热状况参数 q 值减小，都使 N_T 有加大趋势；适宜进料位置所需理论板层数为最少。

(3) 釜残液组成 x_W 降低，表明分离程度加大，要求 N_T 增加。直接蒸汽加热，在保持轻组分收率不变的条件下，由于冷凝水的稀释作用使 x_W 降低，所需 N_T 略有增加。

(4) 进料量不影响 N_T，但直接影响塔径大小。

3. 确定适宜回流比的原则是什么？全回流的特点是什么，有何实际意义？如何确定最小回流比？

答：确定适宜回流比的原则是设备投资费用和操作费用之和为最低。全回流的特点是没有物料进出精馏塔，因而也无精馏段与提馏段之分，全塔只有一个操作线方程(即对角线方程)，平衡线与操作线距离最大，即传质推动力最大，达到指定分离程度所需理论板层数为最少，可用芬斯克方程计算。全回流在科学研究(塔板性能测定)及精馏塔开工阶段都有重要意义。最小回流比 R_{min} 的确定可用图解法和解析法。最终可用如下统一公式计算，即

$$R_{min}=\frac{x_D-y_q}{y_q-x_q}$$

对于多侧口的复杂精馏塔，应取不同位置上求得的 R_{min} 最大值为设计依据。

4. 引入“理论板的概念”和“恒摩尔流假定”有何意义？

答：所谓“理论板”是指在塔板上气、液两相皆充分混合、无传递阻力、组成达到平衡、温度相等的理想塔板，是对塔板上传质过程的简化，是衡量实际塔板分离效率的依据和标准。工程设计中，先求得理论板层数后，通过全塔效率求得实际板层数，从而可设计塔高。“理论板”概念的引入对精馏分析和计算十分有用。

“恒摩尔流”是指从精馏段或提馏段每层塔板上升的气相摩尔流量和下降的液相摩尔流量均各自相等。这是对塔内物料衡算的简化，“恒摩尔流假定”是推导直线操作线方程的基础。

5. 评价塔板性能的指标有哪些方面？开发新型塔板应考虑哪些问题？

答：评价塔板性能的主要指标是：① 单位塔截面上气、液两相的通量(生产能力)；② 分离效果(体现为塔板效率)；③ 适应能力——操作弹性；④ 压力降低；结构简单、造价低、易操作等。

开发新型塔板需考虑通量大、效率高、弹性大、压降低等目标参数的优化，具体措施是抑制塔内的非理想流动，使分散相良好的分散，气、液两相密切均匀接触并适度湍动，最大限度地接近逆流。

6. 塔板负荷性能图的意义是什么？

答：塔板的负荷性能图对板式塔的设计与操作具有重要指导意义。① 检验塔的设计是否合理，操作点是否在适中的高效区域；② 指明气液相的流量范围，判断增大或减少负荷的可能性；③ 了解塔的操作状况和操作弹性，当塔的操作出现问题时，可从负荷性能图的分析找到解决问题的措施。

7. 如何提高板式塔的传质速率和塔板效率？

答：提高板式塔的传质速率和塔板效率包括三个方面的措施：① 使精馏装置在最佳工作状态下操作，使传质系数、传质面积和传质推动力尽可能加大，又尽量抑制塔内异常操作现象带来不利的影响；② 采用新型、高效的塔板或高效塔填料，完善塔板结构设计；③ 从改变物性入手，加大组分间挥发度的差异，如根据物料特性降低操作压力，加入第三组分破坏共沸组成或加大 α（特殊精馏），加大化学作用对分离效果的影响等。

必要时可采用高效节能、无污染的新型分离方法（包括反应精馏、膜分离等）。

8. 如何抑制板式塔中异常操作现象的发生？

答：塔板上的异常操作现象包括过量雾沫夹带、漏液、降液管中气泡夹带、气液的不均匀分布不良接触，以及液泛等非理想流动，针对不同的原因采取相应措施，把上述的不利影响降低到最低限度，如调整精馏塔的结构参数（板间距、开孔率、不同的溢流方式、斜喷塔板、加大降液管面积等）、使塔板在泡沫状态下操作等。对于现有设备来说，在操作参数选择上应控制在负荷性能图限定的范围内。

9. 在常压连续精馏塔中分离两组分理想溶液。塔顶冷凝方式分别采用以下三种冷凝方式，如本题附图1、附图2、附图3所示。各塔顶第一板上升蒸气摩尔流量 V 与组成 y_1 也均相同，回流比为1.0，均为泡点回流。试比较：

（1）t_1、t_2、t_3 的大小；

（2）x_{L1}、x_{L2}、x_{L3} 的大小；

（3）x_{D1}、x_{D2}、x_{D3} 的大小。

各符号的意义如附图所示。

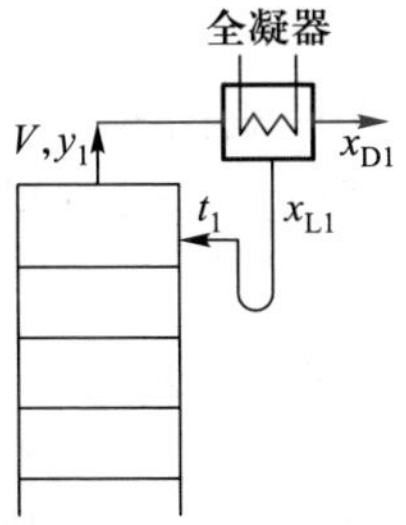

思考题9附图1

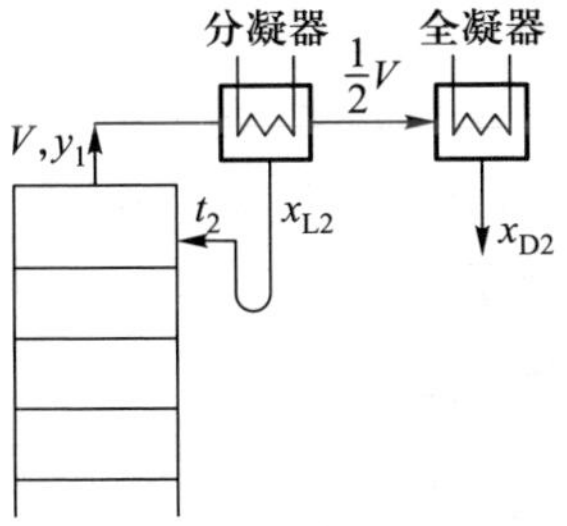

思考题9附图2

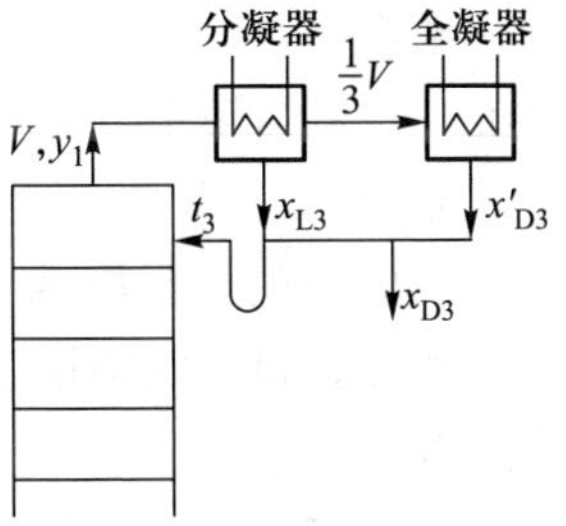

思考题9附图3

答：由 $t-x(y)$ 图可看出

（1）$t_2>t_3>t_1$；

（2）$x_{L1}>x_{L3}>x_{L2}$；

（3）$x_{D2}>x_{D3}>x_{D1}$。

自 测 题

一、填空题

1. 蒸馏是依据________________，通过建立两相体系，组分在两相间分配关系的________而实现混合物分离的操作。

2. 精馏的原理是________________________。实现精馏操作的必要条件是________________和________________。

3. 习惯上，将易挥发组分的挥发度与难挥发组分的挥发度之比称为__________。根据 α 值的大小，可用来判断______________，若 $\alpha=1$，则表示该混合物______________。

4. 精馏和普通蒸馏的根本区别在于________________；平衡蒸馏（闪蒸）与简单蒸馏（微分蒸馏）的区别是________________。

5. 精馏塔的塔釜温度总是高于塔顶温度，其原因是________________。

6. 某两组分混合物的平均相对挥发度 $\alpha=2.0$，在全回流下，从塔顶往下数对第 n、$n+1$ 层塔板取样测得 $x_n=0.3$，则 $y_n=$____________，$y_{n+1}=$____________，$x_{n+1}=$____________。

7. 在总压 101.3 kPa、85 ℃下，苯和甲苯的饱和蒸气压分别为 116.9 kPa 和 46.0 kPa，则物系的相对挥发度 $\alpha=$____________，平衡时 $x_A=$____________，$y_A=$____________。

8. 已知精馏段操作线方程为 $y=0.8x+0.19$，则操作回流比 $R=$____________，馏出液组成 $x_D=$____________。

9. 精馏塔进料可能有__________种不同热状况。对于泡点或露点进料，其进料热状况参数 q 分别为__________和__________。

10. 全回流操作的特点是：________________________________。全回流操作适用于__________和____________________。

11. 最小回流比是指____。适宜回流比通常取为__________倍最小回流比。

12. 在板式精馏塔中分离相对挥发度 $\alpha=2.5$ 的两组分理想溶液，操作回流比 $R=3$，若测得从塔顶往下数第二、三层塔板的液相组成 $x_2=0.45$，$x_3=0.40$，馏出液组成 $x_D=0.96$（塔顶全凝器），则第三层塔板的气相默弗里单板效率 $E_{MV}=$__________。

13. 共沸精馏和萃取精馏的共同特点是________________，相比较而言，__________精馏较为经济。

14. 欲保持塔顶馏出液中轻组分收率不变，将间接蒸汽加热改为直接蒸汽加热，则 x_W 将__________，所需理论板层数 N_T 将__________。

15. 间歇精馏的两种基本操作方式是__________和__________。

16. 评价塔设备性能的主要指标有____________、____________、____________和__________等。

17. 带降液管的板式精馏塔属于__________气液传质设备，正常操作时，__________相为连续相，__________相为分散相。

18. 塔板负荷性能图由________条曲线包围而成，它们是__________、__________、

__________、__________和__________。

19. 板式塔操作中可能出现的非理想流动有__________、__________、__________和__________等。

20. 塔式精馏塔的操作弹性由气相的____________________确定。

21. 板式塔设计完成后，要进行如下流体力学性能的核算，即__________、__________、__________、__________及__________等。

22. 在一定的液相流量下，随着气速由小到大，塔板上气、液两相可能出现__________四种接触状态。综合考虑，宜控制在__________状态下操作。

23. 精馏过程节能的有效途径是______________和______________。

24. 提高组分间相对挥发度 α 的有效措施是__________、__________、__________。

二、选择题

1. 在板式精馏塔设计中，若仅分别改变如下操作条件，试判断本题附表中各参数的变化趋势：

改变的条件	最小理论板层数 N_{min}	最小回流比 R_{min}	理论板层数 N_T
降低操作压力 $p_{总}$			
降低原料液组成 x_F			
增大进料热状况参数 q			
加大回流比 R			
提高馏出液组成			
偏离适宜进料口位置			

A. 增大； B. 减小； C. 不变； D. 不确定

2. 在精馏操作中，降低操作压力，则溶液的相对挥发度 α 将(　　)，馏出液组成 x_D 将(　　)，塔顶温度将(　　)，塔底温度将(　　)。

A. 增大； B. 减小； C. 不变； D. 不确定

3. 在精馏操作中，加大回流比 R，则 x_D 将(　　)，x_W 将(　　)，V/L 将(　　)，V'/L' 将(　　)，塔顶温度将(　　)。

A. 增大； B. 减小； C. 不变； D. 不确定

4. 在精馏塔中相邻两层塔板(从上往下数)上取三个样品 y_n、y_{n+1} 和 x_n，试判断如下两种操作方式中哪个分析结果正确：全回流(　　)；部分回流(　　)。

A. $y_n>y_{n+1}>x_n$； B. $y_n>y_{n+1}=x_n$；

C. $y_n>x_n>y_{n+1}$； D. $y_{n+1}>y_n>x_n$

5. 在原料量和组成相同的条件下，用简单蒸馏所得气相总组成为 x_{D1}，用平衡蒸馏得气相总组成为 x_{D2}，若两种蒸馏方法所得的气相量相同，则(　　)。

A. $x_{D1}>x_{D2}$； B. $x_{D1}=x_{D2}$； C. $x_{D1}<x_{D2}$； D. 不能判断

6. 气、液组成相同的两组分混合物，泡点 t_1 和露点 t_2 的关系是(　　)。

A. $t_1>t_2$； B. $t_1<t_2$； C. $t_1=t_2$； D. 不能确定

7. 精馏塔的操作线为直线，是基于(　　)。

A. 理论板假设； B. 恒摩尔流假设； C. 泡点回流； D. 理想物系

8. 精馏操作中的回流比小于最小回流比，则(　　)。

A. x_D、x_W 均增大； B. x_D、x_W 均不变； C. x_D 减小，x_W 增大； D. 不能操作

9. 精馏操作中，保持 F，q、x_F、V 不变，加大釜残液采出量 W，则 x_D 将(　　)，x_W 将(　　)，轻组分收率将(　　)。

A. 增大； B. 减小； C. 不变； D. 不确定

10. 精馏塔设计中，保持 F、x_F、x_D，x_W 及 R 不变，将饱和蒸气进料改为泡点进料，则 V 将(　　)，L 将(　　)，V'将(　　)，L'将(　　)，N_T 将(　　)。

A. 增大； B. 减小； C. 不变； D. 不确定

11. 精馏操作中，F、q、x_D、x_W、V'不变，x_F 减小，则(　　)。

A. D 增大，R 减小； B. D 减小，R 加大；

C. D 减小，R 减小； D. D 不变，R 加大

12. 达到指定分离程度所需理论板层数为 10(包括再沸器)，若全塔效率 $E_T=50\%$，则塔内实际板层数应为(　　)。

A. 20； B. 18； C. 16； D. 不确定

13. 常压下，苯的沸点是 80.1 ℃，环己烷的沸点是 80.73 ℃，欲使该两组分溶液得到高纯度分离，宜采用的分离方法是(　　)。

A. 共沸精馏； B. 萃取精馏； C. 普通精馏； D. 水蒸气蒸馏

14. 在下面三种塔板中，操作弹性最大的是(　　)，单板压降最小的是(　　)，综合性能最好的是(　　)，造价最低的是(　　)。

A. 浮阀塔； B. 筛板塔； C. 泡罩塔

15. 在板式塔设计中，加大板间距，负荷性能图中有关曲线的变化趋势是：雾沫夹带线(　　)，液泛线(　　)，漏液线(　　)。

A. 上移； B. 下移； C. 不变； D. 不确定

16. 下面参数中，属于板式塔结构参数的是(　　)和(　　)。

A. 板间距； B. 孔速； C. 塔板清液层高度； D. 开孔率

三、计算题

1. 在仅有一层理论板和再沸器的精馏塔内分离两组分溶液。原料液处理量为 20 kmol/h，轻组分的组成为 0.5(摩尔分数，下同)，预热至泡点加入塔底。物系的平均相对挥发度为 3，操作回流比为 3，要求馏出液组成为 0.8。试求在馏出液中轻组分的收率。

2. 在精馏塔的精馏段中，操作液气比为 $L/V=1/2$，进入第 n 层理论板的气相组成为 0.75，离开该板的液相组成为 0.65，物系的相对挥发度为 2.47。试求：

(1) 操作回流比 R 及馏出液组成 x_D；

(2) 离开该板的气相组成 y_n 及进入该板的液相组成 x_{n-1}；

(3) 若塔顶第一层塔板为实际板，测得离开该板液相的实际组成为 0.76，再求该板气相和液相默弗里单板效率。

3. 在连续操作的精馏塔内分离两组分溶液。进料量为 10 kmol/h，其组成为 0.5(易挥发组分的摩尔分数，下同)，露点进料。要求馏出液组成为 0.95，釜残液组成为 0.05，物系相对挥发度为 2。塔顶全凝器，泡点回流，塔釜间接蒸汽加热。塔釜汽化量为最小汽化量的 1.5 倍。试求：

(1) 馏出液中易挥发组分的收率；

(2) 塔釜的汽化量；

(3) 离开塔顶第二层理论板的液相组成。

4. 某两组分混合物以泡点液态进入精馏塔的中部，已知料液组成为 0.5，处理量为 100 kmol/h，要求馏出液组成为 0.95，釜残液组成为 0.05，操作回流比与最小回流比的比值为 2，物系的相对挥发度为 3。试求：

(1) 精馏段和提馏段操作线方程；

(2) 进入塔顶第一层理论板的气相组成；

(3) 若因故进料变为露点气相，达到分离程度所需理论板层数为若干？

5. 在带侧线产品采出的连续精馏塔中分离相对挥发度为 2.5 的两组分理想溶液。原料液处理量为100 kmol/h，其组成为 0.5(摩尔分数，下同)，泡点进料。要求塔顶馏出液组成为 0.98，采出率为 0.2，侧线产品组成为 0.9，釜残液组成为 0.05。操作回流比为 8，泡点回流。试求：

(1) 侧线产品采出量(饱和液体采出)；

(2) 侧口与进料板塔段的操作线方程；

(3) 操作回流比与最小回流比的比值。

6. 在常压连续精馏塔中分离两组分混合液。原料处理量为 100 kmol/h，组成为 0.5(轻组分摩尔分数，下同)，要求釜残液组成为 0.05；塔顶全凝器，泡点回流，回流比为最小回流比的 1.823 倍，每层塔板气相默弗里单板效率均为 0.5。已知：

精馏段操作线方程为 $y=0.72x+0.275$

平衡方程为 $y=0.6x+0.4$

试求：

(1) 塔釜中重组分收率；

(2) 从塔顶第一层塔板下降的液相实际组成；

(3) 进料热状况参数。

7. 在连续精馏塔中分离相对挥发度为 2 的两组元理想溶液，塔内有 32 层实际塔板，塔顶全凝器，泡点回流，塔釜间接蒸汽加热。现场测得如下数据：

$$x_D=0.95, x_W=0.05, L=100\ \text{kmol/h}, V=150\ \text{kmol/h},$$
$$L'=200\ \text{kmol/h}, V'=150\ \text{kmol/h},$$

试求：

(1) 原料液的流量、组成及进料热状况参数；

(2) 轻组分在馏出液中的收率；

(3) 操作回流比与最小回流比的比值；

(4) 全塔效率。

本章符号说明

英文字母

a——精馏段操作线与对角线的交点；
b——精馏段操作线截距；
c——提馏段操作线与对角线的交点；
c——摩尔热容，J/(mol·℃)；
C——负荷因子，m/s；
d——提馏段操作线与精馏段操作线的交点；
D——塔径，m；
D——塔顶产品（馏出液）流量，kmol/h；
e——进料线与对角线的交点；
E_T——全塔效率；
E_{ML}——液相单板效率；
E_{MV}——气相单板效率；
f——进料线；
F——原料液的流量，kmol/h；
H_T——塔板间距，m；
H——物质的焓，J/mol；
h——物质的焓，kJ/kg；
K——平衡常数；
L——下降液体的流量，kmol/h；
m——平衡线斜率；
m——提馏段理论板层数；
M——摩尔质量，kg/kmol；
n——精馏段理论板层数；
n——物质的量，mol；
N——理论板层数；
p——组分的分压，Pa；
p——系统压力或外压，Pa；
q——液化率；
q——进料热状况参数；
Q——热负荷，kJ/h；
Q——热流量，kW；
r——汽化热，J/mol；
R——回流比；
t——摄氏温度，℃；
T——热力学温度，K；
V——上升气体的流量，kmol/h；
V——汽化速率，kmol/h；
u——空塔气速，m/s；
u_{max}——最大空塔气速或液泛气速，m/s；
w_c——冷却介质消耗量，kg/h；
w_h——加热介质消耗量，kg/h；
W——塔底产品（釜残液）的流量，kmol/h；
x——液相中易挥发组分的摩尔分数；
y——气相中易挥发组分的摩尔分数；
Z——板式塔（或填料塔）的有效高度，m

希腊字母

α——相对挥发度；
γ——活度系数；
η——组分的回收率；
μ——黏度，mPa·s；
ρ——密度，kg/m^3；
τ——时间，h 或 s；
υ——组分的挥发度，Pa

下标

A——易挥发组分的；
B——难挥发组分的；
C——冷凝器的；
d——两操作线交点的；
D——馏出液的；
e——最终的；平衡的；
F——原料液的；
i——组分序号；
L——液相的；
m——平均的；
m——塔板序号；
max——最大的；
min——最小的；
n——精馏段的；
P——实际的；
q——q 线与平衡线交点的；

s——塔板序号；

T——理论的；

V——气相的；

W——釜残液的

上标

$*$——纯态；

$*$——平衡态；

$'$——提馏段；

$''$——侧口间的

第十章

液-液萃取和液-固浸取

学习指导

一、学习要求

通过本章的学习，掌握液-液萃取过程的基本原理、基本计算和主要设备。通过对比学习，掌握液-固浸取过程的基本原理和计算，并对浸取设备有所了解。

二、应重点掌握的内容

1. 掌握三元物系的组成及液-液相平衡表示方法，萃取剂的选择依据。

2. 单级萃取的计算，多级错流和多级逆流萃取过程的计算方法。

3. 通过与液-液萃取的对比，掌握液-固浸取的概念、相平衡和计算原则、单级浸取过程的计算。

4. 了解微分逆流萃取、其他萃取方法、萃取设备、浸取设备。

三、学习方法

1. 本章以液-液萃取为重点，三角形坐标图是本章的重点和难点。掌握液-液相平衡在三角形相图上的表示方法及影响因素，会用三角形相图分析液-液萃取过程中相及组成的变化，能熟练应用三角形相图对萃取过程进行分析、计算；了解萃取设备的类型及结构特点。

2. 对于B、S不互溶物系，可通过和吸收相关内容对比学习。

3. 通过与液-液萃取的对照，掌握液-固浸取相平衡的表示方法，并对浸取过程进行简单的分析、计算。

学习要点

一、概述

1. 萃取的原理和分类

用有机或无机溶剂将固体物料中的可溶解组分溶解使其进入液相，从而将它从固体原料中分离出来的操作称浸出、固-液萃取、液-固浸取，简称浸取，亦称浸滤、蒸煮、溶出等。

在液体混合物（原料液）中加入一个与原溶剂基本不相混溶的液体作为溶剂，利用原料液中各组分在溶剂中溶解度的差异来分离液体混合物，此即液－液萃取，亦称溶剂萃取，简称萃取或抽提。

如果萃取过程中萃取剂与原料液中的有关组分不发生化学反应而仅为物理传递过程，称之为物理萃取，反之则称之为化学萃取。

为适应各类工艺过程的需要，相继出现了一些新型的萃取分离技术，如超临界流体萃取、液膜萃取、反向胶团萃取、双溶剂萃取、双水相萃取、凝胶萃取、膜萃取和化学萃取等，这些新型的萃取分离技术都有各自的优点。

对本章重点讨论的物理萃取过程，要掌握什么是萃取剂 S、溶质 A、原溶剂 B，掌握萃取相 E 和萃余相 R、萃取液 E′和萃余液 R′及萃取基本流程。

2. 萃取操作的技术经济分析

掌握什么情况下采用萃取比精馏方法对液体混合物的分离更为有利。

3. 萃取操作的特点

（1）需从外界加入与液体混合物中溶剂基本不相混溶的萃取剂来建立两相体系。

（2）萃取只是将原来液体混合物的各组分分别在萃取相和萃余相中富集，并未将原料液完全分离。要想得到纯组分并回收溶剂，还需要进行进一步分离（蒸馏或蒸发）。

（3）液－液萃取的两相通常为三元混合物或更多，故其相平衡关系、计算更复杂。

（4）在分离热敏性物系方面更具优势。

二、液－液相平衡

萃取过程的极限即为相际平衡。由于液－液萃取的两相通常为三元混合物，需要掌握三元混合物的组成表示法及相平衡有关问题和表示方法，这是本章计算的基础。

（一）三角形相图

1. 三角形坐标图及杠杆规则

液－液萃取过程通常用三角形坐标图表示，其中最简便、最常用的是等腰直角三角形（如图 10－1），且常用质量分数表示相组成。

在图 10－1 中，三角形的三个顶点分别代表一种纯组分，三角形三条边上的任一点代表一种二元混合物，第三组分的组成为零。三角形内的一点代表一种三元混合物，相组成由图上读取，其中，$\overline{BE}$ 代表 A 的质量分数；$\overline{BF}$ 代表 S 的质量分数，且总组成应归一。

确定萃取操作中各相之间的相对数量，则需要利用杠杆规则来确定。

2. 三角形相图

这里主要以第Ⅰ类物系的相平衡关系为主展开讨论。

（1）三角形相图分析　根据数据要能够作出一定温度下 A、B、S 的平衡相图。包括溶解度曲线 R_0KE_0、两共轭相组成坐标的直线联结线 R_iE_i、辅助曲线（亦称共轭曲线）、临界混溶点 P。若组分 B 与组分 S 完全不互溶，则点 R_0 与 E_0 分别与三角形顶点 B 及顶点 S 相重合。

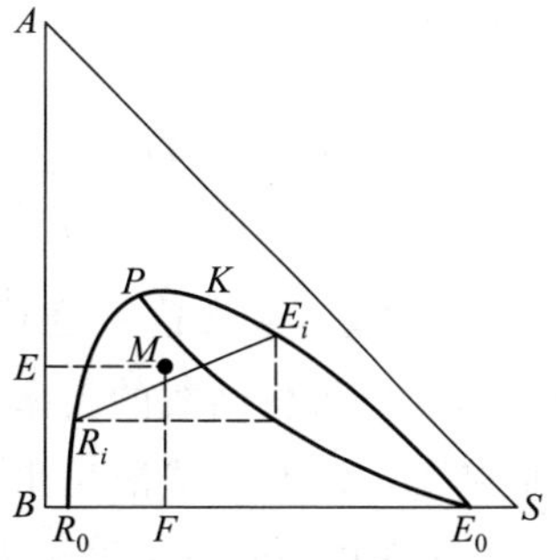

图 10－1　三角形坐标图及相图

溶解度曲线将三角形相图分成两相区和均相区。萃取操作只能在两相区内进行。

通常联结线的斜率随混合液的组成而变，但同一物系其联结线的倾斜方向一般是一致的，有少数物系，当混合液组成变化时，其联结线的斜率会有较大的改变。

借助辅助曲线可以得到任一已知平衡液相的共轭相的数据。临界混溶点 P 是辅助曲线与溶解度曲线的交点，该点所代表的平衡液相无共轭相。P 点将溶解度曲线分为两部分：靠原溶剂 B 一侧的萃余相部分和靠溶剂 S 一侧的萃取相部分。由于联结线通常都有一定的斜率，因而临界混溶点一般并不在溶解度曲线的顶点。

(2) 影响液-液萃取相平衡的因素分析。

① 不同物系在相同温度下具有不同的溶解度曲线。

② 同一物系，当温度变化时，可引起溶解度曲线和两相区的变化。一般温度升高，两相区面积缩小，对萃取操作不利。

③ 一定温度下，同一物系的联结线倾斜方向随溶质组成而变化。

3. 萃取过程在三角形相图上的表示

萃取过程有三个阶段(图 10-2)：

(1) 混合 将 S kg 的萃取剂与 F kg 的原料液混合，得到 M kg 的混合液，其组成由 M 点的坐标位置读取。

(2) 沉降分层 混合液沉降分层后得到平衡的两相，即萃取相 E 和萃余相 R。

(3) 脱除溶剂 将得到的即萃取相 E 和萃余相 R 中的溶剂完全脱除，得到萃取液 E′和萃余液 R′。

其中，M 称为和点，R、E 或 F、S 称为差点。

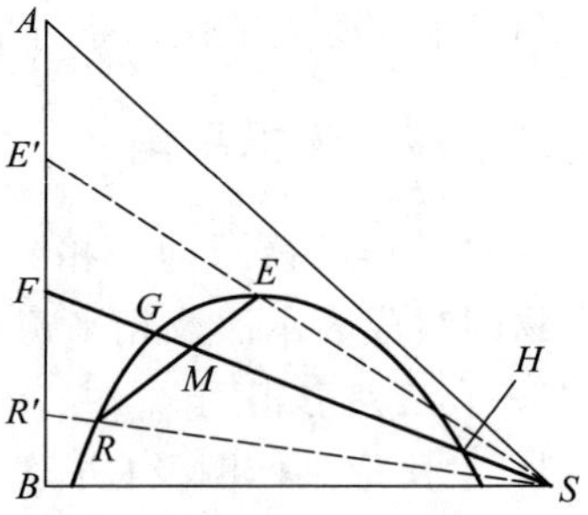

图 10-2 萃取过程图解

(二) 相平衡关系的数学描述

1. 分配系数

一定温度下，某组分在互相平衡的 E 相与 R 相中的组成之比称为该组分的分配系数，以 k 表示，即

溶质 A
$$k_A=\frac{y_A}{x_A} \tag{10-1}$$

原溶剂 B
$$k_B=\frac{y_B}{x_B} \tag{10-1a}$$

式中 y_A、y_B——分别为萃取相 E 中组分 A、B 的质量分数；

x_A、x_B——分别为萃余相 R 中组分 A、B 的质量分数。

分配系数 k_A 表达了溶质在两个平衡液相中的分配关系。显然，k_A 值越大，萃取分离的效果越好。k_A 值与联结线的斜率有关。同一物系，其 k_A 值与温度和组成有关。如第Ⅰ类物系，一般 k_A 值随温度的升高或溶质组成的增大而降低。一定温度下，仅当溶质组成范围变化不大，且两相分子状态相同时，k_A 值才为常数。

对于萃取剂 S 与原溶剂 B 互不相溶的物系，溶质在两液相中的分配关系与吸收类似。

$$K_A = \frac{Y_A}{X_A} \tag{10-2}$$

式中　Y_A、X_A——分别为萃取相 E、萃余相 R 中组分 A 的质量比组成，kgA/kgS、kgA/kgB。

2. 分配曲线

由相律可知，温度、压力一定时，溶质在两平衡液相间的平衡关系可用分配曲线表达式 $y_A = f(x_A)$ 表述。也可以在 $y-x$ 直角坐标图上得到表示这一对共轭相组成的点，如图 10-3 所示，从而得到这些点的连线，ONP 即为分配曲线，曲线上的 P 点即为临界混溶点。

分配曲线表达了溶质 A 在互呈平衡的 E 相与 R 相中的分配关系。若已知某液相组成，则可由分配曲线求出其共轭相的组成。

若在分层区组成范围内 y 均大于 x，即分配系数 $k_A > 1$，则分配曲线位于 $y=x$ 线的上侧，反之则位于 $y=x$ 线的下侧。

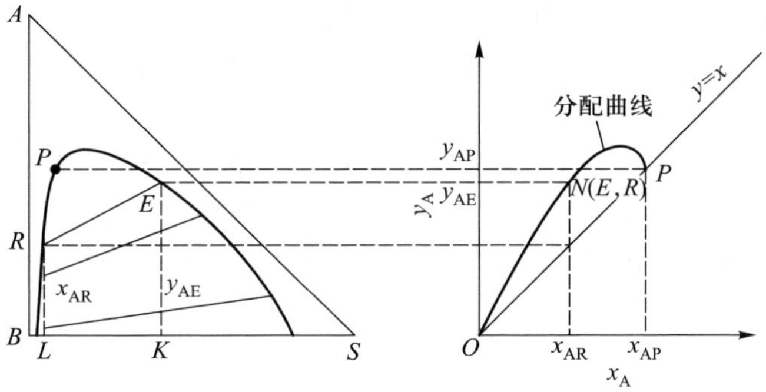

图 10-3　有一对组分部分互溶时的分配曲线

（三）萃取剂的选择

选择合适的萃取剂是保证萃取操作能够正常进行且经济合理的关键。萃取剂的选择最主要考虑的是萃取剂的选择性。

萃取剂的选择性是指萃取剂 S 对原料液中两个组分溶解能力的差异。萃取剂的选择性可用选择性系数 β 表示，其定义式为

$$\beta = \frac{萃取相中\text{ A }的质量分数}{萃取相中\text{ B }的质量分数} \Bigg/ \frac{萃余相中\text{ A }的质量分数}{萃余相中\text{ B }的质量分数}$$

$$= \frac{y_A}{y_B} \Bigg/ \frac{x_A}{x_B} = \frac{y_A}{x_A} \Bigg/ \frac{y_B}{x_B} \tag{10-3}$$

或

$$\beta = \frac{k_A}{k_B} \tag{10-4}$$

选择性系数 β 为组分 A、B 的分配系数之比，其物理意义类似蒸馏中的相对挥发度，若 $\beta > 1$，说明组分 A 在萃取相中的相对含量比萃余相中的高，且 β 越大，组分 A、B 的分离也就越容易，相应的萃取剂的选择性也就越高；若 $\beta = 1$，则萃取相和萃余相在脱除溶剂 S 后将具有相同的组成，并且等于原料液的组成，说明 A、B 两组分不能用此萃取剂分离。

萃取剂的选择性越高，则完成一定的分离任务所需的萃取剂用量也就越少，相应地用于回收溶剂操作的能耗也就越低。

其次，萃取剂与原溶剂之间的互溶度也是选择萃取剂的重要因素。当组分 B、S 完全不互溶时，则选择性系数趋于无穷大，显然这是选择性的最理想情况；当组分 B、S 完全互溶时，原料液和溶剂互溶后形成均相溶液，不存在组分相际转移的条件，萃取剂无选择性；通常组分 B、S 的互溶度越小，选择性系数越大，萃取剂的选择性就越高。

除萃取剂的选择性以外，选择萃取剂时还要考虑萃取剂回收的难易与经济性、萃取剂的其他物性因素。通常，很难找到能同时满足上述所有要求的萃取剂，这就需要根据实际情况加以权衡，以保证满足主要要求。

三、液-液萃取过程的计算

液-液萃取操作设备可分为连续接触式和分级接触式两类。

在连续逆流接触塔式设备中，轻相与重相逆流接触传质。萃取结束后，两相分别在塔顶、塔底分离，故该类塔式萃取又称微分萃取。塔内溶质在其流动方向上的组成变化是连续的，需用微分方程描述塔内溶质的质量守恒规律。

对于分级接触式萃取过程，本节主要讨论其设计型计算。分级接触式萃取过程又有单级和多级萃取（多级错流、多级逆流），但无论是单级操作还是多级操作，均假设各级为理论级，即离开每一级的萃取相与萃余相互呈平衡。实际需要的级数等于理论级数除以级效率 η。级效率 η 一般通过实验测定。

（一）单级萃取的计算

单级萃取过程的计算有两类：一是规定 F、x_F 及 S，确定 E 和 R；二是规定 x_F、x_R，确定 S 和 y_A。前者由于平衡两相组成都没有给出，求解时往往需要试差计算。

1. 原溶剂 B 与萃取剂 S 部分互溶的物系

由于此类物系的平衡关系一般难以用简单的函数关系式表达，目前还主要采用基于杠杆规则的图解法。

单级萃取是指原料液 F 和溶剂 S 只进行一次混合、传质，具有一个理论级的萃取分离过程。在单级萃取过程的计算中，已知的条件是：操作条件下的相平衡数据、所需处理的原料液量 F 及组成 x_F、溶剂的组成 y_S 和萃余相的组成 x_R。要求计算溶剂用量、萃取相 E 及萃余相 R 的量和萃取相的组成，以及脱除全部溶剂的萃取液 E′和萃余液 R′。具体过程如图 10-2 所示，由质量衡算和杠杆规则求出各流股的量，即

$$S=F\times\frac{\overline{MF}}{\overline{MS}} \tag{10-5}$$

$$E=M\times\frac{\overline{RM}}{\overline{RE}} \tag{10-6}$$

$$E'=F\times\frac{\overline{R'F}}{\overline{R'E'}} \tag{10-7}$$

$$M=F+S=R+E \tag{10-8}$$

$$R' = F - E' \tag{10-9}$$

以上诸式中各线段的长度可从三角形相图直接量出。上述各量亦可由质量衡算求出，各流股的组成可由三角形相图直接读出。

在单级萃取操作中，对应一定的原料液量，存在两个极限萃取剂用量，此时混合液组成点恰好落在溶解度曲线上，由于此时混合液只有一个相，故不能起分离作用。此二极限萃取剂用量分别表示能进行萃取分离的最小溶剂用量 S_{min} 和最大溶剂用量 S_{max}，其值可由杠杆规则分别计算。显然，适宜的萃取剂用量应介于二者之间。

2. 原溶剂 B 与萃取剂 S 不互溶的物系

对于此类物系的萃取，因溶剂只能溶解组分 A，而与组分 B 完全不互溶，故用质量比表示两相中的组成更为方便。此时溶质在两液相间的平衡关系可以用与吸收中的气液平衡类似的方法表示。

以质量比表示相组成，联立平衡关系 $Y = KX$ 和溶质 A 的质量衡算式 $B(X_F - X_1) = S(Y_1 - Y_S)$，即可求得萃取相 Y_1 与萃取剂的量 S。

（二）多级错流萃取的计算

多级错流萃取操作流程特点是：每一级均加入新鲜萃取剂，前一级的萃余相为后一级的原料；每一级的传质推动力大，只要级数足够多，最终可得到溶质组成低于指定值的萃余相。

多级错流萃取的总溶剂用量为各级溶剂用量之和。可以证明，当各级溶剂用量相等时，达到一定的分离程度所需的总溶剂用量最少。但溶剂总用量多仍然是多级错流萃取的缺点。

在多级错流萃取过程的设计型计算中，已知所需处理的原料液量 F 及组成 x_F，溶剂的组成 y_S 和萃余相的组成 x_R，要求计算溶剂用量 S、萃取相 E 及萃余相 R 的量和萃取相的组成 y_E，达到指定分离程度所需理论级数。

1. 原溶剂 B 与萃取剂 S 部分互溶时理论级数的求算

对于此类物系，通常也根据三角形相图用图解法进行计算。多级错流萃取的图解法是单级萃取图解的多次重复，需要注意的是，第一级以最初原料 F 为进料，后面的级数要以前一级的萃余相为原料液，直至某级萃余相中溶质的组成等于或小于要求的组成 x_R 为止，重复作出的联结线数目即为所需的理论级数。

2. 原溶剂 B 与萃取剂 S 不互溶时理论级数的求算

设每一级的溶剂用量相等，由于原溶剂 B 与萃取剂 S 不互溶，故可仿照吸收中组成的表示法，即以质量比表示组成，过程的计算可用 $Y-X$ 直角坐标图解法或解析法进行。

若在操作范围内，平衡关系即为分配曲线 $Y = KX$，操作线方程为

$$Y_n = -\frac{B}{S}X_n + \left(\frac{B}{S}X_{n-1} + Y_S\right) \tag{10-10}$$

通过对每一萃取级作溶质 A 的质量衡算，利用每一级的平衡关系，整理得理论级数为

$$n = \ln\left(\frac{X_F - \dfrac{Y_S}{K}}{X_n - \dfrac{Y_S}{K}}\right) \Bigg/ \ln(1 + A_m) \tag{10-11}$$

式中，$KS/B=A_m$，为萃取因子，对应于吸收中的脱吸因子。

（三）多级逆流萃取的计算

多级逆流萃取操作的流程特点是：多为连续操作，原料液从第1级进入系统，依次经过各级萃取，成为各级的萃余相，最后从第 n 级流出；萃取剂则从第 n 级进入系统，依次通过各级与萃余相逆向接触，最后从第1级流出。

多级逆流接触萃取的传质平均推动力大，分离效率高，溶剂用量少，工业中应用广泛。

多级逆流萃取理论级数 n 的计算方法原则上与精馏、吸收中理论塔板数的计算类似，即应用相平衡与质量衡算两个基本关系，通过逐级计算，直至萃余相组成等于或小于要求的值为止，从而求得所需的理论级数 n。

1. 溶剂B与萃取剂S部分互溶时理论级数的求算

此种情况下理论级数 n 的计算有解析法和逐级图解法两类：若已知两平衡液相中的相平衡关系方程，则可通过解析法对整个萃取系统和每个萃取平衡级进行总衡算和组分A、S的质量衡算，得到关于各级组成和流量的方程组，再结合相平衡关系方程，即可求得达到指定分离程度所需的平衡级数 n；若两平衡液相中的相平衡关系难以用数学方程式表达，则通常应用逐级图解法求解理论级数 n，图解法又有三角形坐标图解法和直角坐标图解法两种。

（1）三角形坐标图解法　如图10-4所示在三角形坐标图解法中，由规定的最终萃余相组成在图上定出点 R_n，连接点 R_n、M 并延长 R_nM 与溶解度曲线交于点 E_1，此点即为最终萃取相组成点。根据杠杆规则，计算最终萃取相和萃余相的流量。

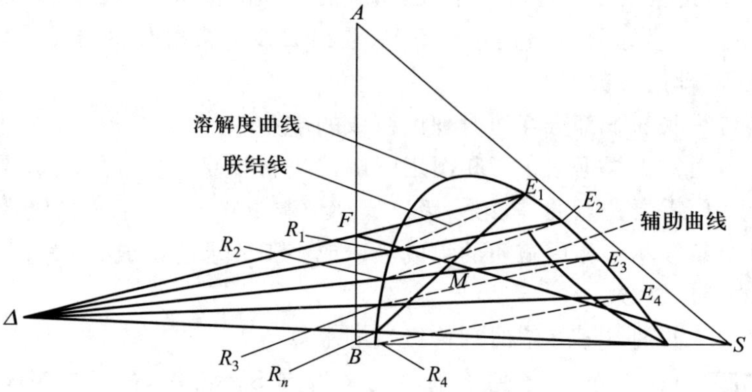

图10-4　多级逆流萃取理论级的图解计算

应用相平衡关系与质量衡算，用图解法求理论级数时，经过分析得知，离开每一级的萃余相流量 R_i 与进入该级的萃取相流量 E_{i+1} 之差为常数，以 Δ 表示，其组成也可在三角形相图上用某点（点 Δ）表示。故在三角形相图上，联结 R_i 与 E_{i+1} 两点的直线均通过点 Δ，通常称 $R_iE_{i+1}\Delta$ 的连线为多级逆流萃取的操作线，点 Δ 称为操作点。根据理论级的假设，离开每一级的萃取相 E_i 与萃余相 R_i 互呈平衡，故 E_i 和 R_i 应位于联结线的两端。据此，就可以根据联结线与操作线的关系，方便地进行逐级计算以确定理论级数。

Δ 为一虚拟量，可视为通过每一级的“净流量”。点 Δ 的位置与物系联结线的斜率、原料液的流量及组成、萃取剂流量及组成、最终萃余相组成等有关，可能位于三角形相图的左侧，也可能位于三角形相图的右侧。若其他条件一定，则点 Δ 的位置由溶剂比决定：当 S/F 较小时，点 Δ 在三角形相图的左侧，R 为和点；当 S/F 较大时，点 Δ 在三角形相图的右侧，E 为和点；当 S/F 为某数值时，点 Δ 在无穷远处，此时可视为诸操作线是平行的。

(2) 直角坐标图解法　当萃取过程所需的理论级数较多时，也可在直角坐标上绘出分配曲线和操作线，然后利用阶梯法求解理论级数。

(3) 解析法请扫描下方二维码查看。

2. 原溶剂 B 与萃取剂 S 不互溶时理论级数的求算

此时的多级逆流萃取操作过程与脱吸过程十分相似，其理论级数的求算通常亦有两种方法，即 $Y-X$ 直角坐标图解法和解析法。

若操作条件下的分配曲线不是直线，一般采用 $Y-X$ 直角坐标图解法求取理论级数。此时操作线方程为 $BX_F+SY_{i+1}=BX_i+SY_1$，其在直角坐标图上为一条经过点 $J(X_F,Y_1)$ 和点 $D(X_n,Y_S)$ 的直线。最后从 J 点开始，在分配曲线与操作线之间画梯级，梯级数即为所求理论级数。

若操作条件下的分配曲线为通过原点的直线，由于操作线也为直线，萃取因子 A_m ($A_m=KS/B$) 为常数，则可仿照脱吸过程的计算方法，用下式求算理论级数：

$$n=\ln\left[\left(1-\frac{1}{A_m}\right)\frac{X_F-\dfrac{Y_S}{K}}{X_n-\dfrac{Y_S}{K}}+\frac{1}{A_m}\right]\Bigg/\ln A_m \qquad (10-12)$$

3. 最小溶剂比 $(S/F)_{min}$ 和最小溶剂用量 S_{min}

与吸收操作中的最小液气比和最小吸收剂用量类似，在萃取操作中也有最小溶剂比和最小溶剂用量的概念。在萃取过程中，当溶剂比减少时，操作线逐渐向分配曲线（平衡线）靠拢，达到同样分离要求所需的理论级数逐渐增加。当溶剂比减少至一定值时，操作线和分配曲线相切（或相交），此时类似于精馏中的夹紧区，所需的理论级数无限多，此溶剂比称为最小溶剂比 $(S/F)_{min}$，相应萃取剂用量为最小溶剂用量，以 S_{min} 表示，其值由杠杆规则确定。显然 S_{min} 为萃取操作中溶剂用量的最低极限值，实际操作时的萃取剂用量须大于此极限值。

对于组分 B 和 S 不互溶的物系，S_{min} 值可按下式确定：

$$S_{min}=\frac{B}{\delta_{max}} \qquad (10-13)$$

溶剂用量的大小是影响设备费和操作费的主要因素。当分离任务一定时，若减少溶剂用量，则所需的理论级数增加，设备费随之增加，而回收溶剂所消耗的能量减少；反之，若加大溶剂用量，则所需的理论级数可以减少，但回收溶剂所消耗的能量增加。适宜的溶剂用量应根据设备费与操作费之和最小的原则确定，一般取为最小溶剂用量的1.1～2.0倍。

(四) 连续逆流萃取计算

连续逆流萃取常在塔设备中进行。塔式微分接触逆流萃取设备的计算和气液传质设备一样，主要是确定塔径和塔高。塔径的尺寸取决于两液相的流量及适宜的操作速度；而塔高的计算通常有两种方法，即理论级当量高度法和传质单元法。

与精馏和吸收类似，理论级当量高度 *HETS* 是指相当于一个理论级萃取效果的塔段高度，它是衡量萃取塔传质特性的一个参数，其值与设备型式、物系性质和操作条件有关。于是，在求得逆流萃取所需的理论级数 n 后，则萃取段有效高度 $H=n(HETS)$。

萃取段有效高度用传质单元法计算与吸收中填料层高度计算方法类似，即

$$H=H_{OR}N_{OR}$$

式中　H_{OR}——萃余相的总传质单元高度，m，即 $H_{OR}=\dfrac{B}{K_Xa\Omega}$，$K_Xa$ 为以萃余相中溶质质量比组成为推动力的总体积传质系数，kg/(m^3·h·Δx)，Ω 为塔的横截面积，m^2；(10-14a)

N_{OR}——萃余相的总传质单元数，$N_{OR}=\int_{X_n}^{X_F}\dfrac{dX}{X-X^*}$，$X$ 为萃余相中溶质的质量比组成；X^* 为与萃取相呈平衡的萃余相中溶质的质量比组成。(10-14b)

萃余相的总传质单元高度 H_{OR} 或总体积传质系数 K_Xa 一般需结合具体的设备及操作条件由实验测定；萃余相的总传质单元数 N_{OR} 可由图解积分或数值积分法求得。当分配曲线为直线时，亦可由对数平均推动力或萃取因数法求得。萃取因数法计算式为

$$N_{OR}=\ln\left[\left(1-\frac{1}{A_m}\right)\frac{X_F-\dfrac{Y_S}{K}}{X_n-\dfrac{Y_S}{K}}+\frac{1}{A_m}\right]\Bigg/\left(1-\frac{1}{A_m}\right) \tag{10-15}$$

当 $A_m=1$ 时，萃余相的总传质单元高度 H_{OR} 由对数平均推动力法求得，且 $n=N_{OR}$。

四、液－液萃取设备

在萃取设备中，两相的接触方式分为逐级接触式和微分接触式两类。实现液－液萃取的基本要求是液体分散和两液相的相对流动与分层。这两个基本要求是互相矛盾的，在进行萃取设备的结构设计和操作参数的选择时，必须统筹兼顾以找出最适宜的方案。而选择哪一相为分散相则依据：一是两相中流量较大的作分散相以提供较大接触面积；二是不润湿设备及附件的作分散相以保持其相对稳定。另外，由于两相密度差较小，为了加强两相密切接触，往往需要外加能量。目前，工业上使用的各种类型萃取设备已超过30种，而且还在不断地开发新型设备(见表10-1)。

表10-1　萃取设备分类

液体分散的动力	逐级接触式	微分接触式
重力差	筛板塔	喷洒塔
		填料塔

续表

液体分散的动力		逐级接触式	微分接触式
外加能量	脉冲	脉冲混合-澄清器	脉冲填料塔
			液体脉冲筛板塔
	旋转搅拌	混合澄清器　夏贝尔(Scheibel)塔	转盘塔(RDC)
			偏心转盘塔(ARDC)
			库尼(Kühni)塔
	往复搅拌		往复筛板塔
	离心力	卢威离心萃取机	POD 离心萃取机

萃取设备的类型很多,特点各异,物系性质对操作的影响错综复杂。对于具体的萃取过程,选择萃取设备的原则是:在满足工艺条件和要求的前提下,使设备费和操作费综合趋于最低。通常选择萃取设备时应考虑需要的理论级数、生产能力、物系的性质、物系的稳定性和液体在设备内的停留时间等,可以参考相关手册进行选择。

五、其他萃取技术简介

随着现代化学工业的发展,尤其是各类产品的深度加工、生物制品的精细分离、资源的综合利用、环境污染的深度治理等都对分离提纯技术提出了更高的要求。为适应各类工艺过程的需要,又出现了一些其他萃取分离技术,诸如超临界流体萃取、回流萃取、双溶剂萃取、双水相萃取、液膜萃取、反向胶团萃取、凝胶萃取、膜萃取和化学萃取等。

理解超临界萃取、回流萃取和化学萃取的分离原理和主要优点。

六、液-固浸取

1. 浸取操作的基本概念

用有机或无机溶剂将固体物料中的可溶解组分溶解使其进入液相,从而将它从固体原料中分离出来的操作称液-固浸取,简称浸取,亦称浸出、固-液萃取、浸滤、蒸煮、溶出等。

固体原料中的可溶解组分称为溶质(A);固体原料中的不溶解组分称为载体或惰性组分(B);用于溶解溶质的液体称为溶剂或浸取剂(C);浸取后得到的含有溶质的液体称为浸出液或上清液;浸取后的载体及少量残存于其中的溶液(附液)所构成的固体称为残渣或浸取渣。

2. 浸取操作中相平衡的表示方法

假如固体载体不溶于溶剂,浸取过程中固体不吸附溶质,则离开某一级的液相溶液(溢流液)与离开该级的沉降浆液(底流液或浆液流)中残留的溶液是相同的,即溢流液中的溶质浓度与底流液中的溶质浓度相等,故在 $y-x$ 坐标图上的平衡线是对角线。如果以 x_A、y_A 代表溢流液、底流液中溶质 A 的质量分数,N 代表混合液中载体 B 的质量比浓度,则浸取过程的平衡关系还可以 $N-x_A(y_A)$ 表示;对于溢流液,由于不含载体,则 $N-x_A$ 就是横坐标;对于底流液,N 随其溶质的浓度 y_A 的不同而变化。对于纯固体物料,$y_A=1.0$,对于纯溶剂物料,$x_A=0$,$N=0$。由于

$x_A = y_A$，所以联结线是垂直的。

通常根据溶质和溶剂的结构和极性选择溶剂：对于易溶于水的溶质，可选择水作溶剂；对于不溶于水的油脂类，可选用低沸点的碳氢化合物；对于有化学反应的浸取，则重点考虑溶剂的反应性能及浸取液中溶质的分离。

3. 浸取操作过程的计算

浸取操作通常包括三步：① 原料与溶剂充分混合进行传质以溶解可溶性组分；② 浸取液与残渣的分离；③ 浸取液中溶质与溶剂的分离及残渣的洗涤等。

浸取可单级操作，也可多级进行。下面以单级为例说明浸取过程的计算。

图 10-5(a)表示一个单级浸取过程，图中 V、L 分别表示组成为 x_A 的溢流液量和组成为 y_A 的底流液量，V 和 L 均不包括固体。

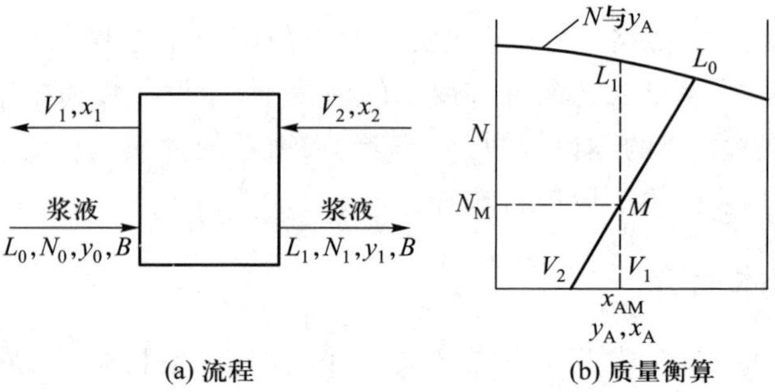

图 10-5 单级浸取流程和质量衡算

与单级液-液萃取类似，总溶质质量衡算、溶质 A 的质量衡算和固体 B 的质量衡算如下：

$$L_0 + V_2 = L_1 + V_1 = M \tag{10-16}$$

$$L_0 y_{A0} + V_2 x_{A2} = L_1 y_{A1} + V_1 x_{A1} = M x_{AM} \tag{10-17}$$

$$B = N_0 L_0 + 0 = N_1 L_1 + 0 = N_M M \tag{10-18}$$

式中 M——溶质和溶剂的总质量流量，kg/h；

x_{AM} 和 N_M——M 点的坐标。

根据杠杆定律，L_1、M、V_1 必在一条垂直的直线上，此即联结线；L_0、M、V_2 也必在一条直线上，M 点是两条直线的交点，如图 10-5(b)所示。如果进料 L_0 是新鲜的被浸取固体物料，则可在图 10-5(b)中确定进料点在 N 和 y 关系曲线上的位置。

4. 浸取设备

浸取设备种类繁多，按级数可分为单级和多级；按其操作方式可分为间歇式、半连续式和连续式；按固体物料的处理方法，可分为固定床、移动床和分散接触式；按溶剂和固体物料的接触方式，可分为多级接触型和微分接触型。具体可参考相关手册或专著。

示范题解析

【例 10-1】 三角形相图上的单级萃取

一定温度下测得 A、B、S 三元物系两液相的平衡数据见本例附表。表中的数据均为质量分数。欲将 1 200 kg 含溶质 A 30%(质量分数,下同)的原料液萃取分离。试求:

(1) 最小与最大萃取剂 S 的用量;

(2) 经单级萃取后欲得到 36% A 的 E 相组成,求得到相应的 R 相的组成,并计算操作条件下的选择性系数 β;

(3) 将 E 相和 R 相中的溶剂完全脱除后的萃取液和萃余液的组成和流量;

(4) 若组分 B、S 可视为完全不互溶,且操作条件下以质量比表示相组成的分配系数 $K=2.5$,要求原料液中的溶质 A 有 90%进入萃取相,则每千克原溶剂 B 需要消耗多少千克的萃取剂 S?

例 10-1 附表　A、B、S 三元物系平衡数据(质量分数)

		1	2	3	4	5	6	7	8	9	10	11	12	13	14
E 相	y_A	0	7.9	15	21	26.2	30	33.8	36.5	39	42.5	44.5	45	43	41.6
	y_S	90	82	74.2	67.5	61.1	55.8	50.3	45.7	41.4	33.9	27.5	21.7	16.5	15
R 相	x_A	0	2.5	5	7.5	10	12.5	15.0	17.5	20	25	30	35	40	41.6
	x_S	5	5.05	5.1	5.2	5.4	5.6	5.9	6.2	6.6	7.5	8.9	10.5	13.5	15

解: 由题给数据,可作出溶解度曲线 IPJ,由相应的联结线数据,可作出辅助曲线 JCP,如本例附图所示。

(1) 最小与最大萃取剂 S 的用量

当向原料液加入 S 时,混合液的组成点必位于直线 FS 上。当 S 的加入量恰好使混合液的组成落于溶解度曲线的 H 点时,混合液即开始分层。分层时溶剂的用量可由杠杆规则求得,即

$$\frac{S_{\min}}{F}=\frac{\overline{HF}}{\overline{HS}}=\frac{4}{45}=0.0889$$

所以

$$S_{\min}=0.0889\,F=(0.0889\times 1\,200)\text{kg}=106.7\text{ kg}$$

当 S 的加入量恰好使混合液的组成落于溶解度曲线的 G 点时,混合液变为单相。此时溶剂的用量可由杠杆规则求得,即

$$\frac{S_{\max}}{F}=\frac{\overline{GF}}{\overline{GS}}=\frac{43}{6}=7.167$$

所以

$$S_{\max}=7.167\,F=(7.167\times 1\,200)\text{kg}=8\,600\text{ kg}$$

(2) 萃余相 R 的组成,并计算操作条件下的选择性系数 β

根据萃取相中 $y_A=36\%$,在图中定出 E 点,由辅助曲线定出与之呈平衡的 R 点,RE 线与

FS 线的交点 M 即为混合液的总组成点。由图读得 $x_A=17.0\%$,$x_B=77.0\%$,$x_S=6.0\%$。

E 相 $y_A=36.0\%$,$y_B=15.0\%$

R 相 $x_A=17.0\%$,$x_B=77.0\%$

$$k_A=y_A/x_A=36.0/17.0=2.118$$

及
$$k_B=y_B/x_B=15.0/77.0=0.194\ 8$$

则选择性系数为

$$\beta=k_A/k_B=2.118/0.194\ 8=10.87$$

(3) 萃取液和萃余液的组成和流量

联结点 S、E 并延长 SE 与 AB 边交于 E',由图读得 $y_{E'}=68\%$;联结点 S、R 并延长 SR 与 AB 边交于 R',由图读得 $x_{R'}=18\%$。

$$E'=F\frac{x_F-x_{R'}}{y_{E'}-x_{R'}}=(1\ 200\times\frac{30-18}{68-18})\text{kg/h}=288\ \text{kg/h}$$

或
$$E'=F\frac{\overline{FR}}{\overline{E'R'}}=(1\ 200\times\frac{6}{25})\text{kg/h}=288\ \text{kg/h}$$

$$R'=F-E'=(1\ 200-288)\ \text{kg/h}=912\ \text{kg/h}$$

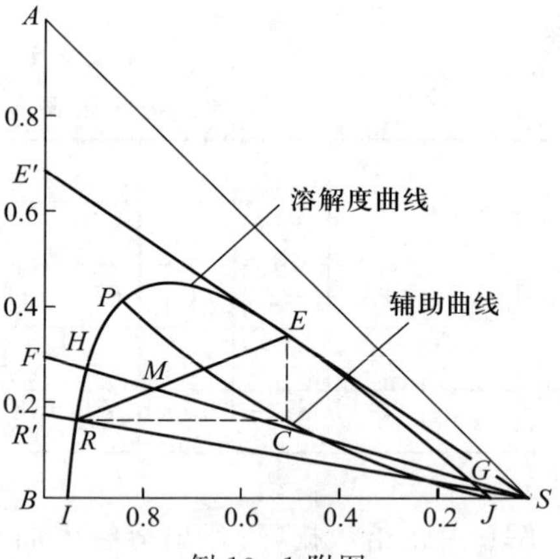

例 10-1 附图

(4) 每千克原溶剂 B 需要消耗的萃取剂 S 量

由于组分 B、S 可视为完全不互溶,则

$$X_F=\frac{x_F}{1-x_F}=\frac{0.3}{1-0.3}=0.429$$

$$X_1=(1-\varphi_A)X_F=(1-0.9)\times0.429=0.042\ 9$$

$$Y_S=0$$

$$Y_1=KX_1=2.5\times0.042\ 9=0.107$$

$$S/B=(X_F-X_1)/Y_1=(0.429-0.042\ 9)/0.107=3.6$$

即每千克原溶剂 B 需消耗 3.6 kg 萃取剂 S。

讨论:(1) 要熟练掌握三角形相图、杠杆规则及分配系数、选择性系数的定义;

(2) 萃取剂用量的限定条件是:萃取剂用量应在最大和最小用量之间,以保证萃取能在两相区操作。

【例 10-2】 多级错流萃取萃取率图解计算

25 ℃下以萃取剂 S 在二级错流萃取装置中从质量分数为 40%的某组分 A 的水溶液中提取 A。已知原料液处理量为 100 kg/h,第一级溶剂用量与原料液流量之比为 0.5,各级溶剂用量相等。操作温度下,A-B-S 体系以质量分数表示的溶解度曲线和联结线曲线如本例附图所示。试求:

(1) 溶质 A 的总萃取率;

(2) 欲将萃取率提高至 95%,可采取哪些措施?

解:(1) 溶质 A 的总萃取率

第一级的溶剂用量也即每级的溶剂用量为

$$S=0.5\ F=(0.5\times 100)\text{kg/h}=50\ \text{kg/h}$$

根据第一级的总质量衡算得

$$M_1=F+S=(100+50)\ \text{kg/h}=150\ \text{kg/h}$$

由 F 和 S 的量按杠杆规则确定第一级混合液的组成点 M_1，用试差法作过点 M_1 的联结线 E_1R_1。根据杠杆规则得

$$R_1=M_1\times\frac{\overline{E_1M_1}}{\overline{E_1R_1}}=(150\times\frac{18.0}{36.0})\text{kg/h}=75\text{kg/h}$$

再用 50 kg/h 的溶剂对第一级的 R_1 进行萃取。重复上述步骤计算第二级的有关参数，即

$$M_2=R_1+M_2=(75+50)\ \text{kg/h}=125\ \text{kg/h}$$

$$R_2=M_2\times\frac{\overline{E_2M_2}}{\overline{E_2R_2}}=(125\times\frac{23.0}{45.0})\text{kg/h}=63.9\ \text{kg/h}$$

由图读得 $x_2=0.1$，于是丙酮的总萃取率为

$$\varphi_A=\frac{Fx_F-R_2x_2}{Fx_F}\times 100\%$$

$$=\frac{100\times 0.4-63.9\times 0.1}{100\times 0.4}\times 100\%$$

$$=84.0\%$$

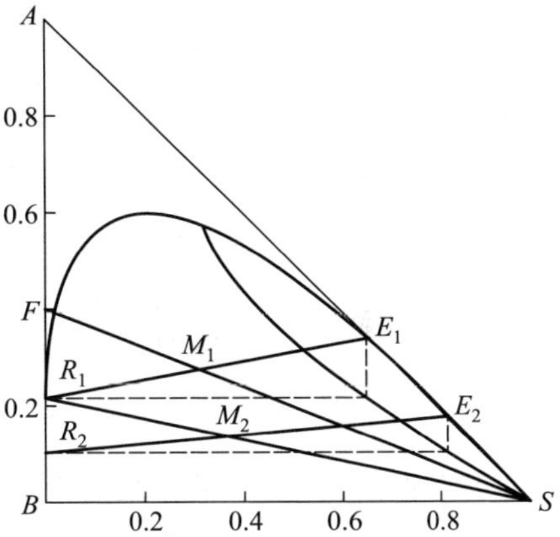

例 10-2 附图

（2）欲将萃取率提高至 95%，可采取的措施

一是增加萃取级数，在不增加萃取剂总用量的情况下，将二级错流改为三级或更多；二是增加萃取剂用量；三是适当增高萃取温度，增加溶质与萃取剂的溶解度；四是改用与溶质溶解度更大的萃取剂。

讨论：（1）多级错流萃取时，每级所用萃取剂用量相同，总萃取剂用量最少；

（2）多级错流萃取图解计算是单级萃取的重复，只是下一级的原料为上一级的萃余相。

【例 10-3】 萃取平衡关系与精馏平衡关系的比较

在单级萃取器中用纯萃取剂 S 从 A、B 两组分混合溶液中提取组分 A。已知萃取剂用量 100 kg，原料液处理量为 100 kg，原料液中 A 的含量 40 kg，萃余液中 A 的质量分数为 0.2，选择性系数为 8。试求：组分 A 的萃取率。

解： 由题意可知，$F=100$ kg，$x_F=40/100=0.4$，$x'_A=0.2$，$\beta=8$。

A 的萃取率 $$\phi_A=\frac{E'y'_A}{Fx_F}\times 100\%$$

y'_A 由平衡关系求得，E' 由物料衡算求得。

$$y'_A=\frac{\beta x'_A}{1+(\beta-1)x'_A}=\frac{8\times0.2}{1+7\times0.2}=0.666\ 7$$

$$E'=F\ \frac{x_F-x'_A}{y'_A-x'_A}=(100\times\frac{0.4-0.2}{0.666\ 7-0.2})\text{kg}=42.85\ \text{kg}$$

$$\phi_A=\frac{42.85\times0.666\ 7}{40}\times100\%=71.42\%$$

讨论：用萃取过程的选择性系数可以用来描述单级萃取的萃取液与萃余液组成间的关系，其作用与精馏过程的相对挥发度相似。

【例 10-4】 B、S 不互溶多级错流萃取的计算

以 6 100 kg/h 纯三氯乙烷为萃取剂从质量分数为 25%的丙酮水溶液中提取丙酮。已知原料液处理量为 2 000 kg/h。在操作条件下，水和三氯乙烷可视为完全不互溶，丙酮的分配系数近似为常数，$K=1.71$。试求：经五级错流萃取后最终萃余相中丙酮的质量分数。

解： 由题意知，组分 B、S 完全不互溶，且分配系数 K 近似为常数，故可采用解析法求算萃取剂用量 S，式中的有关参数为

$$B=F(1-x_F)=[2\ 000\times(1-0.25)]\text{kg/h}=1\ 500\ \text{kg/h}$$

对于多级错流萃取，当各级溶剂用量相等时，萃取效果最好。可得每级的萃取剂用量为

$$S=(6\ 100/5)\text{kg/h}=1\ 220\ \text{kg/h}$$

$$A_m=SK/B=1\ 220\times1.71/1\ 500=1.391$$

由题可知 $X_F=\frac{25}{75}=0.333\ 3$，$Y_S=0$，应用上述有关参数值及 $n=5$，用式(10-11)可解得

$$\frac{X_F-\frac{Y_S}{K}}{X_n-\frac{Y_S}{K}}=78.15$$

则

$$X_n=0.004\ 27$$

$$x_n=\frac{X_n}{1+X_n}=\frac{0.004\ 27}{1+0.004\ 27}=0.004\ 25$$

讨论：对于多级错流萃取时，当萃取剂与原溶剂不互溶，可以用解析法进行计算，且级数越多，解析法的优势越明显。

【例 10-5】 B、S 不互溶多级逆流萃取设计型计算

在多级逆流萃取装置中，以纯溶剂 S 从溶质 A 质量分数为 35%的水溶液中提取溶质。已知原料液处理量为 1 000 kg/h，要求最终萃余相中溶质的质量分数不高于 5%。萃取剂的用量为最小用量的 1.5 倍。水和纯溶剂 S 可视为完全不互溶，操作条件下该物系的分配系数 K 取为 1.6，试用解析法求所需的理论级数。

解： 由题给数据得 $X_F=\frac{35}{65}=0.538$， $X_n=\frac{5}{95}=0.052\ 6$

$$B=F(1-x_F)=[1\ 000\times(1-0.35)]\text{kg/h}=650\ \text{kg/h}$$

由于 $Y_S=0$，故操作线的一端经过点$(X_n,0)$，作 $X=X_F$ 与分配曲线 $Y=1.6X$ 相交，交点纵坐标为

$$Y=KX_F=1.6\times0.538=0.861$$

该交点与点$(X_n,0)$连线的斜率即为 δ_{max}，其值为

$$\delta_{max}=\frac{0.861}{0.538-0.052\ 6}=1.774$$

$$S_{min}=\frac{B}{\delta_{max}}=\left(\frac{650}{1.774}\right)\text{kg/h}=366.4\text{kg/h}$$

$$S=1.5\times S_{min}=(1.5\times366.4)\text{kg/h}=549.6\ \text{kg/h}$$

由题给数据，计算有关参数，即

$$A_m=\frac{KS}{B}=\frac{1.6\times549.6}{650}=1.353$$

$$\frac{X_F-\dfrac{Y_S}{K}}{X_n-\dfrac{Y_S}{K}}=\frac{0.538-0}{0.052\ 6-0}=10.23$$

则

$$n=\ln\left[\left(1-\frac{1}{A_m}\right)\frac{X_F-\dfrac{Y_S}{K}}{X_n-\dfrac{Y_S}{K}}+\frac{1}{A_m}\right]\Bigg/\ln A_m$$

$$=\ln\left[\left(1-\frac{1}{1.353}\right)\times10.23+\frac{1}{1.353}\right]\Bigg/\ln 1.353=4.06$$

讨论：多级逆流萃取时，当萃取剂与原溶剂不互溶，可以用解析法进行计算。

【例 10-6】 连续逆流(微分)萃取过程计算

在连续逆流填料萃取实验塔内，用纯溶剂 S 从溶质 A 质量分数为 0.15 的水溶液中提取溶质 A。水与溶剂可视为完全不互溶，要求最终萃余相中溶质 A 的质量分数不大于 0.004。操作溶剂比(S/B)为 2，溶剂用量为 130 kg/h。操作条件下平衡关系为 $Y=1.6\ X$。试求：

(1) 萃余相的总传质单元数；

(2) 若塔的 K_xa 为 1.649×10^5 kg/(m^3·h·Δx)，塔径为 0.05 m，求塔高。

解：(1) 总传质单元数 N_{OR}

由于组分 B、S 可视为完全不互溶且分配系数为常数，故可用平均推动力法或式(10-14b)求总传质单元数 N_{OR}，这里用式(10-14b)求算。

$$A_m=\frac{KS}{B}=1.6\times2=3.2$$

$$X_F=\frac{15}{85}=0.176\ 5$$

$$N_{OR}=\ln\left[\left(1-\frac{1}{A_m}\right)\frac{X_F-\frac{Y_S}{K}}{X_n-\frac{Y_S}{K}}+\frac{1}{A_m}\right]\Big/\left(1-\frac{1}{A_m}\right)=\ln\left[\left(1-\frac{1}{3.2}\right)\times\frac{0.176\,5}{0.004}+\frac{1}{3.2}\right]\Big/\left(1-\frac{1}{3.2}\right)=4.98$$

(2) 塔高

$$B=\frac{S}{2}=\left(\frac{130}{2}\right)\text{kg/h}=65\ \text{kg/h}$$

$$H_{OR}=\frac{B}{K_Xa\Omega}=\left(\frac{65}{1.649\times10^5\times\frac{\pi}{4}\times0.05^2}\right)\text{m}=0.200\,8\ \text{m}$$

$$H=(0.200\,8\times4.98)\text{m}=1\ \text{m}$$

讨论：连续逆流萃取过程计算与吸收过程计算非常相似，可以类比学习。本处近似取 $K_{Xa}\approx K_{xa}$。

【例 10-7】 单级浸取计算

以淡水为溶剂处理 5 t 炒咖啡豆，以制取速溶咖啡。咖啡豆中含可溶物质 25%，其含水量可以忽略。离开装置的最终浸出液含可溶物质 30%，要求浸出率为 90%。底流液中每吨固体残渣带出溶液 0.4 t。试求：

(1) 每小时得到的浸出液量；

(2) 可以得到可溶固体产品量。

解：(1) 每小时得到的浸出液量

以 1 h 为计算基准，进行整个系统中可溶物质的物料衡算。则，

原料中含可溶物质量＝(5×25%)t＝1.25 t

浸出液中含可溶物质量＝(1.25×90%)t＝1.125 t

浸出液量＝(1.125/30%)t＝3.75 t

(2) 可以得到可溶固体产品量

底流液量＝{0.4×[5×(1－25%)＋5×25%×(1－90%)]}t＝1.55 t

溢流液量＝(3.75－1.55) t＝2.2 t

所以　　可得到的可溶固体产品质量＝(2.2×30%)t＝0.66 t

讨论：固体物料经过单级浸取后，能浸出的可溶物在浸出液中，不溶物及未被浸出的可溶物留在固体残渣中。浸出液一部分成为液相溢流液，另一部分会被残渣裹挟进入底流液，所以浸出的可溶物并非都可以形成产品。

更多示范题解析可扫描下方二维码查看。

思考题简答

1. 对于一种液体混合物，根据哪些因素决定是采用蒸馏方法还是萃取方法进行分离？

答：对于一种液体混合物分离，从技术上的可行性和经济上的合理性来说，在下列情况下采用萃取方法更为有利：

(1) 原料液中各组分间的沸点非常接近，也即组分间的相对挥发度接近于1，若采用蒸馏方法很不经济；

(2) 原料液在蒸馏时形成恒沸物，用普通蒸馏方法不能达到所需的纯度；

(3) 原料液中需分离的组分含量很低且为难挥发组分，若采用蒸馏方法须将大量原溶剂汽化，能耗很大；

(4) 原料液中需分离的组分是热敏性物质，蒸馏时易于分解、聚合或发生其他变化。

2. 分配系数 $k_A<1$，是否说明所选择的萃取剂不适宜？如何判断用某种溶剂进行萃取分离的难易与可能性？

答：用 k_A 值并不能判断萃取剂是否适宜。分配系数 k_A 表达了溶质在两个平衡液相中的分配关系。显然，k_A 值越大，萃取分离的效果越好。k_A 值与联结线的斜率有关。同一物系，其 k_A 值随温度和组成而变。无论 k_A 为何值，只要萃取相脱除溶剂后 $y'_A>x_F$，就具有分离效果。

选择性系数 β 为组分 A、B 的分配系数之比，其物理意义颇似蒸馏中的相对挥发度，若 $\beta>1$，说明组分 A 在萃取相中的相对含量比萃余相中的高，即组分 A、B 得到了一定程度的分离，显然 k_A 值越大，k_B 值越小，选择性系数 β 就越大，组分 A、B 的分离也就越容易，相应的萃取剂的选择性也就越高；若 $\beta=1$，即萃取相和萃余相在脱除溶剂 S 后将具有相同的组成，并且等于原料液的组成，说明 A、B 两组分不能用此萃取剂分离，换言之所选择的萃取剂是不适宜的。

3. 温度对萃取分离效果有何影响？如何选择萃取操作的温度？

答：通常物系的温度升高，组分间溶解度增大，反之减小。因此，温度明显地影响溶解度曲线的形状、联结线的斜率和两相区面积，从而也影响分配曲线的形状。一般温度升高，分层区面积减小，对萃取操作不利。但是温度过低，流体黏度增大，其流动性变差，对萃取的混合及沉降分层过程也不利，从而也会影响萃取分离效果。

4. 如何确定单级萃取操作中可能获得的最大萃取液组成？对于 $k_A>1$ 和 $k_A<1$ 两种情况确定方法是否相同？

答：萃取相 E 完全脱除溶剂后得到萃取液 E′，所以 E 为和点，E'、S 成为差点。当 $k_A>1$ 时，要获得最大萃取液组成，即可以由 S 点作溶解度曲线的切线 SE_{max} 并延长交 AB 边于 E'，该点对应的组成就是单级萃取可能得到的最高萃取液组成。

当 $k_A<1$ 时，由 SF 与溶解度曲线交点 H 作联结线求得的 E 相组成为最高萃取相组成，其脱溶剂后所得萃取液为可能获得的最大萃取液组成。

5. 多级逆流萃取时如何选择萃取剂用量或溶剂比？

答：在多级逆流萃取过程中，当溶剂比减少时，操作线逐渐向分配曲线（平衡线）靠拢，达到同样分离要求所需的理论级数逐渐增加。当溶剂比减少至一定值时，操作线和分配曲线相切（或相交），此时类似于精馏中的夹紧区，所需的理论级数无限多，此溶剂比称为最小溶剂比，即（$S/$

$F)_{min}$，相应的萃取剂用量称为最小溶剂用量，以 S_{min} 表示。显然 S_{min} 为萃取操作中溶剂用量的最低极限值，实际操作时的萃取剂用量必须大于此极限值。

溶剂用量的大小是影响设备费和操作费的主要因素。当分离任务一定时，若减少溶剂用量，则所需的理论级数增加，设备费随之增加，而回收溶剂所消耗的能量减少；反之，若加大溶剂用量，则所需的理论级数可以减少，但回收溶剂所消耗的能量增加。适宜的溶剂用量应根据设备费与操作费之和最小的原则确定，一般取为最小溶剂用量的 1.1～2.0 倍。

6. 对于组分 B、S 部分互溶物系，多级逆流萃取过程中，如何确定最小溶剂用量？

答：对于组分 B 和 S 部分互溶的物系，如果由三角形相图求出，当 S/F 值越小，操作线和联结线的斜率越接近，所需的理论级数越多，当萃取剂的用量减小至某一极限值，即 S_{min}时，就会出现操作线与联结线重合的情况，此时所需的理论级数为无穷多。S_{min}的值可由杠杆规则确定。

对于组分 B 和 S 部分互溶的物系，若在直角坐标图上，当溶剂比减少至一定值时，操作线和分配曲线相切（或相交），此时类似于精馏中的夹紧区，所需的理论级数无限多，此溶剂比称为最小溶剂比$(S/F)_{min}$，相应萃取剂用量为最小溶剂用量，以 S_{min} 表示。

7. 简述超临界流体萃取的特点，为什么说超临界流体萃取具有精馏和萃取的双重特性？

答：超临界萃取的优点主要表现在：

(1) 由于超临界流体的密度接近于液体，因此超临界流体具有与液体溶剂相同的溶解能力，同时它又保持了气体所具有的传递特性，从而比液体溶剂萃取具有更高的传质速率，能更快地达到萃取平衡。

(2) 由于在接近临界点处，压力和温度的微小变化都将引起超临界流体密度的改变，从而引起其溶解能力的变化，因此萃取后溶质和溶剂易于分离且能节省能源。

(3) 由于超临界萃取一般选用化学性质稳定、无毒无腐蚀性、临界温度不过高或过低的物质（如二氧化碳）作萃取剂，不会引起被萃取物的污染，可以用于医药、食品等工业，特别适合于热敏性、易氧化物质的分离或提纯。

(4) 一方面，超临界流体较一般液体溶剂具有更高的传质速率，能更快地达到萃取平衡；另一方面，通过控制操作条件，使物系离开超临界状态，可以使萃取剂与溶质迅速分离。所以超临界萃取过程具有萃取和精馏的双重特性，有可能分离一些难分离的物质。

超临界萃取的缺点主要是设备和操作都在高压下进行，设备的一次性投资比较高。

8. 简述化学萃取的特点，对于一个确定的分离问题，根据哪些因素决定是采用化学萃取还是采用物理萃取方法进行分离？

答：若在萃取过程中伴有化学反应，即在溶质与萃取剂之间存在化学作用，则称此类传质过程为伴有化学反应的萃取，简称化学萃取。在化学萃取中，由于溶质与萃取剂之间存在化学作用，因而使它们在两相中往往以多种化学态存在，其相平衡关系要较物理萃取复杂得多。化学萃取的相平衡实质上是溶质在两相中的不同化学态之间的平衡，它遵从于相律和一般化学反应的平衡规律，决定着萃取过程的传质方向与过程可能达到的分离要求。另外，由于萃取过程经常在非平衡条件下进行，因而萃取动力学的研究就十分重要。

化学萃取主要应用于氨基酸、抗生素、稀有金属、高分子材料等物质的提取与分离。

9. 何谓液泛和轴向混合？它们对萃取操作有何影响？

答：在逆流操作的萃取塔中，分散相和连续相的流量不能任意加大。当速度增大至某一极限值时，一相会因流动阻力的增加而被另一相夹带由其自身入口处流出塔外。这种两液体互相夹带的现象称为液泛。液泛时塔内的正常萃取操作被破坏，因此萃取塔中的实际操作速度必须低于液泛速度。

萃取塔内的理想流动应是两液相均呈活塞流，即同一塔截面上两液相流体质点的流速各自相等，此时传质推动力最大，但实际上无论是连续相还是分散相，总有一部分液体的流动滞后于主体流动，或者向相反方向运动，或者产生不规则的旋涡运动，这些现象总称为返混，又称为轴向混合。塔内液体的返混使两液相在轴向的组成梯度均小于理想流动时的值，从而使塔内各截面上两液相间的浓度差也即传质推动力减小，传质速率降低，降低了设备的生产能力。由于液-液萃取过程中两液相密度差小、黏度大，两液相间的相对速度较小，所以返混的影响更为严重，在萃取塔的设计中，必须充分考虑返混的影响。

10. 根据哪些因素来决定是采用错流还是逆流接触萃取操作流程?

答：多级错流萃取操作流程特点是：每一级均加入新鲜萃取剂，前一级的萃余相为后一级的原料；每一级的传质推动力大，只要级数足够多，最终可得到溶质组成低于指定值的萃余相。当各级溶剂用量相等时，达到一定的分离程度所需的总溶剂用量最少。但溶剂总用量多仍然是多级错流萃取的缺点。

多级逆流萃取的传质平均推动力大，分离效率高，溶剂用量少，工业中应用广泛。在生产中，为了用较少的萃取剂达到较高的萃取率，常采用多级逆流萃取操作。

在总溶剂用量相同的条件下，采用相同的级数，逆流萃取最终萃余相组成最低，即萃取效果最佳，错流萃取次之。但是，当萃取操作可能有晶体析出时需采用错流流程。

自 测 题

一、填空题

1. 萃取是利用原料液中各组分__________的差异而实现分离的单元操作。

2. 在三角形相图上，三角形的顶点代表__________物系、三条边上的点代表__________物系、三角形内的点代表__________物系。

3. 分配系数是指__________。

4. 分配系数越大，萃取分离的效果__________。

5. 溶解度曲线将三角形相图分为两个区域，曲线内为__________区，曲线外为__________区，萃取操作只能在__________进行。

6. 通常，物系的温度越高，稀释剂与萃取剂的互溶度__________，分层区面积__________，越不利于萃取操作。

7. 选择性系数的定义式为__________。

8. 溶质的分配系数越大，稀释剂分配系数越小，则选择性系数__________，越有利于组分的萃取分离。

9. 选择萃取剂时，主要考虑的因素有______________________________。

10. 若萃取相与萃余相在脱溶剂后具有相同的组成，并且等于原料液组成，则说明萃取剂的选择性系数__________。

11. 当萃取剂的用量为最小时，将会出现__________，此时所需的理论级__________。

12. 对于一定的物系，影响萃取分离效果的主要因素是__________和__________。

13. 工业萃取过程由__________、__________和__________三个基本过程组成。

14. 多级错流接触萃取的特点是__________。

15. 多级逆流接触萃取的特点是__________。

16. 根据两相接触方式的不同，萃取设备可分为__________式和__________式两大类。

17. 在萃取过程中，对萃取设备的要求是____________________________。

18. 萃取剂与原溶剂的互溶度__________，分层区面积__________，可能得到的萃取液最高组成较高。

19. 用有机或无机溶剂将__________中的可溶解组分溶解使其进入液相，从而将它从固体原料中分离出来的操作称液-固浸取，简称浸取。

20. 假如固体载体不溶于溶剂，浸取过程中固体不吸附溶质，则离开某一级浸取设备的溢流液中的溶质浓度与底流液中的溶质浓度__________。

二、选择题

1. 分配系数与下列因素无关的是(　　)。

A. 温度；　B. 物系种类；　C. 压力；　D. 组成

2. 萃取剂的加入量应使原料与萃取剂的和点 M 位于(　　)。

A. 溶解度曲线上方区；　B. 两相区；

C. 溶解度曲线上；　D. 任何位置均可

3. 进行萃取操作时，应使选择性系数(　　)。

A. 等于 1；　B. 大于 1；　C. 小于 1

4. 用纯溶剂 S 对 A、B 混合液进行单级萃取，F、x_F 不变，加大萃取剂用量，通常所得萃取液组成将(　　)。

A. 提高；　B. 降低；　C. 不变；　D. 不确定

5. 对 A、B 混合液进行单级萃取，维持原料液组成 x_F、萃取相组成 y_A 不变，用含有一定溶质 A 的萃取剂代替纯溶剂 S，所得萃余相组成将(　　)。

A. 不变；　B. 降低；　C. 提高；　D. 不确定

三、计算题

1. 以 400 kg 纯萃取剂 S 从 4 000 kg 发酵液 B 中提取某药物成分 A。组分 B、S 可视为完全不互溶，操作条件下，以质量比表示相组成的分配系数可取为常数，$K=30$。试比较如下三种萃取操作的萃取率。

(1) 单级平衡萃取；

(2) 将 400 kg 溶剂分作两等份进行两级错流萃取；

(3) 两级逆流萃取。

2. 在高度为 3 m 的填料萃取塔中，以纯溶剂 S 从 A、B 混合液中提取溶质 A。操作条件下，B、S 可视为完全不互溶，两相的平衡方程为 $Y=0.8\ X$(X、Y 为质量比，下同)。要求从 $X_F=0.35$ 降至 $X_n=0.05$，操作溶剂比为 $S/B=1.25$。试求：

(1) 溶剂用量为最小溶剂用量的倍数；

(2) 填料层的 H_{OR} 及 $HETS$。

3. 在单级萃取中，以纯溶剂 S 从 A、B 混合溶液中提取溶质 A，原料中含 A、B 各 50 kg。操作条件下，B、S 互溶。已知萃取相组成 $y_A/y_B=11/5$，萃余相组成 $x_A/x_B=1/3$。试求：

(1) 选择性系数；

(2) 萃取液量与萃余液量之比。

4. 在单级萃取中，以 45 kg 纯溶剂 S 从 A、B 混合液中提取溶质 A，原料的处理量为39 kg，其中 A 的组成为 0.3(质量比，下同)。操作条件下，B、S 可视为完全不互溶，两相的平衡关系可表达为 $Y=K_A X$，测得组分 A 的萃取率为 70%。试求：

(1) 萃取相和萃余相的平衡组成 Y、X；

(2) 组分 A 的分配系数 K_A 及溶剂的选择性系数 β。

本章符号说明

英文字母

a——单位体积混合液所具有的相际接触面积，m^2/m^3；

a——填料的比表面积，m^2/m^3；

A_m——萃取因子，对应于吸收中的脱吸因子；

B——原溶剂组分 B 的量，kg 或 kg/h；

C——物质在超临界流体中的溶解度，kg/m^3；

c——组分在水相或有机相中的平衡浓度，$kmol/m^3$；

d_m——液滴的平均直径，m；

D——萃取塔塔径，m；

E——萃取相的量，kg 或 kg/h；

E'——萃取液的量，kg 或 kg/h；

F——原料液的量，kg 或 kg/h；

H——萃取段有效高度，m；

$HETS$——理论级当量高度，m；

H_{OR}——萃余相的总传质单元高度，m；

k——以质量分数表示组成的分配系数；

K——以质量比表示相组成的分配系数；

$K_x a$——以萃余相中溶质的质量比组成为推动力的总体积传质系数，$kg/(m^3 \cdot h \cdot \Delta x)$；

m——混合液的量，kg 或 kg/h；

M——混合液的量，kg 或 kg/h；

n——萃取理论级数；

N_{OR}——萃余相的总传质单元数；

N——浸取过程中浸取混合液中载体 B 的质量比组成；

p——压力，Pa 或 MPa；

V——连续相或分散相在塔内的体积流量，m^3/s 或 m^3/h；

R——萃余相的量，kg 或 kg/h；

R'——萃余液的量，kg 或 kg/h；

S——萃取剂的量，kg 或 kg/h；

S_{max}——最大溶剂用量，kg 或 kg/h；

S_{min}——最小溶剂用量，kg 或 kg/h；

T_c——临界温度，K；

T_r——对比温度；

U——连续相或分散相在塔内的流速，m/s 或 m/h；

x——萃余相中组分的质量分数；

X——萃余相中组分的质量比组成；

y——萃取相中组分的质量分数；

Y——萃取相中组分的质量比组成；

z——混合液中组分的质量分数

希腊字母

β——溶剂的选择性系数；

Δ——净流量，kg/h；

ε——填料层的空隙率；

δ——以质量比表示组成的操作线斜率；

δ_{max}——最小溶剂用量时操作线斜率；

μ——液体的黏度，Pa·s；

μ_C——临界流体的黏度，Pa·s；

ρ——液体的密度，kg/m^3；

ρ_c——临界流体的密度,kg/m^3;

$\Delta\rho$——两液相的密度差,kg/m^3;

σ——界面张力,N/m;

Ω——塔截面积,m^2;

φ——萃取率

下标

A、B、S——分别代表组分 A、组分 B 及组分 S;

C——连续相;

D——分散相;

E——萃取相;

f——液泛;

R——萃余相;

i——级数($i=1,2,\cdots,n$)

第十一章

固体物料的干燥

学习指导

一、学习要求

通过本章学习，能够掌握描述湿空气性质的参数及其计算方法，能熟练进行干燥过程的计算(包括物料衡算、热量衡算、干燥速率和干燥时间)。了解干燥器的类型、适用场合及提高干燥过程热效率的方法。了解冷冻干燥，增湿与减湿过程的传热、传质关系。

二、应重点掌握的内容

1. 湿空气的性质，$H-I$ 图及其应用。

2. 干燥过程的物料衡算和热量衡算。

3. 物料中水分的性质及划分方法。

4. 干燥速率及干燥时间的计算。

三、学习方法

干燥过程是热质同时反方向传递的过程，在干燥过程的设计计算中，需要同时考虑传热和传质过程，影响因素颇为复杂。在某些情况下，定量计算难度较大，要做一些简化处理，以便进行数学描述。

学习要点

一、概述

1. 化工中常用的除湿方法

(1) 机械除湿，如沉降、过滤、离心分离等利用重力或离心力除湿。

(2) 吸附除湿，通过物理吸附或化学吸附，用干燥剂(如无水氯化钙、硅胶等)除湿。

(3) 干燥除湿，利用热能来除湿。

为节省能源，工业中往往将两种方法联合起来操作，即先用比较经济的机械方法尽可能除去湿物料中大部分湿分，然后再利用干燥方法继续除湿，以获得湿分符合规定的产品。

2. 干燥操作的分类

(1) 按操作压力分为常压干燥和真空干燥。

(2) 按操作方式分为连续干燥和间歇干燥。

(3) 按传热方式分为传导干燥、对流干燥、辐射干燥、介电加热干燥及由上述两种或多种方式组合成的联合干燥。

3. 干燥过程及其特点

本章讨论以热空气为干燥介质除去湿物料中水分的对流干燥过程。在这样的对流干燥过程中,热空气将热量传给湿物料,物料表面汽化的水分又由空气带走,干燥介质(空气)既是载热体又是载湿体。因此,干燥过程中,热量传递和质量传递同时进行,传递方向相反。干燥速率由传热速率和传质速率共同控制,影响因素较为复杂,因此干燥器的设计具有很大的经验性。

干燥操作的必要条件是作为干燥介质的热空气温度高于物料表面温度,同时物料表面的水汽分压大于干燥介质中的水汽分压。两者差别越大,干燥操作就进行得越快。

二、湿空气的性质及湿度图

(一) 湿空气的性质

1. 湿空气中水汽含量的表示方法

(1) 水蒸气分压 p 湿空气中的水蒸气分压,kPa。p 值越高,表示空气中水汽含量越高。

(2) 湿度 H 湿空气中水汽的质量与绝干空气的质量之比,又称湿含量,单位为 kg 水/kg 绝干气。

$$H=\frac{0.622\,p}{p_{总}-p} \tag{11-1}$$

式中 p——水汽分压,Pa 或 kPa;

$p_{总}$——总压,Pa 或 kPa。

由式(11-1)看出,湿空气的湿度是总压 $p_{总}$ 和水汽分压 p 的函数。

当湿空气中的水汽分压等于该空气温度下纯水的饱和蒸气压时,相应的湿度称为饱和湿度,以 H_s 表示,

$$H_s=\frac{0.622\,p_s}{p_{总}-p_s} \tag{11-2}$$

(3) 相对湿度百分数 φ 在一定总压下,湿空气中水汽分压 p 与同温度下饱和水汽分压 p_s 之比,简称相对湿度。

$$\varphi=\frac{p}{p_s}\times 100\% \tag{11-3}$$

将式(11-3)代入式(11-1),得

$$H=\frac{0.622\varphi p_s}{p_{总}-\varphi p_s} \tag{11-4}$$

上式表示一定总压和温度下,湿空气的 H 与 φ 之间的关系。

p、H 表示空气中水汽的绝对含量，而 φ 表示空气中水汽的相对含量，代表空气的不饱和程度和空气的吸湿能力。湿空气的 φ 值越小，吸湿能力越大；当 $\varphi=1$ 时，空气饱和，$p=p_s$，不能用作干燥介质。对湿度一定的湿空气，可提高温度以降低其 φ，从而提高湿空气的吸湿能力。

2. 湿空气的比体积 v_H

在湿空气中，1 kg 绝干空气体积和相应 H kg 水汽体积之和称为湿空气的比体积，又称为湿容积，m^3 湿空气/kg 绝干气。

$$v_H=\left(\frac{1}{29}+\frac{H}{18}\right)\times 22.4\times\frac{273+t}{273}\times\frac{1.013\times 10^5}{p_{总}}$$
$$=(0.772+1.244H)\times\frac{273+t}{273}\times\frac{1.013\times 10^5}{p_{总}} \tag{11-5}$$

一定总压下，湿容积是湿空气的温度 t、湿度 H 的函数。

3. 湿空气的比热容 c_H 和焓 I

(1) 比热容 c_H　常压下，将湿空气中 1 kg 绝干空气及相应 H kg 水汽的温度升高（或降低）1 ℃ 所要吸收（或放出）的热量，又称湿热，kJ/(kg 绝干气·℃)。

$$c_H=1.01+1.88H \tag{11-6}$$

在绝干空气和水蒸气比热容均为常数的情况下，湿空气的比热容只是湿度的函数。

(2) 焓 I　湿空气中 1 kg 绝干空气的焓与相应 H kg 水汽的焓之和，kJ/kg 绝干气。

$$I=I_g+HI_v=(1.01+1.88H)t+2\,490H \tag{11-7}$$

焓的基准状态为 0 ℃的绝干空气及 0 ℃的液态水。

注意：H、v_H、c_H、I 都是以 1 kg 绝干空气为基准，因为干燥过程中湿空气中的水分含量是不断变化的，但绝干空气量没有变化。

4. 温度

(1) 干球温度 t　用普通温度计测出的湿空气的真实温度，简称温度。

(2) 湿球温度 t_w　用湿球温度计（用湿纱布包裹温度计的感温部分即水银球）测出的温度。此时空气传给水分的显热恰好等于水分汽化所需的潜热，用公式表达此热质平衡，可以得到

$$t_w=t-\frac{k_H r_{t_w}}{\alpha}(H_{s,t_w}-H) \tag{11-8}$$

式中　t_w——空气的湿球温度，℃；

t——空气的温度，℃；

α——空气向湿纱布的对流传热系数，kW/(m^2·℃)；

k_H——以湿度差为推动力的传质系数，kg/(m^2·s·ΔH)；

H_{s,t_w}——湿球温度 t_w 下空气的饱和湿度，kg/kg 绝干气；

r_{t_w}——湿球温度 t_w 下水汽的汽化热，kJ/kg。

(3) 绝热饱和冷却温度 t_{as}　湿空气经历绝热冷却增湿过程达到饱和时的温度。其特点为：空气传给水分的显热恰好等于水分汽化所需的潜热，湿空气的温度降低湿度增加而焓不变。由此热质平衡可以得到

$$t_{as}=t-\frac{r_{as}}{c_H}(H_{as}-H) \tag{11-9}$$

式中 r_{as}——温度 t_{as} 时水的汽化热,kJ/kg;

H_{as}——与 t_{as} 相应的绝热饱和湿度,kg/kg 绝干气。

(4) 露点 t_d 将不饱和空气等湿冷却到饱和状态时的温度。即空气的湿度为 t_d 温度下的饱和湿度,以 $H_{s,td}$ 表示。

$$H_{s,td}=\frac{0.622p_{s,td}}{p_{总}-p_{s,td}} \tag{11-10}$$

式中 $H_{s,td}$——湿空气在露点下的饱和湿度,kg/kg 绝干气;

$p_{s,td}$——露点下水的饱和蒸气压,Pa。

在一定的总压下,可用式(11-10)由空气的露点求空气的湿度或水汽分压;反之,也可由空气的湿度或水汽分压求空气的露点。

讨论:(1) 应注意,t_w 并不是空气的真实温度,而是湿纱布内水分的温度。t_w 是 t 和 H 的函数,在一定的总压下,只要测出湿空气的干、湿球温度,就可算出空气的湿度。当湿空气的温度一定时,不饱和湿空气的湿球温度总低于干球温度,空气的干湿球温度之差越大,空气的相对湿度越低,当空气为水汽所饱和时,湿球温度就等于干球温度。

(2) t_{as} 也是湿空气初始温度 t 和湿度 H 的函数,它是湿空气在绝热、冷却、增湿过程中达到的极限冷却温度。在一定的总压下,只要测出湿空气的初始温度和绝热饱和温度 t_{as} 就可用式(11-9)算出湿空气的湿度 H。

(3) 对于湍流状态下的水蒸气-空气体系,湿球温度近似地等于绝热饱和冷却温度,即

$$t_w \approx t_{as} \tag{11-11}$$

必须强调,式(11-11)只表示对特定系统,两者数值上近似相等,概念上,绝热饱和温度 t_{as} 和湿球温度 t_w 是完全不同的。

(4) 对水蒸气-空气体系,干球温度 t、绝热饱和温度 t_{as}(或湿球温度 t_w)及露点 t_d 三者之间的关系为

不饱和空气 $t>t_{as}$(或 t_w)$>t_d$

饱和空气 $t=t_{as}$(或 t_w)$=t_d$

(二) 湿空气的湿度图

1. 湿空气的 $H-I$ 图

$H-I$ 图表示总压 1.013×10^5 Pa 时,湿空气各参数间的关系。该图由以下诸线群组成。

(1) 等湿度线(等 H 线)群:读数范围为 0~0.2 kg/kg 绝干气。

(2) 等焓线(等 I 线)群:读数范围为 0~680 kJ/kg 绝干气。

(3) 等干球温度线(等 t 线)群:读数范围为 0~250 ℃。

(4) 等相对湿度线(等 φ 线)群:读数范围为 5%~100%。

(5) 蒸汽分压线:读数范围为 0~26 kPa。

2. $H-I$ 图的应用

(1) 根据 $H-I$ 图上空气的状态点，可查出空气的其他性能参数。

(2) 根据湿空气任两个独立参数确定空气的状态，进而确定空气的其他参数。

(3) 可在 $H-I$ 图上描述空气的状态变化，比如空气的混合，空气经过预热器或干燥器的状态变化。杠杆规则也适用于 $H-I$ 图中。

讨论：(1) $H-I$ 图上的数据在总压 1.013×10^5 Pa 下得到，当总压偏离太远时不适用。

(2) 必须是两个独立的参数才能确定空气状态点。如 t_d-H、$p-H$、t_d-p、t_w-I、$t_{as}-I$ 等都不是相互独立的，无法确定空气状态。

三、干燥过程的物料衡算与热量衡算

(一) 湿物料的性质

1. 湿基含水量 w

湿物料中水分的质量分数，kg 水/kg 湿物料。

2. 干基含水量 X

湿物料中的水分与绝干物料的质量比，kg 水/kg 绝干料。

两种含水量之间的关系为

$$w=\frac{X}{1+X} \tag{11-12}$$

$$X=\frac{w}{1-w} \tag{11-13}$$

3. 湿物料的比热容 c_m

将湿物料中 1 kg 绝干物料和其中的 X kg 水温度升高(或降低)1 ℃所吸收(或放出)的热量，即

$$c_m=c_s+Xc_w=c_s+4.187X \tag{11-14}$$

式中　c_m——湿物料的比热容，kJ/(kg 绝干料·℃)；

c_s——绝干物料的比热容，kJ/(kg 绝干料·℃)；

c_w——物料中所含水分的比热容，取为 4.187 kJ/(kg 水·℃)。

4. 湿物料的焓 I'

湿物料的焓 I'包括绝干物料的焓(以 0 ℃的绝干物料为基准)和物料中所含水分(以 0 ℃的液态水为基准)的焓，即

$$I'=(c_s+Xc_w)\theta=(c_s+4.187X)\theta=c_m\theta \tag{11-15}$$

式中　I'——湿物料的焓，kJ/kg 绝干料；

θ——湿物料的温度，℃。

(二) 干燥系统的物料衡算

连续逆流干燥过程流程如图 11-1 所示。对此系统的物料衡算可得：

1. 水分蒸发量 W

$$W=L(H_2-H_1)=G(X_1-X_2) \tag{11-16}$$

式中　W——单位时间内水分的蒸发量，kg/s；

G——单位时间内绝干物料的流量，kg 绝干料/s；

L——单位时间内消耗的绝干空气量，kg 绝干气/s。

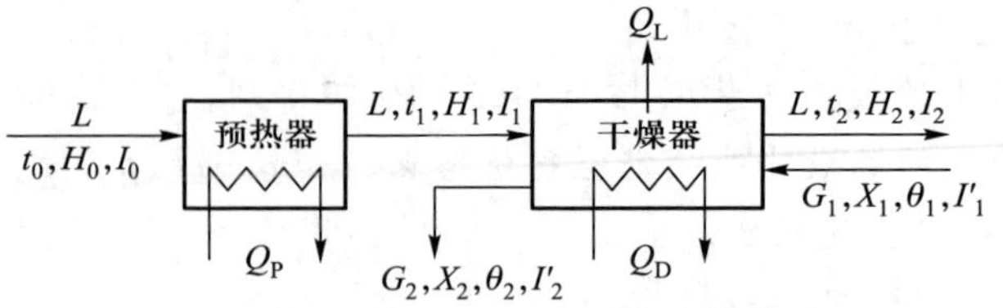

图 11-1　连续逆流干燥过程流程示意图

H_0、H_1、H_2—分别为湿空气进入预热器、进入干燥器和离开干燥器时的湿度，kg/kg 绝干气；

I_0、I_1、I_2—分别为湿空气进入预热器、进入干燥器和离开干燥器时的焓，kJ/kg 绝干气；

t_0、t_1、t_2—分别为湿空气进入预热器、进入干燥器和离开干燥器时的温度，℃；

L—绝干空气流量，kg 绝干气/s；

Q_P—单位时间内预热器的加热量，kW；

G_1、G_2—分别为湿物料进入和离开干燥器时的流量，kg 湿物料/s；

θ_1、θ_2—分别为湿物料进入和离开干燥器时的温度，℃；

X_1、X_2—分别为湿物料进入和离开干燥器时的干基含水量，kg 水分/kg 绝干料；

I'_1、I'_2—分别为湿物料进入和离开干燥器时的焓，kJ/kg 绝干料；

Q_D—单位时间内向干燥器内补充的热量，kW；

Q_L—干燥器的热损失速率(若干燥器采用输送装置输送物料，则装置带出的热量也应计入热损失中)，kW。

2. 空气消耗量 L

$$L=\frac{G(X_1-X_2)}{H_2-H_1}=\frac{W}{H_2-H_1} \tag{11-17}$$

及

$$l=\frac{L}{W}=\frac{1}{H_2-H_1} \tag{11-18}$$

式中　l——单位空气消耗量，kg 绝干气/kg 水分，即每蒸发 1 kg 水分所消耗的绝干空气量。

新鲜空气消耗量为

$$L_0=L(1+H_0) \tag{11-19}$$

3. 干燥产品流量 G_2

$$G_2=\frac{G_1(1-w_1)}{1-w_2} \tag{11-20}$$

式中　w_1——物料进干燥器时的湿基含水量；

w_2——物料离开干燥器时的湿基含水量。

(三) 干燥系统的热量衡算

对图 11-1 所示流程进行热量衡算，忽略预热器的热损失，以 1 s 为衡算基准。

1. 对预热器的热量衡算

$$Q_P=L(I_1-I_0)=L(1.01+1.88H_0)(t_1-t_0) \tag{11-21}$$

式中 Q_P——空气在预热器中所获得的热量,kW。

2. 对干燥器的热量衡算

$$Q_D=L(I_2-I_1)+G(I'_2-I'_1)+Q_L \tag{11-22}$$

式中 Q_D——向干燥器补充的热量,kW;

Q_L——干燥器的热损失,kW。

3. 对整个干燥系统的热量衡算

$$Q=Q_P+Q_D=L(I_2-I_0)+G(I'_2-I'_1)+Q_L \tag{11-23}$$

式中 Q——干燥系统输入的总热量,kW。

式(11-21)、式(11-22)及式(11-23)为连续干燥系统热量衡算的基本方程式。为了便于分析和应用,可通过适当简化得到以下方程:

$$Q=Q_P+Q_D=1.01L(t_2-t_0)+Gc_m(\theta_2-\theta_1)+W(2\,490+1.88t_2)+Q_L \tag{11-24}$$

分析式(11-24)看出,加入干燥系统的热量 Q 用于:① 加热空气;② 加热物料;③ 蒸发水分;④ 热损失四个方面。

(四) 空气通过干燥器时的状态变化

对干燥系统进行物料衡算与热量衡算时,须知道空气离开干燥器的状态参数,空气离开干燥器的状态取决于空气在干燥器内所经历的过程。一般根据空气在干燥器内焓的变化,将干燥过程分为绝热过程与非绝热过程两大类。

1. 绝热干燥过程(等焓干燥过程,理想干燥过程)

若在干燥过程中不向干燥器补充热量($Q_D=0$),同时干燥设备的热损失和物料进出干燥器的温度变化可忽略($Q_L=0$ 和 $I'_1=I'_2$),依式(11-22)可知,此时空气进出干燥器的焓值相等,$I_1=I_2$,即空气在干燥器中的状态变化是一个等焓过程。空气放出的显热全部用于湿物料中水分的汽化,水分汽化时又将热量以潜热的形式带回空气中,整个过程在湿焓图上沿着等 I 线变化,空气降温增湿,故只要知道空气离开干燥器时的任一参数,即可确定空气出干燥器的状态点。

2. 非绝热干燥过程

非绝热干燥过程又称为非理想干燥过程或实际干燥过程。非绝热干燥过程根据空气进出干燥器焓的变化可能有以下几种情况。

(1) 干燥过程中空气焓值降低。

(2) 干燥过程中空气焓值增大。

(3) 干燥过程中空气经历等温过程。若向干燥器补充的热量足够多,恰好使空气在干燥过程中维持恒定的温度,即干燥过程沿等温线进行。

非绝热干燥过程中空气离开干燥器时的状态点由物料衡算和热量衡算确定,可用计算法或图解法。

(五) 干燥系统的热效率

干燥系统的热效率 η 定义为蒸发水分所需热量与向干燥系统输入的总热量的比值,即

$$\eta=\frac{Q_v}{Q}=\frac{Q_v}{Q_P+Q_D}\times 100\% \tag{11-25}$$

式中　　Q_v——蒸发水分所需的热量,kW。

若忽略湿物料中水分带入系统中的焓,则干燥系统的热效率为

$$\eta=\frac{W(2\,490+1.88t_2)}{Q}\times 100\% \tag{11-26}$$

对理想干燥器,其热效率可用下式计算:

$$\eta=\frac{t_1-t_2}{t_1-t_0}\times 100\% \tag{11-26a}$$

热效率越高表明干燥系统的热利用率越好。可通过提高 H_2 而降低 t_2,提高空气入口温度 t_1,利用废气(离开干燥器的空气)来预热空气或物料,采用废气循环流程,在干燥系统内设置内换热器,注意干燥设备和管路的保温隔热,减少干燥系统的热损失等措施降低干燥操作的能耗,提高干燥器的热效率。

四、干燥速率与干燥时间

(一) 物料中水分的性质

1. 平衡水分和自由水分

根据一定条件下物料中的水分能否被干燥除去,将物料中的水分分为平衡水分和自由水分。

(1) 平衡水分　即一定干燥条件下不能被干燥除去的那部分水分。用 X^* 表示,单位为 kg 水分/kg 绝干料。平衡含水量是物料在该条件下被干燥的极限,其值由实验测得。通常用一定温度下的 $\varphi-X^*$ 曲线表示。

(2) 自由水分　即物料中超过 X^* 的那部分水分。自由水分是一定干燥条件下能被干燥除去的那部分水分。

应注意,物料中平衡含水量与自由含水量的划分不仅与物料的性质有关,还与空气的状态有关。对一定的物料,平衡含水量 X^* 会随空气相对湿度 φ 的增大而增大。

2. 结合水分和非结合水分

根据物料中的水分被除去的难易程度,可将物料中的水分分为结合水分和非结合水分。

(1) 结合水分　即物料中难以用干燥方法除去的水分。结合水分产生的蒸气压低于同温度下纯水的饱和蒸气压,通常细胞壁内的水分及小毛细管内的水分,都属于结合水分,它与物料以化学力或物理化学力结合。

(2) 非结合水分　即物料中易于被干燥除去的水分。非结合水分的汽化与纯水表面的汽化相同,物料中的吸附水分和空隙中的水分,都属于非结合水分,它与物料以机械力结合,结合力一般较弱。

物料中结合水分与非结合水分都难以用实验方法直接测得,但根据它们的特点,可将平衡曲线外延与 $\varphi=100\%$线相交而获得。

在恒定的温度下,物料的结合水分与非结合水分的划分,只取决于物料本身的特性,而与空气状态无关。

(二) 恒定干燥条件下的干燥速率

根据空气状态的变化将干燥过程分为恒定干燥操作和非恒定(或变动)干燥操作两大类。恒

定状态下的干燥操作(简称恒定干燥)是指干燥操作过程中空气的温度、湿度、流速及与物料的接触方式不发生变化。如用大量空气对少量物料进行间歇干燥便可视为恒定干燥。变动状态下的干燥操作(简称变动干燥)是指干燥操作过程中空气的状态是不断变化的。如在连续操作的干燥器内,沿干燥器的长度或高度空气的温度逐渐下降而湿度逐渐增高,就属于变动干燥。这里主要讨论恒定干燥。

1. 干燥实验和干燥曲线

恒定干燥条件下,通过实验测定的物料含水量 X 与干燥时间 τ,物料表面温度 θ 与干燥时间 τ 之间的关系曲线均称为干燥曲线。

2. 干燥速率和干燥速率曲线

干燥速率定义为单位时间内、单位干燥面积上汽化的水分质量,即

$$U=\frac{\mathrm{d}W'}{S\mathrm{d}\tau}=-\frac{G'\mathrm{d}X}{S\mathrm{d}\tau} \tag{11-27}$$

式中 U——干燥速率,又称干燥通量,$\mathrm{kg/(m^2\cdot s)}$;

S——干燥面积,$\mathrm{m^2}$;

W'——一批操作中汽化的水分量,kg;

τ——干燥时间,s;

G'——一批操作中绝干物料的质量,kg。

$$\mathrm{d}W'=-G'\mathrm{d}X \tag{11-28}$$

由干燥曲线得到 $\mathrm{d}X/\mathrm{d}\tau$ 与 X 的关系,即可得到干燥速率曲线。恒定干燥条件下的干燥过程分为两个阶段。恒速干燥阶段和降速干燥阶段。两段的干燥机理和影响因素各不相同,分别讨论如下。

(1) 恒速干燥阶段。

① 干燥速率取决于物料表面水分的汽化速率,亦即决定于干燥条件,与物料内部水分的状态无关,所以恒速干燥阶段又称为表面汽化控制阶段。

② 汽化的水分为非结合水分,与水从自由液面的汽化情况相同。

③ 空气传给湿物料的显热恰等于水分汽化所需的汽化热。干燥速率为

$$U=k_H(H_{s,t_w}-H)=\frac{\alpha}{r_{t_w}}(t-t_w) \tag{11-29}$$

④ 物料表面的温度 θ 等于空气的湿球温度 t_w(假设湿物料受辐射传热的影响可忽略不计),物料表面的空气湿含量等于 t_w 下的饱和湿度 H_{s,t_w}。

⑤ 影响恒速段的干燥速率的因素是干燥介质的状况——空气温度、湿度及流速。空气的流速越高、温度越高、湿度越低,干燥速率越快。

(2) 降速干燥阶段。

① 水分自物料内部向表面迁移的速率小于物料表面水分汽化速率,物料表面不能维持充分润湿,部分表面变干,使得空气传给物料的热量无法全部用于汽化水分,有一部分用于加热物料,因此干燥速率逐渐减小,物料温度升高。

② 干燥除去的水分为结合水分和非结合水分。

③ 降速阶段的干燥速率取决于物料内部的水分向表面的迁移速度。故降速阶段又称为物料内部迁移控制阶段。

④ 降速阶段的干燥速率取决于物料本身结构、形状和尺寸，而与干燥介质的状态参数关系不大。所以，减少物料尺寸、堆积厚度、使物料分散等方法可提高降速干燥阶段的干燥速率。

(3) 临界含水量 临界含水量是恒速干燥段和降速干燥段的分界点处的含水量，是干燥过程的一个重要参数。临界含水量 X_c 值越大，转入降速干燥段越早，对于相同的干燥任务所需的干燥时间越长，对干燥过程来说是很不利的。

临界含水量与物料的性质(结构、厚度等)、干燥介质的状态(温度、湿度和流速)和干燥器的结构有关。例如，无孔吸水性物料的临界含水量比多孔物料的大；在一定的干燥条件下，物料层越厚，X_c 值越大；干燥介质温度高，湿度低，则恒速干燥段干燥速率大，这可能使物料表面板结，较早地进入降速干燥段，X_c 较大。因此，可以通过控制干燥操作来降低临界含水量。如减少物料层的厚度，加强对物料的搅拌，采用气流干燥器或流化床干燥器等。

湿物料的临界含水量通常由实验测定，可从有关手册中查到。

(三) 恒定干燥条件下的干燥时间

1. 恒速阶段干燥时间的计算

(1) 利用干燥曲线或干燥速率曲线计算 恒速阶段的干燥时间可直接从干燥曲线上查得。或从干燥速率曲线上查恒速干燥阶段的干燥速率 U_c，然后利用下式计算：

$$\tau_1=\frac{G'}{U_cS}(X_1-X_c) \tag{11-30}$$

式中 τ_1——恒速阶段的干燥时间，s；

U_c——恒速干燥阶段的干燥速率(即临界干燥速率)，kg/(m²·s)；

X_1——物料的初始含水量，kg/kg 绝干料；

X_c——物料的临界含水量，即恒速阶段终了时的含水量，kg/kg 绝干料；

G'/S——单位干燥面积上的绝干物料量，kg 绝干料/m²。

(2) 利用对流传热系数计算 若缺乏 U_c 的数据，可用下式计算：

$$U_c=\frac{\alpha}{r_{t_w}}(t-t_w) \tag{11-31}$$

式中 t——恒定干燥条件下空气的平均温度，℃；

t_w——初始状态空气的湿球温度，℃；

α——空气与湿物料间的对流传热系数，kW/(m²·℃)。

对流传热系数 α 同物料与干燥介质的接触方式有关，可用经验公式估算。所以干燥时间为

$$\tau_1=\frac{G'\gamma_{t_w}(X_1-X_c)}{S\alpha(t-t_w)} \tag{11-32}$$

由上述经验公式计算出的干燥速率和干燥时间都是近似的。但通过以上关联式可以分析影响干燥速率的因素。例如，空气的流速越高、温度越高、湿度越低，干燥速率越快，但温度过高、湿

度过低，可能会因干燥速率太快而引起物料变形、开裂或表面硬化。此外，空气流速太大，还会产生气流夹带现象。所以，应视具体情况选择适宜的操作条件。

2. 降速干燥段干燥时间的计算

降速干燥段的干燥时间为

$$\tau_2=\int_0^{\tau_2}\mathrm{d}\tau=-\frac{G'}{S}\int_{X_c}^{X_2}\frac{\mathrm{d}X}{U} \tag{11-33}$$

式中 τ_2——降速阶段的干燥时间，s；

U——降速阶段的瞬时干燥速率，kg/(m^2·s)；

X_2——降速阶段终了时物料的含水量，kg/kg 绝干料。

根据 U 与 X 的关系不同，可得

(1) U 随 X 呈线性变化，降速阶段干燥速率曲线过(X_c，U_c)，(X^*，0)两点(如图 11-2 中实线所示)。降速阶段的干燥时间为

$$\tau_2=\frac{G'}{S}\frac{X_c-X^*}{U_c}\ln\frac{X_c-X^*}{X_2-X^*} \tag{11-34}$$

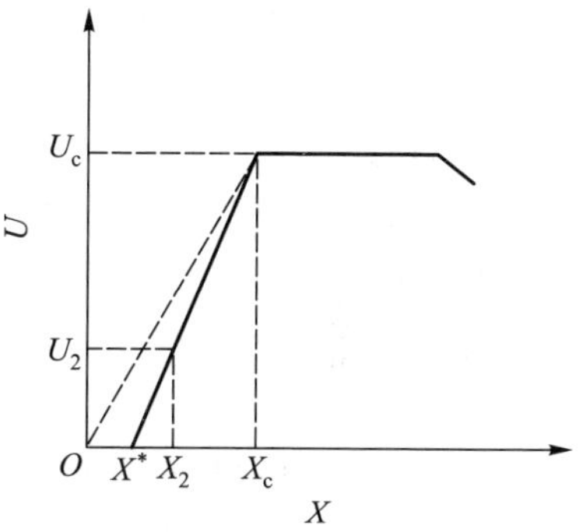

图 11-2 干燥速率曲线示意图

(2) U 随 X 呈线性变化，降速阶段干燥速率曲线过(X_c,U_c)，(0,0)两点(如图 11-2 中虚线所示)。降速阶段的干燥时间为

$$\tau_2=\frac{G'X_c}{S\,U_c}\ln\frac{X_c}{X_2} \tag{11-34a}$$

(3) U 与 X 呈非线性关系，采用图解积分或数值积分法计算 τ_2。

五、真空冷冻干燥

(一) 真空冷冻干燥原理

1. 真空冷冻干燥

真空冷冻干燥也叫升华干燥或简称冻干(freeze-drying)。它是利用升华的原理使物料脱水的一种干燥技术。物料经快速冻结后，在真空(低于水的三相点压力)环境下加热，使其中的水分从固态的冰直接升华成水蒸气逸出，不断移走水蒸气，从而使物料脱水干燥。

2. 真空冷冻干燥的特点

物料中的水分由冰直接升华为水蒸气被移除，物料的物理结构和化学结构变化很小，干燥产品加水后能迅速水化，几乎立即恢复原来的性状，真空冷冻干燥产品进行充氮或真空包装后，能在常温下长期保存，无需任何防腐剂，而且质量轻，易于携带和运输。

真空冷冻干燥对于热敏性的物质特别适用，如食品、蛋白质、微生物之类。真空冷冻干燥比其他干燥方法生产的食品更接近新鲜食品的风味，可以保留物料原有的色、香、味及营养成分。但是，与其他干燥方法相比，真空冷冻干燥耗时、耗能，成本较高。

(二) 真空冷冻干燥过程

真空冷冻干燥一般分为预冻、升华、解析三个主要过程。

1. 预冻

预冻是指干燥前将物料进行冻结。即在一个适宜的速率下将物料降温至共熔点温度以下，并保持一段时间，使物料全部冻实。可采用的冷冻方法有高速冷空气接触法、液氮喷淋法等。

2. 升华干燥

升华干燥过程是使冻结物料中的冰升华为水蒸气，并被移除，以使物料脱水。升华干燥阶段亦称为第一阶段干燥。

升华过程中物料内的冰升华为水蒸气，水蒸气先由升华界面扩散至物料表面，再由物料表面向外扩散，产生的水蒸气采用冷凝、泵吸或用干燥剂吸收等方法尽快移除。升华干燥过程是一个传热、传质同时进行的过程，而且传热、传质过程是相互影响的，传热过程应控制在不使物料的温度超过其自身共熔点温度，传质过程由干燥箱内蒸汽分压控制。蒸汽分压低对物料内冰的升华有利，但压力太低时对传热不利，物料不易获得热量，升华速率反而降低；蒸汽分压太高时，传质推动力降低，物料内冰升华所需的热量减少使物料自身的温度上升，当高于共熔点温度时，物料将发生熔化，造成冻干失败。

3. 解析干燥

当肉眼看不到物料内的冰晶时，升华干燥阶段即告结束，此时将物料的温度迅速上升到该物料的最高允许温度，并使该温度一直维持到产品的含水量达到标准，冻干结束为止。这一阶段的干燥称为解析干燥，或第二阶段干燥。解析干燥段除去的多为物料内残余结合水分，结合水分难以汽化，不易除去，因此干燥速率比升华阶段明显下降。

（三）冻干程序与冻干曲线

冻干程序指冻干过程的整个操作程序。

在冻干过程中，把产品和板层的温度、冷凝器温度和真空度对照时间划成曲线，叫做冻干曲线。一般以温度为纵坐标，时间为横坐标。

冻干程序设置时依照冻干曲线控制温度，冻干不同的产品采用不同的冻干曲线。同一产品使用不同的冻干曲线时，产品的质量也不相同，冻干曲线还与冻干机的性能有关。

六、干燥器的选型与设计

干燥器的类型很多，可有多种不同的分类方式，工业上应用最为广泛的是对流干燥器，如厢式干燥器、气流干燥器、沸腾干燥器、转筒干燥器、喷雾干燥器等。

通常，对干燥器的主要性能要求为：

（1）保证干燥产品的质量要求。除了保证干燥产品含水量的要求外，还应保证外观形状的要求，以及在干燥过程中不会变质。

（2）生产能力高，经济性好。干燥速率快、时间短，可提高生产能力或减小设备尺寸；提高干燥器的热效率、降低能耗，是提高经济性的主要途径，同时还应考虑干燥器的辅助设备的规格和成本。

（3）操作控制方便，劳动条件好。

干燥器选型时，应依据被干燥物料的形状（块状、粒状、溶液、浆状及膏糊状等）和性质（如耐热性、含水量、分散性、黏性、耐酸碱性、防爆性及湿度等）；要求的生产规模或生产能力；对于干燥后的产品要求（如含水量、形状、强度及粒度等）；可选用的热源等选择适宜的干燥器类型。

干燥器的设计依据是物料衡算、热量衡算、速率关系和平衡关系四个基本关系。设计的基本原则是物料在干燥器内的停留时间必须等于或稍大于所需的干燥时间。不同物料、不同操作条件、不同型式的干燥器中气、固两相的接触方式差别很大，目前干燥器的设计仍然大多采用经验或半经验方法进行，各类干燥器的设计方法都不同，学习时应了解各类干燥器的结构和特点，分析影响干燥速率的因素和强化措施。

七、增湿与减湿

增、减湿是指可凝性气体（湿分）在另一气相中含量的增加和减少。化工生产中最常见的是空气中水蒸气的增加和减少。

增、减湿过程中，空气与水直接接触，只要空气主体与气液界面上的饱和空气层之间存在湿度（或水汽分压）差，就会有水分子的传递，即进行水的蒸发或水汽的凝结。湿度（或水汽分压）差是传质过程的推动力。在水的蒸发或冷凝过程中又伴随着潜热传递。同时，如果空气与水的温度不同，还会引起显热传递，温度差是显热传递的推动力。传递的总热量应同时考虑潜热传递量和显热传递量。所以增、减湿过程涉及质量和热量的同时传递，机理较为复杂。学习时主要了解增、减湿过程中的传热、传质关系，了解水冷却塔等工业常用设备。

示范题解析

【例 11-1】 湿空气性质随温度、压力的变化

101.33 kPa 总压下某湿空气的温度为 60 ℃、湿球温度为 45 ℃，试求：

(1) 湿空气的 H、φ、t_d；

(2) 若H、$p_总$不变，将该空气加热到 100 ℃时空气相对湿度 φ_1 为多少？

(3) 若 H、t 不变，将总压 $p_总$降为 50 kPa 时空气相对湿度 φ_2 为多少？

(4) 若 H、$p_总$不变，将该空气温度降到 40 ℃，会出现什么情况？

解：(1) 由水蒸气表查得 45 ℃饱和蒸气压 $p_s=9.5837$ kPa，汽化热 $r_w=2389.4$ kJ/kg。湿球温度下对应的空气饱和湿度为

$$H_{s,t_w}=\frac{0.622\ p_s}{p_总-p_s}=\left(0.662\times\frac{9.5837}{101.33-9.5837}\right)\text{kg/kg 绝干气}=0.06499\ \text{kg/kg 绝干气}$$

则空气的湿度为

$$H=H_{s,t_w}-\frac{\alpha}{k_H r_{t_w}}(t-t_w)=\left[0.06499-\frac{1.09}{2389.4}\times(60-45)\right]\text{kg 水/kg 绝干气}$$
$$=0.05815\ \text{kg 水/kg 绝干气}$$

相应的水汽分压为

$$p=\frac{p_总\ H}{0.622+H}=\left(\frac{101.33\times0.05815}{0.622+0.05815}\right)\text{kPa}=8.663\ \text{kPa}$$

查干球温度 $t=60$ ℃，水的饱和蒸气压 $p_s=19.9234$ kPa，

$$\varphi=\frac{p}{p_s}\times 100\%=\frac{8.663}{19.923}\times 100\%=43.5\%$$

查水蒸气表 $p_s=8.663\ 4$ kPa 下对应的饱和温度为 42.6 ℃，所以此空气露点为 $t_d=42.6$ ℃。

(2) H、$p_{总}$ 不变，所以空气中水蒸气分压不变。升温后相应的水的饱和蒸气压变大。查 100 ℃下水的饱和蒸气压 $p_s=101.33$ kPa，所以

$$\varphi_1=\frac{p}{p_s}\times 100\%=\frac{8.663}{101.33}\times 100\%=8.55\%$$

(3) H、t 不变，总压下降后空气中水蒸气分压变化

$$p=\frac{Hp_{总}}{0.622+H}=\left(\frac{50\times 0.058\ 15}{0.622+0.058\ 15}\right)\text{kPa}=4.275\ \text{kPa}$$

$$\varphi_2=\frac{p}{p_s}\times 100\%=\frac{4.275}{19.923}\times 100\%=21.5\%$$

(4) 40 ℃已在湿空气露点以下，所以会有水冷凝析出。同时，此时的湿空气为饱和湿空气。查得 40 ℃水的饱和蒸气压 $p_s=7.376\ 6$ kPa，空气在 40 ℃下的饱和湿度为

$$H_{s,t_w}=\frac{0.622\ p_s}{p_{总}-p_s}=\left(0.662\times\frac{7.376\ 6}{101.33-7.376\ 6}\right)\text{kg/kg 绝干气}=0.048\ 83\ \text{kg/kg 绝干气}$$

因此，此时每千克绝干气会析出水为

$$\Delta H=H-H_s=(0.058\ 15-0.048\ 83)\ \text{kg/kg 绝干气}=0.009\ 3\ \text{kg/kg 绝干气}$$

讨论：提高湿空气的温度和降低总压可降低空气的相对湿度，提高空气的干燥能力，而降低温度和提高总压则相反。另外，从本题第(1)问的计算可看出，对不饱和湿空气，$t>t_w>t_d$。

【例 11-2】 混合过程

新鲜空气温度为 20 ℃，湿度为 0.01 kg/kg 绝干气，与离开干燥器的废气按照 2∶3 混合，废气温度为 50 ℃，湿度为 0.04 kg/kg 绝干气，计算混合后空气的温度和湿度。

解：混合过程物料衡算 $H_m=\frac{3}{5}H_2+\frac{2}{5}H_0$

混合过程焓衡算(温度不具有加和性，需通过焓衡算计算)

$$I_m=\frac{3}{5}I_2+\frac{2}{5}I_0$$

由物料衡算式得 $H_m=(0.6\times 0.04+0.4\times 0.01)$ kg/kg 绝干气 $=0.028$ kg/kg 绝干气

$$\begin{aligned}I_0&=(1.01+1.88H_0)t_0+2\ 490H_0\\&=[(1.01+1.88\times 0.01)\times 20+2\ 490\times 0.01]\ \text{kJ/kg 绝干气}=45.48\ \text{kJ/kg 绝干气}\end{aligned}$$

$$I_2=[(1.01+1.88\times 0.04)\times 50+2\ 490\times 0.04]\ \text{kJ/kg 绝干气}=153.9\ \text{kJ/kg 绝干气}$$

由焓衡算式得 $I_m=(0.6\times 153.9+0.4\times 45.48)$ kJ/kg 绝干气 $=110.5$ kJ/kg 绝干气

$$I_m=[(1.01+1.88\times H_m)t_m+2\,490H_m]\ \text{kJ/kg 绝干气}=110.5\ \text{kJ/kg 绝干气}$$

将 $H_m=0.028$ kg/kg 绝干气代入得 $t_m=38.4$ ℃。

讨论：利用物料衡算和热量衡算可计算出混合后空气的温度和湿度。在 $H-I$ 图上，利用杠杆规则，同样可描述混合过程，得到混合后空气的温度和湿度值。

【例 11-3】 理想干燥过程的物料衡算及热量衡算

某常压干燥系统的有关操作参数如附图所示。若干燥过程为理想干燥过程，忽略预热器的热损失，试求空气出预热器的温度 t_1，预热器的热负荷 Q_P，空气消耗量及干燥系统的热效率。

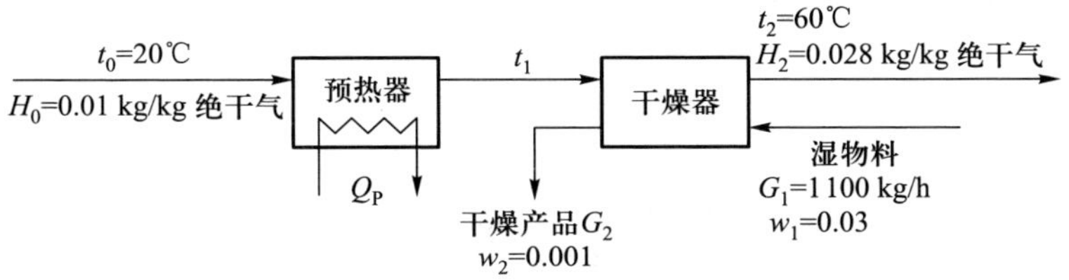

例 11-3 附图

解： 湿物料干基含水量

$$X_1=\frac{w_1}{1-w_1}=\frac{0.03}{1-0.03}=0.030\,93$$

$$X_2=\frac{w_2}{1-w_2}=\frac{0.001}{1-0.001}=0.001$$

绝干物料

$$G=G_1(1-w_1)=[1\,100\times(1-0.03)]\text{kg 绝干料/h}=1\,067\ \text{kg 绝干料/h}$$

水分蒸发量

$$W=G(X_1-X_2)=[1\,067\times(0.030\,93-0.001)]\text{kg/h}=31.94\ \text{kg/h}$$

空气耗量

$$L=\frac{G(X_1-X_2)}{H_2-H_0}=\left[\frac{1\,067\times(0.030\,93-0.001)}{0.028-0.01}\right]\text{kg 绝干气/h}=1\,774\ \text{kg 绝干气/h}$$

预热器负荷 $$Q_P=L(I_1-I_0)$$

理想干燥器

$$\begin{aligned}I_1&=I_2=(1.01+1.88H_2)t_2+2\,490H_2\\&=[(1.01+1.88\times0.028)\times60+2\,490\times0.028]\ \text{kJ/kg}\\&=133.5\ \text{kJ/kg}\end{aligned}$$

由 $$I_1=(1.01+1.88\times0.01)t_1+2\,490\times0.01=133.5\ \text{kJ/kg}$$

解得 $t_1=105.5$ ℃

$$\begin{aligned} I_0 &= (1.01+1.88H_0)t_0+2\,490H_0 \\ &= [(1.01+1.88\times0.01)\times20+2\,490\times0.01]\ \text{kJ/kg} \\ &= 45.48\ \text{kJ/kg} \end{aligned}$$

$$Q_P=[1\,774\times(133.5-45.48)]\text{kJ/h}=1.561\times10^5\ \text{kJ/h}=43.37\ \text{kW}$$

$$\eta=\frac{W(2\,490+1.88t_2)}{Q_P}\times100\%=\frac{31.94\times(2\,490+1.88\times60)}{1.561\times10^5}\times100\%=53.3\%$$

讨论:对理想干燥器,干燥效率可用下式计算:

$$\eta=\frac{t_1-t_2}{t_1-t_0}\times100\%$$

$$\eta=\frac{105.5-60}{105.5-20}\times100\%=53.2\%$$

两法求得的 η 值十分吻合。

【例 11-4】 非理想干燥过程的物料衡算及热量衡算

若上题中的干燥过程为非理想干燥过程,物料进入干燥器的温度为 23 ℃,离开干燥器的温度为 45 ℃,绝干物料比热容为 1.5 kJ/(kg 绝干料·℃),干燥器不补充热量。干燥过程的热损失为 5 kW。试求此时的空气消耗量、预热器热负荷、干燥系统的热效率及空气出预热器的温度。

解: 物料衡算

$$L(H_2-H_0)=G(X_1-X_2)=W$$

$$L=1\,774\ \text{kg 绝干气/h}$$

热量衡算

$$Q_D=L(I_2-I_1)+G(I_2'-I_1')+Q_L$$

$$Q_D=0$$

$$I_1'=(c_s-c_w x_1)\theta_1=[(1.5+4.187\times0.030\,93)\times23]\text{kJ/kg 绝干料}=37.48\ \text{kJ/kg 绝干料}$$

$$I_2'=[(1.5+4.187\times0.001)\times45]\text{kJ/kg 绝干料}=67.69\ \text{kJ/kg 绝干料}$$

$$Q_L=5\ \text{kW}$$

由例 11-3

$$I_2=133.5\ \text{kJ/kg}$$

$$\frac{1\,774}{3\,600}\times(133.5-I_1)+\frac{1\,067}{3\,600}\times(67.69-37.48)+5=0$$

$$I_1=161.8\ \text{kJ/kg 绝干料}$$

预热器热负荷

$$Q_P=L(I_1-I_0)=\left[\frac{1\,774}{3\,600}\times(161.8-45.48)\right]\text{kW}=57.32\ \text{kW}$$

热效率

$$\eta=\frac{W(2\,490+1.88t_2)}{Q_P}\times100\%=\frac{31.94\times(2\,490+1.88\times60)/3\,600}{57.32}\times100\%=40.28\%$$

由 $I_1=[(1.01+1.88\times0.01)t_1+2\,490\times0.01]\ \text{kJ/kg 绝干料}=161.8\ \text{kJ/kg 绝干料}$

得

$$t_1=133.1\ ℃$$

讨论：由以上两例的计算结果看，对于相同的空气消耗量和水分蒸发量，由于加热物料和干燥器的热损失使干燥器热效率降低，需要将热空气加热至更高的温度才能满足需要，预热器热负荷加大，所以加强干燥系统的保温十分重要。

【例 11-5】 干燥系统的热效率

一常压理想干燥器中用热空气干燥湿物料，新鲜空气 $t_0=20$ ℃，$H_0=0.005$ kg 水/kg 绝干气，出干燥器废气温度为 50 ℃，由于与物料接触的空气的最高允许温度为 100 ℃，所以空气在预热器中被加热至 100 ℃后送入干燥器。干燥器内每小时处理 1 200 kg 湿物料，物料的干基含水量需由 0.2 下降为 0.02，假设预热器的热损失可忽略不计。试求：

(1) 干燥系统的热效率和预热器的热负荷；

(2) 采用废气循环流程，将部分废气引回预热器入口与新鲜空气混合并升温至 100 ℃后使用。若废气与新鲜空气绝干空气量之比为 3∶1，再求干燥系统的热效率和预热器的热负荷。

解：(1) 由 $t_0=20$ ℃，$H_0=0.005$ kg/kg 绝干气，得 $I_0=32.84$ kJ/kg 绝干气

由 $t_1=100$ ℃，$H_1=H_0=0.005$ kg/kg 绝干气，得 $I_1=114.4$ kJ/kg 绝干气

理想干燥器 $I_1=I_2$

$$I_2=(1.01+1.88H_2)t_2+2\,490H_2=I_1=114.4\ \text{kJ/kg 绝干气}$$

解出　$H_2=0.024\,73$ kg/kg 绝干气

对整个干燥系统进行物料衡算：

$$L(H_2-H_0)=G(X_1-X_2)=W$$

绝干物料量

$$G=G_1/(1+X_1)=[1\,200/(1+0.2)]\text{kg 绝干料/h}=1\,000\ \text{kg 绝干料/h}$$

蒸发水量

$$W=G(X_1-X_2)=[1\,000\times(0.2-0.02)]\text{kg/h}=180\ \text{kg/h}$$

$$L=\frac{W}{H_2-H_0}=\left(\frac{180}{0.024\,73-0.005}\right)\text{kg 绝干气/h}=9\,123\ \text{kg 绝干气/h}$$

预热器热负荷

$$\begin{aligned}Q_P&=L(I_1-I_0)\\&=\left[\frac{9\,123}{3\,600}\times(114.4-32.84)\right]\text{kW}=206.7\ \text{kW}\end{aligned}$$

干燥器热效率

$$\eta=\frac{W(2\,490+1.88t_2)}{Q_P}\times100\%=\frac{180\times(2\,490+1.88\times50)/3\,600}{206.7}\times100\%=62.5\%$$

(2) 采用废气循环，设废气与新鲜空气混合后温度为 t_m，湿度 H_m

混合过程的物料衡算：$4H_m=H_0+3H_2$

$$H_m=\frac{1}{4}\times(0.005+3H_2)$$

$$H_1=H_m$$

$$\begin{aligned}I_1&=(1.01+1.88H_1)t_1+2\,490H_1\\&=\left[1.01+1.88\times\frac{1}{4}\times(0.005+3H_2)\right]\times100+2\,490\times\frac{1}{4}\times(0.005+3H_2)\\&=104.4+2\,008H_2\end{aligned}$$

$$\begin{aligned}I_2&=(1.01+1.88H_2)t_2+2\,490H_2\\&=(1.01+1.88)H_2\times50+2\,490H_2=50.5+2\,584H_2\end{aligned}$$

由 $I_1=I_2$，得 $H_2=0.093\,58$ kg/kg 绝干气

$$H_1=H_m=\left[\frac{1}{4}\times(0.005+3\times0.093\,58)\right]\text{kg/kg 绝干气}=0.071\,44\ \text{kg/kg 绝干气}$$

$$I_1=I_2=292.3\ \text{kJ/kg 绝干气}$$

对整个干燥系统作物料衡算

$$L(H_2-H_0)=G(X_1-X_2)=W$$

$$W=180\ \text{kg/h 不变}$$

所以 $L=\left(\frac{180}{0.093\,58-0.005}\right)$ kg 绝干气/h=2 032 kg 绝干气/h

预热器热负荷

$$Q_P=4L(I_1-I_m)$$

$$I_m=\frac{1}{4}(I_0+3I_2)=\left[\frac{1}{4}\times(32.84+3\times292.3)\right]\text{kg/kg 绝干气}=227.4\ \text{kg/kg 绝干气}$$

$$Q_P=4\times\frac{2\,032}{3\,600}(292.3-227.4)\ \text{kW}=146.5\ \text{kW}$$

干燥系统热效率

$$\eta=\frac{W(2\,490+1.88t_2)}{Q_P}\times100\%=\frac{\frac{180}{3\,600}\times(2\,490+1.88\times50)}{146.5}\times100\%=88.2\%$$

讨论：在空气入干燥器温度相同的情况下，采用废气循环流程，可降低新鲜空气用量和预热器热负荷，提高干燥效率。

【例 11-6】 设置中间加热器

如上例所述干燥过程中，若采用在干燥器中设置中间加热器，干燥器仍为理想干燥器，当进入干燥器的空气由 100 ℃降至 50 ℃时，用中间加热器将空气重新升温至 100 ℃，当空气再次降至 50 ℃时离开干燥器。试求干燥系统的热效率、预热器热负荷及中间加热器热负荷。

解：由于干燥过程是等焓的，所以 $I'_2=I_1$，I'_2 为干燥第一阶段末，空气降温至 50 ℃时的

焓值

从例 11-5(1)中已求出 $I_1=114.4$ kJ/kg 绝干气，则

$$I_2'=(1.01+1.88H_2')t_2'+2\,490H_2'=I_1=114.4\ \text{kJ/kg 绝干气}$$

将 $t'_2=50$ ℃代入可求出空气降温至 50 ℃时的湿度为 $H'_2=0.024\,73$ kg/kg 绝干气

将此空气用中间加热器加热升温至 100 ℃，焓值升为

$$I_2''=(1.01+1.88H_2')t_1+2\,490H_2'$$
$$=[(1.01+1.88\times0.024\,73)\times100+2\,490\times0.024\,73]\ \text{kJ/kg 绝干气}=167.2\ \text{kJ/kg 绝干气}$$

干燥第二个阶段仍为等焓过程，$I_2''=I_2$

$$I_2=(1.01+1.88H_2)t_2+2\,490H_2=167.2$$

将 $t_2=50$ ℃代入求出空气出干燥器时空气湿度 $H_2=0.045\,17$ kg/kg 绝干气

对整个干燥系统进行物料衡算

$$L(H_2-H_0)=G(X_1-X_2)=W=180\ \text{kg/h}$$

$$L=\left(\frac{180}{0.045\,17-0.005}\right)\text{kg 绝干气/h}=4\,481.0\ \text{kg 绝干气/h}$$

预热器热负荷

$$Q_P=L(I_1-I_0)=\left[\frac{4\,481}{3\,600}\times(114.4-32.84)\right]\text{kW}=101.5\ \text{kW}$$

干燥器中间加热器热负荷

$$Q_D=L(I_2''-I_2')=\left[\frac{4\,481}{3\,600}\times(167.2-114.4)\right]\text{kW}=65.72\ \text{kW}$$

干燥系统热效率

$$\eta=\frac{W(2\,490+1.88t_2)}{Q_D+Q_P}\times100\%$$
$$=\frac{180\times(2\,490+1.88\times50)/3\,600}{101.5+65.72}\times100\%=77.3\%$$

讨论：现将例 11-5 与例 11-6 的计算结果在相同蒸发水量下比较，汇总于下表。

例 11-5 与例 11-6 附表

流程	绝干气流量/(kg · h^{-1})	热量消耗量/kW	干燥系统热效率/%
“标准”理想干燥器	9123	206.7	62.5
废气循环流程	2032	146.5	88.2
设置中间加热器	4481	101.5+65.72=167.2	77.3

比较例 11-6 和例 11-5 的计算结果可以看到，采用废气循环与中间加热器均可降低新鲜空

气用量、预热器热负荷,从而提高干燥系统热效率。

【例 11-7】 封闭循环的干燥流程

在一常压干燥系统中用热空气干燥湿物料中水分,空气循环使用,如本例附图所示。从冷却器出来的温度 33℃湿空气经预热器加热至 128℃后进入干燥器,空气在干燥器内等焓增湿,离开干燥器的废气温度为 56℃,该废气进入冷却器降温至 33℃后全部循环使用。干燥器每小时处理 120 kg 湿物料,将物料含水量由 10%降为 1%(均为湿基含水量),已知 33℃时水的饱和蒸气压为 5030.5 Pa。试求:

(1) 绝干空气消耗量,kg/h;

(2) 干燥系统的热效率;

(3) 冷却器可收集到的冷凝水量,kJ/h。

解:(1) 绝干空气消耗量

废气经冷却器降温降湿后,出冷却器的空气为 33℃下的饱和湿空气,其湿度为

$$H_0=\left(0.622\times\frac{5.0305}{101.33-5.0305}\right)\text{kg/kg 绝干气}=0.032\ 5\ \text{kg/kg 绝干气}$$

$$I_1=(1.01+1.88H_1)\times t_1+249\ 0H_1$$
$$=[(1.01+1.88\times0.032\ 5)\times128+2\ 490\times0.032\ 5]\text{kJ/kg}=218.03\ \text{kJ/kg}$$

等焓干燥过程,所以,$I_2=(1.01+1.88H_2)\times56+2490H_2=218.03\text{kJ/kg}$

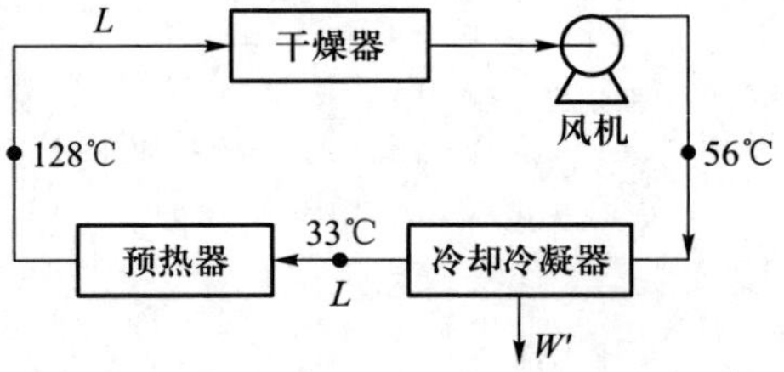

例 11-7 附图 封闭循环干燥装置示意图

解得 $H_2=0.062\ 21\text{kg/kg}$ 绝干气

$$G=[120\times(1-0.1)]\text{kg/h}=108\text{kg/h}$$

$$X_1=\frac{10}{90}=0.111\ 1$$

$$X_2=\frac{1}{99}=0.010\ 1$$

水分蒸发量 $W=[108\times(0.111\ 1-0.010\ 1)]\text{kg/h}=10.908\text{kg/h}$

绝干空气消耗量 $L=\dfrac{W}{H_2-H_1}=\left(\dfrac{10.908}{0.062\ 21-0.032\ 5}\right)\text{kg/h}=367.15\text{kg/h}$

(2) 进预热器空气的焓

$$I_0=(1.01+1.88H_0)\times t_0+2\ 490H_0$$
$$=[(1.01+1.88\times0.032\ 5)\times33+2\ 490\times0.032\ 5]\text{kJ/kg}=116.27\text{kJ/kg}$$

预热器的热负荷 $Q_P=L(I_1-I_0)=\left[\dfrac{367.15}{3\ 600}\times(218.03-116.27)\right]\text{kW}=10.378\text{kW}$

热效率 $\eta=\frac{W(2\ 490+1.88t_2)}{Q_P}=\frac{(10.908/3\ 600)(2\ 490+1.88\times 56)}{10.378}=75.77\%$

(3) 空气经冷却器失去水分

蒸发水 $W'=L(H_2-H_0)'=[367.15\times(0.062\ 21-0.032\ 5)]\text{kg/h}=10.908\text{kg/h}$

讨论：干燥介质的封闭循环，可避免介质与外界气体接触而带入杂质或污染物，适用于对食品、药品或生物制品的干燥过程。另外，若被干燥物料含有挥发性溶剂，干燥介质的封闭循环可避免干燥废气直接排放污染环境。

【例 11-8】 干燥时间计算

在恒定干燥条件下干燥某湿物料，已知测定条件下物料临界含水量 $X_c=0.15$，平衡含水量 $X^*=0.01$，已测得物料由含水量 $X_1=0.2$ 干燥至 $X_2=0.05$ 所需时间为 2.0 h，假设降速段干燥速率与含水量呈线性关系。试求物料含水量由 0.3 降至 0.03（均为干基含水量）所需的时间。

解： 恒速干燥段干燥时间为

$$\tau_1=\frac{G'}{Su_c}(X_1-X_c)$$

降速段干燥速率与含水量呈线性关系，所以干燥时间可以写成

$$\tau_2=\frac{G'}{Su_c}(X_c-X^*)\ln\frac{X_c-X^*}{X_2-X^*}$$

总干燥时间 $\tau=\tau_1+\tau_2$

$$\tau=\frac{G'}{Su_c}\left[(X_1-X_c)+(X_c-X^*)\ln\frac{X_c-X^*}{X_2-X^*}\right]=2$$

$$\frac{G'}{Su_c}\left[(0.2-0.15)+(0.15-0.01)\times\ln\frac{0.15-0.01}{0.05-0.01}\right]=2$$

$$\frac{G'}{Su_c}=8.873$$

含水量由 0.3 降至 0.03 时所需时间为

$$\begin{aligned}\tau&=\frac{G'}{Su_c}\left[(X_1-X_c)+(X_c-X^*)\ln\frac{X_c-X^*}{X_2-X^*}\right]\\&=\left\{8.873\times\left[(0.3-0.15)+(0.15-0.01)\times\ln\frac{0.15-0.01}{0.03-0.01}\right]\right\}\text{h}=3.748\ \text{h}\end{aligned}$$

讨论：由于假定降速干燥段干燥速率与自由含水量呈线性关系，故可用解析法求 τ。

更多示范题解析可扫描下方二维码查看。

思考题简答

1. 若湿空气的 t、H 不变，总压减小，湿空气 $H-I$ 图上的各线将如何变化？在相同的条件下，减小压力对干燥操作是否有利？为什么？

答：湿空气的 t、H 不变，总压减小时，空气中水汽分压减小，相对湿度减小，焓不变。所以湿空气 $H-I$ 图上 p 线下移，等 φ 线下移，等 t 线，等 H 线，等 I 线不变。减小压力对干燥操作有利，因为减小压力后空气相对湿度减小，干燥能力增大。

2. 测定湿球温度 t_w 和绝热饱和温度 t_{as} 时，若水的初温不同，对测定的结果是否有影响？为什么？

答：水的初温不同，对湿球温度 t_w 的测定结果没有影响。因为相对于大量的空气来说，湿纱布里的水分是很少的，只要空气的状态不变，有足够的接触时间之后，都可以达到空气传给水分的显热恰好等于水分汽化所需的潜热，此时，湿纱布里的水分的温度就是湿球温度。

水的初温不同，对绝热饱和温度 t_{as} 的测定结果没有影响。因为 t_{as} 只是空气的 t 和 H 的函数而与水的初温无关。

3. 对一定的水分蒸发量及空气离开干燥器时的湿度，试问应按夏季还是按冬季的大气条件来选择干燥系统的风机？

答：应按夏季的大气条件来选择干燥系统的风机。因为夏季空气湿度大、温度高。风机的风量由下面的公式计算：

$$V''=Lv$$

其中

$$L=\frac{W}{H_2-H_1}$$

$$v_H=\left(\frac{1}{29}+\frac{H}{18}\right)\times 22.4\times\frac{273+t}{273}\times\frac{1.013\times 10^5}{p_{总}}$$

从上面的公式可以看出，对一定的水分蒸发量及空气离开干燥器时的湿度，由于夏季 H_1 大，需要消耗更多的绝干空气 L；同时，由于夏季 t 高，湿空气的比体积 v_H 大。所以，同样的干燥任务，夏季需要的空气送风量大，风机应该按照夏季的大气条件来选择。

4. 试分析恒速干燥阶段与降速干燥阶段中的干燥机理及影响干燥速率的因素。

答：干燥机理

恒速干燥阶段：干燥速率取决于物料表面水分的汽化速率，亦即决定于干燥条件，与物料内部水分的状态无关，所以恒速干燥阶段又称为表面汽化控制阶段。汽化的水分为非结合水，与水从自由液面的汽化情况相同。空气传给湿物料的显热恰等于水分汽化所需的汽化热。干燥速率恒定，物料表面的温度 θ 等于空气的湿球温度 t_w。

降速干燥阶段：水分自物料内部向表面迁移的速率小于物料表面水分汽化速率，物料表面不能维持充分润湿，部分表面变干，使得空气传给物料的热量无法全部用于汽化水分，有一部分用于加热物料，因此干燥速率逐渐减小，物料温度升高。干燥除去的水分为结合水和非结合水。降速阶段的干燥速率取决于物料内部的水分向表面的迁移速度。故降速阶段又称为物料内部迁移控制阶段。

影响干燥速率的因素

恒速段：影响恒速段的干燥速率的因素是干燥介质的状况——空气温度、湿度及流速。空气的流速越高、温度越高、湿度越低，干燥速率越快。

降速段：降速段的干燥速率取决于物料本身结构、形状和尺寸，而与干燥介质的状态关系不大。所以，减少物料尺寸，堆积厚度，使物料分散等方法可提高降速干燥阶段的干燥速率。

5. 当空气的 t、H 一定时，某物料的平衡湿含量为 X^*，若空气的 H 下降，试问该物料的 X^* 有何变化？

答：空气的 t 不变，H 下降时，空气的相对湿度下降，物料的 X^* 会下降。

6. 在常压并流干燥器中，用热空气将某种物料由初含水量 $X_1=1$ kg/kg 绝干料干燥到最终含水量 $X_2=0.1$ kg/kg 绝干料。空气进口温度为 135 ℃、湿度为 0.01 kg/kg 绝干气；空气离开干燥器时温度为 60 ℃，空气在干燥器中经历等焓过程。根据实验得出第一干燥阶段的干燥速率表达式为

$$-\frac{dX}{d\tau}=30(H_{s,t_w}-H)$$

式中 $\frac{dX}{d\tau}$——干燥速率，kg/(kg 绝干料·h)。

第二干燥阶段的干燥速率表达式为

$$-\frac{dX}{d\tau}=1.2X$$

试计算完成上述干燥任务所需的干燥时间。

答：设第一干燥阶段和第二干燥阶段交界处物料干基含水量为 X_c，空气的湿度为 H_c

$$I_1=[(1.01+1.88\times0.01)\times135+2\,490\times0.01]\ \text{kJ/kg 绝干气}=163.8\ \text{kJ/kg 绝干气}$$

$$I_2=(1.01+1.88\times H_2)\times60+2\,490H_2=I_1=163.8\ \text{kJ/kg 绝干气}$$

解得 $$H_2=0.039\ \text{kg 水/kg 干空气}$$

由 $I_1=163.8$ 查得

$$H_{s,t_w}=0.048\ \text{kg 水/kg 干空气}$$

两段交界处速率相等

$$30(H_{s,t_w}-H_c)=1.2X_c \quad ①$$

第一阶段物料衡算 $$L(H_c-H_1)=G(X_1-X_c)$$

整理得 $$\frac{L}{G}=\frac{1.0-X_c}{H_c-0.01}$$

全系统物料衡算，$\frac{L}{G}=\frac{X_1-X_2}{H_2-H_1}=\frac{1.0-0.1}{0.039-0.01}=31$

将$\dfrac{L}{G}$代入上式，得

$$\frac{1.0-X_c}{H_c-0.01}=31 \qquad ②$$

联解①、②两式，$X_c=0.74$　　$H_c=0.0184$ kg/kg 绝干气

第一段：

$$-\frac{dX}{d\tau}=30\Delta H$$

物料平衡 $LdH=-GdX$，即 $dX=-\dfrac{L}{G}dH=-31dH$

$$\frac{31dH}{d\tau}=30(0.048-H)$$

$$\tau_1=\frac{31}{30}\int_{0.01}^{0.0184}\frac{dH}{0.048-H}$$

积分

$$\tau_1=0.258\ \text{h}$$

第二段：

$$-\frac{dX}{d\tau}=1.2X$$

$$\tau_2=\int_{0.74}^{0.1}\frac{-dX}{1.2X}=1.668\ \text{h}$$

总时间 τ

$$\tau=\tau_1+\tau_2=1.926\ \text{h}$$

自　测　题

一、填空题

1. 湿空气中的水分含量可用________、________、________表示，其中________和________表示水分的绝对含量，________表示水分的相对含量。

2. 在总压 101.33 kPa 下，温度 40 ℃，相对湿度 40％的空气的焓为________。

3. 对不饱和空气，干球温度 t、绝热饱和温度 t_{as}（或湿球温度 t_w）及露点 t_d 三者之间的关系为________________。

4. 在总压 101.33 kPa 下，将不饱和湿空气由温度 t_1 降温至温度 t_2，则该湿空气的湿度 H 将________，相对湿度 φ 将________，露点 t_d 将________，湿球温度 t_w 将________。

5. 通常恒速干燥阶段除去的水分是________。

6. 在一定温度、总压 101.33 kPa 下用空气干燥某湿物料，若所用空气的相对湿度增大，湿物料的平衡含水量会________。

7. 在理想干燥器内，空气从干燥器入口至出口，温度下降，湿度________，露点 t_d________，湿球温度 t_w________。

8. 恒速干燥阶段又称为______________控制阶段，此阶段内干燥速率______________，物料表面的温度等于____________。

9. 降速干燥阶段又称为__________控制阶段，此阶段内干燥速率不断____________，物料表面的温度不断______________。

10. 在恒定干燥条件下进行干燥实验，湿物料的初始含水量为 0.5(干基，下同)，开始阶段以恒定的速率进行干燥，当含水量降至 0.2 时干燥速率开始下降，其后干燥速率不断下降，当含水量达到 0.02 时干燥速率降为零，则物料的临界含水量为__________，平衡含水量为__________。

11. 在恒速干燥阶段，以相同介质、相同流速吹过不同的物料表面，两种物料的干燥速率__________。

12. 一定温度下，物料中结合水分和非结合水分的划分取决于__________。

13. 真空冷冻干燥一般分为__________、__________、__________三个主要过程。

14. 理想干燥器是指__________。

二、选择题

1. 湿空气在预热器内由温度 t_1 被加热至温度 t_2 的过程中，不发生变化的参数是(　　)。

A. 相对湿度 φ；　B. 露点温度 t_d；　C. 湿球温度 t_w；　D. 焓 I

2. 下列各组参数中，哪一组的两个参数是相互独立的(　　)。

A. H、p；　B. H、t_d；　C. I、t_w；　D. t_w、t_d

3. 在恒定干燥条件下用热空气干燥某物料，当干燥速率降为零时，物料中剩余的水分是(　　)。

A. 自由水分；　B. 结合水分；　C. 非结合水分；　D. 平衡水分

4. 同一物料，如恒速干燥段的干燥速率提高，则物料的临界含水量将(　　)。

A. 不变；　B. 增加；　C. 减小；　D. 不确定

5. 恒定干燥条件下将物料从含水量 0.4 kg 水/kg 绝干料干燥至含水量 0.09 kg 水/kg 绝干料，已知物料的临界含水量为 0.12 kg 水/kg 绝干料，空气的干球温度为 t、湿球温度为 t_w、露点为 t_d，则干燥终了时物料表面的温度 θ 应(　　)。

A. $\theta=t_w$；　B. $\theta>t_w$；　C. $\theta=t$；　D. $\theta=t_d$

6. 在恒定干燥条件下用热空气干燥某热敏物料，且干燥属于降速阶段，欲缩短干燥时间，可采取的最有效措施是(　　)。

A. 提高空气流速；　B. 提高空气温度；

C. 降低空气相对湿度；　D. 增大干燥面积，减薄物料厚度

7. 气流干燥器的干燥作用主要发生在干燥管的(　　)。

A. 进口段；　B. 出口段；　C. 中间段；　D. 整个干燥管内

8. 已知相对湿度 60%的湿空气，其干球温度为 t、湿球温度为 t_w，将此空气降温至 t' 温度，相应的湿球温度为 t'_w，则 $(t-t_w)$(　　)$(t'-t'_w)$。

A. 等于；　B. 大于；　C. 小于；　D. 不确定

三、计算题

1. 用常压流化床干燥器干燥某晶状湿物料，每小时将 1 000 kg 的湿物料由含水量 4%(湿基，下同)干燥至 0.5%。干燥介质为空气，空气的初始温度为 20 ℃，相对湿度 50%，在预热器中

将空气加热至 150 ℃后送入干燥器，出干燥器的废气温度为 55 ℃。设干燥器为理想干燥器，试求新鲜空气消耗量和预热器的加热量。

2. 对上题所述的干燥过程，干燥器仍为理想干燥器，现在由于物料的要求，热空气进入干燥器的温度必须降为 90 ℃，若改为废气循环流程，将部分废气循环回预热器入口，但维持新鲜空气用量不变。试求废气的循环量和预热器的加热量。

3. 在常压下用热空气干燥某湿物料，湿物料的处理量为 1 000 kg/h，温度为 20 ℃，含水量为 6%（湿基，下同），要求干燥后产品的含水量不超过 0.5%，物料离开干燥器时温度升至 60 ℃，湿物料的平均比热容为 3 kJ/(kg 绝干料·℃)。空气的初始温度为 20 ℃，湿度为 0.008 kg/kg 绝干气，将空气预热至 100 ℃进干燥器，出干燥器的温度为 50 ℃，湿度为 0.02 kg/kg 绝干气，干燥过程的热损失为预热器供热量的 10%。试求：

(1) 计算新鲜空气的消耗量；

(2) 计算加热物料消耗的热量占消耗总热量的百分数；

(3) 若干燥系统保温良好，热损失可忽略，则干燥效率可提高多少倍？

4. 在常压绝热干燥器内干燥某湿物料。每批将 500 kg 的湿物料从最初含水量 20%降至 2%（均为湿基），$t_0=20$ ℃、$H_0=0.01$ kg 水/kg 绝干气的空气经预热器升温至 100 ℃后进入干燥器，废气温度为 60 ℃。试求：

(1) 完成上述干燥任务所需的新鲜空气量；

(2) 空气经预热器获得的热量；

(3) 在恒定干燥条件下测得该物料的干燥速率曲线如本题附图所示。已知恒速干燥段所用时间为 1 h，计算降速干燥段所需时间。

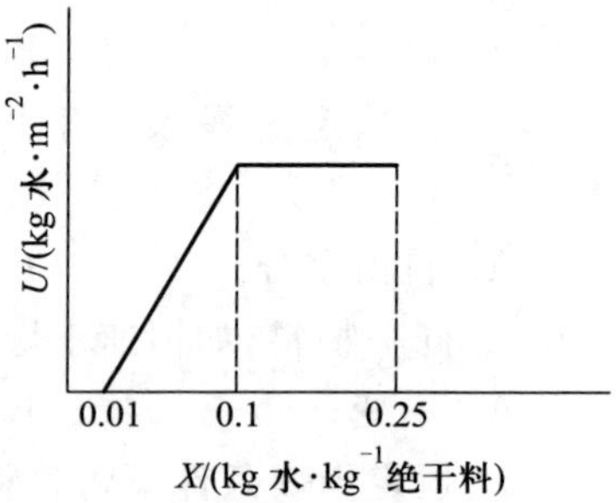

习题 4 附图

5. 在常压下以干球温度为 20 ℃，露点 10 ℃的新鲜空气为干燥介质干燥某湿物料。干燥用风机安装在预热器新鲜空气入口处，新鲜空气在预热器中被预热到 100 ℃，进入干燥器，离开干燥器的废气的平均比热容为1.04 kJ/(kg 绝干气·℃)。进干燥器的湿物料流量为 600 kg/h，温度为 20 ℃，湿基含水量为 6%，离开干燥器的物料湿基含水量为 0.4%，温度为 45 ℃，绝干物料的比热容 c_s 为 2.15 kJ/(kg 绝干料·℃)，干燥器不补充热量且热损失为 5 kW。试计算：

(1) 风机应提供的新鲜空气流量 V；

(2) 废气出干燥器的温度。

本章符号说明

英文字母

c——比热容，kJ/(kg·℃)；

G——绝干物料的质量流量，kg/s；

G'——绝干物料的质量，kg；

H——空气的湿度，kg 水/kg 绝干气；

I——空气的焓，kJ/kg 绝干气；

I'——固体物料的焓，kJ/kg 绝干料；

k_H——传质系数，kg/(m^2·s·ΔH)；

k_X——降速阶段干燥速率曲线的斜率，

kg绝干料/(m^2·s)；

l——单位空气消耗量，kg绝干气/kg水分；

L——绝干空气流量，kg绝干气/s；

L_0——新鲜空气流量，kg新鲜空气/s；

p——水汽分压，Pa；

$p_{总}$——湿空气的总压，Pa；

Q——传热速率，W；

r——汽化热，kJ/kg；

S——干燥面积，m^2；

t——温度，℃；

U——干燥速率，kg/(m^2·s)；

v——湿空气的比体积，m^3湿空气/kg绝干气；

V''——风机的风量，m^3/h；

V_s——空气的流量，m^3/s；

w——物料的湿基含水量，kg水分/kg湿料；

W——水分的蒸发量，kg/s或kg/h；

W'——水分的蒸发量，kg；

X——物料的干基含水量，kg水/kg绝干料；

X^*——物料的干基平衡含水量，kg水/kg绝干料

希腊字母

α——对流传热系数，W/(m^2·℃)；

θ——物料温度，℃；

η——干燥系统热效率；

τ——干燥时间，s

第十二章

其他分离方法

学习指导

一、学习要求

本章简要介绍工业结晶、膜分离、吸附等的基本原理及其工业应用。通过本章学习，读者应熟悉以上各种分离方法的基本原理、特点和应用范围。

二、应重点掌握的内容

1. 溶液结晶的原理和工业结晶的方法。

2. 各种膜分离过程的特点，膜分离方法的选择。

3. 吸附的基本概念，吸附等温线及其运用，搅拌槽吸附过程的计算。

三、学习方法

在学习本章时，应以基本概念和基本原理的理解为主，而过程的计算为次。由于篇幅所限，本章只简要介绍了常用的几种分离方法，许多其他新的分离方法可参阅有关专著。

学习要点

一、结晶

(一) 溶液结晶的基本概念

固体物质以晶体形态从溶液中析出的过程称为溶液结晶。结晶是传热与传质同时进行的过程。溶液结晶的推动力是溶液的过饱和度。

对于溶解度随温度变化敏感的物系，可用变温方法结晶分离；对于溶解度随温度变化缓慢的物系，可用蒸发结晶的方法分离。

(二) 溶液结晶的计算

对于不形成水合物的结晶过程，溶质的物料衡算方程为

$$G=W[c_1-(1-V)c_2] \tag{12-1}$$

式中 W——原料液中溶剂的量,kg 或 kg/h;

G——结晶产品的量,kg 或 kg/h;

V——溶剂移除强度,即单位进料溶剂蒸发量,kg/kg 原料溶剂;

c_1、c_2——原料液与母液中溶质的含量,kg 无水合溶质/kg 溶剂。

对于形成水合物的结晶过程,溶质的物料衡算方程为

$$G=\frac{WR[c_1-(1-V)c_2]}{1-c_2(R-1)} \tag{12-2}$$

1. 冷却结晶

$$G=\frac{WR(c_1-c_2)}{1-c_2(R-1)} \tag{12-3}$$

2. 移除部分溶剂的结晶

分两种情况:

(1) 蒸发结晶 在蒸发结晶器中,若移出的溶剂量 W 已预先规定,则可由式(12-2)求出 G。反之,则可根据已知的结晶量 G 求出 W。

(2) 真空冷却结晶 此时溶剂蒸发量 V 为未知量,需通过热量衡算求出。列热量衡算式得

$$VWr_s=c_p(t_1-t_2)(W+Wc_1)+r_{cr}G \tag{12-4}$$

将式(12-4)与式(12-2)联立得

$$V=\frac{r_{cr}R(c_1-c_2)+c_p(t_1-t_2)(1+c_1)[1-c_2(R-1)]}{r_s[1-c_2(R-1)]-r_{cr}Rc_2} \tag{12-5}$$

式中 r_{cr}——结晶热,J/kg;

r_s——溶剂汽化热,J/kg;

t_1、t_2——分别为溶液的初始温度、最终温度,℃;

c_p——溶液的比热容,J/(kg·℃);

R——晶体水合物摩尔质量 M_{hyd} 与纯溶质摩尔质量 M 之比。

二、膜分离

(一) 基本概念

膜分离的定义:利用固体半透膜或液膜对流体混合物中各组分的渗透性差异从而分离混合物的过程。常见的膜分离过程有微滤、超滤、纳滤、反渗透、渗析、电渗析、气体膜分离等。

膜分离的特点:

(1) 通常在常温下进行,特别适合于热敏性物料的分离;

(2) 多数膜分离过程不发生相变,能耗低;

(3) 装置简单,操作方便,易于工业放大;

(4) 应用范围广泛;

(5) 膜分离技术不消耗化学试剂,不外加任何添加剂,因而不会污染产品。

膜的分离性能包括：

（1）透过通量 单位时间、单位面积上透过的量（溶质或溶剂），$kg/(m^2 \cdot s)$；

（2）分离性能 被分离的组分选择性透过膜的能力。不同的膜过程其表示方法不同，如截留率、截留相对分子质量等。截留率定义为

$$R=\frac{c_F-c_P}{c_F} \tag{12-6}$$

式中 c_F——原料液中被分离组分的浓度，kg/m^3 或 $kmol/m^3$；

c_P——透过液中被分离组分的浓度，kg/m^3 或 $kmol/m^3$。

（二）典型膜过程简介

1. 反渗透

（1）反渗透原理 利用某些半透膜只允许溶剂（水）通过而截留溶质（离子）的特性，以膜两侧压力差为推动力，克服溶剂的渗透压，使溶剂透过膜而实现液体混合物的分离。

（2）通量方程 溶剂水的通量为

$$N_w=A_w(\Delta p-\Delta \Pi) \tag{12-7}$$

式中 N_w——溶剂（水）的透过通量，kg 溶剂/$(m^2 \cdot s)$；

A_w——溶剂的渗透常数，kg 溶剂/$(m^2 \cdot s \cdot Pa)$；

Δp——膜两侧的压力差（$\Delta p=p_1-p_2$，p_1 为原料液的压力，p_2 为透过液的压力），Pa；

$\Delta \Pi$——膜两侧的渗透压差（$\Delta \Pi=\Pi_1-\Pi_2$，Π_1 为料液的渗透压，Π_2 为透过液的渗透压），Pa。

溶质的通量为

$$N_s=A_s(c_F-c_P) \tag{12-8}$$

式中 N_s——溶质（盐）的透过通量，kg 溶质/$(m^2 \cdot s)$；

A_s——溶质的渗透常数，m/s；

c_F——料液中溶质的浓度，kg 溶质/m^3；

c_P——渗透液中溶质的浓度，kg 溶质/m^3。

截留率为

$$R=1-\frac{c_P}{c_F}=\frac{B(\Delta p-\Delta \Pi)}{1+B(\Delta p-\Delta \Pi)} \tag{12-9}$$

2. 超滤

（1）超滤原理 超滤是由压力差为推动力的膜分离过程，原料液（常为水溶液）中的水和小分子溶质透过膜，大分子溶质被截留作为浓缩液回收。

（2）通量方程 溶剂的透过通量

$$N_w=A_w\Delta p \tag{12-10}$$

或

$$N_w=\Delta p/R_m \tag{12-11}$$

当存在凝胶层时，溶剂透过通量为

$$N_w=\Delta p/(R_m+R_g) \tag{12-12}$$

式中 R_m——膜阻力（$R_m=1/A_w$），$(m^2 \cdot s \cdot Pa)$/kg 溶剂；

R_g——凝胶层的附加阻力，$(m^2 \cdot s \cdot Pa)/kg$ 溶剂。

3. 渗析

（1）渗析的原理　渗析称透析，是以膜两侧流体的浓度差为推动力的膜过程。原料液与溶剂（称为渗析液）分别在半透膜的两侧逆流流过，在浓度差的推动下，原料液中的小分子溶质以扩散方式通过膜进入渗析液一侧，而大分子溶质被截留。

（2）通量方程：

$$N_s=\frac{c_1-c_2}{1/k_{c1}+1/p_M+1/k_{c2}} \tag{12-13}$$

式中　$1/k_{c1}$、$1/p_M$、$1/k_{c2}$——分别是原料液侧、膜和渗析液侧的传质阻力。

4. 电渗析

电渗析是利用离子交换膜的选择性透过能力，在直流电场作用下使电解质溶液中形成电位差，从而产生阴、阳离子的定向迁移，达到溶液分离、提纯和浓缩的目的。

5. 气体膜分离

气体膜分离是气体混合物在膜两侧分压差的作用下，各组分以不同的渗透速率透过膜，使混合气体得以分离的过程。

通量方程为

$$N_A=\frac{p_{A1}-p_{A2}}{1/k_{G1}+\delta/(DH)+1/k_{G2}} \tag{12-14}$$

式中　$1/k_{G1}$、$\delta/(DH)$、$1/k_{G2}$——分别是高压侧、膜和低压侧的对流传质的阻力。

三、吸附

吸附是利用某些固体能够从流体混合物中选择性地凝聚一定组分在其表面上的能力，使混合物中的组分彼此分离的过程。

（一）吸附等温线

吸附等温线通常采用等温下吸附剂中吸附质的含量与流体中吸附质浓度（或分压）之间的关系来表示。

1. Langmuir 的吸附等温线方程

$$q=\frac{Kq_m p}{1+Kp} \tag{12-15}$$

式中　p——吸附质的平衡分压，Pa；

q——吸附量，kg 吸附质/kg 吸附剂；

q_m——固体表面满覆盖（$\Gamma=1$）时的最大吸附量（平衡吸附量），kg 吸附质/kg 吸附剂；

K——模型参数。

2. Freundlich 方程

$$q=kp^{1/n} \tag{12-16}$$

式中 k 与 n 是与温度有关的常数，一般 n 的范围在 1～5。

（二）搅拌槽吸附过程的计算

搅拌槽是间歇接触式吸附装置。其操作方式有单级吸附和多级吸附，多级吸附又分为多级错流吸附和多级逆流吸附。

1. 单级吸附

吸附质的质量衡算方程

$$G_s(Y_0-Y_1)=L_s(X_1-X_0) \tag{12-17}$$

式中 G_s——纯溶剂的量，kg；

L_s——纯吸附剂的量，kg；

Y_0、Y_1——分别为吸附质在进、出吸附槽的溶液中的质量比，kg 吸附质/kg 溶剂；

X_0、X_1——分别为吸附质在进、出吸附槽的吸附剂中的质量比，kg 吸附质/kg 吸附剂。

若吸附平衡曲线可用 Freundlich 方程表示，且溶液的浓度较低，则

$$Y^*=mX^n \tag{12-18}$$

当 $X_0=0$，将上式代入式(12-17)得

$$L_s/G_s=\frac{Y_0-Y_1}{(Y_1/m)^{1/n}} \tag{12-19}$$

2. 两级错流吸附

吸附质的物料衡算方程

第 1 级：
$$G_s(Y_0-Y_1)=L_{s1}(X_1-X_0) \tag{12-20}$$
第 2 级：
$$G_s(Y_1-Y_2)=L_{s2}(X_2-X_0) \tag{12-21}$$

设每一级都为理论级，且吸附平衡符合 Freundlich 等温线，则得

$$\frac{L_{s1}+L_{s2}}{G_s}=m^{1/n}\left(\frac{Y_0-Y_1}{Y_1^{1/n}}+\frac{Y_1-Y_2}{Y_2^{1/n}}\right) \tag{12-22}$$

最小总吸附剂用量为

$$\left(\frac{Y_1}{Y_2}\right)^{1/n}-\frac{1}{n}\frac{Y_0}{Y_1}=1-\frac{1}{n} \tag{12-23}$$

由式(12-23)求出 Y_1，再根据式(12-20)至式(12-22)求出吸附剂用量。

3. 多级逆流吸附

设逆流操作的级数为 N，以整个流程为系统对吸附质作物料衡算，得

$$G_s(Y_0-Y_N)=L_s(X_1-X_{N+1}) \tag{12-24}$$

如果物系的平衡关系符合 Freundlich 吸附等温线，且所用吸附剂中不含吸附质($X_{N+1}=0$)，则对于典型的二级逆流吸附，可由操作线和平衡关系式导出下式：

$$\frac{Y_0}{Y_2}-1=\left(\frac{Y_1}{Y_2}\right)^{1/n}\left(\frac{Y_1}{Y_2}-1\right) \tag{12-25}$$

由上式求出离开第一级的液相组成 Y_1，再用操作线方程和平衡方程可以求出吸附剂用量等其他参数。

思考题简答

1. 结晶有哪几类基本方法？溶液结晶操作的基本原理是什么？溶液结晶操作有哪几种方法产生过饱和度？

答：结晶可分为溶液结晶、熔融结晶、升华结晶及沉淀结晶四类。溶液结晶是利用物质溶解度和晶型的不同，创造相应的结晶条件，使固态物质从原溶液中结晶出来。对于溶解度随温度变化敏感的物系，可将原溶液降温产生过饱和度；对于溶解度随温度变化缓慢的物系，可将原溶液蒸发出部分溶剂产生过饱和度。

2. 超溶解度曲线与溶解度曲线有何不同？过饱和度对晶核生长速率与晶体的成长速率有何影响？

答：超溶解度曲线与溶解度曲线的区别：一个特定物系只有一条明确的溶解度曲线，但超溶解度曲线却受许多因素的影响。例如，有无搅拌、搅拌强度的大小，有无晶种、晶种的大小与多少，冷却速率快慢等。

3. 冷却结晶器与移除部分溶剂结晶器各自的特点及应用范围是什么？

答：冷却结晶器用于溶解度随温度变化敏感的物系的结晶；移除部分溶剂结晶器用于溶解度随温度变化缓慢的物系的结晶。

4. 什么是膜分离？常用的膜分离过程有哪几种？

答：膜分离是利用原料混合物在半透膜中运动时，混合物中各组分在膜内的迁移速度不同，经半透膜的渗透作用，发生各组分通过膜的选择性传递，改变混合物的组成，达到组分之间的分离。工业上常用的膜分离有微滤、超滤、反渗透、渗析和电渗析等。

5. 简述渗析、反渗透、超滤和气体膜分离的基本原理。

答：渗析和气体分离是利用浓度差为推动力的膜过程；而反渗透和超滤是以压力差为推动力的膜分离过程。

6. 电渗析的分离机理是什么？

答：电渗析是利用离子交换膜的选择性透过能力，在直流电场作用下使电解质溶液中形成电位差，从而产生阴、阳离子的定向迁移，达到溶液分离、提纯和浓缩的目的。

7. 解释浓差极化现象，减小浓差极化的方法有哪些？

答：在分离膜表面形成传质边界层而引起传质通量下降的现象称为浓差极化。减小浓差极化的方法是减小传质边界层的厚度或降低边界层内的浓度。增大料液的流速可降低边界层厚度，减小原液的浓度可以降低边界层内的浓度。

8. 什么是吸附现象？吸附分离的基本原理是什么？

答：吸附是利用多孔固体能够从流体混合物中选择性地凝聚一定组分在其表面上的能力，使混合物中的组分彼此分离的过程。

9. 工业上常用吸附剂有哪几种？各有什么特点？什么是分子筛？

答：工业上最常用的吸附剂有活性炭、分子筛、活性氧化铝和硅胶等。分子筛晶格中有许多大小相同的空穴，可包藏被吸附的分子。空穴之间又有许多直径相同的孔道相连。因此，分子筛能使比其孔道直径小的分子通过孔道，吸附到空穴内部，而比孔径大的物质分子则被排斥在外面，从而使分子大小不同的混合物分离，起了筛分分子的作用。

10．吸附过程有哪几个传质步骤？

答：吸附过程应包括① 外扩散：吸附质分子从流体主体以对流扩散方式传递到吸附剂固体表面；② 内扩散：吸附质分子从吸附剂的外表面进入其微孔道，进而扩散到达孔道的内部表面；③ 在吸附剂微孔道的内表面上吸附质被吸附剂吸着。

11．工业上常用的吸附方法和设备有哪些？

答：包括搅拌槽、固定床、模拟移动床、流化床－移动床组合装置等。

12．离子交换的基本原理是什么？

答：离子交换过程是带有可交换离子（阳离子或阴离子）的不溶性固体与溶液中带有同种电荷的离子之间置换离子的过程。利用离子交换剂与不同离子结合力的强弱，可以将某些离子从水溶液中分离出来，或使不同的离子之间进行分离。

附　录

一、化工原理及实验(或化工传递)考试大纲

(一) 考试的总体要求

要求考生全面掌握、理解、灵活运用教学大纲规定的基本内容。考生应具有熟练的运算能力、分析问题和解决问题的能力。答题务必书写清晰，过程必须详细，应注明物理量的符号和单位。不在试卷上答题。

(二) 考试的内容及比例

1.【化工原理课程考试内容及比例】(125 分)

(1) 流体流动

流体静力学基本方程；流体的流动现象(流体的黏性及黏度的概念、边界层的概念)；流体在管内的流动原理(连续性方程、伯努利方程及应用)；流体在管内的流动阻力(量纲分析、管内流动阻力的计算)；管路计算(简单管路、并联管路、分支管路)；流量测量(皮托管、孔板流量计、文丘里流量计、转子流量计)。

(2) 流体输送机械

离心泵(结构及工作原理、性能描述、选择、安装、操作及流量调节)；其他化工用泵；气体输送和压缩设备(以离心通风机为主)。

(3) 非均相物系的分离

重力沉降(基本概念及重力沉降设备——降尘室)；离心沉降(基本概念及离心沉降设备——旋风分离器)；过滤(基本概念、过滤基本方程、恒压过滤的计算、过滤设备)。

(4) 传热

传热概述；热传导；对流传热分析及对流传热系数关联式(包括蒸气冷凝及沸腾传热)；传热过程分析及传热计算(热量衡算、传热速率计算、总传热系数计算)；辐射传热的基本概念；换热器(分类，列管式换热器类型、计算及设计问题)。

(5) 蒸馏

两组分溶液的气液平衡；精馏原理和流程；两组分连续精馏的计算。

(6) 吸收

气液相平衡；传质机理与吸收速率；吸收塔的计算。

(7) 蒸馏和吸收塔设备

塔板类型；板式塔的流体力学和传质性能；填料的类型；填料塔的流体力学和传质性能。

(8) 液-液萃取

三元体系的液-液萃取相平衡与萃取操作原理；单级萃取过程的计算；萃取操作流程和设备。

(9) 干燥

湿空气的性质及湿度图;干燥过程的基本概念,干燥过程的计算(物料衡算、热量衡算);干燥过程中的平衡关系与速率关系;干燥器。

2.【化工原理实验考试内容及比例】(25 分)

(1) 考试内容涉及以下几个实验

单相流动阻力实验;离心泵的操作和性能测定实验;流量计性能测定实验;恒压过滤常数的测定实验;对流传热系数及其量纲为 1 数群关联式常数的测定实验;精馏塔实验;吸收塔实验;萃取塔实验;洞道干燥速率曲线测定实验。

(2) 每个实验的考试内容涉及以下几个方面

实验目的和内容;实验原理;实验流程及装置;实验方法;实验数据处理方法;实验结果分析等。

3.【化工传递考试内容及比例】(25 分)

(1) 微分衡算方程的推导与简化

连续性方程(单组分)的推导与简化;传热微分方程的推导与简化;传质微分方程的推导与简化。

(2) 微分衡算方程的应用

能够采用微分衡算方程,对简单的一维稳态流体流动问题、导热问题及分子传质问题进行求解。

注:2 和 3 部分为并列关系,考生可根据情况选择之一进行解答。

(三) 试卷的题型及比例

化工原理课程部分的题型包括概念题及应用题。概念题分为填空题和选择题两类,概念题约占 25%;应用题包括计算题及过程分析题,一般 5~6 题,约占 60%。化工原理实验部分的题型为填空题、选择题及实验设计题;化工传递部分的题型为推导(或推导与计算相结合)题。化工原理实验(或化工传递)部分约占 15%。

(四) 考试形式及时间

考试形式均为笔试。考试时间为三小时(满分 150 分)。

(五) 主要参考教材(参考书目)

1. 柴诚敬,等. 化工原理. 3 版.北京:高等教育出版社,2016.
2. 张金利,等.化工原理实验.天津:天津大学出版社,2005.
3. 柴诚敬,等.化工流体流动与传热.2 版.北京:化学工业出版社,2007.
4. 贾绍义,等.化工传质与分离过程.2 版.北京:化学工业出版社,2007.
5. 柴诚敬、夏清,等.化工原理学习指南.3 版.北京:高等教育出版社,2018.
6. 郭翠梨,等.化工原理实验.北京:高等教育出版社,2013.

二、天津大学研究生院招收硕士研究生《化工原理(含实验或化工传递)》入学试题

答题说明

本试题共包括三部分,第一部分化工单元操作(125 分)为必答题,第二部分化工原理实验

(25 分)及第三部分化工传递(25 分)为选答题,二者只选择其一。

2009 年

第一部分 化工单元操作(共 125 分)

一、基本题(单项选择与填空,共 40 分)

1. 某生产设备的操作压力为 50 kPa(绝压),则测量该设备操作压力的真空表读数为__________ kPa。(当地大气压为 101.33 kPa)(2 分)

2. 如本题附图所示为 a、b、c、d 四种流体的流变特性($\tau - \mathrm{d}u/\mathrm{d}y$ 关系图),其中为牛顿流体的是(　　)。(2 分)

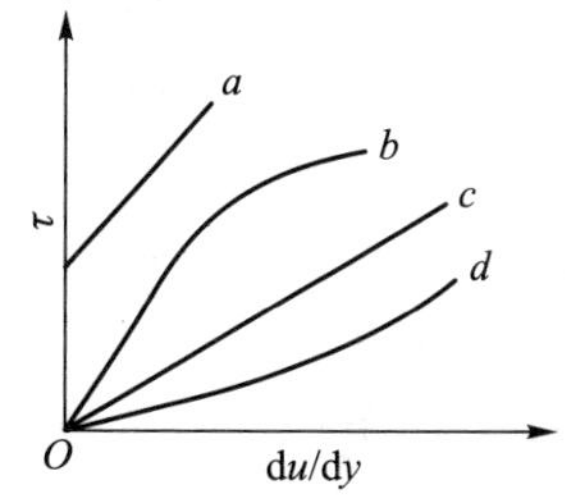

题 2 附图

3. 为防止__________现象的发生,离心泵启动前应保证泵内充满液体;为防止__________现象的发生,离心泵的安装高度应低于允许安装高度。(2 分)

4. 离心通风机的特性曲线包括__________四条曲线。(2 分)

5. 降尘室操作时,降尘室内气体的流动应控制在__________流动区。(2 分)

6. 一般地,雷诺数 Re_t 越大,流体黏度对沉降速度的影响__________,颗粒的形状对沉降速度的影响__________。(2 分)

7. 某黑体的表面温度由 27 ℃升高到 327 ℃,则其热辐射能力变为原来的__________倍。(2 分)

8. 为强化传热,在列管式换热器的壳程内设置__________以提高壳程流体流速;在封头内设置__________来增加管程数,以提高管程流体流速。(2 分)

9. 采用饱和蒸汽加热在铜管内流动的空气,为强化该传热过程,下列方案最为有效的是(　　)。(2 分)

A. 提高空气流速　　　　B. 提高蒸汽流速

C. 采用过热蒸汽加热　　D. 在蒸汽一侧管壁上安装翅片,以增加冷凝面积

10. 用溶剂对二元混合物进行单级萃取之后,萃取相中溶质 A 的质量分数为 0.20,萃余相中溶液 A 的质量分数为 0.10,脱溶剂后(假定溶剂被完全脱除且只脱除溶剂)所获得的萃取液和萃余液中组分 A 的质量分数分别为 0.63、0.11。则该过程的选择性系数 $\beta=$__________,组分 A 的分配系数 $k_A=$__________。(4 分)

11. 塔板负荷性能图由液沫夹带线、__________、__________、__________和__________组成。若__________塔板间距或__________空塔气速,可减小液沫夹带量。(6 分)

12. 通常,恒定干燥条件下的干燥过程分为恒速干燥阶段和降速干燥阶段,两段交界点的含水量称为__________,在恒速干燥阶段,干燥速率的大小取决于__________,此阶段汽化的水分为__________。(3 分)

13. 若湿空气温度不变,而相对湿度增加,则空气湿度__________,露点__________,湿球温度__________。(3 分)

14. 漂流因数为__________与__________之比，它反映__________对传质速率的影响。(3 分)

15. 在精馏塔的塔顶采用分凝器和全凝器。塔顶上升蒸气(组成 y_1，易挥发组分的摩尔分数，下同)进入分凝器，在分凝器中部分冷凝，凝液(组成 x_L)于饱和温度下作为回流返回塔内，未冷凝的蒸气(组成 y_D)送入全凝器中全部冷凝，凝液(组成 x_D)作为塔顶产品。则 y_1 与 x_L 间满足(　　)关系，y_D 与 x_L 间满足(　　)关系，y_D 与 x_D 间满足(　　)关系。(3 分)

A. 平衡　　B. 操作　　C. 相等　　D. 不确定

二、流体输送(共 20 分)

如图所示，用离心泵将敞口容器中的清水输送至某高位密闭容器，已知离心泵的特性方程为 $H=42.0-5.248\times10^4Q^2$(式中 H 的单位为 m，Q 的单位为 m^3/s)。保持离心泵出口阀开度一定，当输送至某一时刻时，两容器液面落差为 20 m，此时管路系统的特性方程为 $H_e=30.0+2.432\times10^4Q_e^2$(式中 H_e 的单位为 m，Q_e 的单位为 m^3/s)。假设此时清水在完全阻力平方区流动。

(1) 求此时清水的输送流量(m^3/h)；(5 分)

(2) 求此时密闭容器压力表 A 的读数(kPa)；(5 分)

(3) 若将清水换成密度为 1 260 kg/m^3 的某种液体，试求输送至此时离心泵的有效功率(kW)；(假设该液体的其他物性参数与清水相同)(6 分)

(4) 此时若将出口阀全开，试计算说明此时清水输送流量不可能超过多少(m^3/h)。(4 分)

(清水密度近似取为 1 000 kg/m^3；重力加速度为 9.81 m/s^2。)

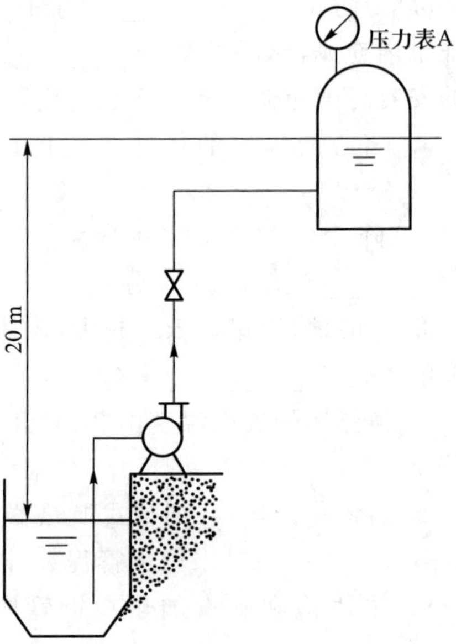

题二附图

三、非均相物系的分离(共 8 分)

用板框过滤机过滤某悬浮液，采用先恒速再恒压的过滤方式进行过滤。恒速段的过滤速率为 4.065×10^{-3} m^3/s，待得滤液 0.5 m^3 时，转为该操作压力下的恒压过滤。

试求：转为恒压过滤后，欲再得 2 m^3 的滤液所需的恒压过滤时间。(8 分)

(忽略滤布阻力，假设滤饼不可压缩，且滤框有足够的厚度。)

四、传热(共 15 分)

某单程列管式换热器，壳程采用 108 ℃的饱和蒸汽冷凝，以加热管内呈湍流流动的某低黏度液体。蒸汽冷凝的对流传热系数为 11 kW/(m^2·℃)，管程流体由 20 ℃被加热到 50 ℃，此时管内对流传热系数为 324.7 W/(m^2·℃)。若将管程流体的流量增加 25%，试求：

(1) 流量增加后换热器的总传热系数；(7 分)

(2) 流量增加后管程流体的出口温度。(8 分)

(忽略换热器的热损失；换热管壁很薄，不考虑管壁热阻及可能形成的污垢热阻；假设两种情况下蒸汽冷凝对流传热系数不变；在操作温度范围内管程流体的物性参数不变。)

五、精馏(共 16 分)

在常压连续精馏塔中分离苯-甲苯混合物,原料中含苯 0.44(摩尔分数),进料量 100 kmol/h,操作条件下平均相对挥发度为 2.5,精馏段操作线方程为 $y=0.71x+0.278$,提馏段操作线方程为 $y=1.44x-0.0044$。试求:

(1) 塔顶馏出液组成 x_D 和塔底釜残液的组成 x_W;(6 分)

(2) q 线方程,并说明进料热状况;(6 分)

(3) 提馏段气、液相负荷(流量)(kmol/h)。(4 分)

六、吸收(共 14 分)

在逆流操作的填料吸收塔中,用溶剂吸收某气体中的溶质 A。已知入塔气中 A 的含量为 0.1(摩尔比),气体处理量为 200 kmol(惰性气体)/h,要求出塔气中 A 的含量达到 0.02(摩尔比)。吸收剂为循环溶剂,入塔吸收剂中 A 的含量为 0.008(摩尔比),塔截面积为 1.2 m^2,操作条件下的气液平衡关系为 $Y=1.2X$(X、Y 均为摩尔比),气相总体积吸收系数 K_Ya 为 0.06 kmol/(m^3·s),操作液气比为最小液气比的 1.13 倍。

(1) 求出塔液相组成 X_1(摩尔比);(3 分)

(2) 求所需的理论板层数 N_T;(3 分)

(3) 求填料层高度 Z;(4 分)

(4) 若吸收剂用量不变,希望通过增加填料高度将回收率提高到 95%,试计算说明是否可能?(4 分)

七、干燥(共 12 分)

在理想干燥器中干燥某湿物料,物料经干燥器后被除去的水分量为 80 kg 水/h。温度为 20 ℃、湿度为 0.005 kg 水/kg 绝干气的湿空气,在预热器中升温至 120 ℃后进入干燥器,空气出干燥器的温度为 60 ℃。试求:

(1) 绝干空气的消耗量(kg 绝干气/h);(6 分)

(2) 预热器的加热速率(kW);(3 分)

(3) 干燥系统的热效率。(3 分)

第二部分　化工原理实验(共 25 分)

八、化工原理实验(共 25 分)

1. 填空题(共 17 分)

(1) 在直管阻力实验中,用 U 形管压差计测得水流过同径水平直管段截面 1 到截面 2 的压力差为 Δp_1,若将此水平管改为水自下而上流过截面 1 到截面 2 的垂直管,则水平管的压力差 Δp_1 ____________ 垂直管的压力差 Δp_2,水平管的阻力降 Δp_{f1} ____________ 垂直管的阻力降 Δp_{f2}。(2 分)

(2) 节流式流量计是由____________和____________组成的。(2 分)

(3) 在测定离心泵性能时,压力表一般安装在流量调节阀之____________,其读数随流量增大而____________。(2 分)

(4) 用套管换热器测定空气对流传热系数时,其他条件不变,空气离开换热器时的温度将随空气流量增大而____________。(2 分)

(5) 从原理上讲，当进料条件和采出率一定时，增加气相流量或液相回流会使分离效果变好。但在精馏实验中，当加热蒸汽压力或加热功率升高超过一定数值以后，分离效果却变差，其原因可能是__________。(2 分)

(6) 用水吸收氨气的吸收实验属于__________控制的传质过程，欲提高气相总体积吸收系数 K_Ya，应__________。(2 分)

(7) 物料在恒定干燥条件下用空气进行对流干燥时，在恒速干燥阶段，物料的表面温度为__________温度。若测得的干、湿球温度计读数相差较大，说明所用空气的相对湿度__________。(2 分)

(8) 用一个精度等级为 1.5 级，量程为 100～1 000 L/h 的转子流量计测量水的流量，流量计读数 Q=300 L/h，则该测量值的绝对误差为__________，相对误差为__________。(2 分)

(9) 用压力表测量液体管道某处的压力 p，当取压点与测量仪表之间的导压管内有气体存在时，压力表所感受到的压力 p' 比被测压力 p __________。(1 分)

2. 实验流程设计(8 分)

请设计一实验流程，使其能够测定填料塔的流体力学性能，要求：

(1) 画出流程示意图；(6 分)

(2) 写出简要实验步骤。(2 分)

第三部分　化工传递(共 25 分)

九、化工传递(共 25 分)

(1) 试推导在均质固体内部进行三维非稳态导热的传热微分方程。已知固体内有均匀内热源，其热量生成速率为 q(W/m^3)，该固体的导热系数为 k[W/(m·℃)]，密度为 ρ(kg/m^3)，比热容为 c_p[J/(kg·℃)]。(15 分)

(2) 若导热过程为沿 x 方向的一维稳态导热，且热量生成速率与固体表面温度 t_s 的 β 次方成正比，试写出描述该导热过程的传热微分方程。(10 分)

2010 年

第一部分　化工单元操作(共 125 分)

一、基本题(单项选择与填空，共 45 分)

1. 在一定温度下，测得某液体的黏度为 1.0 cP，其可折合为__________ Pa·s。(2 分)

2. 某二维流场的速度分布方程可表示为：$u_x=-ax-b\theta^2$，$u_y=ax+ay$(其中 a、b 为常数，θ 为时间)。若该流动为稳态(定态、定常)流动，则 b 的数值为__________。(2 分)

3. 用离心泵输送某液体，当离心泵出口调节阀开度关小时，管路系统的总压头损失将增加，离心泵的轴功率将(　　)。(2 分)

A. 增加　　B. 减小　　C. 不变　　D. 可能增加，也可能减小

4. 在工程设计中，水及低黏度液体在管内的流速一般可在(　　)m/s 范围内选择。(2 分)

A. 0.5～1.0　　B. 1.0～3.0　　C. 10～20　　D. 40 以上

5. 用转子流量计测量流量，流量计应(　　)。(2 分)

A. 竖直安装，流向自下而上　　B. 竖直安装，流向自上而下

C. 水平安装，流向以方便操作为准　　　　D. 竖直水平安装均可，视现场情况而定

6. 在流体输送设计中，经计算某离心泵的允许安装高度为 7.0 m，为安全起见，实际安装高度一般不应超过__________ m。(2 分)

7. 离心通风机的风量是指(　　)。(2 分)

A. 单位时间内从风机出口排出的以出口状态计的气体体积

B. 单位时间内从风机出口排出的以进口状态计的气体体积

C. 单位时间内从风机出口排出的以标准状态计的气体体积

D. 单位时间内从风机出口排出的气体质量

8. 一般地，在旋风分离器、旋液分离器和离心机中，离心分离因数较高的是__________。(2 分)

9. 对于多层平壁一维稳态导热(各层厚度相同)，各层内的温度梯度随其导热系数(热导率)的增加而__________。(2 分)

10. 一般地，金属材料的导热系数随温度的升高而__________。(2 分)

11. 在 B、S 部分互溶的溶液中加入溶质 A，则 B、S 的互溶度将(　　)。(2 分)

A. 增大　　　　B. 减小　　　　C. 不变　　　　D. 无法确定

12. 某二元理想溶液的连续精馏过程，塔顶采用全凝器，塔釜直接蒸汽加热，用 M−T 法图解得到的理论板数为 10，若操作条件下全塔效率为 50%，则塔内应安装__________块塔板。(2 分)

13. 在吸收塔内用 1 mol/L 的 NaOH 溶液吸收空气中的 CO_2，该过程属于__________膜控制。(2 分)

14. 用纯溶剂 S 萃取分离 A−B 混合物，已知 B、S 不互溶，操作条件下平衡关系为 $Y=1.5X$ (Y、X 均为质量比)，若要求萃余相中溶质含量为原料中溶质含量的 4%，则操作中单位质量稀释剂 B 中溶剂 S 的消耗量为__________。(2 分)

15. 在填料塔计算中，等板高度的含义为__________。(2 分)

16. 现在需要设计一板式塔完成给定的精馏任务，请给出三种由于设计时考虑不周，而使精馏塔发生液泛的情况：__________、__________、__________。(6 分)

17. 两种物料：A 为烟叶，B 为陶土，现将两种物料用相同的干燥器，在相同的条件下进行干燥，则在恒速干燥阶段干燥速率 U_A(　　)U_B。(2 分)

A. 大于　　　　B. 小于　　　　C. 等于　　　　D. 无法确定

18. 已知湿空气的如下两个参数，可以利用 $H-I$ 图查出其他参数的是(　　)。(2 分)

A. 湿度和水汽分压　　　　B. 干球温度和湿球温度

C. 露点和水汽分压　　　　D. 焓和湿球温度

19. 气体通过一层塔板的压降包括__________、__________和__________三部分。(3 分)

20. 在吸收系数的关联式中，能反映流体物性对吸收系数影响的数群是(　　)。(2 分)

A. Sh　　　　B. Ga　　　　C. Sc　　　　D. Gr

二、流体输送(共 20 分)

如附图 a 所示，高位槽中的某液体经一管路系统流入低位槽中，当球阀 C 全开时，液体的流量为 30 m^3/h，此时 U 管压差计的读数为 50.0 mm。现要将低位槽中的液体输送至高位槽，采用的措施是在原管路中安装一台离心泵，如附图 b 所示，已知离心泵的特性方程为 $H=20-$

$2.0\times10^5Q^2$（式中 H 的单位为 m，Q 的单位为 m^3/s）。假设管内流体均在阻力平方区流动，离心泵的安装不影响原管路的阻力特性。试求：

(1) 离心泵的最大输送流量（m^3/h）；（10 分）

(2) 最大输送流量时，管路系统的总压头损失（m）；（5 分）

(3) 最大输送流量时，U 管压差计的读数 R（mm）。（5 分）

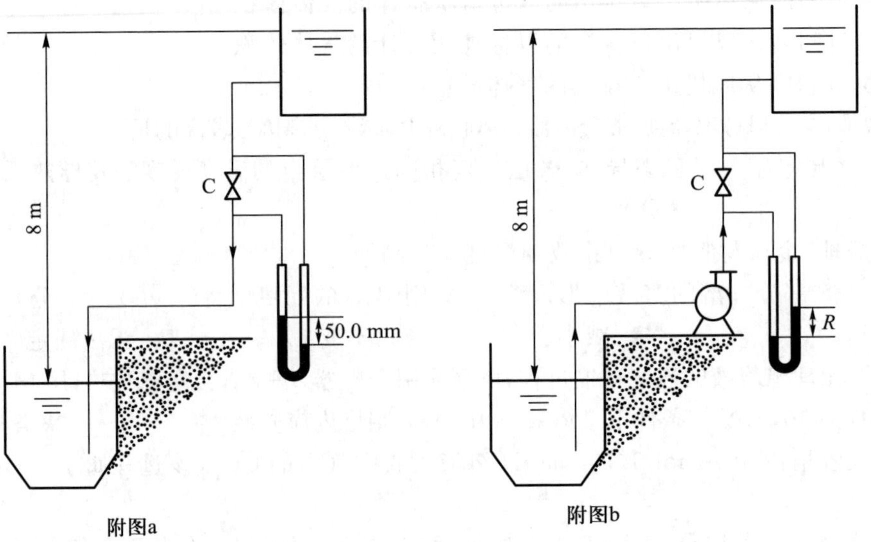

题二附图

三、非均相物系的分离（共 6 分）

用板框过滤机恒压过滤某悬浮液，过滤 50 min 后达到过滤终点（滤饼刚好充满滤框），所得滤液为 15 m^3。假设其他条件不变，现仅将滤框厚度增加一倍。试求：

(1) 达过滤终点时所得滤液体积（m^3）；（2 分）

(2) 达过滤终点时所需过滤时间（min）。（4 分）

（忽略滤布阻力，假设滤饼不可压缩。）

四、传热（共 16 分）

饱和温度为 80 ℃的苯蒸气，在一单程立式列管冷凝器的壳程被冷凝成液体后，再进一步冷却至某一温度。苯的流量为 0.5 kg/s；苯蒸气冷凝的对流传热系数为 1 500 W/(m^2·℃)，汽化热为 394 kJ/kg；液体苯冷却的对流传热系数为 1 000 W/(m^2·℃)，平均比定压热容为 1.8 kJ/(kg·℃)。管程流体为逆流流动的冷却水，流量为 5.6 kg/s，由 20 ℃被加热至 30 ℃，对流传热系数为 2 372 W/(m^2·℃)，平均比定压热容为 4.18 kJ/(kg·℃)。试求：

(1) 液体苯的出口温度（℃）；（6 分）

(2) 换热器的传热面积 S_o（m^2）。（10 分）

（忽略换热器的热损失；换热管壁很薄；不考虑管壁热阻及污垢热阻。）

五、精馏（共 16 分）

在连续精馏塔内分离某二元理想溶液，已知进料组成为 0.6（易挥发组分摩尔分数，下同），操作条件下物系的平均相对挥发度为 2.0。塔顶采用分凝器和全凝器，塔顶上升蒸气经分凝器部分冷凝后，凝液在饱和温度下返回塔内作为回流液，未冷凝的气相再经全凝器冷凝，作为塔顶馏出产品。现场测得一些数据如下：

塔顶馏出产品组成为 0.96；　　釜残液组成为 0.06；

精馏段气相负荷与提馏段相等；　　精馏段液相负荷比提馏段小 50 kmol/h；

离开第一块理论板的液相组成为 0.878。

试根据以上数据：

(1) 计算最小回流比 $R_{\min}$、回流比 R 和塔顶易挥发组分的回收率 η_D；(9 分)

(2) 给出塔顶部分的流程示意图(包括分凝器和全凝器)，要求标出第一块理论板、分凝器和全凝器的进、出各流股的组成，并在 $y-x$ 图上示意表示出以上各流股。(7 分)

六、吸收(共 12 分)

用清水在一逆流操作的填料塔内吸收某尾气中的有害成分 A，塔内填料层有效高度为 10 m，正常操作时测得：入塔气中 A 的组成为 0.04(摩尔比，下同)、尾气中 A 的组成为 0.004、出塔液相中 A 的组成为 0.015。若操作条件下的气液平衡关系为 $Y=1.8\ X$(X、Y 均为摩尔比)。试求：

(1) 该工作状态下气相总传质单元高度 H_{OG}、吸收剂用量与其最小用量之比；(6 分)

(2) 现因尾气中有害成分 A 的排放未达标，需要改造现有设备，计划在原塔Ⅰ旁新增一座塔Ⅱ，其流程如附图所示。塔Ⅱ直径和所用填料与塔Ⅰ相同，吸收剂清水用量也与塔Ⅰ相同，若尾气排放标准为：A 的组成不大于 0.001(摩尔比)，试计算：为使尾气排放达标，塔Ⅱ的填料层有效高度、出塔液相浓度、吸收剂用量与其最小用量之比。(6 分)

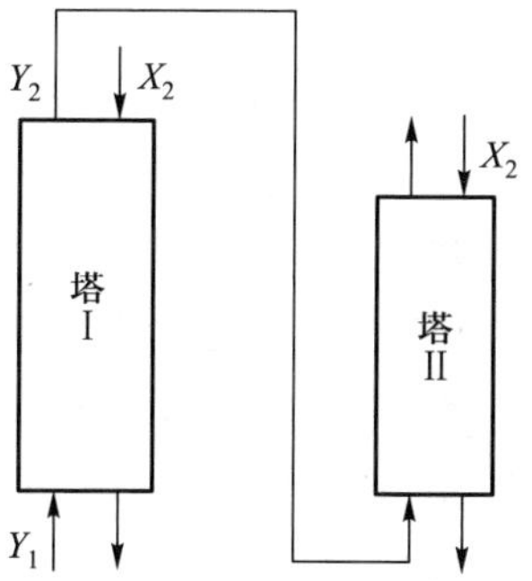

题六附图

七、干燥(共 10 分)

以空气为干燥介质干燥某种湿物料，进预热器前，湿空气流量为 2 100 kg/h、温度为30 ℃、湿度为 0.012 kg 水/kg 绝干气。空气在预热器中预热后进入干燥器，空气出干燥器的温度为 55 ℃。湿物料的处理量为 400 kg 绝干料/h，含水量由 0.1 被干燥至 0.005(均为干基含水量)。

(1) 若干燥过程可视为等焓干燥过程，求空气离开干燥器的湿度、空气进干燥器的温度和预热器的热负荷；(7 分)

(2) 由于物料的热敏性，要求进入干燥器空气的温度最高不能超过 90 ℃，为维持物料原有的干燥程度(即固体物料进出干燥器的状态不变)，同时保持空气出干燥器的状态不变，采用给干燥器补充热量的方法，试计算需要给干燥器补充多少热量。(忽略干燥器的热损失。)(3 分)

第二部分　化工原理实验(共 25 分)

(本部分考题为专业学位考生必答题；学术型考生可选择解答)

八、化工原理实验(共 25 分)

(1) 在离心泵实验中，要测定泵的性能曲线和管路特性曲线，需要安装__________仪表。(3 分)

(2) 在标绘阻力系数 $\lambda-Re$ 曲线时应选用__________坐标系，标绘节流式流量计流量系

数 $C-Re$ 关系曲线时应选用__________坐标系，标绘离心泵特性曲线应选用__________坐标系。（3 分）

（3）在填料塔中用水吸收空气中的氨气，当液体流量和入塔气体的浓度不变时，增大混合气体的流量，此时仍能进行正常操作，则总体积吸收系数 K_Ya __________，气相总传质单元高度 H_{OG}__________，塔底吸收液中氨含量__________。（3 分）

（4）在传热实验中，实验设备为套管换热器，冷流体走管内，热流体走管间，要测定冷流体的对流传热系数 α_c，除了换热器的管长和管径，还需要测定__________，测定的对流传热系数 α_c=__________，其中热负荷 Q=__________。（4 分）

（5）在恒压过滤常数测定实验中，已知不同滤液量 V 对应的过滤时间 θ，试简要说明利用作图法求取恒压过滤常数的方法__________。（4 分）

（6）在精馏实验中，进料状态为冷进料，当进料量太大时，会出现__________的现象，应如何调节__________。（4 分）

（7）写出利用流体流动阻力实验装置测定管道相对粗糙度的思路__________。（4 分）

第三部分　化工传递(共 25 分)

（专业学位考生不答本部分考题，学术型考生可选择解答）

九、化工传递(25 分)

组分 A 与组分 B 互为扩散介质，进行一维稳态等分子反方向的分子扩散，扩散过程中无化学反应发生，扩散距离为 z。已知在界面 $z=z_1$ 处，组分 A 的摩尔浓度为 c_{A1}，在界面 $z=z_2$ 处，组分 A 的摩尔浓度为 c_{A2}，且 $c_{A1}>c_{A2}$。试推导：

（1）描述该分子扩散过程的传质微分方程；（15 分）

（2）描述该浓度场的浓度分布方程。（10 分）

2011 年

第一部分　化工单元操作(共 125 分)

一、基本题(单项选择与填空，共 42 分)

1. 在温度 t_1、t_2 下，分别测得某气体 a 和某牛顿液体 b 的流变特性（$\tau-\mathrm{d}u/\mathrm{d}y$ 关系图）如本题附图所示。已知 $t_1>t_2$，则气体 a 在温度 t_1 下的流变特性曲线应为（　　）。（2 分）

A. 曲线 1　　B. 曲线 2　　C. 曲线 3　　D. 曲线 4

2. 如本题附图所示，采用皮托管（Pitot tube）配以倒置 U 管压差计，测量某管内流动液体的速度分布，当皮托管居于某一位置时，压差计的读数 R 为 420.0 mm，若该皮托管的校正系数 $C=1.00$，则所测液体的局部速度约为__________ m/s。（2 分）

3. 对于粗糙管内湍流流动的摩擦系数 λ，根据湍流强度的不同，可采用不同的半经验公式进行描述，在下列表达式中，不能用于描述完全湍流区流动摩擦系数的是（　　）。（2 分）

A. $\dfrac{1}{\sqrt{\lambda}}=2.01\ g(Re\sqrt{\lambda})-0.80$　　B. $\dfrac{1}{\sqrt{\lambda}}=1.74-2.01\ g\left(2\dfrac{\varepsilon}{d}\right)$

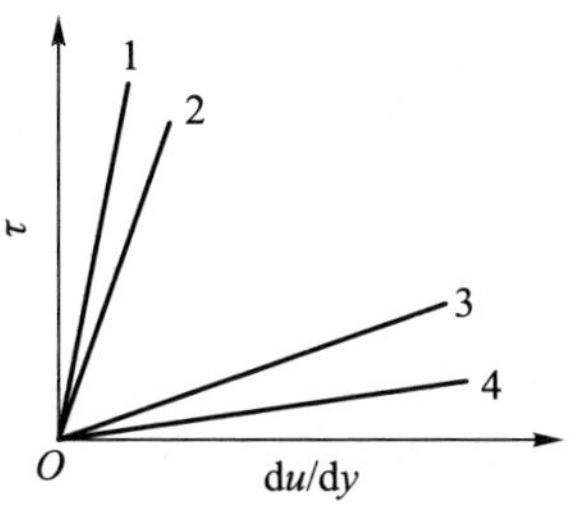

题 1 附图

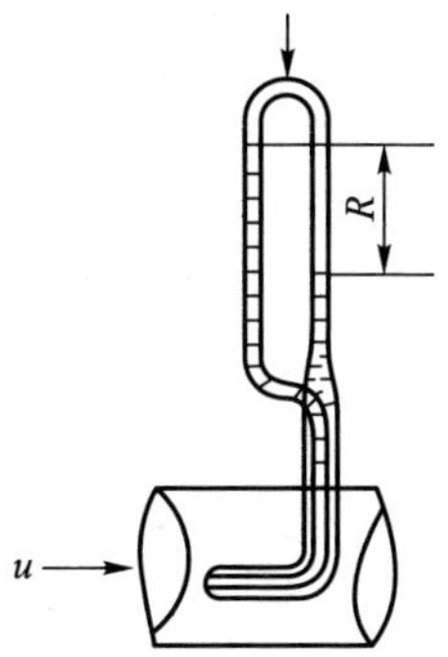

题 2 附图

C. $\frac{1}{\sqrt{\lambda}}=1.74-2.01\ g\left(2\frac{\varepsilon}{d}+\frac{18.7}{Re\sqrt{\lambda}}\right)$

4. 采用离心泵将低位敞口容器中的液体输送至高位密闭容器,若改变下列条件之一,不会使管路特性曲线发生变化的是(　　)。(2 分)

A. 流量调节阀的开度　　B. 离心泵的转速

C. 高位容器内的压力　　D. 两容器液面高度差

5. 在下列流体输送机械中,其工作原理与离心力无关的是(　　)。(2 分)

A. 离心泵　　B. 旋涡泵　　C. 罗茨鼓风机　　D. 液环压缩机

6. 用半开叶轮离心泵,将某悬浮液输送至板框压滤机进行过滤(滤液一侧压力保持常压),若阀门开度等管路条件不发生变化,从过滤开始至过滤终点,离心泵的轴功率(　　)。(2 分)

A. 保持不变　　B. 将增大　　C. 将减小　　D. 变化不确定

7. 题 6 中的过滤过程为(　　)。(2 分)

A. 恒压过滤　　B. 恒速过滤

C. 先恒速后恒压的过滤　　D. 既非恒速亦非恒压的过滤

8. 写出两个依靠离心力而实现液固非均相物系分离的设备名称__________。(2 分)

9. 在下列措施中,能有效降低高温设备向周围环境辐射散热速率的是(　　)。(2 分)

A. 在设备外表面涂刷一层沥青　　B. 在设备外表面涂刷一层铁红防锈漆

C. 在设备外表面贴一层铝箔　　D. 在设备外表面贴一薄层石墨板

10. 已知四类物质的导热系数取值范围:0.1～0.7 W/(m·℃)、15～420 W/(m·℃)、0.2～3.0 W/(m·℃)、0.006～0.06 W/(m·℃),并已知这四类物质可能是金属、非金属固体、液体、气体,则这组导热系数所对应的物质种类分别为(　　)。(2 分)

A. 金属、非金属固体、液体、气体　　B. 气体、液体、非金属固体、金属

C. 液体、金属、非金属固体、气体　　D. 气体、金属、液体、非金属固体

11. 设计一常压操作的精馏塔分离理想二元物系,已知 F、x_F 及分离要求 x_D、x_W,在R/R_{min}一定的情况下分析两种进料方案:方案 1 为饱和液体进料;方案 2 为饱和蒸气进料。两方案相比,塔的操作费用:方案 1(　　)方案 2。(2 分)

A. 等于　　B. 大于　　C. 小于　　D. 不确定

12. 对不饱和湿空气,若使之等焓降温,则空气的相对湿度将(　　),露点将(　　)。

(4 分)

A. 降低　　B. 无法判断　　C. 不变　　D. 升高

13. 操作中的填料吸收塔内,用清水吸收空气中的氨气,若维持温度、压力、气体处理量及气、液入口组成不变,仅增加清水流量,气相总传质单元数 N_{OG} 将(　　),出塔气相组成 y_2 将(　　)。(4 分)

A. 不确定　　B. 减小　　C. 不变　　D. 增大

14. 在一个单级混合澄清器中,每处理 100 kg 原料需要 120 kg 萃取剂 S,原料中溶质 A 的质量分数为 0.42,澄清分离后得到 65 kg 萃余相,其中溶质 A 的质量分数为 0.10,则相应萃取相的量为________ kg,其中溶质 A 的质量分数为________,此时的分配系数为________。(6 分)

15. 如本题附图所示为一板式塔的负荷性能图,图中①为液沫夹带线,②为________线,③为________线,④为________线,⑤为________线,从图中可知,目前操作条件下,其操作上限为________控制,操作下限为________控制。(6 分)

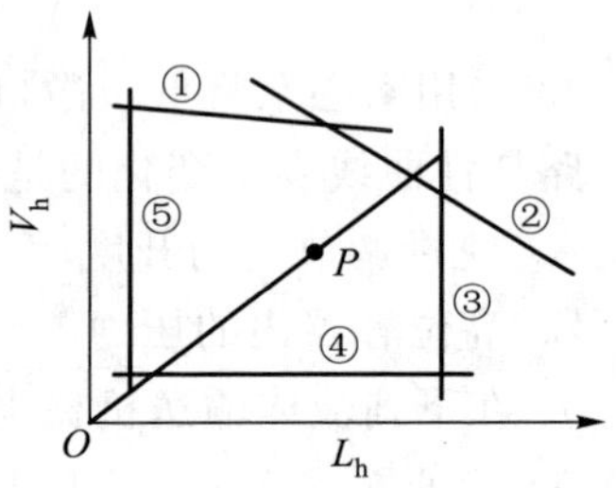

题 15 附图

二、流体输送(共 20 分)

如本题附图所示,敞口低位槽中的清水(密度为 998 kg/m³)经离心泵被输送至敞口高位槽。离心泵所配电动机功率为 2.2 kW,输送管路管径为 ϕ57 mm×3.5 mm,管路系统总长度为 19.1 m(包括除进口、出口和阀门 A 之外的所有局部阻力的当量长度)。当出口阀 A 全开时,其局部阻力系数为 1.30,此时 U 管压差计的读数 R 为 50.0 mm(指示液为水银,密度为 13 600 kg/m³),离心泵的工作效率为 50%,管内流动摩擦阻力系数为 0.025。

(1) 试求阀门 A 全开时,离心泵输送的流量(m³/h)和提供的压头(m);(10 分)

(2) 若将清水换成密度为 1 200 kg/m³ 的饱和卤水,试计算说明阀门 A 全开时该离心泵能否正常工作。(假设卤水的其他物性与清水相同)(10 分)

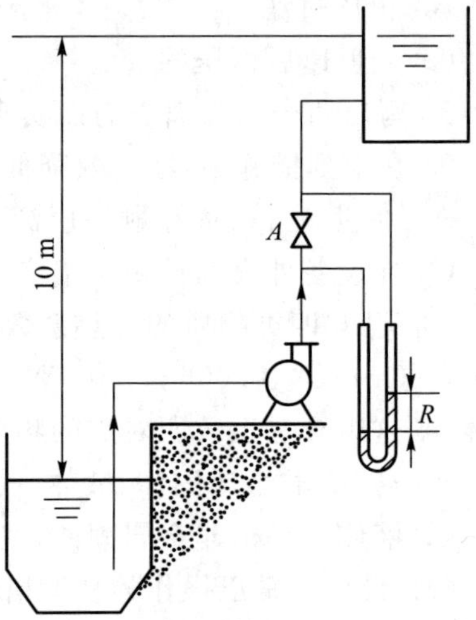

题二附图

三、非均相物系的分离(共 8 分)

用一台具有 12 个滤框的板框压滤机恒压过滤某悬浮液,达到过滤终点(滤饼刚好充满滤框)后,滤饼不进行洗涤,直接将滤饼卸除,再将压滤机装合后进行下一个周期过滤。现因环保上的要求,滤饼中的母液必须进行洗涤回收,经实验得知:当采用过滤终点操作条件进行洗涤时,洗涤液体积用量为滤液体积的 10%即可达到环保要求。由于增加了洗涤操作,使过滤操作周期延长,生产能力下降。为使生产能力不降低,在过滤操作条件不变时,需要增加过滤机滤框数量。试问:增加洗涤操作后,为使生产能力不降低,至少应增加多少个滤框?(8 分)

(假设:滤饼不可压缩;忽略滤布阻力;洗涤液物性与滤液物性相同;辅助操作时间与滤框数成正比。)

四、传热(共 14 分)

某单管程列管式换热器,其换热管束由 170 根管径为 ϕ25 mm×2.5 mm 的不锈钢管构成。管程流体流量为 5×10^4 kg/h,经换热后由 20 ℃被加热至 70 ℃,管内对流传热系数为 1 000 W/(m^2·℃)。管外为 110 ℃的饱和水蒸气,冷凝后在饱和温度下排出换热器,冷凝传热系数为 11 kW/(m^2·℃)。若忽略换热器的热损失,不考虑污垢热阻。试求:

(1) 饱和蒸汽用量;(4 分)

(2) 换热器的总传热系数;(4 分)

(3) 换热管的有效长度。(6 分)

注:管内液体平均比定压热容为 4.5 kJ/(kg·℃);

管壁导热系数为 15 W/(m·℃);

110 ℃水蒸气的汽化热为 2 232 kJ/kg。

五、精馏(共 19 分)

在连续精馏塔内分离某二元理想溶液,已知进料组成为 0.4(易挥发组分摩尔分数,下同)。塔顶采用分凝器和全凝器,塔顶上升蒸气经分凝器部分冷凝后,液相作为塔顶回流液,其组成为 0.95,气相再经全凝器冷凝,作为塔顶产品。操作条件下精馏塔的操作线方程为:$y=1.36x-0.006\,53$,$y=0.798x+0.197$。试求:

(1) 进料(q 线)方程,并说明进料热状况;(8 分)

(2) 易挥发组分在塔顶的回收率 η_D;(7 分)

(3) 物系的相对挥发度(假设全塔相对挥发度不变)。(4 分)

六、吸收(共 12 分)

在逆流操作的填料吸收塔内,用纯溶剂吸收混合气体中的可溶组分 A。已知:脱吸因数 $S=0.75$,$K_Ya\propto V^{0.7}$(V 为惰性气体的摩尔流量,kmol/s),操作条件下的平衡关系可表示为 $Y=mX$(Y、X 为摩尔比,m 为常数),目前 A 组分的回收率为 95%。在此填料塔内,若将混合气的流量增加 10%,而其他条件(气、液相入塔组成、吸收剂用量、操作温度、压力)不变。试求:溶质 A 的回收率变为多少?

七、干燥(共 10 分)

以空气为干燥介质干燥某种湿物料,采用废气循环的方式以利用废热,出干燥器的废气部分循环至预热器之前,与新鲜空气混合后进入预热器。温度为 30 ℃、湿度为 0.007 kg/kg 绝干气的新鲜空气与温度为 56 ℃、湿度为 0.06 kg/kg 绝干气的废气按 1∶4 的比例(绝干气的质量比)进行混合,混合后的空气经预热器升温后再进入干燥器,已知干燥器为理想干燥器。试求:

(1) 新鲜空气与废气混合后空气的湿度和焓;(4 分)

(2) 预热器的热负荷(以含 1 kg 绝干气的湿空气通过预热器得到的热量计,kJ/kg 绝干气);(3 分)

(3) 进干燥器空气的温度(℃)。(3 分)

第二部分 化工原理实验(共 25 分)

(本部分考题为专业学位考生必答题;学术型考生选择解答)

八、化工原理实验(共 25 分)

1. 填空题(共 17 分)

(1) 在常见的体积流量测量仪表中,属于差压式流量计的有____________流量计,属于面积式流量计的有____________流量计,属于速度式流量计的有____________流量计(各举出一个)。(3 分)

(2) 有两套单相流动阻力实验装置,一套被测直管是铜管,另一套被测直管是铸铁管,而且两根直管的直径,管长都相同,则在湍流区某一流量下,铜管的 $Re_{铜}$____________铸铁管的 $Re_{铸铁}$,铜管的压差 $\Delta p_{铜}$____________铸铁管的压差 $\Delta p_{铸铁}$,铜管的阻力系数 $\lambda_{铜}$____________铸铁管的阻力系数 $\lambda_{铸铁}$。(3 分)

(3) 在套管换热器中用饱和蒸汽冷凝加热管内湍流的空气。在空气流量和入口温度不变的条件下,突然发现空气出口温度低于规定值很多。其可能的原因是____________。(3 分)

(4) 用差压计或差压变送器测量压差时,必须要安装____________。(2 分)

(5) 在精馏操作中,确定进料热状况参数 q 时需要测定____________参数。(2 分)

(6) 在用水吸收空气中二氧化碳的实验中,进吸收塔的气量及二氧化碳含量保持不变,在不发生液泛的情况下,增加进塔水的流量,则体积吸收系数 K_Xa ____________,出塔尾气中二氧化碳含量____________。(2 分)

(7) 在干燥实验中,要测定物料表面与空气之间的对流传热系数 α,除要测量干燥面积外,还需要测量____________参数。(2 分)

2. 实验流程(共 8 分)

本题附图为吸收实验装置流程图,请指出该流程图中错误之处,并说明如何改正。尾气的浓度由尾气取样用气相色谱进行分析。

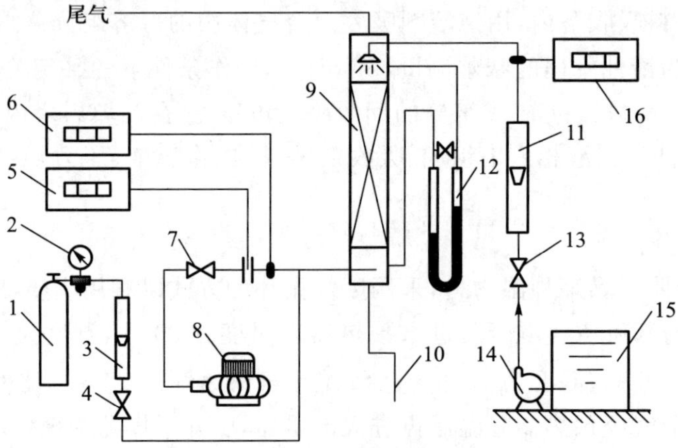

吸收实验装置流程图

1—氨气钢瓶;2—氨气减压阀;3—氨气转子流量计;

4—氨气流量调节阀;5—空气流量测量及显示;6—空气温度测量及显示;

7—空气流量调节阀;8—旋涡气泵;9—吸收塔;10—塔底液体排出管;11—水转子流量计;

12—压差计;13—水流量调节阀;14—水泵;15—水槽;16—水温度测量及显示

第三部分　化工传递(共 25 分)

(本部分考题为学术型考生选择解答题,与专业学位考生无关)

九、化工传递(共 25 分)

在重力场中,某密度为 ρ 的牛顿液体,沿一竖直放置的高度和宽度都很大的固体壁面成膜状向下流动。因液膜内流动速度很慢,为层流流动。液膜的外侧与气体接触,可视为自由表面。当流动达到稳定后,其液膜厚度为 δ。试导出:

(1) 描述该流动过程的数学模型;(13 分)

(2) 壁面处剪应力的表达式。(12 分)

注:不可压缩流体的连续性方程为

$$\frac{\partial u_x}{\partial x}+\frac{\partial u_y}{\partial y}+\frac{\partial u_z}{\partial z}=0$$

不可压缩流体的运动方程分别为

$$x\text{ 分量}:u_x\frac{\partial u_x}{\partial x}+u_y\frac{\partial u_x}{\partial y}+u_z\frac{\partial u_x}{\partial z}+\frac{\partial u_x}{\partial \theta}=X-\frac{1}{\rho}\frac{\partial p}{\partial x}+\upsilon\left(\frac{\partial^2 u_x}{\partial x^2}+\frac{\partial^2 u_x}{\partial y^2}+\frac{\partial^2 u_x}{\partial z^2}\right)$$

$$y\text{ 分量}:u_x\frac{\partial u_y}{\partial x}+u_y\frac{\partial u_y}{\partial y}+u_z\frac{\partial u_y}{\partial z}+\frac{\partial u_y}{\partial \theta}=Y-\frac{1}{\rho}\frac{\partial p}{\partial y}+\upsilon\left(\frac{\partial^2 u_y}{\partial x^2}+\frac{\partial^2 u_y}{\partial y^2}+\frac{\partial^2 u_y}{\partial z^2}\right)$$

$$z\text{ 分量}:u_x\frac{\partial u_z}{\partial x}+u_y\frac{\partial u_z}{\partial y}+u_z\frac{\partial u_z}{\partial z}+\frac{\partial u_z}{\partial \theta}=Z-\frac{1}{\rho}\frac{\partial p}{\partial z}+\upsilon\left(\frac{\partial^2 u_z}{\partial x^2}+\frac{\partial^2 u_z}{\partial y^2}+\frac{\partial^2 u_z}{\partial z^2}\right)$$

三、自测题及研究生入学试题答案

第　一　章

一、填空题

1. 黏性为零

2. 201.33;48

3. 增大,减小

4. 底部

5. 压力能

6. 1.14 m/s

7. a

8. 越薄,越大

9. 紧贴壁面的非常薄的流体层,其内速度梯度很大

10. 流动阻力与平均流速平方成正比的流动区域;流体质点与粗糙管壁上凸出的地方直接碰撞产生的惯性阻力占主导地位

11. 以量纲为 1 数群代替物理变量,使实验工作简化

12. 减小,增加,变小,不变

13. 2

14. 增加,增大

15. 32∶1

16. 1∶$4\sqrt{2}$∶$9\sqrt{3}$

17. 皮托管;孔板流量计,文丘里流量计;转子流量计

18. 不变;增大

二、选择题

1. B; 2. D; 3. A,C,B; 4. A,B,C; 5. B,D; 6. C; 7. B; 8. B; 9. B,E,A,D; 10. A; 11. C; 12. (1)C,(2) A,(3) A; 13. C; 14. A

三、计算题

1. $u_1=\sqrt{\dfrac{2(p_1-p_2)}{[(A_1/A_2)^2-1]\rho}}$, $u_2=\sqrt{\dfrac{2(p_1-p_2)}{[1-(A_2/A_1)^2]\rho}}$

2. 8.97×10^4 Pa

3. (1) 2.071 m/s; (2) 1.12 kW; (3) 1.564×10^5 Pa

4. 8 209 J/kg, 1.503×10^4 J/m^3(Pa), 836.8 J/N(m)

5. (1) −7 625 Pa; (2) 16.29 J/kg; (3) 30 mm

6. (1) 0.877 kW; (2) 8.1

7. (1) 19.1 m^3/h; (2) 三种方案:① 51.96 m^3/h, ② 23.22 m^3/h, ③ 23.4 m^3/h

8. (1) 5.42 m^3/h; (2) 5.35 m^3/h, 4.29 m^3/h, 9.64 m^3/h

第　二　章

一、填空题

1. 机械能,静压能的增高

2. 齿轮泵,往复泵,螺杆泵,一定工作状态下流量恒定,压头

3. 叶轮,泵壳,轴封装置

4. 蜗壳,后弯,导轮

5. 转速,常压下,清水

6. $H-Q$,$N-Q$,$\eta-Q$

7. 离心泵对单位重量(1 N)液体所提供的有效能量,m,J/N

8. 气缚,汽蚀

9. 4,785

10. 泵的特性曲线和管路特性曲线的交点所对应的参数

11. 出口阀,旁路

12. $\dfrac{p_1}{\rho g}+\dfrac{u_1^2}{zg}-\dfrac{p_v}{\rho g}$

13. 降低,减小,下降,增大

14. 采用双动泵或三联泵,在吸入管终端和压出管路始端装置空气室

15. 动风压，静风压，单位体积气体通过风机时所获得的能量，Pa 或 J/m^3

16. H_T-Q，$H_{st}-Q$，$N-Q$，$\eta-Q$，$H_{st}-Q$

17. 多级，相等

二、选择题

1. 附表

1 题 附 表

变化参数	K	B	Q_e
关小泵出口阀	C	A	B
改送水溶液（$\rho=1200\ kg/m^3$）	B	C	A
容器变为常压	B	C	A
夏天池面下降 1 m	A	C	B

2. (1) D；(2) C；(3) B； 3. A； 4. (1) A；(2) B；(3) A；(4) B；(5) A；(6) D； 5. B； 6. C； 7. A； 8. C； 9. A； 10. B； 11. A； 12. B，A，B，D； 13. B； 14. B； 15. C； 16. B； 17. A

三、计算题

1. (1) $H_e=32.04+4.654\times10^{-3}Q_e^2$ （Q_e 的单位为 m^3/h）；

(2) 能满足要求：$Q=50\ m^3/h$，$H=50\ m$，$N=9.9\ kW$，$\eta=69\%$；(3) 12.6%

2. $N=6.7\ kW$；

3. (1) $\Delta Z=29.5\ m$，$H=31\ m$； (2) $N=4.33\ kW$； (3) $R=0.357\ m$；

4. (1) $Q=18.8\ m^3/h$，$H=21.2m$，$N=1.55\ kW$；

(2) $Q=18.8\ m^3/h$，$H=21.2m$，$N=1.94\ kW$；

(3) $Q_{水}=15.35\ m^3/h$，$Q_{碱}=16.12\ m^3/h$；

(4) 串联能获得更大流量，$Q_{串}=25.15\ m^3/h$（$Q_{并}=19.9\ m^3/h$）；

5. (1) $H=17.7\ m$，$N_e=2.41\ kW$；(2) $\xi=13$；(3) $H_g=4.9\ m$；

6. (1) $N=0.854\ kW$；(2) $p_A=2.16\times10^5\ Pa$；(3) $H_g=3.58\ m$；

7. (1) 真空度＝47.07 kPa；(2) 可能发生汽蚀现象，可降低泵的安装高度；减小吸入管路压头损失或加粗吸入管径；

8. (1) $Q_{串}=289.1\ m^3/h$，$Q_{并}=287\ m^3/h$；(2) $p_2=1\ 409\ kPa$；

9. (1) $p_2=98.1\ kPa$，$N=3.77\ kW$；

(2) $Q_{串}=40.82\ m^3/h$，$Q_{并}=30.75\ m^3/h$；

(3) $H_g=3.874\ m>3.0\ m$。

第 三 章

一、填空题

1. 球形度，当量直径

2. 重，浮，曳，加速，等速

3. 颗粒沉降加速阶段终了，等速阶段的速度，终端

4. 1，0

5. 气流通过降尘室的，颗粒沉降所需的

6. 降尘室的底面积，颗粒的沉降速度，降尘室高度

7. $\frac{u_r}{u_t}=\frac{u_T^2}{gR}=K_c$， 203.8

8. 含尘气的处理量（即生产能力），允许的压力降，要求达到的分离效率

9. 粒级效率为50%的颗粒直径

10. 床层的空隙率，床层的自由截面积，床层的比表面积，床层的当量直径

11. 饼层过滤，深床过滤，膜过滤

12. 26.244 m^2

13. 0.01 m^3/s，6 m^3

14. 3×10^{-4} m^2/s，0.919 3 m^3

15. 0.25

16. 常速离心机，高速离心机，超速离心机

17. 临界流化，带出（或颗粒沉降）

18. 散式流化，聚式流化

19. 腾涌现象，沟流现象

20. 吸引式，压送式，稀相输送，密相输送

二、选择题

1. B； 2. D； 3. C，A； 4. B，C； 5. B，A； 6. A； 7. A； 8. D； 9. B，A； 10. D，A； 11. B； 12. A，C

三、计算题

1. (1) 64 μm；(2) 生产能力增加到 3.985 m^3/s

2. (1) 0.127 2 m/s；(2) 0.34～0.8 mm

3. (1) 43.2 min；(2) 0.2

4. (1) $V^2+1.033\,4\,V=0.005\,055\,\theta$；(2) 34.43 min；(3) 2.114 m^3/h

5. (1) 21.51 min；(2) 43.33 m^2

6. 0.5 r/min

第 四 章

一、填空题

1. 平直叶，折叶，螺旋面叶

2. 径向，小，高；轴向，大，低；水平周向流

3. 锚式，框式，螺带式，螺杆式

4. 在槽内设置挡板，破坏循环回路的对称性

5. 抑制或消除了“打旋”现象，搅拌功率达到最大

6. 总体对流，涡流扩散，分子
7. 总体流动（流量 Q），剪切（压头 H）
8. 流动状况，搅拌强度，电动机
9. 搅拌器，搅拌槽，物料性质，重力加速度
10. 物料性质（介质黏度），搅拌目的，搅拌器能造成的流型
11. 同一条功率曲线
12. 轴向和径向之间，更接近于轴向流

二、选择题

1. B； 2. A，B，C； 3. B，A； 4. C，B，A，D； 5. C； 6. B； 7. B； 8. D

三、计算题

1. $N=71.4$ kW
2. $N=13.5$ kW
3. $N=919$ W

第 五 章

一、填空题

1. 热传导（导热），对流传热，辐射传热
2. 膜状沸腾，泡核沸腾
3. 吸收，反射，穿透
4. 0.2 K/W，2.0 K/W
5. 自然对流，强制对流
6. 冷凝液膜
7. 47.2，50 ℃
8. 流体的平均温度，壁面的平均温度，流体和壁面的平均温度
9. 管式换热器，板式换热器，翅片式换热器

二、选择题

1. A； 2. A； 3. D； 4. B； 5. C； 6. A； 7. A； 8. D

三、计算题

1. 441.2 W/(m^2·K)
2. 289.8 W/(m^2·K)
3. 75.57 ℃

第 六 章

一、填空题

1. 溶液沸点升高，物料的工艺特性，节约能耗
2. 溶质引起的饱和蒸气压下降，液柱静压力，管路阻力
3. 并流，逆流，错流，平流
4. 提高生蒸汽经济性，降低蒸发强度，加大温度差损失

5. 提高总传热系数与有效温度差
6. 多效蒸发，热泵蒸发，额外蒸汽取出，真空蒸发等
7. 循环型，单程型
8. 加热室，分离室
9. 真空蒸发、冷冻浓缩
10. 固液

二、选择题

1. A； 2. D； 3. C； 4. B； 5. D； 6. A； 7. C； 8. B

三、计算题

1. $t_1 = 123.2\ ℃$
2. (1)$D = 1\,654\ kg/h$，$e = 1.103\ kg$ 蒸汽/kg 水；(2) $S_0 = 41.5\ m^2$
3. $p = 144\ kPa(T = 110\ ℃)$，$D = 1\,025\ kg/h$
4. (1) $Q = 2\,779\ kW$；(2) $N = 101.2\ kW$，$\dfrac{N}{Q} = 3.642\%$

第 七 章

一、填空题

1. 平衡分离，速率分离，场分离
2. 由于分子的无规则热运动而形成的物质传递现象，费克定律
3. 运动流体与固体壁面之间，或两个有限互溶的运动流体之间的质量传递，对流传质速率方程
4. 气膜厚度 z_G，液膜厚度 z_L
5. 逐级，阶梯式，液相，气相
6. 微分，连续式，气相，液相

二、选择题

1. B,B,C,D； 2. B； 3. A； 4. C； 5. D； 6. D； 7. B； 8. A

三、计算题

1. $1.816 \times 10^{-7}\ kmol/(m^2 \cdot s)$
2. (1) $N_A = 9.57 \times 10^{-7}\ kmol/(m^2 \cdot s)$，
$N_B = 0$；
(2) $N_A = 7.78 \times 10^{-7}\ kmol/(m^2 \cdot s)$，
$N_B = -7.78 \times 10^{-7}\ kmol/(m^2 \cdot s)$
3. (1) $8.595 \times 10^{-3}\ kg/h$；(2) $5.64 \times 10^{-4}\ m$

第 八 章

一、填空题

1. 混合气体中各组分在某液体溶剂中的溶解度不同，气体
2. $p^* = Ex$，亨利系数，难溶

3. $p^*=\dfrac{c}{H}$,溶解度系数,易溶
4. $Y-Y^*$,气相总,kmol/(m^2·s)
5. $p-p_i$,气膜,kmol/(m^2·s·kPa)
6. $K_Y=p_{总}K_G$
7. $k_x=c_{总}k_L$
8. 液膜
9. 气膜
10. 气膜阻力,很大,气膜
11. 液膜阻力,很小,液膜
12. 增大,增大
13. $S=\dfrac{mV}{L}$,平衡线斜率与操作线斜率
14. $A=\dfrac{L}{mV}$,操作线斜率与平衡线斜率
15. 气相总体积吸收系数,kmol/(m^3·s)
16. 气相总吸收系数,kmol/(m^2·s)
17. 分离效果与一个理论级的作用相当的填料层高度,填料层当量高度
18. 比表面积,空隙率,填料因子
19. 效率,通量,压降
20. $\Delta p/Z-u$,载点,泛点

二、选择题

1. A,A,C; 2. A; 3. D; 4. B; 5. C; 6. C; 7. B; 8. B; 9. D; 10. C; 11. A; 12. C; 13. A; 14. D; 15. B; 16. B; 17. B; 18. C

三、计算题

1. (1) 1 522 kg/h;(2) $D=0.616$ m,$Z=5.952$ m
2. (1) 92.6%;(2) 1.451
3. (1) 0.017 8;(2) $a_t=229.2\ m^2/m^3$,$HETP=0.776$ m
4. (1) 4.261 倍;(2) 不变
5. (1) 1.492;(2) 1.021
6. $Y'_2=0.000\,465<0.000\,55$ 或 $N_{OG}=9.665>N'_{OG}=9.16$,能够满足环保要求

第 九 章

一、填空题

1. 组分间挥发度的差异,不同
2. 同时多次进行部分汽化和部分冷凝操作,塔顶液相回流,塔底上升蒸气
3. 相对挥发度,蒸馏分离的难易和可能性,不能用普通蒸馏方法分离
4. 精馏必须引入回流,平衡蒸馏是连续定态操作,简单蒸馏是间歇非定态操作

5. 塔底压力高于塔顶，塔底重组分含量高

6. 0.461 5，0.3，0.176 5

7. 2.541，0.78，0.90

8. 4，0.95

9. 5，1，0

10. 不进出料，没精馏段与提馏段之分，操作线方程统一成对角线方程，达到指定分离程度所需理论板层数为最少，精馏塔开工阶段和塔板性能研究

11. 达到指定分离程度需要无穷多理论板层数对应的回流比，1.1～2.0

12. 0.441 4

13. 加入第二种分离溶剂，萃取

14. 降低，增加

15. R 恒定，x_D 不断下降；x_D 不变，不断加大 R

16. 通量，分离效率，适用性，压降

17. 逐级接触式，液，气

18. 5，过量雾沫夹带线，液泛线，液相负荷上限线，漏液线(气相负荷下限线)，液相负荷下限线

19. 雾沫夹带，气泡夹带，漏液，气液分布不均(液面落差)

20. 允许的最大和最小流量

21. 单板压降，雾沫夹带，液泛，漏液，液面落差

22. 鼓泡状，蜂窝状，泡沫状，喷射状，泡沫

23. 提高相对挥发度 α，减小有效能损失

24. 加入第二种分离剂，加大化学作用，利用外力场作用

二、选择题

1. 附表

1 题 附 表

改变的条件	最小理论板层数 N_{min}	最小回流比 R_{min}	理论板层数 N_T
降低操作压力 $p_{总}$	B	B	B
降低原料液组成 x_F	C	A	A
增大进料热状况参数 q	C	B	B
加大回流比 R	C	C	B
提高馏出液组成	A	A	A
偏离适宜进料口位置	C	C	A

2. A，A，B，B； 3. A，B，A，B，B； 4. B，A； 5. A； 6. B； 7. B； 8. C； 9. A，A，B； 10. C，C，A，A，B； 11. B； 12. B； 13. B； 14. C，B，A，B； 15. A，A，C； 16. A，D

三、计算题

1. $\eta_D = 50.7\%$

2. (1) $R=1, x_D=0.85$;(2) $y_n=0.821, x_{n-1}=0.792$;(3) $E_{ML}=0.5859, E_{MV}=0.5515$

3. (1) $\eta_D=95\%$;(2) $V'=12.75$ kmol/h;(3) $x_2=0.8428$

4. (1) $y=0.6154x+0.3654, y'=1.385x-0.0019$;(2) $y_2=0.8969$;
(3) $N_T=\infty(R<R_{min})$

5. (1) $D_2=31.06$ kmol/h;(2) $y_{s+1}=0.7163x+0.2642$;(3) $R/R_{min}=1.932$

6. (1) $\eta_W=98.27\%$;(2) $x_1=0.9767$;(3) $q=1$

7. (1) $F=100$ kmol/h;$x_F=0.5, q=1$;(2) $\eta_D=95\%$;(3) $R/R_{min}=1.176$;
(4) $E_T=54.81\%$

第　十　章

一、填空题

1. 在溶剂中溶解度
2. 纯物质,二元物系,三元物系
3. 在一定温度下,溶质 A 在平衡的萃取相与萃余相中组成之比
4. 萃取分离的效果越好
5. 两相,单相,两相区
6. 越大,越小
7. $\beta=\dfrac{k_A}{k_B}=\dfrac{y_A}{y_B}\Big/\dfrac{x_A}{x_B}=\dfrac{y_A}{x_A}\Big/\dfrac{y_B}{x_B}$
8. 越大
9. 选择性系数大于 1;B 与 S 互溶度小;S 回收容易
10. 等于 1
11. 操作线与分配线相交或相切,无穷多
12. 温度,溶剂比
13. 混合,沉降分层,脱除溶剂
14. 每级加入新鲜的萃取剂,传质推动力大;级数足够多,可得到所希望的萃取率;溶剂总用量大
15. 连续操作,平均推动力大,分离效率高,溶剂用量少
16. 逐级接触,微分接触
17. 两相能密切接触以实现有效的传质;两相还能快速分离以提高分离效率
18. 越小,越大
19. 固体物料
20. 相等

二、选择题

1. C; 2. B; 3. B; 4. D; 5. A

三、计算题

1. (1) 75%;(2) 84%;(3) 92.3%
2. (1) 1.166;(2) 0.5 m

3. (1) 6.6;(2) 1.333 3

4. (1) $Y=0.14$,$X=0.09$;(2) $K_A=1.556$,$\beta=\infty$

第十一章

一、填空题

1. 水汽分压,湿度,相对湿度,水汽分压,湿度,相对湿度
2. 88.24 kJ/kg 绝干气
3. $t>t_{as}(t_w)>t_d$
4. 不变,增大,不变,降低
5. 非结合水
6. 增大
7. 增大,升高,不变
8. 表面汽化,恒定,空气的湿球温度
9. 物料内部迁移,下降,升高
10. 0.2,0.02
11. 相同
12. 物料本身的性质
13. 预冻,升华,解析
14. 空气进、出干燥器的焓值不变

二、选择题

1. B; 2. D; 3. D; 4. B; 5. B; 6. D; 7. A; 8. B

三、计算题

1. 945.5 kg 新鲜空气/h,34.70 kW
2. 1 573.0 kg 废气/h,34.70 kW
3. (1) 4 642.7 kg/h;(2) 25.3%;(3) 36.3%
4. (1) 5 865 kg 新鲜空气;(2) 464 560 kJ;(3) 1.295 h
5. (1) 3 366.8 m^3 湿空气/h;(2) 67.42 ℃

2009 年考研试题

一、1. 51.33 2. c 3. 气缚,汽蚀 4. $H_T—Q$,$H_{st}—Q$,$\eta—Q$,$N—Q$ 5. 层(滞)流 6. 越小,越大 7. 16 8. 折流挡板,隔板 9. A 10. 13.78,2 11. 液泛线、液相负荷上限线、液相负荷下限线、气相负荷下限线,增大,减小 12. 临界含水量,物料表面水分汽化速率,非结合水 13. 增加,升高,升高 14. 系统总压,停滞组分 B 的对数平均分压,主体(总体)流动 15. B,A,C

二、(1) 45.0 m^3/h;(2) 98.1 kPa(表压);(3) 5.42 kW;(4) 54.4 m^3/h

三、1 476 s

四、(1) 374.9 $W/(m^2\cdot℃)$;(2) 48.8 ℃

五、(1) $x_D=0.959$,$x_W=0.01$;(2) $y=1.371-2.116x$,气液混合进料;(3) $L'=178.9$ kmol/h,$V'=124.2$ kmol/h

六、(1) 0.0747;(2) 7.69;(3) 5.94 m;(4) 当 $\varphi_A=95\%$时,要求的$\left(\frac{L}{V}\right)_{\min}=1.26>\left(\frac{L}{V}\right)=1.2$,故不可能

七、(1) 3404 kg 绝干气/h;(2) 96.4 kW;(3) 60%

八、1. (1) 小于,等于;(2) 节流元件,差压计;(3) 前,减小;(4) 减小;(5) 气相负荷过大引起过量雾沫夹带甚至液泛等不正常操作;(6) 气膜,增大气相湍动;(7) 湿球,较小;(8) 13.5 L/h,4.5%;(9) 大

2. 实验设计

(1) 流程示意图 6 分(8 个主要部件,每两个给 1 分;气封、液封给 1 分;图名、图注 1 分)

(2) 写出简要实验步骤 2 分(每步 0.5 分)

① 关闭离心泵出口调节阀,关闭流量计阀门,打开旁路调节阀;

② 测定干填料阻力降与空塔气速的关系;

③ 测定不同喷淋量下填料阻力降与空塔气速的关系;

④ 实验后,先关水、后关气,防止水倒灌入风机。

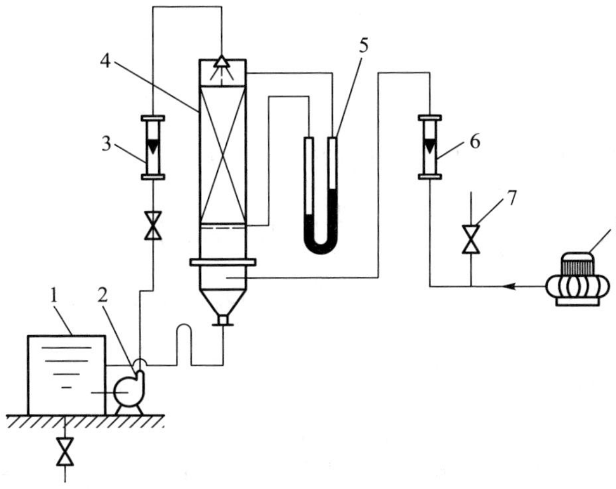

填料塔流体力学实验流程图

1—水槽;2—离心泵;3—转子流量计;4—填料塔;
5—压差计;6—转子流量计;7—旁路调节阀;8—旋涡气泵

九、(1) $\frac{\partial t}{\partial \theta}=\alpha^*\left(\frac{\partial^2 t}{\partial x^2}+\frac{\partial^2 t}{\partial y^2}+\frac{\partial^2 t}{\partial z^2}\right)+\frac{q}{\rho c_p}\left(\alpha^*=\frac{k}{\rho c_p}\right)$

(2) $\frac{\mathrm{d}^2 t}{\mathrm{d}x^2}=-\frac{k'}{k}t_s^{\beta}$

2010 年考研试题

一、1. 1.0×10^{-3}或 0.0010(注:1×10^{-3}、10^{-3}或 0.001 只给 1 分) 2. 0 3. B 4. B 5. A 6. 6.5 或 6.0~6.5 7. B 8. 离心机 9. 减小 10. 降低 11. A 12. 20 13. 气膜

14. 16　15. 分离效果相当于一层理论板的填料层高度　16. 降液管截面积太小，塔板开孔率太小，板间距太小，塔径太小　17. C　18. B　19. 干板压降，板上充气液层压降，表面张力引起的压降　20. C

二、(1) 22.21 m^3/h；(2) 4.39 m；(3) 27.4 mm

三、(1) 30 m^3；(2) 200 min

四、(1) 38.8 ℃；(2) $S_1=3.963\ m^2$，$S_2=1.509\ m^2$，$S_0=5.472\ m^2$

五、(1) $R_{min}=1.40$，$R=2.10$，$\eta_D=96\%$；(2) 塔顶流程图及 $y-x$ 图如下

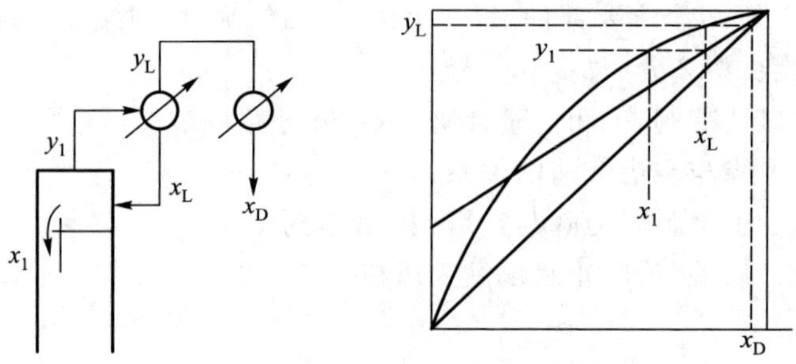

五题附图

六、(1) $H_{OG}=2.121\ m$，$\dfrac{L}{L_{min}}=1.481$，$\left(\dfrac{L}{V}\right)_{min}=1.62$；

(2) 塔Ⅱ，$Z'=4.748\ m$，$\left(\dfrac{L}{V}\right)_{min}=1.35$，$\dfrac{L}{L_{min}}=1.778$，$X_1'=0.001\,25$

七、(1) $H_2=0.0303$ kg/kg 绝干气，$t_1=101$ ℃，$Q_p=42.26$ kW；(2) $Q_D=6.55$ kW

八、(1) 真空表，压力表，流量计，功率表，温度计，变频器

(2) 双对数，半对数，直角坐标

(3) 增大，增大，增大

(4) 冷流体流量 w_c，进出口温度 t_1、t_2，管内壁温度 t_w；

$Q/(S_i\Delta t_{mi})$　$w_c\rho c_{pc}(t_2-t_1)$

(5) $q_i=V_i/A$，求 $\Delta\theta/\Delta q$，过 $\Delta\theta/\Delta q$ 与 $q_i(\Delta q/2)$ 作直线，$K=2$/斜率。或 $q_i=V_i/A\rightarrow\theta_i/q_i\rightarrow\theta_i/q_i$ 对 q_i 作直线，求斜率，$K=1$/斜率。

(6) 现象：精馏段干板，塔顶没回流也不能出料，而提馏段可能液泛；措施：减小进料量，加大塔釜加热量，保持釜温不降低。

(7) 思路：测对应的 $q_s-\Delta p_f$(需知管长、管径)$\rightarrow\lambda=\dfrac{2d\Delta p_f}{\rho l u^2}$并计算 $Re=du\rho/\mu\rightarrow$在双对数坐标系上标绘 $\lambda\rightarrow Re$，利用文献资料确定 ε/d 或 ε。

九、(1) $\dfrac{\partial c_A}{\partial\theta}=D_{AB}\left[\dfrac{\partial^2 c_A}{\partial x^2}+\dfrac{\partial^2 c_A}{\partial y^2}+\dfrac{\partial^2 c_A}{\partial z^2}\right]$(一维$\dfrac{\partial^2 c_A}{\partial y^2}=\dfrac{\partial^2 c_A}{\partial z^2}=0$)；

(2) 边界条件：$\begin{matrix} z=z_1, c_A=c_{A1} \\ z=z_2, c_A=c_{A2}\end{matrix}$ 则$\dfrac{c_A-c_{A1}}{c_{A1}-c_{A2}}=\dfrac{z-z_1}{z_1-z_2}$

2011 年考研试题

一、1. C 2. 2.87 3. A 4. B 5. C 6. C 7. D 8. 旋液分离器(旋流器),离心机 9. C 10. C 11. B 12. D,D 13. C,B 14. 155,0.2290,2.29 15. 液泛,液相负荷上限,漏液(气相负荷下限),液相负荷下限,液泛,漏液

二、(1) 泵的流量和压头 由阀门 A 的压降计算管内流速,进而求流量。

$$\frac{\Delta p_f}{\rho}=\frac{R(\rho_A-\rho)g}{\rho}=\zeta\frac{u^2}{2}$$

$$u=\sqrt{\frac{2\times(13\,600-998)\times 9.81\times 0.05}{998\times 1.3}}\ \text{m/s}=3.087\ \text{m/s}$$

则 $$Q=Au=\left(\frac{\pi}{4}\times 0.05^2\times 3.087\right)\ \text{m}^3/\text{s}=0.006\,061\ \text{m}^3/\text{s}=21.82\ \text{m}^3/\text{h}$$

在两敞口槽液面之间列伯努利方程,得

$$H=\Delta z+\sum H_f=\left[10+\left(0.025\times\frac{19.1}{0.05}+0.5+1.0+1.3\right)\times\frac{3.087^2}{2\times 9.81}\right]\ \text{m}$$
$$=16.00\ \text{m}$$

(2) 计算输送卤水能否正常操作 由于两槽均为敞口容器,密度变化不影响管路特性曲线和泵的 $H-Q$ 及 $\eta-Q$ 曲线。离心泵若能正常运行,则其 Q、H 与 η 应和输送清水时完全相同,现需计算功率能否满足要求,即

$$N=\frac{HgQ\rho}{\eta}=\left(\frac{16.00\times 9.81\times 0.006\,061\times 1\,200}{1\,000\times 0.5}\right)\ \text{kW}=2.283\ \text{kW}$$

其值大于所配电动机的额定功率,因而离心泵不能正常运行。

三、在本题简化假设条件下,恒压过滤方程为

$$V^2=KA^2\theta$$

滤框数 n、过滤面积 A、过滤终点滤液体积 V、辅助操作时间 θ_D 之间的关系为

$$\frac{n_2}{n_1}=\frac{A_2}{A_1}=\frac{V_2}{V_1}=\frac{\theta_{D2}}{\theta_{D1}}\text{(下标 1 表示不洗涤滤饼)}$$

两种工作状态下过滤机的生产能力相同,即

$$Q=\frac{V_1}{\theta_1+\theta_{D1}}=\frac{V_2}{\theta_2+\theta_{W2}+\theta_{D2}}$$

式中 $\theta_2=\theta_1$(滤框厚度及其他操作不变)

$$\theta_{D2}=\frac{n_2}{n_1}\theta_{D1}$$

$$\theta_{W2}=\frac{V_W}{\frac{KA_2^2}{8}}=\frac{0.1\,V_2}{\frac{KA^2}{8}}=0.8\theta_2=0.8\theta_1$$

即 $$Q=\frac{n_1}{\theta_1+\theta_{D1}}=\frac{n_2}{\theta_2+0.8\theta_2+\frac{n_2}{n_1}\theta_{D1}}$$

解得 $n_2=1.8n, 1.8\times 12=21.6$(取 22 个,即增加 10 个)

四、(1) 饱和蒸汽用量 对换热器作热量衡算,得

$$w_h=\frac{w_c c_{pc}(t_2-t_1)}{r}=\left[\frac{5\times 10^4\times 4.5\times(70-20)}{2\,232}\right]\ \text{kg/h}=5\,040\ \text{kg/h}$$

(2) 总传热系数 K_o 在忽略污垢热阻条件下

$$K_o=1\Big/\left(\frac{1}{\alpha_o}+\frac{bd_o}{\lambda d_m}+\frac{d_o}{\alpha_i d_i}\right)$$
$$=\left[1\Big/\left(\frac{1}{11\times 10^3}+\frac{0.002\,5\times 25}{15\times 22.5}+\frac{25}{1\,000\times 20}\right)\right]\text{W/(m}^2\cdot\text{℃)}=655.3\ \text{W/(m}^2\cdot\text{℃)}$$

(3) 换热管的有效长度

$$L=\frac{S_o}{n\pi d_o}=\frac{Q}{K_o\Delta t_m n\pi d_o}$$

式中 $$Q=\left[\frac{5\times 10^3}{3\,600}\times 4.5\times 10^3\times(70-20)\right]\text{W}=3.125\times 10^6\ \text{W}$$

$$\Delta t_m=\frac{\Delta t_1-\Delta t_2}{\ln\frac{\Delta t_1}{\Delta t_2}}=\left[\frac{(110-20)-(110-70)}{\ln\frac{110-20}{110-70}}\right]\ \text{℃}=61.66\ \text{℃}$$

则 $$L=\left(\frac{3.125\times 10^6}{655.3\times 61.66\times 170\times 0.025\pi}\right)\ \text{m}=5.793\ \text{m}$$

本题也可由 $\ln\frac{T_s-t_1}{T_s-t_2}=\frac{K_o S_o}{w_c c_{pc}}$ 求 S_o,不必计算 Q 和 Δt_m。

五、(1) q 线方程和进料热状况 q 线方程的一般表达式为

$$y=\frac{q}{q-1}x-\frac{x_F}{q-1}$$

由两操作线交点坐标 y、x 值及 x_F 值便可求得 q 值,进而求得 q 线方程

$$y=0.798x+0.197$$
$$y=1.36x-0.006\,53$$

解得 $x=0.362\,2, y=0.486\,0$

于是 $$0.486\,0=\frac{q}{q-1}\times 0.362\,2-\frac{0.4}{q-1}$$

$$q=0.694\,7(0<q<1)\text{为气液混合进料}$$

q 线方程为 $y=1.310-2.275x$

(2) 易挥发组分在馏出液中的回收率

$y=0.798x+0.197$ 与 $y=x$ 联立求解,得 $x_D=0.975\,2$

$y=1.36x-0.00653$ 与 $y=x$ 联立求解，得 $x_W=0.01814$

由全塔物料衡算，得

$$\frac{D}{F}=\frac{x_F-x_W}{x_D-x_W}=\frac{0.4-0.01814}{0.9752-0.01814}=0.3990$$

则 $$\eta_D=\frac{Dx_D}{Fx_F}\times100\%=\frac{0.9752}{0.4}\times0.3990\times100\%=97.28\%$$

本题也可取 $F=100$ kmol/h，求得 $D=39.90$ kmol/h。

(3) 物系的相对挥发度 α　由分凝器的一组平衡数据计算 α

$$x_D=\frac{\alpha x_L}{1+(\alpha-1)x_L}$$

即 $$0.9752=\frac{0.95\alpha}{1+0.95(\alpha-1)}$$

求得 $\alpha=2.070$

六、原操作工作状态下的 N_{OG} 为

$$N_{OG}=\frac{1}{1-S}\ln\left[(1-S)\frac{1}{1-\varphi_A}+S\right]$$

$$=\frac{1}{1-0.75}\times\ln\left[(1-0.75)\times\frac{1}{1-0.95}+0.75\right]=6.997$$

气量增加 10% 以后，对于已有吸收塔来说，引起 H_{OG} 及 N_{OG} 变化，即

$$H'_{OG}=V^{0.3}H_{OG}=1.1^{0.3}H_{OG}=1.029H_{OG}$$

$$N'_{OG}=\frac{N_{OG}}{1.029}=\frac{6.997}{1.029}=6.800$$

$$S'=1.1\times0.75=0.825$$

$$6.800=\frac{1}{1-0.825}\times\ln\left[(1-0.825)\times\frac{1}{1-\varphi'_A}+0.825\right]$$

解得 $\varphi'_A=92.89\%$，即气量增加后溶质的回收率为 92.89%。

七、(1) 混合气的湿度和焓　假定各参数具有加和性，则

$$H_m=\frac{H_o+4H_2}{5}=\left(\frac{0.007+4\times0.06}{5}\right)\text{kg/kg 绝干气}=0.0494\text{ kg/kg 绝干气}$$

$$I_2=(1.01+1.88H_2)t_2+2490H_2$$

$$=[(1.01+1.88\times0.06)\times56+2490\times0.06]\text{ kJ/kg 绝干气}=212.3\text{ kJ/kg 绝干气}$$

$$I_o=[(1.01+1.88\times0.007)\times30+2490\times0.007]\text{kJ/kg 绝干气}=48.12\text{ kJ/kg 绝干气}$$

则 $$I_m=\left(\frac{48.12+4\times212.3}{5}\right)\text{kJ/kg 绝干气}=179.5\text{ kJ/kg 绝干气}$$

即混合气的湿度为 0.0494 kg/kg 绝干气，焓为 179.5 kJ/kg 绝干气。

(2) 预热器的热负荷　对于理想干燥器，$I_1=I_2$，则

$$Q_P/L=I_1-I_m=(212.3-179.5)\text{ kJ/kg 绝干气}=32.8\text{ kJ/kg 绝干气}$$

(3) 进干燥器空气的温度　由焓衡算计算，即

$$(1.01+1.88\times 0.0494)t_1+2490\times 0.0494=212.3$$

解得　$t_1=80.96$ ℃

八、1. (1) 孔板、文丘里、喷嘴(任写一个)，转子，涡轮

(2) 等于，小于，小于

(3) 蒸汽侧不凝气积聚，加热蒸汽压力下降或汽量不足。

(4) 切断阀或平衡阀

(5) 进料组成，进料温度

(6) 增大(提高)，减小(降低)

(7) 湿物料的水分蒸发量、间隔时间、空气的干球温度及湿球温度等

2. (1) 氨气转子流量计 3:氨气应从下方进入而由上方出去；(2) 旋涡气泵不能用出口阀调流量，应安装旁路调节；(3) 进入塔的气体应设置高于填料层的 π 形管；(4) 塔底液体出口应设置液封装置。

九、(1) 描述该流动过程的数学模型

对 y 方向的一维流动，$u_x=u_z=0$，则连续性方程可简化为

$$\frac{\partial u_y}{\partial y}=0 \tag{1}$$

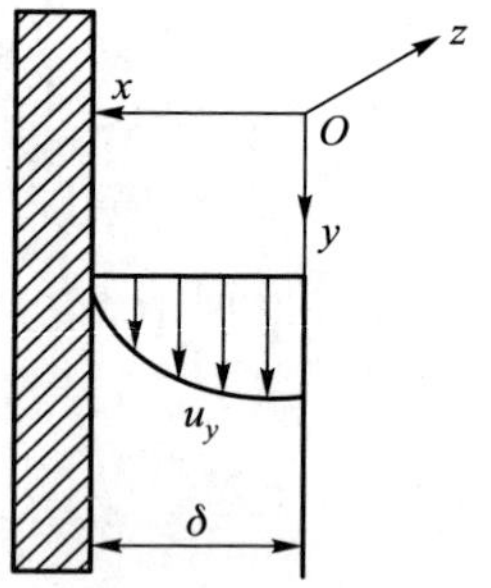

化工传递附图

进而
$$\frac{\partial^2 u_y}{\partial y^2}=0$$

由于稳态流动
$$\frac{\partial u_y}{\partial \theta}=0$$

壁面很宽，则
$$\frac{\partial u_y}{\partial z}=0 \quad 及\frac{\partial^2 u_y}{\partial z^2}=0$$

运动方程的各分量分别简化为

x 分量
$$\frac{\partial p}{\partial x}=0$$

y 分量
$$g-\frac{\partial p}{\rho\partial y}+v\frac{\partial^2 u_y}{\partial x^2}=0$$

z 分量
$$\frac{\partial p}{\partial z}=0$$

又由于液面外为自由表面，则$\frac{\partial p}{\partial y}=0$，故描述该流动过程的数学模型为

$$\rho g+\mu\frac{\mathrm{d}^2 u_y}{\mathrm{d}x^2}=0 \tag{2}$$

其边界条件为(1) $x=0,\frac{\mathrm{d}u_y}{\mathrm{d}x}=0$　(2) $x=\delta, u_y=0$

(2) 壁面处剪应力表达式

对式(2)进行一次积分，得
$$\frac{\mathrm{d}u_y}{\mathrm{d}x}=-\frac{\rho g}{\mu}x+C_1$$

代入边界条件(1)解得 $C_1=0$

则

$$\frac{\mathrm{d}u_y}{\mathrm{d}x}=-\frac{\rho g}{\mu}x$$

壁面处，

$$x=\delta \text{ 及} \left.\frac{\mathrm{d}u_y}{\mathrm{d}x}\right|_{x=\delta}=-\frac{\rho g}{\mu}\delta$$

壁面处的剪应力表达式为

$$\tau_{\mathrm{S}}=-\mu\left.\frac{\mathrm{d}u_y}{\mathrm{d}x}\right|_{x=\delta}=-\mu\left(-\frac{\rho g}{\mu}\delta\right)=\rho g\delta$$

参 考 书 目

[1] 柴诚敬,等.化工原理.3 版.北京:高等教育出版社,2017.

[2] 贾绍义,柴诚敬,张金利.化工原理及实验.北京:高等教育出版社,2004.

[3] 柴诚敬,王军,陈常贵,郭翠梨.化工原理复习指导.天津:天津大学出版社,2017.

[4] 柴诚敬,张国亮.化工流体流动与传热.2 版.北京:化学工业出版社,2007.

[5] 贾绍义,柴诚敬.化工传质与分离过程.2 版.北京:化学工业出版社,2007.

[6] 蒋维钧,戴猷元,等.化工原理.2 版.北京:清华大学出版社,2003.

[7] 丛德滋,丛梅,方图南.化工原理详解与应用.北京:化学工业出版社,2002.

[8] 贾绍义,柴诚敬.化工原理.2 版.北京:高等教育出版社,2013.

读者意见反馈

为收集对教材的意见建议，进一步完善教材编写并做好服务工作，读者可将对本教材的意见建议通过如下渠道反馈至我社。

咨询电话　400-810-0598

反馈邮箱　hepsci@pub.hep.cn

通信地址　北京市朝阳区惠新东街4号富盛大厦1座

高等教育出版社理科事业部

邮政编码　100029